现代晶体学

MODERN CRYSTALLOGRAPHY

卷1　晶体学基础：对称性和结构晶体学方法

卷2　晶体的结构

卷3　晶体生长

卷4　晶体的物理性质

编辑组:

[俄] B·K·伐因斯坦 (主编)

[俄] A·A·契尔诺夫

[俄] L·A·苏伏洛夫

“十三五”国家重点出版物出版规划项目
物理学名家名作译丛
全国优秀引进版图书

晶体的物理性质

Physical Properties of Crystals

4

[俄] L·A·苏伏洛夫 著
何 维 译
吴自勤 校

中国科学技术大学出版社

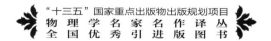

安徽省版权局著作权合同登记号：第 12181808 号

Translation from the English language edition：
Modern Crystallography 4
Physical Properties of Crystals
by L. A. Shuvalov

图书在版编目(CIP)数据

现代晶体学.第 4 卷，晶体的物理性质/(俄罗斯)苏伏洛夫(Shuvalov，L. A.)著；何维译；吴自勤校.—合肥：中国科学技术大学出版社，2020.3(2023.7 重印)
(物理学名家名作译丛)
“十三五”国家重点出版物出版规划项目
ISBN 978-7-312-04351-2

Ⅰ. 现… Ⅱ. ①苏…②何…③吴… Ⅲ. 晶体—物理性质 Ⅳ. O7

中国版本图书馆 CIP 数据核字(2018)第 043653 号

出版 中国科学技术大学出版社
安徽省合肥市金寨路 96 号，230026
http：//press. ustc. edu. cn
https：//zgkxjsdxcbs. tmall. com
印刷 安徽国文彩印有限公司
发行 中国科学技术大学出版社
开本 710 mm×1000 mm 1/16
印张 34
插页 2
字数 610 千
版次 2020 年 3 月第 1 版
印次 2023 年 7 月第 2 次印刷
定价 98.00 元

内 容 简 介

本书是B·K·伐因斯坦(主编)与A·A·契尔诺夫和L·A·苏伏洛夫主持编写的4卷本巨著《现代晶体学》中的第4卷.本书由著名学者L·A·苏伏洛夫牵头的8位专家共同编写.

本书是一本关于晶体物理性质基本概念、理论和技术的著名著作,着重从晶体学基础的角度来编排内容,对晶体物理性质的理论和实践进行了全面、系统的介绍,对广大读者有重要的参考价值.

本书共8章,全面、系统地介绍晶体物理性质的张量理论基础和晶体的力学性质、电学性质、磁学性质、半导体性质、光学性质、输运性质以及液晶.

本书可作为固体物理、材料科学、晶体学、金属学、矿物学、化学等专业的教师、研究生、本科生的教材或教学参考书,并可供有关专业的科技人员参考.

译 者 的 话

《现代晶体学》4卷巨著俄文版于20世纪70年代末至20世纪80年代初出版.《现代晶体学》英文版作为德国Springer出版社固态科学丛书中的第15卷、第21卷、第36卷、第37卷出版于1980～1988年.《现代晶体学》编辑组由3位牵头学者B・K・伐因斯坦(负责卷1和卷2),A・A・契尔诺夫(负责卷3),L・A・苏伏洛夫(负责卷4)组成.

《现代晶体学》卷4的作者是著名学者L・A・苏伏洛夫(Shuvalov,1975年因铁电体研究得列宁奖,后来还获得俄罗斯荣誉科学家称号)牵头的8位专家(其中I. S. Zheludev 1975年因铁电体研究得列宁奖,后来还获得俄罗斯荣誉科学家称号,S. A. Pikin 1985年因液晶理论研究得列宁奖,B. N. Grechushnikov获得俄罗斯荣誉科学家称号).

苏伏洛夫已经在他写的前言中指出,此卷全面介绍了描述晶体物理性质的张量理论基础和晶体的力学性质、电学性质、磁学性质、半导体性质、光学性质、输运性质以及液晶.他具体说明了全书8章的主要内容.除了在前言中列出本卷的全部作者外,他还在目录的各章标题之后列出了作者的姓名.

苏伏洛夫和著名的南京大学晶体物理教研组(下设3个小组:其一为晶体生长,其二为晶体的结构与缺陷,其三为晶体的物理性质)有较多的联系.1989年南京大学冯端和李齐教授应苏伏洛夫教授之邀到伏尔加格勒(即原斯大林格勒)参加晶体缺陷的国际会议.回到莫斯科后,又应苏伏洛夫教授之邀参观访问了晶体学研究所,感受到该所的设备齐全、内容丰富(见《物理》,2010,39,冯端短文).

这里出版的《现代晶体学》卷4中译本根据英文版译出,由广西大学何维翻译,中国科学技术大学吴自勤对全书的译稿进行了审阅和校订.在翻译过程中力求做到准确和通顺,但由于译者水平有限,错误和疏漏在所难免,希望得到广大读者的指正.

何维　吴自勤

于中国科学技术大学

序

晶体学——关于晶体的科学——的内容在它的发展过程中得到不断的丰富.虽然人类在古代就对晶体产生了兴趣,但直到17—18世纪,晶体学才作为独立的分支学科开始形成.当时发现了控制晶体外形的基本规律,发现了光的双折射现象.晶体学的发生和发展在相当长的时间内曾和矿物学密切相关,矿物学的最完整研究对象正是晶体.后来晶体学和化学接近,因为晶体外形和它的组分密切相关并且只能以原子、分子的概念为基础加以说明.20世纪晶体学趋向于物理学,因为新发现晶体固有的光学、电学、力学、磁学现象愈来愈多.数学方法后来也应用到晶体学中来,特别是对称性理论在19世纪末发展成完整的经典理论(建立了空间群理论).数学方法的应用还体现在晶体物理的张量运算上.

20世纪初发现了晶体的X射线衍射,这使得晶体学以至整个物质的原子结构科学发生了全面的变化.固体物理也得到了新的推动.晶体学方法,首先是X射线衍射分析,开始渗透到其他许多分支学科,如材料科学、分子物理学和化学等.随后发展起来的有电子衍射和中子衍射结构分析,它们不仅补充了X射线结构分析方法,并且还提供了有关晶体的理想和实际结构的一系列新的知识.电子显微术和其他现代物质研究方法(光学、电子顺磁和核磁共振方法等)也给出了晶体的大量原子结构、电子结构、实际结构的结果.

晶体物理得到迅猛发展,在晶体中发现了许多独特的现象,这些现象在技术上得到了广泛的应用.

晶体生长理论(它使晶体学接近热力学和物理化学)的积累和实用的人工晶体合成方法的进展是推动晶体学发展的另外的重要因素.人工晶体日益成为物理研究的对象并且开始迅速渗透到技术领域.人工晶体的生产对传统技术分支,如材料机械加工、精密仪器制造、珠宝工业等有重要的推动作用,后来又在很大程度上影响了许多重要分支,如无线电电子学、半导体和量子电子学、光学(包括非线性光学)和声学等的发展.寻找具有重要实用性质的晶体、研究它们的结构、发展新的合成技术是现代科学的重大课题和技术进步的重要因素.

应当把晶体的结构、生长和性质作为一个统一的问题来研究.这三个不可分割的联系在一起的现代晶体学领域是互相补充的.不仅研究晶体的理想结构而且研究带有各种缺陷的实际结构的好处是:这样的研究路线可以指导我们找到具有珍贵性质的新晶体,使我们能利用各种控制组分和实际结构的方法来完善合成技术.实际晶体理论和晶体物理的基础是晶体的原子结构、晶体生长微观和宏观过程的理论和实验研究.这种处理晶体结构、晶体生长和晶体性质的方法具有广阔的前景,并决定了现代晶体学的特点.

晶体学的分支以及它们和相邻学科间的一系列联系可以用图 1 表示出来.各个分支间互相交叉,不存在严格的界限.图中的箭头只表示分支间占优势的作用方向,一般来说,相反的作用也存在,影响是双向的.

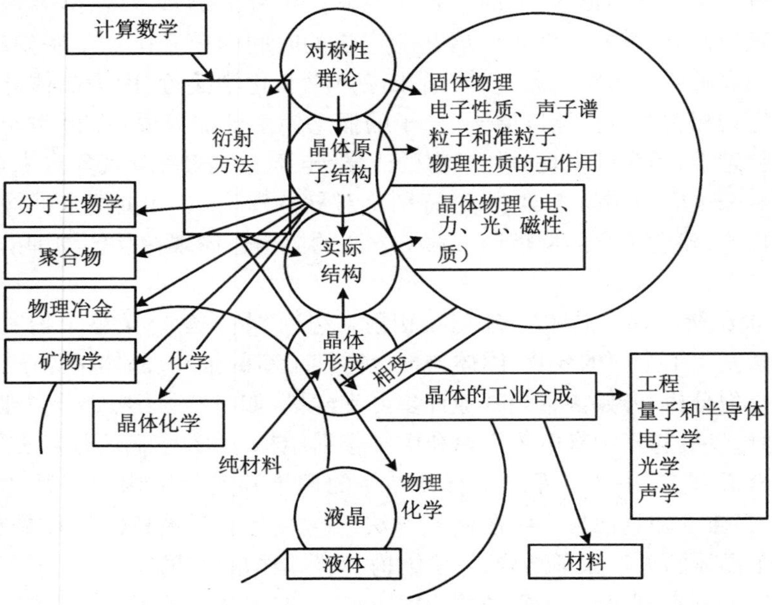

图 1　晶体学的分支学科以及它们和其他学科之间的联系

晶体学在图中恰当地位于中心部位.它的内容有:对称性理论、用衍射方法和晶体化学方法进行的晶体结构研究、实际晶体结构研究、晶体生长和合成及晶体物理.

晶体学的理论基础是对称性理论,近些年来它得到了显著的发展.

晶体原子结构的研究目前已经扩展到非常复杂的晶体,晶胞中包含几百至几千个原子.含有各种缺陷的实际晶体的研究愈来愈重要.由于物质原子结构研究方法的普适性和各种衍射方法的相似性,晶体学已经发展成为不仅是晶体结构的分支科学,而且是一般凝聚态的分支科学.

晶体学理论和方法的具体应用使结构晶体学渗透进了物理冶金学、材料科学、矿物学、有机化学、聚合物化学、分子生物学和非晶态固体、液体、气体的研究中.晶体的生长和成核长大过程的实验和理论研究带动了化学和物理化学的发展，不断地对它们做出贡献.

晶体物理主要涉及晶体的电学、光学、力学性质以及和它们密切相关的结构和对称性.晶体物理与固体物理相近，后者更关注晶体物理性质的一般规律和晶格能谱的分析.

《现代晶体学》的头两卷涉及晶体的结构，后两卷涉及晶体生长和晶体的物理性质.我们的叙述力图使读者能从此书得到晶体学所有重要问题的基本知识.由于篇幅有限，一些章节是浓缩的，如果不限篇幅，则不少章节可以展开成为专著.幸运的是，一系列这样的晶体学专著已经出版了.

本书的意图是：在相互联系之中讲述晶体学的所有分支学科，也就是把晶体学看成一门统一的科学，阐明晶体结构统一性和多样性的物理含义.本书从晶体学角度描述晶体生长过程中和晶体本身发生的物理化学过程和现象，阐明晶体性质和结构、生长条件的关系.

4卷本的读者对象是：在晶体学、物理、化学、矿物学等领域工作的研究人员，研究各种材料的结构、性质和形成的专家，从事合成晶体和使用晶体组装技术设备的工程师和技术人员.我们希望本书对大学和学院中的晶体学、固体物理和相关专业的本科生和研究生也是有用的.

《现代晶体学》是由苏联科学院晶体学研究所的许多专家一起编写的.编写过程中得到了许多同事的帮助和建议.本书俄文版出版不久就出了英文版.在英文版中增加了一些最新的成果，在若干处做了一些补充和改进.

B·K·伐因斯坦

前　　言

本卷主要讲述晶体的物理性质，它和前3卷中晶体对称性理论、晶体结构及晶体生长构成了完整的晶体学.本卷内容包括晶体的力学性质、电学性质、磁学性质和光学性质等方面的现代概念及晶体中的输运现象.

和固体物理的课本及专著不同，本书着重从晶体学基础角度来编排内容.特别是在分析晶体的性质以及伴随结晶物质的非对称性时，对晶体的对称性(包括空间对称性)加以考虑，同时对晶体的性质与特定晶体的原子结构、实际结构及晶体生长条件之间的内在关系给予相当的关注.在卷2中已经介绍了晶体的电子声子能谱的基本概念，因此，本卷只在较小的范围内介绍相关内容.

带有绪论性质的第1章介绍晶体物理张量的基本知识和考虑晶体物理性质对称性的一般问题.第2章阐述晶体的力学性质.除了晶体弹性性质的一般描述外，该章还给出了晶体塑性形变、力学孪生及失效的具体数据.第3章介绍晶体的电学性质和电学-力学性质，着重介绍了最重要的一类介电晶体即铁电体及其性质.第4章研究了晶体的磁性.该章主要从晶体学的角度深入研究磁有序晶体.第5章介绍了半导体晶体的物理性质以及半导体二极管、晶体管和激光器的工作原理.第6章讲述输运现象.除了导电性和导热性外，该章还讨论了晶体的各种温差电、磁场电流和磁场热流性质.第7章介绍晶体的光学性质.除了晶体光学的传统和新兴分支的非常规阐述外，这一章还介绍了光谱学和波谱学以及产生相干辐射的问题.第8章介绍液晶——一个快速发展的晶体物理学分支的性质.

本卷由较多的作者集体编写，尽管在编写过程中付出了相当的努力，但书中仍无法避免在阐述的形式和深度上，甚至是各章中的符号在某种程度上的不一致.虽然如此，我们希望本书能够充分深入地展现晶体物理这门科学当前发展的景象，和其他3卷一起共同勾画出整个晶体学科学.

在前面3卷的每一卷中，一般文献(专著、调研报告和最重要的论文)在整卷书后统一编排，特指文献(原始论文)则各章分别引用.在本卷中，由于有关晶体性质方面引用的一般文献来源众多，我们也将一般文献按各章分别列出.

本书是由苏联科学院晶体学研究所的以下作者集体编写的：L·A·苏伏

洛夫，A. A. Urusovskaya，I. S. Zheludev，A. V. Zalessky，S. A. Semiletov，B. N. Grechushnikov，I. G. Chistyakov，S. A. Pikin. 在本书的编写过程中，V. A. Koptisk，I. M. Silvestrova，M. V. Klassen-Nekhlyudova，V. L. Indenbom，D. G. Sannikov，A. P. Levanyuk，A. F. Konstantinova，T. F. Veremeichik，I. N. Kalinkina，O. V. Kachalov，L. Li 及其他人员提供了帮助，参与了各章的撰写和讨论，在此，我们向他们表示衷心的感谢.

L·A·苏伏洛夫

1987 年 9 月于莫斯科

目　录

第 1 章

张量基础和晶体物理性质的对称性描述

1.1 简 介

1.1.1 晶体作为连续均匀各向异性介质

正如文献[1.1]第1章中提到的,在讨论晶体的宏观物理性质时,可以从晶体分立的、微观周期性的结构抽象出来,把晶体看作连续的、均匀的各向异性介质.

事实上,在研究晶体的宏观物理性质时,晶体的线度(或体积)比最大晶格间距(或晶胞体积)要大得多.所以,一个晶体可以看成**连续**介质.

进一步假设,晶体所有点的性质是同一的.也就是说,除了我们感兴趣的在表面和连接面上有特殊性质的或需要特别关注的区域外,可以从晶体的任意地方选取单位体积.故晶体可以看成连续的并且**均匀**的介质.对晶体不但抽象掉了分立的结构,而且忽略了实际晶体中缺陷和杂质的不同的体分布(如在不同截面或晶带上的分布).要注意,只有在某些条件下,晶体才可以近似看成连续介质.对不同的性质来说,在不同程度近似条件或特殊情况下晶体作为连续介质的准确程度是不一样的.

最后,至少晶体的某些物理性质是各向异性的,即晶体某些物理性质与取向有关.换句话说,这些性质的表征与坐标系的选取有关,故晶体是**各向异性**的介质.

因此,在讨论晶体的宏观物理性质时,可以把晶体看成连续的、均匀的、各向异性介质.即在晶体内各点,晶体性质对方向性的依赖是一样的,而在给定方向上晶体的性质与单位体积的选取无关.也就是说,晶体的对称群包括一个三维的无限的小平移群 $T_{\tau_1\tau_2\tau_3}$(作为子群),在晶体内做任何与坐标轴平行的平移,晶体的性质是不变的.

任何物理性质的对称群是 $T_{\tau_1\tau_2\tau_3}$ 和一定点对称群 G_0^3 的直积,这种点群可以是晶体学群或极限群.由于对称群 $T_{\tau_1\tau_2\tau_3}$ 在所有晶体的宏观描述中具有相同的固有性,所以研究晶体某一性质时,只需明确指明其子群 G_0^3,并记为 G_{pr}(见1.5节).

1.1.2 笛卡儿坐标系及其变换

晶体的物理性质通常是在**笛卡儿**(**正交归一化**的)坐标系 X_1, X_2, X_3(或 X, Y, Z)中表示的.一般使用右手坐标系,如图 1.1(a)所示,也就是说,从 X_1 旋转到 X_2的最短转动为逆时针的,同时沿着 X_3 轴的正方向移动,这时,移动遵守右手螺旋定则.只有特殊的情况下才会使用左手坐标系,如在晶体的左手对映结构中(图 1.16).

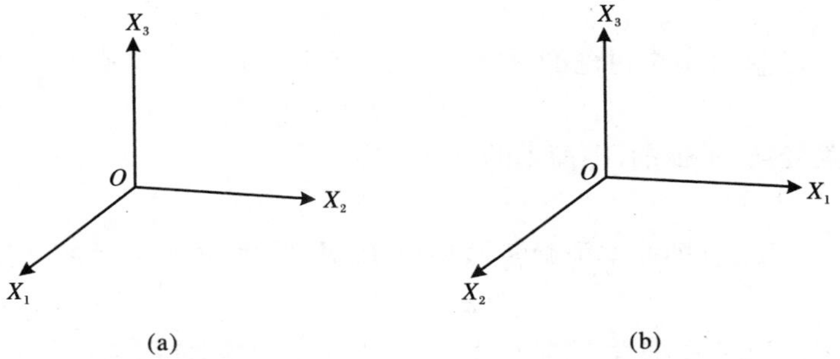

图 1.1　正交坐标系
(a) 右手坐标系;(b) 左手坐标系

为了消除在描述晶体物理性质时的不确定性,一般选用相对于晶体学坐标系(即晶轴)方向固定的笛卡儿坐标系——**晶体物理**坐标系,见文献[1.1]3.3 节.选取坐标系的细则将在 1.5 节中讨论.但是,在解决很多晶体学问题时,使用特定的笛卡儿坐标系要比晶体物理坐标系更为方便.

从 X_1, X_2, X_3 坐标系变换到原点和规度都相同的 X_1', X_2', X_3'坐标系(**正交变换**),可用下面的方程组(求和的形式)表示:

$$e_i' = \alpha_{ij} e_j \tag{1.1}$$

其中,e_j 和e_i'分别为新、老坐标系的单位基矢量,α_{ij}为新坐标轴 X_i'与老坐标轴 X_j 之间的夹角的方向余弦.确定坐标变换的 9 个系数 α_{ij} 可写成矩阵的形式,它被称为正交变换矩阵:

$$\|\alpha_{ij}\| = \begin{Vmatrix} \alpha_{11} & \alpha_{12} & \alpha_{13} \\ \alpha_{21} & \alpha_{22} & \alpha_{23} \\ \alpha_{31} & \alpha_{32} & \alpha_{33} \end{Vmatrix} \tag{1.2}$$

对 9 个余弦 α_{ij} 值,有以下 6 个关系式(正交关系)[1.2]:

$$\alpha_{ik}\alpha_{jk} = \begin{cases} 1, & \text{当 } i = j \text{ 时} \\ 0, & \text{当 } i \neq j \text{ 时} \end{cases} \tag{1.3}$$

因此,只有3个余弦 α_{ij} 值为互相独立的.这与坐标变换时只有3个独立参数(如3个欧拉角)的事实是一致的.

显然,从新坐标轴 X'_i 到老坐标轴 X_j 的逆变换,可用下面方程组表示:

$$e_j = \alpha'_{ij} e'_i \tag{1.4}$$

其正交变换矩阵可通过转置矩阵 $\|\alpha_{ij}\|$ 得到

$$\|\alpha'_{ij}\| = \|\alpha_{ji}\| = \begin{Vmatrix} \alpha_{11} & \alpha_{21} & \alpha_{31} \\ \alpha_{12} & \alpha_{22} & \alpha_{32} \\ \alpha_{13} & \alpha_{23} & \alpha_{33} \end{Vmatrix} \tag{1.5}$$

正如文献[1.1]2.2节中讨论的,任何正交变换矩阵的行列式满足

$$|\alpha_{ij}| = \pm 1$$

对于第一类变换(本征的,即简单的旋转),有

$$|\alpha_{ij}| = 1$$

而对于第二类变换(即非本征旋转,如平面反射、反演、镜像或反演-旋转),有

$$|\alpha_{ij}| = -1$$

经过第一类变换之后,原有的坐标系为右手系的仍然保持为右手系,原为左手系的仍然为左手系.经过第二类变换之后,原有的坐标系为右手系的在变换之后变为左手系,否则反之.

1.2 张量及其变换

1.2.1 标量、赝标量、矢量与张量

在描述晶体物理性质时,某些量可简单地用数值表示,与方向无关,在坐标变换之后仍然保持不变.这些量称为标量,温度、熵、热容等物理量均为标量①.

某些量在经过坐标变换后其数值(大小)保持不变,经过第二类变换之后其

① 再次强调,今后在本章中的变换保持原点不动.如果不对此加以限制并考虑一个具有变换对称性的标量场 $a(X,Y,Z)$,那么一个包含 $T_{\tau'_1\tau'_2\tau'_3} \neq T_{\tau_1\tau_2\tau_3}$ 的坐标变换显然将会改变 a 的值.

符号改变，这些量称为**赝标量**．物理量旋光率就是典型的**赝标量**．可见，标量和赝标量的模量经过任何坐标变换之后都保持不变．

与标量和赝标量不同，矢量和张量是各向异性的，通常经过坐标变换之后，其数值也会改变．最简单的各向异性量就是矢量．**矢量** $\boldsymbol{a}$ 完全由其长度和方向确定，或由其**分量**，即其在坐标轴 X_1, X_2, X_3 上的投影：$\boldsymbol{a}=[a_1, a_2, a_3]$确定．矢量的长度可以表示为

$$|\boldsymbol{a}| = \sqrt{a_1^2 + a_2^2 + a_3^2} \tag{1.6}$$

一个矢量可以是另一个矢量的函数：$\boldsymbol{b}=f(\boldsymbol{a})$，有时也称为一个矢量由另一个矢量引入．对于最简单的情形，两矢量间的关系可用标量来联系，如 $\boldsymbol{b}=s\boldsymbol{a}$．

通常，对晶体或各向异性介质来说，一对矢量 $\boldsymbol{a}$ 和 $\boldsymbol{b}$ 之间的关系与方向有关．如果 $\boldsymbol{b}$ 的每一个分量与 $\boldsymbol{a}$ 的分量有线性关系：

$$\begin{aligned} b_1 &= T_{11}a_1 + T_{12}a_2 + T_{13}a_3 \\ b_2 &= T_{21}a_1 + T_{22}a_2 + T_{23}a_3 \\ b_3 &= T_{31}a_1 + T_{32}a_2 + T_{33}a_3 \end{aligned} \tag{1.7}$$

由式(1.7)联系的两个矢量 $\boldsymbol{a}=[a_1, a_2, a_3]$与 $\boldsymbol{b}=[b_1, b_2, b_3]$之间关系的量可表示为

$$\begin{Vmatrix} T_{11} & T_{12} & T_{13} \\ T_{21} & T_{22} & T_{23} \\ T_{31} & T_{32} & T_{33} \end{Vmatrix} = T_{ij} \tag{1.8}$$

它被称为**二阶张量**，9 个系数 $T_{11}, T_{12}, \cdots$被称为**张量分量**，具有确定的物理意义和几何意义．当矢量 $\boldsymbol{a}$ 平行于 X_1 轴时，T_{11}, T_{21}, T_{31}分别确定了矢量 $\boldsymbol{b}$ 沿坐标轴 X_1, X_2, X_3 的分量，因为它们联系着 $\boldsymbol{a}, \boldsymbol{b}$ 矢量的平行分量，处于主对角线的分量 T_{11}, T_{22}, T_{33}被称为张量的**纵向分量**．其余的分量则被称为横向分量，因为它们联系 $\boldsymbol{a}, \boldsymbol{b}$ 的相互垂直的分量．

用求和式可把式(1.7)简洁地表示成

$$b_i = T_{ij}a_j \tag{1.9}$$

表 1.1 是用矢量和二阶张量表示的晶体物理量及其性质的例子．

表 1.1

给定矢量	导出矢量	张量性质
电场	电介质极化	电介质极化率
电场	电感应	电介质电容率
电场	电流密度	电导率
温度梯度	热通量密度	热导系数

1.2.2　矢量与二阶张量分量的变换

如图1.2所示，在旧坐标系 X_1, X_2, X_3 下，矢量 $\boldsymbol{a}$ 的分量为 a_1, a_2, a_3，在新坐标系 X_1', X_2', X_3' 下，其分量为 a_1', a_2', a_3'，X_1', X_2', X_3' 由式(1.1)确定.那么，新坐标系下的分量 a' 就是矢量 $\boldsymbol{a}$ 在旧坐标系下的所有分量在 X_1' 轴上的投影之和：

$$a_1' = a_1\cos\widehat{X_1'X_1} + a_2\cos\widehat{X_1'X_2} + a_3\cos\widehat{X_1'X_3} = \alpha_{11}a_1 + \alpha_{12}a_2 + \alpha_{13}a_3 \tag{1.10a}$$

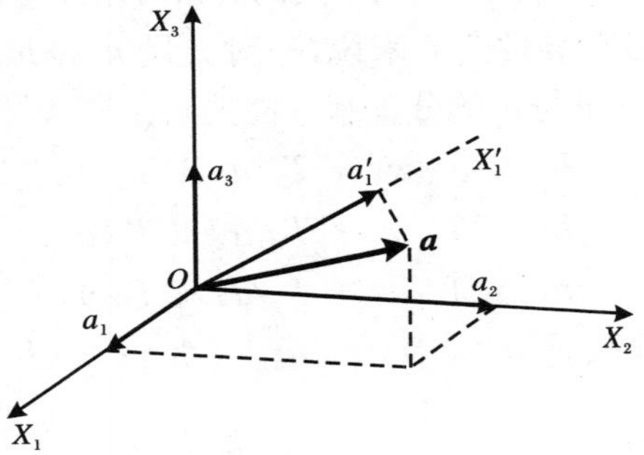

图 1.2　矢量 $\boldsymbol{a}$ 分量的变换

类似地，有

$$a_2' = \alpha_{21}a_1 + \alpha_{22}a_2 + \alpha_{23}a_3,\quad a_3' = \alpha_{31}a_1 + \alpha_{32}a_2 + \alpha_{33}a_3 \tag{1.10b}$$

用缩写形式表示式(1.10)，得到矢量变换方程的一般形式：

$$a_i' = \alpha_{ij}a_j \tag{1.11}$$

同理可得逆变换的方程，即从新坐标系到旧坐标系的矢量变换方程：

$$a_i = \alpha_{ji}a_j' \tag{1.12}$$

和式(1.5)一样，逆变换夹角余弦的矩阵 α_{ji} 可通过置换正交变换矩阵 α_{ij} 得到.要特别注意式(1.11)和式(1.12)中脚标的顺序：正变换的同一脚标是相连的，而逆变换的则是分开的.

从式(1.11)很容易得到

$$a_j'a_j' = a_ia_i$$

也就是说，经过正交变换之后，矢量分量的平方和(即矢量的长度)是不变的.设在坐标系 X_i 下，两个矢量 $\boldsymbol{a}$ 和 $\boldsymbol{b}$ 有如下关系：

$$b_k = T_{kl}a_l \tag{1.13}$$

这显然与式(1.7)相似，我们可以用不同字母表示脚标，因此 T_{kl} 是一个二阶张量.

由式(1.11)和式(1.12),变换后在新坐标系X_i'下,有

$$b_i' = \alpha_{ik} b_k, \quad a_l = \alpha_{jl} a_j' \tag{1.14}$$

联立式(1.13)和式(1.14),得

$$b_i' = \alpha_{ik} b_k = \alpha_{ik} T_{kl} a_l = \alpha_{ik} T_{kl} \alpha_{jl} a_j' = T_{ij}' a_j' \tag{1.15}$$

其中

$$T_{ij}' = \alpha_{ik} \alpha_{jl} T_{kl} \tag{1.16}$$

与式(1.13)相似,式(1.15)表示矢量 $\boldsymbol{a}$ 和 $\boldsymbol{b}$ 在新坐标系下的分量关系.因而,T_{ij}'的 9 个系数是二阶张量 T_{kl}在新坐标系下的分量.式(1.16)为**二阶张量的变换法则**,并且它是 9 个方程组的简写形式,其中每个方程的右边包含 9 项.

很容易得到,用新张量分量表示老张量分量的逆变换具有类似的形式,但 α 的脚标已经倒转(矩阵 $\|\alpha\|$ 已经被转置):

$$T_{kl} = \alpha_{ik} \alpha_{jl} T_{ij}'$$

在这里需要强调的是,晶体的物理量与坐标系的选择无关.物理量并不因做张量变换而改变,只是张量变换之后表示物理量的方法改变了.

1.2.3 不同阶的张量

用类似处理二阶矢量和张量的方法,列出变换方程作为下列量的定义式:

$$T_{nop}' = \alpha_{ni} \alpha_{oj} \alpha_{pk} T_{ijk} \tag{1.17}$$

$$T_{nopq}' = \alpha_{ni} \alpha_{oj} \alpha_{pk} \alpha_{ql} T_{ijkl} \tag{1.18}$$

$$T_{nopqr}' = \alpha_{ni} \alpha_{oj} \alpha_{pk} \alpha_{ql} \alpha_{rm} T_{ijklm} \tag{1.19}$$

$$\cdots$$

显然,式(1.17)定义了一个三阶张量,而式(1.18)和式(1.19)分别定义了一个四阶张量和五阶张量.这些方程即可看作式(1.16)的扩展,也可看作式(1.11)的扩展,这样矢量自然可看作**一阶张量**;外推下去,逻辑上可认为标量是**零阶张量**.

因此一般说来,N 阶张量有 N 个脚标,对三维空间而言,每个脚标可从 1 到 3.所以,一个 N 阶张量有 3^N 个分量.

如同一个二阶张量把两个矢量联系在一起,一个三阶张量(如压电系数张量)联系二阶矢量和张量,即

$$a_i = T_{ijk} Q_{jk} \tag{1.20}$$

一个四阶张量(如弹性系数张量)把两个二阶张量相联系,即

$$R_{ij} = T_{ijkl} Q_{kl} \tag{1.21}$$

或者联系一个三阶矢量和张量，即

$$a_i = T_{ijkl}R_{jkl}$$

一般地，如果一个 N 阶张量用 L 阶张量和 M 阶张量来表示，则 $L+M=N$.

张量也可以看成张量对张量的微分结果.这样，二阶张量包含一个矢量对另一矢量的导数或一个标量对矢量自变量的二阶导数，很容易证明 9 个按式(1.15)转换的下面形式的量是一个二阶张量的分量：

$$T_{ij} = \frac{\partial a_i}{\partial b_j} \quad 或 \quad R_{ij} = \frac{\partial a}{\partial b_i \partial c_j} \tag{1.22}$$

通常，一个 K 阶张量的分量对 L 阶和 M 阶张量的偏导数是一个 $N=K+L+M$ 阶张量的分量.

1.2.4 赝张量(轴张量)

与前面引入赝标量的概念类似，引入赝张量的概念.赝张量与张量的唯一区别是赝张量分量的变换包括乘以变换行列式 $|\alpha_{ij}|$.因而，N 阶赝张量的定义及变换法可由下式表示：

$$P_{ijkl} = |\alpha_{ij}|\alpha_{ip}\alpha_{jq}\alpha_{kr}\alpha_{ls}\cdots P_{pqrs\cdots} \tag{1.23}$$

显然，在第一类变换情况($|\alpha_{ij}|=+1$)下，赝张量如同一般张量；在第二类变换情况($|\alpha_{ij}|=-1$)下，除了如同一般张量外，赝张量的分量还改变了符号.

为了区别两者，赝张量也称为**轴张量**，而张量有时也称为**极张量**(下文的张量均指一般的极张量，易混淆时特别指出的除外).

作为例子，前面提到的旋光率就是一个**零阶赝张量**(也称为**赝标量**).磁场和磁感应则是一阶**赝张量**(轴矢量).描写晶体光学活性的回旋张量就是一个二阶赝张量.

显而易见，极矢量 $\boldsymbol{a}$ 和轴矢量 $\boldsymbol{q}$ 的关系可用一个二阶赝张量表示，两个轴矢量的关系用一个二阶极张量表示；极矢量(轴矢量)和一个二阶赝张量(二阶极张量)可用一个三阶赝张量表示.一般地，一个极张量和一个赝张量的积为赝张量；两个赝张量的积为一个极张量.

在 1.1 节中已经提到，不是晶体的所有各向异性物理性质都要用张量(极张量或轴张量)来描写.事实上，很容易知道 $\sqrt{T_{ij}}$ 不是一个张量，因为它不能从式(1.15)变换得到.又如，折射率 $n_i=\sqrt{\varepsilon_i}$ 表明了晶体的各向异性，但都没有晶体的张量性质.

1.2.5 对称与反对称张量(张量的内部对称)

极张量和轴张量可以相对于其脚标具有对称性. 如果交换两个或多个脚标而张量的分量保持不变,则称张量是相对于这些脚标**对称的**. 例如:

$$T_{ij} = T_{ji} \tag{1.24}$$

$$T_{ijk} = T_{ikj} \tag{1.25}$$

$$T_{ijkl} = T_{klij} \tag{1.26}$$

则张量 T_{ij} 是对称的,张量 T_{ijk} 对于后两个脚标 j, k 是对称的,而张量 T_{ijkl} 置换第一对和第二对脚标是对称的.

一般地,张量的独立分量和数目随关系式(1.24)～(1.26)的数目减少而减少. 这样,一个对称的二阶张量的 9 个分量中只有 6 个是独立的.

$$\begin{Vmatrix} T_{11} & T_{12} & T_{13} \\ T_{21} & T_{22} & T_{23} \\ T_{31} & T_{32} & T_{33} \end{Vmatrix} = \begin{Vmatrix} T_{11} & T_{12} & T_{13} \\ T_{12} & T_{22} & T_{23} \\ T_{13} & T_{23} & T_{33} \end{Vmatrix}$$

一个三阶张量关于其中两个脚标对称时,其 $3^3(=27)$ 个分量中只有 18 个是独立的,等等. 一般地,一个 N 阶张量关于一对脚标对称时,其分量有 3^{N-1} 个关系式,其独立分量的数目减少为

$$3^N - 3^{N-1} = 2 \cdot 3^{N-1} \tag{1.27}$$

一个 N 阶张量中两对脚标对称时,其分量有 $5 \cdot 3^{N-2}$ 个关系式,其独立分量的数目减少为

$$3^N - 5 \cdot 3^{N-2} = 4 \cdot 3^{N-2} \tag{1.28}$$

如果经过偶数次脚标置换后,张量的分量保持不变,而经过奇数次脚标置换后,张量的分量仅改变符号,则称该张量是关于这些脚标反对称的. 因此,如果有

$$T_{ij} = -T_{ji} \tag{1.29}$$

$$T_{ijk} = -T_{ikj} \tag{1.30}$$

那么张量 T_{ij} 是反对称的,张量 T_{ijk} 是关于第二、第三脚标反对称的.

由于关系式(1.29)和式(1.30)的成立,反对称张量的独立分量数目不仅减少,而且某些分量还同时等于零. 这样,由式(1.29),对一个二阶张量,有

$$T_{ii} = -T_{ii} = 0$$

故张量变为

$$\begin{Vmatrix} 0 & -T_{21} & T_{13} \\ T_{21} & 0 & -T_{32} \\ -T_{13} & T_{32} & 0 \end{Vmatrix} \tag{1.31}$$

只有3个独立的分量.

不难证明,做坐标变换之后,张量仍然保持其对称性或反对称性,即张量在做正交变换之后,其关于某些或一组脚标的对称性和反对称性保持不变.这一特性称为张量的**内部对称性**.

下面证明任何一个二阶张量都可以表示成对称张量和反对称张量之和.事实上,任何一个二阶极张量 b_{ij} 可写成下面形式:

$$b_{ij} = \beta_{ij} + \omega_{ij} \tag{1.32}$$

其中

$$\beta_{ij} = \frac{1}{2}(b_{ij} + b_{ji}), \quad \omega_{ij} = \frac{1}{2}(b_{ij} - b_{ji}) \tag{1.33}$$

显然,由 $\beta_{ij} = \beta_{ji}$,知张量 β_{ij} 是对称的,而由 $\omega_{ij} = -\omega_{ji}$,知张量 ω_{ij} 是反对称的.为了证明描写晶体的某一种物理性质的张量的对称性,一般地,有必要借助于热力学考虑.

下面的符号一般用来表示张量的内 P 对称性[1.3].如果一个 N 阶极张量是关于 L 脚标对称的,其内对称性记为 $[V^L]V^{N-L}$ 或 $V^{N-L}[V^L]$.由式(1.24)表示的张量,其对称性可表示为 $[V^2]$,由式(1.25)表示的为 $V[V^2]$.总的来说,V 的幂等于张量的阶数 N.因此,如果一个偶数阶张量对所有脚标对都是对称的,那么其内对称性记为 $[V^2]^{N/2}$;如果该张量还是关于其所有脚标对置换对称的,则记为 $[[V^2]^{N/2}]$.然而,一个偶数阶张量仅是关于其所有脚标对置换对称的,则记为 $[(V^2)^{N/2}]$,故式(1.26)表示的张量的内对称性记为 $[(V^2)^2]$.

类似地,用{}取代[]来表示反对称性极张量的内对称性.故式(1.29)表示的张量的内对称性记为 $\{V^2\}$,而式(1.30)表示的张量对称性则记为 $V\{V^2\}$.

最后,关于赝张量内对称性的表示方法和符号是一样的,只不过用表示赝标量内对称性的 ε 来代替 V 放在前面.

前面式(1.31)中已提到一个反对称二阶极张量只有3个独立的分量,显然,在第二类变换下,张量的分量变号.不难证明,这反映了反对称二阶极张量和一个轴矢量是互为对偶的,即它们都可以等同地用来描写同一几何(物理)对象.同时,一个反对称二阶赝张量与极矢量也是互为对偶的.利用张量内对称性的符号不难得到其他对偶关系.

1.2.6 倒易张量

用不同阶的张量和由式(1.15)~(1.19)确定的关系来描述晶体的物理性质时,常常发现:使用其倒易关系更为方便.因此,有必要引入倒易性质的概念和倒易张量.

假设有一个张量关系：

$$R_{ijk\cdots} = T_{ijk\cdots pqr\cdots} Q_{pqr\cdots} \tag{1.34}$$

其中，R_{ijk} 和 Q_{pqr} 为同阶（N 阶）张量．故 $T_{ijk\cdots pqr\cdots}$ 为一个偶数阶（$2N$ 阶）张量．因此存在一个张量关系：

$$Q_{ijk\cdots} = T^{-1}_{ijk\cdots pqr\cdots} R_{pqr\cdots} \tag{1.35}$$

其中，$T^{-1}_{ijk\cdots pqr\cdots}$ 是张量 $T_{ijk\cdots pqr\cdots}$ 的 $2N$ 阶倒易张量的分量．需要强调的是，仅当从张量分量 $T_{ijk\cdots pqr\cdots}$ 得到的行列式 Δ_T 不为零时，关系式（1.35）才存在．

倒易张量的分量与其初始张量的分量间有较为复杂的关系，而没有一般的倒易关系．由于式（1.34）是 3^N 个非齐次方程组的简写形式，方程组的右边有 3^N 项，因此可以解出 $Q_{pqr\cdots}$．利用 Kramer 方程组，可得

$$Q_{ijk\cdots} = \frac{A^T_{pqr\cdots ijk\cdots}}{\Delta_T} R_{pqr\cdots} \tag{1.36}$$

其中，Δ_T 是由张量分量 $T_{ijk\cdots pqr\cdots}$ 汇总得到的行列式，而 $A^T_{pqr\cdots ijk}$ 与元素 $T_{pqr\cdots ijk}$ 为代数互补项．

比较式（1.35）和式（1.36），可得到用初始张量分量表示的倒易张量分量的方程：

$$T^{-1}_{ijk\cdots pqr\cdots} = A^T_{pqr\cdots ijk\cdots}/\Delta_T \tag{1.37}$$

显然，把式（1.35）作为初始关系，可得到用倒易张量分量表示的初始张量分量的方程：

$$T_{ijk\cdots pqr\cdots} = A^{T^{-1}}_{pqr\cdots ijk\cdots}/\Delta_{T^{-1}} \tag{1.38}$$

其中，$\Delta_{T^{-1}}$ 是由张量分量 $T^{-1}_{ijk\cdots pqr\cdots}$ 汇总得到的行列式，而 $A^{T^{-1}}_{pqr\cdots ijk\cdots}$ 是该行列式对其元素 $T^{-1}_{pqr\cdots ijk\cdots}$ 的代数互补项．需要注意的是该代数互补项和从式（1.37）和式（1.38）得到的张量分量的脚标的次序是相反的．

这里强调，只有偶数阶张量才有可能做变换得到倒易张量．不难证明，张量的极性和对称性在变换后仍然保留．故电介质“非电容率”的对称二阶张量与电介质电容率的对称二阶张量是相互倒易的．四阶的弹性刚度系数和柔度系数张量 c_{ijkl} 和 s_{ijkl} 都是关于两对脚标及其置换对称的，两者互为倒易，因此，由式（1.37）和式（1.38）得

$$s_{ijkl} = A^c_{klij}/\Delta_c, \quad c_{ijkl} = A^s_{klij}/\Delta_s \tag{1.39}$$

1.2.7 矩阵记号

无论是全部还是部分脚标对称的张量，由于其独立分量的减少，可以更简洁地用脚标较少的矩阵来表示，而不用张量表示．这样，方程组的表示更加简洁．

因此,有6个独立分量的对称二阶张量的两个脚标(从1至3)可用一个脚标(从1至6)来表示.脚标之间的关系如下:

$$\begin{array}{lcccccc} \text{张量脚标:} & 11 & 22 & 33 & 23=32 & 31=13 & 12=21 \\ \text{矩阵脚标:} & 1 & 2 & 3 & 4 & 5 & 6 \end{array} \tag{1.40}$$

归结起来,即为

$$\begin{Vmatrix} T_{11} & T_{12} & T_{13} \\ T_{21} & T_{22} & T_{23} \\ T_{31} & T_{32} & T_{33} \end{Vmatrix} \rightarrow \begin{Vmatrix} T_1 & T_6 & T_5 \\ T_6 & T_2 & T_4 \\ T_5 & T_4 & T_3 \end{Vmatrix} \tag{1.41}$$

对一对或多对脚标对称的高阶张量,其从张量记号转换到矩阵记号的规则与式(1.40)相同.

因此,对头两对脚标对称的三阶张量,由式(1.27)知其有18个独立分量,根据式(1.40)的规则,第一、第二个脚标可以用一个从1到6的脚标表示.据此得到用矩阵形式表示的非折叠张量是一个6行3列(6×3)的表,而其张量形式则是一个9×3的表.比如,线性光电效应系数张量就是其中之一.

类似地,一个关于两对脚标对称的四阶张量,由式(1.28)知其有$4 \cdot 3^{4-2}=36$个独立分量.其张量表示的展开形式是一个9×9的表,按照式(1.40)的规则改写脚标转换到其矩阵表示形式,得到一个6×6的表,即矩阵形式只包含36个分量而不是81个.这类张量的例子有电致伸缩和压电光系数张量.

值得注意的是,对高于二阶的张量来说,在从张量到矩阵(或反过来)的变换中,根据式(1.40)得到相应分量的等式时,有时有必要引入附加的数值因子(如2,4等).观察特殊方程式(1.20)~(1.22),可以清楚地看到引入这些数值因子的必要性.

利用矩阵表示对称张量大大简化了张量的记号,从而可以方便地解决很多特殊问题,同时也可把矩阵计算方法应用于晶体物理.切记,在做坐标变换时,要把矩阵还原成张量记号,才能利用式(1.16)~(1.19)的规则变换张量分量.因此,虽然在三阶和四阶对称张量的矩阵中都只有两个脚标,但它们绝不是二阶张量的分量,因而不能对它们做类似的变换.

规则(1.16)~(1.19)虽然简单,但不易应用.因此发展了更复杂的但易掌握的将张量分量转变为矩阵形式的规则(例如文献[1.4]).

1.3 张量的几何解释 指示量表面

1.3.1 对称二阶张量的特征表面

对称二阶极张量是广泛应用于描述晶体物理性质的重要张量之一. 因此，我们将从其几何解释开始，对对称二阶极张量做仔细的讨论.

由分析几何知道，中心在原点的二次表面的一般方程为

$$T_{ij}x_ix_j = 1 \tag{1.42}$$

可以把这个方程变换到新的坐标系. 做坐标变换时，把表面上运动点的坐标看成径矢量的分量，因而可按式(1.11)的规则做变换，即

$$x_i = \alpha_{ki}x'_k, \quad x_j = \alpha_{lj}x'_l \tag{1.43}$$

把式(1.43)代入式(1.41)，得

$$T_{ij}\alpha_{ki}\alpha_{lj}x'_kx'_l = 1, \quad 即 \quad T'_{kl}x'_kx'_l = 1$$

其中

$$T'_{kl} = \alpha_{ki}\alpha_{lj}T_{ij} \tag{1.44}$$

比较可知，式(1.44)和式(1.16)是一样的.

所以，二次表面方程的坐标变换规则与对称二阶张量的变换是一致的. 因此，考查中心在原点及其系数为张量分量的二次表面方程的坐标变换，就可以得到做张量变换后的对称二阶张量分量. 所以，这样的表面称为**对称二阶张量的特征表面**，可以用来描述任何可用对称二阶张量表示的晶体物理性质.

1.3.2 对称二阶张量的主轴

任何中心二次表面都有**主轴**，即在 3 个相互垂直的方向上，当主轴与坐标轴选取的方向一致时，表面方程的一般形式(1.42)简化成如下形式：

$$T_1x_1^2 + T_2x_2^2 + T_3x_3^2 = 1 \tag{1.45}$$

因此，一个对称二阶张量也可以简化成用其主轴表示的形式，即把张量

$$T_{ij} = \begin{Vmatrix} T_{11} & T_{12} & T_{13} \\ T_{12} & T_{22} & T_{23} \\ T_{13} & T_{23} & T_{33} \end{Vmatrix}$$

写成

$$\begin{Vmatrix} T_1 & 0 & 0 \\ 0 & T_2 & 0 \\ 0 & 0 & T_3 \end{Vmatrix} \tag{1.46}$$

其中，T_1, T_2, T_3 称为**张量 T_{ij} 分量**(或由该张量表示的性质的)**的主值**，与相应方程式(1.45)的系数相同. 当选取的坐标轴与张量的主轴平行时，该坐标系称为**张量的主坐标系**. 显然，张量的主轴与特征表面的对称素(轴)是相同的.

用主轴表示的张量(习惯称为**对角形式**)，其独立分量的个数减少到 3. 由于确定主坐标轴(即张量的主轴)方向还需要 3 个独立的数值，因而其"自由度"数仍然保持为 6 个.

如果联系两个矢量的张量的方程

$$a_i = T_{ij} b_j$$

是对称的，那么从任意坐标轴转换到张量时，方程简化成

$$a_i = T_{ii} b_i = T_i b_i, \quad 即 \quad a_1 = T_1 b_1, a_2 = T_2 b_2, a_3 = T_3 b_3 \tag{1.47}$$

由式(1.47)可知，当矢量 $\boldsymbol{b}$ 沿着张量的任意一主轴时，矢量 $\boldsymbol{a}$ 也与之平行，但矢量沿 3 个轴的比例系数是不同的(其关系是张量的，不是标量的). 另一方面，如果矢量 $\boldsymbol{b}$ 与张量 T_{ij} 的任意一主轴不共线，那么矢量 $\boldsymbol{a}$ 也不与矢量 $\boldsymbol{b}$ 平行，这是由于 $\boldsymbol{a}$ 和 $\boldsymbol{b}$ 各分量的比例系数有相同的差别.

1.3.3　给定方向的性质

在讨论晶体性质时经常要用到"给定方向的性质"这一概念，当用极矢量或轴矢量表示晶体性质时，无需做解释. 矢量的长度和符号给出了该性质在给定方向上的大小和符号. 但如果用二阶张量来描述这些性质，这一概念就变得复杂了. 因为一个二阶张量就需要用二次表面表示(而这还仅仅是在对称的情形下)，并且与之相关的矢量通常是互相不平行的(见 1.3.2 节).

令 $a_i = T_{ij} b_j$，那么表示给定方向上张量性质的量 T 就是矢量 $\boldsymbol{a}$ 在该方向上的投影与矢量 $\boldsymbol{b}$ 在同一方向上的投影的比.

根据 T 的定义导出其分析表达式. 假设在某坐标系的给定方向的方向余弦为 e_1, e_2 和 e_3，那么，矢量 $\boldsymbol{b}$ 在该方向上的投影可表示为 $\boldsymbol{b} = [e_1 b, e_2 b, e_3 b]$，即 $b_i = e_i b$. 如果矢量 $\boldsymbol{a}, \boldsymbol{b}$ 的夹角为 θ，$\boldsymbol{a}$ 在 $\boldsymbol{b}$ 上的投影是

$$a\cos\theta = ab\cos\theta / b = (\boldsymbol{ab}) / b = a_i b_i / b$$

这与矢量的点积性质相同. 根据定义，有

$$T = a_i b_i / b^2 = T_{ij} b_j b_i / b^2$$

最后

$$T = T_{ij} e_i e_j \tag{1.48}$$

如果张量 T_{ij} 是对称的,且在其主坐标系(不在任意坐标系中)下,式(1.48)简化为

$$T = T_{ii} e_i^2 = e_1^2 T_1 + e_2^2 T_2 + e_3^2 T_3 \tag{1.49}$$

讨论给定方向的性质时,通常选取该方向为某一坐标轴 X_1' 的方向.根据 T 的定义和式(1.47),得

$$T = a_1' / b_1 = T_{11}' = \alpha_{1i} \alpha_{1j} T_{ij} \tag{1.50}$$

考虑到式(1.4)中 $e_i = \alpha_{1i}$,很容易知道式(1.50)和式(1.48)是等价的.根据式(1.50),量 T 称为给定方向上张量的**“纵向”分量**.

与式(1.50)类似,可引入描述晶体性质的给定方向上任意阶张量的“纵向分量”.量 T,即给定方向上张量 $T_{ijk\cdots p}$ 的纵向分量,由下式定义(这里选取给定方向为 X_1' 轴的方向):

$$T = T'_{111\cdots 1} = \alpha_{1i} \alpha_{1j} \alpha_{1k} \cdots \alpha_{1p} T_{ijk\cdots p} \tag{1.51}$$

对二阶张量一般只考虑给定方向上张量的“纵向”分量,但对高阶张量,除了式(1.51)定义的给定方向“纵向分量”外,有时还引入在给定方向上的其他分量.这样,如果存在张量关系:

$$R_{ijk\cdots p} = T_{ijk\cdots pqrs\cdots z} Q_{qrs\cdots z}$$

则称

$$T = T_{222\cdots 2111\cdots 1} = \alpha_{2i} \alpha_{2j} \alpha_{2k} \cdots \alpha_{2p} \alpha_{1q} \alpha_{1r} \alpha_{1s} \cdots \alpha_{1z} T_{ijk\cdots pqrs\cdots z} \tag{1.52}$$

为给定方向(选为 X_1' 轴)上张量的**“横向”分量**.一般情况下,

$$T = T'_{ijk\cdots} = \alpha_{is} \alpha_{jt} \alpha_{ku} \cdots T_{stu\cdots} \tag{1.53}$$

称为给定方向(选为 X_1' 轴)上张量 $T_{stu\cdots}$ 的第 ijk 个分量.

1.3.4 对称二阶张量特征表面的几何性质

假设 $\boldsymbol{r}$ 是由式(1.42)给定的对称二阶张量特征表面的矢径,则

$$T_{ij} x_i x_j = 1$$

而 e_i 为其任一坐标系的方向余弦.那么矢径的分量,或者说描述表面的矢径末端坐标可表示成

$$x_i = r e_i$$

代入式(1.42),得

$$r^2 T_{ij} e_i e_j = 1$$

最后,利用式(1.48),得

$$T = 1/r^2,\quad r = 1/\sqrt{T} \tag{1.54}$$

故对称二阶张量 T_{ij} 特征表面上任意一方向的矢径长度，在数值上等于给定张量在该矢径方向的量 T 的平方根的倒数.

特别地，由式(1.47)～(1.49)得知在主轴方向上 T 的值分别为 T_1，T_2，T_3，根据式(1.37)得到特征表面(见图 1.3)的半轴长分别为

$$1/\sqrt{T_1},\quad 1/\sqrt{T_2},\quad 1/\sqrt{T_3} \tag{1.55}$$

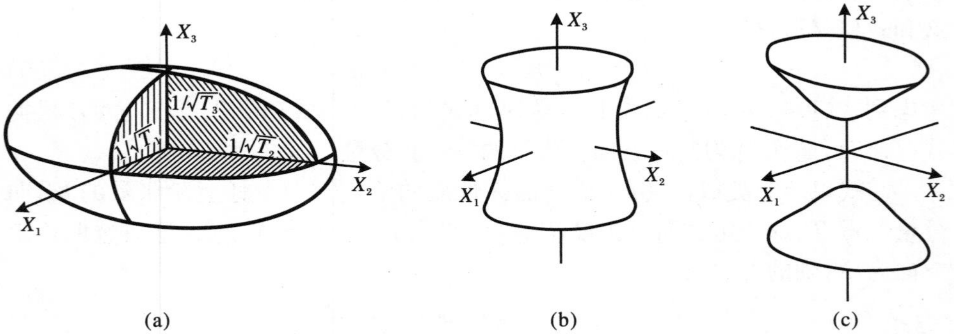

图 1.3 对称二阶张量的特征表面

(a) 椭球面；(b) 单叶双曲面；(c) 双叶双曲面

对由对称二阶张量 T_{ij} 描述的大多数晶体物理性质，如介电常数、电导率等，其张量的主分量都是正的. 但也有这样的张量 T_{ij}，其中的 1 个或 2 个甚至 3 个主分量都是负的，如热膨胀张量. 式(1.55)表示的特征表面的半轴等于 $1/\sqrt{T_i}$，显然，当所有的 $T_i>0$ 时，其特征表面是一个椭球面，如图 1.3 所示. 如果一个主分量 $T_i<0$，其特征表面是一个单叶双曲面；如果两个主分量 $T_i<0$，其特征表面为双叶双曲面；如果所有的主分量 T_i 都小于零，其特征表面为虚的椭球面.

如果 $T_i<0$，可以考虑表面 $T_{ij}x_ix_j=\pm 1$ 的实部，以避免作图中虚的半径矢量. 因此，选取 $T_{ij}x_ix_j=-1$，$r=1/\sqrt{-T}$ 和 $T=-1/r^2$.

下面讨论矢径和法向的性质. 假定，矢量 $\boldsymbol{a}$ 和 $\boldsymbol{b}$ 的关系由对称张量 T_{ij} 确定. 选取其主轴为坐标轴，由

$$a_i = T_i b_i$$

和式(1.45)，张量 T_{ij} 的特征表面方程为

$$T_1x_1^2 + T_2x_2^2 + T_3x_3^2 = 1$$

为简单起见，假设 $T_i>0$.

由方向余弦 e_1,e_2 和 e_3 确定的任意一方向,即给定 $\boldsymbol{b}=[e_1b,e_2b,e_3b]$.则

$$\boldsymbol{a} = [T_1e_1a, T_2e_2a, T_3e_3a]$$

故矢量 $\boldsymbol{a}$ 的方向余弦正比于 T_1e_1,T_2e_2 和 T_3e_3.使矢径 $\boldsymbol{r}$ 与矢径 $\boldsymbol{b}$ 平行,如图 1.4 所示.显然,

$$\boldsymbol{r} = [re_1, re_2, re_3]$$

从分析几何可知,在 $F(x_i)=0$ 表面某点的法向的方向余弦与该点的偏导数 $\partial F(x_i)/\partial x_i$ 成正比.因而,表面 $F=T_ix_i^2-1=0$、坐标为 $\boldsymbol{r}e_i$ 的点的法向的方向余弦正比于 $2T_1re_1$,$2T_2re_2$,$2T_3re_3$ 或者 T_1e_1,T_2e_2,T_3e_3,即正比于矢量 $\boldsymbol{a}$ 的方向余弦.

因此,若 $a_i=T_{ij}b_j$(T_{ij} 等于 T_{ji}),对给定的 $\boldsymbol{b}$,矢量 $\boldsymbol{a}$ 与张量 T_{ij} 特征表面上平行于矢量 $\boldsymbol{b}$ 的矢径末端处的法向一致.

前面所讨论的都是所有 $T_i>0$ 的情形.但是,如果有 $T_i<0$,则需构建表面 $T_ix_i^2=\pm1$ 的实的分支表面.对表面 $T_ix_i^2=-1$,$\boldsymbol{a}$ 的方向平行于向外的法向,而不是向内的法向.

1.3.5　对称二阶张量主轴的确定

在 1.4 节将会看到,描述单斜和三斜晶系物理性质的对称二阶张量的主轴分别在平面上或空间有一个任意取向.因此,对这类晶体,我们面临这样的问题:如何确定固定在晶体上的正交坐标系中对称二阶张量主轴的方向?下面给出简单的讨论.

一些对称二阶张量的特征表面方程不能约化为主轴表示,但可以用式(1.42)表示:

$$F(x_i) = T_{ij}x_ix_j - 1 = 0,\quad 其中\quad T_{ij} = T_{ji} \tag{1.56}$$

用 x_i 表示该特征表面的任意一矢径的分量.正如前一节提到的,式(1.56)的表面在矢径 $\boldsymbol{x}$ 末端的法向方向余弦正比于 $\partial F(x_i)/\partial x_i$,即矢量 $T_{ij}x_j$ 平行于该法向.

径矢的方向沿着式(1.56)表面的主轴方向(被我们设为 X_i),它平行于该表面在该矢径末端的法向方向.故矢量 $T_{ij}x_j$ 平行于矢量 $\boldsymbol{x}$,并且它们的分量是成正比的,即

$$T_{ij}x_j = \lambda x_i \tag{1.57}$$

其中,λ 为常数.

式(1.57)是 3 个用变量 x_i 表示的线性齐次方程组.当由方程组的系数构成的行列式为零时,该方程组有非零解,即

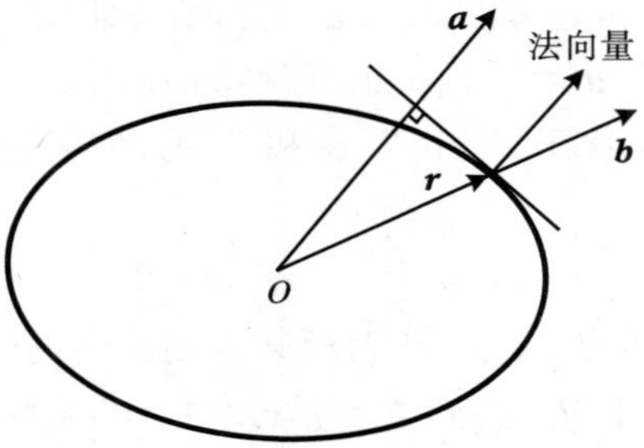

图 1.4　径矢和对称二阶张量特征表面法向性质的图解

$$\begin{vmatrix} T_{11}-\lambda & T_{12} & T_{13} \\ T_{12} & T_{22}-\lambda & T_{23} \\ T_{13} & T_{23} & T_{33}-\lambda \end{vmatrix} = 0 \tag{1.58}$$

式(1.58)是关于 λ 的三次方程，称为**久期方程**. 方程有 3 个根，每个根决定了平行于式(1.56)表面法向的径矢的方向，即决定了张量及其特征表面的一个主轴的方向.

直接寻找张量主轴的方法，由于涉及解三次方程(1.58)，对数值计算不太方便. 因此，在实际中，常常使用近似的方法：对单斜晶系采用最小二乘法，而对三斜晶系则用逐步逼近法(见文献[1.5]).

1.3.6　二阶张量的其他指示量表面

由对称二阶张量 T_{ij} 描述的性质中，除了特征表面外，还可以引入其他有用的指示量表面，其方程可简化为主轴形式：

$$\frac{x_1^2}{T_1^2}+\frac{x_2^2}{T_2^2}+\frac{x_3^2}{T_3^2}=1 \tag{1.59}$$

不管张量主分量的符号是正的还是负的，该表面都是一个半轴为 $|T_1|$，$|T_2|$ 和 $|T_3|$ 的椭球面.

下面讨论该椭球面的性质. 假设，$a_i=T_{ij}b_j$，单位矢量 $\boldsymbol{b}=[b_1,b_2,b_3]$ 为张量 T_{ij} 主坐标系下的矢量，则 $\boldsymbol{a}=[T_1b_1,T_2b_2,T_3b_3]$. 由以上条件，我们有 $b_1^2+b_2^2+b_3^2=1$，于是

$$\frac{a_1^2}{T_1^2}+\frac{a_2^2}{T_2^2}+\frac{a_3^2}{T_3^2}=1$$

比较上式与式(1.59)可得以下结论(见图 1.5)：当单位矢量 $\boldsymbol{b}$ 旋转，其末端形成一个圆时，矢量 $\boldsymbol{a}$ 的末端将是一个椭球面，即式(1.59). 一般地，矢量 $\boldsymbol{a}$ 和

b 的方向是不同的，只有在椭球面的主轴上，两者的方向才相同.

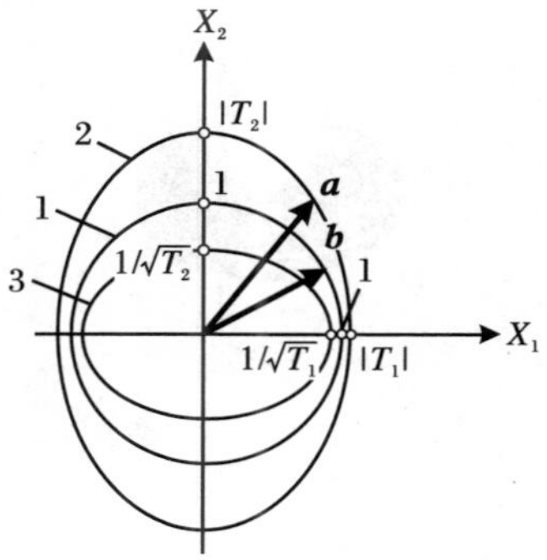

图1.5 (1) 由单位矢量 $\boldsymbol{b}$ 表示的球面的、(2) 由方程 $a_i = T_{ij}b_j$ 给定的对称张量值椭球面的和(3) 该张量的特征表面的中心截面

因此，如果 $\boldsymbol{a}$ 的方向已由径矢和张量 T_{ij} 的特征表面的法向确定，那么，式(1.59)表面代表了以 $\boldsymbol{b}$ 为单位矢量的 $\boldsymbol{a}$ 的长度. 故称式(1.59)表面为**对称二阶张量 T_{ij} 的取值椭球面**.

对张量 T_{ij}（不一定是对称的），有可能多构建一个指示量表面，此表面的径矢等于描述给定方向性质的值，即 T. 该表面由式(1.50)给出，

$$T = T'_{11} = \alpha_{1i}\alpha_{1j}T_{ij}$$

该表面可称为**张量 T_{ij} 的纵向分量表面**.

具有正主轴分量 T_i 的对称二阶张量 T_{ij} 简化为张量主轴形式后，其表面方程为式(1.49)：

$$x_1 = e_1 T, \quad x_2 = e_2 T, \quad x_3 = e_3 T$$

代入式(1.49)且考虑到 $T^2 = x_1^2 + x_2^2 + x_3^2$，得

$$(T_1 x_1^2 + T_2 x_2^2 + T_3 x_3^2)^2 = (x_1^2 + x_2^2 + x_3^2)^3 \tag{1.60}$$

这是个卵椭球方程.

故对称张量 T_{ij}（$T_i > 0$ 时）的纵向分量表面是一个 6 次表面，即一个卵椭球体.

显而易见，如果对称张量 T_i 中有一个或两个 T_i 为负的，该张量的纵向分量表面将不再是单叶的. 比如，一些晶体的线膨胀系数张量就是这样（见图 1.6）.

1.3.7 高于二阶张量的指示量表面

对高于二阶的张量，不能用任何单一的指示量表面做出几何解释. 但是，任

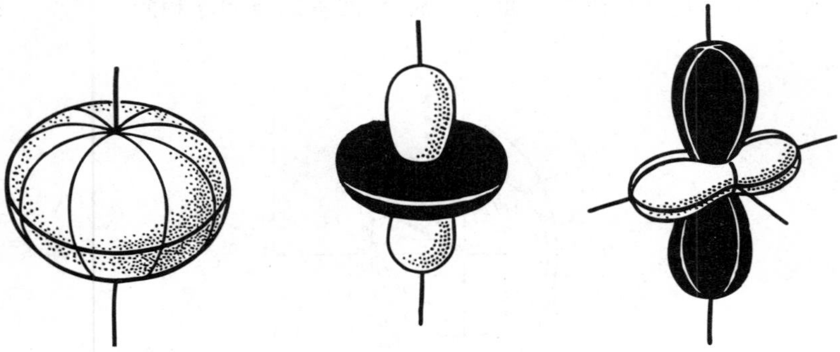

图1.6　热膨胀张量 α_{ij} 的主分量 α_1，α_2，α_3 有不同符号时，张量的指示量表面的例子

(a) $\alpha_3>0$ 和 $\alpha_1>0$ 的单轴晶体，表面对称性 ∞/mmm，(b) $\alpha_3>0$ 和 $\alpha_1<0$，表面对称性 ∞/mmm，(c) 双轴晶体 $\alpha_1\neq\alpha_2\neq\alpha_3$，$\alpha_1$，$\alpha_2>0$，$\alpha_3<0$，表面对称性 mmm. 对应 $\alpha>0$ 的区域为白色的，对应 $\alpha<0$ 的区域为黑色的

意阶的张量都有可能构建各种指示量表面，使此表面的径矢等于表征描述给定方向上张量某些分量的值 T.

由下式即式(1.51)确定的径矢表示的表面

$$T = T'_{111\cdots1} = \alpha_{1i}\alpha_{1j}\alpha_{1k}\cdots\alpha_{1p}T_{ijk\cdots p}$$

称为张量 $T_{ijk\cdots p}$ 的"纵向"分量表面. 一般地，方程为下式即式(1.53)形式的表面

$$T = T'_{ijk\cdots} = \alpha_{is}\alpha_{jt}\alpha_{ku}\cdots T_{stu\cdots}$$

称为张量 $T_{stu\cdots}$ 的第 ijk 分量的表面. 经常构建这类表面的图解以说明特殊晶体的压电性质、弹性及其他性质(见图1.7).

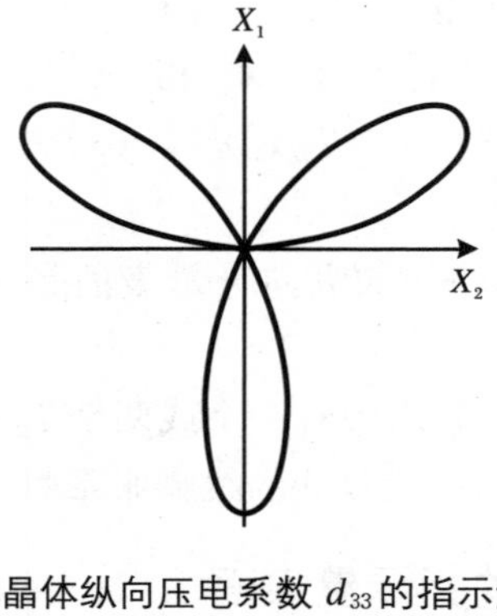

图1.7　石英晶体纵向压电系数 d_{33} 的指示量表面的截面

1.4 张量的本征(外)对称性

1.4.1 张量本征对称性的一般记号

在前面的几卷中，对称性的概念主要用于处理几何图形或材料物体的对称性，如单个晶体、晶体结构、倒易点阵等. 正如 1.1 节提到的，对称性也是晶体物理性质所固有的. 由于晶体的大多数物理性质是用张量表示的，我们首先讨论张量的本征对称性(也被称为外对称性)[1.6].

根据点群的一般定义，其操作由某些正交变换矩阵 $\|\alpha_{ij}\|$ 确定. 假设 N 阶张量具有给定的对称操作，这个操作把该张量的全部分量变换为它们自身，即

$$\alpha_{pi}\alpha_{rj}\alpha_{sk}\cdots T_{ijk\cdots} = T'_{prs\cdots} = T_{ijk\cdots} \tag{1.61}$$

因此，一个**张量的本征对称群**就是对于所有张量分量不变的正交变换的点群 G_0^3. 这些分量自然对于 G_0^3 群的任何其他子群也是不变的.

值得强调的是，张量的本征对称性以及其独立分量(1.5 节)的个数是该张量的恒定特性，与其在某一坐标系下的记号无关.

为了直观，当张量可以用其几何图像作为补充时，该几何图像定义的几何图形的对称性与该张量的对称性完全一致.

下面仔细讨论张量的一般对称性. 考察由下面矩阵确定的一个反演操作：

$$\left\| \begin{matrix} -1 & 0 & 0 \\ 0 & -1 & 0 \\ 0 & 0 & -1 \end{matrix} \right\|$$

根据该矩阵，一个 N 阶极张量分量做反演变换后的方程可以写为

$$T'_{ijk\cdots} = \alpha_{ip}\alpha_{jq}\alpha_{kr}\cdots T_{pqr\cdots} = \alpha_{ii}\alpha_{jj}\alpha_{kk}\cdots T_{ijk\cdots} = (-1)^N T_{ijk\cdots} \tag{1.62}$$

由式(1.62)知，偶数阶张量做反演变换后，$T'_{ijk\cdots} = T_{ijk\cdots}$；而奇数阶张量做反演变换后，$T'_{ijk\cdots} = -T_{ijk\cdots}$. 因此，任意偶数阶极张量有一个对称中心，而所有奇数阶张量都没有对称中心.

由于反演变换是第二类变换，那么根据式(1.23)，一个 N 阶赝张量(轴张量)分量的反演变换方程与式(1.62)不同，其方程右边多了一个因子(−1)，即

$$P'_{ijk\cdots} = (-1)^{N+1} P_{ijk\cdots} \tag{1.63}$$

所以,任意偶数阶赝张量都没有对称中心,而任意奇数阶赝张量都是中心对称的.因此,标量、轴矢量、二阶极张量都有对称中心,而赝标量、极矢量、二阶赝张量都没有对称中心.

1.4.2 对称性的极限群

张量的本征对称群不会因有限的点群而变得有限,而是可以属于所谓极限对称群(见文献[1.1]第2章).

极限(无限,连续)点对称群是包含无限小旋转操作(即无限阶的∞对称轴)的点群.居里指出这样的点群一共有7个,即

$$\infty, \infty mm, \infty 22, \infty/m, \infty/mmm, \infty/\infty, \infty/\infty mm$$

利用具有同样对称性的简单图样(见图1.8)很容易记住这些点群.

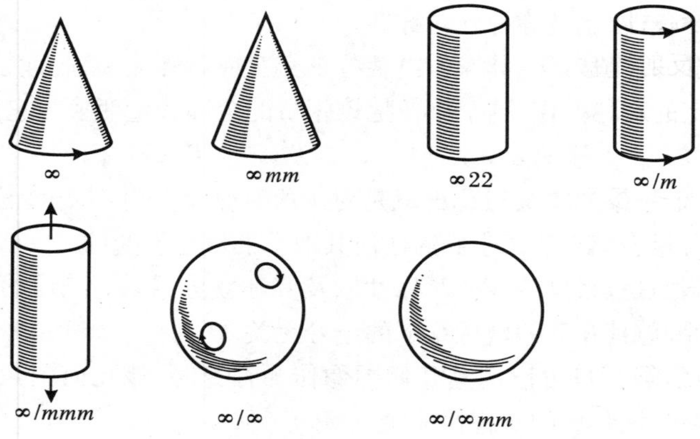

图1.8 极限点对称群的图样

图中的一个箭头表示一种旋转,两个箭头表示涡旋;球面上的闭合箭头表示其所有的半径沿一个方向涡旋,向右或向左

7个极限点群中,有5个是描写各向异性介质的,它们具有唯一的轴(∞轴):∞, ∞mm, $\infty 22$, ∞/m, ∞/mmm. 2个点群描写各向同性介质:∞/∞, $\infty/\infty mm$. 7个群中有3个(∞/m, ∞/mmm, $\infty/\infty mm$)有对称中心,其余4个:∞, ∞mm, $\infty 22$, ∞/∞则没有对称中心,这4个中有3个(∞, $\infty 22$, ∞/∞)可以有对映性.这3个群中的∞群和第四个非对称中心群(∞mm群)是极性的,即具有唯一的极轴(∞轴).∞群和∞/m群是轴向的,即有一个唯一的轴向轴(∞轴).这里向读者推荐,文献[1.1]2.6.4节给出了极限群从属关系的简图.

1.4.3 标量、赝标量和矢量的本征对称性

显而易见，标量和赝标量的对称群分别为极限群$\infty/\infty mm$和∞/∞. 事实上，从图 1.8 可清楚地看到，标量在完全正交群$\infty/\infty mm$的任意变换下与其自身重合，赝标量在任意旋转或第一类变换下也与其自身重合，亦即由群∞/∞表征. 在任意第二类变换下，赝张量改变其半径涡旋的"符号"(转化为对映形式).

下面找出极矢量 $\boldsymbol{a}$ 的对称素. 建立坐标系，使坐标轴之一 X_3的正方向与矢量 $\boldsymbol{a}$($\boldsymbol{a}=[0,0,a_3]$)的方向重合. 那么以 X_3轴为转轴的任意转动由下面矩阵确定：

$$\begin{Vmatrix} \alpha_{11} & -\alpha_{12} & 0 \\ \alpha_{12} & \alpha_{11} & 0 \\ 0 & 0 & 1 \end{Vmatrix}$$

这里有 $a_3'=a_3=a_i$. 故极矢量有对称轴∞. 同样，相对通过该矢量的平面(如平面 X_1X_3)的反射导致 $a_i'=a_3=a_i$. 与此同时，相对横向平面 X_1X_2的反射导致 $a_i'=-a_3=-a_i$. 因此，纵向平面 X_1X_3为矢量 $\boldsymbol{a}$ 的对称面，这样的对称面有无限多个，因为矢量 $\boldsymbol{a}$ 有一个对称轴∞. 另一方面，矢量 $\boldsymbol{a}$ 没有横向对称面(或者对称中心，这已在 1.4.1 节中提到).

因此，极矢量具有对称性∞mm. 习惯上用箭头↗表示极矢量的几何图像.

关于轴矢量的对称性，我们仅在本节一开头提到，轴矢量为一阶赝张量，是中心对称的. 回顾前面 1.2 节知，在第一类变换下，轴矢量的行为与极矢量一致. ∞ 轴是一个第一类对称素，故轴矢量和极矢量都有一个 ∞ 轴. 镜面反射属于第二类变换. 这意味着，与极矢量相比，轴矢量的分量在反射之后要改变符号. 因此，与分析极矢量的方法相似，很显然，轴矢量没有纵向对称平面，但有一个横向对称平面.

故轴矢量的对称性为∞/m. 很明显，直箭头不再是轴矢量的几何图像(虽然经常会错误地认为这是它的图像)，因为直箭头不能反映轴矢量的对称性. 舒布尼科夫提出用有这种对称性的图形∅，即带环形箭头的线段来表示轴矢量.

如同极矢量，轴矢量有不同的两端，即南极与北极. 但是极矢量的两端是不等相的，即不叠合等同，也不镜像等同. 轴矢量的两端却是镜像等同，但不叠合全等. 这清楚地说明了电矢量和磁矢量的不同.

1.4.4 二阶极张量的本征对称性

下面讨论对称二阶极张量的对称性. 不像前面那样通过分析方法寻找张量

的对称性，我们考虑其特征表面的对称性. 回顾前面可知，这种对称性作为一种几何图像，具有张量所有的性质，因此是同一对称性(见 1.3 节).

对称二阶张量 T_{ij} 的特征表面可简化为对角线的形式，用式(1.45)表示. 为明确起见，假设式(1.45)表面的主系数(即张量 T_{ij} 的主分量) $T_i>0$，找出在不同 T_i 关系下该表面的对称性，并考虑已知的张量 T_{ij} 有对称中心①.

显然，当 $T_1=T_2=T_3$ 时，特征表面退化为球面，因而张量 T_{ij} 的对称性变为 $\infty/\infty mm$，即张量退化为标量. 当 $T_1=T_2\neq T_3$ 时，式(1.45)表面是一个沿 X_3 方向的 ∞ 轴为转轴的旋转椭球面，因此，张量 T_{ij} 的对称性变为 ∞/mm. 若 $T_1\neq T_2=T_3$，式(1.45)表面变为一个有 mmm 对称性的三轴椭球面. 张量 T_{ij} 也具有相同的对称性. 这里的二重轴、各对称面的法向与特征表面主轴、张量 T_{ij} 的主轴相重合.

由于只有对称张量才具有一个明确描述该张量的特征表面，并可以简化为对角形式. 因此，对称二阶极张量有一个本征对称性 mmm，∞/mmm 或 $\infty/\infty mm$，其本征对称取决于张量的主分量间的关系. 反过来也是成立的，即任意具有这种本征对称性的二阶极张量是对称张量.

按照式(1.61)，用一般方法很容易知道，反对称性极张量有对称性 ∞/m，与轴矢量的相同. 这是不难理解的，因为反对称二阶极张量与轴矢量互为对偶(见 1.2.5 节).

同样不难得到非对称二阶极张量的对称类型. 由 1.2.5 节可知，非对称二阶极张量总是可以表示成一个对称二阶极张量与一个反对称二阶极张量之和，这两部分主轴之间的方向可以是不同的，此外，对称张量的主分量(对角分量)也可以有不同的关系. 因此，根据居里原理(见 1.5 节)，一个非对称二阶极张量有这样的对称性，它是由该张量的对称和反对称部分的共同对称素确定的(在这些对称素某种给定的相互排列下). 如果对称部分的对称群包含一个 ∞ 轴且该轴与反对称部分的 ∞ 轴平行，其组合总的对称性和非对称二阶极张量的对称性为 ∞/m. 如果这些 ∞ 轴是相互垂直的或对称轴和对称平面是重合的，且张量的对称部分有对称性 mmm，其组合总的对称性为 $2/m$. 最后，当这两部分的轴的取向任意时，其组合只保留了对称中心 $\bar{1}$.

因此，非对称二阶极张量具有的本征对称性有 ∞/m，$2/m$ 或 $\bar{1}$.

---

① $T_i<0$ 的情形并不影响这种考虑，因为单轴与双轴双曲面与其相应的椭球面具有相同的对称性. $T_{ij}=0$ 的出现同样也不影响这种考虑，因为此时我们处理的是保持其对称性退化的图形.

1.4.5 二阶赝张量的本征对称性

下面分析二阶赝张量的对称性.对称二阶赝张量 P_{ij} 以及对称二阶极张量 T_{ij} 都可以简化为对角形式.赝张量 P_{ij}($P_i>0$ 时)的特征表面与张量 T_{ij}($T_i>0$ 时)的特征表面具有相同的形式和对称性,所不同的是,根据式(1.62)张量 P_{ij} 为非中心对称,其特征表面没有对称中心. P_{ij} 特征表面的所有径矢都要设想成向左或向右卷起.所以,除了从张量 T_{ij} 的对称素中排除对称中心外,当 $P_1=P_2=P_3$ 时,得到张量 P_{ij} 及其特征表面的对称群 ∞/∞(此时赝张量退化为标量);当 $P_1=P_2\neq P_3$ 时,得到对称群 $\infty22$;而当 $P_1\neq P_2\neq P_3$ 时,得到对称群 222.再加上考虑 $P_1=-P_2$,$P_3=0$ 时的非完全对称赝张量,就可能得到该张量有对称性 $\bar{4}2m$(轴 $\bar{4}$ 与 X_3 重合,轴 2 分别与 X_1 和 X_2 重合).这样的情况下,对称二阶极张量不会产生新的对称群.

因此,对称二阶赝张量具有以下对称性之一:∞/∞,$\infty22$,222 或 $\bar{4}2m$,其取决于该张量的主分量之间的关系.

用直接检验的方法很容易知道反对称二阶赝张量与极矢量有相同的对称性 ∞mm.这不难理解,因为反对称二阶赝张量与极矢量互为对偶(见 1.2.5 节).

对完全非对称二阶赝张量,由其对称与反对称部分的对角分量和主轴间不同的取向关系,得到对称群 ∞,2 和 1(排除与相关的非对称二阶极张量对称素中的对称中心).再加上考虑 $P_3=0$ 时的完全非对称赝张量,很容易知道该张量具有以下对称性之一:$mm2$,m 或 1,取决于群 $\bar{4}2m$ 和 ∞mm 的对称素之间的取向关系.

上面讨论的结果归纳在表 1.2 中(参见文献[1.7]).

表 1.2 标量、赝标量、矢量和二阶张量的本征对称性

张量	对称群
标量(零阶极张量)	$\infty/\infty mm$
赝标量(零阶赝张量)	∞/∞
极矢量(一阶极张量)	∞mm
轴矢量(一阶赝张量)	∞/m
对称二阶极张量	$\infty/\infty mm$, ∞/mm, mmm
非对称二阶极张量	∞/m, $2/m$, $\bar{1}$
反对称二阶极张量	∞/m
对称二阶轴张量(赝张量)	∞/∞, $\infty22$, 222, $\bar{4}2m$
非对称二阶轴张量	∞, 2, 1, $mm2$, m
反对称二阶轴张量	∞mm

1.4.6 高阶张量的本征对称性

对高于二阶的高阶张量要找出其本征对称性是比较难的，因为不能构建其特征表面；非对称二阶张量也一样. 虽然这些张量不能简化为对角形式，但存在这样的正交坐标系，在该坐标系下，张量分量的矩阵可以写成最简单的形式. 这让人自然想到一个坐标系，即任意阶张量以及对称二阶**张量的主坐标系**（见1.3节）. 显然，主坐标轴与张量的对称素（如果存在的话）相一致. 如果张量的对称性为球对称的，那么任意的坐标系都是其主坐标系. 如果张量的对称群包含唯一的轴∞，那么处在与∞轴垂直平面上的任意轴都是主坐标轴.

寻找任意阶张量的本征对称性的问题就变成了把张量表示成在主坐标系下的形式，并查验在对称变换下方程式(1.61) $T'_{ijk\cdots}=T_{ijk\cdots}$（或 $P'_{ijk\cdots}=P_{ijk\cdots}$）是否成立.

1.5 物理性质的对称性

1.5.1 材料张量和场张量

到目前为止，我们一直讨论张量的一般性质及其本征对称性，没有考虑到其特定的物理内涵. 现在有必要谈及两类不同的物理张量（取决于其与物体的关系），分别称为材料张量和场张量. **材料张量**描述晶体的性质（即可测量量之间的关系），而**场张量**则描述对晶体的作用及晶体的反应.

材料张量的对称性必须与由诺依曼原理（见1.5.4节）确定的晶体的对称性相一致，且材料张量的对称素及其特征表面和指示量表面必须与晶体相应存在的对称素相同.

与材料张量不同，场张量的对称性与晶体的对称性无关，它们与晶体的对称素可以有任意的取向. 比如，可对一个具有任意对称性的晶体施加一个方向任意的电场（极矢量）或机械应力（对称二阶极张量）；也可以等同地对具有任意对称性的晶体确定一个任意方向的极化或形变分量. 应当注意，在确定任意方向的机械应力（形变）时，引起的形变（应力）响应已经取决于晶体的对称性，因为形变的响应是由晶体的弹性性质决定的.

在不同的情形下,相同的物理张量既可以起到材料张量的作用,也可以起到场张量的作用.这样,刚才提到的极化矢量 $\boldsymbol{P}$ 一般情况下是场张量,但在热电体(和铁电体)中矢量 $\boldsymbol{P}_s$ 描述的是自发极化的性质,与晶体的对称性有必然的联系而成为材料张量(见下节式(1.66)).形变张量一般情况下是场张量,但用于描述铁弹性的自发形变时,就和晶体的对称性相联系而成为材料张量(见1.5.7节).

各向同性介质与各向异性介质对场张量来说是没有什么区别的,但对描述材料物理性质的材料张量来说,是有区别的.因此,我们这里只讨论后者.

1.5.2 晶体物理坐标系

正如刚才提到的,描述晶体物理性质的任意张量的本征对称素必须与相应的晶体点对称素相一致(如果存在的话).但对不少晶类来说,对称性不足以刚性地固定某阶张量相对晶体主坐标系.不难理解,一般地,对 m,2,2/m,4,$\bar{4}$,4/m,3,$\bar{3}$,$\bar{6}$,6 和 6/m 等晶类,主坐标系中只有一个坐标轴是固定的,而对 1 和 $\bar{1}$ 晶类,一个固定的主坐标轴也没有.因此,这些类型的晶体中,其张量的主坐标系是可以改变方向的,比如,由温度或所描述性质的频率色散或由其他标量的变化引起.这些在方向上的变化对描述晶体不同物理性质的张量是不同的.大多数时候使用这种变动的坐标系是不方便的.考虑到这一因素以及在某特殊坐标系下的张量记号取决于该坐标系与张量主坐标系的取向,一般习惯选用**晶体物理坐标系**来描述张量和晶体的各向异性物理性质,这种晶体物理坐标系是按照一定规则选定的正交坐标系.

显然,一般情况下是不可能选用晶体学坐标系来做这种晶体物理坐标系的,见文献[1.1]第 3 章,因为前者在低对称晶系的晶体中不是正交的.但是,晶体物理坐标轴与晶体学轴尽可能固定在一起:对立方、四方、正交晶系,两个坐标系的所有坐标轴是相同的,对六方、三方和单斜晶系有两个坐标轴固定在一起,而对三斜晶系,至少有一个坐标轴固定在一起.

选取晶体物理坐标系(记为 X_1,X_2,X_3)的一般规则及其说明见表 1.3.除了晶体学坐标系的要求外,晶体物理坐标系一般是右手系,两坐标系相应的坐标轴正方向间的夹角小于 90°.

表 1.3　选取晶体物理坐标系的规则

晶　系	与晶体学轴的取向关系	与晶体对称素的取向关系
三斜	$X_3 /\!/ c$ 或 $X_2 /\!/ b$ 或 $X_1 /\!/ a$	
单斜	$X_2 /\!/ b$ 和 $X_1 /\!/ a$（或 $X_3 /\!/ c$） 有时 $X_3 /\!/ b$ 和 $X_1 /\!/ a$（或 $X_3 /\!/ c$）	$X_2 /\!/$ 轴 2 或 $\perp m$ 平面 有时 $X_3 /\!/$ 轴 2 或 $\perp m$ 平面
正交	$X_3 /\!/ c, X_2 /\!/ b, X_1 /\!/ a$	$X_3 /\!/$ 轴 2，$X_1, X_2 /\!/$ 其他轴 2 或 $\perp m$ 平面（如果存在）
四方	$X_3 /\!/ c, X_2 /\!/ b, X_1 /\!/ a$	$X_3 /\!/$ 轴 4（或 $\bar{4}$）；$X_1, X_2 /\!/$ 轴 2 或 $\perp m$ 平面（如果存在）. 对 $\bar{4}2m$ 晶类，一般 $X_1, X_2 /\!/$ 轴 2
三方和六方	$X_3 /\!/ c, X_1 /\!/ a$ 对 $3m$ 和 $\bar{6}m2$ 晶类有时 $X_2 /\!/ b$	$X_3 /\!/$ 轴 $3, \bar{3}, 6$ 或 $\bar{6}$；$X_1 /\!/$ 轴 2（如果存在，且 $\bar{6}m2$ 晶类除外），对 $3m$ 和 $\bar{6}m2$ 晶类，一般 $X_1 \perp m$ 平面，但有时 $X_2 \perp m$ 平面
立方	$X_3 /\!/ c, X_2 /\!/ b, X_1 /\!/ a$	X_1, X_2, X_3 分别平行于三个相互垂直的轴 4（或 $\bar{4}$），如果轴 4（或 $\bar{4}$）不存在则平行于轴 2

应当注意，一些晶类的晶体物理坐标轴有多种选择. 晶体学坐标轴的多种选择进一步增加了其任意性. 在比较不同作者测定特定晶体的物理性质时必须考虑坐标轴选择的多样性. 同样，这也要求研究人员在实验中明确晶体的设定并清楚准确地表述实验结果.

有时，在测定单斜和三斜晶体的性质时，为了获得"晶体物理"和实验室坐标系之间的密切关系，选取特定条件下被测性质的张量主坐标系作为晶体物理坐标系（比如，在光学测量中，选取固定波长 λ 和温度 T 条件下光学指示量的主轴）.

1.5.3　张量的本征对称性及其表示的物理性质的对称性间的关系

正如前一节提到的，对某些类型的晶体（占晶体大多数），描述某一物理性质的任意张量主坐标系总是保持其在晶体中的方向，且与固定在晶体上的晶体物理坐标系重合. 另外一些类型的晶体，描述晶体物理性质的一些（甚至是任何）张量的主坐标系不会保持其在晶体中的方向，而是随着如温度、测量场的频率及其他标量的变化而改变. 在这种情况下，如果晶体物理坐标系完全固定在晶体上，可以用在晶体物理坐标系中的一组方向不同的张量来描述这一晶体性质，这些张量的主轴绕着与张量固定主轴重合的晶体物理坐标系的一个主轴旋转. 但是，如果晶体物理坐标系相对于晶体学坐标系不是完全固定的，描述晶体性质的将是主轴绕着固定原点旋转的一组方向不同的张量. 因此，描述晶体物理性质的张量主坐标系，与晶体物理坐标系相比，可以有额外的自由度.

显然，在这种情况下，从晶体物理坐标系看，描述给定物理性质的一组张量的对称性一般低于张量的本征对称性，这种本征对称性只有在其运动的主坐标系中才清楚地显现出来. 因此，和描述物理性质的张量本征对称性概念一样，引入晶体物理性质对称性的概念是有益的. **物理性质对称性**是在标量(如温度、频率、静压强等)的不同取值下描述晶体物理坐标系中给定性质的一组张量的一般对称性.

当张量的主坐标系在晶体中保持其方向时，物理性质的对称性和描述该性质的张量本征对称性是相等的；相反情形下，该性质的对称群 G_{pr} 是相关张量 G_T 的本征对称群的子群，即

$$G_{\mathrm{pr}} \subseteq G_T \tag{1.64}$$

(符号$\subset$为"包含"的意思). 那么在 $G_{\mathrm{pr}} \neq G_T$ 的情况下，给定群 G_{pr} 和群 G_T 对应，而且 G_T 为其最近的母群(如果存在几个 G_T 群的话).

应该强调，和张量的本征对称性一样，由张量描述的物理性质的对称性在坐标变换下是不变的，也就是说，与特定的正交晶体物理坐标系的选择无关. 如果不考虑张量方向随标量参数变化引起的可能变化(如在恒定温度和波长下，考虑单斜和三斜晶系晶体的光学性质)，那么 $G_{\mathrm{pr}} = G_T$ 总是成立.

下面看些例子. 在 m 晶类中，描述某些物理性质的矢量 $\boldsymbol{a}$ 需要处于镜面内，但在该镜面上的矢量方向却不固定，而有 1 类对称的晶体中，矢量 $\boldsymbol{a}$ 的方向在空间是不固定的. 显而易见，虽然矢量 $\boldsymbol{a}$ 的本征对称性为 ∞mm，这些晶类的晶体中的极矢量性质分别具有对称性 m 和 1. 类似地，在 $\bar{1}$ 和 1 晶类的晶体中，描写物理性质的轴矢量在空间可有任意方向. 轴矢量的扇形仅保留了对称中心. 因此，三斜晶体的轴矢量有一个对称 $\bar{1}$.

对单斜晶系晶体，对称二阶极张量的特征表面(有对称性 mmm 的椭球面)只有一个轴的方向是固定的，而对三斜晶系晶体，则没有一个轴的方向是固定的. 显然，对单斜和三斜晶体，其张量不同方向的特征表面组的对称性分别是 $2/m$ 和 $\bar{1}$. 可见，单斜和三斜晶体中由对称二阶极张量(具有本征对称性 mmm)描述的物理性质也分别具有对称性 $2/m$ 和 $\bar{1}$.

类似地，在单斜和三斜晶体中由对称二阶赝张量描述的物理性质，分别具有对称性 2 和 1，而其张量的本征对称性为群 222. 在晶类 4 的晶体中，张量只有

一个主轴是固定的,由一个本征对称性为 $\bar{4}/2m$ 非完全对称的二阶赝张量描述的性质的对称性为 $\bar{4}$.

表 1.4 总结了由不同张量描述的几种物理性质的对称性(和表 1.3 比较). 表中的下划线表示物理性质的对称群与描述该性质的张量本征对称群不相同. 在右边排立的没有下划线的最靠近的群(即性质的最近的较高对称群,并与张量的本征对称群一致)就是该情形下张量的本征对称群.

表 1.4 晶体物理性质的对称性

描述性质的张量	性质的对称群 G_{pr}
标量(零阶极张量)	$\infty/\infty mm$
赝标量(零阶赝张量)	∞/∞
极矢量(一阶极张量)	$\underline{1},\underline{m},\infty mm$
轴矢量(一阶赝张量)	$\underline{\bar{1}},\infty m$
对称二阶极张量	$\bar{1},\underline{2/m,mmm,\infty/mmm,\infty/\infty mm}$
非对称二阶张量	$\bar{1},2/m,\infty/m$
反对称二阶张量	$\underline{\bar{1}},\infty m$
对称二阶赝张量	$\underline{1},\underline{2},222,\infty 22,\infty/\infty,\underline{m},\underline{\bar{4}},\bar{4}2m$
非对称二阶赝张量	$1,2,\infty,m,mm2$
反对称二阶赝张量	$\underline{1},\underline{m},\infty mm$
两脚标对称的三阶极张量	$\underline{1},\underline{2},222,\underline{3},32,\infty,\infty 22,\underline{m},mm2,3m,\infty mm,\underline{\bar{4}},\bar{2}m,\underline{\bar{6}},\bar{6}m2,\bar{4}3m$
两脚标对称的三阶轴张量	$\underline{\bar{1}},2/m,mmm,\infty/m,\infty/mmm,\underline{\bar{3}},\bar{3}m,m\bar{3}m$
两对脚标及其置换对称的四阶极张量	$\underline{\bar{1}},\underline{2/m},mmm,\underline{4/m},4mmm,\underline{\bar{3}},\bar{3}m,\infty/mmm,m3m$
两对脚标对称的四阶极张量	$\underline{\bar{1}},\underline{2/m},mmm,\underline{4/m},4/mmm,\underline{\bar{3}},\bar{3}m,\infty/m,\infty/mmm,m3,m3m$

1.5.4 晶体点对称性与其物理性质对称性的关系

我们已经讨论了张量的本征对称性及其描述的物理性质的对称性,下面讨论晶体的点对称性(理想外形的对称性)与其物理性质对称性的关系. 这个问题可以用晶体物理的基本假设即**诺依曼原理**来回答. 原理如下:

任何物理性质的对称群 G_{pr} 必须包含晶体点群(晶系) K 的所有对称素;换

句话说,群 K 与群 G_{pr} 或其子群相同.因此,式(1.64)可写成

$$K \subseteq G_{pr} \subseteq G_T \tag{1.65}$$

诺依曼原理是十分显然的.事实上,如果违反这个原理,晶体就有一个物理性质,其对称群 G_{pr} 不包含群 K 中的某一个对称操作,那么,在这个操作之下,一方面晶体完全与其自身重合,而另一方面改变了其物理性质.如果满足诺依曼原理,就不会存在这样的矛盾.

注意,诺依曼原理仅仅阐述了晶体性质满足条件式(1.65)存在的可能性,但并没有强制性地要求其存在,即式(1.65)是必要条件,但不是晶体某种物理性质存在的充分条件.与此同时,某种不满足条件式(1.65)的性质是不可能存在的,即不满足式(1.65)是晶体不具备某一给定性质的充分必要条件:“对称性明确地禁止某性质的存在,但是当对称性允许某种性质存在时,它仅仅是允许其存在的可能性”(A. V. 舒布尼科夫).但是如果某一晶体确实具有某种物理性质不满足条件式(1.65),这意味晶体点群的测定不正确.

下面讨论式(1.65)的一些结果(也参见 1.5.1 和 1.5.2 节).

根据式(1.62),中心对称晶体不具备由奇数阶极张量和偶数阶赝张量描述的性质.因此,中心对称晶体不具备热电或压电性质、线性电光性质、旋光性等.这些特征可以用来快速检验某物质有无中心对称性,比如,检测晶体是否具有压电性质或在激光照射下的二次谐波的产生(SHG),两种方法都可以使用精细的结晶材料.显然,检测到有压电性质和二次谐波的产生效应就能够确定物质是无对称中心的①.然而,检测不到这些效应并不能得出一个明确的相反的结论,因为这些效应有可能因很弱而检测不到.

极矢量性质仅存在于这样的晶体中:晶体的 K 群为极矢量对称群 ∞mm 的子群,即

$$1,\ 2,\ 3,\ 4,\ 6,\ m,\ 2mm,\ 3m,\ 4mm,\ 6mm \tag{1.66}$$

这些晶类称为**极晶类**.很清楚,这些而且仅仅这些晶类中可以包含热电晶体和铁电相中的铁电晶体(见第 3 章).

轴矢量性质仅存在于这样的晶体中:晶体的 K 群为轴矢量对称群 ∞/m 的子群,即

$$1,\ 2,\ 3,\ 4,\ 6,\ m,\ 2/m,\ 4/m,\ 6/m,\ \bar{1},\ \bar{3},\ \bar{4},\ \bar{6} \tag{1.67a}$$

① 严格地讲,非均匀内应力和晶体的其他畸变的存在可能会使晶体的对称性降低到这样的程度,以致在精细的有中心对称性的结晶材料中也能观察到变形的压电效应和二次谐波产生效应(见 1.5.7 节).

显然，在居里点以下的铁磁晶体属于并且仅限于这些晶类（见第4章）. 由于诺依曼原理不仅对一般晶体成立，对磁对称性也成立，因而可以得到类似于式(1.67a)的磁对称类. 为此，必须利用磁对称（反对称）的极限群（文献[1.1]第2章）. 因此，由于轴向磁化矢量的磁对称性为$\infty/mm'm'$，很容易从磁对称K'的90个点群中找到群$\infty/mm'm'$的31个子群，即

$$1,\bar{1},m',2',2'/m',m,mm2',2,m'm'2,22'2',2/m,m'm'm,\bar{4},$$
$$\bar{4}2'm',4,4m'm',42'2',4/m,4/mm'm',3,3m',32',\bar{6},\bar{6}m'2',\bar{3},$$
$$\bar{3}m',6,62'2',6m'm',6/m,6/mm'm' \tag{1.67b}$$

显然，任何铁磁晶体的铁磁相属于并且仅属于这些磁对称性的类型[1.8].

由于任意对称二阶极张量的最高本征对称性$\infty/\infty mm$是一个标量的对称性，这些张量描述的性质显然是所有晶体所固有的. 因此可以得出一个一般性结论：所有晶体具有电极化率、电致伸缩和压光效应等性质.

类似地，可以得到其他张量的性质. 应当注意，不是所有张量的所有G_T（及其相关的G_{pr}）都是同一个群的子群. 因此，具有这些性质的晶体的对称群不仅是一个，而是两个，甚至是几个群的子群（下面以压电性质为例）.

诺依曼原理式(1.65)可以归纳成更高级的形式：张量的对称群G_T及其相应的性质G_{pr}不简单地是晶体点群K的母群，而是该阶某张量的所有可能的对称群中最接近的母群，而该张量具有给定的内对称性及其相应性质的对称群.

因此，利用表1.3和表1.4以及晶体K群的知识，我们不仅可以预知张量的物理性质，还可以得到相应张量的对称性. 利用这两个表，我们不仅可以确定具有这样性质的晶类，并能立即指出与每个G_{pr}（和G_T）群对应的某一个K群.

例如，$\bar{4}$类晶体不能具有由赝标量和极矢量描述的性质，同时，该类晶体具有由以下量描述的性质：(1) 标量，(2) 对称二阶极张量，(3) 两脚标对称的三阶极张量，(4) 两对脚标对称的四阶极张量，(5) 两对脚标及其置换对称的四阶极张量，(6) 轴矢量，(7) 对称二阶赝张量，(8) 两脚标对称的三阶赝张量等. 这些性质的对称性如下（G_T不同，用圆括弧标出）：(1) ∞/mm，(2) ∞/mmm，(3) $\bar{4}(\bar{4}2m)$，(4) $4/m(4/mmm)$，(5) $4/m(4/mmm)$，(6) ∞/m，(7) $\bar{4}(\bar{4}2m)$，(8) $\infty/m(\infty/mmm)$等. 作为例子，我们讨论两脚标对称的三阶极张量描述的性质（比如压电性质和线性光电性质）. 从表1.4得知，与式(1.65)一致，21个无中心对称晶类中，有20个晶类具有上述性质，由表1.5可知，它们分布在16个G_{pr}群和10个G_T群中. 在21晶类(432)中，不可能有压电性质或对称性类似的性质，因为它们的K群不是任何压电张量G_{pr}的一个子群（见表1.5）.

表 1.5 K 晶类允许的压电性质的对称性 G_{pr} 以及描述这些性质的张量的对称性 G_T

G_T	G_{pr}	K	G_T	G_{pr}	K	G_T	G_{pr}	K
222	1	1	$\infty 22$	$\infty 22$	422	$\bar{4}2m$	$\bar{4}$	$\bar{4}$
	2	2		$\infty 22$	622		$\bar{4}2m$	$42m$
	222	222	$mm2$	m	m	$\bar{6}m2$	$\bar{6}$	$\bar{6}$
32	3	3		$mm2$	$mm2$		$\bar{6}m2$	$\bar{6}m2$
	32	32	$3m$	$3m$	$3m$	$\bar{4}3m$	$\bar{4}3m$	23
∞	∞	4	∞mm	∞mm	$4mm$		$\bar{4}3m$	$\bar{4}3m$
	∞	6		∞mm	$6mm$			

由不同阶张量描述的所有晶类的晶体物理性质的对称性归纳在表 1.6 中(短横线表示给定晶类中不可能具有该性质).

表 1.6 晶体的对称性及其物理性质的对称性之间的关系

K 群	张量性质的对称性①									
	1	2	3	4	5	6	7	8	9	10
1	1	$\bar{1}$	$\bar{1}$	$\bar{1}$	1	1	1	$\bar{1}$	$\bar{1}$	$\bar{1}$
$\bar{1}$	–	$\bar{1}$	$\bar{1}$	$\bar{1}$	–	–	–	$\bar{1}$	$\bar{1}$	$\bar{1}$
m	m	∞/m	$2/m$	$2/m$	m	m	m	$2/m$	$2/m$	$2/m$
2	∞mm	∞/m	$2/m$	$2/m$	2	2	2	$2/m$	$2/m$	$2/m$
$2/m$	–	∞/m	$2/m$	$2/m$	–	–	–	$2/m$	$2/m$	$2/m$
222	–	–	mmm	–	222	–	222	mmm	mmm	mmm
$mm2$	∞mm	–	mmm	–	–	$mm2$	$mm2$	mmm	mmm	mmm
mmm	–	–	mmm	–	–	–	–	mmm	mmm	mmm
4	∞mm	∞/m	∞/mmm	∞/m	$\infty 22$	∞	∞	∞/m	$4/m$	$4/m$
$\bar{4}$	–	∞/m	∞/mmm	∞/m	$\bar{4}$	–	$\bar{4}$	∞/m	$4/m$	$4/m$
$4/m$	–	∞/m	∞/mmm	∞/m	–	–	–	∞/m	$4/m$	$4/m$
422	–	–	∞/mmm	–	$\infty 22$	–	$\infty 22$	∞/mmm	$4/mmm$	$4/mmm$
$4mm$	∞mm	–	∞/mmm	–	–	–	∞mm	∞/mmm	$4/mmm$	$4/mmm$
$\bar{4}2m$	–	–	∞/mmm	–	$\bar{4}2m$	–	$\bar{4}2m$	∞/mmm	$4/mmm$	$4/mmm$

续表

K 群	张量性质的对称性①									
	1	2	3	4	5	6	7	8	9	10
$4/mmm$	–	–	∞/mmm	–	–	–	–	∞/mmm	$4/mmm$	$4/mmm$
3	∞mm	∞/m	∞/mmm	∞/m	$\infty 22$	∞	3	$\bar{3}$	$\bar{3}$	$\bar{3}$
$\bar{3}$	–	∞/m	∞/mmm	∞/m	–	–	–	$\bar{3}$	$\bar{3}$	$\bar{3}$
32	–	–	∞/mmm	–	$\infty 22$	–	32	$\bar{3}m$	$\bar{3}m$	$\bar{3}m$
$3m$	∞mm	–	∞/mmm	–	–	–	$3m$	$\bar{3}m$	$\bar{3}m$	$\bar{3}m$
$\bar{3}m$	–	–	∞/mmm	–	–	–	–	$\bar{3}m$	$\bar{3}m$	$\bar{3}m$
6	∞mm	∞/m	∞/mmm	∞/m	$\infty 22$	∞	∞	∞/m	∞/mmm	∞/m
$\bar{6}$	–	∞/m	∞/mmm	∞/m	–	–	$\bar{6}$	∞/m	∞/mmm	∞/m
$6/m$	–	∞/m	∞/mmm	∞/m	–	–	–	∞/m	∞/mmm	∞/m
622	–	–	∞/mmm	–	$\infty 22$	–	$\infty 22$	∞/mmm	∞/mmm	∞/mmm
$6mm$	∞mm	–	∞/mmm	–	–	–	∞mm	∞/mmm	∞/mmm	∞/mmm
$\bar{6}m2$	–	–	∞/mmm	–	–	–	$\bar{6}m2$	∞/mmm	∞/mmm	∞/mmm
$6mmm$	–	–	∞/mmm	–	–	–	–	∞/mmm	∞/mmm	∞/mmm
23	–	–	∞/mmm	–	∞/∞	–	$\bar{4}3m$	$m3m$	$m3m$	$m3$
$m3$	–	–	∞/mmm	–	–	–	–	$m3m$	$m3m$	$m3$
432	–	–	∞/mmm	–	∞/∞	–	–	–	$m3m$	$m3m$
$\bar{4}3m$	–	–	∞/mmm	–	–	–	$\bar{4}3m$	–	$m3m$	$m3m$
$m3m$	–	–	∞/mmm	–	–	–	–	–	$m3m$	$m3m$

① 栏目标题处的数字表示由下列张量描述的性质:(1) 极矢量,反对称二阶赝张量 V 和 $\varepsilon\{V^2\}$;(2) 轴矢量,反对称二阶极张量 εV 和 $\{V^2\}$;(3) 对称二阶极张量 $\{V^2\}$;(4) 非对称二阶极张量 V^2;(5) 对称二阶赝张量 $\varepsilon[V^2]$;(6) 非对称二阶赝张量 εV^2;(7) 一对脚标对称的三阶极张量 $V[V^2]$;(8) 一对脚标对称的三阶轴张量 $\varepsilon V[V^2]$;(9) 两对脚标及其置换对称的四阶极张量 $[[V^2]^2]$;(10) 两对脚标对称的四阶极张量 $[V^2]^2$.

1.5.5 描述不同晶类物理性质的张量在不同坐标系下的矩阵形式

前面不止一次提到过,某种物理性质及其对称性以及描述该性质的张量的对称性在坐标变换下保持不变.但任意阶张量(不含退化为标量或赝标量的张量)的矩阵形式与坐标系的选取有必然联系.

在主坐标系下，张量的矩阵形式最简单. 对具有给定内对称性、给定阶的张量，对应每个 G_T 有一个特定形式的矩阵，矩阵分量间的关系确定，并且其独立分量的个数一定. 因此，在主坐标系下，张量的不同形式矩阵的个数等于其不同类型 G_T 的个数.

习惯上，采用晶体物理坐标系来描述晶体的物理性质，张量分量表的值就是在该坐标系下张量所描述的某物理性质的分量值. 当晶体物理坐标系与张量的主坐标系相同时，显然这些分量值就是张量分量的主值. 当有两个或全部的三个晶体物理坐标轴与张量的主轴不相同时，也就是说，当张量主轴的方向不完全或全部不固定在晶体上时，与主坐标系相比，晶体物理坐标下的张量的矩阵形式变得更为复杂(非零分量的个数增加了). 很明显，在这种情况下，张量分量的对称变换仅由包含在相关 G_{pr}群中的晶体物理坐标轴的变换组成. 因此，在晶体物理坐标系下，给定阶(和给定内对称性)张量矩阵的明显不同的类型的个数等于相应的不同的 G_{pr}的个数. 而且，对于 G_{pr}是相同的各晶类，其张量的矩阵形式也相同.

一般地，当给定张量 G_T 的坐标系与主坐标系不同时，张量的形式变得复杂，因为坐标变换不再是张量分量的对称变换，即不满足式(1.61). 当 G_{pr}仅包含那些与给定坐标轴相同的对应对称素时，张量矩阵的形式变成与在晶体物理坐标系下的相同.

下面看些例子. 对正交晶体，一个对称二阶极张量有 $G_T = mmm$ 并且 $G_{pr} = G_T$(见表 1.4). 从张量的主坐标系 X_1, X_2, X_3(与晶体物理坐标系相同)变换到绕 X_3 轴旋转不等于 90°或 180°的某一角度的坐标系 X_1', X_2', X_3'，张量的矩阵形式与在晶体物理坐标系下 $G_{pr} = 2/m$ 时的形式相同，即相当于和单斜晶体一样. 变换到任意坐标系 X_1', X_2', X_3' 下，张量的矩阵形式与 $G_{pr} = \bar{1}$ 时晶体物理坐标系下的形式相同，即相当于和三斜晶体一样.

在晶类 $\bar{4}2m$ 的晶体中任意阶张量的主轴(与晶体物理坐标系相同)的方向如下(见表 1.3)：X_3 轴平行于 $\bar{4}$ 轴，而 X_1, X_2 均平行于 2 轴. 做坐标变换，变换到绕 X_3 轴旋转不等于 90°或 45°①的某一角度的坐标系 X_1', X_2', X_3' 下，对称二阶张量和一对脚标对称的三阶轴张量的矩阵将保持不变，因为在这种情况下有 $G_{pr} = G_T = \infty/mmm$，任意的 X_1'和 X_2' 轴都是主轴. 对于对称二阶赝张量和一对脚标对称的三阶极张量(在 $G_{pr} = G_T = \bar{4}2m$ 时)，以及有 $ijkl = jikl = ijlk =$

① 在旋转 45°时，X_1 轴和 X_2 轴将与对称面重合，我们可以轻易得到的是张量的主坐标系中另一个替代方案.

$klij$(内对称$[[V^2]]^2$)和 $ijkl = jikl = ijlk$(内对称$[[V^2]]^2$)的四阶极张量(当 $G_{pr} = G_T = 4/mmm$ 时),以上情况下,在 X_1', X_2', X_3'坐标系中其矩阵形式与在晶体物理坐标系下的形式相同(当 $G_{pr} = \bar{4}$ 和 $G_{pr} = 4/m$ 时),即对 $\bar{4}$ 类晶体一样.

对 222 和 $mm2$ 晶类,一对脚标对称的三阶极张量并且分别有 $G_{pr} = G_T = 222$ 和 $G_{pr} = G_T = mm2$,变换到绕 X_3 轴旋转不等于 90°或 180°的某个角度的坐标系 X_1', X_2', X_3'下,张量将与其在晶体物理坐标系下当 $G_{pr} = 2$(其 X_3 轴平行于 2 轴)时的形式相同,即对 2 类晶体(其 X_3 轴平行于 2 轴)的形式相同.最后,对任意晶类,在任一坐标系下任意张量的矩阵形式(不含退化为标量或赝标量的张量)具有一般形式(所有的分量都是非零的),即与三斜晶体的形式相同.因此,不用找出张量矩阵的真实形式,仅从已知的对称性就有可能得出张量在某些坐标系下的确定的形式.

对给定类型的晶体,要找出其在某一坐标系下张量 $T_{ijk\cdots}$ 的矩阵形式,一般采用下面的方法:建立在该坐标系下晶体(及张量)的对称素与该系坐标轴之间的关系,做张量分量恰当的对称变换,利用式(1.61)使 $T'_{ijk\cdots}$ 等于 $T_{ijk\cdots}$,解得 $T_{ijk\cdots}$ 的方程组,找出那些 $T_{ijk\cdots}$ 等于零的分量,并找出非零分量 $T_{ijk\cdots}$ 之间的关系(如果存在的话).此外,还有一些不常用但比较简单的方法可以寻找在选定坐标系下张量的矩阵形式[1.4,1.5,1.9,1.10].

在讨论晶体的有关物理性质时,不同晶类在晶体物理坐标系中的不同阶张量的矩阵形式将在以后的各章中给出.请读者参阅有关章节.

注意,从张量主坐标系变换到旋转后的新坐标系,张量的矩阵形式虽然变得复杂了,但是独立的张量分量个数仍然保持不变.也就是说,在旋转后的新坐标系下,所有的张量分量都可以用主坐标系下的分量表示.对 $G_{pr} \neq G_T$ 的晶类,不必去确定有一维或三维自由度的主轴的独立角度系数,而是习惯使用正如前面提到的在晶体物理坐标系下张量的矩阵形式,把出现的、附加的分量看成独立的分量(表 1.8 就是根据这个原理给出的).从晶体物理坐标系变换到一般坐标系时,可用相同的规则,即张量独立分量的个数保持不变,也就是说,在新坐标系下,所有张量的分量都可以用晶体物理坐标系下的分量以列表的形式表示.

1.5.6 描述晶体物理性质的张量独立分量个数的确定

直接确定高于三阶张量的形式和张量的独立分量个数是相当烦琐的.利用群论的方法容易找到描述晶体物理性质的任意阶张量的独立分量的个数.

由于在点对称操作下，r 阶张量分量的变换是 r 个矢量分量的乘积，类似于点群的矢量表示，引入点群的**张量表示**的概念(见文献[1.1]第 2 章)．一个点群任意的 3^r 次的张量表示是由该点群增加到 r 次幂的一个矢量表示 $D(G)$．

对某一晶体学点群 K，其给定内对称性的张量的非零独立分量个数等于 n_i，n_i 是该点群相关张量表示中遇到的完全对称的不可约表示 τ_i 的次数．

由群论(参见文献[1.11])，数值 n_i 由下式决定：

$$n_i = \frac{1}{N}\sum_j \eta_j \chi'_j(R)\chi_i(R) \tag{1.68}$$

式中，N 是 K 群对称素的总数，η_j 是第 j 类的级，χ'_j 是相应于操作 K 的张量分量变换矩阵的特征标，$\chi_i(R)$ 是表示 τ_i 中的第 j 类对称操作 R 的特征标．这里考虑完全对称的表示，所以特征标 $\chi_i(R)$ 等于 1(对所有 R)．

因此，如果特征标 $\chi'_j(R)$ 是已知的，数值 n_i 就不难找到了．在简单的情况下，$\chi'_j(R)$ 很容易用一个依赖坐标轴旋转角度的函数来表示．

例如，在一个绕 X_3 轴的简单旋转或绕 X_3 轴镜像旋转 φ 角的旋转中，极矢量分量的变换遵从以下方程：

$$P'_1 = P_1\cos\varphi + P_2\sin\varphi, \quad P'_2 = -P_1\sin\varphi + P_2\cos\varphi, \quad P'_3 = \pm P_3 \tag{1.69}$$

(最后的式中，上面的符号为简单旋转，而下面的符号为镜像旋转)．

这个变换的矩阵特征标为 $2\cos\varphi \pm 1$．很容易得到在这些变换下，对称二阶极张量的变换矩阵的特征标等于 $4\cos^2\varphi \pm 2\cos\varphi$．

对轴张量，将式(1.69)中方程的所有系数乘以"-1"就得到镜像旋转操作的方程．因此，在一个绕 X_3 轴的简单旋转和绕 X_3 轴的镜像旋转的变换下，轴向矢量变换矩阵的特征标等于 $\pm 2\cos\varphi + 1$．

表 1.7 列出了各种材料张量表示 $\chi'_j(R)$ 的特征标和在晶体物理坐标系中描述不同物理性质的张量分量的最大数目．

表 1.7 描述各种物理性质的张量表示 $\chi'_j(R)$ 的特征标和张量分量的最大数目

描述性质的张量	特征标 χ ($C = \cos\varphi$)	张量分量的最大数目
极矢量 V 和反对称二阶轴张量 $\varepsilon\{V^2\}$	$2C \pm 1$	3
轴矢量 εV 和反对称二阶极张量 $\{V^2\}$	$\pm 2C + 1$	3
对称二阶极张量 $[V^2]$	$4C^2 \pm 2C$	6
对称二阶轴张量 $\varepsilon[V^2]$	$\pm 4C^2 + 2C$	6
非对称二阶极张量 V^2	$(2C \pm 1)^2$	9

续表

描述性质的张量	特征标 χ ($C=\cos\varphi$)	张量分量的最大数目
非对称二阶轴张量 εV^2	$(2C\pm1)(\pm2C+1)$	9
两脚标对称的三阶极张量 $V[V^2]$	$(2C\pm1)(4C^2\pm2C)$	18
两脚标对称的三阶轴张量 $\varepsilon V[V^2]$	$(\pm2C+1)(4C^2\pm2C)$	18
两对脚标及其置换对称的四阶极张量$[[V^2]^2]$	$16C^4\pm8C^3-4C^2+1$	21
两对脚标对称的四阶极张量$[[V^2]^2]$	$(4C^2\pm2C)^2$	36

作为例子，下面利用表1.7计算张量独立分量的个数.从表1.7可知，弹性系数张量的独立分量数 n_i 由下面的特征标确定：

$$\chi'_j(R) = 16\cos^4\varphi \pm 8\cos^3\varphi - 4\cos^2\varphi + 1 \tag{1.70}$$

对1类晶体，根据式(1.68)和式(1.70)，个数 n_i 的最大值由下式($\cos\varphi=1$ 时)决定：

$$n_i = \frac{1}{1}[1(16+8-4+1)] = 21$$

对 mmm 类晶体，可得 $n_i=\frac{1}{8}(21+5+5+5+21+5+5+5)=9$，式中的每一项相应于该点群的8个操作之一.

所有各晶类在晶体物理坐标系中各种材料张量的独立分量个数列在表1.8中.

表1.8 所有各晶类在晶体物理坐标系中各种材料张量的独立分量个数

晶类 K	张量类型									
	V	εV	$[V^2]$	$\varepsilon[V^2]$	V^2	εV^2	$V[V^2]$	$\varepsilon V[V^2]$	$[[V^2]^2]$	$[V^2]^2$
1	3	3	6	6	9	9	18	18	21	36
$\bar{1}$	0	3	6	0	9	0	0	18	21	36
m	2	1	4	2	5	4	10	8	13	20
2	1	1	4	4	5	5	8	8	13	20
$2/m$	0	1	4	0	5	0	0	8	13	20
$mm2$	1	0	3	1	3	2	5	3	9	12
222	0	0	3	3	3	3	3	3	9	12
mmm	0	0	3	0	3	0	0	3	9	12

续表

晶类 K	张量类型									
	V	εV	$[V^2]$	$\varepsilon[V^2]$	V^2	εV^2	$V[V^2]$	$\varepsilon V[V^2]$	$[[V^2]^2]$	$[V^2]^2$
4	1	1	2	2	3	3	4	4	7	10
$\bar{4}$	0	1	2	2	3	2	4	4	7	10
$4/m$	0	1	2	0	3	0	0	4	7	10
$4mm$	1	0	2	0	2	1	3	1	6	7
$\bar{4}2m$	0	0	2	1	2	1	2	1	6	7
422	0	0	2	2	2	2	1	1	6	7
$4/mmm$	0	0	2	0	2	0	0	1	6	7
3	1	1	2	2	3	3	6	6	7	12
$\bar{3}$	0	1	2	0	3	0	0	6	7	12
$3m$	1	0	2	0	2	1	4	2	6	8
3/2	0	0	2	2	2	2	2	2	6	8
$3m$	0	0	2	0	2	0	0	2	6	8
$\bar{6}$	0	1	2	0	3	0	2	4	5	8
6	1	1	2	2	3	3	4	4	5	8
$6/m$	0	1	2	0	3	0	0	4	5	8
$\bar{6}m2$	0	0	2	0	2	0	1	1	5	6
$6mm$	1	0	2	0	2	1	3	1	5	6
622	0	0	2	2	2	2	1	1	5	6
$6/mmm$	0	0	2	0	2	0	0	1	5	6
23	0	0	1	1	1	1	1	1	3	4
$m3$	0	0	1	0	1	0	0	1	3	4
$\bar{4}3m$	0	0	1	0	1	0	1	0	3	3
432	0	0	1	1	1	0	0	0	3	3
$m3m$	0	0	1	0	1	0	0	0	3	3

1.5.7 居里原理及其应用

在晶体物理中，除了诺依曼原理外，还有一个非常重要的关于对称性的基本原理，即居里原理[1.12]. 诺依曼原理把某一性质的对称性和晶体起始的未被干扰的对称性联系在一起，此时晶体的对称性没有受到外界的影响. 而居里原理则用于确定在外界影响下晶体的对称性. 居里原理可以归纳如下.

在外力作用下，晶体改变其点对称性，只保留那些与外力的对称素共同的对称素. 换句话说，外因素作用的结果是使得晶体的点对称性 K 变为 $\widetilde{K}$，$\widetilde{K}$ 是外因素对称群 G_{inf} 和晶体对称群 K 在它们的对称素的给定相互方向后的最高共同子群，也就是 $\widetilde{K}$ 群是 K 群和 G_{inf} 的交叉群：

$$\widetilde{K} = K \cap G_{\text{inf}} \tag{1.71}$$

设想具有外作用的对称性的图形在给定方向叠加到具有晶体对称性的几何图形之上，居里原理就几乎十分明显. 这样得到的新图形只保留两图形的共同对称素，实际上是保留了**所有的**共同对称素.

从式(1.71)立即得知，若 $K \subset G_{\text{inf}}$，则 $\widetilde{K} = K$. 这就是说，如果晶体的固有对称群是外因素对称群的一个子群，那么在此外因素作用下，晶体的对称性保持不变. 标量化后($G_{\text{inf}} = \infty/mm$)，$G_{\text{inf}} \supset K$ 总是成立，故晶体的对称性保持不变. 例如，晶体的热膨胀可使晶体的外形面夹角改变，但不会导致晶体的对称性改变(除非发生相变).

当晶体的对称性在各向异性外因素作用下发生改变时，利用居里原理我们很快可以找到变化，而其相应物理性质的对称性的改变也能找到(在此，必须先使用诺依曼原理). 后一情形使人们立即有可能考虑所谓的“**形变效应**”的作用，即降低晶体对称性引起的效应. 形变效应来源于 $\widetilde{K}$ 群固有的**形变性质**在晶体中的显现，可用 K 群中禁止的形变张量或形变张量分量描述，或者用偏离 K 群中张量分量关系的形变偏差来描述. 形变性质与外因素的影响在一定程度上成正比.

作为说明，考虑一个 $K = m3$ 的立方晶体，见图 1.9. 在沿着[100]方向的单轴张应力($G_{\text{inf}} = \infty/mm$)作用下，根据式(1.71)，晶体将变为正交晶类 $K = mmm$. 对称性的这一改变使晶体变为光学双轴的，它将获得与该变化成正比的弹性系数张量的形变分量(额外的分量)，等等. 如果对该立方晶体($K = m3$)沿[100]方向加上电场($G_{\text{inf}} = \infty mm$)，根据式(1.71)，则 $\widetilde{K} = mm2$. 同时，除了前面提到的变化外，晶体失去对称中心而相应地获得一个压电模量的形变张量，等等. 如果沿立方晶体（$K = m3$）的任意方向[hkl]施加同样的外作用，根据式(1.71)，其对称性降为三斜，但在机械应力的作用下对称中心仍然保持（$\widetilde{K} = \bar{1}$），而在极电场作用下对称中心消失（$\widetilde{K} = 1$），从而出现相应的形变性质.

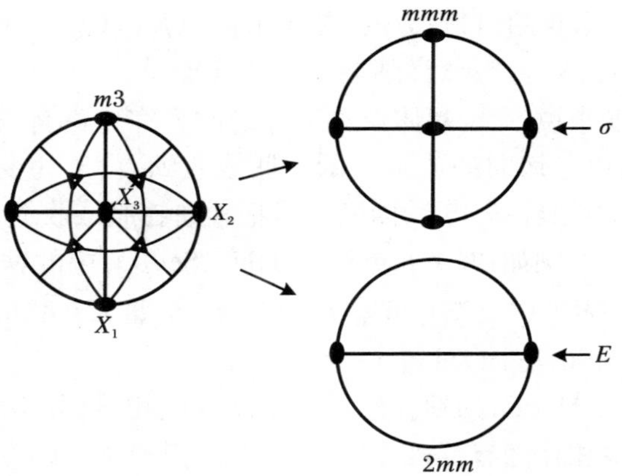

图 1.9　极射赤面投影图

说明在单轴外张应力 σ 和沿[100]轴方向的电场 E 作用下，一个 $m3$ 类晶体对称性的改变

居里原理不仅可用来求出在外部因素作用下晶体点群的变化，也可用来求出其空间对称性的变化. 这里的外因素被处理成一个均匀的空间场，即其空间群可以写成 $G_{\text{inf}} \otimes T_{\tau_1 \tau_2 \tau_3}$（见 1.1.1 节、1.3.7 节和文献[1.1]第 2 章）. 那么

$$\widetilde{\Phi} = \Phi \cap G_{\text{inf}} \otimes T_{\tau_1 \tau_2 \tau_3} \tag{1.72}$$

在常规测量外部因素时，形变效应是很小的，相应的对称性降低可以忽略. 在很强的外部因素作用下，在晶体光学测量中，形变效应足够大时必须加以考虑（见第 8 章）.

晶体发生结构相变时，伴随着点对称群的变化并有某宏观各向异性参数自发在晶体低对称相中出现，我们可以把这个参数看成外部因素，应用居里原理确定在相变中晶体点对称性的变化[1.13-1.15]. 因此，如果已知变换参数对称性 G_{tr}，则由式(1.71)可知：低对称相的对称性 K_{F} 是晶体母相的对称群 K 和在 K 群坐标系中对称群 G_{tr}（在对称素的给定方向上）的最高共同子群，即

$$K_{\text{F}} = K \cap G_{\text{tr}} \tag{1.73}$$

这一方法能比较容易地求出晶体铁电性、铁磁性、铁弹性和其他参数上的

结构变换，在所谓的本征相变情形中，还有由下式确定的空间对称性的变化：

$$\Phi_F = \Phi \cap G_{tr} \otimes T_{\tau_1 \tau_2 \tau_3} \tag{1.74}$$

例如，钛酸钡($BaTiO_3$)由于铁电相变而产生的对称性变化.在母相(顺电体)有 $K = m3m$，$G_{tr} = \infty mm$(即自发极化矢量 P_S 的对称性).在初始的铁电相中，矢量 P_S 沿着母相的〈001〉方向，显然此时有 $K_F = (K \cap G_{tr}) = 4mm$.在第二铁电相中，$P_S$ 沿着母相的〈110〉方向，因而 $K_F = (K \cap G_{tr}) = mm2$.在第三铁电相中 $P_S // \langle 111 \rangle$，故 $K_F = 3m$(详细参见第3章).

对铁弹性相变来说[1.16]，晶体点对称性的改变完全由自发形变的出现来描述，其自发形变可以是切向的或轴向的膨胀或收缩.由于切变可用轴向膨胀或收缩来代替(绕切向轴旋转 45°)，因而可以把轴向膨胀或收缩看成自发形变，即假设 $G_{tr} = \infty/mmm$.例如，$K = mmm$ 的 $KH_3(SeO_3)_2$ 中的铁弹性相变，使 G_{tr} 沿着〈101〉方向并利用式(1.73)，可得 $K_F = 2/m$.又如 $K = \bar{4}2m$ 的 $NH_4H_2PO_4$ 相变中，使 G_{tr} 沿着〈100〉方向，可得 $K_F = 222$.

应当注意，$NH_4H_2PO_4$ 的铁弹性相也是反铁电相.这并不奇怪，因为晶体发生相变成为反铁电相伴随有反极化的出现，晶体点对称性的变化可利用 $G_{tr} = \infty/mmm$ 来表示.换句话说，从点群的级别来看，铁弹性相变与反铁电相变是不能区分的，所以反铁电相变(除点群不变的相变外)同时也是铁弹性相变.(注意，铁弹性相变不仅仅可以发生在电介质中，例如 Vi_3Si 中的 $m3m \leftrightarrow 4/mmm$ 之间的相变和 VO_2 中的 $4/mmm \leftrightarrow 2/m$ 之间的相变.)

居里原理和诺依曼原理对磁对称性的情况也是适用的，因此利用式(1.73)很容易求出晶体的点磁对称性 K' 转变为铁磁相 K'_F，且 $G'_{tr} = \infty/mm'm'$(即自发磁化矢量 $\boldsymbol{M}_S$ 的磁对称性)[1.14].所以，对 Fe 和 Ni，$K' = m3m1'$.因此当 $\boldsymbol{M}_S$ 沿着〈001〉方向时，对 Fe 有 $K'_F = 4/mm'm'$，而当 $\boldsymbol{M}_S$ 沿着〈111〉方向时，对 Ni 有 $K'_F = \bar{3}m'$.

需要强调的是，在上面所提到的所有例子以及在一般情况下这一类型的结构相变中，晶体相变成为低对称性相时，被分割成为变换孪晶(磁畴)，群 $K_F(K'_F)$ 描述的是每一个磁畴的对称性，而作为一个整体的多磁畴的晶体可以具有更高至 $K(K')$ 的(赝)对称性.

第 2 章

晶体的力学性质

固体材料的力学性质取决于材料受到机械负荷时的反应. 可以用 3 个基本的特性来描写材料的力学性质.

第一个特性是**弹性**. 弹性是反映材料受到外力作用一段时间，再把外力撤除后，材料恢复其形状的能力. 这个特性在形变的初始阶段，即**弹性**形变阶段表现得尤为明显，材料的这种形变是可逆的.

第二个特性是**塑性**. 塑性反映了材料在**负荷长期**作用下形变的快慢，或者说材料要产生某一形变率需要施加多大的力. 塑性描述了塑性材料形变第二阶段的特性，也称为塑性形变，材料的塑性形变是不可逆的.

第三个特性是**强度**，或者说抵抗失效的能力. 失效发生在材料形变的最后阶段.

对不同的晶体材料来说，所有这些特性在数值上都有很大的不同. 比如说，弹性是用杨氏模量来表示的，不同的晶体材料的弹性模量可以有两个数量级的差别(10^{10}～10^{12} dyn/cm^2). 作用在单位面积上并使材料发生塑性形变或失效的力用来表示材料的塑性和强度，不同晶体材料的塑性和强度差别更大，在 10^5～10^{12} dyn/cm^2之间.

对晶体材料来说，材料的弹性依赖于组成晶体的质点，如原子、离子、分子等的行为；材料的塑性主要取决于如位错等质点链；而强度则依赖于这些质点组成的晶体表面的性质. 目前，已经建立了描述弹性、塑性和强度性质的方法.

2.1　晶体的弹性

2.1.1　应力

晶体材料的力学性质取决于大量的、构成晶体规则点阵的质点(如原子、离子或分子)之间的相互作用. 无论是在何种类型的晶体(原子晶体、离子晶体、金属晶体和分子晶体)中，质点间的相互作用力随着质点之间的间距增大而减弱，质点之间排斥力比吸引力随质点间距变化得更快. 当质点之间的排斥力和吸引力相等时，质点之间的距离就是它们的平衡间距. 如果晶体受到力的作用，质点之间的平衡就会受到扰动，质点发生位移，晶体点阵的间距就要发生变化，合力使晶体处于新的平衡状态.晶体的点阵间距的宏观改变表现在弹性应变上,质点之间的相互作用的宏观改变表现在应力上.

设想图 2.1 中一块没有受到外力作用的块材的不同部分之间的相互作用力消失.在外力的作用下,S 面上合内力不再为零,如图中箭头所示.让我们人为地分割,在外力作用下的材料沿着 S 面分成 A 和 B 两部分.A 对 B 的作用实际上是整个块材的 S 面受到的内力作用.假设在 S 面上内力的分布均匀,如果面积元 $\mathrm{d}S$ 受到力 $\mathrm{d}\boldsymbol{P}$ 的作用(见图 2.1(b)),那么 $\mathrm{d}S$ 受到的**应力矢量**为比值 $\boldsymbol{P}_n=\mathrm{d}\boldsymbol{P}/\mathrm{d}S$.下标 n 表示应力的方向沿着 $\mathrm{d}S$ 的外法线方向 $\boldsymbol{n}$.

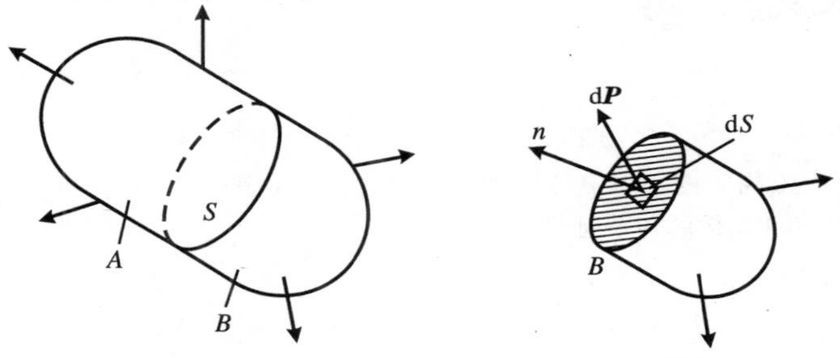

图 2.1 块材中作用力的分布

(a) 平衡状态;(b) 非平衡状态

如果作用在块材形状和取向一定的某面积元的外力与这部分块体表面上的位置无关,则称应力是**均匀**的.当材料受到均匀应力的作用时,称固体处于**应力均匀状态**.

选取一个立方体,使其各条边沿着坐标轴 X_1,X_2 和 X_3 方向,如图 2.2(a)所示,立方体的内部受到由材料周围通过边界面传导的应力作用.作用在各个表面上的应力可以分解为 3 个分量.分量 σ_{ij} 表示应力沿着坐标轴 X_i 方向、垂直于坐标轴 X_j 的面上的分量.应力的分量 σ_{ij} 形成一个二阶极张量:

$$\begin{matrix}\sigma_{11} & \sigma_{12} & \sigma_{13}\\ \sigma_{21} & \sigma_{22} & \sigma_{23}\\ \sigma_{31} & \sigma_{32} & \sigma_{33}\end{matrix} \tag{2.1}$$

为了证明这一点,我们考虑一个与周边材料处于平衡的四面体形状的体积元(见图 2.2(b)).假设四面体表面 ABC(垂直于单位矢量 $\boldsymbol{l}$ 的一块面积)受到应力 $\boldsymbol{P}[P_1,P_2,P_3]$ 的作用.作用在面积 ABC 的力等于应力矢量 $\boldsymbol{P}$ 乘以面积 ABC.作用在面积 ABC 上沿着 X_1 轴方向的分量可以写成

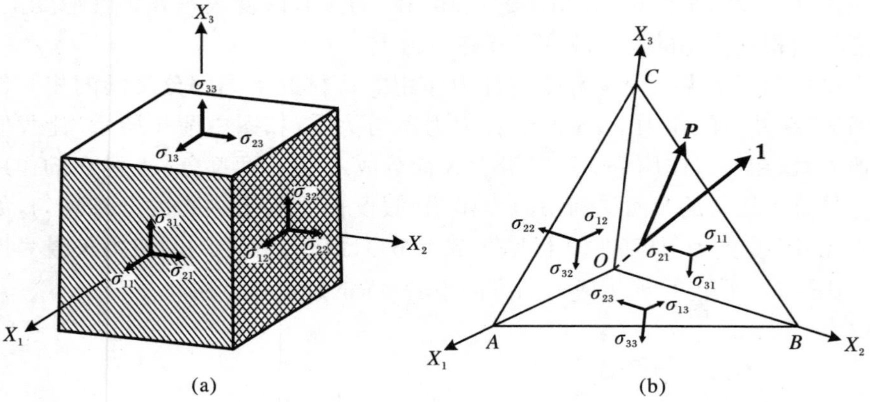

图 2.2 作用在各个表面的力

(a) 作用在应力均匀的单位立方体的各个面上的力;(b) 作用在由 3 个坐标平面和 *ABC* 面形成的四面体的各个面的力

$$P_1 S_{ABC} = \sigma_{11} S_{BOC} + \sigma_{12} S_{AOC} + \sigma_{13} S_{AOB}$$

这里,S_{ABC},S_{BOC},S_{AOC}和S_{AOB}分别是四面体各个面的面积.方程两边除以三角形 *ABC* 的面积,可得

$$P_1 = \sigma_{11} l_1 + \sigma_{12} l_2 + \sigma_{13} l_3$$

类似可得

$$P_2 = \sigma_{21} l_1 + \sigma_{22} l_2 + \sigma_{23} l_3, \quad P_3 = \sigma_{31} l_1 + \sigma_{32} l_2 + \sigma_{33} l_3$$

其中,l_1,l_2,l_3分别是矢量 $\boldsymbol{l}$ 沿着 3 个坐标轴方向的分量.归纳起来得

$$P_i = \sigma_{ij} l_j \tag{2.2}$$

正如第 1 章中提到的,极矢量分量的系数形成了一个二阶极张量,因此,应力分量 σ_{ij} 也形成了一个二阶极张量.

由于应力 σ_{11},σ_{22},σ_{33}分量垂直于作用平面,它们被称为**正应力**分量,其他的分量是沿着面的方向,被称为**切向应力**.从图 2.3 可以看到,作用在表面的切向应力总是成对出现一对力偶,只有当这些切向应力力偶大小相等、相互抵消时才能使块材保持平衡,比如形成的 σ_{12}和 σ_{21}的力偶,即

$$\sigma_{ij} = \sigma_{ji} \tag{2.3}$$

由于张量式(2.1)为对称的,可以简化为主轴的形式(见第 1 章),因此,应力的切向分量就约去了,应力张量式(2.1)可以写成

$$\begin{Vmatrix} \sigma_1 & 0 & 0 \\ 0 & \sigma_2 & 0 \\ 0 & 0 & \sigma_3 \end{Vmatrix} \tag{2.4}$$

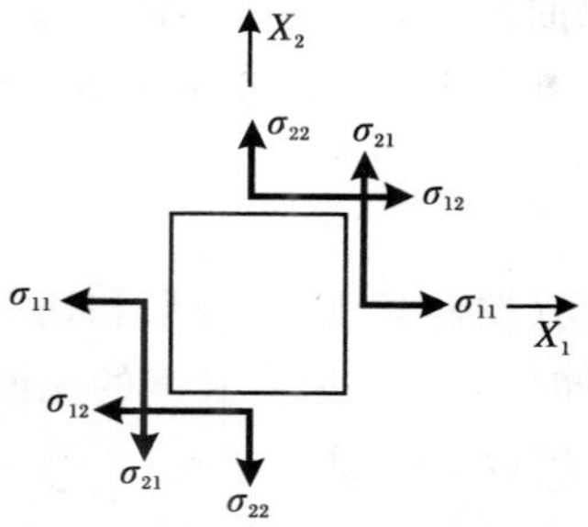

图 2.3 受到均匀应力作用的单位体积块材中垂直于 X_2 和 X_1 轴的面上的作用力(X_3 垂直于纸面)

这里 σ_1,σ_2 和 σ_3 是**主压应力**或**主张应力**.这个形式的应力张量与三维的应力状态(轴向的压缩或拉伸)相对应.在单轴或双轴的压缩或拉伸应力作用下,张量 σ_{ij} 可以相应地写成

$$\left\|\begin{matrix} \sigma & 0 & 0 \\ 0 & 0 & 0 \\ 0 & 0 & 0 \end{matrix}\right\| \quad \text{和} \quad \left\|\begin{matrix} \sigma_1 & 0 & 0 \\ 0 & \sigma_2 & 0 \\ 0 & 0 & 0 \end{matrix}\right\|$$

如果只有切应力的作用,比如 $\sigma_{12} \neq 0$,而其他的 $\sigma_{ij} = 0$,则

$$\left\|\begin{matrix} 0 & \sigma_{12} & 0 \\ \sigma_{21} & 0 & 0 \\ 0 & 0 & 0 \end{matrix}\right\|$$

2.1.2 特征应力表面

如同其他对称二阶极张量(见第 1 章),张量 σ_{ij} 可以从几何上用中心在原点($x_1 = x_2 = x_3 = 0$)的二次特征表面来解释.这个特征表面可以用下面的方程表示:

$$\sigma_{ij}x_i x_j = 1 \tag{2.5}$$

利用主轴的应力表面方程变为

$$\sigma_1 x_1^2 + \sigma_2 x_2^2 + \sigma_3 x_3^2 = 1 \tag{2.6}$$

在三轴拉伸的情况下,主应力都是正的,其特征表面是一个三轴的椭球面,其椭球轴分别为 $1/\sqrt{\sigma_1}$,$1/\sqrt{\sigma_2}$ 和 $1/\sqrt{\sigma_3}$.在三轴压缩的情况下(所有的 σ_i 都是负的),其特征表面是一个虚的椭球面.当有两个主应力是正的,另一个是负的时,式(2.6)描述的特征表面是单叶双曲面.当有一个主应力是正的,另两个是负的时,方程(2.6)描述的特征表面是双叶双曲面.当一个主应力为零时,其特征表

面是圆柱面(椭圆的或是双曲面的,取决于其他主应力的符号).当两个主应力均为零时,特征表面退化为垂直于唯一的主应力的一对平行平面.

2.1.3　应变

应变的类型主要有纵向(拉伸或压缩)变形和切向变形.**拉伸或压缩**定义为块体(或块体中某部分)的伸长量与其原有长度的比值,如图 2.4(a)所示.

$$\frac{P'Q'-PQ}{PQ}=\frac{\Delta u_1}{\Delta u_2}=e_{11} \tag{2.7}$$

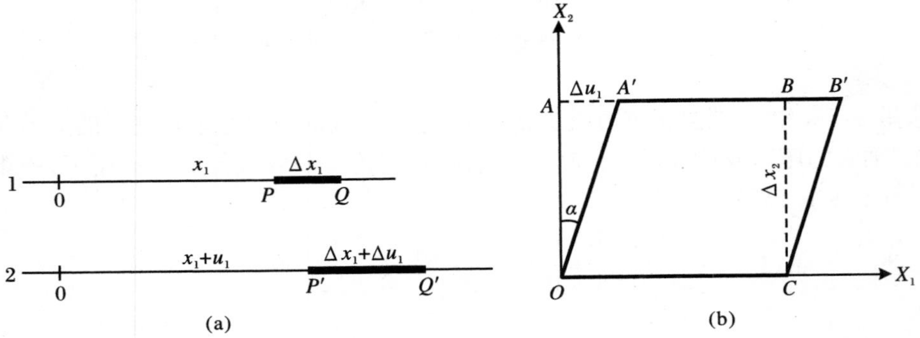

图 2.4

(a) 拉伸应变:1.拉伸之前,2.拉伸之后;(b) 切应变

切应变是指块体的一部分沿着某一平面相对于另一部分的相对位移.切应变的大小等于这一位移与该部分离这个平面的距离的比值(如图 2.4(b)所示),切应变为

$$e_{11}=\frac{\Delta u_1}{\Delta x_2}=\tan\alpha$$

换句话说,切应变可以认为是固体在应变下任意取向的两直线之间的角度变化的量度.在某点的应变用下式表示:

$$e=\lim_{\Delta x\to 0}\frac{\Delta u}{\Delta x}=\frac{\mathrm{d}u}{\mathrm{d}x} \tag{2.8}$$

即 $\mathrm{d}u=e\mathrm{d}x$.

考虑平面内的线段的应变,假设在 X_2X_1 平面上的一线段 PQ 在产生应变后变为 $P'Q'$(见图 2.5).P 点的坐标为(x_1,x_2),而 P'点的坐标则为(x_1+u_1,x_2+u_2).P 点的位移矢量是 $\boldsymbol{u}=\overrightarrow{PP'}=(u_1,u_2)$.$Q$ 点的坐标为$(x_1+\Delta x_1,x_2+\Delta x_2)$.$Q$ 点的位移矢量为$\overrightarrow{QQ'}=(u_1+\Delta u_1,u_2+\Delta u_2)$.显而易见有

$$\Delta u_1 = \frac{\partial u_1}{\partial x_1}\Delta x_1 + \frac{\partial u_1}{\partial x_2}\Delta x_2$$
$$\Delta u_2 = \frac{\partial u_2}{\partial x_1}\Delta x_1 + \frac{\partial u_2}{\partial x_2}\Delta x_2 \qquad (2.9)$$

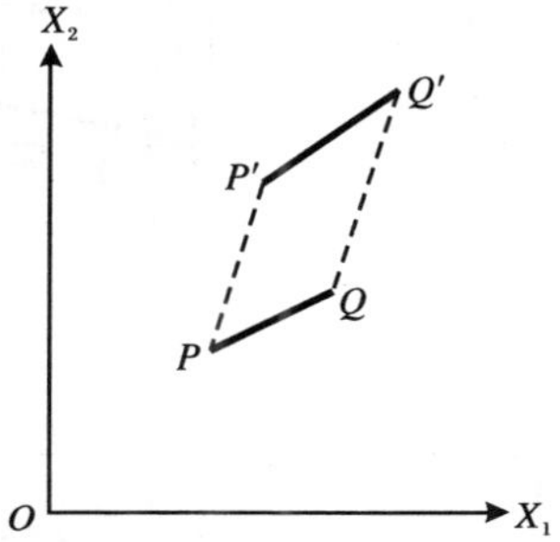

图 2.5 一段线段应变的示意图

引入符号

$$\frac{\partial u_1}{\partial x_1} = u_{11}, \quad \frac{\partial u_1}{\partial x_2} = u_{12}, \quad \frac{\partial u_2}{\partial x_1} = u_{21}, \quad \frac{\partial u_2}{\partial x_2} = u_{22} \qquad (2.10)$$

这样,式(2.9)和式(2.10)可以写成一般形式:

$$\Delta u_i = \Delta u_{ij}\,\Delta x_j \quad (j = 1,2) \qquad (2.11)$$

由于Δu_i和Δx_j都是矢量,故联系它们的系数Δu_{ij}构成了一个二阶极张量,称为**弹性畸变张量**.下面分析这些系数的物理意义.假设 Q_2PQ_1 由两段分别平行于不同坐标轴的线段组成,如图 2.6 所示,在产生应变之后变为 $Q_2'P'Q_1'$.取 PQ_1 在形变中 dx_2不发生沿 X_2 的位移,即 $dx_2 = 0$ (或 $\Delta x_2 = 0$)并利用式(2.9)和式(2.10),可得

$$\Delta u_1 = \frac{\partial u_1}{\partial x_1}\Delta x_1 = u_{11}\Delta x_1 \qquad (2.12)$$

$$\Delta u_2 = \frac{\partial u_2}{\partial x_1}\Delta x_1 = u_{21}\Delta x_1 \qquad (2.13)$$

从图 2.6 可以看出,当 u_{11}和 u_{21}都很小时,u_{11}表征线段 PQ_1的拉伸,u_{21}表征线段 PQ_1的逆时针旋转.类似地,u_{22}表征线段 PQ_2的拉伸,u_{12}表征线段 PQ_2的顺时针旋转.

张量 u_{ij}不仅表征了试样的形变,还表征了晶格的旋转,块体在非零旋转分量 u_{ij}的作用下可以不发生畸变.

如果在块体内各处 u_{ij}是恒定的,这时我们就说块体的应变是均匀的.在均匀应变下,直线仍然保持为直线;平行线仍然保持平行;所有的平行线延伸或收

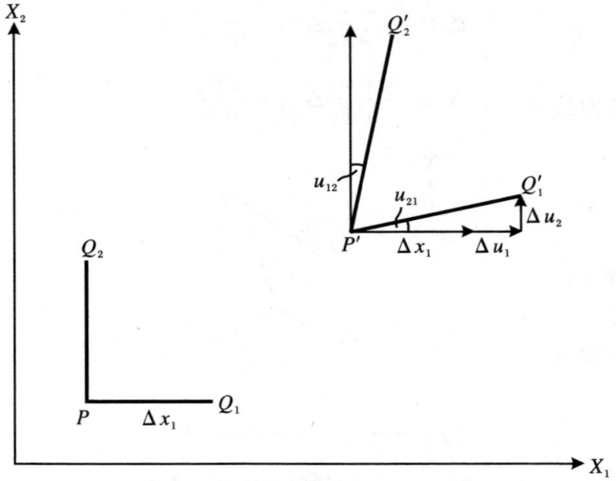

图 2.6 系数 u_{11} 和 u_{21} 的物理意义

缩的程度都相同；一个椭圆变为一个椭圆；特别地，一个圆可以变为一个椭圆.

下面把弹性畸变张量 u_{ij} 分解为形变张量和晶格旋转张量.为此，把弹性畸变张量写成反对称张量和对称张量之和(见第 1 章)：

$$u_{ij} = \frac{1}{2}(u_{ij} - u_{ji}) + \frac{1}{2}(u_{ij} + u_{ji}) \tag{2.14}$$

那么 $\omega_{ij} = (u_{ij} - u_{ji})/2$ 是晶格旋转的量度，而 $\varepsilon_{ij} = (u_{ij} + u_{ji})/2$ 则是纯弹性应变的量度.

图 2.7 给出了式(2.14)的几何解释.张量 ω_{ij} 称为旋转张量，具有如下形式：

$$\omega_{ij} = \begin{Vmatrix} 0 & -\omega_{21} & \omega_{31} \\ \omega_{12} & 0 & -\omega_{32} \\ -\omega_{13} & \omega_{23} & 0 \end{Vmatrix} \tag{2.15}$$

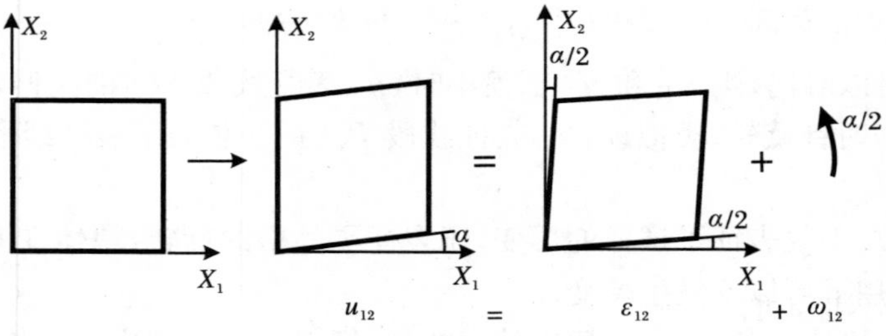

图 2.7 式(2.14)的几何解释

由该张量可得到旋转轴矢量的分量：

$$\omega_i = \omega_{ij}x_j$$

而**极张量** ε_{ij} 称为**应变张量**.由于这个张量是对称的,因此可以简化成主轴形式：

$$\begin{Vmatrix} \varepsilon_{11} & \varepsilon_{12} & \varepsilon_{13} \\ \varepsilon_{12} & \varepsilon_{22} & \varepsilon_{23} \\ \varepsilon_{13} & \varepsilon_{23} & \varepsilon_{33} \end{Vmatrix} \rightarrow \begin{Vmatrix} \varepsilon_1 & 0 & 0 \\ 0 & \varepsilon_2 & 0 \\ 0 & 0 & \varepsilon_3 \end{Vmatrix} \tag{2.16}$$

其中,ε_{11},ε_{22} 和 ε_{33} 是收缩或拉伸应变,而其他的 ε_{ij} 是切向应变的分量;ε_1,ε_2 和 ε_3 是**主应变**,图 2.8 清楚地说明了主应变的意义(注:图中没有画出整个块体的位移和旋转,仅画出了由正则形变引起的位移 u_i).

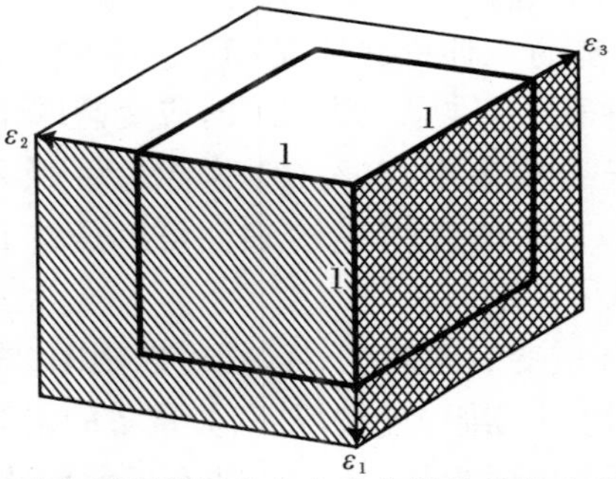

图 2.8 各边分别平行于 3 个主应变轴的单位立方体的形变

从固体中选一个各条边分别和主轴平行的立方体.主轴的主要特点是在发生形变前、后各个主轴两两正交,因此 ε_1,ε_2 和 ε_3 分别是单位立方体的 3 条边长的变化.变换到主轴后,切向应变消失,从块材切割出来的单位立方体平行于各个主轴的各个面受到垂直于面的力的作用.主应变轴的方向在应变前、后并不是不变的.当旋转分量 ω_{ij} 等于零,即只有纯切应变时,主应变轴的方向在应变后仍然保持原来的方向.一般来说,在应变时主轴也发生旋转.

2.1.4 特征表面和应变椭球面

弹性应变的特征表面方程具有如下形式：

$$\varepsilon_{ij}x_ix_j = 1 \tag{2.17}$$

变换为主轴形式后,方程可以改写为

$$\varepsilon_1 x_1^2 + \varepsilon_2 x_2^2 + \varepsilon_3 x_3^2 = 1 \tag{2.18}$$

主应变 ε_1,ε_2 和 ε_3 可以是正的,也可以是负的.与应力的特征表面类似,应变的特征表面既可以是一个实的(或虚的)椭球面或双曲面、圆柱面,也可以是一对平行的平面.

利用单位球面的应变来描述块体的三维均匀弹性应变时，引入应变椭球面的概念. 已知球面方程为

$$x_1^2 + x_2^2 + x_3^2 = 1$$

在产生应变之后，从块体中取出的立方体的平行于主轴的边长变化为

$$x_1' = x_1(1 + \varepsilon_1), \quad x_2' = x_2(1 + \varepsilon_2), \quad x_3' = x_3(1 + \varepsilon_3) \tag{2.19}$$

将上式代入球面方程，得

$$\frac{x_1'^2}{(1 + \varepsilon_1)^2} + \frac{x_2'^2}{(1 + \varepsilon_2)^2} + \frac{x_3'^2}{(1 + \varepsilon_3)^2} = 1 \tag{2.20}$$

式(2.20)所表示的表面为椭球面，并被称为应变椭球面. 由式(2.20)可知，在单轴拉伸情况下，其应变椭球面也是单轴的. 在平面应变(一个主应变为零)时，以及在纯切应变(单轴应变的一种特殊情况)下，应变椭球面是双轴的. 此椭球面的圆截面平行于切向平面. 三维应力状态下的应变椭球面为三轴的.

应变椭球面与特征应变表面式(2.18)不能混为一谈. 由于主应变 ε_1，ε_2 和 ε_3 既可以取正值也可以取负值，特征应变表面可以是一个实的(或虚的)椭球面或双曲面.

应变椭球面与特征应变表面的主要区别可以用图 2.9 来说明. 应变前块体中的单位矢量为 $\boldsymbol{l}$，在均匀三维应变情况下，矢量 $\boldsymbol{l}$ 的末端由于应变而产生了位移 $\boldsymbol{u}$(见图 2.9(a)). 图 2.9(b)为其特征应变表面的截面. 图 2.9(c)是应变椭球面(外部椭圆)，它对应于单位球面(其截面为内圆)的应变. 在图 2.9(b)中，$\boldsymbol{u}$ 的方向与特征表面在 P 点处的法线方向一致，在 $\boldsymbol{l}$ 方向的伸长 ε 由 $OP = 1/\sqrt{\varepsilon}$ 给定.

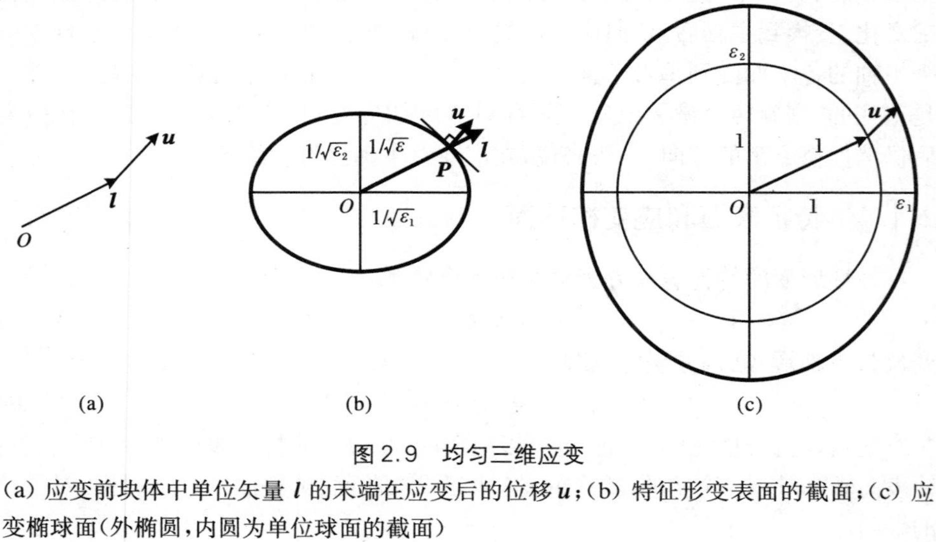

图 2.9 均匀三维应变

(a) 应变前块体中单位矢量 $\boldsymbol{l}$ 的末端在应变后的位移 $\boldsymbol{u}$；(b) 特征形变表面的截面；(c) 应变椭球面(外椭圆，内圆为单位球面的截面)

在选择应力和应变的符号时,我们规定:引起收缩的主应力 σ_{11},σ_{22},σ_{33} 取正值,引起伸长的主应力则取负值.对主应变,ε_{11},ε_{22},ε_{33} 伸长时取正值,收缩时取负值.应当注意,某些书中(如 Nye[2.1] 和 Wooster[2.2])对应变的符号规定恰好相反.

这样,正的纵向应变与负的应力相对应,否则,反之.对于切应变的情形,当由矩形形变而成的平行四边形的锐角处于两个主轴的正方向之间时,切应变取正值.当切应力作用引起的切应变为负值时,该切应力取正值.

2.1.5 晶体的胡克定律

在 300 年前,胡克就发现了最简单的单轴应变情况下的应力-应变关系(胡克定律),即应力 σ 与应变 ε 成正比:

$$\varepsilon = s\sigma \tag{2.21}$$

其中,s 是弹性柔度系数,简称柔度.胡克定律还可以写成另一种形式:

$$\sigma = c\varepsilon \tag{2.22}$$

其中,c 是弹性刚度系数,简称刚度.当晶体中受到任意均匀应力 σ_{ij} 的作用产生均匀的应变时,每个应变分量 ε_{ij} 与所有的应力分量 σ_{ij} 呈线性关系,即

$$\begin{aligned}\varepsilon_{11} &= s_{1111}\sigma_{11} + s_{1112}\sigma_{12} + s_{1113}\sigma_{13} + s_{1121}\sigma_{21} + s_{1122}\sigma_{22} \\ &\quad + s_{1123}\sigma_{23} + s_{1131}\sigma_{31} + s_{1132}\sigma_{32} + s_{1133}\sigma_{33}\end{aligned} \tag{2.23}$$

其余 8 个分量 ε_{ij} 也有 8 个类似的方程.因此,胡克定律的一般形式可写成

$$\varepsilon_{ij} = s_{ijkl}\sigma_{kl} \tag{2.24}$$

其中,s_{ijkl} 为晶体的弹性柔度系数.式(2.24)实际上是 9 个方程的方程组,方程的右边由 9 项组成.因此,系数 s_{ijkl} 一共有 81 个.反过来,也可以把应力用应变表示,写成类似式(2.22)的形式,即一般形式的方程可写成

$$\sigma_{kl} = c_{klmn}\varepsilon_{mn} \tag{2.25}$$

其中,c_{klmn} 为弹性刚度系数,一共也有 81 个.由第 1 章可知,联系着两个对称二阶极张量分量的系数构成一个四阶极张量.因此,81 个弹性柔度系数 s_{ijkl} 与 81 个弹性刚度系数构成了一个四阶极张量.由于 $s_{ij} = s_{ji}$,$c_{ij} = c_{ji}$,

$$s_{ijkl} = s_{jikl} = s_{ijlk} = s_{klij}$$

$$c_{klmn} = c_{lkmn} = c_{klnm} = c_{mnkl}$$

因此一般情况下独立的弹性系数由 81 个降为 21 个.

2.1.6 弹性系数的矩阵记法

式(2.24)和式(2.25)中的弹性系数 s_{ijkl} 和 c_{klmn} 的 4 个脚标可以更方便地用

两个脚标来表示.用新的脚标表示时,有

张量脚标:	11	22	33	23	32	31	13	12	21
相应的矩阵脚标:	1	2	3	4		5		6	

另外,引入因子2和4:

当 m 和 n 等于1,2或3时,$s_{ijkl} = s_{mn}$;

当只有 m 或只有 n 等于4,5,6时,$2s_{ijkl} = s_{mn}$;

当 m 和 n 同时等于4,5,6时,$4s_{ijkl} = s_{mn}$.

在矩阵记法中,式(2.23)写成

$$\varepsilon_1 = s_{11}\sigma_1 + s_{12}\sigma_2 + s_{13}\sigma_3 + s_{14}\sigma_4 + s_{15}\sigma_5 + s_{16}\sigma_6$$

或者

$$\varepsilon_1 = s_{1j}\sigma_j \tag{2.26}$$

归结起来,式(2.24)的9个方程可写成

$$\varepsilon_i = s_{ij}\sigma_j \quad (i,j = 1,2,\cdots,6) \tag{2.27}$$

同理,式(2.25)可表示为

$$\sigma_j = c_{jk}\varepsilon_k \quad (j,k = 1,2,\cdots,6) \tag{2.28}$$

在矩阵记法中,弹性柔度系数和弹性刚度系数共有36个,由于 $s_{ij} = s_{ji}$ 和 $c_{ij} = c_{ji}$,因此一般只有21个系数是独立的.

矩阵 s_{ij} 和矩阵 c_{jk} 是相互倒易的,即 $s_{ij}c_{jk} = c_{ij}s_{jk} = \delta_{ik}$,其中 δ_{ik} 为单位矩阵.

通常情况下,s_{ij} 和 c_{jk} 之间的关系是相当复杂的.表2.1给出了4种高对称晶系情况下 s_{ij} 和 c_{jk} 之间的关系.表中用柔度来表示刚度,也可以通过相同的方程以 s_{ij} 替换 c_{jk}.

表2.1 高对称情形下弹性系数 s_{ij} 和 c_{ji} 之间的关系

晶系	方程
立方	$s_{11} = \dfrac{c_{11} + c_{12}}{(c_{11} - c_{12})(c_{11} + 2c_{12})}$
	$s_{12} = \dfrac{-c_{12}}{(c_{11} - c_{12})(c_{11} + 2c_{12})}$
	$s_{44} = 1/c_{44}$
六角	$s_{11} + s_{12} = c_{33}/c$
	$s_{11} - s_{12} = 1/(c_{11} - c_{12})$
	$s_{13} = -c_{13}/c$, $s_{33} = (c_{11} + c_{12})/c$
	$s_{44} = 1/c_{44}$
	$c = c_{33}(c_{11} + c_{12}) - 2c_{13}^2$

续表

晶 系	方 程
四方	$s_{11}+s_{12}=c_{33}/c$ $s_{11}-s_{12}=1/(c_{11}-c_{12})$ $s_{13}=-c_{13}/c,\quad s_{33}=(c_{11}+c_{12})/c$ $s_{14}=1/c_{44},\quad s_{66}=1/c_{66}$ $c=c_{33}(c_{11}+c_{12})-2c_{13}^2$
三角	$s_{11}+s_{12}=c_{33}/c,\quad s_{11}-s_{12}=c_{44}/c$ $s_{13}=-c_{13}/c,\quad s_{14}=-c_{14}/c'$ $s_{33}=(c_{11}+c_{12})/c,\quad s_{44}=(c_{11}-c_{12})/c'$ $c=c_{33}(c_{11}+c_{12})-2c_{13}^2$ $c'=c_{44}(c_{11}-c_{12})-2c_{14}^2$

2.1.7 晶体对称性对弹性系数张量的影响

晶体的对称性使得 s_{ij} 和 c_{ij} 的某些分量等于零或相等,从而使非零的独立弹性系数个数减少.

在 222 正交晶类中,分析对称性对关联应力 σ_{23} 与应变 ε_{33} 的柔度系数 s_{34} 的影响.应变 ε_{33} 是块体在 X_3 轴方向上的拉伸(见图 2.10(a)).对整个体系(晶体及切应力)做相对于平行 X_2 轴的二重轴旋转.晶体及其沿 X_3 轴方向的拉伸是保持不变的,而切应力的方向却变成了反向(见图 2.10(b)).只有当 $s_{34}=0$ 时,才有可能出现这样的情形.同理可得各种晶类的对称性对所有 s_{ij} 和 c_{jk} 的影响,相应的矩阵列在表 2.2 中.

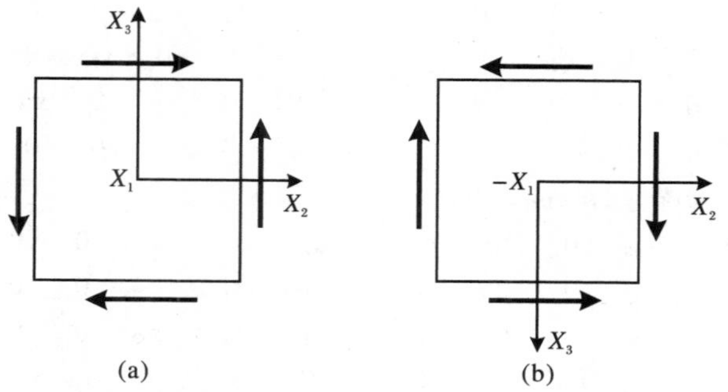

图 2.10 222 晶类柔度系数 $s_{34}=0$ 的说明

表2.2 不同对称性晶体的弹性系数矩阵

群1 三斜晶系,对称类1,$\bar{1}$

c_{11}	c_{12}	c_{13}	c_{14}	c_{15}	c_{16}	s_{11}	s_{12}	s_{13}	s_{14}	s_{15}	s_{16}
c_{12}	c_{22}	c_{23}	c_{24}	c_{25}	c_{26}	s_{12}	s_{22}	s_{23}	s_{24}	s_{25}	s_{26}
c_{13}	c_{23}	c_{33}	c_{34}	c_{35}	c_{36}	s_{13}	s_{23}	s_{33}	s_{34}	s_{35}	s_{36}
c_{14}	c_{24}	c_{34}	c_{44}	c_{45}	c_{46}	s_{14}	s_{24}	s_{34}	s_{44}	s_{45}	s_{46}
c_{15}	c_{25}	c_{35}	c_{45}	c_{55}	c_{56}	s_{15}	s_{25}	s_{35}	s_{45}	s_{55}	s_{56}
c_{16}	c_{26}	c_{36}	c_{46}	c_{56}	c_{66}	s_{16}	s_{26}	s_{36}	s_{46}	s_{56}	s_{66}

群2 单斜晶系,对称类2,m,$2/m$

c_{11}	c_{12}	c_{13}	0	c_{15}	0	s_{11}	s_{12}	s_{13}	0	s_{15}	0
c_{12}	c_{22}	c_{23}	0	c_{25}	0	s_{12}	s_{22}	s_{23}	0	s_{25}	0
c_{13}	c_{23}	c_{33}	0	c_{35}	0	s_{13}	s_{23}	s_{33}	0	s_{35}	0
0	0	0	c_{44}	0	c_{46}	0	0	0	s_{44}	0	s_{46}
c_{15}	c_{25}	c_{35}	0	c_{55}	0	s_{15}	s_{25}	s_{35}	0	s_{55}	0
0	0	0	c_{46}	0	c_{66}	0	0	0	s_{46}	0	s_{66}

群3 正交晶系,对称类222,$mm2$,mmm

c_{11}	c_{12}	c_{13}	0	0	0	s_{11}	s_{12}	s_{13}	0	0	0
c_{12}	c_{22}	c_{23}	0	0	0	s_{12}	s_{22}	s_{23}	0	0	0
c_{13}	c_{23}	c_{33}	0	0	0	s_{13}	s_{23}	s_{33}	0	0	0
0	0	0	c_{44}	0	0	0	0	0	s_{44}	0	0
0	0	0	0	c_{55}	0	0	0	0	0	s_{55}	0
0	0	0	0	0	c_{66}	0	0	0	0	0	s_{66}

群4 四方晶系,对称类4,$4/m$,422,$4/mmm$

c_{11}	c_{12}	c_{13}	0	0	0	s_{11}	s_{12}	s_{13}	0	0	0
c_{12}	c_{11}	c_{13}	0	0	0	s_{12}	s_{11}	s_{13}	0	0	0
c_{13}	c_{13}	c_{33}	0	0	0	s_{13}	s_{13}	s_{33}	0	0	0
0	0	0	c_{44}	0	0	0	0	0	s_{44}	0	0
0	0	0	0	c_{44}	0	0	0	0	0	s_{44}	0
0	0	0	0	0	c_{66}	0	0	0	0	0	s_{66}

群5 四方晶系,对称类$\bar{4}$,$4mm$,$\bar{4}2m$

c_{11}	c_{12}	c_{13}	0	0	c_{16}	s_{11}	s_{12}	s_{13}	0	0	s_{16}
c_{12}	c_{11}	c_{13}	0	0	$-c_{16}$	s_{12}	s_{11}	s_{13}	0	0	$-s_{16}$
c_{13}	c_{13}	c_{33}	0	0	0	s_{13}	s_{13}	s_{33}	0	0	0
0	0	0	c_{44}	0	0	0	0	0	s_{44}	0	0
0	0	0	0	c_{44}	0	0	0	0	0	s_{44}	0
c_{16}	$-c_{16}$	0	0	0	c_{66}	s_{16}	$-s_{16}$	0	0	0	s_{66}

续表

群 6 三角晶系，对称类 $3,\bar{3}$											
c_{11}	c_{12}	c_{13}	c_{14}	$-c_{25}$	0	s_{11}	s_{12}	s_{13}	s_{14}	$-s_{25}$	0
c_{12}	c_{11}	c_{13}	$-c_{14}$	c_{25}	0	s_{12}	s_{11}	s_{13}	$-s_{14}$	s_{25}	0
c_{13}	c_{13}	c_{33}	0	0	0	s_{13}	s_{13}	s_{33}	0	0	0
c_{14}	$-c_{14}$	0	c_{44}	0	c_{25}	s_{14}	$-s_{14}$	0	s_{44}	0	s_{25}
$-c_{25}$	c_{25}	0	0	c_{44}	c_{14}	$-s_{25}$	s_{25}	0	0	s_{44}	s_{14}
0	0	0	c_{25}	c_{14}	$\frac{1}{2}(c_{11}-c_{12})$	0	0	0	s_{25}	s_{14}	$\frac{1}{2}(s_{11}-s_{12})$
群 7 三角晶系，对称类 $32,3m,\bar{3}m$											
c_{11}	c_{12}	c_{13}	c_{14}	0	0	s_{11}	s_{12}	s_{13}	s_{14}	0	0
c_{12}	c_{11}	c_{13}	$-c_{14}$	0	0	s_{12}	s_{11}	s_{13}	$-s_{14}$	0	0
c_{13}	c_{13}	c_{33}	0	0	0	s_{13}	s_{13}	s_{33}	0	0	0
c_{14}	$-c_{14}$	0	c_{44}	0	0	s_{14}	$-s_{14}$	0	s_{44}	0	0
0	0	0	0	c_{44}	c_{44}	0	0	0	0	s_{44}	s_{44}
0	0	0	0	c_{14}	$\frac{1}{2}(c_{11}-c_{12})$	0	0	0	0	s_{14}	$\frac{1}{2}(s_{11}-s_{12})$
群 8 六角晶系，对称类 $6,\bar{6},6/m,622,6mm,\bar{6}m2,6/mmm$											
c_{11}	c_{12}	c_{13}	0	0	0	s_{11}	s_{12}	s_{13}	0	0	0
c_{12}	c_{11}	c_{13}	0	0	0	s_{12}	s_{11}	s_{13}	0	0	0
c_{13}	c_{13}	c_{33}	0	0	0	s_{13}	s_{13}	s_{33}	0	0	0
0	0	0	c_{44}	0	0	0	0	0	s_{44}	0	0
0	0	0	0	c_{44}	0	0	0	0	0	s_{44}	0
0	0	0	0	0	$\frac{1}{2}(c_{11}-c_{12})$	0	0	0	0	0	$\frac{1}{2}(s_{11}-s_{12})$
群 9 立方晶系，对称类 $23,m3,432,\bar{4}32,m3m$											
c_{11}	c_{12}	c_{12}	0	0	0	s_{11}	s_{12}	s_{12}	0	0	0
c_{12}	c_{11}	c_{12}	0	0	0	s_{12}	s_{11}	s_{12}	0	0	0
c_{12}	c_{12}	c_{11}	0	0	0	s_{12}	s_{12}	s_{11}	0	0	0
0	0	0	c_{44}	0	0	0	0	0	s_{44}	0	0
0	0	0	0	c_{44}	0	0	0	0	0	s_{44}	0
0	0	0	0	0	c_{44}	0	0	0	0	0	s_{44}
群 10 各向同性介质											
c_{11}	c_{12}	c_{12}	0	0	0						
c_{12}	c_{11}	c_{12}	0	0	0						
c_{12}	c_{12}	c_{11}	0	0	0						
0	0	0	$\frac{1}{2}(c_{11}-c_{12})$	0	0						
0	0	0	0	$\frac{1}{2}(c_{11}-c_{12})$	0						
0	0	0	0	0	$\frac{1}{2}(c_{11}-c_{12})$						

续表

	s_{11}	s_{12}	s_{12}	0	0	0
	s_{12}	s_{11}	s_{12}	0	0	0
	s_{12}	s_{12}	s_{11}	0	0	0
	0	0	0	$\frac{1}{2}(s_{11}-s_{12})$	0	0
	0	0	0	0	$\frac{1}{2}(s_{11}-s_{12})$	0
	0	0	0	0	0	$\frac{1}{2}(s_{11}-s_{12})$
或	$\lambda+2\mu$	λ	λ	0	0	0
	λ	$\lambda+2\mu$	λ	0	0	0
	λ	λ	$\lambda+2\mu$	0	0	0
	0	0	0	μ	0	0
	0	0	0	0	μ	0
	0	0	0	0	0	μ

表 2.2 给出晶体和均匀介质的弹性系数张量的对称群的数目是 10,这些对称群包括两种极限情况:∞/mmm 和$\infty/\infty mm$.

第一种包括六角和三角晶体的弹性系数张量,除了有一个六次或三次轴外,还有一个与之相垂直的对称面.在这些晶体中,在垂直于主轴的平面上的各个方向上其弹性性质都是等同的,即横向各向同性.表 2.3 和表 2.4 列出了若干立方和六角晶体弹性系数的数值.

对称群$\infty/\infty mm$ 描述各向同性块体的弹性性质的对称性.由表 2.2 可见,一个各向同性的块体,其弹性性质只需两个弹性系数,即 s_{11}和 s_{12}(或 c_{11}和 c_{12})来表征.根据理论力学,这两个系数可以用拉梅(Lamé)系数 λ 和μ 来表示,即

$$\lambda = c_{12},\quad \mu = c_{44} = 1/s_{44},\quad \lambda + 2\mu = c_{11} \tag{2.29}$$

或者用杨氏模量 $E=\sigma/\varepsilon$、切变模量 G 和泊松比$\nu=-\varepsilon'/\varepsilon$ 来表示,其中,ε 和 ε'分别为应变力引起的纵向应变和横向应变:

$$s_{11} = 1/E,\quad s_{12} = \nu/E,\quad 2(s_{11} - s_{12}) = 1/G,\quad G = E/2(1+\nu) \tag{2.30}$$

和 $\lambda=2G\nu/(1-2\nu)$,$\mu=G$.

对各向同性介质,有 $c_{44}=(c_{11}-c_{12})/2$ 和 $s_{44}=2(s_{11}-s_{12})$.对立方晶体,$A=2c_{44}/(c_{11}-c_{12})$,它被称为弹性各向异性参数,是晶体的两种相对抗切变性的量度,因为 c_{44}表征了沿着(010)面[001]方向的抗切变性,而$(c_{11}-c_{12})/2$ 则是沿着 (110)面 [$\bar{1}$10]方向抗切变性的量度.晶体的柔度系数 s_{ij}和刚度系数c_{ij}可

以和杨氏模量、切变模量、泊松比等技术特征相联系：

$$E = 1/s_{11}, \quad G = \frac{1}{2}(c_{11} - c_{12}), \quad \nu = s_{12}/s_{11}$$

2.1.8 各向同性介质的胡克定律

由弹性系数，模量 E，G 和泊松比 ν 的关系，各向同性介质的胡克定律可写成

$$\varepsilon_{11} = \frac{1}{E}[\sigma_{11} - \nu(\sigma_{22} + \sigma_{33})] \tag{2.31}$$

由循环置换式(2.31)的脚标可得分量 ε_{22} 和 ε_{33}. 分量 ε_{12}，ε_{23} 和 ε_{31} 为

$$\varepsilon_{12} = \frac{1}{2G}\sigma_{12}, \quad \varepsilon_{23} = \frac{1}{2G}\sigma_{23}, \quad \varepsilon_{31} = \frac{1}{2G}\sigma_{31} \tag{2.32}$$

表 2.3 室温下部分立方晶体的弹性系数 c_{ij} (10^{11} dyn/cm^2) 和 s_{ij} (10^{-12} cm^2/dyn)及弹性各向异性参数 A

晶体材料	c_{11}	c_{44}	c_{12}	s_{11}	s_{44}	s_{12}	A
Ag	12.40	4.61	9.34	2.29	2.17	−0.983	3
Al	10.82	2.85	6.13	1.57	3.51	−0.568	1.2
Au	18.6	4.20	15.7	2.33	6.38	−1.065	2.9
Cu	16.84	7.54	12.14	1.498	1.326	−0.629	3.21
Ni	24.65	12.47	14.73	0.734	0.802	−0.274	2.52
Pb	4.95	1.49	4.23	9.51	6.72	−4.38	4.14
Fe	22.8	11.65	13.2	0.762	0.858	−0.279	2.43
Mo	46.0	11.0	17.6	0.28	0.91	−0.078	7.75
Na	0.732	0.419	0.625	64.0	23.9	−29.5	7.85
Nb	24.55	2.93	13.90	0.690	3.42	−0.249	5.48
Ta	26.7	8.25	16.1	0.685	1.21	−0.258	1.5
V	22.8	4.26	11.9	0.683	2.35	−0.234	0.8
W	50.1	15.14	19.8	0.257	0.660	−0.073	1
C(金刚石)	107.7	57.8	12.50	0.0953	0.174	−0.0099	1.21
Ge	12.89	6.71	4.83	0.978	1.490	−0.266	4.25

续表

晶体材料	c_{11}	c_{44}	c_{12}	s_{11}	s_{44}	s_{12}	A
Si	16.57	7.96	6.39	0.768	1.256	−0.214	1.56
NaCl	4.87	1.26	1.24	2.29	7.94	−0.465	0.7
LiF	11.12	6.28	4.20	1.135	1.59	−0.31	1.82
MgO	28.92	15.46	8.80	0.403	0.647	−0.094	1.54
TiC	50.0	17.5	11.3	0.218	0.572	−0.040	0.9

表2.4　室温下部分六角晶体的弹性系数 c_{ij} (10^{11} dyn/cm^2)和 s_{ij} (10^{-12} cm^2/dyn)

晶体材料	c_{11}	c_{33}	c_{44}	c_{12}	c_{13}	s_{11}	s_{33}	s_{44}	s_{12}	s_{13}
Be	29.23	33.64	16.25	2.67	1.4	0.348	0.298	0.616	−0.030	−0.0131
C(石墨)	116	4.66	0.23	29	10.9	0.111	3.32	43.5	−0.0046	−0.249
Cd	11.58	5.14	2.04	3.98	4.06	1.24	3.52	4.98	−0.076	−0.920
Co	30.7	35.81	7.83	16.5	10.3	0.472	0.319	1.324	−0.231	−0.069
Hf	18.11	19.69	5.57	7.72	6.61	0.715	0.613	1.80	−0.247	−0.157
Mg	5.97	6.17	1.64	2.62	2.17	2.20	1.97	6.1	−0.785	−0.50
Re	61.25	68.27	16.25	27.0	20.6	0.212	0.170	0.616	−0.080	−0.40
Ti	16.24	18.07	4.67	2.20	6.90	0.958	0.698	2.14	−0.462	−0.189
Zn	16.1	6.10	3.83	3.42	5.01	0.838	2.838	2.61	−0.053	−0.731
ZnO	20.97	21.09	4.25	12.11	10.51	0.787	0.694	2.35	−0.334	−0.221
Zr	14.34	16.48	3.20	7.28	6.53	1.013	0.799	3.13	−0.404	−0.241

利用拉梅系数,各向同性介质的胡克定律可写成

$$\sigma_{ij} = \lambda\varepsilon_{ii}\delta_{ij} + 2\mu\varepsilon_{ij} \tag{2.33}$$

其中,$\varepsilon_{ii} = \varepsilon_{11} + \varepsilon_{22} + \varepsilon_{33}$,当 $i = j$ 时,$\delta_{ii} = 1$,当 $i \neq j$ 时,$\delta_{ij} = 0$.

2.1.9　任意方向的杨氏模量和弹性的特征表面

要确定晶体中任意方向的杨氏模量,必须使坐标系变换到 X_3'轴与选定方向一致.显然,$\varepsilon_3 = -s_{33}'\sigma_3$ 总是成立的,而 $1/s_{33}'$就是 X_3'轴方向上的杨氏模量.

任意晶系在方向余弦为 l_1,l_2 和 l_3 的任意方向上(做变换时,必须转换回到4位数张量符号),对 s_{ij}'有

$$s_{ij}' = l_i l_j l_m l_n s_{ijlm} \tag{2.34}$$

对高对称晶系,式(2.34)的右边的展开形式如下:

四方晶系，$4,\bar{4},4/m$ 类：

$$(l_1^4+l_2^4)s_{11}+l_3^4s_{33}+l_1^2l_2^2(2s_{12}+s_{66})$$
$$+l_3^2(1-l_3^2)(2s_{13}+s_{44})+2l_1l_2(l_1^2-l_2^2)s_{16}$$

四方晶系，$4mm,4,2,422,4/mmm$ 类：

$$(l_1^4+l_2^4)s_{11}+l_3^4s_{33}+l_1^2l_2^2(2s_{12}+s_{66})+l_3^2(1-l_3^2)(2s_{13}+s_{44})$$

三角晶系，$3,\bar{3}$ 类：

$$(1-l_3^2)^2s_{11}+l_3^4s_{33}+l_3^2(1-l_3^2)(2s_{13}+s_{44})$$
$$+2l_2l_3(3l_1^2-l_2^2)s_{14}+2l_1l_2(3l_2^2-l_1^2)s_{25}$$

三角晶系，$3m,32,\bar{3}/m$ 类：

$$(1-l_3^2)^2s_{11}+l_3^4s_{33}+l_3^2(1-l_3^2)(2s_{13}+s_{44})+2l_2l_3(3l_1^2-l_2^2)s_{44}$$

六角晶系：

$$(1-l_3^2)^2s_{11}+l_3^4s_{33}+l_3^2(1-l_3^2)(2s_{13}+s_{44})$$

立方晶系：

$$s_{11}+2\left(s_{11}-s_{12}-\frac{1}{2}s_{44}\right)(l_1^2l_2^2+l_2^2l_3^2+l_3^2l_1^2)$$

由此可见，立方晶系的杨氏模量也是各向异性的，它们随着方向的改变而改变，取决于$(l_1^2l_2^2+l_2^2l_3^2+l_3^2l_1^2)$. 在立方体的〈100〉轴方向上该量等于零，而在〈111〉方向上为最大值 1/3.

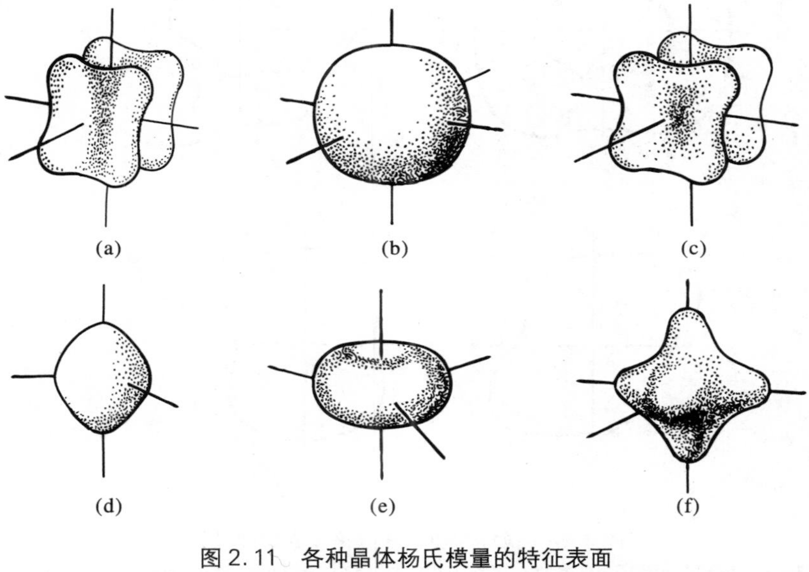

图 2.11　各种晶体杨氏模量的特征表面

(a) Au;(b) Al;(c) Fe;(d) Mg;(e) Zn;(f) Fe 晶体的扭转模量

如果($s_{11}-s_{12}-s_{44}/2$)为正,那么在大多数立方晶体中,杨氏模量的最大值在〈111〉方向上,最小值在〈100〉方向上.而弹性介质的各向同性条件是 $s_{11}-s_{12}-s_{44}/2=0$ 成立.

s'_{33}或杨氏模量 $E=s'^{-1}_{33}$的特征表面通常用于描述晶体弹性的各向异性,有时也用切变模量

$$c'_{44}=l_i l_j l_m l_n c_{44}$$

和扭转模量 $2(s'_{44}+s'_{55})$的特征表面来描述.图 2.11 和图 2.12 给出了几种晶体 s'_{33},s'^{-1}_{33},$2(s'_{44}+s'_{55})$的特征表面及其截面.

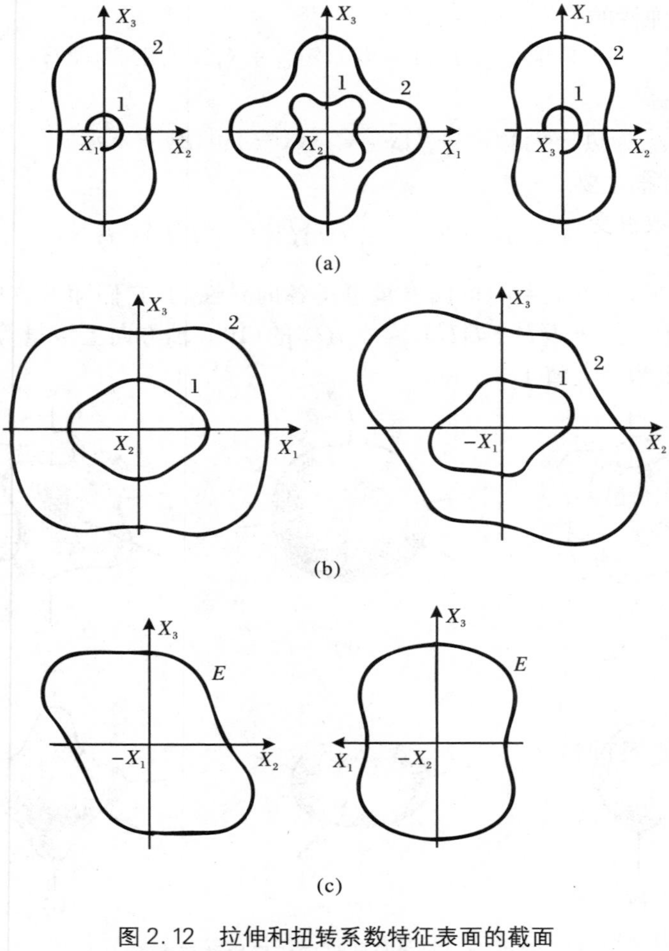

图 2.12 拉伸和扭转系数特征表面的截面

(a) 罗谢尔盐;(b)“右手”石英;(c)“右手”石英的杨氏模量:1.拉伸 s_{33},2.扭转 $2(s'_{44}+s'_{55})$

2.1.10 弹性系数的绝热值和等温值

弹性系数(弹性常数)可用静态或动态的方法测定.在静态测量中被测晶体的温度保持不变,所以测到的是弹性系数的**等温**值,有时用上标"T"表示,如 s_{ij}^T 或 c_{ij}^T.在动态测量弹性系数时,被测试样的温度是变化的,在收缩区域内升温而在膨胀区域降温.在高振动频率下,试样块内的温度来不及达到均匀,此时试样中出现附加的应变.这样,弹性系数的**绝热**值就可以通过动态测量得到.通常用上标"S"表示(S 是晶体的熵):s_{ij}^S 或 c_{ij}^S.

利用热弹性的热力学理论,弹性系数的绝热值与等温值之间的关系可以由下式给出:

$$s_{ij}^S - s_{ij}^T = \alpha_i \alpha_k T / c^\sigma \tag{2.35}$$

其中,α_i 和 α_k 为热膨胀系数,c^σ 为恒定应力下的热容.因为通常热膨胀系数是正的,而热容也主要是正的,绝热柔度通常比等温柔度小.

弹性系数也受到电子效应的影响[2.4].

2.1.11 晶体的体积压缩率

体积压缩率是指晶体在静态压力 $\mathrm{d}P$ 作用下其体积的相对减小量 $\mathrm{d}V/V$,即

$$s_{iijj} = -\frac{1}{V}\frac{\mathrm{d}V}{\mathrm{d}P} \tag{2.36}$$

在矩阵记法中,最一般的情况下(三斜晶系)体积压缩率具有下面形式:

$$s_{iijj} = s_{11} + s_{22} + s_{33} + 2(s_{12} + s_{23} + s_{31}) \tag{2.37}$$

对各向同性介质和立方晶体,体积压缩率为 $3(s_{11} + 2s_{12})$.其倒数,即常用的体积压缩率模量(三轴压缩)是

$$k = \frac{1}{3(s_{11} + 2s_{12})} = \frac{E}{3(1 - 2\nu)} \tag{2.38}$$

2.1.12 玻恩理论

由于弹性应变取决于晶体点阵间距的变化以及弹性应力与质点间的相互作用力,因而晶体的宏观弹性性质由内部质点之间键的刚度决定.

1915 年,玻恩第一次提出宏观弹性性质与晶体内原子之间作用力的关系.在这一关系中,只考虑中心力(即沿着连接两原子或离子中心连线方向的力)而忽略了原子的热振动和晶格缺陷.

对 NaCl 类型的晶体,单价离子的相互作用能(参见文献[2.5]第 1 章)为

$$- U(r) = A\left(\frac{Me^2}{r} - M'\frac{b}{r^n}\right) \tag{2.39}$$

式中各项的意义见文献[2.5].处于平衡时,$r = r_0$,而且$(\partial U/\partial r)_{r=r_0} = 0$,$M'$可用 M 来表示:

$$M' = Me^2 r_0^{n-1}/nb \tag{2.40}$$

则

$$U(r) = -\frac{Me^2}{r}\left[1 - \frac{1}{n}\left(\frac{r_0}{r}\right)^{n-1}\right] \tag{2.41}$$

最近邻原子的 6 对键中的每一对具有能量 $U/6$,n 的值可由三轴压缩模量式(2.38)得到.事实上,由于 $P = -\mathrm{d}U/\mathrm{d}V$,则

$$k = V\frac{\mathrm{d}P}{\mathrm{d}V} = V\frac{\mathrm{d}^2 U}{\mathrm{d}V^2} \tag{2.42}$$

晶体的克·摩尔体积为

$$V = N\gamma r^3$$

其中,N 为阿伏伽德罗常量,γ 是反映原子堆垛性质的系数(在密排结构中 $\gamma \approx 1$).因此

$$\frac{\mathrm{d}U}{\mathrm{d}V} = \frac{1}{3N\gamma r^2}\frac{\mathrm{d}U}{\mathrm{d}r},\quad \frac{\mathrm{d}^2 U}{\mathrm{d}V^2} = \frac{1}{9N^2\gamma^2 r^2}\frac{\mathrm{d}}{\mathrm{d}r}\left(\frac{1}{r^2}\frac{\mathrm{d}U}{\mathrm{d}r}\right) \tag{2.43}$$

考虑式(2.41)和式(2.43)后,得

$$n = 1 + \frac{9Vr}{e^2 A}k \tag{2.44}$$

对碱卤化物晶体,n 从 Li 盐的 5 变到 Cs 盐的 11 不等.对 NaCl 晶体,$n \approx 9$.

2.1.13　柯西比

假设形成晶体点阵的原子受到中心力的作用,弹性系数之间还有 6 个额外的关系,称为**柯西关系**:

$$c_{23} = c_{44},\quad c_{56} = c_{14},\quad c_{64} = c_{25},\quad c_{31} = c_{55},\quad c_{12} = c_{66},\quad c_{45} = c_{36}$$

由于这些关系的存在,三斜晶体的弹性系数的个数从 21 减少为 15.从柯西关系可得,对各向同性介质有 $c_{11} = 3c_{12}$(即只保留了一个弹性系数);对立方晶体,$c_{12} = c_{44}$,而对六角和三角晶体有 $c_{13} = c_{44}$和 $c_{11} = 3c_{12}$.

实际经验表明,仅在 NaCl 碱卤化物型晶体中,柯西关系才或多或少是成立的(见表 2.3 和表 2.4).

根据波恩理论,仅当构成晶体的质点都处于其对称中心时,柯西关系才成立.柯西条件不满足表明,有必要考虑在特定晶体中的键,尤其是作为独立组元构成点阵的价电子的情况.

2.1.14 晶体中的弹性波

绝热弹性系数被广泛应用于描述晶体中弹性波的传播.在讨论这种波的时候应该采用弹性介质运动的一般方程,使内应力 $\mathrm{d}\sigma_{ij}/\mathrm{d}x_i$ 的力等于加速度 $\ddot{u}$ 和单位块材体积的质量(密度 ρ)的乘积:

$$\rho\ddot{u}_i = \frac{\partial\sigma_{ij}}{\partial x_j} \tag{2.45}$$

其中,$\sigma_{ij} = c^S_{ijkl}\varepsilon_{kl}$.把 σ_{ij} 的表达式(2.25)代入运动方程式(2.45),并用下面式子

$$\varepsilon_{kl} = \frac{1}{2}\left(\frac{\partial u_k}{\partial x_l} + \frac{\partial u_l}{\partial x_k}\right)$$

得到

$$\begin{aligned}\rho\ddot{u}_i &= c_{ijkl}\frac{\partial\varepsilon_{kl}}{\partial x_j} = \frac{c^S_{ijkl}}{2}\frac{\partial}{\partial x_j}\left(\frac{\partial u_k}{\partial x_l} + \frac{\partial u_l}{\partial x_k}\right)\\ &= \frac{1}{2}c^S_{ijkl}\frac{\partial^2 u_k}{\partial x_j\partial x_l} + \frac{1}{2}c^S_{ijkl}\frac{\partial^2 u_l}{\partial x_j\partial x_k}\end{aligned}$$

由于张量 c^S_{ijkl} 相对于脚标 k 和 l 是对称的,把第二项中的脚标 l 和 k 相互置换,可以发现第一项和第二项是相同的,因此

$$\rho\ddot{u}_i = c^S_{ijkl}\frac{\partial^2 u_l}{\partial x_j\partial x_k} \tag{2.46}$$

这个方程给出了晶体中弹性波传播的规律.在局限于平面单色弹性波的情形下,得到波的位移矢量表达式为

$$u_i = u_i^0\exp[\mathrm{i}(\boldsymbol{k}\cdot\boldsymbol{r} - \omega t)] \tag{2.47}$$

其中,u_i^0 = 常数是波的振幅.把式(2.47)代入式(2.46),得到

$$\rho\omega^2 u_i = c^S_{ijkl}k_j k_k u_l \tag{2.48}$$

(k_j 和 k_k 分别为波矢量沿着 x_j 和 x_k 轴方向的分量).改写 $u_i = \delta_{il}u_l$(其中,δ_{il} 为克罗内克符号,当 $i = l$ 时 $\delta_{il} = 1$,当 $i \neq l$ 时,$\delta_{il} = 0$),式(2.48)变为 3 个关于 u_1,u_2 和 u_3 的一次齐次方程组:

$$(\rho\omega^2\delta_{il} - c^S_{ijkl}k_j k_k)u_l = 0 \tag{2.49}$$

这是一组熟悉的方程组,仅当组成 u_l 的因子构成的行列式等于零时,方程组才有非零解,即

$$|c^S_{ijkl}k_j k_k - \rho\omega^2\delta_{il}| = 0 \tag{2.50}$$

这是一个关于 ω^2 的三次方程,一般情况下,有 3 个不同的根,它们是波矢量 $\boldsymbol{k}$ 的函数.把这些根分别代入式(2.49),得到其准确性与某恒定的共同因数相应的位移分量 u_i.

波传播的速度(群速)是频率对波矢量的微分.在各向同性的块材中,频率与$|k|$成正比,因此速度$U=\mathrm{d}\omega/\mathrm{d}k$的方向与$\boldsymbol{k}$的方向一致.在晶体中,这种依赖关系不成立,波传播的方向与其波矢量的方向不一致.另一方面,波速是其方向的函数,当弹性常数不存在色散时,波速与频率无关.事实上,根据式(2.50),ω是一个关于分量k_i的一次齐次函数,因此传播速度$\mathrm{d}\omega/\mathrm{d}k$是关于$k_i$的零次齐次函数.

对每个k_i而言,由于ω与$\boldsymbol{k}$之间存在3个不同的关系,一般来说,3种不同的弹性波在晶体中分别沿着某个方向传播.基于晶体的对称性,只有在某些奇异的方向,弹性波的速度才会重合.比如,六角晶体的[0001]方向,立方晶体的〈100〉和〈111〉方向,四方晶体的[001]方向,两种横波的速度是相同的.

在各向同性介质中,弹性平面波的应变是唯一坐标(如x_1)和时间的函数.对位移矢量$\boldsymbol{u}$的分量,有下面表达式:

$$\frac{\partial^2 u_1}{\partial x_1^2}-\frac{1}{c_l^2}\frac{\partial^2 u_1}{\partial t^2}=0,\quad \frac{\partial^2 u_2}{\partial x_1^2}-\frac{1}{c_t^2}\frac{\partial^2 u_2}{\partial t^2}=0 \tag{2.51a}$$

其中

$$c_l=\sqrt{\frac{E(1-\nu)}{\rho(1+\nu)(1-2\nu)}},\quad c_t=\sqrt{\frac{E}{2\rho(1+\nu)}} \tag{2.51b}$$

(位移沿x_3方向的分量u_3的方程与上式中u_2的相同).这些都是一般的一维波动方程,c_l和c_t分别是弹性波的波速.由此可见,对分量u_1(一方面)以及分量u_2和u_3(另一方面)来说波速是不同的.因此,在各向同性介质中一个弹性波实际由在同一方向上独立传播的三种波组成,在其中一个方向上波的位移u_1是沿着波的传播方向,而另外两个位移分量u_2和u_3则在垂直于该传播方向的平面上.第一个波称为纵波,以c_l的速度传播,而第二、第三种波称为横波,以相同的波速c_t传播,c_l总是比c_t大.波速c_l和c_t分别称为声波的纵向波速和横向波速.在各向异性介质中,两种不同的传播速度分别与完全的纵波和完全的横波相应,那么在晶体中,每一个以某种速度传播的波的位移矢量一般包含两个分量,分别与波传播方向平行和垂直,即沿着一个方向传播的3个波都既不是完全的纵波,也不是完全的横波.

弹性波的传播可以用来研究晶体弹性的各向异性.下面讨论Schaefer-Bergmann方法[2.6],该法适用于透光材料.这是基于对单色光束与振动晶体中一列弹性驻波之间的交互作用的研究.晶体中的振动可以由电场直接激发(对压电晶体),或其他方法激发(对非压电晶体),如压电转换器法.当光穿过振动晶体被弹性波衍射时,显现出由闭合曲线构成的特有光图,如图2.13所示.一般一条合曲线是**倒声速表面**被垂直于光传播方向的观察平面所截的截面.

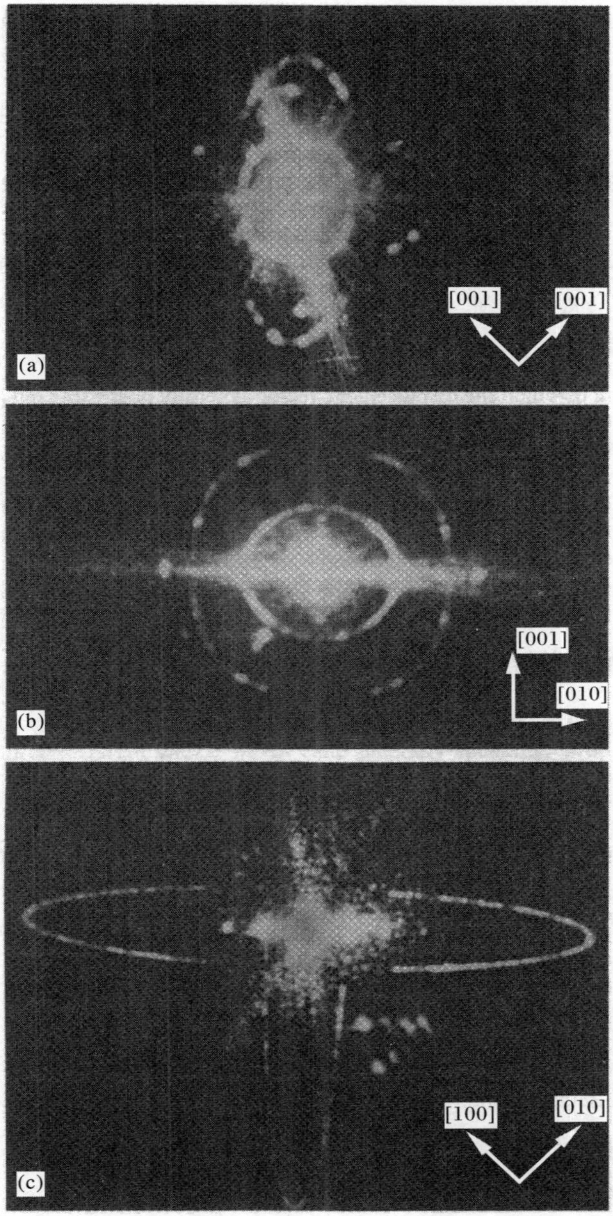

图 2.13 晶体的声光衍射图

(a) 邻苯二甲酸氢钾 $C_6H_8O_5K$；(b)(c) 副黄碲矿 TeO_2.

截面：(a) (010)，(b) (100)和(c) (001)[2.7]

值得注意,倒声速表面以及特征应变表面反映了晶体弹性的各向异性,但这两种类型的表面之间不存在直接的相似性. Musgrave[2.8]给出了不同晶体中的弹性波表面的描述.

衍射光束偏离入射光束方向的角度 θ 决定于光波长 λ 与声波长 Λ 的比值.角度 θ 可利用下式得到:

$$\sin\theta = \lambda/(2\Lambda) \tag{2.52}$$

通常当 θ 角到达零点几度($\lambda \sim 0.5\ \mu$m、声波频率在几十 MHz 数量级)光发生的衍射才会被观察到.

2.2　塑性滑移形变

2.2.1　晶体的弹性形变

晶体的弹性形变指在去除负载之后能够完全消失的形变,一般的规律是形变量不超过百分之零点几,只有在没有位错的金属须晶中形变量才能达到 3%～4%[2.9]. 当更大的形变/更大的应力作用足够长的时间时,晶体开始"流动",产生残余形变,其在去除负载之后保留了下来. 去除负载后被保留下来的形变称为**塑性形变**. 不同晶体承受塑性形变的能力是不同的. 一些晶体在低应力(g/mm^2)的作用下就开始塑性形变,而有些晶体需要较大的应力(kg/mm^2)才会发生塑性形变. 塑性形变的程度可以从百分之几到百分之几百. 在失效前只观察到很小应变的晶体,称为**脆性的**. 在水静压力作用下,脆性材料的残余形变(塑性)能够增加. 在约 1 000 ℃的温度下,在正压力作用下刚玉表现出可承受宏观上可见的塑性形变能力,而当 25 000 kgf/cm^2 的水静压力作用时,即便在室温下刚玉也会"流动".

2.2.2　平移滑移

在常温和低温条件下,晶体塑性形变的主要方式是**滑移**. 这是保持晶体体积不变时晶体的一部分相对于另一部分的位移(弹性切变和塑性切变的区别将在以后讨论). 滑移通常发生在特定的晶体学平面和特定的方向上.

图 2.14 是立方体和圆柱形试样在切应力作用下滑移的模型,并给出其切变平面和切变方向(β).通过滑移,晶体的一部分沿着滑移方向产生的位移为晶格的平移矢量乘以整数倍.因此,滑移也常称为平移.在条件适当时,滑移可以穿过试样的横截面.

在图 2.14 所示的情况下,在切应力作用下应变仅改变了晶体的形状,而其体积和方向保持不变.但是改变负载方式,如在压应力或拉伸应力作用下,在应变过程中,滑移层发生旋转:在拉伸情况下滑移层转向接近应力作用的方向(有时称该方向为应变轴),如图 2.15(a)所示;在压缩的情况下,滑移层倾向于占据垂直应变轴的位置,如图 2.15(b)所示.

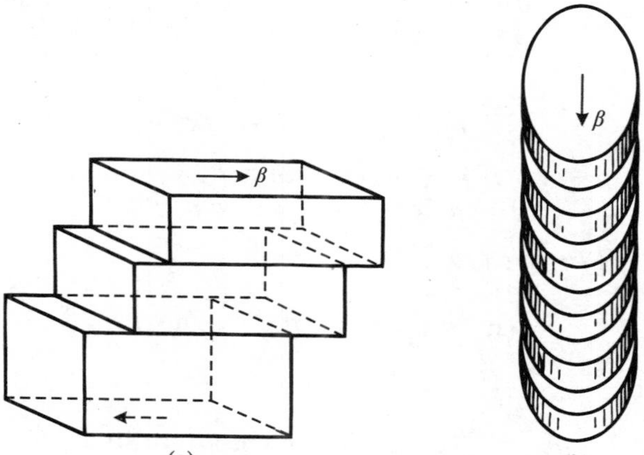

(a) (b)

图 2.14 立方形(a)和圆柱形(b)试样在切应力作用下滑移的模型

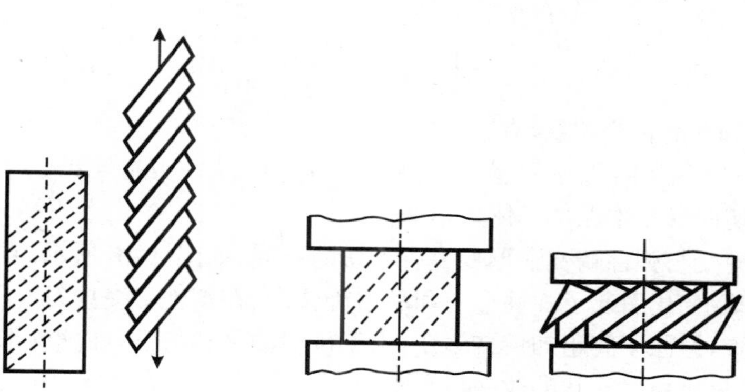

(a) (b)

图 2.15 滑移面位置的变化
(a)拉伸;(b)压缩.左边的小图分别为形变前滑移面的方位

2.2.3　塑性应变张量

滑移引起切应变，如果离原点 O 为 r 的 P 点在滑移面上的运动垂直于单位矢量 $\boldsymbol{n}$ 并且沿着由单位矢量 $\boldsymbol{\beta}$ 表征的滑移方向，那么 P 点的新位置 P' 点离 O 点的距离就是 r'. 则

$$\boldsymbol{PP'} = \boldsymbol{r}' - \boldsymbol{r} = \alpha(\boldsymbol{r}\cdot\boldsymbol{n})\boldsymbol{\beta} \quad 或 \quad \boldsymbol{r}' = \boldsymbol{r} + \alpha(\boldsymbol{r}\cdot\boldsymbol{n})\boldsymbol{\beta} \tag{2.53}$$

其中，α 为切变量（P 点的位移量）. 如果 α 很小，类似式(2.12)和式(2.13)，有可能得到在任意正交坐标系（X_1, X_2, X_3）下的塑性畸变张量 u_{ij}^0 和**塑性应变张量** ε_{ij} 的分量（引入上标 0 以表示塑性形变不同于弹性形变）：

$$u_{11}^0 = \frac{\partial u_1}{\partial x_1} = \frac{\partial}{\partial x_1}(\boldsymbol{r}' - \boldsymbol{r}) = \frac{\partial}{\partial x_1}\alpha(\boldsymbol{r}\cdot\boldsymbol{n})\beta_1 \tag{2.54}$$

如果

$$\boldsymbol{r} = x_1\boldsymbol{i} + x_2\boldsymbol{j} + x_3\boldsymbol{k}$$
$$\boldsymbol{n} = n_1\boldsymbol{i} + n_2\boldsymbol{j} + n_3\boldsymbol{k}$$
$$\boldsymbol{\beta} = \beta_1\boldsymbol{i} + \beta_2\boldsymbol{j} + \beta_3\boldsymbol{k}$$

其中，$\boldsymbol{i}, \boldsymbol{j}, \boldsymbol{k}$ 为单位矢量，那么

$$u_{11}^0 = \frac{\partial}{\partial x_1}\alpha(\boldsymbol{r}\cdot\boldsymbol{n})\beta_1 = \alpha n_1\beta_1$$

类似地，可得到

$$u_{23}^0 = \frac{\partial u_2}{\partial x_3} = \frac{\partial}{\partial x_3}\alpha(\boldsymbol{r}\cdot\boldsymbol{n})\beta_2 = \alpha n_3\beta_2$$

和二阶极张量 u_{ij}^0（塑性畸变张量）的其他分量. 归纳起来得到

$$u_{ij}^0 = \alpha\begin{Vmatrix} n_1\beta_1 & n_2\beta_1 & n_3\beta_1 \\ n_1\beta_2 & n_2\beta_2 & n_3\beta_2 \\ n_1\beta_3 & n_2\beta_3 & n_3\beta_3 \end{Vmatrix} \tag{2.55}$$

由矢量 $\boldsymbol{n}$ 和 $\boldsymbol{\beta}$ 的正交关系，有

$$\alpha(n_1\beta_1 + n_2\beta_2 + n_3\beta_3) = u_{11}^0 + u_{22}^0 + u_{33}^0 = 0$$

这表明了切向形变中保持了体积不变性.

塑性畸变与弹性畸变在形变上有本质的不同，如图 2.16 所示. 在弹性畸变中，原子间距变化引起了弹性形变和晶格旋转. 而在塑性形变中，原子移到了新的平衡位置，但原子间距却保持不变，由于位移的平移特性，在塑性形变中没有晶格旋转，只有块材形状的改变可观察到.

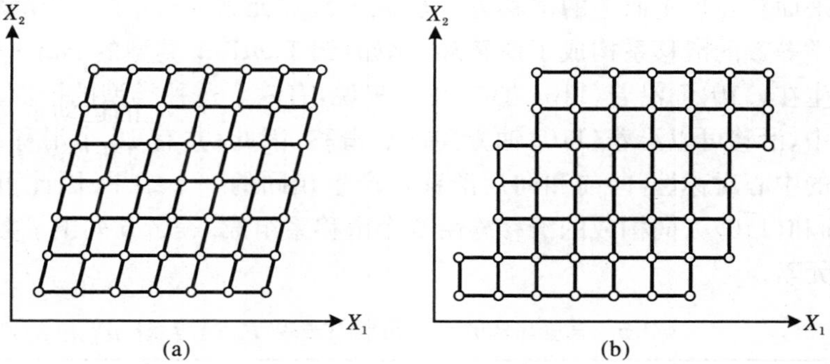

(a) (b)

图 2.16 原子格点的畸变

(a) 弹性的;(b) 塑性的

张量 u_{ij}^0 式(2.55)可以用描述单纯塑性形变的对称张量 ε_{ij} 与描述旋转的反对称张量 ω_{ij} 之和来表示：

$$\varepsilon_{ij} = \begin{Vmatrix} \alpha n_1\beta_1 & \frac{\alpha}{2}(n_1\beta_2 + n_2\beta_1) & \frac{\alpha}{2}(n_1\beta_3 + n_3\beta_1) \\ \frac{\alpha}{2}(n_1\beta_2 + n_2\beta_1) & \alpha n_2\beta_2 & \frac{\alpha}{2}(n_3\beta_2 + n_2\beta_3) \\ \frac{\alpha}{2}(n_1\beta_3 + n_3\beta_1) & \frac{\alpha}{2}(n_3\beta_2 + n_2\beta_3) & \alpha n_3\beta_3 \end{Vmatrix} \tag{2.56}$$

$$\omega_{ij} = \begin{Vmatrix} 0 & \frac{\alpha}{2}(n_2\beta_1 - n_1\beta_2) & \frac{\alpha}{2}(n_3\beta_1 - n_1\beta_3) \\ -\frac{\alpha}{2}(n_2\beta_1 - n_1\beta_2) & 0 & \frac{\alpha}{2}(n_3\beta_2 - n_2\beta_3) \\ -\frac{\alpha}{2}(n_3\beta_1 - n_1\beta_3) & -\frac{\alpha}{2}(n_3\beta_2 - n_2\beta_3) & 0 \end{Vmatrix} \tag{2.57}$$

如果进行以下操作,就可以很容易理解这些张量的意义.选取 X_1 和 X_2 分别平行于 $\boldsymbol{n}$ 和 $\boldsymbol{\beta}$,那么式(2.55)～(2.57)变为

$$u_{ij}^0 = \begin{Vmatrix} 0 & 0 & 0 \\ \alpha & 0 & 0 \\ 0 & 0 & 0 \end{Vmatrix}, \quad \varepsilon_{ij} = \begin{Vmatrix} 0 & \alpha/2 & 0 \\ \alpha/2 & 0 & 0 \\ 0 & 0 & 0 \end{Vmatrix}, \quad \omega_{ij} = \begin{Vmatrix} 0 & -\alpha/2 & 0 \\ \alpha/2 & 0 & 0 \\ 0 & 0 & 0 \end{Vmatrix}$$

图 2.7 给出了这些张量的几何解释.

2.2.4 滑移元素

晶体层滑移的平面称为**滑移面**,晶体层产生位移的方向称为**滑移方向**.一

个滑移平面和在该平面上的滑移方向构成了滑移元素,形成了一个**滑移系**.所有晶体学等效的滑移系构成了**滑移族**.比如:属于 $m3m$ 类型的 NaCl 型晶体,滑移发生在{110}面沿着$\langle 1\bar{1}0\rangle$方向.总的来说,有六个这种类型的平面,在每一个平面中,滑移可以沿着$\langle 1\bar{1}0\rangle$轴方向前后滑移.因此,共有 12 个滑移系,但由于晶体的中心对称性,向前和向后滑移都产生相同的一个结果.因此可以认为{110}面和$\langle 1\bar{1}0\rangle$方向构成的滑移族由 6 个滑移系组成.表 2.5 列出了数种晶体的滑移元素.

表 2.5 某些晶体的滑移元素①(表中 T_m 是熔点)

晶体	类型	晶格类型	滑移系
fcc 金属(Al,Cu)和 α-CuZn 固溶体	$m3m$	F	$\langle 1\bar{1}0\rangle$,{111}
金刚石结构:C,Si,Ge	$m3m$	F	$\langle 1\bar{1}0\rangle$,{111}(当 $T>T_m/2$ 时)
bcc 金属:Fe,Nb,Ta,W,Na,K	$m3m$	I	$\langle 1\bar{1}1\rangle$,{110}(主滑移系) $\langle 1\bar{1}1\rangle$,{211}② $\langle 1\bar{1}1\rangle$,{123}②(碱金属中当 $T>T_m/2$ 时)
氯化钠类型: NaCl, LiF, MgO, NaF, AgCl, NH_4I, KI, UN, LiCl, LiBr, KBr, NaBr, RbCl, KCl, NaI,AgBr	$m3m$	F	$\langle 1\bar{1}0\rangle$,{110}
TiC,UC	$m3m$	F	$\langle 1\bar{1}0\rangle$,{111}(当 $T>T_m/2$ 时)
PbS,PbTe	$m3m$	F	$\langle 1\bar{1}0\rangle$,{001} $\langle 001\rangle$,{110}
CsCl 类型: CsBr, NH_4Cl, NH_4Br, TlBr(I), LiTl,MgTl,AuZn,CuCd,CsI	$m3m$	P	$\langle 001\rangle$,{110}(主滑移系) $\langle 110\rangle$,{110}
β-CuZn	$m3m$	P	$\langle 1\bar{1}1\rangle$,{110}
萤石类型:CaF_2,UO_2	$m3m$	F	$\langle 110\rangle$,{001}(主滑移系) $\langle 110\rangle$,{110} $\langle 110\rangle$,{111}(当 $T>T_m/2$ 时)

续表

晶　　体	类　型	晶格类型	滑　移　系
刚玉 α-Al_2O_3	$\bar{3}m$	R	$\langle 11\bar{2}0\rangle,\{0001\}$（高于 1 000 ℃） $\langle 11\bar{2}0\rangle,\{10\bar{1}0\}$（高于 1 000 ℃） $\langle 10\bar{1}2\rangle,\{10\bar{1}1\}$（高于 1 200 ℃）
石墨	$6/mmm$	P	$\langle 11\bar{2}0\rangle,\{0001\}$
密排六角晶体：Zn，Cd，Mg	$6/mmm$	P	$\langle 11\bar{2}0\rangle,\{0001\}$（主滑移系） $\langle 11\bar{2}0\rangle,\{10\bar{1}1\}$ $\langle 11\bar{2}0\rangle,\{10\bar{1}0\}$ $\langle 11\bar{2}3\rangle,\{11\bar{2}2\}$②
Ti，Zr	$6/mmm$	P	$\langle 11\bar{2}0\rangle,\{10\bar{1}0\}$（主滑移系） $\langle 11\bar{2}0\rangle,\{10\bar{1}1\}$（不存在于 Zr 中） $\langle 11\bar{2}0\rangle,\{0001\}$（不存在于 Zr 中）
Te	32	P	$\langle 11\bar{2}0\rangle,\{10\bar{1}0\}$（主滑移系）
Be，AgMg	$6/mmm$	P	$\langle 11\bar{2}0\rangle,\{0001\}$ $\langle 010\rangle,\{001\}$
Ga	mmm	A	$\langle 010\rangle,\{102\}$ $\langle 011\rangle,\{011\}$②
闪锌矿类型：α-ZnS，InSb	$\bar{4}3m$	F	$\langle 110\rangle,\{111\}$（存在于 α-ZnS，滑移方向为试探的）
β-Zn	$4/mmm$	I	$\langle 001\rangle,\{110\}$ $\langle 001\rangle,\{100\}$ $\langle 101\rangle,\{101\}$②（少见的滑移系） $\langle 101\rangle,\{121\}$
金红石 TiO_2	$4/mmm$	P	$\langle 101\rangle,\{101\}$② $\langle 001\rangle,\{110\}$
Bi	$\bar{3}m$	R	$\langle 10\bar{1}\rangle,\{111\}$
Hg	$\bar{3}m$	R	$\langle 01\bar{1}\rangle,\{100\}$ $\langle 100\rangle,\{100\}$②

续表

晶 体	类 型	晶格类型	滑 移 系
α-U	mmm	C	⟨100⟩,{010} ⟨100⟩,{001} ⟨110⟩,{110}(少见的滑移系)
尖晶石 Al_2O_3-MgO	$m3m$	F	$\langle 1\bar{1}0\rangle$,{111} $\langle 1\bar{1}0\rangle$,{110}(Al_2O_3过量时是主要的)

① 在室温和大气压的条件下的数据(有注明的除外).

② 倒滑移引起切变的系统与向前的切变在晶体学上是不等价的.

滑移元素可由晶体结构推测.推测的物理依据是产生一个平移矢量的位移所需的功最小:所消耗的功越小,两个相对滑移平面之间的键合越弱,平面间的相对位移越小.在密排面上沿着密排方向产生位移所需要的功最小.这是因为密排面有较大的面间距,因此平面间的黏着力也比较小,而且沿着密排方向的平移矢量也是最小的.与消耗最小功相应的滑移系称为主滑移系(此外,还有次滑移系等).

但是还是有很多例外不遵从这一规律.比如 NaCl,PbS 和 TiC 具有相同的结构,但它们的滑移元素不相同.某些六角金属(Ti,Zr,Hf)的滑移通过棱柱晶面,而不是像大多数六角金属那样滑移通过基面.在分析可能的滑移元素时,应该结合结构参数把晶体中原子间键合的特性也考虑进来.

下面以 NaCl 类型晶体为例加以说明.根据这些晶体的结构,最可能的滑移面应该是密排结构的{100}面,而不是实验观察到的{110}面.但是如果考虑到由分别在{110}面和{100}面上按最短平移矢量的一半位移后,滑移面两边的离子排列情况,就会发现前一种情况中层与层之间的静电吸引力大体上保留了,而后一种情况中静电吸引力则消失了,如图 2.17 所示.要完全克服静电之间的相互作用力,毫无疑问必须要消耗比克服部分静电相互作用力更多的能量(外应力).这就解释了 NaCl 类型晶体的滑移常常优先发生在{110}面.

如果压缩或拉伸中包含着某一个滑移系,塑性应变不仅可以用试样长度的变化来估计,还可以用塑性切变或者**特征晶体学位移** a 来估计.

设想晶体的滑移同时发生在几个平行的滑移面上,假设在每个滑移面上的切应变为 da,晶体发生滑移的各个部分相对于第一滑移面的位移分别为 $2da$,$3da$ 等.离第一滑移面单位距离位置上的晶体滑移部分沿着滑移方向的位移被称为特征晶体学位移,或塑性切应变.

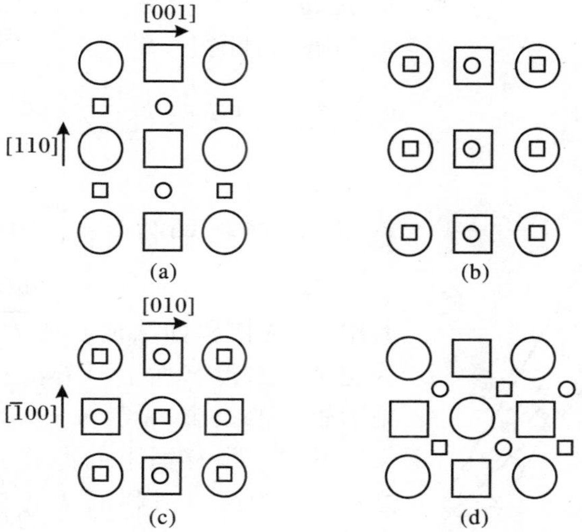

图 2.17 NaCl 结构类型晶体在{110}⟨110⟩滑移系上的滑移(a)、(b)和{100}⟨110⟩滑移系上的滑移(c)、(d)

(a)、(c)分别为滑移前的情形,(b)、(d)分别为滑移过程中的位置.大圆和大方块分别表示位于纸面上的正离子和负离子,小圆和小方块分别表示位于相邻平面上的正离子和负离子[2.10]

为了找出特征晶体学位移和伸长(缩短率)之间关系,可利用图 2.18.由图可见:

$$l_1/l_0 = 1 + e = \sin\lambda_0/\sin\lambda_1$$

利用三角形 NAB 和三角形 NAB',有

$$l_1/l_0 = \cos\chi_0/\cos\chi_1$$

λ_1 和 χ_1 为试样轴分别与滑移方向和形变后滑移面法向的夹角.

根据定义,$a = BB'/l_0\cos\chi_0$,这里 $BB' = l_1\cos\lambda_1 - l_0\cos\lambda_0$.因此

$$a = \frac{(1+e)\cos\lambda_1 - \cos\lambda_0}{\cos\chi_0} = \frac{\cos\lambda_1}{\cos\chi_1} - \frac{\cos\lambda_0}{\cos\chi_0} \tag{2.58}$$

由于 $l_1/l_0 = \sin\lambda_0/\sin\lambda_1$,可利用滑移元素的初始位置来表示 a:

$$a = \frac{1}{\sin\chi_0}\left[\sqrt{\left(\frac{l_1}{l_0}\right)^2 - \sin^2\lambda_0} - \cos\lambda_0\right] \tag{2.59}$$

式(2.58)和式(2.59)是从在单一滑移面系统上的滑移导出的.在实际情况中,由于滑移过程中晶体取向的改变,附加的滑移面和滑移方向也可能会起作用.下面给出双滑移的晶体学切应变 a 和切应力 τ 的公式.这些公式的导出参

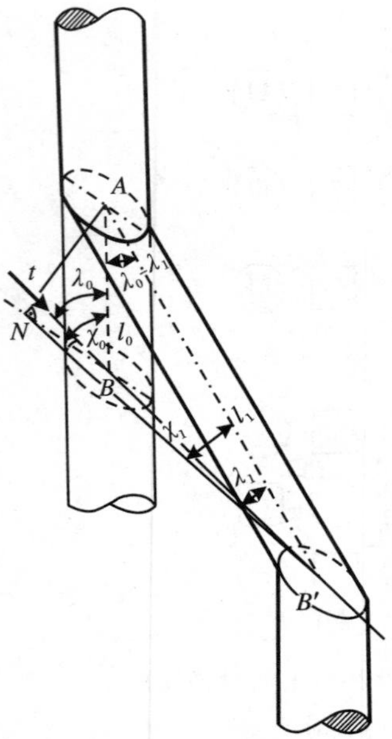

图 2.18 找出晶体学剪切和伸长之间关系的示意图 t 为滑移方向

见 Taylor[2.11] 以及 Bowen 和 Christian[2.12] 的文献. 在拉伸情况下,有

$$a = \frac{2}{h_i v_i}\ln\left[1 + \frac{h_i v_i}{|\boldsymbol{w}|}\frac{\sin\beta_0}{\cos\chi_0}(\cot\beta - \cot\beta_0)\right] \tag{2.60}$$

$$\tau = \sigma\frac{|\boldsymbol{w}|}{2}\cos\beta\left[\cos\chi_0 + \frac{h_i v_i}{|\boldsymbol{w}|}\sin\beta_0(\cot\beta - \cot\beta_0)\right] \tag{2.61}$$

其中, h_i 为滑移面法向在施力轴上的投影, v_i 为位于第二滑移面上沿着滑移方向的矢量在施力轴上的投影, $\boldsymbol{w} = \boldsymbol{u} + \boldsymbol{v}$ 为分别平行于在第一和第二滑移面上的滑移方向的单位矢量之和, χ_0 为第一滑移面法向与施力轴之间的夹角, 而 β 为应力轴与 $\boldsymbol{w}$ 之间的夹角, $\sin\beta/\sin\beta_0 = l_0/l_1$.

在压缩的情况下,有

$$a = \frac{2}{u_i k_i}\ln\left[1 + \frac{u_i k_i}{|\boldsymbol{p}|}\frac{\sin\beta_0}{\cos\lambda_0}(\cot\beta - \cot\beta_0)\right] \tag{2.62}$$

$$\tau = \sigma\left(\frac{l}{l_0}\right)^2\frac{|\boldsymbol{p}|}{2}\cos\beta\left[\cos\lambda_0 + \frac{u_i k_i}{|\boldsymbol{p}|}\sin\beta_0(\cot\beta - \cot\beta_0)\right] \tag{2.63}$$

其中, $\boldsymbol{p} = \boldsymbol{h} + \boldsymbol{k}$, $\boldsymbol{h}$ 和 $\boldsymbol{k}$ 分别为第一和第二滑移面的法向单位矢量.

2.2.5 滑移线

晶体中滑移发生的一个特征就是在施力轴侧向表面出现滑移阶梯(条纹). 沿着滑移痕迹发生的条纹称为**滑移线**(单一的滑移痕迹)或者**滑移带**(多组滑移线). 图 2.19 为铜表面滑移带的照片. 滑移线在光学显微镜下看起来像单一的线条,而在电子显微镜下则变成一组细小的滑移痕迹. 把滑移阶梯的高度和细小的滑移痕迹相联系就可以估计沿着滑移平面的切应变. 这一切应变通常为滑移方向上的晶格间距的 50～1 000 倍.

如果只有一个滑移面启动的话,滑移线是严格的直线. 如在同一切变方向上有几个滑移面在同一条件下启动,比如在同一温度下或相对于应变力的试样方向相同,滑移阶梯不是直线,单一的阶梯将被沿着不同切变面上交替出现的阶梯代替. 这类应变有时也称为"铅笔"滑移,如图 2.20 所示.

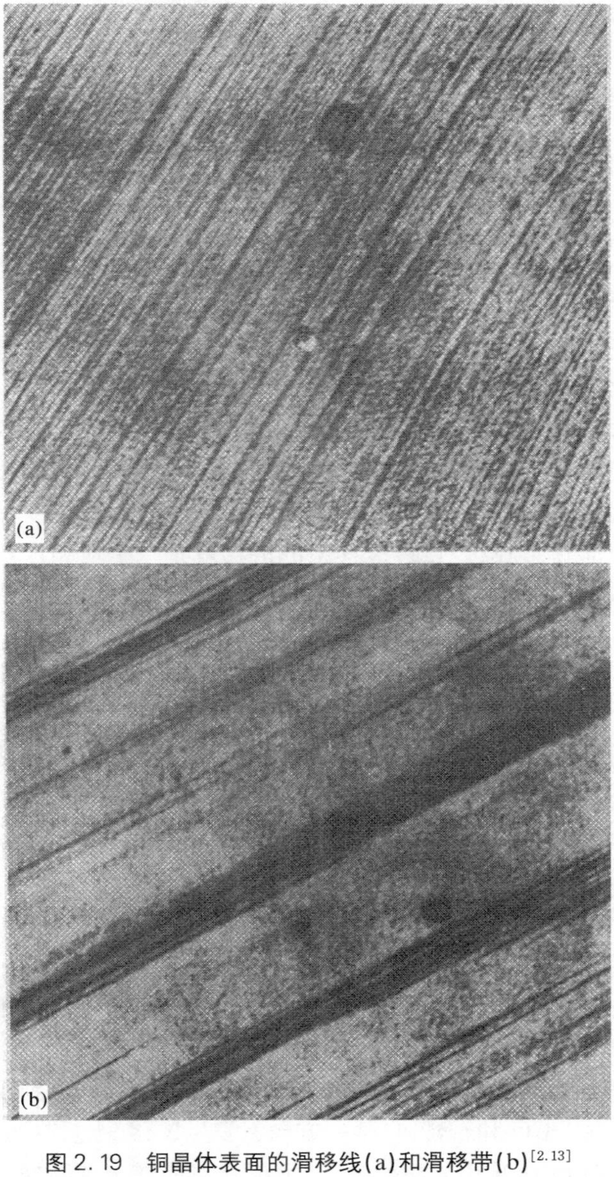

图 2.19 铜晶体表面的滑移线(a)和滑移带(b)[2.13]

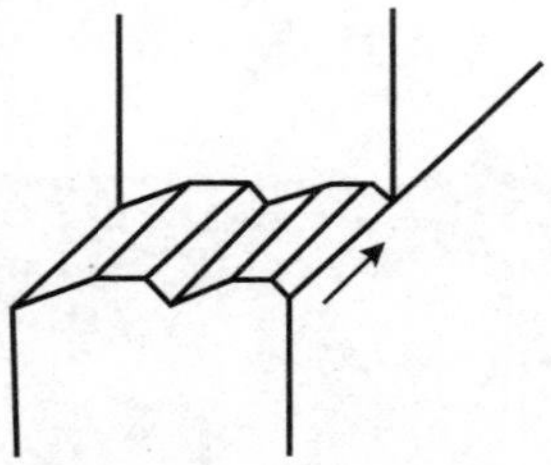

图 2.20 “铅笔”滑移的示意图

2.2.6 极性滑移

一般的规律是,滑移是非极性的,即向前滑移和向后滑移是等同发生的.但有时向前滑移和向后滑移在晶体学上是不等价的.这种情况在表 2.5 中用①和②标注.因此,**滑移极性**是由于在滑移面上潜在的点阵起伏的不对称引起的,其一般情况如图 2.21 所示.极性滑移的判据可归纳如下:极性滑移面与晶体的对称面不一致,而滑移方向同时是在滑移面上的一个极性矢量.

例如,bcc 金属{112},⟨1$\bar{1}$1⟩滑移系的滑移就是一个典型的极性滑移,如图 2.22 所示,它满足上述条件.

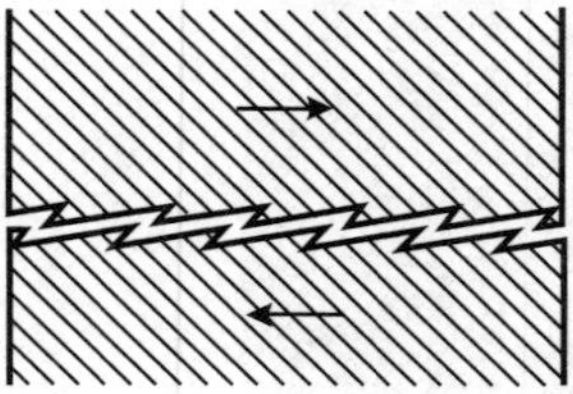

图 2.21 说明某些晶体中引起滑移极性原因的示意图

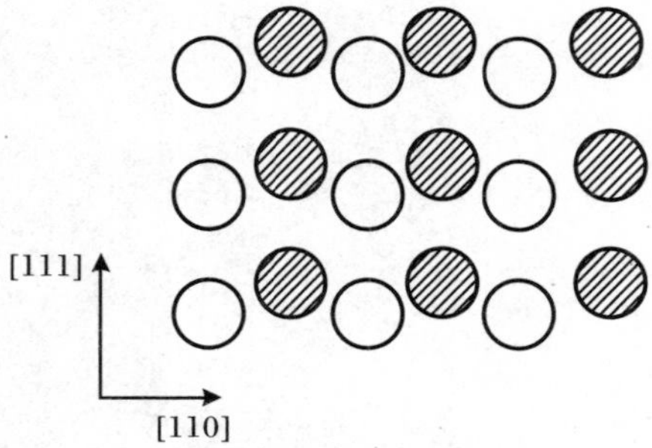

图 2.22 bcc 金属的(112)平面上原子的排列 带阴影的圆为在第一层原子之上的原子

表 2.5 中还给出了其他例子.在其他一些晶体中观察也到了极性滑移,如 $KClO_3$,$BaBr_2 \cdot 2H_2O$ 和石膏.在某一方向上发生位移的过程中,这些晶体发生滑移,而同时在相反方向上发生位移时,又形成孪晶或出现断裂:由于这些晶体的特殊结构和键合,形成孪晶或断面的应力比在该方向上滑移所需的应力要小.

2.2.7 临界切应力定律

当施加的切应力足够大时，晶体中发生滑移.实际上，晶体的应变主要来自压缩或拉伸的作用，而不是切变的作用；而要估计切变应力，我们必须确定外加力 σ 在滑移平面上和滑移方向上的分量.

考虑到应力是一个二阶张量，利用确定张量分量的法则(见第 1 章)，找出在法向为 $\boldsymbol{n}$ 的平面上沿着 β 方向的正切应力分量，如图 2.23 所示.

$$\tau = \sigma_{n\beta} = \sum_{ij} \alpha_{ni}\alpha_{\beta j}\sigma_{ij} = \sigma\cos\chi_0\cos\lambda_0 \quad (2.64)$$

这里 χ_0 和 λ_0 分别为试样轴与滑移面法向和滑移方向的夹角.应力 τ 的正切分量称为**切应力**，而因子 $\cos\chi_0\cos\lambda_0$ 称为**斯密德因子**.在拉伸或压缩时，滑移首先发生在滑移族中获得最大切应力的滑移系.在某一温度下，当切应力达到某一特定的临界值时，晶体中的滑移开始发生，这就是**临界切应力定律**.晶体学的不同滑移族的临界切应力是不同的.

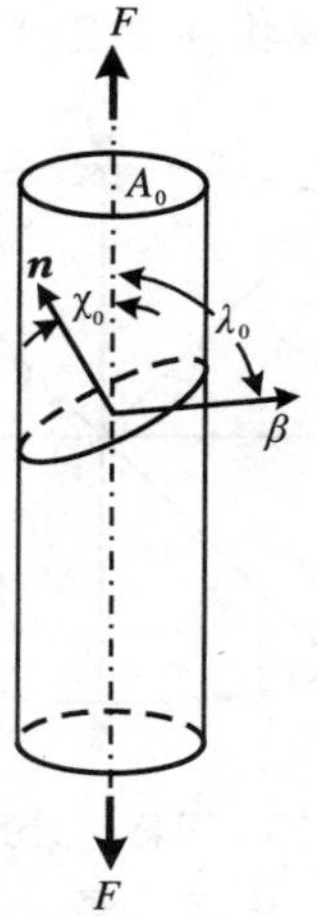

图 2.23 应力正切方向分量(切应力)的确定

利用式(2.64)即最大斯密德因子，可以预测能启动的同一滑移族或不同滑移族中相应的滑移系，或与单轴应力有不同取向的试样的滑移系.利用极射赤面投影方法可以方便地分析其可能的滑移元素.

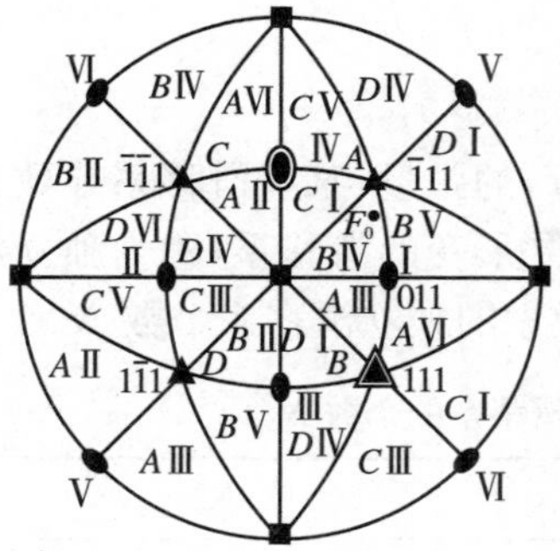

图 2.24 立方晶体在立方体表面上的极射投影

图中表示已启动的应变试样滑移元素沿着和不同极射三角形对应的晶体学方向

如图 2.24 所示为一个立方晶体在一个赤道面上的标准极射投影图.字母 A,B,C,D 代表了{111}面的极点.数字Ⅰ～Ⅵ为⟨110⟩方向.整个投影图被分为极射三角形.考虑典型的 Si、Ge 及 fcc 金属的滑移族{111}⟨1$\bar{1}$0⟩，将试样轴的方向投影到每个极射三角形，则其最可能的滑移系就可以确定.比如，施力轴的方向的投影为图中点 F_0 的情形.从极射投影图中确定由 F_0 与 A,B,C 和 $D(\chi_0)$ 及Ⅰ～Ⅵ(λ_0)构成的角度，可以发现相应于最高斯密德因子的滑移系是 BⅣ，即滑移系(111)[101]，该滑移系就是被开动的滑移系.

当 F_0 的方向处于基本三角形之中，我们可以利用很简单的规则(即 Diehl 定则),找到具有滑移系{111}⟨1$\bar{1}$0⟩的立方晶体的滑移系:给定三角形的⟨110⟩极点向其对边三角形的镜像反射给出滑移方向,而同一三角形的{111}极点向其对边的镜像反射给出滑移面的法向.如果施力轴的投影落在极射三角形的边上,有两个滑移系处于相同的启动条件,在其中任一滑移系中发生滑移的可能性是相同的,或同时在两个滑移系中发生滑移(双滑移将在 2.2.9 节中做进一步讨论).

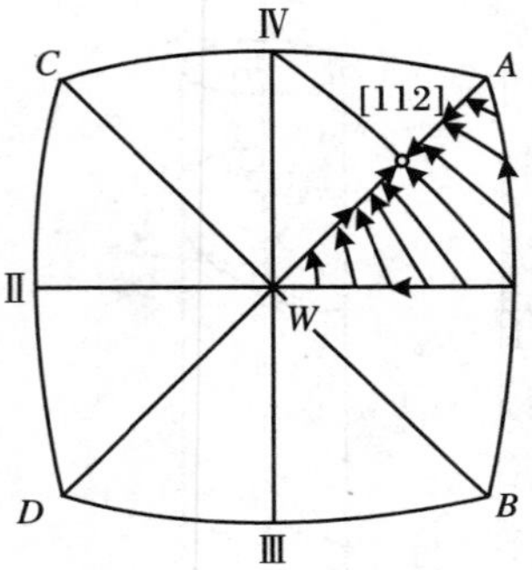

图 2.25　滑移造成的晶体取向改变

在晶体发生切应变的区域,晶体在拉伸和收缩过程中的旋转改变了角度 χ_0 和 λ_0(图 2.14),这又有可能启动新的附加的滑移系,或取代已启动的滑移系,在讨论开动新的滑移系的可能性时,需要预测经过相当的塑性形变后试样的晶体学方向.图 2.25 为图 2.24 的一部分,图中箭头表明了施力轴投影在只有一个滑移系 *B*Ⅳ开动的拉伸情况下的移动路径:经过长时间的形变后,晶体最终向着已启动的滑移方向Ⅳ移动.当施力轴的投影移到菱形十二面体面 *WA* 时,*C*Ⅰ滑移系的滑移也开始启动.双滑移的结果是形变轴向晶体学方向靠近,即向已启动的滑移方向Ⅳ和Ⅰ的分角线([112]方向)靠近(见图 2.25).

可对压缩应力作用下的形变做类似的分析,此时启动的滑移面倾向于与压缩轴垂直.

2.2.8　独立滑移系

对不同滑移系可列出类似式(2.56)和式(2.57)的张量.某些滑移系导致相同的应变、但相反的旋转方向.同一滑移族导致不同形变的滑移系,称为独立滑移系.表 2.6 列出了不同对称性晶体的某些滑移元素的独立滑移系个数 *N*.

表 2.6　不同对称性类型的晶体中独立滑移系的个数 *N*

滑移系	晶体类型	*N*
⟨1$\bar{1}$0⟩,{111}	*m*3*m*	5
⟨1$\bar{1}$0⟩,{001}	*m*3*m*	3
⟨1$\bar{1}$0⟩,{110}	*m*3*m*	2
⟨1$\bar{1}$1⟩,{110}	*m*3*m*	5

续表

滑移系	晶体类型	N
$\langle 001\rangle,\{110\}$	$m3m$	3
$\langle 10\bar{1}\rangle,\{101\}$	$4/mmm$	4
$\langle 11\bar{2}0\rangle,(0001)$	$6/mmm$	2
$\langle 11\bar{2}0\rangle,\{10\bar{1}0\}$	$6/mmm$	2
$\langle 11\bar{2}0\rangle,\{10\bar{1}1\}$	$6/mmm$	4
$\langle 11\bar{2}3\rangle,\{11\bar{2}2\}$	$6/mmm$	5

为了使晶体产生任意的塑性形变，至少需要 5 个独立的滑移系. 实际上，由于在发生切应变时晶体体积恒定，有

$$\varepsilon_{11}+\varepsilon_{22}+\varepsilon_{33}=0 \tag{2.65}$$

如果把张量 ε_{ij} 的对称性加以考虑，则该张量只保留了 5 个独立的分量. 某个滑移系上的滑移可以只改变一个分量 ε_{ij} 而不管其他分量的作用，因此，由滑移引起的任意给定的形变至少由 5 个独立的滑移系来完成.

这一条件具有非常重要的实践意义，尤其是在生产多晶材料(包括陶瓷)时. 具有 5 个独立的滑移系的晶体和由这类晶体制成的多晶材料使得机械加工(如轧制、冲压等)成为可能. 这类晶体包括大多数金属和非金属物质中的氯化银、碘化铯等，后者由于其高塑性而被称为透明性金属. 同时，NaCl 和 LiF 晶体通常只有两个独立的滑移系，由这类晶体制成的陶瓷是脆性的.

2.2.9 复杂滑移的情形

在一个晶体中，如果滑移只沿着某一个平面或某个方向，则称它为简单滑移，以区别于同时在几个滑移面和(或)滑移方向发生的复杂滑移. 如果在压缩或拉伸过程中，不同滑移系的滑移发生在晶体中相邻部分，由于伴随滑移的晶格旋转，这些相邻部分会发生相对旋转. 滑移应变越大，所涉及区域的晶格的角度差越大. 当滑移局限于某一有限的区域或在某些部分不存在滑移(同时在周边材料中有滑移)时，各个滑移区域的晶格也发生重新取向.

图 2.26 说明了由不均匀滑移引起的晶格重新取向的 3 种方式. 与在相邻区域的不同滑移系引起的晶格旋转相关的形变称为**不合理孪生**，而取向差的区域称为无理孪晶，或 Brilliantov-Obreimov 带，如图 2.26(a)所示. 因为两个相邻形变区域的界面不是一个晶体学平面，而通常仅是一个模糊的面. 与传统的孪晶不同，这个角度差也不是常数，而是形变程度的函数.

受局限的滑移带(周围部分没有滑移)称为扭折带(图 2.26(b));而晶格相对于周边材料旋转的夹层没有发生滑移时,称为形变带(图 2.26(c)).

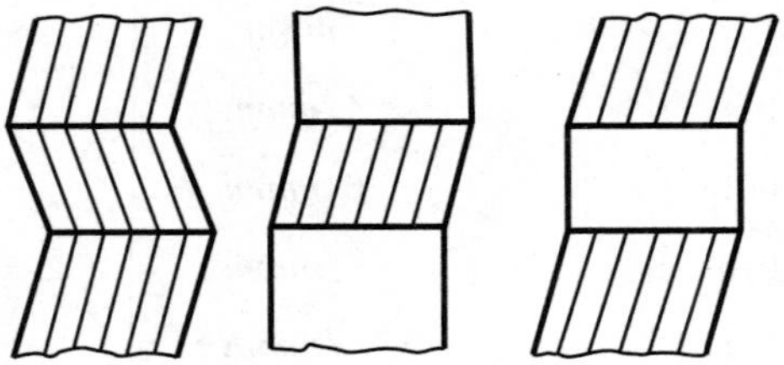

图 2.26 不合理孪晶(a)、扭折带(b)和形变带(c)的形成

有个非常特殊的现象就是在动态疲劳测试中的滑移,即晶体在正负变号应力的长时间作用下的滑移.在交替的半循环中,两个相互交换的滑移系被启动.因为滑移系与另一滑移系的交互作用,在晶体表面上顺序出现的滑移阶梯在该滑移系的位置不断地变化.这一过程会在表面引起舌形的凹槽和突起.突起的出现称为挤出,凹槽则称为挤入.

图 2.27 说明了由于相交的滑移面上滑移系相继启动在周期性纵向形变(拉伸压缩交替)中引起的挤出和挤入.

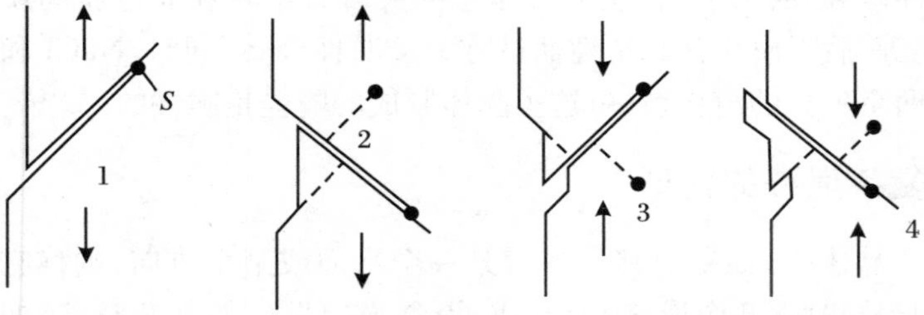

图 2.27 挤入过程(1,2);挤出过程(3,4)

2.2.10 滑移形变各阶段

在弹性形变阶段,当应变 ε 增大时需要应力 τ 随应变成正比地增加;一旦开始发生塑性形变,应变 ε 与应力 τ 之间的线性关系不再成立.如果把形变过程中的应力-应变关系记录下来,应力与应变之间的依赖关系 $\tau(\varepsilon)$ 将会提供滑移在试样中扩展的概念.在真实晶体中,除了可逆的弹性应变外,在比较低的应力作用下,还可观察到另一种可逆的应变阶段,这个阶段的应力-应变关系不服

从胡克定律,称该阶段为**不完全弹性阶段**.这种非弹性可逆应变导致了应变随应力变化的迟滞,亦即滞后损失.

图 2.28 为应变曲线的示意图.在很低的应力作用下,应力-应变关系 $\tau(\varepsilon)$ 是线性的,且是可逆的.这是弹性应力的区间,服从胡克定律(如图 2.28 中的区域 E).这个区间内应力对 ε 轴的斜率等于杨氏模量.与弹性形变阶段终点相应的应力称为**弹性极限**,记为 τ_e.

在应力-应变曲线斜率变化显著处的应力为屈服点 τ_y.屈服点是塑性(残余)形变的起始.如果屈服点之后的应力-应变曲线平行于应变轴,则这一阶段是没有加工硬化的塑性形变,即进一步的形变不需要增大外应力.在实际中,通常增大应变需要加大外应力.此时需要引入**加工硬化**概念,其值取决于应力-应变曲线相对 ε 轴的斜率.这一斜率称为**硬化系数**,或称为塑性模量.

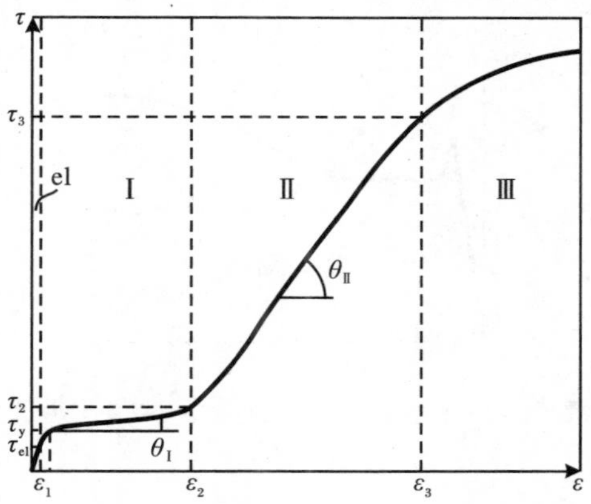

图 2.28 应力-应变曲线 $\tau(\varepsilon)$ 的示意图

对所研究过的大多数晶体,塑性形变经历三个阶段.初始阶段,如图 2.28 中的阶段Ⅰ,为形变曲线的接近水平的线性部分.这一阶段称为**易滑移阶段**,因为该阶段具有非常小的加工硬化的特点,即非常小的角度 $\theta_{\text{Ⅰ}}$.第二个形变阶段,如图 2.28 中的阶段Ⅱ,是一个线性硬化阶段,但其应力-应变曲线更为陡峭,角度为 $\theta_{\text{Ⅱ}}$.第二阶段称为**快速线性硬化阶段**.塑性形变的最后阶段,如图 2.28 中的阶段Ⅲ及Ⅳ(阶段Ⅳ没有画出),称为**应变软化**(或**应变松弛**)**阶段**,其应力-应变曲线轻微弯曲并且接近水平.

除了硬化系数 θ 外,还可以用其他硬化参数来表征塑性形变的各个阶段:与各个阶段开始相应的切应力 τ_y,τ_2,τ_3 和 τ_4 以及应变 ε_1,ε_2,ε_3 和 ε_4(见图 2.28),其中 τ_4 和 ε_4 图中没有标注出来.

硬化参数与被研究的晶体有关，如形变前的情况（如初始的位错结构和杂质含量），还与温度和应变速度有关．只是无量纲参数 θ_{II}/G 与温度无关，并且对所有研究过的 fcc 晶体其值都几乎相同，约为 3×10^{-3}．

形变的不同阶段与滑移的不同特征相关．比较形变不同阶段的滑移线的分布情况表明：在阶段Ⅰ，所有晶体中滑移发生在一个滑移系；第二滑移系的启动导致了向阶段Ⅱ的转变；而在阶段Ⅲ和Ⅳ的软化是交叉滑移和形变过程中产生的缺陷（如位错、点缺陷）倾向于平衡组态而重新分布的结果（如位错的湮没、多边形化，见文献[2.5]第 5 章），缺陷的再分布使晶体形变阻力减小．

有时，在应变随应力单调增加后，塑性形变在屈服点处发生应力的急剧降低（图 2.29）．这一现象称为**屈服点**现象．当屈服下降出现时，上、下屈服点的区别分别用 $\tau_{\mathrm{y}}^{\mathrm{u}}$ 和 $\tau_{\mathrm{y}}^{\mathrm{l}}$ 表示．屈服点现象的出现意味着塑性形变的突然加速（其原因将在 2.3 节讨论）．

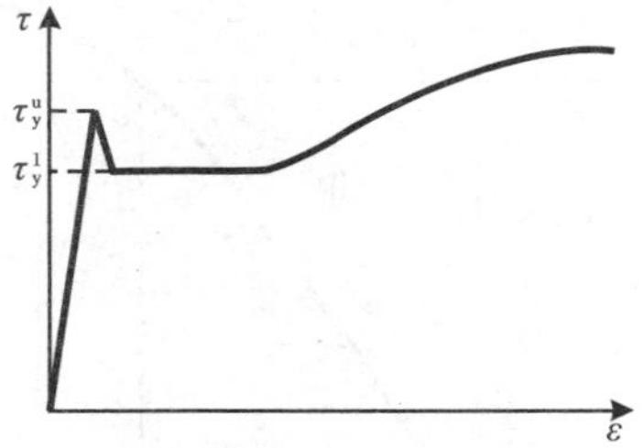

图 2.29　有屈服点现象的应力——应变曲线

2.2.11　理论切变强度①

如前所述，当施加的机械应力达到屈服点之后塑性形变开始．从理论上讲，这个应力必须和阻止切应变的结合力相对应．

如果晶体的一部分整体地相对于另一部分同时在整个滑移面上发生位移，随着晶体移动部分位移的增加，从晶格内产生的切应变阻力将会按照晶格间距做周期性的变化（图 2.30）．假设原子间的相互作用力和相应的切应力呈正弦函数变化，那么由弗伦克尔的估算有

$$\tau(x) = A\sin(2\pi x/b) \tag{2.66}$$

其中，A 为常数，x 为原子偏离平衡位置的位移，b 是函数 $\tau(x)$ 的周期，对微小

① “强度”一般指块材抗失效的阻力．但在理论上讨论晶体中的滑移时，习惯上用强度来表征晶体抗切应变的阻力．

位移有 $\sin x \sim x$,故

$$\tau(x) = A2\pi x/b \tag{2.67}$$

根据胡克定律,有

$$\tau = Gx/d$$

G 是切变模量,d 为晶格中相邻平面的间距.

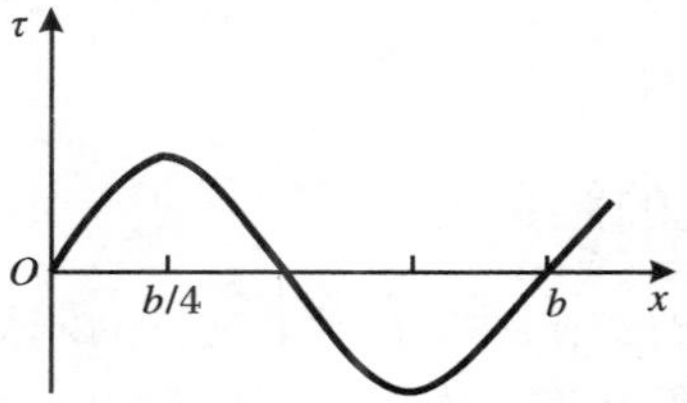

图 2.30 晶格抗切变力与原子间距之间的关系

比较上面两个方程,有

$$A = \frac{G}{2\pi} \cdot \frac{b}{d}$$

或

$$\tau(x) = \frac{b}{d}\frac{G}{2\pi}\sin\frac{2\pi x}{b} \tag{2.68}$$

当 $x = \frac{b}{4}$时,阻力最大,得到 $\tau_{理论} = \frac{b}{d} \cdot \frac{G}{2\pi}$.假设 $b = d$,则

$$\tau_{理论} = G/2\pi \tag{2.69}$$

事实上,原子间距相互作用力的变化偏离正弦函数.对真实的力,计算的屈服应力 $\tau_{理论}$的值仅为 $G/10$ 数量级,对 fcc 金属甚至只有 $G/30$.

接近理论值的切变强度只出现在不存在任何缺陷的晶体(包括没有任何位错的晶体)[2.9]或在缺陷非常严重的晶体中,在这类晶体中由于众多的缺陷阻碍了塑性形变的进行而使塑性被压制.对非常细小的晶体所做的强度记录表明,所谓晶须[2.15]中高强度的存在自完美的结构,不仅是晶体本身,还有其表面.表面缺陷(如裂纹、生长台阶等)和内部缺陷(如空穴、各种杂质质点等)的存在,和块状晶体相比,很大程度地突然降低了晶须的强度.

一般晶体的切变强度比理论强度($10^{-4} \sim 10^{-2}$ G)低一到三个数量级.理论强度值与实验值的偏离来自晶体结构的不均匀性与在时间上和整个体积中塑性形变的不均匀性.低应力作用下发生塑性形变的主要原因是位错(非常易动的线缺陷)的存在.滑移实际上是由这些缺陷在滑移面上的运动引起的.

2.3　由滑移引起的塑性形变的位错描述

2.3.1　位错为切应变的结果

在滑移的宏观描述(2.2 节)中,采用了试样的刚性部分间沿整个滑移面同时产生相对位移的模型.但在实际中,切变是逐渐地"生长穿过"晶体的.在每一瞬间,一些原子已经沿着滑移面向原子的新位置产生了位移,另一些原子仍然在原位置没有移动.在滑移面上隔开已产生位移部分和没有位移部分的分界线上,晶体的规则结构已经被破坏,出现破损的平面或者平行原子面的局部畸变.在这条线周围出现的缺陷称为位错.有关各种位错类型和结构以及位错的应力的详细讨论见文献[2.5]第 5 章.本节将讨论与滑移引起的塑性形变直接相关的位错性质.

2.3.2　滑移线的位错结构和位错的运动

如果在晶体的侧表面出现位移等于一个平移矢量 $\boldsymbol{b}$ 的台阶,但是位移没有扫过整个晶体,则在晶体中存在一个位错.如果晶体的一部分相对另一部分产生两个平移矢量的位移,而且该位移受阻在晶体中,则滑移面上就存在两个位错.三四个平移矢量的位移将在晶体中产生三四个位错,等等.在共同滑移面上的一排位错在表面出现位错的地方形成滑移线.图 2.31(a)是由刃型位错形成的水平滑移线(在此为水平的线)的示意图.在同一平面上的一排位错用⊥⊥⊥⊥⊥表示,并称为水平排列,以区别于由上下叠在一起的位错形成的竖直排列,这些竖直排列形成了取向差晶块的边界(见文献[2.5]第 5 章).

对于穿过整个晶体横截面的位移,在局部区域内产生的位错要扫过整个滑移面.位错不能在任意平面上运动,但几乎可以随时在晶体的滑移面上运动(见 2.2.4 节).图 2.31(b)为刃型位错在滑移面上运动的示意图.由于不断改变原子之间的键合而使位错运动起来,这当然要比传统理论中提到的晶体的整个部分相对整个滑移面发生位移要容易得多.

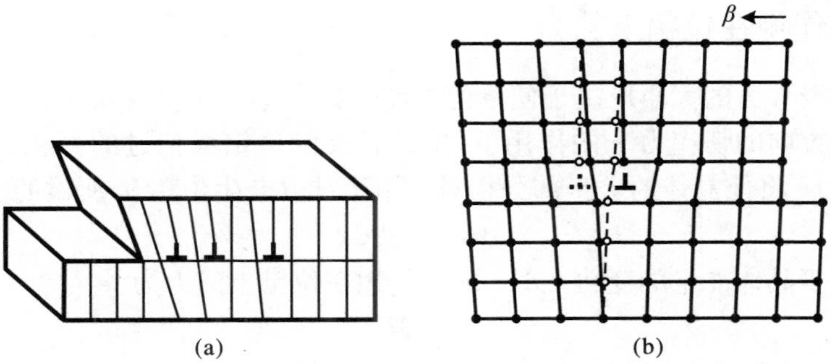

图 2.31
(a) 由刃型位错形成的滑移线;(b) 刃型位错运动的示意图

位错的运动有两种:滑移和攀移.位错的**滑移**不涉及增加或移去材料中的原子或离子,是一种守恒运动.位错滑移面是包含位错线的面,而且滑移面的法向 $\boldsymbol{n}$ 是处处垂直于平移矢量(即**柏格斯矢量**)$\boldsymbol{b}$ 的,故有 $\boldsymbol{b}\cdot\boldsymbol{n}=0$.对直的刃型位错来说,这是一个由位错线及其柏氏矢量构成的滑移面.对螺型位错而言,任意穿过位错线的滑移面都满足条件 $\boldsymbol{b}\cdot\boldsymbol{n}=0$,因此,螺型位错能在某一滑移面上滑移后再转到另一滑移面滑移.从一个滑移面转到另一滑移面的过程称为**交滑移**.位于滑移面的闭合位错线,其滑移面是由平行于柏氏矢量和通过位错曲线上所有点的线形成的柱面(或棱柱体,当位错曲线包含直线部分时),如图 2.32 所示.这种闭合位错线称为**棱柱形**的位错线,棱柱形位错线的运动称为**棱柱形滑移**.特别关注的是刃型的棱柱形位错线,比如,它可以是由空位盘的塌陷或填隙原子盘的堆积而形成的,见文献[2.5]第 5 章.

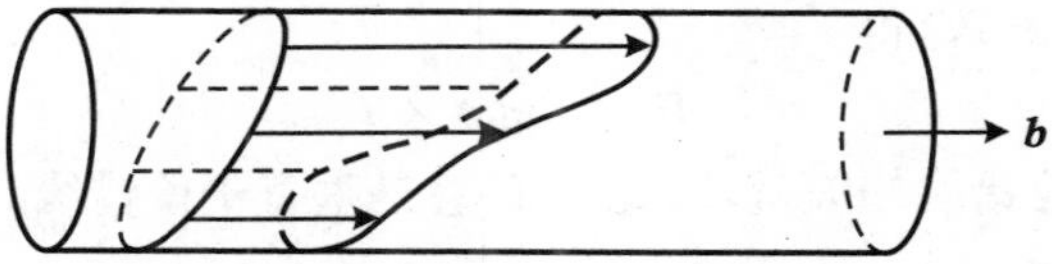

图 2.32 棱柱位错及其滑移面

位错运动的另一种形式是**攀移**.位错的运动垂直于滑移面.显然,刃型位错和混合型位错可以进行攀移,而且同时伴随着多余半原子面的伸展或收缩.由于半原子面的伸展或收缩涉及填隙原子的移入或移出,故位错的攀移为非守恒运动.有关位错攀移的详细讨论见 2.4 节.

2.3.3 作用在位错上的力

位错滑移力的大小取决于使单位长度位错产生单位位移所需的功. 假设在沿着滑移方向的切应力 τ 的作用下,单位长度的位错线扫过的面积为 $1\times \mathrm{d}x$. 那么力 $\tau\mathrm{d}x$ 将使晶体的上半部分相对于下半部分产生位移 b,所做的功为

$$\mathrm{d}w = \tau b\mathrm{d}x \tag{2.70}$$

这个功等于晶体能量的变化 $-\mathrm{d}E$. 由于作用在位错上的力为

$$F = -\mathrm{d}E/\mathrm{d}x \tag{2.71}$$

比较式(2.70)和式(2.71),得

$$F = \tau b \tag{2.72}$$

下面看一个更一般性的例子,处于滑移面上的任意形状的闭合位错线,外加应力的方向是任意的. 由式(2.2)得到作用在垂直于 $\boldsymbol{n}$ 的单位面积上的力为

$$\boldsymbol{F} = \sigma\boldsymbol{n} \tag{2.73}$$

$\boldsymbol{n}$ 的方向由沿着位错线的单位矢量 $\boldsymbol{l}$ 和运动方向的单位矢量 $\boldsymbol{d}$ 的矢量积决定:

$$\boldsymbol{n} = \boldsymbol{l}\times\boldsymbol{d}$$

位错运动的结果是负 $\boldsymbol{n}$ 部分的晶体移动了 $-\boldsymbol{b}$,所消耗的功为

$$w = -(\sigma\boldsymbol{n})\cdot\boldsymbol{b} \tag{2.74}$$

由张量 σ 的对称性,得

$$w = -(\sigma\boldsymbol{b})\cdot\boldsymbol{n} \tag{2.75}$$

位错能量的变化为

$$-w = -(\sigma\boldsymbol{b})\cdot(\boldsymbol{l}\times\boldsymbol{d}) = (\sigma\boldsymbol{b})\times(\boldsymbol{l}\cdot\boldsymbol{d}) \tag{2.76}$$

另一方面,使位错运动产生位移 d 的力所做的功为

$$-w = \boldsymbol{F}\cdot\boldsymbol{d} \tag{2.77}$$

由式(2.76)和式(2.77)得

$$\boldsymbol{F} = (\sigma\boldsymbol{b})\times\boldsymbol{l} \tag{2.78}$$

由于 $\boldsymbol{l}$ 是平行于位错线的矢量,因此力 $\boldsymbol{F}$ 总是垂直于位错线.

2.3.4 位错的速度

位错最重要的特征就是位错的速度依赖于所施加的应力.

通过在透射电子显微镜中直接观察位错的运动或腐蚀斑图形的改变,可以实验测定位错速度(见文献[2.5]第 5 章). 半导体中的位错密度相当低,还可用 X 射线形貌学来观察位错的运动. 如图 2.33 所示为在加载负荷过程中,用连续腐蚀方法追踪 CsI 晶体中位错的运动. 如图 2.33(a)所示,在加载负荷过程中位错的运动基本是均匀的,其运动速度与腐蚀斑的延展相当. 在图 2.33(b)中,沿着位错运

动的路径出现一排平底的腐蚀坑，表明了位错的运动是跳跃式的，中途有短暂的停留．滑移运动跳跃式的特点首先是由 Klassen-Nekhliudova 观察到的[2.17,2.18]．

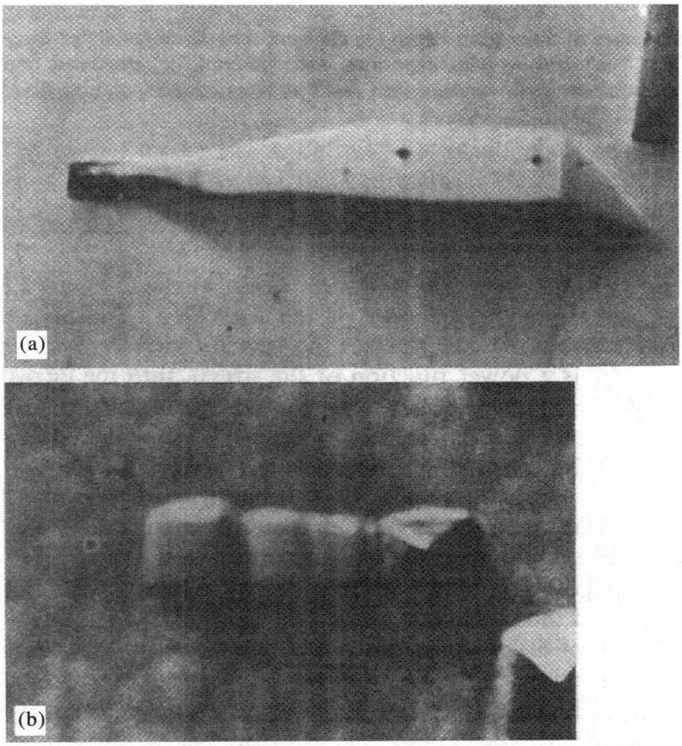

图 2.33　用选择腐蚀方法观察到的 CsI 晶体中的位错运动
(a) 位错的匀速运动；(b) 位错的跳跃式运动[2.16]

位错的运动速度随外加应力的增加而增大．图 2.34 为不同晶体的位错运动速度的对数与应力之间的关系．在低应力作用下，位错运动速度随着应力呈指数关系增加（或者是应力的幂函数），随后速度的增大变慢（如速度的增长与应力呈线性关系），最后在很高的应力作用下，位错运动速度逐渐接近声速．

在高应力作用下位错运动速度增长变慢是由于位错慢化机制的根本改变．晶体中位错的运动需要克服与晶体的周期性结构相关的障碍（Pierls-Nabarro 势垒）和与晶格缺陷相关的势垒．慢速运动的位错在这些势垒前停留，而后由于热力学涨落位错又克服势垒运动．位错高速运动时，当其动能达到势垒的高度时，位错运动慢化具有动态的特征并且因晶体内各种元激发从位错吸取能量而受到限制．

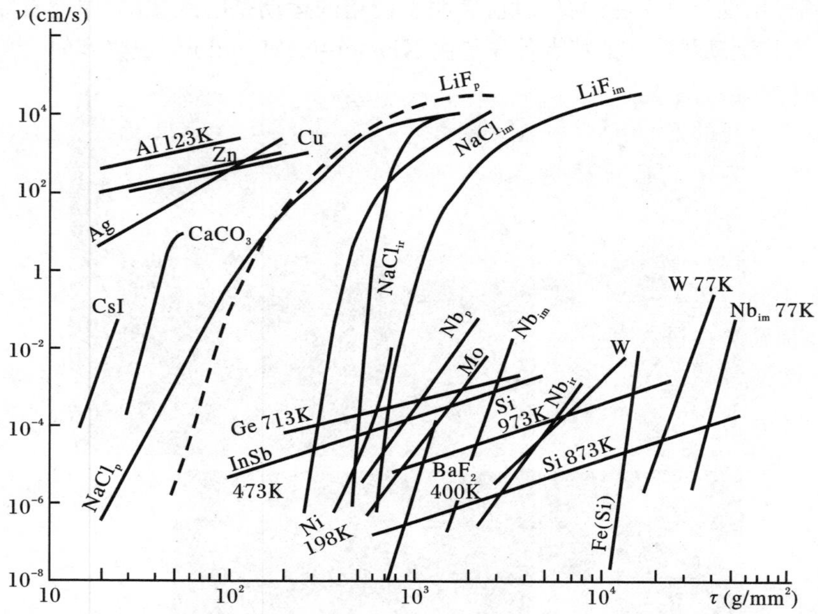

图 2.34　不同晶体中位错运动速度与应力之间的关系

下标“p”表示纯晶体，下标“im”表示含杂质的晶体，而下标“ir”表示辐照过的晶体；没有标明温度的曲线是在室温条件下测定的（由 Nadgorny 汇集，见 Roitburd 的文献[2.19]）

在位错慢速运动过程中，动态阻力也起一定的作用，它影响由热力学涨落引起的位错克服势垒的动力学过程.在大多数情况下，位错-声子互作用对位错的动态阻力起主要的作用.其他元激发（如电子、激子等）的贡献仅在特定条件下表现出来.例如，在低温下金属中，当声子气体被“冻结”时，运动位错与自由电子的互作用就变得明显了.

元激发“气体”的黏滞性由**阻力系数** B 来定义，而作用在单位长度的位错线上的力可写成

$$F = \tau b = vB \tag{2.79}$$

在室温，B 一般等于 $10^{-4} \sim 10^{-3}$ Ps，随温度的降低而降低.在电介质中，当温度接近 0 K 时，B 实际上降为零.在金属中，当温度接近 0 K 时，由于电子散射的作用，黏滞系数是非零的.

有关位错动态阻力理论的详细讨论见 Alshitz 和 Indenbom[2.20] 以及 Kaganov[2.21] 的综述文献.

2.3.5 晶格对位错运动的阻碍

晶体晶格有一定的电势起伏，这给出了位错线的最佳位置. 理想地说，位错必须具有直线的形状，且处于电势低谷位置. 此时，位错的能量最小. 考虑简单立方晶格中一条平行于原子密排方向的位错线. 位错要做垂直于其自身的平移运动，位错必须从一个低谷移动到另一个低谷，即需要克服一个高为 E 的势垒，如图 2.35 所示. 但是，整条位错如同刚性直线一样同时横跨势垒是不可能的，因为在中间位置，一段宏观长度为 l 的位错线具有过多的能量 El. 独立小段的位错线横跨势垒进入相邻低谷的可能性更大. 从一个谷平移到相邻另一个谷的位错线段称为扭折. 当两个扭折向相反方向运动时，处于相邻谷中的位错线变长，这样，整条位错线就可以逐渐地跨过势垒而从（电势的）一个谷过渡到另一个谷. 位错线扭折运动一个原子间距可以看作塑性滑移形变的一个基本行为.

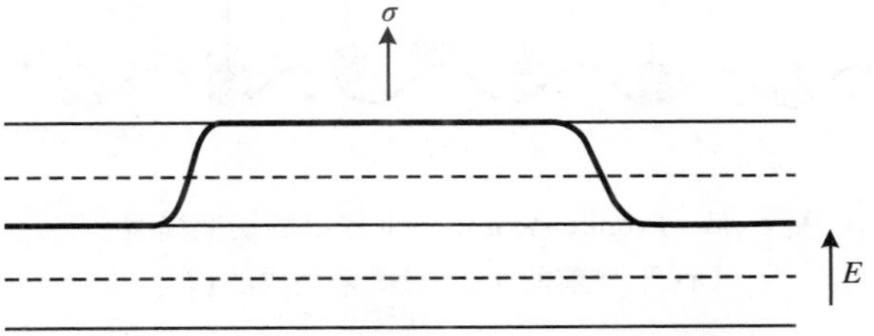

图 2.35 在位错线上的一对扭折的形成
实线为电势低谷；虚线为谷间的势垒

晶格对位错运动的阻力可利用 Frenkel 和 Kontorova[2.22] 提出的原子位错模型来估计（见图 2.36）. 该模型把位错运动看成准弹性力连接而成的原子链在周期性力场（类似的原子链晶格）上的运动. 链的原子数与电势最低值（电势起伏低谷）的数目相差为一. 按照该模型，滑移阻力（可以解释为临界切应力 τ_c）与位错芯宽度 λ（见文献[2.5]第 5 章）、原子面间距 d、切变模量 G 以及柏氏矢量 $\boldsymbol{b}$ 有如下关系：

$$\tau_c = G\frac{\pi\lambda}{3db}\exp\left(-\frac{\pi\lambda}{b}\right) \tag{2.80}$$

其中，λ 与原子面间距 d 成正比.

Frenkel-Kontorova 的模型仅考虑了原子链的短程互作用. 实际上，由于相邻原子链的相互作用，每条原子链都受到长程力的作用. Pierls 和 Nabarro[2.23] 把这个因素加以考虑，得到了晶格阻力与临界切应力的关系：

$$\tau_c = G\exp\left(-\frac{d}{2\pi(1-\nu)b}\right) \tag{2.81}$$

其中，ν 为泊松比．这一应力称为 Pierls-Nabarro 应力．

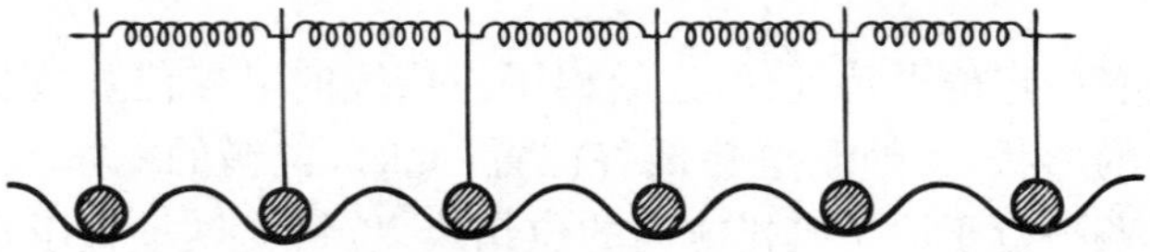
(a)

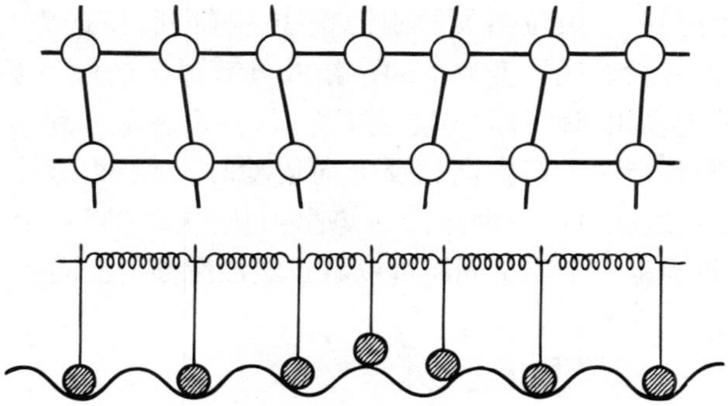
(b)

图 2.36 Frenkel-Kontorova 提出的切变模型[2.22]
(a) 形变前的状态；(b) 未完成的切变

晶格阻力不是唯一的也不是主要的使位错运动减慢的原因．Pierls-Nabarro 应力(力)仅在相当小的范围内的晶体中有重要意义，比如在半导体中．更一般的情况是位错运动的主要阻力来源于其他位错，特别是那些与运动位错滑移面相交的平面上的位错(fcc 金属)或点缺陷集中的地点(如在 bcc 金属、离子晶体中)．在讨论位错之间的互作用以及位错与点缺陷的互作用前，有必要讲述晶体中位错增殖的方式．

2.3.6 位错的增殖

在形变过程中，位错运动并且最终很多位错离开了晶体．但是，事实上通常是，晶体形变后不是没有了位错，正相反，晶体内的位错在数目上增加了．由于运动位错产生新的位错，所以晶体内出现了新位错．到目前为止，在位错运动过程中已经知道有两种情况使位错增殖．第一种由弗兰克-里德提出[2.24]．按照这一机制，新位错是由一端或两端固定的刃型位错线段产生的．这一固定的位错称为**弗兰克-里德源**．

图 2.37 说明了弗兰克-里德源的位错增殖方式．位错源由位错线段 AB 构

成，如图 2.37(a)所示，位错线两端被节点或其他方式固定．该位错处于滑移面上而且有滑移必需的柏氏矢量，而位错线 BC，BD，AE 和 AF 不具有滑移必需的柏氏矢量．图中所画的平面为相应的滑移面．当施加切应力时，AB 段弯曲，如图 2.37(b)所示．由于位错线弯曲使能量增加，位错线如同一条弹性的弦并提供了抵抗外力的阻力．位错线的拉紧抵消了外力的作用，直到应力达到临界值：

$$\tau_{F\text{-}R} \sim Gb/L \tag{2.82}$$

其中，L 为 AB 段的长度．由于所加外力大于位错线的张力，位错环进一步自由地扩大．在临界状态，位错线半环的半径等于 $L/2$，如图 2.37(c)所示．

随着位错环的进一步扩大，成为如图 2.37(e)所示的情形，然后在 G 点位错湮灭，只剩下闭合的位错环，如图 2.37(f)所示．最后回到如图 2.37(g)所示的样子．

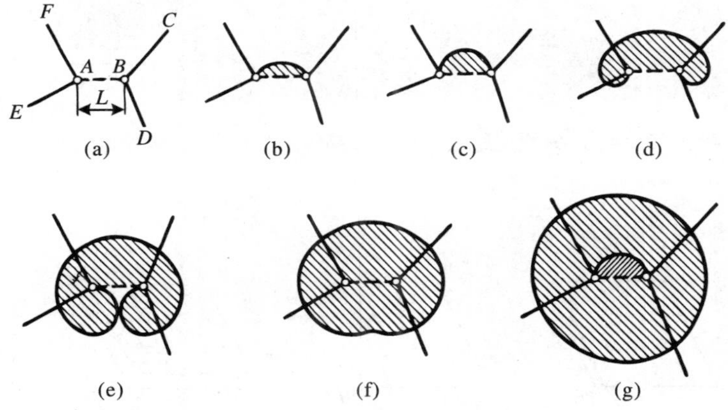

图 2.37　弗兰克-里德源的开动

由于弗兰克-里德源的 AB 段每复原一次就形成一个新的位错环，位错源能够生成无限多的位错环，形成的节点在空间上仍然是固定的，而位错源局部的受力大于临界值 $\tau_{F\text{-}R}$．

在实验中，已经在硅、氯化钾、不锈钢、镉和其他材料中观察到弗兰克-里德源．图 2.38 为硅中的弗兰克-里德源．

当弗兰克-里德源增殖在确保刃型位错在同一滑移面上滑移产生塑性形变时，螺型位错交滑移的参与(双重或多重)激发了位错在平行于初始滑移面的邻近滑移面的出现和增殖，这就解释了成束的滑移线或滑移带的形成[2.26]．图 2.39 说明这种第二类的位错增殖方式．

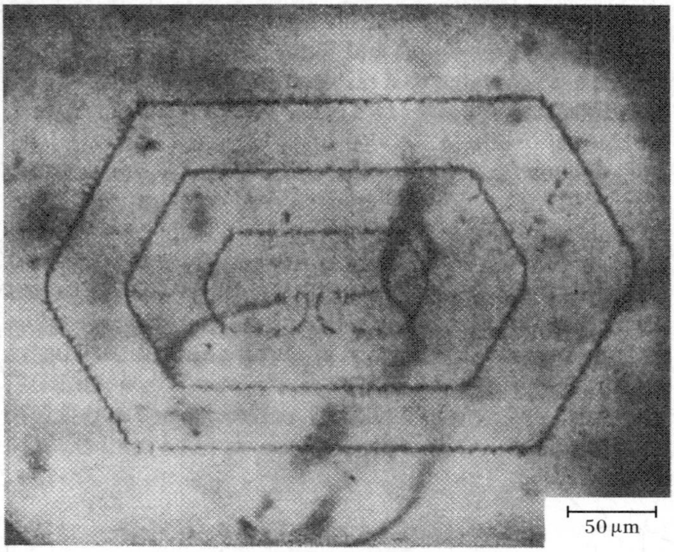

图 2.38　由 X 射线形貌法测得的硅晶体中的弗兰克-里德源[2.25]

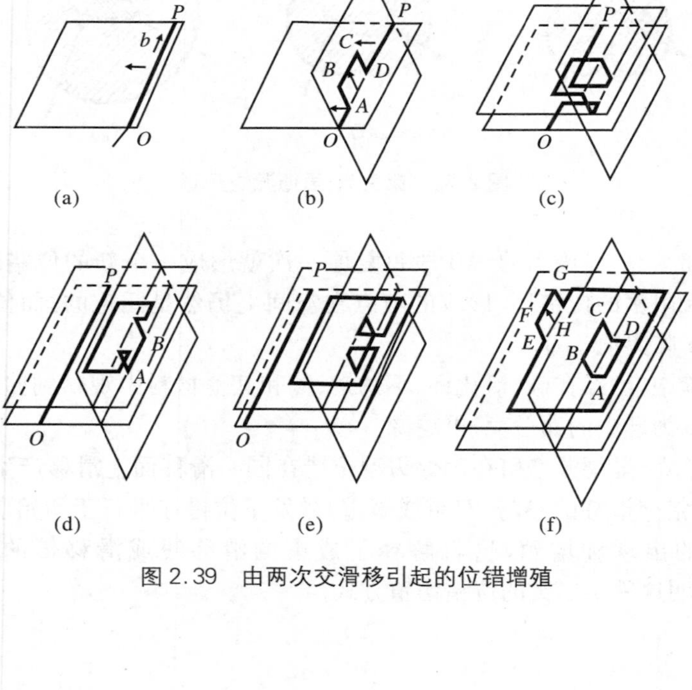

图 2.39　由两次交滑移引起的位错增殖

首先，螺型位错 OP 向水平面的左侧运动，如图 2.39(a)所示. 然后螺型位错的一部分转入交叉的滑移面，因而螺型位错就有处于交叉滑移面上的 $ABCD$ 线段位错，如图 2.39(b)所示. 当位错 OP 进一步向左运动时，它不再是所有线段整体一起运动，只有位错的某些部分运动，从而变成图 2.39(c)所示的情形. AB 和 CD 部分不能沿着原先位错的运动方向运动，因为它们作为刃型位错不能在一个不是滑移面的平面上运动（无论位错线的形状如何，位错的柏氏矢量处处相同，见文献[2.5]第 5 章）. 这两部分位错可以沿着平行于（但不是垂直于）矢量 OP 的方向滑移. BC 两端被 AB 和 CD 钉扎部分可以起到弗兰克-里德源的作用，如图2.39(c)～(f)所示. 类似地，OP 又成为一段独立的位错，如图 2.39(d)，(e)所示. 最后，由 BC 部分产生的位错环可以交滑移，如图 2.39(f)所示中 $EFGH$ 的滑移一样，这样的过程不断地继续. 与此同时，AD 部分处于 OP 后面，在相反方向也起到了一个弗兰克-里德源的作用，因为这部分的滑移方向与 BC 部分的相反（有相反的力学符号，见文献[2.5]第 5 章）. BC 部分复原到其初始位置并再重复这一过程，形成一个新的位错环.

到目前为止，在实际晶体中已经观察到这种增殖机制开动的大量证据，如在 LiF 晶体中. 而且观察表明，**重复交滑移**的位错增殖决定了位错运动能力有限的第二滑移面上形变的发展.

2.3.7 位错的相互作用

位错增殖和运动的结果是使位错靠得更近. 位错引起的应力场开始相互作用. 式(2.78)以及文献[2.5]中的式(5.11)和式(5.12)可以用来估算位错之间的相互作用，只不过是用靠近的另一位错产生的应力场张量代替方程中的 σ.

下面讨论无限大晶体中的几个特殊的例子，忽略边界的影响. 下面提到位错的相互作用指对单位长度的位错作用.

1. 两平行螺型位错之间的相互作用

让我们估计一段平行于 X_3轴（图 2.40）、柏氏矢量为 $\boldsymbol{b}_1$的螺型位错对与之相平行的、通过点 $M(\theta, r)$、柏氏矢量为 $\boldsymbol{b}_2$的另一螺型位错的作用力. 由于螺型位错只形成正切向应力，根据文献[2.5]中的式(5.11)，离通过原点的位错在 (X_1, X_2)平面上的正切应力为

$$\sigma_{3\theta} = Gb_1/(2\pi r)$$

根据式(2.78)，作用在一条通过 M 点的平行位错上单位长度的力垂直于$\sigma_{3\theta}$和 X_3，因而力是沿着半径方向 OM 的，其大小为

$$F = F_r = \frac{G\boldsymbol{b}_1 \cdot \boldsymbol{b}_2}{2\pi r} \tag{2.83}$$

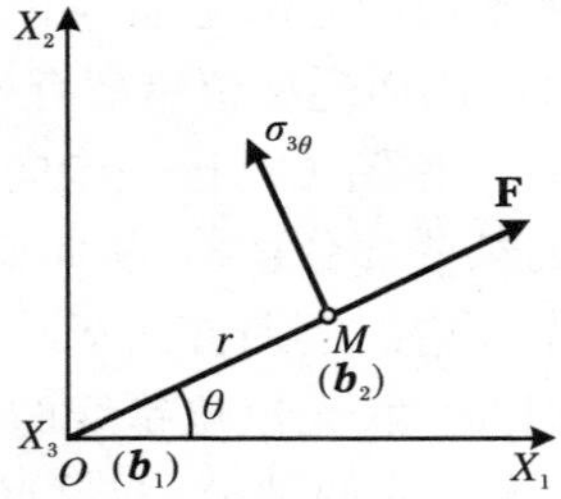

图 2.40　平行螺型位错间的相互作用

这是一个中心力. 如果 $\boldsymbol{b}_1 \cdot \boldsymbol{b}_2 > 0$，该力把位错吸引得更靠近；如果 $\boldsymbol{b}_1 \cdot \boldsymbol{b}_2 < 0$，该力把位错分开. 不存在平衡位置.

2. 柏氏矢量相平行的两刃型位错之间的相互作用

如果柏氏矢量 $\boldsymbol{b}_1$ 和 $\boldsymbol{b}_2$ 都平行于 X_1 轴而位错本身平行于 X_3 轴，那么第一位错对第二位错的作用力有一个径向分量 F_r 和一个切向分量 F_θ：

$$F_r = \frac{G\boldsymbol{b}_1 \cdot \boldsymbol{b}_2}{2\pi(1-\nu)r} \tag{2.84}$$

$$F_\theta = \frac{G\boldsymbol{b}_1 \cdot \boldsymbol{b}_2 \sin 2\theta}{2\pi(1-\nu)r} \tag{2.85}$$

如果上面讨论的两个刃型位错能够在力的方向上自由运动，则它们将会相互吸引或排斥. 如果这两个位错只能在其滑移面(X_1，X_3)上运动，那么该作用力在滑移面上的投影为

$$F_r\cos\theta - F_\theta\sin\theta = \frac{G\boldsymbol{b}_1 \cdot \boldsymbol{b}_2}{2\pi(1-\nu)r}\cos\theta\cos 2\theta \tag{2.86}$$

由此可知，当 $\boldsymbol{b}_1 \cdot \boldsymbol{b}_2 > 0$ 时，$\theta = 0, \pi/2$ 和 π 为位错相应的平衡位置，如图 2.41(a)所示；而 $\theta = \pi/4$ 和 $3\pi/4$ 为不稳定的平衡位置. 当 $\boldsymbol{b}_1 \cdot \boldsymbol{b}_2 < 0$ 时，结果正好相反，如图 2.41(b)所示. 图 2.41(b)中的这对位错称为**位错偶极**. 在形变的晶体中，这种情况经常见到.

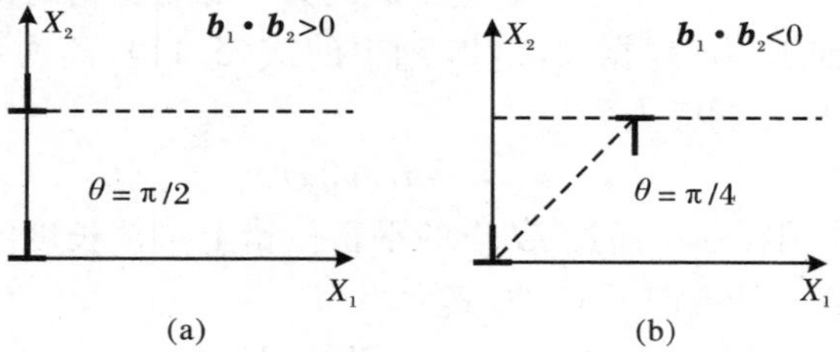

图 2.41　在平行滑移面上运动的刃型位错间的相互作用

3. 相交滑移面上的位错相互作用

相交滑移面上的位错相互作用具有最重要的实际意义，确切来说，这样的相互作用是引起应变硬化的主要原因.

下面讨论两个相互垂直的未交截的螺型位错的相互作用. 正如前面提到的，一个位错对在处于 P 点的另一位错的作用力(如图 2.42)为

$$F = \frac{G\boldsymbol{b}_1 \cdot \boldsymbol{b}_2}{2\pi}\frac{d}{r^2} \tag{2.87}$$

其中，d 为两位错之间的垂直距离，而力的方向沿着两位错的公垂线. 力的符号取决于两位错在连接两位错的线段中心处引起的切应力之合力. 当位错的应力场相叠加时，两位错将会相互排斥；当位错的应力场相互抵消时，两位错将相互吸引.

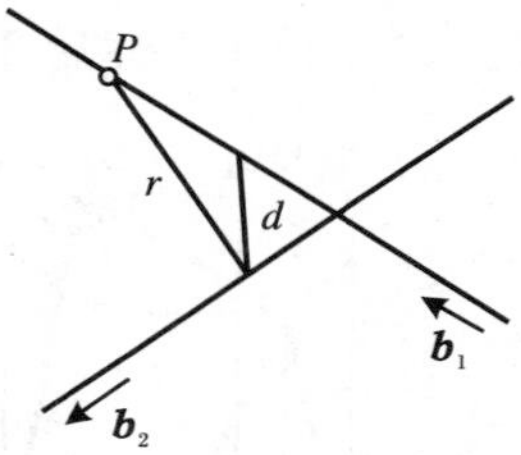

图 2.42 相互垂直的非共面螺型位错之间的相互作用

如果互相垂直运动的螺型位错相交，由于晶体中位于滑移面上方的部分相对于滑移面下的部分产生相对位移，两个位错线都分别在与之相交位错的柏氏矢量方向上增加长度为相交位错柏氏矢量大小的位错线段，如在柏氏矢量为 $\boldsymbol{b}_1$ 的位错线上沿着 $\boldsymbol{b}_2$ 方向出现一个弯折；反之亦然. 新出现的位错线是刃型的，因为位错线段垂直于其柏氏矢量. 如果增加的位错线段及其柏氏矢量处于这样的平面，即形成在位错的滑移面上，这样的位错弯折称为**扭折**，随着位错的进一步运动，位错倾向于减少其长度，该位错很快变直并且消失. 如果新增的位错线段及其柏氏矢量不处于包含该位错线段的滑移面上，该运动位错线段称为**割阶**，其运动只可能是攀移，位错线段运动过后(非保守运动)将留下一条空位或填隙原子链.

2.3.8 位错反应

相交位错的某种类型相互作用中，由于位错倾向于降低其能量，发生相互作用的位错结合在一起更有利，从而形成一个新的位错. 这样的位错相互作用称为**位错反应**.

有关位错合成与分解的讨论以及在 fcc 晶格、金刚石晶体和 CsCl 型晶体中可能的位错反应分析见文献[2.5]第 5 章. 在这里，我们将给出六角密堆积晶体中位错反应的例子. 这些晶体具有下列滑移系：

$$(0001),\quad [2\bar{1}\bar{1}0],\quad \boldsymbol{b} = \frac{1}{3}[2\bar{1}\bar{1}0]\quad (200\ ℃\ 以上)$$

$$(01\bar{1}0),\quad [2\bar{1}\bar{1}0],\quad \boldsymbol{b} = \frac{1}{3}[2\bar{1}\bar{1}0]$$

$$(01\bar{1}1),\quad [2\bar{1}\bar{1}0],\quad \boldsymbol{b}=\frac{1}{3}[2\bar{1}\bar{1}0]$$

$$(\bar{2}112),\quad [2\bar{1}\bar{1}3],\quad \boldsymbol{b}=\frac{1}{3}[2\bar{1}\bar{1}3]$$

图 2.43 给出了上述后 3 个滑移系.

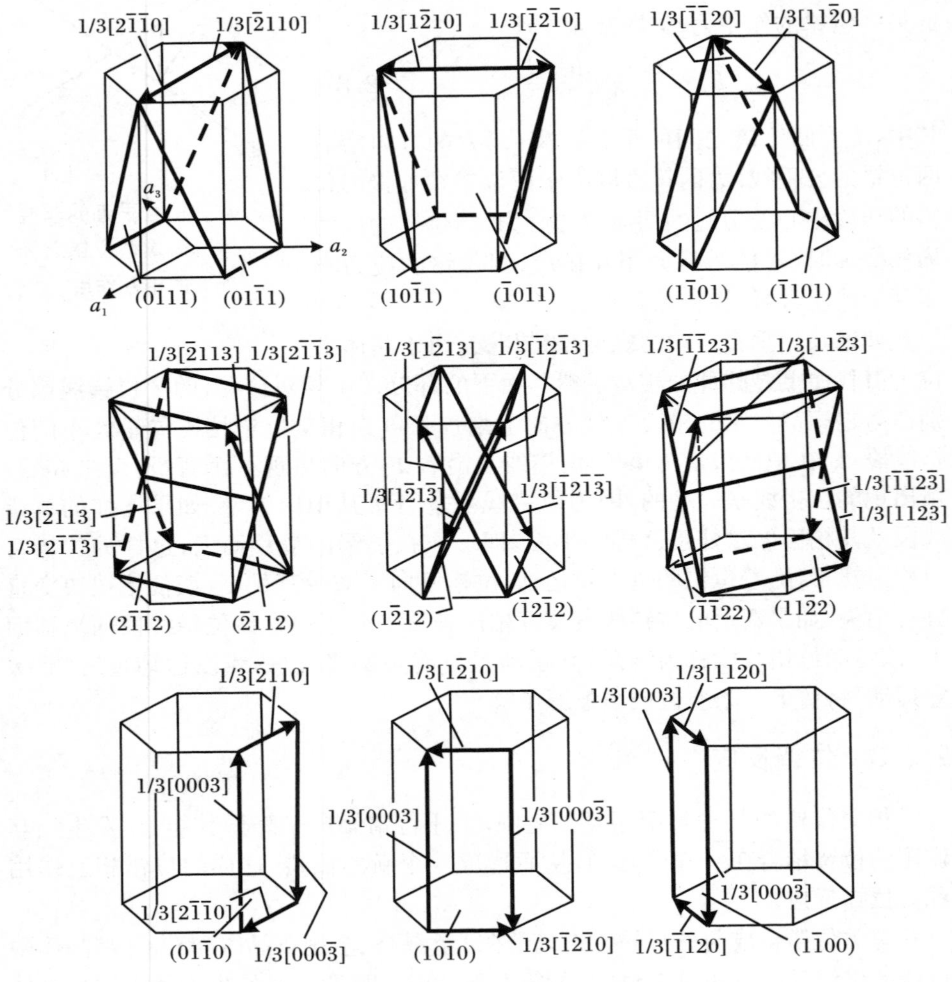

图 2.43　密堆积六角晶体中的滑移系[2.27]

所以,在基面上有 6 个可能的柏氏矢量,分别沿着 3 个 a 轴方向及其反方向:$\pm a_i$,$i=1,2,3$;在棱柱面上有两个($\pm c$),而在第二类棱锥面($\bar{2}112$)上有

12 个($\pm c$, $\pm a_i$).

在所有这些滑移系的位错相互作用中,有 21 个非等效的反应是可能的,但从能量增量的角度看(位错的能与 b^2 成正比),有

$$b_3^2 < b_1^2 + b_2^2 \tag{2.88}$$

实际上只有 5 个反应:

$$\frac{1}{3}[2\bar{1}\bar{1}0]+\frac{1}{3}[\bar{1}2\bar{1}0]\rightarrow\frac{1}{3}[11\bar{2}0]$$

$$\frac{1}{3}[2\bar{1}\bar{1}3]+\frac{1}{3}[\bar{1}2\bar{1}0]\rightarrow\frac{1}{3}[11\bar{2}3]$$

$$\frac{1}{3}[2\bar{1}\bar{1}3]+\frac{1}{3}[2\bar{1}\bar{1}\bar{3}]\rightarrow\frac{2}{3}[2\bar{1}\bar{1}0]$$

$$\frac{1}{3}[2\bar{1}\bar{1}3]+\frac{1}{3}[\bar{1}2\bar{1}\bar{3}]\rightarrow\frac{1}{3}[11\bar{2}0]$$

$$\frac{1}{3}[2\bar{1}\bar{1}3]+\frac{1}{3}[1\bar{2}1\bar{3}]\rightarrow[1\bar{1}00]$$

基面上的位错相互作用总是引起滑移割阶,由基面滑移造成的硬化是很小的.在棱锥面滑移中,可以形成不可滑位错,能有效地使运动位错减速.

条件式(2.88)称为弗兰克(Frank)定则,表征了位错的稳定性.特别地,从这个条件可知,柏氏矢量不等于最小晶格矢量的大多数位错是不稳定的,并且分解为具有更小柏氏矢量的两个位错.例如,在 fcc 晶体中柏氏矢量为 $\frac{1}{2}\langle 211\rangle$ 的位错分解为两个 $\frac{1}{2}\langle 011\rangle$ 类型的位错:

$$\frac{1}{2}[211]\rightarrow\frac{1}{2}[110]+\frac{1}{2}[101] \tag{2.89}$$

表 2.7 给出了高、中对称性部分布拉菲晶格中最稳定位错的柏氏矢量.

表 2.7 某些布拉菲晶格中的稳定位错

晶 格	柏氏矢量	等效矢量数目	柏氏矢量的平方
简单立方	$\langle 100\rangle$	6	a^2
bcc(体心立方)	$1/2\ \langle 111\rangle$	8	$3a^2/4$
	$\langle 100\rangle$	6	a^2
fcc (面心立方)	$1/2\ \langle 110\rangle$	12	$a^2/2$
六角	$1/3\ \langle 11\bar{2}0\rangle$	6	a^2
	$\langle 0001\rangle$	2	c^2

续表

晶格	柏氏矢量	等效矢量数目	柏氏矢量的平方
三角	⟨100⟩	6	a^2
$\alpha<90^\circ$	⟨110⟩	6	$4a^2\sin^2\alpha/2$
	⟨111⟩	6	$a^2(1+4\sin^2\alpha/2)$
三角	⟨100⟩	6	a^2
$\alpha>90^\circ$	⟨110⟩	6	$4a^2\cos^2\alpha/2$
	⟨111⟩	2	$9a^2(1-(4/3)\sin^2\alpha/2)$
简单四方	⟨100⟩	4	a^2
	⟨001⟩	2	c^2
体心四方	1/2 ⟨111⟩	8	$a^2/2+c^2/4$
$c/a<\sqrt{2}$	⟨100⟩	4	a^2
体心四方	⟨001⟩	2	c^2
$c/a>\sqrt{2}$	1/2 ⟨111⟩	8	$a^2/2+c^2/4$
	⟨100⟩	4	a^2

2.3.9 位错与点缺陷的相互作用

点缺陷是晶体中弹性应力范围在任意方向不超过几个晶格间距的畸变. 按点缺陷的分类已经估计出了它们相应的平衡浓度，见文献[2.5]第 5 章.

由于一个或几个原子的移去、增加或替代而形成点缺陷（空位、填隙原子和杂质原子）.

在晶体中引入点缺陷的一个有效途径是用质子、中子、电子、γ 射线、X 射线等进行辐照. 如果使用的辐照与晶体中的离子（原子）的原子核反应，这种反应可以产生新的原子而变更晶体的成分. 在点缺陷中，杂质对位错运动的影响最大[2.28－2.33].

应当注意，位错本身能影响它需要克服的杂质中心的势垒. 例如，位错可成为杂质析出物（第二相粒子）形核的地方. 析出物周围形成的应力可由于放出或吸收具有足够多数目的空位而释放. 反过来，产生的空位有助于位错脱离杂质中心，从而提高位错局部（近中心部分）攀移（见 2.4 节）. 位错增加沿其轴向的质量运输（管道扩散），造成杂质团簇和其他点缺陷的消除[2.34].

2.3.10 位错与杂质相互作用的类型

单一溶解的杂质原子（离子）可能影响晶格间距、弹性系数的模量、堆垛层错的能量等.这些参数的变化又可能引起位错的减速运动.溶质原子对晶格间距和弹性系数的影响可利用原子尺寸的差异 δ 和切变模量 η 来估算.这一影响是由于位错的长程应力场与杂质中心周围原子位移形成的应力场之间的相互作用造成的.

一个原子尺寸的差异 δ 为

$$\delta = \frac{\Delta r}{r_0} \tag{2.90}$$

其中,Δr 为基体原子与杂质原子的半径差,而 r_0 为固有原子的半径.它可用实验测定的晶体体密度 $\rho_{体}$ 或晶格间距 a 与杂质浓度 c 之间的关系计算得到[2.35]:

$$\delta = \frac{\mathrm{d}\rho_{体}}{3\rho_{体}\mathrm{d}c} = \frac{\mathrm{d}a}{a\mathrm{d}c} \tag{2.91}$$

已知 δ,就可以找出对应于一个杂质原子引起的体积变化:

$$\Delta v_a = 3\Omega\delta$$

其中,Ω 为单个原子的体积,而位错—杂质之间的结合能为

$$W_\delta = -\frac{1}{2\pi}\frac{1+\nu}{1-\nu}G\,|\,\Delta v_a\,| \sim Gbr_0^2\delta \tag{2.92}$$

和前面一样,这里的 ν 和 G 分别为泊松比和切变模量.

切变模量的亏损为

$$\eta = \frac{\Delta G}{G} = \frac{\mathrm{d}\ln G}{\mathrm{d}c} \tag{2.93}$$

其中,ΔG 为杂质和基体的切变模量之差,其相应的相互作用能为

$$W_\eta = \frac{Gb^2 r_0 \eta}{20} \tag{2.94}$$

有关式(2.91)~(2.94)的说明见 Friedel 的书[2.35].

从式(2.93)和式(2.94)可知,位错与杂质原子相互作用能之和与弹性系数之差和位错引起的应力平方成正比.取决于 ΔG 的符号:当杂质的 G 比基体的小时,杂质被位错吸引;当杂质的 G 比基体的大时,杂质被位错排斥.

表达式(2.94)只是近似的.结合能与模量亏损之间关系的确切表达式还没有确立.根据近似的估算,结合能是很低的,而 W_η 仅对非常软的杂质(具有非常低的 G)在一定程度上影响其实际值.

在位错周围出现的就地固定位错的杂质原子气团对位错运动迁移率的影响更大,尤其是影响位错的初始移动.杂质气团可有不同的来源,取决于位错与杂质原子的相互作用类型.

晶体中位错吸引杂质有 4 种不同的原因.

1. 杂质原子与位错之间的弹性相互作用.对刃型位错,由于位错与杂质弹

性应力场的相互作用,当杂质原子大于基体原子时,杂质原子倾向于占据延伸区域,或当杂质原子小于基体原子时,杂质原子倾向于占据收缩区域.螺型位错仅吸引其周围引起非球形对称畸变的外来原子.杂质原子降低体系的自由能,但阻塞位错.位错周围的杂质团簇是他们弹性相互作用的结果,被称为**科特雷尔气团**.

2. 扩展位错与杂质原子之间的化学作用.这种作用是由于杂质原子在基体中固溶度差异和由扩展位错引起堆垛层错差异造成的,见文献[2.5]第5章.这种堆垛层错具有不同的结构,例如,在 fcc 晶格,堆垛层错具有六角结构.堆垛层错吸引杂质原子,因而阻碍位错的运动.杂质在扩展位错堆垛层错处的堆积称为 **Suzuki 气团**.

3. 杂质在位错场中有序排列.在金属中,杂质原子通常有几个等效的晶体学空隙位置.例如,在 α 铁晶格中碳原子可以占据立方晶胞中三条边的任意一条.但在位错附近,杂质原子不能占据所有的位置,只能占据那些其杂质原子畸变场与位错所在处晶格畸变相应的位置.在位错出现处,碳原子主要占据其中的一条边.因此,在位错附近结构开始有序化.要移动位错,必须破坏其有序排列,这需要消耗额外的能量从而提高屈服点.在位错周围原子有序排列的区域称为 **Snoek 气团**.

4. 杂质与位错的电相互作用.在金属中,由于在滑移面上下的体密度不同,在刃型位错处电中性被破坏,否则传导电子的体浓度就会与其密度分布不一致.由于费米能级的稳定性,在压缩区域传导电子缺乏而在延伸区域有多余的电子.在位错附近,一条线状电偶极出现,并与杂质发生相互作用.由于屏蔽效应,金属中电相互作用与尺寸效应相比小得可以忽略(见式(2.91)~(2.94)).位错与杂质的电相互作用对离子晶体与共价晶体中的位错运动产生强烈的影响[2.29,2.36].在离子晶体中,这是由于在刃型和螺型位错中出现未被抵消的带电割阶,吸引带异号电量的杂质.

在 NaCl 型晶体中,带电的位错处于{111}面,其柏氏矢量为$\frac{a}{2}\langle 111\rangle$.这些位错每个原子间距带有电量 $\pm e/2$[2.36].这种位错具有巨大的能量,因而 NaCl 型晶体中在{111}面上的滑移显然是受阻的.Hirth 和 Lothe[2.10]的计算表明,带电的位置是常规滑移系{110}⟨110⟩在{100}面上的刃型位错的显露点,其电量为 $\pm e/4$,而在{110}面上的刃型位错的显露点则是不带电的.

在塑性形变中位错的带电是由于在位错运动过程中带电割阶在位错中出现.这种割阶可以在一个位错中形成;或者,与另一位错的柏氏矢量的夹角为60°或120°时与该位错交割处形成,如在 NaCl 型晶体中;或是在热力学涨落影响下由于空位(离子)离开半原子面边缘的结果;或由其他原因形成.图 2.44 为

NaCl 型晶体中在一刃型位错上的中性割阶(A)和带电割阶(B).带电割阶高度是中性割阶高度的一半.如果一个离子或空位沉积在带电割阶处,该割阶会改变其符号.带电割阶的电量为 $\pm e/2$,其中 e 为电子电量.

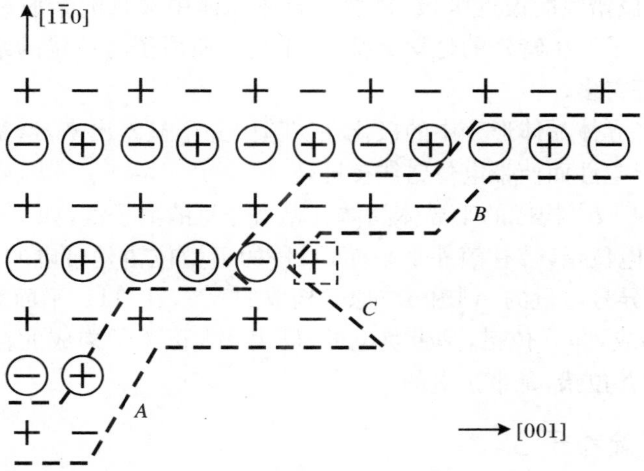

图 2.44　NaCl 型晶体中的中性割阶(A)和带电割阶(B 和 C)

如果一个离子或空位落在割阶处(有可能会在位错运动过程中被捕获),中性的割阶可变成带电的.然后,割阶分解成总电量为 $\pm e$ 的两个带电割阶,如图 2.44 所示的割阶 C.带电割阶的这种来源比 B 型割阶的形成更可能,因为在 B 那种情况下,一组带有两种符号的离子或空位必须同时到达多余半平面边缘.在一般条件下,由于离子和空位的运动迁移率是有限的,大量的正和负离子(或它们的空位)的流动是很难发生的.

带电位错穿过晶体的运动在晶体表面引入了电势差.形变中晶体的极化称为 Stepanov 效应(1933 年)[2.37,2.29].一般,只有刃型位错和混合位错才会带电,因为在刃型位错(和混合位错中的刃型位错部分)运动过程中,离子的符号不会改变,而带电的割阶是随位错运动的.在螺型位错的运动中,不同符号的离子在变化,而割阶所带电量的符号一直在改变.螺型位错的带电割阶一般只能沿着位错运动.只有当螺型位错能在其后拖出空位而不分解为成对的扭折时,在螺型位错垂直于其柏氏矢量运动中的电量运输才是可能的.

带电割阶吸引点缺陷,抵消了割阶的电量.割阶与点缺陷的静电相互作用造成了在割阶区域位错的钉扎.带电割阶周围的缺陷团簇称为**德拜-休克尔云**.根据文献[2.35]的估计,这些云对位错运动的阻碍比科特雷尔气团要小得多,因而在宏观上不影响屈服点.

在半导体晶体中带电位错出现是由于沿着位错上不成对的价电子链的存在.在n型硅和锗晶体中,位错带负电,这就是位错吸引点缺陷或杂质原子的原因.由于处于位错线的极近区域,显然半导体晶体中大量的杂质原子随时可以与不成对的电子发生特殊的化学交换键.于是杂质原子与位错的结合能比单纯的静电作用高得多.

在元素半导体晶体形变中的极化在实验中并不显露出来,这是因为这些晶体相当高的导电性而使带电位错线被屏蔽了.

化合物 $A^{\mathrm{II}}B^{\mathrm{VI}}$ 构成的半导体晶体有相当分量的离子键,如ZnO,ZnS,CdS等,表现出带电位错.带有额外半平面{111}的刃型位错是带电的,因为它们是由交替的、带异号电量的 A^{II} 和 B^{VI} 原子构成的[2.36].在{111}平面边缘的位错由负离子 B^{VI} 构成,即 α 位错,是带负电的,而由 A^{II} 正离子构成的在该平面边缘上的位错,即 β 位错,是带正电的.

2.3.11　沉淀粒子

如果杂质原子形成大的团簇(称为沉淀粒子、偏析或沉淀物),可观察到更多种位错与杂质的相互作用.随着沉淀物和基体的相互协调,亦即当基体和沉淀物具有相似的结构和相近大小的晶胞,位错能穿过沉淀物,使其一部分相对于另一部分产生位移 b.那么,半径为 r_0、表面能为 Γ 的粒子,沉淀物-基体界面能量增加[2.38]

$$W_\Gamma \sim \Gamma r_0 b \tag{2.95}$$

其中,W_Γ 为位错—粒子的相互作用能.当位错遇到与基体不协调的大粒子时位错绕其周围运动,留下绕着粒子的位错环(Orowan机制).

图2.45为说明位错绕过粒子运动的图解.位错绕过粒子运动的应力可用下式表示[2.39,2.40]:

$$\tau \sim Gb/(4\pi l) \tag{2.96}$$

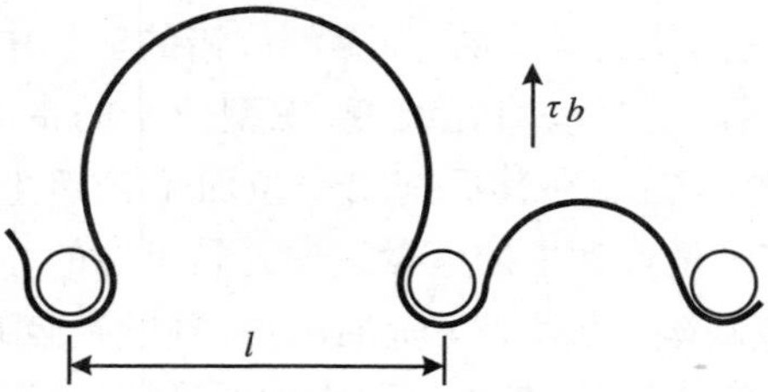

图2.45　位错绕过大沉淀粒子的示意图[2.38]

其中，l 为障碍物的间距.

在含杂质的金属中，如果半径为 r_0 的沉淀粒子由表面能为 Γ' 的有序合金构成，如图 2.46 所示，那么粒子与位错之间的相互作用能为[2.38]

$$W_{\Gamma'} \sim \Gamma' r_0^2 \tag{2.97}$$

这个能量用来破坏沿着位错路径的粒子的有序排列.

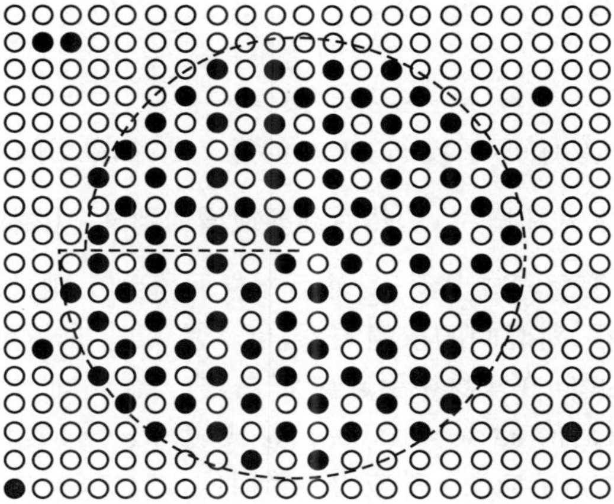

图 2.46 沿着位错路径沉淀粒子中的结构无序化[2.38]

反过来，如果位错处于粒子中，沉淀粒子能够改变位错的结构. 比如，如果一个运动位错是分解的，堆垛层错能从 γ_1（粒子）变为 γ_2（基体），分解宽度就从 w_1 变为 w_2，如图 2.47 所示. 其相应的相互作用能[2.38]可表示为

$$W_k \sim 2r_0 w_1(\gamma_1 - \gamma_2) \quad （当\ w_2 < r_0 < w_1\ 时） \tag{2.98}$$

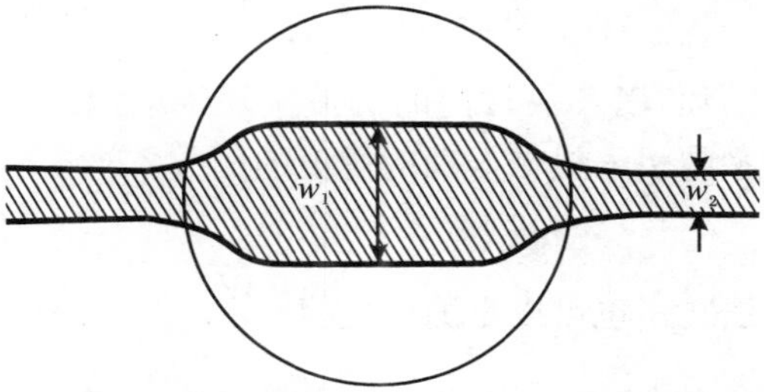

图 2.47 沉淀粒子中扩展位错的增宽[2.38]

2.3.12　内耗

分析位错与点缺陷相互作用的方法之一是测量内耗，**内耗**是块材在形变过程中将引入块体的机械能转化为热能并破坏其热力学平衡的能力.

在绝对的弹性体中，应力与应变之间的关系是与时间无关的，在黏性介质中，描述应变的方程不同于胡克定律，而多出了应力和应变对时间偏导数的附加项，即

$$\sigma + \tau_1 \dot{\sigma} = M(\varepsilon + \tau_2 \dot{\varepsilon}) \tag{2.99}$$

其中，τ_1 和 τ_2 为弛豫时间. 系数 τ_1 和 τ_2 的意义是：如果瞬间对某一块材施加恒定负荷 σ_0，应变跳跃式地增为 ε_0，然后逐渐地增加到某一极限值，$\varepsilon(\infty) = \dfrac{\sigma_0}{M}$. 一旦撤去负荷 σ_0，应变急剧减少到 ε_0，然后慢慢回落到 0. 弛豫时间 τ_2 决定了这一后效应(弛豫过程)对时间的依赖关系，也就是说 τ_2 是恒定应力下的应变弛豫时间. 如果要在瞬间在块材中引起应变 ε_0，应力需瞬间增加到 σ_0，然后应力可逐渐地减小到最后值 $\sigma(\infty) = M(\varepsilon_0)$. 形成应力 $\sigma(\infty)$ 的时间就是应力弛豫时间 τ_1. 故 τ_1 是在恒定应变下的应力弛豫时间. 式(2.99)中的系数 M 表征了在弛豫过程之后的应力与应变之间的正比关系. 这一系数称为**松弛弹性模量**，式(2.99)称为**标准线性体方程**.

如果负荷呈周期性变化，那么由于弛豫，形变 ε 在相位上比应力滞后. 假设 $\sigma = \sigma_0 \exp(\mathrm{i}\omega t)$，$\varepsilon = \varepsilon_0 \exp[\mathrm{i}(\omega t - \delta)]$，解式(2.99)，得

$$(1 + \mathrm{i}\omega\tau_1)\sigma = \mu(\mathrm{i} + \mathrm{i}\omega\tau_2)\varepsilon \tag{2.100}$$

复数模量 μ 联系应力和应变关系，即

$$\mu = \frac{1 + \mathrm{i}\omega\tau_2}{1 - \mathrm{i}\omega\tau_1} M \tag{2.101}$$

弛豫的结果是能量消耗，以及块材内的机械振动逐渐消退. 应力和应变的相位差角的正切表征体系内引入机械振动的优值的倒数：

$$\tan\delta = Q^{-1} \tag{2.102}$$

内耗衰减的测量方法之一也可以是测量比值$\dfrac{\Delta \overline{W}}{\overline{W}}$，其中 $\Delta \overline{W}$ 为一个振动周期内块材单位体积中的总机械能 $\overline{W}$ 的平均减少量. 这一比值称为对数阻尼衰减率 Δ，与 Q^{-1}的关系为

$$\frac{\Delta \overline{W}}{\overline{W}} = \Delta = \pi Q^{-1} \tag{2.103}$$

振动的衰减也可以在应力远比屈服点小的情况下观察到.

晶体受到内耗作用时，主要有3种能量消耗形式，分别与材料的3种内部重排方式相对应：(1) 热力学重排（由于非均匀的应力状态引起的热力学重排）；(2) 畴的重排（铁磁或铁电等畴结构的重排）；(3) 原子重排（扩散效应，在多晶体材料中沿晶界的弛豫，位错运动等）.

内耗受很多因素影响，这些因素的影响取决于它对某些能量消耗机制的影响.在恒定外界条件下（如温度、压力等），每种能量消耗机制在反映曲线 $Q^{-1}(\omega)$ 最大值的一定频率 ω 范围内表现出来.通过改变振动频率（从次声频率如 $10^{-4}\sim10^{-2}$ Hz 变到特超声频如 $10^{9}\sim10^{11}$ Hz）可以得到晶体的 $Q^{-1}(\omega)$ 曲线上的数个最大值，如图2.48所示.这些曲线称为"机械吸收谱".改变试样的大小、化学成分、晶粒大小等，或改变环境如温度和周围气氛等会引起机械谱的某个特征变化，如机械谱最大值的数目、位置、高度等.

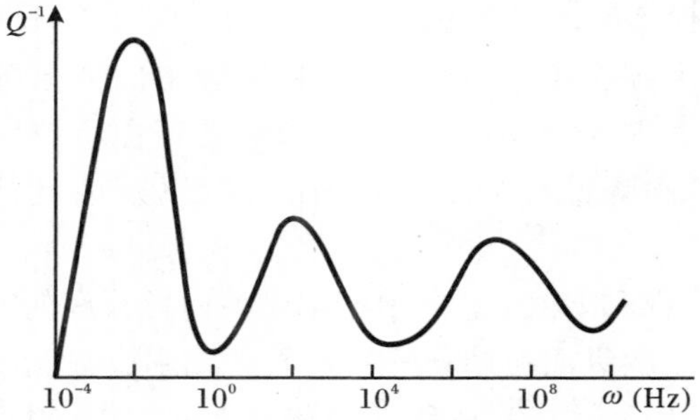

图2.48 频率相关的内耗（"机械谱"）

一般地，温度的单调升高会增加内耗的背底.如果晶体发生相变，在相应的温度，其最大值叠加到背底 $Q^{-1}(T)$ 上.杂质也在特定温度最大值中表现出它们的存在.

内耗有时也受形变振幅的影响.图2.49示意地给出了内耗与形变振幅 ε 之间的关系.在阶段Ⅰ和Ⅲ，Q^{-1} 与 ε 无关，即与形变振幅无关.形变振幅 ε_0'，ε_0''，ε_1' 和 ε_2' 分别与各阶段的开始相应.一般地，只考虑头两个阶段的 Q_1^{-1} 和 Q_2^{-1}，它们分别是振幅无关和振幅相关的内耗.

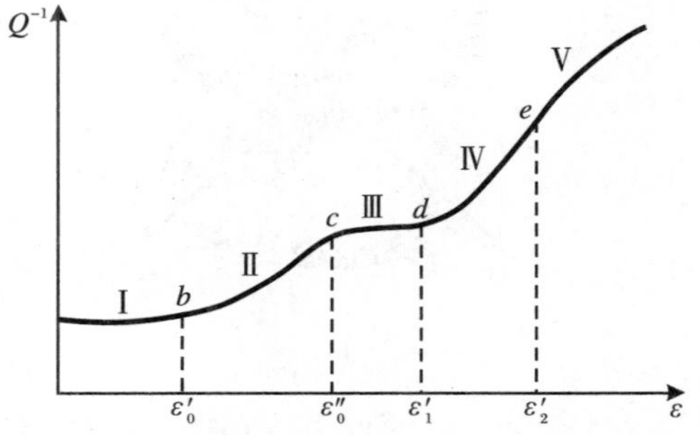

图2.49 内耗对应变振动振幅的依赖关系

在变号应变的位错运动对 Q_1^{-1} 和 Q_2^{-1} 都有贡献. 振幅无关的内耗发生在应变非常小的情况下(振幅$\ll 10^{-5}$),或者发生在振动频率非常高的情况下(在超声波的范围). 在这种情况下,位错不能脱离钉扎中心从而在其附近振动(作用在位错上的力很小,位错脱离钉扎点所需时间超过试样的振动周期). 但是,如果形变振幅足够大($>10^{-5}$)或者振动频率不是太高(~ 1 Hz),使得位错有足够的时间脱离钉扎点,那么在异号应力作用下的位错运动路径是不同的,即位错迟滞,内耗变得与形变振幅有关.

2.3.13　内耗的各向异性

内耗是晶体的各向异性性质之一. 在 2.1 节中已提到试样的取向可影响其弹性模量. 但是,如果弹性模量的各向异性是引起内耗各向异性的唯一原因,Q^{-1}与杨氏模量亏损 $\Delta E/E$ 之比值将与试样的取向无关,因为杨氏模量改变的影响是由该模量的亏损决定的. 由于这不是实验中的情况,这应该假设为位错运动对振动衰减的各向异性的影响. 这一影响的存在已被以下结果证实:内耗各向异性的程度要比弹性性质的各向异性高,以及内耗严重依赖于前期的形变.

图 2.50 给出了锌和 NaCl 晶体中振幅无关内耗背底的特征表面. 表面的径矢长度与相应方向上的纵向振动衰减的对数衰减率成正比. 这些表面的形状完全与锌晶体中沿(0001) $[11\bar{2}0]$滑移系滑移和 NaCl 晶体中沿(110)$[1\bar{1}0]$滑移系滑移时的临界分切应力定律相一致,根据这一定律,在施加负荷的给定方向上的切变应力分量越大,内耗越大. 这再次证明了内耗的各向异性与晶体塑性相联系,而不是和弹性相联系.

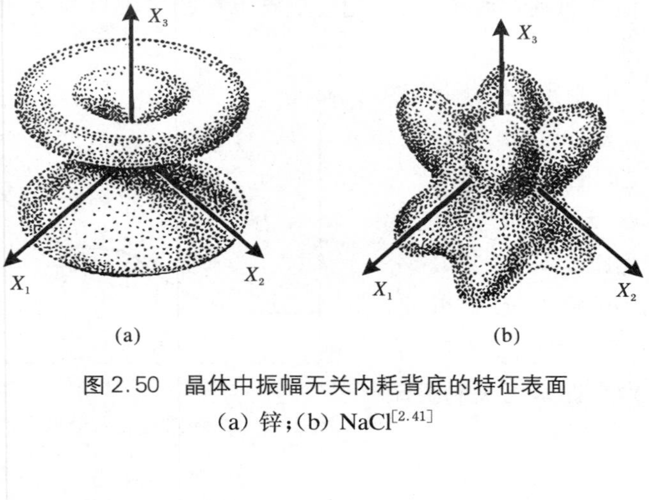

图 2.50　晶体中振幅无关内耗背底的特征表面

(a) 锌;(b) NaCl[2.41]

2.3.14 位错内耗理论

位错内耗理论首先是由 Granato 和 Lücke[2.42]提出,然后由 Indenbom 和 Chernov[2.43]发展.最初的理论考虑了在没有热激活参与条件下(0 K 下才确实)位错脱离固定点的运动对内耗的贡献.

Indenbom 和 Chernov 考虑了位错的热激活脱离钉扎,这在相当程度上增加了从内耗实验中获取信息的可能性.他们的位错迟滞理论以依赖关系 $Q^{-1}(T,\tau_0)$为基础(这里 τ_0 为形变振幅),用来测定障碍物的性质及其在晶体中的分布.这一理论基于外应力和热振动影响下位错线段在固定点缺陷的弹性场中振动过程的计算,得到内耗迟滞的能量损失.Indenbom 和 Chernov 的计算结果如下:

$$Q^{-1} = \frac{Gb^2}{2T_0} L_{\min}^2 \int_{L\geqslant L_{\min}} LN(L)\mathrm{d}L \tag{2.104}$$

其中,T_0为位错的线张力,L 为振动位错线段长度的一半,而 $2L_{\min}$为在给定 T 和 τ_0 下位错的最小长度.当温度升高时,不断缩短的位错线段脱离钉扎点,而给定长度的位错线在不断降低的应力下随温度升高而脱离钉扎.随着位错的迟滞,位错热激活脱离钉扎的激活能满足下面关系:

$$H(F) \leqslant kT\ln(\nu_{\mathrm{eff}}/\nu) \tag{2.105}$$

其中,F 为位错—障碍物的相互作用力,等于 $L_{\min} b\tau_0^2$,ν_{eff}为长度为 $2L$ 的位错线段对势垒的有效冲击频率,而 ν 则是外应力的振动频率.从关系 $Q^{-1}(T)$可以得到截面 Q^{-1} = 常数时的不同 τ_0 下的 $T(\tau_0)$值,而从 $T(\tau_0)$可以得到 $H(F)$.从 $H(F)$可以得到 $-\partial H/\partial F$ 与 F 之间的关系,利用这一关系可以判断位错障碍物的性质和位错线段的长度分布性质.Indenbom 和 Chernov[2.43],Savin 和 Chernov[2.44,2.45]总结了各种类型障碍物的力的规律.

轻度形变(百分之几的形变)的 fcc 金属在低温区(10～100 K),中、高频率(kHz～MHz)下表现出典型的内耗峰.峰(频率)的位置与应变振幅和杂质的引入无关,而且随温度呈指数关系变化.这一效应的激活能(～0.1 eV)与一定长度的位错从一个势谷到另一个势谷的位移所需的能量是相同的,也就是说,内耗的峰反映了在 Pierls 势垒周围位错的振动[2.46].因此,这些峰有助于判断晶体中 Pierls 势垒的大小.

2.3.15 克服杂质障碍物的机制

由于位错受到杂质障碍物的阻碍,没有杂质的位错线在外加应力的作用下弯曲.如图 2.51 所示,Ge 晶体中一条位错线在沉淀粒子间弯曲.位错脱离杂质中心的机制取决于应力大小和杂质结合的形式，包括单独填隙原子和替代原子，杂质—空位偶极及其复合物、分凝物.

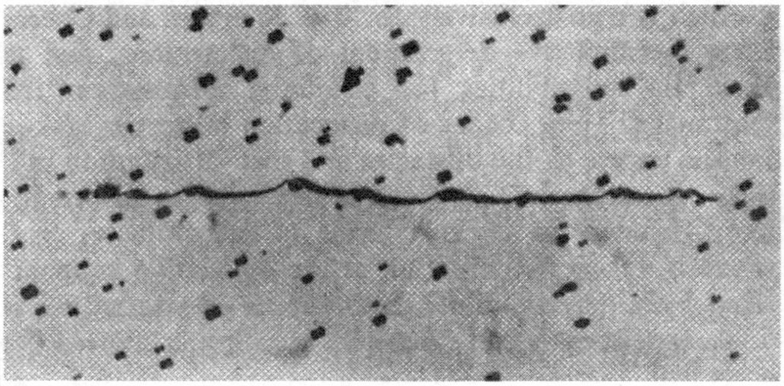

图 2.51 含有磷杂质锗晶体中位错在沉淀粒子之间的弯曲

可以近似假设，杂质中心之间的位错线段中心点受到大小为 F 的总的力的作用. 作用在位错线上的力与其位移 x 有关，如图 2.52(a)所示，其关系服从 2.52(b)所示的规律. 图中说明了在外加应力 τ_1 ($F_1=\tau_1 b$) 作用下位错的稳定平衡位置 (x_1) 和不稳定平衡位置 (x_2). 为了克服钉扎中心的阻力，位错必须从 A 点移到 B 点，这需要大小等于阴影面积的能量. 这个能量被称为克服障碍物的激活能 H，它可从热力学涨落中得到. 可以通过找到钉扎中心之间自由位错的平均长度 l 与浓度之间的关系及其作用在中心的位错作用力 $F=\tau bl$ 的相应变化并适当考虑晶体弹性各向异性、钉扎中心的对称性和与中心相互作用的位错取向等，从理论上计算出每个晶体的力关系 $F(x)$. 根据 Barnet 和 Nix[2.48] 的计算，在 NaCl 晶体中与沿着〈110〉方向伸长的各向同性中心与滑移系{110}〈110〉中的螺型位错的相互作用，其力关系可用下式表示：

$$F(x)=F_0\beta^{\frac{3}{2}}\left[\frac{\beta x+2\sqrt{2}x-1}{(\beta x^2+1)^2}\right] \tag{2.106}$$

其中，$F_0=\dfrac{3\Omega\varepsilon c_{44}b}{4\pi\lambda^2}$，$\beta=\dfrac{c_{11}-c_{12}}{2c_{44}}$，$x=\dfrac{x_1}{\lambda}$，$\Omega$ 为缺陷体积，ε 为由缺陷引起的晶格应变，而 λ 则是表征与第二 (x_2)、第三 (x_3) 坐标相关的缺陷取向参数. 图 2.52(c)给出了 3 种碱金属卤化物晶体的力关系.

从图 2.52(b)可知，外加应力越大 H 越小. 如果 τ 相应于 $F\leqslant F_0$ (F_0 为位错无热激活脱离钉扎所需的力)，那么位错的运动速度 v 为

$$v=A\nu_{\text{eff}}\exp[-H(\tau)/(kT)] \tag{2.107}$$

其中，A 为恒量，$H(\tau)$ 为与应力 τ 相关的激活能，ν_{eff} 为依赖于位错振动自由度

的频率因子，k 为玻尔兹曼常数，T 为温度. 这些自由度的作用相当于出现以熵为指数形式的项：

$$\nu_{\text{eff}} \sim \frac{\varphi(\tau)}{B(T)}\exp\left(\frac{\Delta S}{k}\right) \tag{2.108}$$

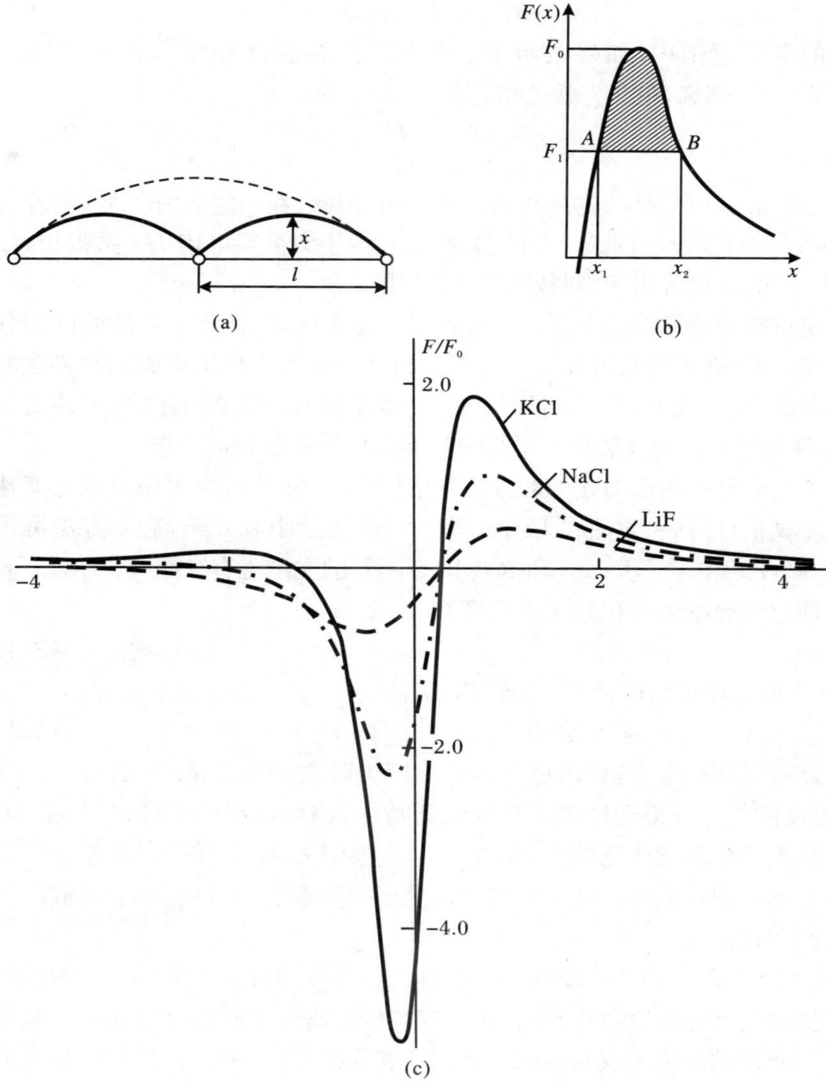

图 2.52

(a) 穿过局域钉扎中心的位错运动；(b) 位错运动阻力 F 与其位移 x 之间的关系；(c) 碱金属卤化物晶体中位错的受力的规律[2.48]

其中，ΔS 为位错在势垒前的阱处在电势起伏的鞍点处二者之间的熵差而引起的激活熵.因子 $1/B(T)$ 则源于在热涨落下位错特有的布朗运动，其中 B 为位错的黏性减速系数.这种运动的性质也解释了 ν_{eff} 的应力依赖关系(因子 $\varphi(\tau)$).

因此，在位错运动速度的表达式中的指数包含有代表激活自由能的差：

$$\Delta G = H - T\Delta S \tag{2.109}$$

在研究的温度范围内，如果杂质中心和其与位错相互作用的特征保持不变($\partial H/\partial T = 0$)，那么，由热力学关系，得

$$T\frac{\partial \Delta S}{\partial T} = \frac{\partial H}{\partial T} = 0$$

激活熵 ΔS 和 $\exp(\Delta S/k)$ 都是与温度无关的.因此，在一定应力 τ 下，激活能 H 可用 $\ln(\nu B)$ 对温度的倒数关系的斜率求得.由于力关系可用 $H(\tau)$ 得出，故关系式 $H(\tau)$ 的形式可用于判断障碍物的性质.

如果试样的缺陷结构在测试的过程中保持不变，如杂质中心的浓度和分布保持不变，并且有可能从外应力 τ 中提取出其直接影响位错克服局部势垒的部分 τ_{eff}，那么，关系式 $H(\tau)$ 也可以从形变的宏观特性中得到.余下的外应力部分 τ_i 是各种内部不均匀性和处于平行滑移面上位错的长程应力场.

内应力通常利用应力松弛的方法来估计(见 2.4 节)，也可用可变应变速率的机械测试估计.前一方法在 Estrin 等[2.49]的文献中有介绍，后一方法可参见 Michalak 的文献[2.50]，Evans 和 Rawlings[2.51]的文献也有介绍.

塑性应变速率 $\dot{\varepsilon}$ 与位错运动速度有关：

$$\dot{\varepsilon} = b\rho v \tag{2.110}$$

其中，ρ 为可运动位错的密度.由式(2.107)，得

$$\dot{\varepsilon} = A\rho b\nu_{eff}\exp[-H(\tau)/(kT)] \tag{2.111}$$

从屈服点对温度和形变速率、还有从流变应力随应变速率的变化(台阶式加负荷)和温度的关系等得到位错运动的激活特征，都可以利用式(2.111)来确定.相应的试验结果示意图见图 2.53，在 A 点应变速率从 $\dot{\varepsilon}_1$ 变到 $\dot{\varepsilon}_2$，流变应力突然升高了 $\Delta\sigma$.利用应力松弛率对应力和温度的关系也可以解决同一问题.下面是其初始方程：

$$-\dot{\tau} = G\dot{\varepsilon} = Gb\rho v = AGb\rho\nu_{eff}\exp[-H(\tau)/(kT)] \tag{2.112}$$

根据弗兰克的杂质硬化理论，在含有二价正离子杂质的碱金属卤化物晶体中[2.53]屈服点的应力不仅与克服运动位错和偶极 Me^{2+}——正离子空位之间弹性相互作用的必要性有关，还与位错应力场中偶极的重新取向有关，以使整个体系的能量降低(引发 Snoek 效应).如果杂质浓度适中且所有的二价杂质与正离子空位形成单个偶极，那么在高于室温下的屈服点必定与偶极的浓度 c_d 成正

比($\tau \sim c_d$).当杂质浓度较高时,偶极连接在一起形成由 z 个偶极组成的小团.一般 z 不小于 3,但在 NaCl 中 z 可以等于 2.

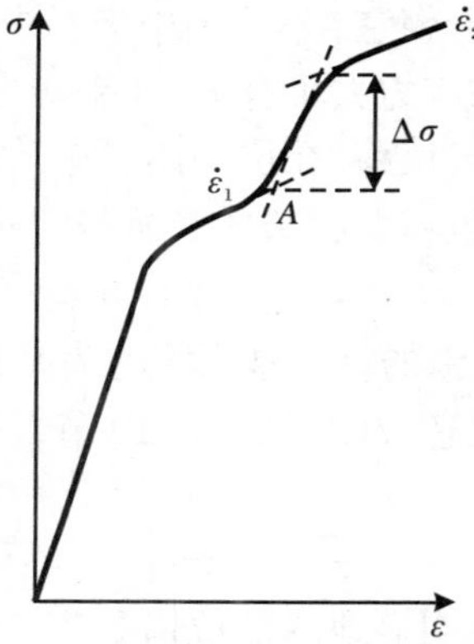

图 2.53　应变速率变化的应力-应变曲线
在 A 点应变速率从 $\dot{\varepsilon}_1$ 变到 $\dot{\varepsilon}_2$,流变应力突然升高 $\Delta\sigma$

计算结果表明含杂质和不含杂质的晶体屈服点之差 $\tau - \tau_0 = \tau_A$ 可以表示成以下形式:

$$\tau_A = p\sqrt{\alpha c_z} \tag{2.113}$$

其中,c_z为复合体浓度,而 p 和 α 为表征这种复合体的常数.弗兰克假设,不含杂质的晶体屈服点等于内应力,这是错误的.一般来说,内应力与许多因素有关,包括杂质的存在.利用弗兰克的理论,τ_0 应该用在特定应变条件下实验测定的内应力来代替,而且最好把每个试样区别对待.根据质量作用定律,复合体浓度 c_z与单个偶极浓度c_d有关,即

$$c_z = (c_d)^2 M_z$$

其中,M_z为给定温度下的恒量.

显然,利用关系式 $c = c_d + zc_z$,得

$$c = (c_z/M_z)^{\frac{1}{2}} + zc_z \tag{2.114}$$

式(2.113)和式(2.114)把 τ_A 和二价正离子杂质的浓度 c 联系起来.特别地,当 $z=2$ 时,τ_A 和$\sqrt{c}$的关系为双曲线,并有不通过原点的渐近线 $\tau_A = p\sqrt{\frac{\alpha}{2}}\sqrt{c} - \frac{p}{4}\sqrt{\frac{\alpha}{M_z}}$.当 $z \geqslant 3$ 时,式(2.113)和式(2.114)是很难解的.但是,当杂质浓度不

太低的情况下，τ_A 和 c 之间的渐近关系还是能找到的：$\tau_A = p\sqrt{\alpha c/z}$. 可见，如果 τ_A 由三聚体(三个杂质—空位偶极组成的小团)和更复杂的复合体确定，τ_A 渐近线仍然与 $\sqrt{c}$ 有线性关系，但它在 $\tau_A - \sqrt{c}$ 坐标中穿过原点.

杂质气团的影响与外加应力大小有关. 如果应力大于位错与杂质气团的相互作用，位错将相对于杂质云位移. 在位错离脱杂质云的瞬间，形变曲线出现屈服点现象，如图 2.29 所示. 位错摆脱杂质云所需的应力由下式给出[2.35]：

$$\tau = c_1 |W| / b^3 \tag{2.115}$$

其中，W 为杂质云原子与位错的结合能，而 c_1 为杂质云中杂质的极限浓度. 如果相互作用是由于尺寸因素造成的(见 2.3.10 节)，那么，根据 Friedel[2.35] 的文献，有

$$\tau = G\delta c_1/2 \tag{2.116}$$

热力学涨落和应力集中可以明显地降低位错脱离杂质云所需的应力，它们帮助位错脱离一个或几个固定的杂质中心，此后整个位错线段脱离杂质云而且不停地继续横扫过某些面积.

2.4 塑性形变的扩散机制

2.4.1 戈尔斯基效应

已经知道，在机械应力作用下由于点缺陷(如空位、填隙原子或杂质原子)的运动而使晶体发生形变. 因此，下面继续讨论**形变的扩散机制**.

扩散塑性的表现之一是固溶体随体内替代式或填隙式杂质的运动的形变.

在替代式固溶体中，一般组元间有不同的原子(离子)半径. 如果这样的晶体受到弯曲应变的作用，部分半径小的原子(离子)就会转移到收缩区域，而半径大的则到拉伸区域. 当弯曲间隙式固溶体晶体时，填隙原子扩散到拉伸部分，结果造成了收缩区域和拉伸区域组元浓度差. 如果晶体处于弯曲状态足够长的时间，随试样厚度的变化，在达到新的平衡之后将形成一个浓度梯度. 当卸载时浓度处于平衡. 由于非均匀应力状的原子(离子)漂移称为**上坡扩散**，或**戈尔斯基效应**[2.54].

在非均匀负载时，上坡扩散不仅涉及替代式和填隙式杂质，还涉及晶体内在的点缺陷，如空位和填隙原子. 使空位和填隙原子在晶体中运动的力与压力梯度成正比：

$$f \sim \nabla P \tag{2.117}$$

作用在空位上的力指向晶体收缩部分($f_v \sim \nabla P$)，而作用在填隙原子上的力使其反向运动($f_i \sim -\nabla P$). 图 2.54 给出了在非均匀应力状态下填隙原子和空位运动的示意图. 填隙原子和空位分别转移了 $+\Omega_0$ 和 $-\Omega_0$ 的材料，故

$$f_v = \Omega_0 \nabla P, \quad f_i = -\Omega_0 \nabla P$$

点缺陷的扩散迁移率与扩散系数 D 成正比，故点缺陷的平均漂移速率可写成

$$u = \frac{D}{kT} f \tag{2.118}$$

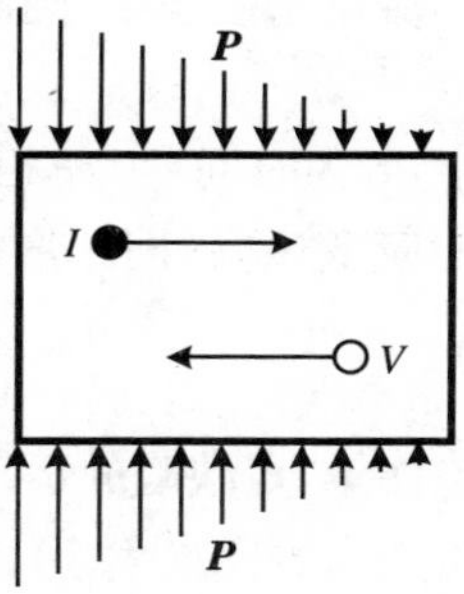

图 2.54 在非均匀应力分布条件下，填隙原子(I)和空位(V)的运动[2.55]

2.4.2 扩散蠕变

点缺陷的有向扩散也可以发生在均匀应力状态中，比如，在恒定负载中的单轴拉伸. 在恒定负载(应力)作用下的形变称为蠕变，可受到不同机制的影响. 如果蠕变情形中的形变只是由于点缺陷的运动(扩散)引起的，这种蠕变是**扩散性的**. 下面讨论在扩散性蠕变中点缺陷的运动.

在拉伸应力作用下，如图 2.55 所示，负载区域材料在应力作用的方向上伸展. 因此，在负载表面，空位的浓度增加而填隙原子的浓度降低. 在不受负载的试样侧面，空位(填隙原子)的浓度比承受负荷的部分的浓度低(高). 由于形成的点缺陷浓度梯度，形成了这些点缺陷的扩散流，引起了质量迁移. 在单轴拉伸中填隙原子的运动方向如图 2.55 中的箭头所示.

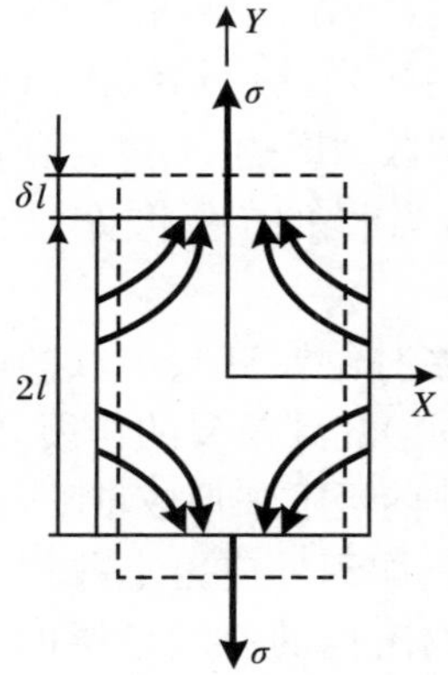

图 2.55 在单轴拉伸时扩散蠕变中填隙原子的运动[2.55]

质量流动密度可表示为

$$\boldsymbol{j} = c_v \boldsymbol{u}_v + c_i \boldsymbol{u}_i \sim \frac{\Omega_0}{kT}(c_v D_v + c_i D_i) \nabla \sigma$$

其中，c_v和 c_i为晶体中空位和填隙原子的平衡浓度；D_v和 D_i分别为空位和填隙原子的扩散系数；u_v和 u_i分别为它们的迁移速率. 由于由空位和填隙原子的运动引起的质量迁移叠加在一起，可以把它们考虑成一

种 $c = c_v + c_i$类型的点缺陷扩散：

$$j = cD\nabla(\Omega_0\sigma/kT)$$

这一流量密度决定了试样负荷表面的速率：

$$j = \delta l/\delta t$$

其中，t 为时间. 考虑相应的应变增量 $\delta\varepsilon = \delta l/l$，可以得到由点缺陷扩散迁移引起的应变速率(即扩散蠕变的速率)表达式：

$$\dot{\varepsilon} = \frac{\delta\varepsilon}{\delta t} = \frac{1}{l}\frac{\delta l}{\delta t} = \frac{j}{l} = \frac{cD}{l^2}\frac{\Omega_0\sigma}{kT} \tag{2.119}$$

应当注意，点缺陷的运动不一定从外表面上开始或结束. 点缺陷源和吸收源的作用可由内表面来承担，比如多晶体中的晶界，单晶中的嵌镶块之间的边界，还有位错等. 因此，式(2.119)中的 l 相当于晶粒或晶块的大小(或位错之间的平均间距).

扩散蠕变对各种在高温下工作的结构非常重要.

2.4.3 刃型位错的攀移

晶体的扩散塑性形变不仅仅可以由独立的点缺陷扩散引起. 在位移过程中，点缺陷遇到其他干扰(如位错)，并与之发生相互作用而影响其自身的运动. 如果一个点缺陷遇到一个刃型位错，点缺陷就落(凝结)在多余半原子面的边缘，如果点缺陷是填隙原子则形成一个凸起，如果点缺陷是空位则形成一个凹口. 如果落在半原子面边缘的填隙原子或空位足够多，在点缺陷凝结的区域因为多余半原子面的边缘的位置改变，所以位错线可以垂直于滑移面移动，增加的点缺陷单原子链使该位错在垂直于滑移面的方向上移动一个晶格间距.

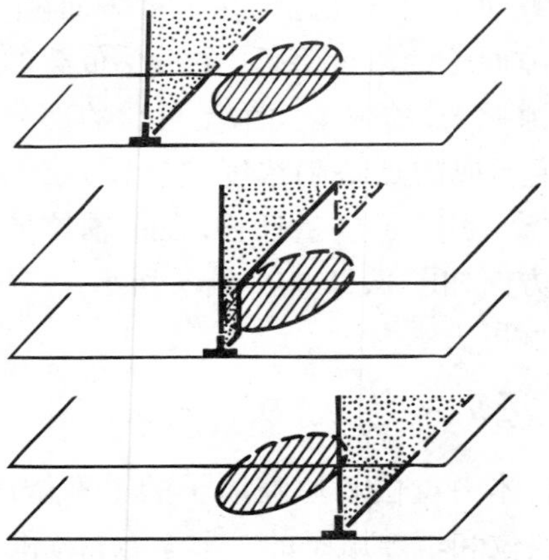

图 2.56 绕过障碍物(阴影部分)的位错线段的攀移

由于晶体中提供给位错线的点缺陷可能只受到扩散的影响，上述这种位错的运动是相当慢的，因此称之为**攀移**.

位错的攀移对位错克服局域的障碍物(如杂质中心)起到重要的作用. 位错在这些障碍物前慢下来形成堆积. 位错堆积的应力叠加到外应力上并提高其对受到障碍物阻挡的前端位错的作用，从而使位错离开其滑移面. 结果使前端位错攀移到障碍物的上面或下面的另一个滑移面上，位错就可以绕过障碍物继续运动. 图 2.56 说明了位错通过攀移克服障碍物进入另一滑移面后继续运动的情况.

外部影响也可以引起位错攀移.假设晶体受到沿着 X 轴方向的压应力 P 的作用,如图 2.57 所示,产生作用力作用在位于 Y 轴方向的刃型位错上.由式(2.72)得,单位长度的位错线受力为

$$f_y \sim bP \tag{2.120}$$

其中,b 为位错的柏氏矢量的模.

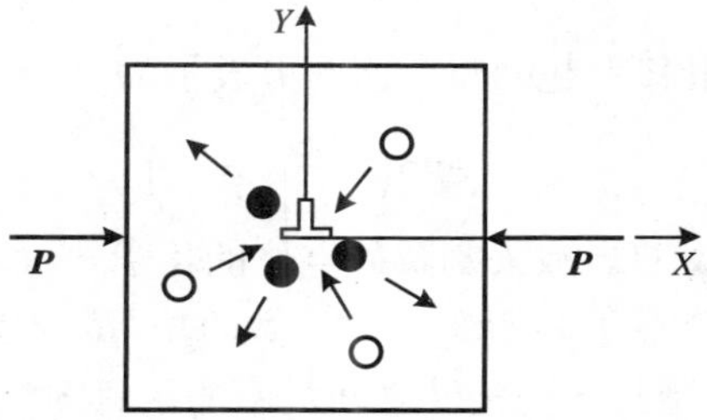

图 2.57 在压应力 P 作用下位错向上攀移过程中点缺陷的运动
黑色:填隙原子;空心圆:空位[2.55]

由于该力的存在,使得点缺陷在位错附近定向流动:空位向位错线扩散,而填隙原子则运动离开位错.

如果点缺陷的平衡浓度在远离位错处保持不变(见文献[2.5]第 5 章),则可以假设晶体有一个永不枯竭的空位源和一个无限的填隙原子吸收斗.因此,位错的攀移变得稳定,有一个恒定攀移速率:

$$v_y \sim \frac{cD}{b}\left(\frac{\Omega_0 P}{kT}\right) \tag{2.121}$$

在实际中,稳态的攀移是受限制的,不仅是受到点缺陷的迁移率限制,还受到点缺陷源和吸收斗缺乏的限制.

由位错攀移引起的蠕变速率要比单纯的扩散蠕变大得多,这是因为在位错攀移过程中足以让点缺陷只需做短距离运动.

这类蠕变速率可以表示为

$$\dot{\varepsilon} \sim \sigma^n \exp(-U/(kT)) \tag{2.122}$$

由于局域应力和平均应力之差以及应力对攀移路径的依赖,指数 n 可以高达几个单位(通常 $n=3\sim5$),而激活能是与应力无关的,相当于攀移的激活能.而后者通常等于自扩散激活能 U_s,或在空位高度过饱和的情况下,等于空位迁移的激活能 U_m.

2.4.4 扩散—位错蠕变

在恒定负荷条件下,位错在滑移面上的运动外和点缺陷的运动一起发生,这样的形变称为**扩散—位错蠕变**.这里,蠕变速率也还是取决于位错的迁移率,即依赖于晶格、其他位错和点缺陷等的阻力.这一速率受到各个位错交割时割阶的形成和运动的限制,见2.3.7节.割阶可以沿着位错线移动和攀移,留下一串空位或填隙原子链.

带有割阶的位错滑移引起的蠕变速率可表示为

$$\dot{\varepsilon} \sim \exp\left(-\frac{U-\gamma\sigma}{kT}\right) \tag{2.123}$$

其中,激活能等于 U_s或 U_m,减去割阶处空位的化学势,即激活能等于移动割阶之间长为 l 的位错一个原子间距时应力 σ 做的功.量 γ 为激活体积,等于 lb^2.图2.58给出了蠕变机制与形变条件之间关系的示意图.

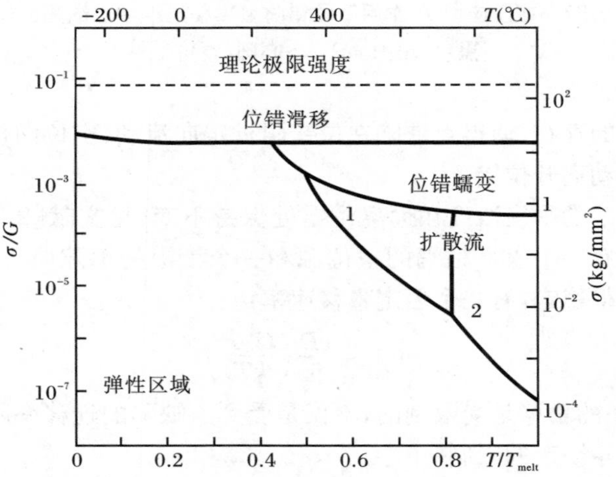

图2.58 蠕变机制与温度(或测试温度与熔点的比值 T/T_m)及应力 σ(或比值 σ/G)的关系图[2.56]

1.沿晶界的扩散;2.体扩散

2.4.5 蠕变阶段

蠕变有三个阶段,如图2.59所示,分别用a,b,c表示.第一阶段为暂态蠕变,第二阶段为稳态蠕变,而第三阶段为加速蠕变,并以失效结束.

暂态蠕变阶段包括位错的滑移,位错堆积的形成(应变硬化),还有位错的攀移,使得位错离开堆积从而降低加工硬化.在这一阶段,特征多边形化晶块形成.加工硬化降低的过程称为弛豫.

稳态蠕变阶段的特征是加工硬化和弛豫的平衡.在这个阶段,蠕变受到晶块边界的后续消退约束(消退是从低密度的边界开始),并受到自由位错运动到邻近边界的限制.因此,在稳态蠕变过程中,晶块的大小及其取向差增大.当取向差较小的边界耗尽时,取向差和位错密度较大的边界开始分离.在晶块边界分离之处和三条边界会集的地方以及偏离平衡方向的边界上,会出现引起裂纹的高应力.在同一阶段,由塑性形变形成的空位会连接在一起而形成了孔隙.

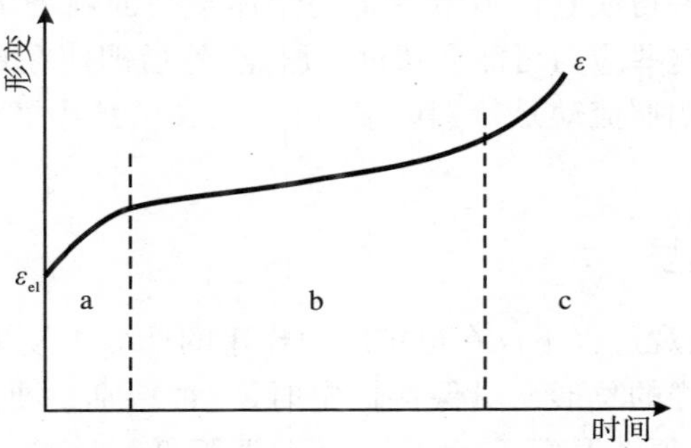

图 2.59 扩散蠕变曲线的三个阶段

转到蠕变的第三阶段,即最后阶段,和孔隙对应变速率的反作用增大的有关.在晶块和晶粒边界处的孔隙促进了边界的滑移从而加速了蠕变以及失效,这是由于孔隙和微观裂纹的聚集以及大裂纹的形成对试样是有危害的.

如果由于某些原因位错的滑移受抑制,对蠕变有主要贡献的是位错的攀移.点缺陷可以从晶体边界和其他位错处运动到攀移位错处.

扩散—位错蠕变的一种特殊类型是由位错与其周围杂质气团的共同运动引起的形变(见 2.3.10 节).这种蠕动称为**微蠕变**,这是因为受气团包围的位错运动非常缓慢,因而形变速率非常低.微蠕变的速率可以近似用下式描述:

$$\dot{\varepsilon} \sim 2\rho D\tau b^3/(kT) \tag{2.124}$$

其中,D 为杂质原子的扩散系数.

顺便提一提,表面缺陷也参与蠕变.表面缺陷(晶块边界)的参与可以是主动的也可以是被动的.由于构成组元的独立攀移引发的边界运动而引起的蠕变是主动的.但更多的时候,晶块与晶粒边界参与蠕变是被动的,相当于在扩散蠕变中空位的吸收和产生以及在扩散—位错蠕变过程中位错的产生或阻碍.

在蠕变过程中,上面讨论的几种机制同时开动,当形变条件(如温度、应力)

改变时,参与的某种相关机制也发生改变.

2.4.6 辐照引发的扩散蠕变

近年,随着核工业的发展,发现了另一种蠕变形式——辐照引发的扩散蠕变.如上所述,材料的辐照引起额外点缺陷的增加.高于平衡浓度的点缺陷以及伴随辐照的加热,促使点缺陷向高平衡组态位移.比如,空位从延伸区域向收缩区域运动,而填隙原子则向相反方向扩散.

因此,发生辐照引发的扩散蠕变时在裂变物质或受到强烈辐照的一般材料中,产生的点缺陷多得使它们沿着特定的晶体学平面扁平堆积,从而使堆积附近出现局域应力,这些应力可能会超过屈服点.然后即使在重力作用下,晶体也已自发流动起来.辐照流动是特别明显的,对正在负载中的装置(如反应堆)的材料是危险的.

2.4.7 应力松弛

上面讨论的微观过程不仅在恒定应力作用的蠕变中发生,在其他形变条件下也会发生.当试样的总形变量保持恒定时,一种特别重要的情况就是**应力松弛**.然后,晶体经历塑性形变,导致应力的单调降低(松弛).应力松弛以及蠕变都是时间相关的.

应力松弛不仅在承受机械负荷后的恒定应变实验中发生,也在加热应变(机械的或热冲击)的试样中发生.图2.60为在应力松弛过程中,晶体内应力随时间变化的曲线,图2.60(a)为加载后而图2.60(b)为退火中应力松弛的情况.在两种情况中,在预先形变过程中存储下来的内应力不断松弛.图2.61给出了在透射电子显微镜中拍摄的含有磷杂质的锗薄膜的照片,这是应力松弛的最简单的例子.标记1表示引起周围弹性畸变的磷夹杂物,表现在照片中为夹杂物周围的暗色花瓣.标记2为另一类杂物,其应力被绕着该夹杂物形成的位错环缓解.实验结果表明,松弛速率越大,相应于松弛开始时的外应力或处于退火中的内应力和温度越高.辐照,如中子的辐照也会加速应力松弛.

应力松弛现象广泛应用于实际中.正如2.2节中提到的,屈服点通常随着温度的升高而降低.如果已知屈服点与温度之间的关系,那么,通过选择退火温度,是有可能在接近退火温度的屈服点实现应力松弛.这样内应力就可以降低:温度越高,退火时间越长,内应力越低.

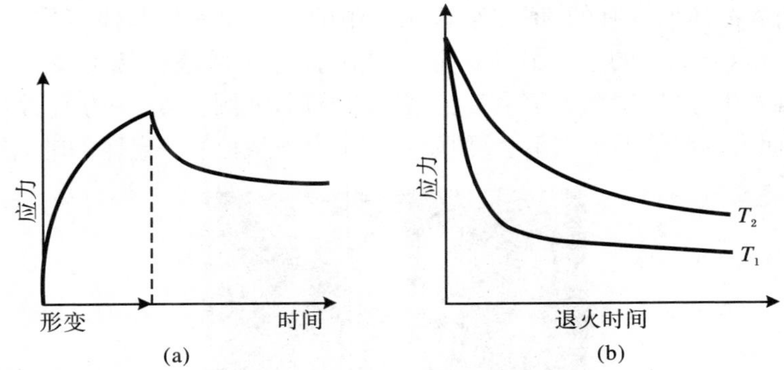

图 2.60 (a)激活负荷之后和(b)分别在温度 T_1 和 T_2($T_1>T_2$)退火之后的应力松弛曲线

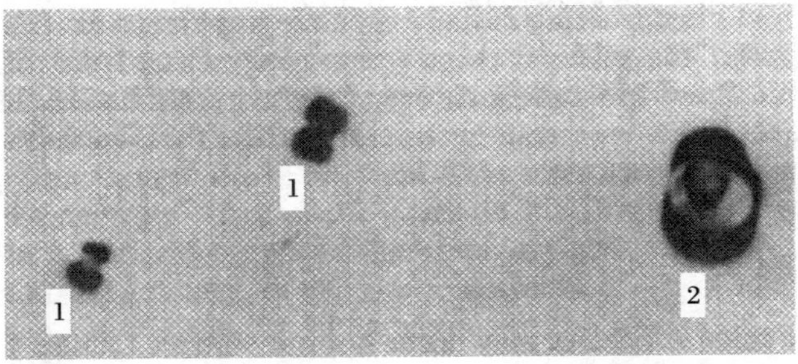

图 2.61 含有磷杂质沉淀物(1 和 2)的锗薄膜电镜显微照片[2.47]

2.5 晶体的机械孪生

2.5.1 晶体的孪生

孪生在应变中起到相当重要的作用,通常它只表现在滑移应变受阻的时候.石英和方解石晶体中孪生比滑移更容易发生.低温和冲击负荷加速了孪生的发生,因为降低温度和加快应变速率使得滑移的临界应力增加得比孪生快.

孪生是所有晶体所固有的,但在某些晶体中的孪生比其他晶体容易一些.在金属晶体中,六方晶体的孪生最易发生,比 bcc 晶体略微差一点,但在 fcc 晶体中孪生很难发生.某些情况下孪生改变晶体的外形,如图 2.62 中方解石发生的反射孪生;而另一些情况下则不会,比如在石英中服从杜菲奈定律的轴向孪晶.

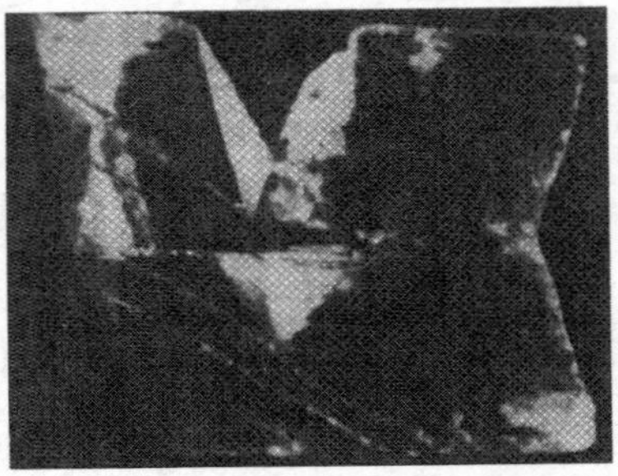

图 2.62 方解石中孪生后的晶体[2.57]

加载过程中晶体的孪生伴随着试样中应力的急剧下降,反映在应力-应变曲线上独特的暴跌,如图 2.63 所示.孪生可以发生在滑移之前,如图 2.63(a)所示,或滑移之后,如图 2.63(b)所示.

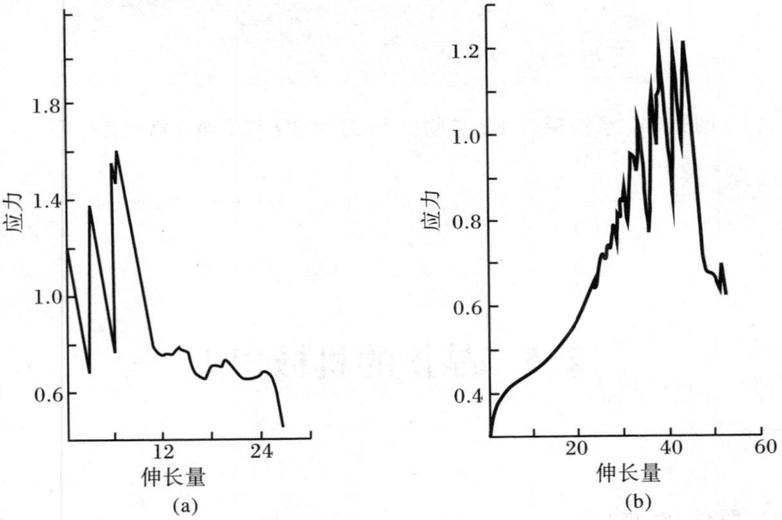

图 2.63 镉的应力-应变曲线

(a) 滑移之前的孪生形变;(b) 滑移应变之后的孪生[2.58]

2.5.2 均匀切应变下外形改变的孪生表现

如果从孪生中原子的真实运动抽象出来，比较晶体各部分的初始和最后位置可以帮助我们理解外形变化的孪生过程中晶格的重排. 图 2.64 为这种重排的示意图. 按照这一方式，孪生可以看成晶体层平行于 *a-a* 平面的、从右到左的连续位移. *a-a* 为孪晶两部分的镜面和接触面. 这里假设原子的移动平行于镜面. 区别于位移为晶格间距倍数的平移滑移，在孪生中原子的移动为晶格平移矢量的分数. 孪生中的切应变为简单的切变. 在简单切变中，晶体某部分移到孪生位置的所有原子，原子的位移必须与该原子到镜面的距离成正比. 这一平面称为**孪生面**，而位移的方向称为**孪生方向**.

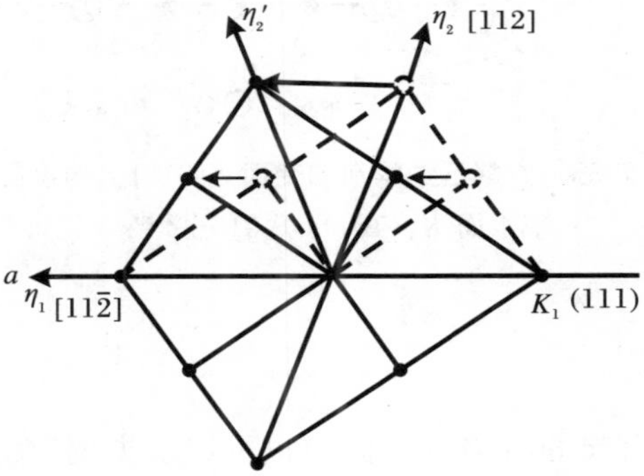

图 2.64 孪生被视为原子的均匀移动

图 2.64 描述了宏观上有恰当外形变化的晶体孪生方式，但这一方式并不能十分正确地反映发生的原子重排. 对金属来说，在原子尺寸上这种重排也是正确的，但对方解石 $CaCO_3$，除了 Ca 原子的位移外，还必须有原子团 CO_3 的旋转.

方解石结构在剪切面 *S* 上的投影如图 2.65 所示. 在右上角可看到在孪生位置的部分晶格. 结构单元的初始位置用虚线表示. 在方解石孪生中，所有的原子平行于孪生面运动，而原子的运动路径长度与其到孪生面的距离成正比. 此外，在孪生中，3 个氧原子组成的原子团绕着穿过碳原子中心的、垂直于剪切面 *S* 的轴旋转 52°30′.

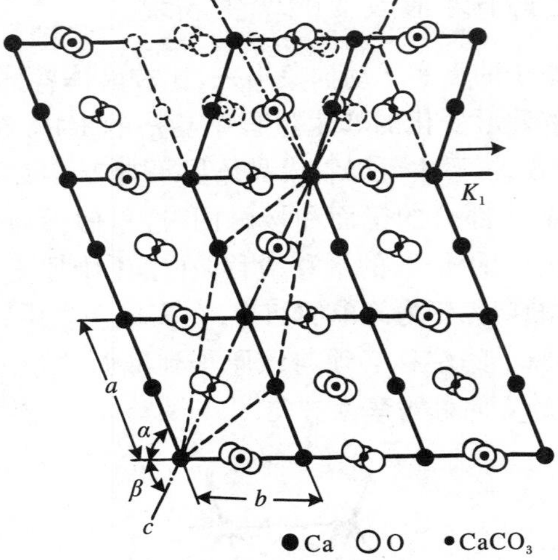

图 2.65　方解石结构在切变面 $S(011)$ 上的投影
孪生面 $K_1(101)$，$\eta[010]$[2.59]

2.5.3　孪生的极化

一般地，由形变引起的滑移可以向前也可以反方向，孪生只有在形变发生在一个方向上时才有可能实现. 在反方向的形变中，孪生的晶体将恢复其原有形状. 在孪生中，晶体层的位移总是有极性的. 在某些低对称性的晶体中，比如单斜的 $BaBr_2 \cdot 2H_2O$，在某一方向上的应变导致孪生而在相反方向上则导致滑移.

2.5.4　孪生元素

如上所述，引起外形变化的孪生切变是有确定的剪切面和方向的. 孪生切变还有弹性形变中的切变（见 2.1 节）都是**均匀形变**. **均匀切形变**是一种在孪生中外形有如下变化的形变：宏观上能够用从晶体中人为选出的球面变换成的椭球描述. 如图 2.66 所示，半径为单位长度的球面沿着水平穿过中心 O、垂直于纸面的平面 K_1 发生均匀切应变. 选球面和由于形变而形成的椭球面的共同中心为原点，选 Y 轴方向沿着切变方向 η_1，选取平面 K_1 的法向为 Z 轴. 由于处于平面 K_1 的点没有发生位移，被 K_1 面所截的球面截面在形变之后不改变，因此该截面一定是椭球面的某个圆形截面. 被平面 K_2 所截的椭球面的另一个圆形截面处于椭球面主轴 a 和 c 对称之处，并穿过纸面上圆和椭圆的交点 A'. 第三

条椭球面主轴 b 垂直于纸面，等于球面的半径，与两个圆形截面的交线重合. 由椭球面的最长轴 a 和最短轴 c 确定的且与纸面相重合的平面通常称为**切变面** S. 第二个圆形截面 K_2 与切变面 S 相交的线迹一般表示为 η_2，称为主晶带的轴. 采用的切变量是线段 s，它是某点离 K_1 平面单位距离的点的位移. 量 s 通常称为晶体学偏移. 利用椭圆方程以及位移与到孪生面的距离成正比的条件 $s:1 = AA':OB$，得

$$s = 2/\tan 2\varphi = a - c \tag{2.125}$$

其中，φ 为椭球面最长轴对平面 K_1 的倾角.

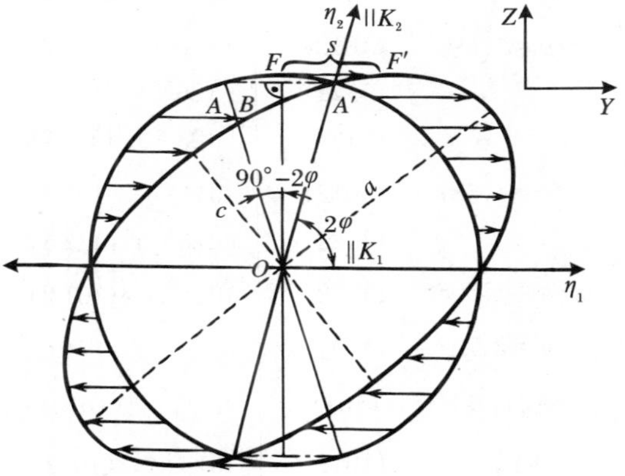

图 2.66 被切变面 S 所截的球面及相应的应变椭球面的截面[2.58]

平面 K_1 和 K_2 以及方向 η_1 和 η_2 称为孪生元素. 孪生的更详细描述通常也包括切变面 S 和晶体学偏移 s.

表 2.8 列出了各种晶体的**孪生元素**. 金属中 S 总是和晶格的某一对称面重合. 如果晶体中不同类型的孪生都有可能发生，那么主要出现具有最小切变 s 的孪晶.

表 2.8 不同晶体中的孪生元素和切变值

晶 体	晶 格	K_1	η_1	K_2	η_2	s
Fe, W, V, Nb, Mo, Cr,	bcc	(112)	$[\bar{1}\bar{1}1]$	$(11\bar{2})$	[111]	0.707
Cu, Ag, Au	fcc	(111)	$[11\bar{2}]$	$(11\bar{1})$	[112]	0.707
	hex					
Cd	$c/a = 1.886$	$(10\bar{1}2)$	$[\bar{1}011]$	$(10\bar{1}\bar{2})$	$[10\bar{1}1]$	0.171

续表

晶　体	晶　格	K_1	η_1	K_2	η_2	s
Zn	$c/a=1.856$	$(10\bar{1}2)$	$[\bar{1}011]$	$(10\bar{1}\bar{2})$	$[10\bar{1}1]$	1.140
Co	$c/a=1.623$	$(10\bar{1}2)$	$[\bar{1}011]$	$(10\bar{1}\bar{2})$	$[10\bar{1}1]$	−0.130
Mg	$c/a=1.623$	$(11\bar{2}1)$	$[11\bar{2}\bar{6}]$	(0001)	$[11\bar{2}0]$	0.614
		$(10\bar{1}2)$	$[\bar{1}011]$	$(10\bar{1}\bar{2})$	$[10\bar{1}1]$	−0.130
		$(10\bar{1}1)$	$[\bar{1}012]$	$(\bar{1}013)$	$[30\bar{3}2]$	0.137
Re	$c/a=1.615$	$(11\bar{2}1)$	$[11\bar{2}\bar{6}]$	(0001)	$[11\bar{2}0]$	0.621
Zr	$c/a=1.592$	$(10\bar{1}2)$	$[\bar{1}011]$	$(10\bar{1}\bar{2})$	$[10\bar{1}1]$	−0.169
		$(11\bar{2}1)$	$[\bar{1}\bar{1}26]$	(0001)	$[11\bar{2}0]$	0.63
		$(11\bar{2}2)$	$[\bar{1}\bar{1}23]$	$(11\bar{2}4)$	$[\bar{2}\bar{2}4\bar{3}]$	0.225
Ti	$c/a=1.587$	$(10\bar{1}2)$	$[\bar{1}011]$	$(10\bar{1}\bar{2})$	$[10\bar{1}1]$	−0.175
		$(11\bar{2}2)$	$[\bar{1}\bar{1}23]$	$(11\bar{2}\bar{4})$	$[\bar{2}\bar{2}4\bar{3}]$	0.218
Be	$c/a=1.568$	$(10\bar{1}2)$	$[\bar{1}011]$	$(10\bar{1}\bar{2})$	$[10\bar{1}0]$	−0.199
石墨	$c/a=2.722$	$(11\bar{2}1)$	$[\bar{1}\bar{1}26]$	(0001)	$[11\bar{2}0]$	0.367
方解石 $CaCO_3$	三斜，R	(101)	[010]	(010)	[101]	0.694
白蓝宝石 Al_2O_3	同上	$(10\bar{1}1)$	$[\bar{1}012]$	$(\bar{1}012)$	$[10\bar{1}1]$	0.202
Bi	同上	(101)	[010]	(010)	[101]	0.118
β-Sn	四方，I	(301)	$[\bar{1}03]$	$(\bar{1}01)$	[101]	0.119
In	四方	(101)	[101]	(101)	[101]	0.150
U	正交，C	(130)	$[3\bar{1}0]$	$(1\bar{1}0)$	[110]	0.299
		无理的	[312]	(112)	无理的	0.228
		(112)	无理的	无理的	[312]	0.228
		(121)	同上	同上	[311]	0.329
斜长石	三斜，P	(010)	同上	同上	[010]	0.151
		无理的	[010]	(010)	无理的	0.151

2.5.5 孪生的类型

孪生元素 K_1，K_2，η_1 和 η_2 不一定是有理指数；它们并不总是穿过布拉维晶格的格点. 有两种不同的基本情况：

(1) K_1和 η_2 为有理数，而 K_2和 η_1 为无理数的情况. 如图 2.67(a)所示，在

K_1平面上选取两个矢量 I_1和 I_2,在切变情况下保持不变.由于 η_2 为有理数,可以沿着 η_2 选取矢量 I_3,该矢量在孪生后长度保持不变,即 $I_3 = I_3'$.矢量$-I_3$也是晶格矢量(晶格是有心对称).由图可见,由矢量 I_1,I_2和 I_3'构成的单胞是单胞I_1,I_2和$-I_3$的镜像反射.具有有理数 K_1和 η_2 以及无理数 K_2和 η_1(图中没有画出这两项)的孪晶称为**第一类孪晶或反射孪晶**.

(2) η_1 和 K_2为有理数而 K_1和 η_2 为无理数的情况.如图 2.67(b)所示,在K_2平面上选取两个矢量 I_1和 I_2,且使矢量 I_3沿着有理数 η_1 方向(图中没有画出 K_1和 η_2).矢量 I_1,I_2和 I_3构成的单胞在绕 η_1 旋转 180°后变换为单胞$-I_1$,$-I_2$和 I_3.这类孪晶称为**第二类孪晶**或**旋转孪晶**(轴孪晶).

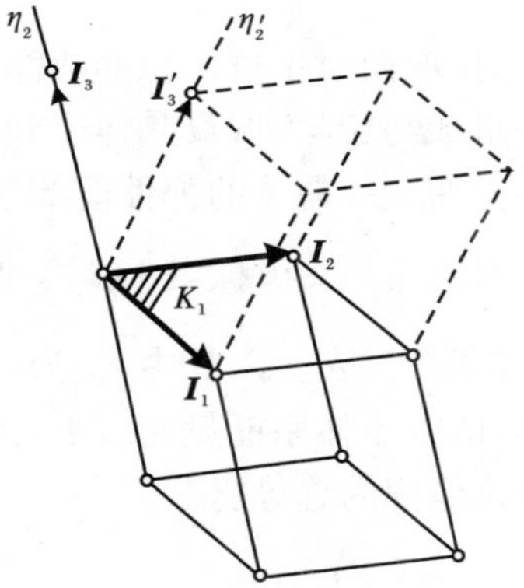

(a)

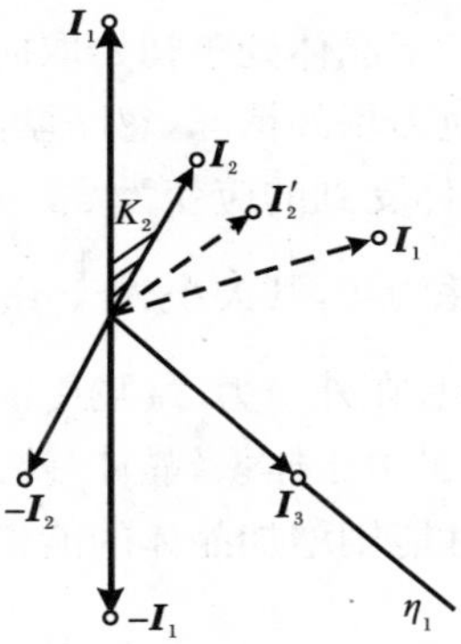

(b)

图 2.67 反射孪晶(a)和旋转孪晶(b)的矢量图[2.60]

在高对称晶体中所有的元素 K_1,K_2,η_1 和 η_2 都是有理数,而其孪晶则同时是轴孪晶和反射孪晶,这些孪晶称为复孪晶.

在复孪晶中,某个孪晶可能会遇到孪生元素分别为 K_1,K_2,η_1,η_2 和 K_1',K_2',η_1',η_2' 的两个孪晶,其中 $K_1' = K_2$,$K_2' = K_1$,$\eta_1' = \eta_2$,$\eta_2' = \eta_1$.这两个孪晶称为共轭孪晶.

2.5.6 孪生中晶面和晶向的指数变换

在孪生前如果一些晶格格点构成平面,那么在孪生后这些格点仍处于一个晶面,但该晶面相对于孪生晶格晶轴的指数则不同.对晶轴方向也一样.如果在孪生前后的晶面指数分别为(h,k,l)和(h',k',l'),那么,我们可以得到以下关系式:

$$
\begin{aligned}
h' &= 2H(Uh + Vk + Wl) - h(UH + VK + WL)\\
k' &= 2K(Uh + Vk + Wl) - k(UH + VK + WL)\\
l' &= 2L(Uh + Vk + Wl) - l(UH + VK + WL)
\end{aligned}
\tag{2.126}
$$

其中,$[U\ V\ W]$和$(H\ K\ L)$分别为第一类孪晶的 η_2 和 K_1指数,以及第二类孪晶的 η_1 和 K_2指数. 方向$[uvw]$的指数则变换为

$$
\begin{aligned}
u' &= 2U(Hu + Kv + Lw) - u(HU + KV + LW)\\
v' &= 2V(Hu + Kv + Lw) - v(HU + KV + LW)\\
w' &= 2W(Hu + Kv + Lw) - w(HU + KV + LW)
\end{aligned}
\tag{2.127}
$$

2.5.7 引起晶体外形改变的孪晶形成的能量条件

比较一下晶体处于初始取向和处于孪生取向时单位体积的势能. 在这里只考虑均匀应力场的情况,忽略孪晶边界的形成与位移. 假设晶体受到外应力 σ_{ik} 的作用,晶体受到的应变为 ε_{ik},包括弹性应变 $\varepsilon_{ik}^{\mathrm{el}}$. 晶体的弹性能等于产生弹性应变所消耗的功,其大小为$\frac{1}{2}\sigma_{ik}\varepsilon_{ik}^{\mathrm{el}}$,也就是在 $\sigma\sim\varepsilon$ 坐标系中应变曲线所围的区域的面积. 在外应力 σ_{ik} 场中的晶体势能等于 $-\sigma_{ik}\varepsilon_{ik}$,其中 ε_{ik} 为晶体的总应变. "负号"是由于体系(晶体-外力源)的势能等于体系能量的减少(由于外力做功),而弹性能则增加晶体的能量. 晶体单位体积的总势能等于

$$
W = \sigma_{ik}\left(\frac{1}{2}\varepsilon_{ik}^{\mathrm{el}} - \varepsilon_{ik}\right)
\tag{2.128}
$$

这里要求对下标指数求和.

在初始的晶体取向时,总应变与弹性应变相同,因而此时的总能量为

$$
W' = -\frac{1}{2}\sigma_{ik}\varepsilon_{ik}^{\mathrm{el}} = -\frac{1}{2}s'_{iklm}\sigma_{ik}\sigma_{lm}
\tag{2.129}
$$

其中,s'_{iklm}为晶体初始取向时和晶体学坐标轴有关的弹性柔度. 当晶体变换为孪生取向时,其总应变由(1)相应于试样形状变化的、孪生引起的永久应变 ε_{ik}^{0} 和(2)孪晶板层的弹性柔度描述的弹性应变 $\varepsilon_{ik}^{\mathrm{el}}$ 组成. 孪晶板层中总能量的体密度为

$$
W'' = -\sigma_{ik}\varepsilon_{ik}^{0} - \frac{1}{2}\sigma_{ik}\varepsilon_{ik}^{\mathrm{el}} = -\sigma_{ik}\varepsilon_{ik}^{0} - \frac{1}{2}s''_{iklm}\sigma_{ik}\sigma_{lm}
\tag{2.130}
$$

比较 W'和 W''的表达式,可以明确在 σ_{ik} 应力场下哪种取向(初始方向和孪生方向)更有利. 两者的差为

$$
\Delta W = W' - W'' = \sigma_{ik}\varepsilon_{ik}^{0} + \frac{1}{2}(s''_{iklm} - s'_{iklm})\sigma_{ik}\sigma_{lm}
\tag{2.131}
$$

如果 $\Delta W > 0$,即 $s'' > s'$,因此在孪生取向的位置势能最小,从而成为稳定的平

衡位置,而孪生部分在 σ_{ik} 的应力场中长大. 当 $\Delta W<0$ 时,孪生部分则会减小. 由于在低应力 σ_{ik} 作用下,线性关系比二次关系更强,对有外形改变的孪生来说,在低应力作用下 ΔW 的符号取决于式(2.131)中的第一项的符号,而第一项是与应力呈线性关系的. 因此,改变应力符号,其作用正好相反,即有利的取向成为不利的取向(反之亦然),而且孪晶边界的运动方向也相反. 与张量 ε_{ik}^{0} 相应的孪生椭球面决定孪生元素.

当弹性应变超过孪生切变 ε_{ik}^{0} 时,式(2.131)中的第二项与弹性柔度的变化有关,在高应力下,该项对有外形改变的孪生是必不可少的. 在这里,孪晶边界的运动方向(进入初始取向部分或孪生夹层)取决于晶体在这两个方向的弹性柔度.

2.5.8 孪晶的形核

机械孪晶是以晶体中一个狭窄孪晶层的形核开始的. 孪晶层的形核与生长以及晶体的生长可能会经历不同的机制. 形成孪晶层的可能方式之一是**层状(二维)**形核. 孪晶层的晶核是由部分位错围起的单层堆垛层错,见文献[2.5]第 5 章. 晶核层的进一步生长需要部分位错运动引起新的堆垛层错夹层的形核及其沿着夹层切向的生长. 这种夹层可能形核在应力集中达到使堆垛层错出现的区域. 更多的时候是表面损伤处成为孪晶层形核源. 如一个孪晶层沿着严格平行于孪生面的方向扩展穿过整个晶体,那么两部分孪晶之间的边界是一个几何平面. 但是,如果某些堆垛层错夹层在晶体内停下,则孪晶层有一个台阶的边界,台阶的端位于一个**部分(孪生)**位错上,见文献[2.5]第 5 章. 图 2.68 说明了这种孪晶的结构.

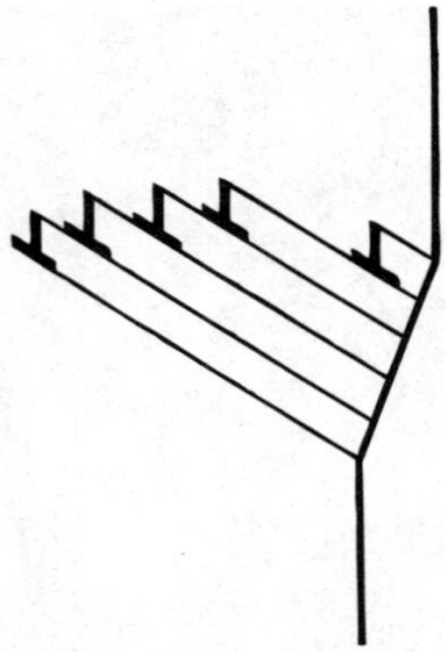

图 2.68 二维形核形成的孪晶层

由二维形核形成的孪晶要求高应力(约 0.1 G 数量级). 在低应力下孪生源可以是包括一端被钉扎在三重结点上的位错,而结点上的其他一个或两个位错必须包含有垂直于运动位错滑移面的部分,如图 2.69(a)所示. 在外加应力作用下,该部分位错将会卷起成为锥形螺旋线. 螺旋线的螺距取决于形成三重结点的位错且垂直于运动位错滑移面的柏氏矢量分量,每一个圈产生一层堆垛层错,如图2.69(b)所示. 这种孪晶层的形核和生长机制称为**极性孪生机制**. 极性孪生机制的孪晶形核所需最小应力必须能补偿孪生源开动第一周期的堆垛层错能 γ:

$$\sigma = \gamma / b$$

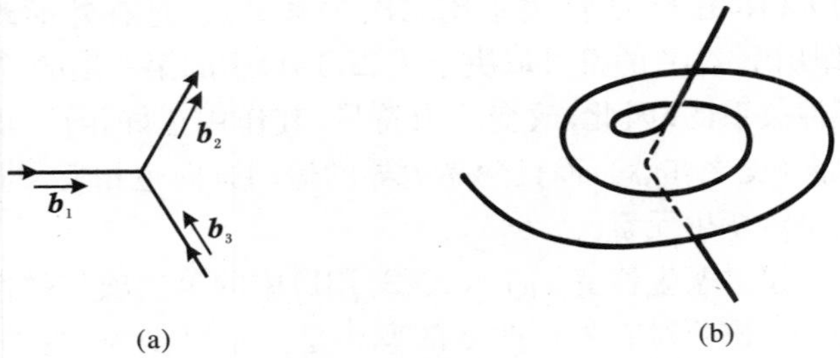

图 2.69　孪晶层的极性形核机制

(a) 位错网结点，$\boldsymbol{b}_2$和 $\boldsymbol{b}_3$具有垂直于柏氏矢量为 $\boldsymbol{b}_1$的位错滑移面的分量；(b) 柏氏矢量为 $\boldsymbol{b}_1$的位错作为螺旋面源的作用

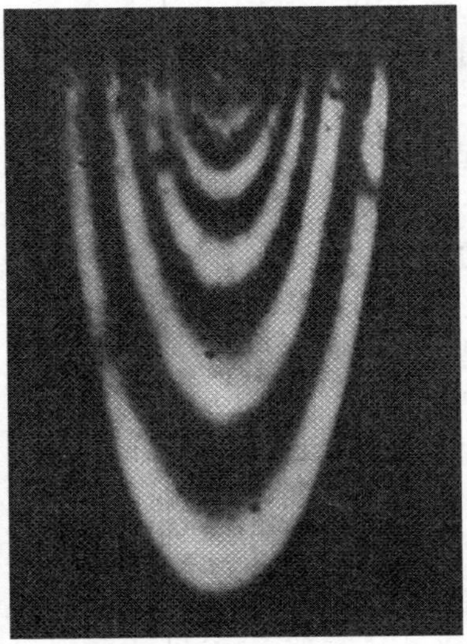

图 2.70　方解石中孪晶层的干涉条纹[2.61]

存在这样的**弹性孪晶层**，当外力撤除后孪晶层也随之消失.但是区别于一般的弹性应变，弹性孪生不服从胡克定律而是一种可恢复的塑性应变.孪生弹性应变的可恢复性是由于形变中存储在晶体中的弹性应力引起孪晶层位移，一般地，弹性孪晶层是相当薄的，其厚度不超过 1 微米，这可利用透射电子显微术观察到，而在透明晶体中由于等宽干涉条带的出现，可用透射光观察到，如图 2.70 所示.

孪晶边界可以成为滑移位错的势垒.此外，滑移位移与孪晶间界的交割伴随有孪生位错的形成，穿入到孪晶层.

完全位错与孪生位错的交割可以造成不滑动(非滑移)位错的形成(见文献[2.5]第 5 章)，给孪生位错运动提供了一个很强的势垒，从而成为一个失效根源；交割也可以使得位错正常滑移或出现共轭孪晶(在共轭孪生体系中的孪晶).完全位错与孪晶层的相遇会引起位错分解为两个孪生位错，并伴随有一个堆垛层错的出现.

如果晶体中在两个或多个晶面上出现孪晶，那么当孪晶层生长时，孪晶层会相接触并且相互穿入.在相交孪晶层的另一边出现孪晶层(即孪晶层的相交)是很困难的,相交的孪晶层越宽越困难.有时,在两孪晶层相交的区域,其中的一个孪晶层会吸收另一孪晶层,如图 2.71 所示.还有,作为失效源的空隙(沟道)可沿着孪晶层的交线出现.

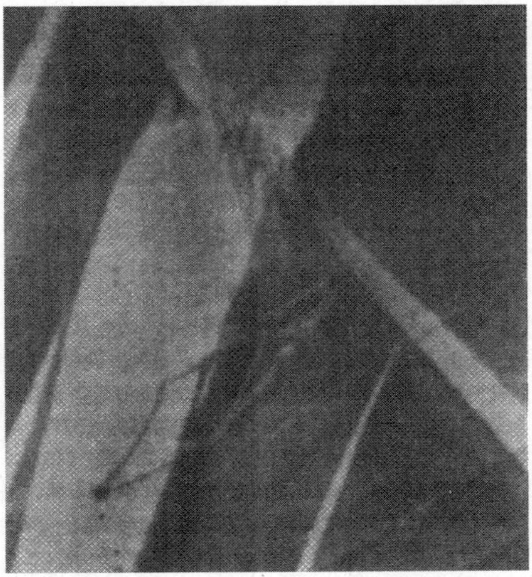

图 2.71 锌晶体中孪晶层的交割[2.62]

2.5.9 晶体外形不变的孪生

前面讨论的是引起晶体外形改变的孪生,在晶体外形不变的孪生中,残余形变的概念、应变椭球面和切应变的标记完全不再适用.

让我们考虑晶体外形不变的孪晶形成的能量条件.在这里,式(2.31)中的张量 ε_{ik}^{0} 等于零,孪晶部分表现出一个稳定的取向而使在给定应力场中柔度越高,应力做功越多.但是,如果孪晶两部分有相同的弹性系数,式(2.31)恒等于零,外机械力则不能引起孪晶的形核或孪晶界面的位移.这种孪晶只在相变时出现.一个例子是硫酸三甘肽的特征的反演孪晶(见文献[2.5]第 5 章),它不是机械孪晶.

最典型的外表不改变孪生是服从多菲内定律的石英,该定律是以第一次发现带有这种孪晶的石英晶体的地方——法国地名 Dauphiné 命名的.这里孪晶的组成部分以晶格绕三角轴旋转 180°而区别,这种旋转相当于垂直于光轴的其他两个晶体学主轴的符号变号.这样的变换改变了当上述两轴的指数改变奇数次时的弹性柔度张量分量的符号. 下面列出石英的弹性柔度矩阵并标明这些分量：

$$\begin{Vmatrix} s_{11} & s_{12} & s_{13} & s_{14} & 0 & 0 \\ s_{12} & s_{22} & s_{13} & -s_{14} & 0 & 0 \\ s_{13} & s_{13} & s_{33} & 0 & 0 & 0 \\ s_{14} & -s_{14} & 0 & s_{44} & 0 & 0 \\ 0 & 0 & 0 & 0 & s_{44} & 2s_{14} \\ 0 & 0 & 0 & 0 & 2s_{14} & 2(s_{11}-s_{12}) \end{Vmatrix}$$

利用这个矩阵,列出在多菲内石英孪晶的 ΔW 的方程式(2.131)：

$$\Delta W = -2s_{14}[\sigma_{23}(\sigma_{11}-\sigma_{22})+2\sigma_{12}\sigma_{31}] \tag{2.132}$$

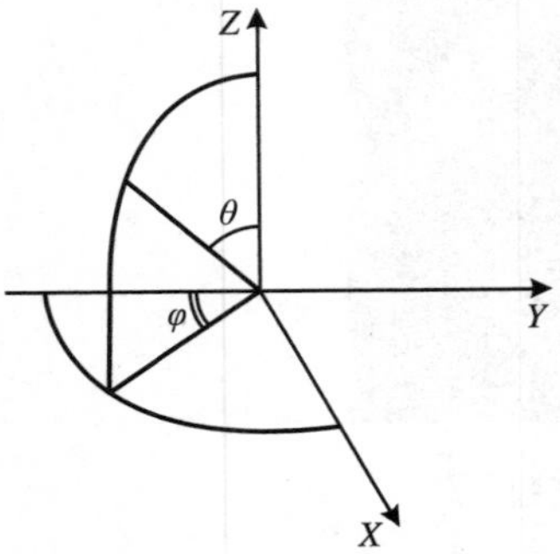

图 2.72　下面图 2.73 中的极射图计算所采用的坐标系

因此,故石英中孪晶的出现只取决于作用于基面的切应力和作用在平行于光轴平面的切应力. 在球面坐标系中,如图 2.72 所示,在单轴负荷的情况下,式(2.132)具有如下形式：

$$\Delta W = -2s_{14}\sigma^2 \sin^3\theta\cos\theta\cos3\varphi \tag{2.133}$$

对石英,$s_{14}<0$;因而单轴负载情况下满足下式有利于机械孪晶的方向：

$$\Omega(\theta,\varphi) = \sin^3\theta\cos\theta\cos3\varphi > 0$$

图 2.73(a)～(d)给出了在晶体不同晶面上的 10Ω 的极射图投影,如果应力状态仅仅偏离单轴负载一点,那么,图 2.73 将给出孪晶形状的大概形状,因为填充了能量增加程度相同的各区域,即各个 Ω 等值的区域. 图2.74 说明了在不锈钢钢球压力作用下得到的石英不同晶面的孪晶图形. 尽管由集中负载引发的机械孪晶,其应力状态只能很近似地认为是单轴的,但在极射图和孪晶图形之间仍然存在确切的、定性的一致性.

当相对于光轴的扭转在基面上引入切应力时,石英中的孪生也可以发生,扭转也可以用来消除石英形成的孪晶,因为孪晶极大地降低了石英产品的品质,特别是压电元件. 实验表明：多菲内孪晶可以有效地利用相对(11$\bar{2}$0)轴的扭转来消除[2.64].

如果石英含有氢氧基,那么在形变过程中这些氢氧基就起位错源的作用. 除孪生外,在这种晶体中发生一般的滑移[2.65].

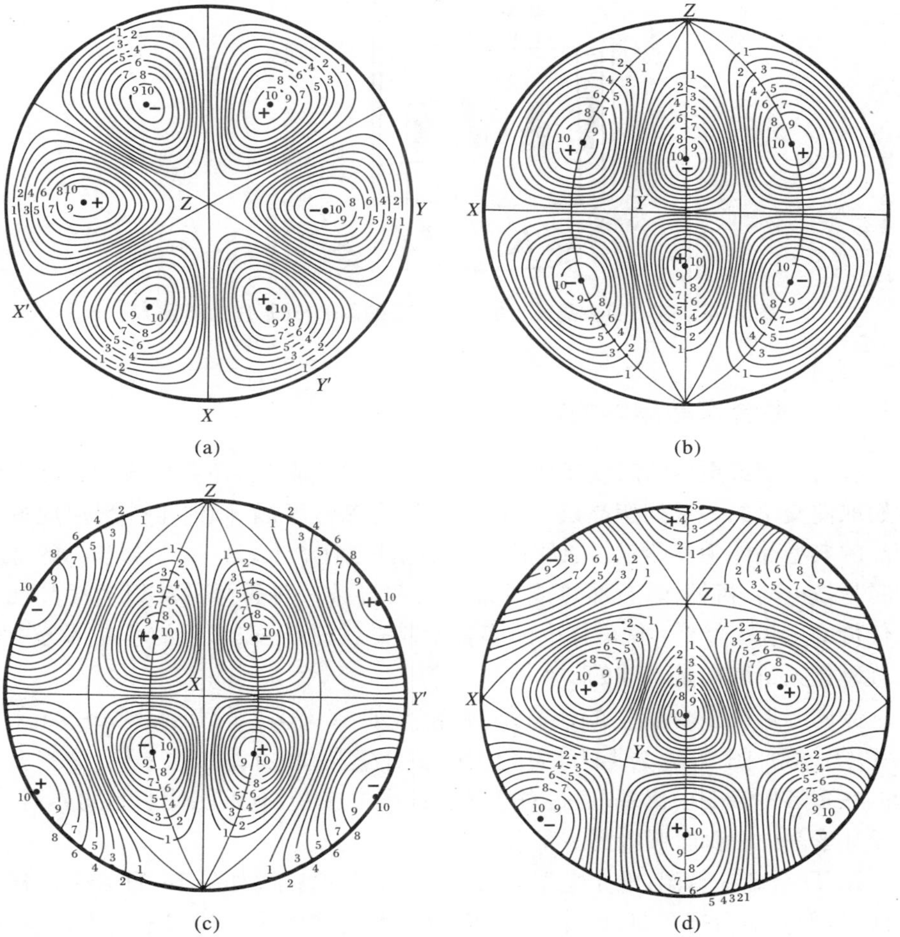

图 2.73 石英中大小为 10Ω(从 1 到 10,Ω 是式(2.133)中的取向因子——译者注)的极射图在(0001),(0$\bar{1}$10),($\bar{2}$110)和(10$\bar{1}$1)晶面的投影分别为图中的(a),(b),(c)和(d)[2.63]

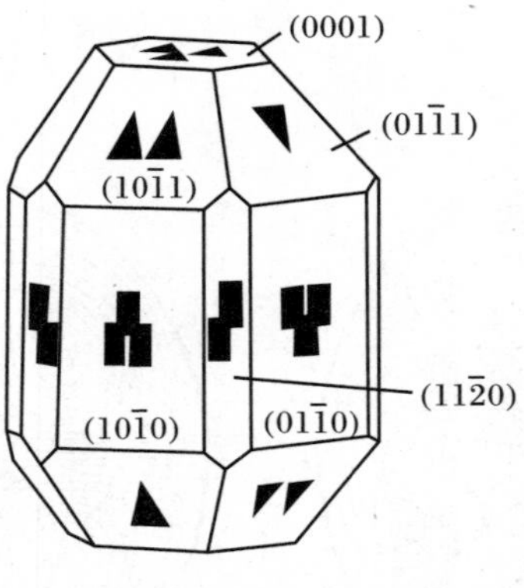

图 2.74 在石英主晶面上的机械孪晶的图形(球形压力下)[2.64]

2.5.10 多合孪晶晶体的行为

有时形变或更多的时候相变不仅会形成一个孪晶层,还会形成孪生方向和初始取向交错的一系列孪晶层,这种孪晶称为**多合孪晶**.倾向于分裂形成多合孪晶的典型晶体为罗谢尔盐、钛酸钡和其他铁电体[2.66].其中,多合孪晶的部分同时是铁电畴.机械作用、加热或外加电场都导致一种符号的畴以消耗其他畴为代价的生长[2.67,2.68].铁磁体中的多合孪晶是铁磁畴:在邻近的孪晶部分中的自旋磁化矢量取向是不同的.

倾向于形成多合孪生的还有某些合金,如 In-Cd,Cu-Mn,Cr-Mn,Au-Cd,In-Tl 等体系.图 2.75 为 In-Tl 合金中的多合孪晶.和罗谢尔盐一样,这些多合孪晶在多形性转变中出现.通过对孪晶化试样的应变,有可能使孪晶间界运动,甚至让孪晶的一部分吸收另一部分的.

In-Tl 合金在低温(低于室温)下有一个有趣的特征.如果 In-Tl 合金试样被弯曲(拉伸),然后把弯曲(拉伸)负荷撤消但不把试样从冷却剂中抽出,试样却像橡胶一样自己变直(收缩).这种恢复原始形状的能力称为**橡胶弹性**.温度越低,加载时间越短,则这种效应越强.试样弯曲后的孪晶层的形状,如图 2.76 所示.在这里,孪晶各部分的排列与弹性应力的分布是一致的:试样延伸一边的孪晶部分与收缩一边的符号相反.橡胶弹性是由于形变后孪晶界面在新位置不稳定,使得撤除负载后孪晶界面回到原来位置.如果含多合孪晶的 In-Tl 合金在高温(约为 20 ℃)下应变,显然由于杂质或其他缺陷在界面的沉淀,相应应变状态下的孪晶各部分的界面能够稳定,而撤除负载后孪晶各部分的新分布被保留了下来(永久形变).

图 2.75 In-Tl 合金中的多合孪晶(反射偏振光)[2.69]

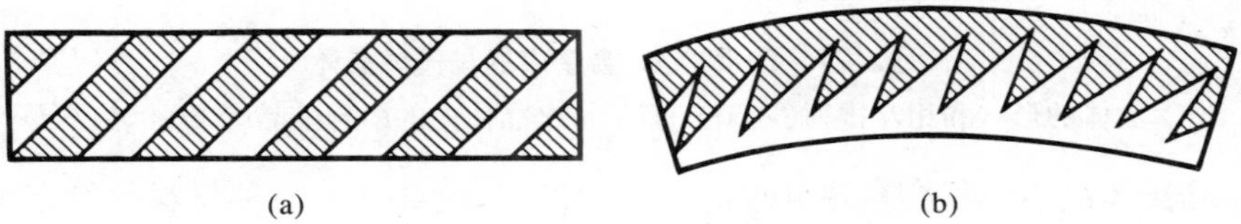

图 2.76 由于孪晶界面的移动引起的 In-Tl 晶体弹性弯曲
(a) 未应变试样,内层为片晶形状;(b) 弯曲的晶体,孪晶各部分具有楔状

2.5.11 马氏体相变

孪生也可以在某种特定类型的相变中产生的应力作用下发生.如果钢从具有 fcc 晶格的奥氏体的温度淬火,钢经历急剧的相变转变为非常硬的体心四方结构相,称为**马氏体**.图 2.77(a)为 Fe-Ni-Mn 合金中的马氏体晶体,图 2.77(b)为一个马氏体晶体放大后的内部结构——多合孪晶.

这里提到的相变并没有扩散伴随.因为这一转变的几种特征(如高速、晶体或受转变作用的区域外形的改变等)也是其他不涉及扩散的相变所固有的,没有扩散的相变称为**马氏体相变**.马氏体转变以新相和母相的晶格之间有确定的取向关系为特征.最典型的新相形式是厚度与其他线度之比很低的片晶.这种片晶的惯习面(其扁平平面或凹凸片层的中间面)相对于母相和新相的晶体学坐标轴有确定的取向.相变改变了转变区域的形状,导致了试样表面特征起伏的出现.

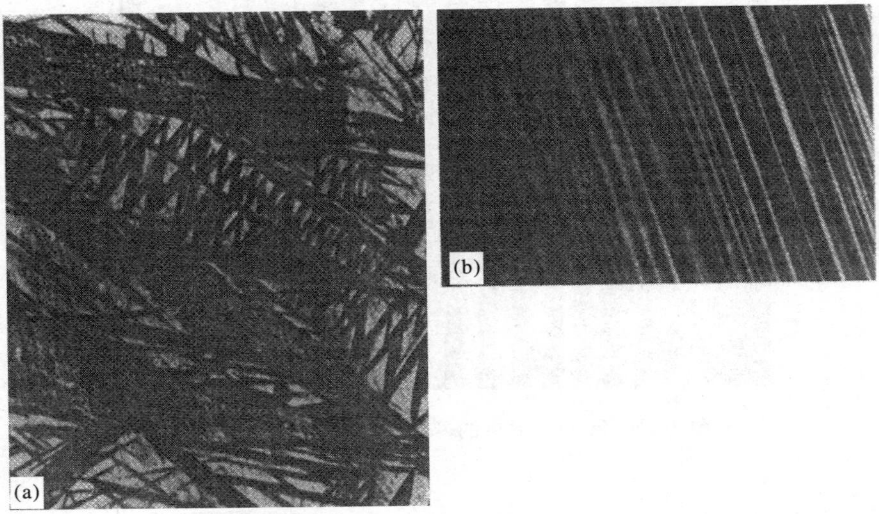

图 2.77　Fe-33%Ni 合金中的马氏体晶体

(a) 晶体的形状和相互排列(×500);(b) 一个晶体内的多合孪晶(×10 000)[2.19]

马氏体晶体不仅会在热处理的过程中形成,还会在每一种材料的特定温度下的塑性形变中形成.它们形核在应力集中的地方,如位错堆积、夹层、层错和裂纹尖端等附近.马氏体晶体的生长是原子的协调移动到新位置,因此,在母相晶格中邻近的原子在新相中也保持邻近.为保持晶体晶格的连续性,当晶核生长时,由于晶核大小和形状的改变导致的基体中的应力必须保持连续的重新分布.在理想的非塑性材料两相的界面处,一种晶格连续地转变成另一种晶格,也就是说,在母相和新相的晶格之间存在共格关系,如图 2.78(a)所示.但事实上,

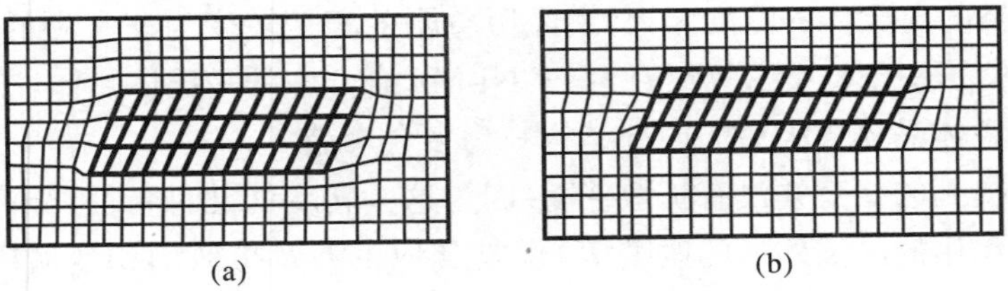

图 2.78　晶体共格(a)和非共格(b)[2.19]马氏体

马氏体相的形成一般伴随有位错的产生和运动，而在界面处出现干扰共格的位错（相间位错），如图 2.78(b)所示.

在母相和新相晶体中由滑移或孪生引发的塑性形变消耗了部分弹性能，因此相变过程是不可逆的. 转变伴随能量存储的增加（如弹性能、晶体的表面能和缺陷能）和“摩擦”的增加（和相界与位错运动中不可逆能量消耗有关）. 这一现象与应变硬化相似，见 2.2 节.

2.6 断　裂

2.6.1 理论强度和实际强度

晶体的塑性形变是有一定限度的. 在给定材料和给定应变条件下，当形变达到临界值后，试样开始开裂. 在机械外力负载作用下，块材保持其完整性的能力表征了材料的**强度**.

根据经典的强度理论，断裂必须发生在外应力足以破坏原子之间的键合(～0.1E). 这一强度值称为理论强度. 当达到此强度值时，块体必须爆炸式地破裂成分立原子或垂直于形变轴的原子层. 实际上，机械断裂发生得更为平静：通常在应力远低于理论强度时块材分裂成为数不多的几部分. 到目前为止，累积的实验数据已经有可能解释理论强度与实际强度的偏离并提出有关晶体材料断裂机制的基本观点.

但是值得注意的是，实际中仍然存在接近理论强度的值. 正如理论切变强度一样（见 2.2 节），在无缺陷晶体（如晶须[2.15]）或在位错运动受压制的、不完美的晶体中的强度仍然可以达到理论拉伸强度. 例如理论拉伸强度接近杨氏模量的 10%～20%，石英晶须的强度值接近 20%～25%时，其他晶须材料强度达到百分之几数量级. 表 2.9 列出这几种高强度晶体材料的值.

表2.9 某些晶体的拉伸强度

材料	σ/E(%)	参考文献
室温的 Si 晶体	2	[2.70]
水中的 NaCl 晶体(Joffe 效应)	3.6	[2.71]
Si 晶须	3.6	[2.72]
Fe 晶须	4.9	-
Cu 晶须	2.8	[2.73]
Ag 晶须	4.0	-
NaCl 晶须	2.6	[2.74]
垂直于基面拉伸的 Zn 晶体	0.1～5	[2.75]
石英晶须	10～25	[2.76,2.77]
熔融石英	19	[2.78]

2.6.2 解理面

实验结果表明,一般晶体沿着特定的晶体学平面断裂,该平面称为**解理面**.这些平面的特征是:垂直于这些平面的方向上的黏合力最小.

Belov 和 Klassen-Nekhlyudova[2.79]导出通过分析晶体结构和解理面之间的关系、确定解理面的一些规律.对同极晶体,晶格中每个原子处于对称环境中,与周围原子等间距,如金刚石、闪锌矿、纤锌矿等有如下规律:(1) 解理面永不会从一边是金属原子另一边是非金属的相邻原子面之间穿过;(2) 解理在晶面间距最远的晶面之间扩展,因为结合力随着原子间距增大而急剧地降低.

对原子有几种配位数(短程和长程、石墨、辉钼矿)的同级晶体,归结起来有如下规律:(1) 解理扩展的晶体学两平面存在数目相等的正和负组元,换句话说,解理面以整个分子为界(对异极晶体和同级晶体,分子的概念纯粹是习惯上使用).(2) 由于原子短程相互作用,解理面不会破坏"短"键.

在没有原子基团的离子晶体(岩盐、萤石、赤铜矿、金红石等)中的解理有如下规律:(1) 发生在晶格中相邻的平行网络成对处,每个网络由大负离子组成,而且在网络对之间没有正离子;(2) 这种网络对的间距越大,解理越显著(完整);(3) 最完整的解理为密排面特有的,也就是说,分离得最远的晶面.

在含有原子基团的离子晶体(如方解石、霰石、重晶石、黄玉、橄榄石、绿宝石等),其解理面有如下规律:(1) 解理面永远不会将原子基团分开.(2) 沿解理面的分裂发生在由负离子组成的平面对之间,如果这样的平面不存在则由正离子构成的平面确定解理面.(3) 如果一个结构中有两个可能的解理面体系,存在下面的两种情况之一:(a) 如果相关的负离子平面对的间距不相等,只在负离子最远离间距之间出现一个解理面;(b) 如果几个平面族中负离子面对之间的间距大致相等,那么沿着所有这些晶面出现解理面.

但是实验结果表明,断裂并不总是沿着解理面发生.实验也观察到沿着滑移面、孪生面、晶块边界和层错的断裂.

某些晶体解理沿着某些晶面系,该晶面系的位置不是由理想晶体晶格的弱键控制、而由其畸变的特性决定的,晶体的这种解理性质称为次分裂.比如,在人造刚玉晶体中沿着$(10\bar{1}1)$和$(11\bar{2}0)$晶面的光滑断裂.研究表明,沿着指定晶面的次分裂与孪晶层的边界产生.刚玉晶体中沿着(0001)晶面的光滑断裂和弱化的生长区域的微观杂质粒子沉淀有关.

2.6.3　断口表面

原则上,完整晶体严格沿着解理面分裂的过程中,解理面必须是理想光滑的,事实上,这个表面总是不规则的.它们大多数由解理台阶构成,这是因为裂纹的扩展不是沿着某一单一晶面,由于结构缺陷的存在或解理力不是严格作用在解理面上,裂纹也会沿着水平不同的解理面扩展.在不同水平面扩展的裂纹的相交处出现解理台阶,如图 2.79 所示.解理台阶的形成需要额外的能量,因而断裂受阻碍.

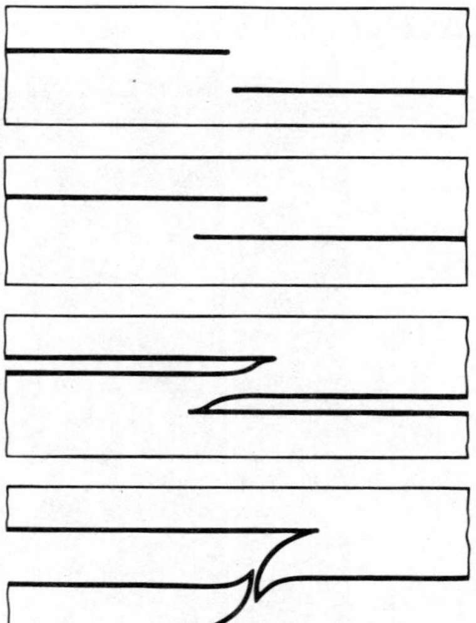

图 2.79　处于不同水平的两个平行扩展裂纹之间形成的解理台阶

解理台阶大多数是由于螺型位错与解理面的交割造成的.在裂纹尖端穿过一个螺型位错后,裂纹在由高度约为一个柏氏矢量的解理台阶连接的两个不同的水平面上扩展.

如果裂纹与由螺型位错网构成的晶块边界相交,就会出现一系列的解理台阶,如图 2.80 所示.当裂纹继续扩展,紧密排列的割阶组相互分聚,形成宏观的台阶,形成类似小溪连接成溪流的特征花纹,这些特征花纹称为**河流花纹**.罗谢尔盐晶体解理面上的河流花纹就是典型的例子,如图 2.81 所示,“河流”源于错位晶块界面处.

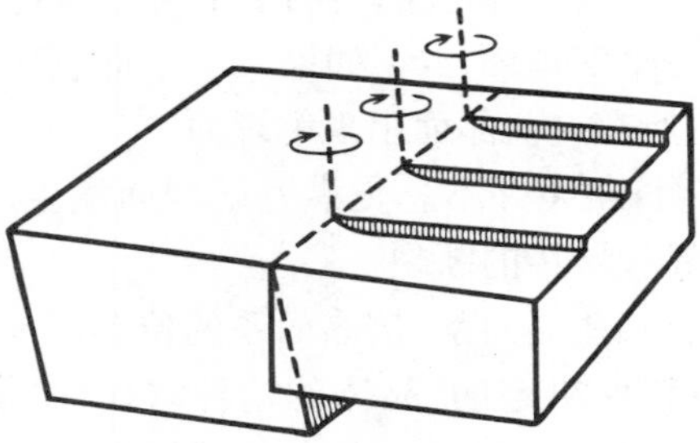

图 2.80　在螺型位错上形成的解理台阶
一系列螺型位错形成的扭转晶块边界(晶块绕着垂直于边界的轴转动)

在倾斜边界处的刃型位错(见文献[2.5]第 5 章)不产生解理台阶;它们只改变裂纹扩展的方向.

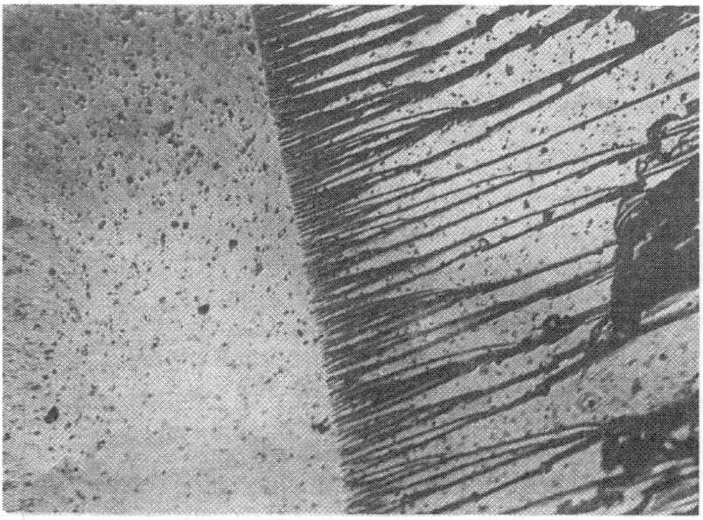

图 2.81　罗谢尔盐晶体中错位晶块界面处形成的解理台阶“河流”花纹
每个台阶的开始处相应有一个螺型位错出现在晶体表面[2.80]

2.6.4 临界正应力定律

由于断裂主要是沿着特定的晶体学表面(如解理面或次分裂面),不同取向试样的断裂需要不同的作用力.类似临界分切应力定律决定滑移开始的应力,也存在**临界正应力定律**.这一定律指出,当垂直于某些解理面或次分裂面的方向上达到临界正应力时,晶体断裂.如果 N 为临界正应力,χ 为断裂晶面和拉伸轴之间的夹角,那么断裂所需的应力 σ 由下式决定:

$$\sigma = N/\sin^2\chi \tag{2.134}$$

临界正应力称为极限强度,如同屈服点一样,不是材料的常数,这两个量取决于实验条件,如温度、应变速率、负载类型、环境等.引起强度不稳定性的原因之一也是材料中原子的热运动,它改变了邻近原子间的键合.在键合弱的地方出现裂纹,裂纹的扩展导致断裂.在断裂中,塑性形变仍然起着非常重要的作用.

2.6.5 在失效形核阶段塑性形变的作用

某些晶体不会明显地改变其预断裂尺寸,如石英、铬铁矿等.这种晶体是脆性的.但是,在严格的检查中,这些晶体表现出宏观塑性应变的痕迹.这证明绝对的脆性材料几乎是不存在的,而塑性不仅可以伴随着断裂(即裂纹周围同时发展),正如 Stepanov 第一次提出的,不均匀形变也可以引起裂纹的形核[2.81,2.82].

裂纹核根据其形成机制分成加力核和几何核,如图 2.82[2.56,2.83]所示.在加力核中不连续性是单纯的脆性;原子面已经相互分离而没有任何塑性应变的痕迹,如图 2.82(a)所示.这种裂纹扩展的能量消耗用于克服黏合力.与加力断裂有区别,几何断裂的形成涉及塑性应变,导致晶格缺陷淹没到裂纹或从裂纹中挤出.最简单的情况,如图 2.82(b)所示,一条几何裂纹相当于被加力核阻碍的一条刃型位错,这需要消耗额外的能量.由于位错的堆积,裂纹尖端钝化,而裂纹变得更稳定.

当位错交叉在裂纹尖端形成时,塑性应变引起裂纹尖端钝化,即由沿着滑移面挤出的一排位错引起裂纹尖端钝化,如图 2.82(c)所示.选择腐蚀结果表明在裂纹停止扩展时这种交叉会精确形成.

当材料的塑性增加时,裂纹尖端的塑性应变最终将裂纹转变为单纯的几何裂纹,它不仅以分离为特征,而是以有裂纹边缘的塑性分离区为特征,如图 2.82(d)所示.

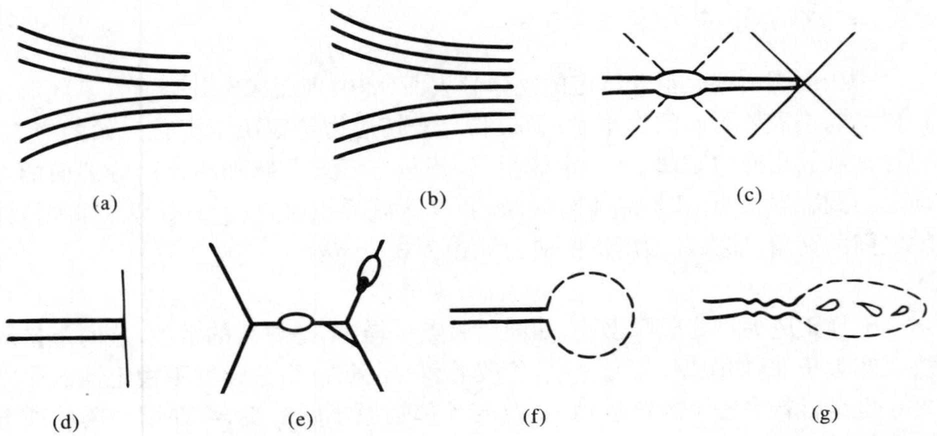

图 2.82　裂纹结构示意图

(a) 单纯加力裂纹(原子面构成的裂纹);(b)几何裂纹(相当于框住位错的裂纹(a));(c) 在几何裂纹尖端中止处的位错交叉;(d) 处于裂纹尖端的塑性形变引发的张角为常量的几何裂纹;(e) 晶界处的细孔;(f) 带塑性区的裂纹;(g) 主裂纹塑性区的反向裂纹[2.56]

与断裂核心形成相似的现象是在晶界处细孔的出现,如图 2.82(e)所示.这种细孔的宽化可以由空位从晶粒体内扩散引起,或由在晶界附近沿晶界的位错滑移引起.如果材料的塑性很好,裂纹尖端的塑性区可以达到宏观尺寸,如图 2.82(f)所示.这种裂纹扩展消耗的能量取决于含有大量位错的塑性区位移所需要的功,这个功大大超过了材料的表面能.塑性区宏观尺寸的扩展在很大程度上是独立的,新裂纹通常在那里形核,如图 2.82(g)所示,然后连接在一起,再与大主裂纹相连[2.84].图 2.83 给出了几种裂纹类型的照片.在酞菁铜中,不存在任何位错;在低塑性的硅中可以观察到有限数目的位错;在铁的塑性晶体中,在裂纹前端明显观察到由大量位错构成的塑性区.

晶体中裂纹的形核总是涉及其他晶格缺陷的参与.已经知道有在位错堆积、位错墙以及其他位错聚集等处裂纹形核的机制,图 2.84 给出了相应的图解.

在障碍物处的位错堆积形成的裂纹形状如图 2.84(a)所示.能够使整个位错群运动变慢的障碍物包括不可滑位错,位错偶极(即异号柏氏矢量的一对平行位错),低角度差晶块边界、晶界和其他缺陷.在位错堆积中,在外力和内力的作用下的位错排列使得相邻位错的间距随离堆积前端(障碍物)的距离而增大.图 2.85 为位错在堆积前的分布.在位错堆积前端,由堆积中所有位

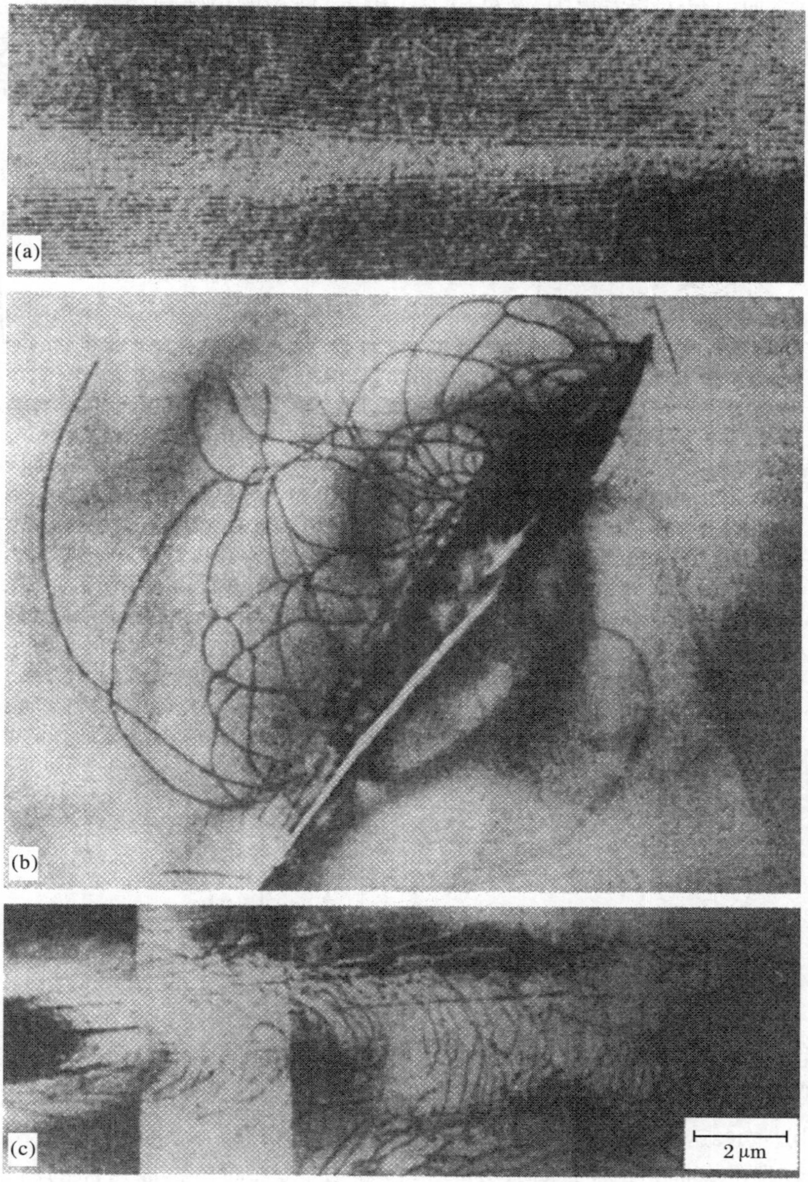

图 2.83　裂纹的电子显微照片
(a) 酞菁铜;(b) 硅;(c) 铁[2.85]

错应力叠加引起了应力集中.在外应力作用下,堆积的位错数目增加,因而应力也增加.当局域应力超过极限强度时,裂纹出现.裂纹的这种形核方式是由 Zener[2.87] 和 Mott[2.88] 提出的.按照这种方式裂纹在位错堆积前端形核而在正应力最大的平面扩展.

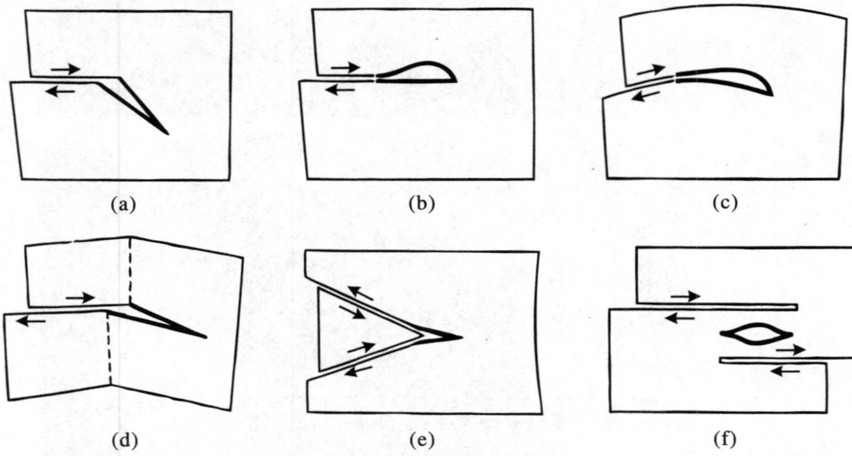

图 2.84　裂纹形核的各种方式[2.86]

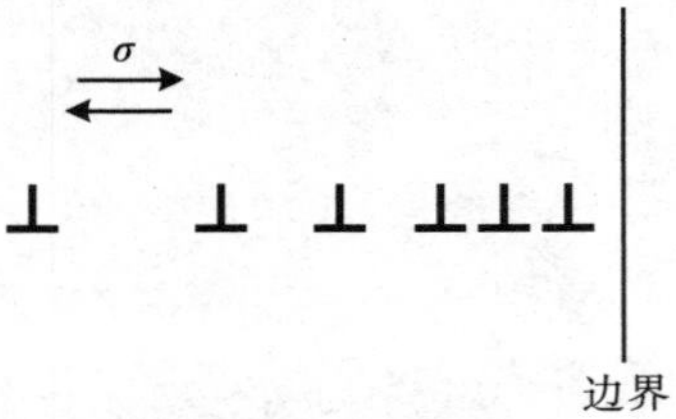

图 2.85　位错的平堆积

但实验结果表明,在只有一个激活的滑移系启动的晶体中,裂纹不在位错堆积前端形核,而在其堆积的最顶端,而且裂纹沿着包含位错堆积的晶面扩展,如图 2.84(b)所示.这种裂纹的出现是由于沿着弯曲的滑移面切变,如图 2.84(c)所示.滑移面的弯曲是由于晶体中的其他位错造成的,而滑移面弯曲的曲率半径与位错密度成正比.沿着弯曲滑移面的切变不可避免地造成作用在滑移面上正应力的产生,结果使得滑移表面分离.

上一种方式的极限情况是亚晶界的断裂,如图 2.84(d)所示,它既可以是因为亚晶界与启动滑移面的交割或者部分运动晶界的停止造成,也可以是亚晶界改变方向时被分为几部分造成.断开的位错垂直列和水平堆积一样在其末端的应力增加也足以使裂纹形核.这一机制的断裂发生在滑移面与解理面重合的晶体中.

按照图 2.84(e)所示的机制,位错堆积在滑移面交割的地方可以产生裂纹,比如 MgO 晶体.在两个异号位错堆积群的应力叠加区域出现形核了的裂纹,即断裂也可以按照图 2.84(f)所示的方式发生.

当然,裂纹形核的其他原因也是可能的.应该给予特别关注的是在疲劳试样中高塑性材料的断裂,也就是说,晶体长期受到低于静态屈服点应变大小的变号应力作用下的断裂.疲劳裂纹在塑性形变刚开始时在表面形核,然后逐渐地向晶体内生长.疲劳裂纹的核分布在滑移带处,即在两滑移带相交处的连续滑移造成的表面凹处.

2.6.6 形核裂纹生长的格里菲思准则和奥罗万准则

断裂(解理)伴随有两个自由面的形成,这需要相当大的能量消耗.因此,解理以及滑移和孪生不能瞬时产生大的表面面积.局域的裂纹以上述的某种方式形核,然后逐渐扩展.解理可以看成裂纹边缘裂开大约一个原子间距的过程.

解理形成的单位表面能等于

$$2\gamma \sim Gb/5 \tag{2.135}$$

推进核裂纹边缘所需的拉伸应力为

$$\sigma \sim 2\gamma/b = G/5 \tag{2.136}$$

这是非常高的应力,甚至超过了理论极限切变强度($0.1G$).因此,解理只可能发生在应力高度集中的地方.一旦裂纹出现,它就变成应力集中器.但是只有大裂纹才能产生足够高的应力集中.

裂纹尺寸的实质作用首先是由格里菲思提出的[2.89].他讨论了处于垂直于裂纹的拉伸应力 σ 应力场中、大小为 L 的扁平椭圆形裂纹末端的应力 σ_m.这个应力大小在数量级上等于

$$\sigma_m = \sigma\sqrt{L/r} \tag{2.137}$$

其中,r 为离裂纹末端的距离.如果 L 不太小,那么离裂纹末端为几个原子间距量级的距离处,σ_m 可以比外加应力高 100 倍因而达到强度的理论值,那么裂纹就会扩展.

通过计算试样弹性应变所消耗的功和伴随裂纹形成产生的应变,格里菲思得到了断裂应力的表达式:

$$\sigma_m = (4E\gamma/\pi L)^{1/2} \tag{2.138}$$

其中，γ 为单位表面的形成能，E 为杨氏模量.

利用式(2.138)可得到在一定应力作用下裂纹能够宽化的临界尺寸：

$$L \geqslant 4E\gamma/\pi\sigma^2 \tag{2.139}$$

或者与式(2.30)一致，利用 G 和 ν 来表示 E，得

$$L \geqslant \frac{2\gamma G}{\alpha(1-\nu)\sigma^2} \tag{2.140}$$

裂纹临界尺寸的上述估计称为格里菲思准则. 以上讨论了裂纹的宏观理论. 在裂纹的微观理论中的格里菲思准则是由 Blekherman 和 Indenbom[2.90]提出的.

如果我们把断裂应力的实验值代入式(2.139)和式(2.140)，会发现核裂纹的长度超过试样尺寸的几倍. 这说明裂解涉及其他的过程. 根据奥罗万的观点，这一过程可能是塑性形变[2.90]. 而格里菲思准则仅对理想的弹性体成立.

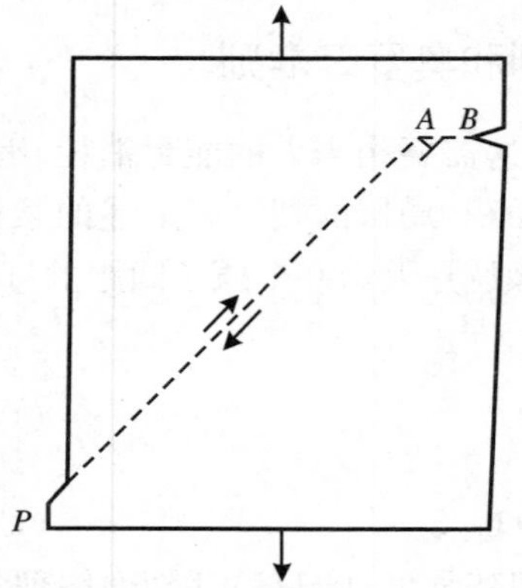

图 2.86　由于滑移的参与使得裂纹扩展[2.91]

假设在试样表面存在裂纹核，裂纹的尺寸小于给定应力下的临界值. 但这个给定应力足以引起切应变. 使切变从 P 点扩展，如图 2.86 所示. 如果位错接近裂纹末端 B，此时将会产生高应力，而且裂纹就会长大达到 A 点. 当有滑移带存在时，这个过程不断重复，而裂纹尺寸可能逐渐达到临界值. 因此，由于塑性应变裂纹扩展，而式(2.140)中的 γ 应该用塑性应变中裂纹形成所消耗的功 p 来代替. 由奥罗万提出的裂纹核临界尺寸的估计有如下形式：

$$L \geqslant \frac{2pG}{\alpha(1-\nu)\sigma^2} \tag{2.141}$$

其中，p 称为有效表面能，它包括裂纹的真实表面能及其附近的塑性应变能.

值得一提的是，裂解中塑性应变的作用可能是双重的. 裂纹扩展的基本机制经常是位错输入裂纹. 从而塑性应变决定裂纹扩展的动力学. 另一方面，裂纹尖端附近的位错又经常阻止裂纹的扩展，使其钝化从而减少应力集中. 类似地，内界面(亚晶界和晶界)可能偶然成为裂纹易扩展通道，而在另外的情况下成为裂纹扩展的障碍.

2.6.7 “黏性”裂纹和“脆性”裂纹

通过邻近位错的运动或新位错的形成塑性形变可以减轻裂纹尖端附近的应力集中.在高塑性材料中,裂纹尖端的应力集中通常高得足以启动邻近的弗兰克-里德源.如果在裂纹尖端附近的几个滑移系的滑移是可能的话,则可以选出一个半径足够大的圆柱形区域,使区域内裂纹引起的弹性应力几乎完全松弛.在上述区域的位错源发出位错环使得每一环的某部分处于裂纹尖端直接邻近处.这些位错的柏氏矢量之和完全抵消了裂纹的柏氏矢量.应力松弛有助于解理位错的积累,使裂纹尖端钝化,因此裂纹变得稳定并停止扩展.裂纹尖端的曲率半径变得与裂纹的半宽有相同的数量级.这种裂纹的两侧是相互平行的.

在比较脆的材料中,由塑性形变引起的应力松弛只有通过把新位错挤出裂纹尖端并且仅当裂纹尖端运动缓慢时才是可能的.在这种情况下,裂纹尖端的钝化变圆不是很明显,这种裂纹和高塑性材料中的裂纹相比不是那么稳定;裂纹的宽度及其在中间部分的形状实际上保持不变.图 2.87 给出了有代表性的“黏性”裂纹和“脆性”裂纹的图解.

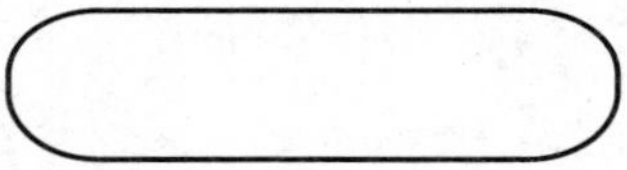

(a)

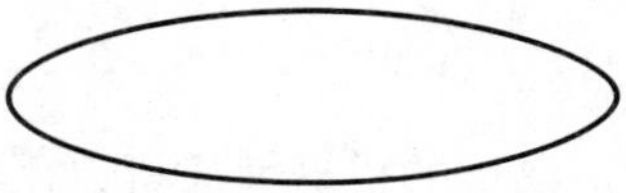

(b)

图 2.87　裂纹的形状
(a)“黏性”裂纹;(b)“脆性”裂纹

2.6.8 Joffe 效应

如果我们给裂纹扩展设置障碍或至少减慢其扩展,我们可能希望获得一个接近理论值的强度.比如,NaCl 晶体的理论强度是 200 kgf/mm^2,但在实际中其强度一般不超过 0.5 kgf/mm^2.Joffe 等人[2.71]通过使晶体形变并同时用水溶解晶体的表面得到了接近 NaCl 晶体的理论强度.这样,他们成功地把强度增加到了 160 kgf/mm^2.

在形变过程中,由于表面的溶解使得强度增加的效应,称为 Joffe 效应.这一效应也在金属中观察到[2.75].拉伸强度的增强伴随着总塑性形变量的增加.塑性不增大是因为屈服点的降低,塑性仍然保持不变,但是由于阻止脆性断裂的塑性会增大.根据目前的实验数据,Joffe 效应是由于洗掉了各种“有害因素”,如表面的微裂纹和相互阻塞的位错源.

2.6.9 Rebinder 效应

于 1928 年发现的 Rebinder 效应以及 Joffe 效应都与材料强度的控制有关.Rebinder 效应在于某种介质中各种固体的加速分割细化.区别于腐蚀,在

Rebinder 效应中固体的原有机械性质在撤除激活媒质后立刻恢复,也就是说,发生的物理化学过程是可逆的. 根据 Rebinder 学派的观点,在给定固体的表面吸附的活化介质渗入表面微缺陷并减少克服原子力所需要的力. 因此,强度的降低是由于失效固体与环境之间的界面表面能(表面张力)的降低. 介质的作用总是伴随机械负载表现出来. 吸附降低强度的本质是吸附作用必须与键的断裂同时发生.

表面活化介质不仅有助于失效也降低了应变阻力(吸附塑性化),因为在表面出现位错所需的功降低了. 对高塑性材料,吸附塑性的增加甚至可以导致强度的增加[2.93].

2.7　研究晶体机械性质的方法

晶体的机械性质可以用能揭示某种机械特征的机械测试方法测定. 尽管在几乎任何一种测试方法中,晶体都表现出弹性、塑性和强度性质,我们仍然可以选择形变条件使得其中某些特性为主要的机械性质. 本节介绍在研究晶体机械性质中常用的机械测试方法.

2.7.1　硬度测量

最快最简单的机械测试类型是硬度测量. 硬度不是一个物理常量,其值不仅取决于被研究的材料本身,还依赖于测量条件. 硬度是由多种机械性质决定的,如弹性极限、弹性模量、塑性和强度等,但是在不同的硬度测量条件下,各种机械特性的作用是不同的. 因此,在硬度测量中,正确选择测量条件有着重要的作用. 在可比的条件下,我们测量某些类型晶体的硬度,硬度与弹性性质之间的明显关系就会表现出来,如图 2.88 所示.

测量材料硬度有很多不同的方法:静态压痕和动态压痕、划痕、磨损、钻孔、测量压头从测试片上反弹的高度,等等. 每种特殊的机械特性对硬度测量的结果影响取决于所采用的方法. 因此,在静态压痕测量中,材料的硬度主要取决于塑性应变的阻力. 应用弹性反弹方法可以更好地测定材料的弹性性质. 利用划痕方法测量硬度偶尔会依赖于材料断裂的倾向,即其脆性.

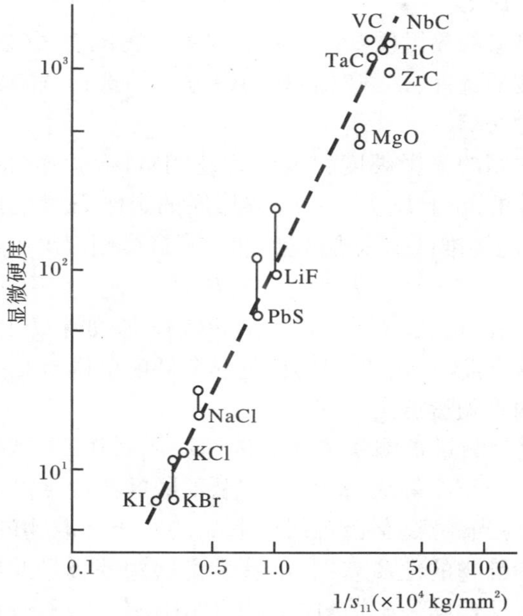

图 2.88 NaCl 型晶体中显微硬度和弹性性质之间的关系[2.93]

对晶体,有两组方法用来测定其塑性和脆性:压痕的方法,如用球、圆锥或棱锥的压痕,还有在特定条件下用标准针划痕的方法.

硬度的分类是以不同类型的硬度试验压头的发明者来命名的.

(1) **布氏硬度**是测定压入一个钢球留下的压痕而得到的.这里,显微硬度等于所加的负载除以压痕的面积,其半径是在撤去负载后测得的.

(2) **拉德维克**硬度是测定压一个顶角为 90°的钢圆锥到材料中的压痕而得到的.显微硬度等于负载除以压痕的侧面面积,压痕的底半径是撤除负载后测量得到的,而其顶角一般认为等于圆锥的顶角.

(3) **洛氏硬度**是在特定的设备上测定压下标准大小的钢球或金刚石锥的压痕来测定的.洛氏硬度是通过改变从小到大的标准负载,用通用单位测量压入深度的增加而得到的.

(4) **维氏硬度**是测定用标准尺寸的棱锥压下留下的压痕,并用标准负载除以棱锥留下压痕的侧面积而得到的.在这里,底面对角线是在撤除负载后测量的,而压痕的顶角一般认为等于棱锥的顶角.除了方形棱锥外,还可以使用三边 Berkovich 棱锥和菱形努普棱锥测量维氏硬度.

利用压痕方法测量的硬度一般称为**显微硬度**,因为这一方法的硬度测量是在有限的区域内完成的.

用压痕方法测量的显微硬度在本质上取决于测试表面(显微硬度的各向异性)、试验压头负载的选择、加载时间和加载方位的选择、样品上压痕的适当图形及试样的制备方法等.

在前苏联最常用的显微硬度测试设备是 ПМТ-3 设备,它是由 Khruschev 和 Berkovich 设计的.试验压头是一个方形底的金刚石棱锥,两对面之间的顶角为 136°.用这样的棱锥试验压头做测试时,其显微硬度可用下式计算:

$$H = 1.854P/d^2 \tag{2.142}$$

其中,P 为试验压头的负载,d 为压痕的对角线长度.如果 P 以 g(克)为单位,d 以 mm(毫米)为单位,那么式(2.142)中的显微硬度单位为 kgf/mm^2.

划痕硬度有两种测量方法:

(1) **莫氏硬度**是测量被测块体被更硬的块体划伤或去划伤更软块体的能力.莫氏提出了 10 个硬度等级,按增序表示不同的矿物硬度.这些物质的硬度已被采用为标准.应当注意,莫氏等级中起始的几级标准物的性质之间的差别远小于最后几级标准物的性质差别,也就是说这些等级是非线性的.如果把莫氏硬度和用其他方法对同一矿物测得的硬度相比较,性质之间的差异大约呈抛物线关系.如果我们把莫氏测量中的硬度各向异性加以考虑,那么这条抛物线会变得光滑一些,因为划痕硬度也与被测面有关.因此,现代莫氏等级表除了给出参考矿物外,还给出最佳测试面,如表 2.10 所示.

表 2.10 莫氏硬度等级

硬度	晶体及其化学式		测试晶面
1	滑石	$Mg_3(OH)_2[Si_4O_{10}]$	(001)
2	石膏	$CaSO_4 \cdot 2H_2O$	(010)
3	方解石	$CaCO_3$	$(10\bar{1}1)$
4	萤石	CaF_2	(111)
5	磷灰石	$Ca_5(PO_4)_3(F,Cl,OH)$	(0001)
6	钾长石	$KAlSi_3O_8$	(001)
7	石英	SiO_2	$(10\bar{1}1)$
8	黄玉	$Al_2(F,OH)_2(SiO_4)$	(001)
9	刚玉	Al_2O_3	$(11\bar{2}0)$
10	金刚石	C	–

(2) 马氏硬度是测量用标准金刚石刀(棱锥、圆锥)划刻留下的宽度.为了测定划痕硬度(称为回跳硬度),要使用马氏回跳硬度计.在这一设备中,用顶角为90°的金刚石圆锥划出划痕.采用的硬度测量方法是测量要产生一条大小为10 μm宽的划痕所需要的负载.马氏硬度测量法的缺点是比较复杂.在画出划痕宽度和加载负载之间的关系图之前,要先测出不同负载情况下的几次划痕宽度,从而在图中找出和划痕为10 μm相应的负载大小.

用测量特定负载下的划痕宽度来计算硬度显然更为方便,Bierbaum方法就是其中之一.这种设备的试验压头是一个三边的金刚石棱锥(立方体的顶角),标准负载为3 g. Bierbaum硬度(K)用下式计算:

$$K = 10^4/d^2 \tag{2.143}$$

其中,d为划痕宽度.

对较软的材料,可以用ПМТ-3测试仪来测定在固定试验压头,即一个标准的金刚石棱锥下的运动试样的回跳硬度.棱锥放置的位置使得划痕头边缘前移,测得划痕的显微硬度H_{scr}为

$$H_{scr} = 3.708P/d^2 \tag{2.144}$$

如果用三边棱锥作试验压头,那划痕头边缘前移的显微硬度为

$$H_{scr} = 3.138P/d^2 \tag{2.145}$$

划痕的宽度和特征与测试面及划痕方向有关.

图2.89通过测定辉锑矿晶体一晶面的划痕说明了硬度的各向异性.利用这一方法发现,划痕方向越靠近[011]方向,出现的裂纹越多,晶体的塑性越差.

2.7.2 晶体弹性性质的研究

在负载卸载之前和之后的压痕的大小和形状是不同的(图2.90).原因如下:试验压头或试样表面被一层其他物质的薄膜覆盖.试验头压入,在表面留下了压痕,表明了该负载下压痕的大小,也就是未恢复的压痕的大小.通过测量已恢复(提起压头)压痕的对角线,并从未恢复压痕对角线中减去已恢复压痕的对角线,就可以得到弹性恢复量,这就给出了晶体弹性性质的一个量化的图像[2.95,2.96].但是弹性性质的定量测定还要求知道晶体的弹性恒量.

测量晶体弹性恒量的方法分为静态法和动态法.静态法基于测量压缩、拉伸、弯曲和扭转中的应变.应变用不同的机械设备、光学设备或电学设备(传感器)测量.试样放置在测试系统中,阶梯状增加负载,而由传感器计算出每一次负载下的应变.弹性模量和泊松比用适用于每种传感器的公式计算.静态方法主要用于测试多晶材料.

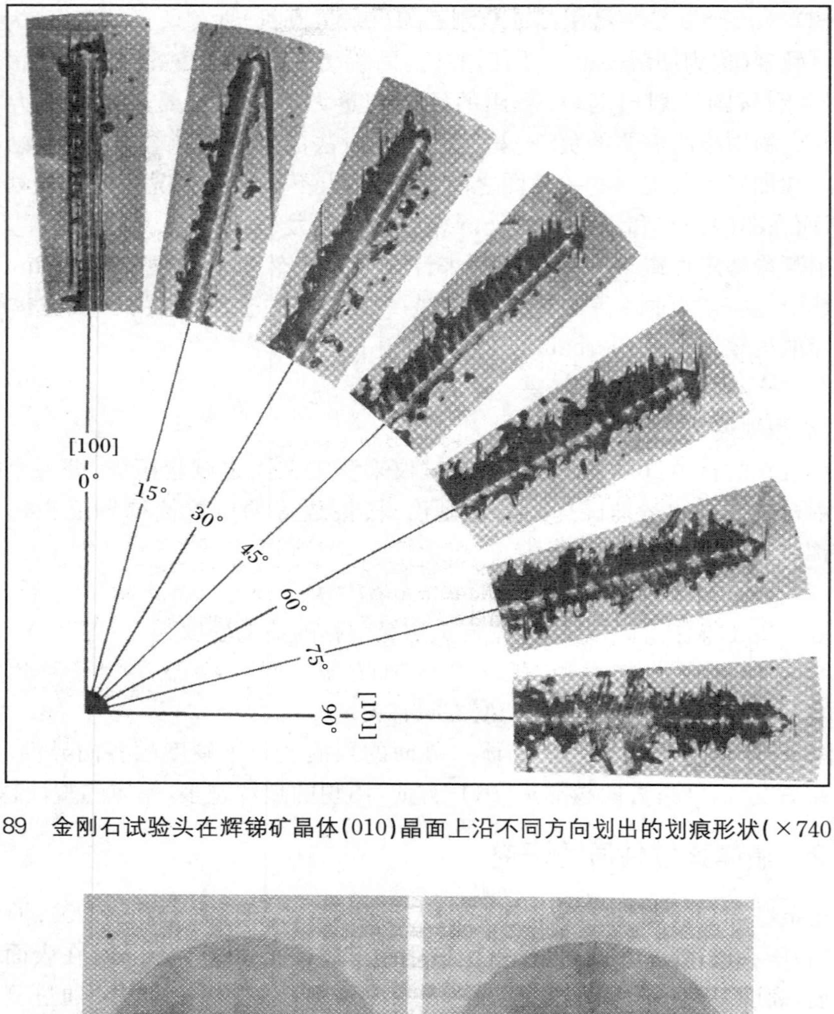

图 2.89　金刚石试验头在辉锑矿晶体(010)晶面上沿不同方向划出的划痕形状(×740)[2.94]

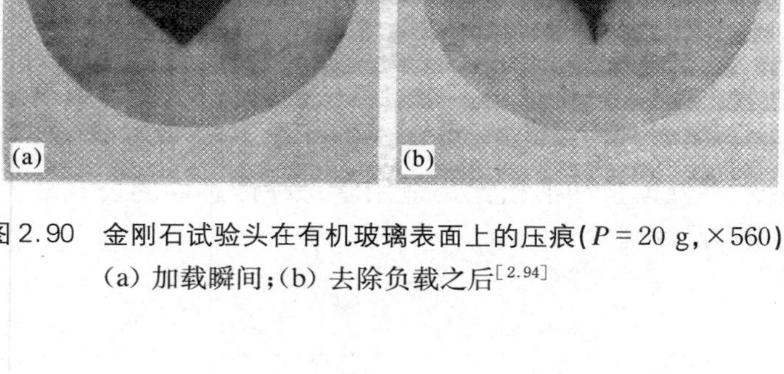

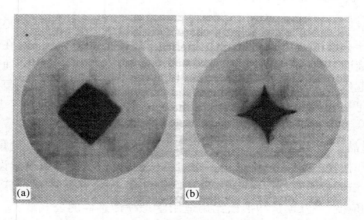

图 2.90　金刚石试验头在有机玻璃表面上的压痕($P=20$ g，×560)
(a) 加载瞬间；(b) 去除负载之后[2.94]

单晶体主要使用动态法测试,该法基于试样中某种类型激发波的振荡,并测出弹性波的传播速度.可利用的动态方法有下面几种:

(1) **共振法**,测定特定取向试样的自然振荡频率.

(2) 基于在选定晶体方向上**声速测定的方法**,如 Schaefer-Bergmann 光学方法、楔状试块方法、脉冲方法等.

(3) 基于晶体晶格与辐照相互作用的方法(X 射线散射方法),所有这些方法在 Beranek[2.96] 和 Belikov[2.97] 的文献中有详细描述.

塑性应变和弹性应变之间的区域称为非完美弹性区域,可通过测量内耗来研究.内耗及其测量方法在 2.3 节中已讨论过.有关测量内耗技术的综合阐述见 Postnikov 的文献[2.99].

2.7.3 晶体塑性性质的研究

如前所述,快速测定材料承受塑性应变的能力可通过显微硬度来进行测定,即主要用压痕方法来完成.这一方法的缺点是由于它包括各种形式的形变,如弹性和塑性应变以及失效、引起的应力集中等,造成极端复杂的应力状态.只有屈服点是塑性性质更敏感和可靠的特征只有屈服点(见 2.2 节).这一特征以及硬度都不是给定材料的物理恒量而是和很多因素有关,如晶体相对于负载轴的取向、启动的滑移元素、测试温度、应变速率、试样中缺陷的数目和性质等.和显微硬度相似,在可比的形变条件下同一晶系晶体屈服点与弹性系数相关,如图 2.91 所示.

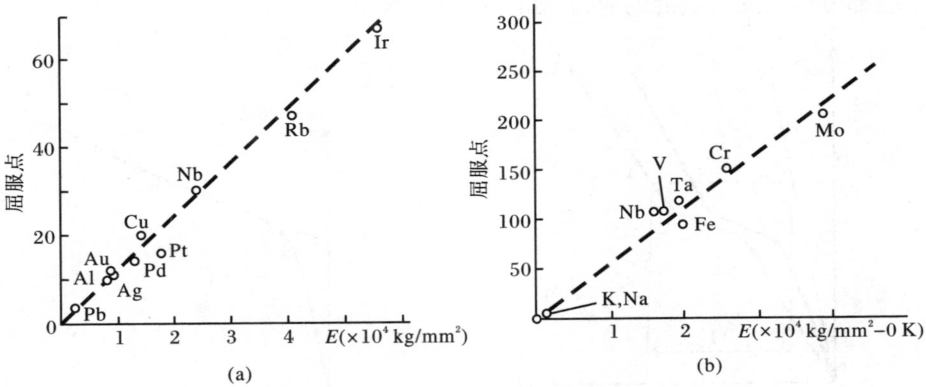

图 2.91 屈服点和弹性性质之间的关系

(a) fcc 金属;(b) bcc 金属[2.94,2.93]

利用图 2.28 中的应力-应变曲线类型测出屈服点,这些曲线是在应力以恒定速率增加时在有效加载过程中(如压缩、拉伸及弯曲等)得到的.在形变设备中，加载应力和形变时间的关系是以一定速率记录的．应力一般利用应变计或光学测力仪来自动记录．

光学测力仪基于光弹性学并用光电方法测量双折射的方法[2.100]．一个光学各向同性块体，如玻璃棱镜，受到机械力的作用时，体内出现内应力．当用透射偏振光观察这样的块体时，在有应力区域发生双折射，其光程差 Γ 与外力应力 P 成正比：$\Gamma = cP$．比例因子 c 称为光弹性系数．由双折射引起的透射光强度的变化用光电管和光电流计测得．

用应变计或光学测力仪测量的负载（在加载过程中按预设定速率变化）被自动记录在记录纸上．把得到的外加负载 P 和时间的关系曲线转化为应力 $\sigma = P/S$（S 为试样的横截面积）和形变程度 $\varepsilon = (\Delta l/l) \times 100\%$ 的关系．$\sigma(\varepsilon)$ 关系式也可以用 2.2 节给出的公式转化为切变应力 τ 和切应变的关系．应当考虑到测试系统有一个有限的刚度，在应变比较刚性的晶体时，当试样和设备的刚度之比值 $K_{\text{spec}}/K_{\text{mach}}$（$K_{\text{spec}} = P/\Delta l_{\text{spec}}$，$K_{\text{mach}} = P/\Delta l_{\text{mach}}$）接近于 1 时，真实的试样应变与记录纸上的记录不一致．要得到试样的真实应力-应变曲线，就要对设备的应力-应变曲线和试样的形变过程中得到的曲线，如图 2.92 所示，在不同的 P 处按顺序分段，根据下式找出真实应变：

$$\Delta l_{\text{spec}} = \Delta l_{\text{rec}} - \Delta l_{\text{mach}}$$

一般地，从弹性形变到塑性形变的转变平稳，则屈服点只能模糊确定．对在应力-应变曲线上的屈服点 τ_{y}，可以认为是应力-应变曲线上初始斜坡部分和随后的平缓部分切线的交点处的应力，如图 2.93 所示．

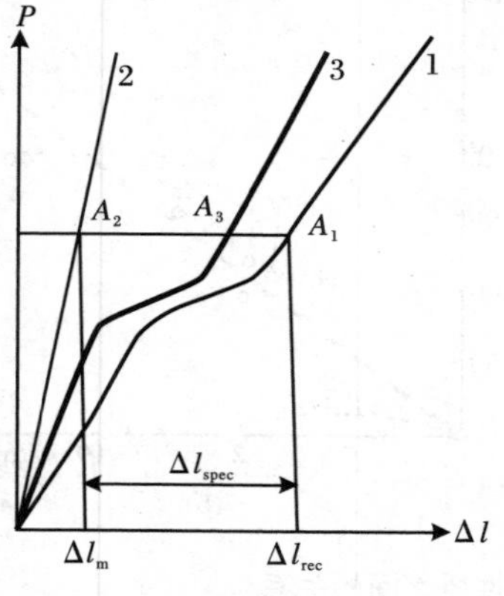

图 2.92　试样真实应力-应变曲线的构建
1．试样形变过程中记录下的曲线；2．设备的形变曲线；3．试样的真实应力-应变曲线

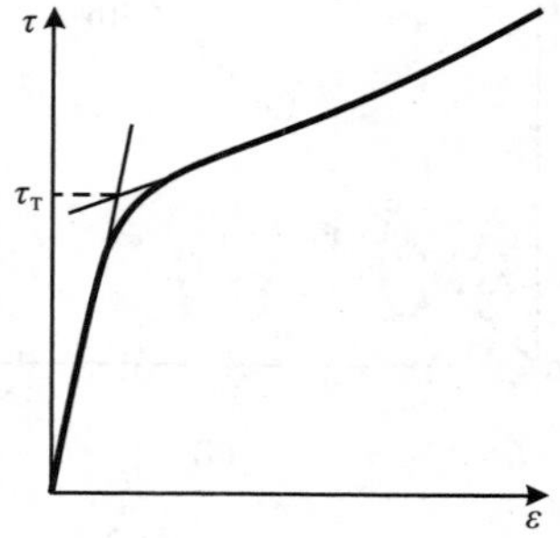

图 2.93　测定 LiF 晶体的应力 σ 和应变 ε 关系曲线上的屈服点

透明晶体的屈服点可以用透射偏振光观察形变试样的光学方法测定：观察沿着滑移线的第一条双折射光条纹的出现，但是这一方法和用应力-应变曲线方法相比，得到的屈服点的精度要低一些. 图 2.94 为 LiF 晶体中沿着滑移线的双折射条纹的照片.

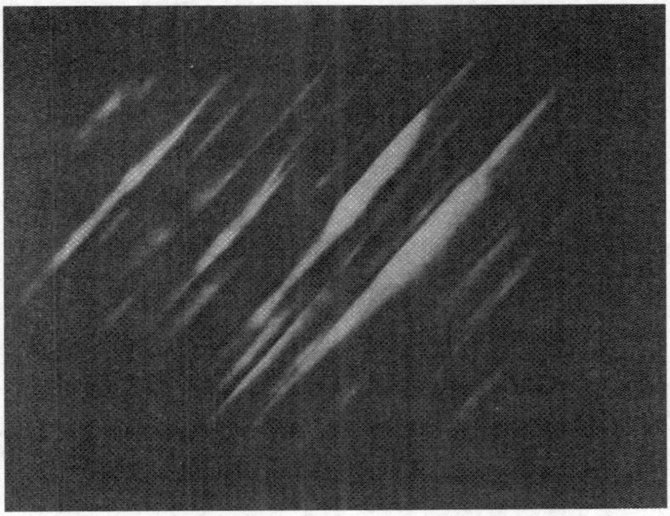

图 2.94　LiF 晶体中沿着滑移线的双折射条纹(在透射偏振光中拍摄，×200)

在过去的 15～20 年间，为了实现对晶体承受塑性形变的能力的快速控制，科学家们一直在研究试验压头压痕周围形成的、并且在选择腐蚀中显示的位错花样的形状和大小. 图 2.95 为 LiF，PbS，CsI 和 CaF_2 晶体的立方体晶面和 CaF_2 晶体的八面体晶面上的位错花样照片. 位错线在晶体表面出现的露头(腐蚀坑)排列成行，平行于测试表面与滑移面的交线. 腐蚀坑花样分支的长度与位错的迁移率有关：晶体塑性越好，位错在晶体中的运动越容易、腐蚀坑分支的长度越长；腐蚀坑分支的方向有助于我们判断激活的滑移带.

有关晶体中位错迁移率更精确的信息可以从应力与位错路径的长度或速度的关系中得到. 位错路径可用选择腐蚀方法(见 2.3 节)测得，而位错的平均速度可用位错路径长度除以负载作用时间得到. 对碱卤化物晶体，在屈服点范围的应力作用下，位错以非常高的速度(～10^{-3} cm/s)运动，而用很短的负载脉冲(不超过 10^{-6} s)来测定位错路径长度的精度已足够高.

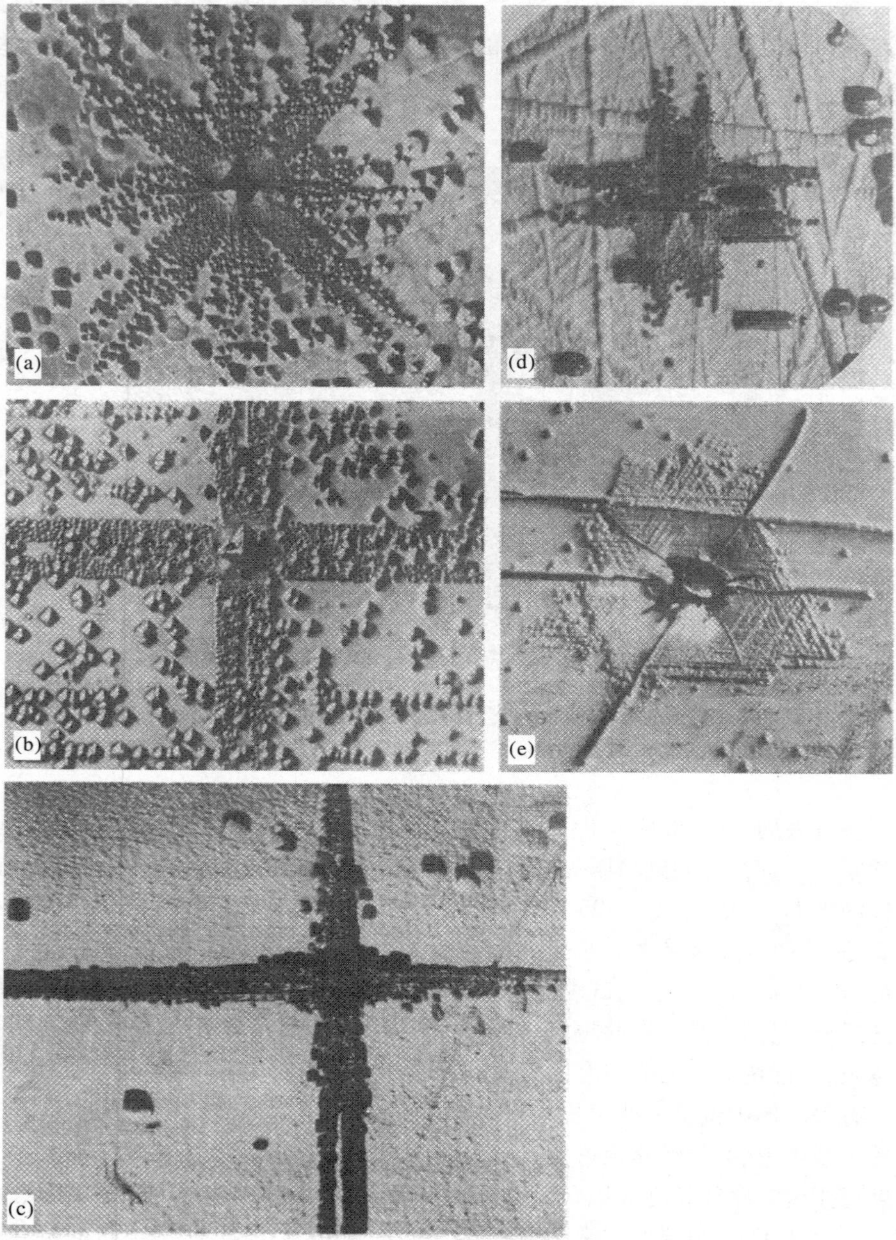

图 2.95 晶体(011)晶面上的位错花样

(a) LiF;(b) PbS;(c) CsI;(d) CaF_2;(e) CaF_2晶体(111)面上的位错花样

2.7.4 晶体抗失效能力的研究

脆性可用负载压痕法在压痕附近造成的裂纹来测定. Ikornikova 的建议[2.101],建立用裂纹数目测定脆性的等级,如表 2.11 所示.

压缩和拉伸中的极限强度是用试样断裂负载除以其横截面积得到的. 如果用形变弯曲来测定这个强度,极限拉伸应力由下式计算得到(三点弯曲方法):

$$\sigma_{\text{ult}} = 3PL/(2bh^2) \tag{2.146}$$

对四点弯曲方法则有

$$\sigma_{\text{ult}} = 3PC/(bh^2) \tag{2.147}$$

其中,P 为负载;b 和 h 分别为试样横截面的宽度和高度;L 为三点弯曲作用下支撑试样的圆柱形或棱柱形支架之间的间距(带有支架的座称为底座);而 C 为高低底座上支架间距之差的一半.

切形变的极限强度,和其他特性相比,能更好地表征晶体强度的各向异性. 切变是由两平行的切变工具产生的,下面的切变工具刚性地固定在厚重的钢支架上,而上面的切变工具则固定在可以在压力机平板上转动的钢棱柱上. 当做纵向形变(压缩或拉伸)时,其极限抗切变强度由下式计算:

$$\sigma_{\text{ult}} = P/S$$

其中,S 为试样的横截面面积.

表 2.11 脆性等级[2.101]

压 痕 特 征	脆性等级
压痕没有明显裂纹和开裂	0
压痕角有单一的小裂纹	1
有单一裂纹但不在压痕对角线延长线上或有两个裂纹处于相邻的角上	2
有两个裂纹分别位于压痕的两个对角上或有三条裂纹分别位于压痕不同的角上	3
多于三条裂纹,在压痕一边有一或两个开裂	4
压痕形状畸变	5

极限强度的测量偶尔也在 Charpis 或 Page 冲击试验机上分别用摆锤冲击或落锤法测量，也可测量一端固定在测试板上的转轴在旋转过程中的扭转应变.

2.7.5 持久强度

高极限强度决不总是材料必需的强度特性.在技术进步的现阶段，失效的时间特性(决定受到恒定负载下机械的寿命)变得越来越显著.这些特性涉及失效时间 t 和负载条件(如应力 σ、温度 T 和蠕变速率 $\dot{\varepsilon}$)之间的关系，恒定负载下试样的持续时间称为寿命(耐久性).寿命 $t(\sigma, T)$ 的实验数据一般可以很好地用下面经验公式描述[2.102-2.104]：

$$t = t_0 \exp\left(\frac{U_0 - \gamma\sigma}{kT}\right) \tag{2.148}$$

其中，t_0 与 σ 和 T 无关.以难熔合金为例，稳定蠕变速率与寿命之间的关系为

$$t\dot{\varepsilon} = 恒量 \tag{2.149}$$

这可以帮助我们预测在负载情况下试样的寿命.

寿命测试中的失效过程是因损伤的累积而逐渐发展的.对各种材料的研究表明损伤与时间的发展和测试条件有关.在高温和低应力条件下，损伤取决于裂纹的形核和扩展以及空位机制形成的细孔的扩展.损伤积累的基本作用是裂纹或细孔"吸收"新空位.直到目前，还没有得到在中温和高应力下损伤积累机制的可靠实验数据.实验揭示的低温蠕变的激活能接近于填隙原子的形成能这一事实支持在这些条件下起决定作用的是填隙原子的运动的假设[2.104].填隙原子机制比空位机制占优势的依据是具备下面的条件：

$$\gamma\sigma > U_s' - U_s - AkT \tag{2.150}$$

其中，γ 为单位体积中每产生一个填隙原子塑性形变增加相应的激活体积，U_s'为填隙原子机制的自扩散能(等于一个填隙原子的形成能 U_i)，U_s为空位自扩散能，而 A 为数量级为 1 的实测常数.

根据式(2.150)，应力和温度的变化引起了在 $\log\dot{\varepsilon}$-σ 曲线形状上的定性改变，质量输运从填隙原子机制变为空位机制(如图 2.96(a))和激活能的突然下降(如图 2.96(b))有关.激活能与应力的线性关系(曲线Ⅰ)与填隙原子的产生相应，而激活能不随应力变化(曲线Ⅱ)则与空位迁移相对应.此外，电子显微观察得到：蠕变引起的位错环，在高温和低应力范围，主要是空位环，而在低温和高应力范围则位错环主要是填隙原子环占主流.

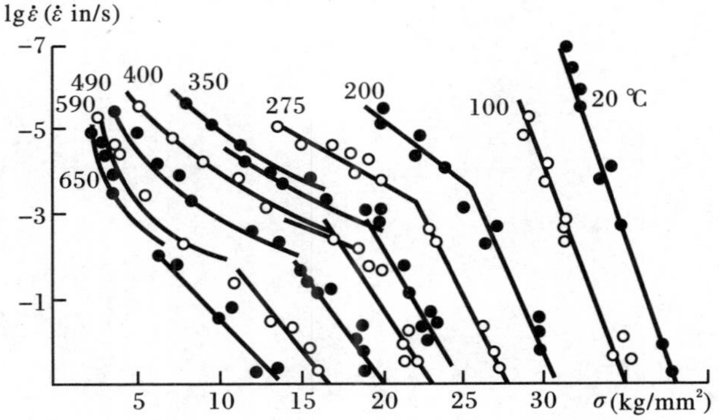

(a)

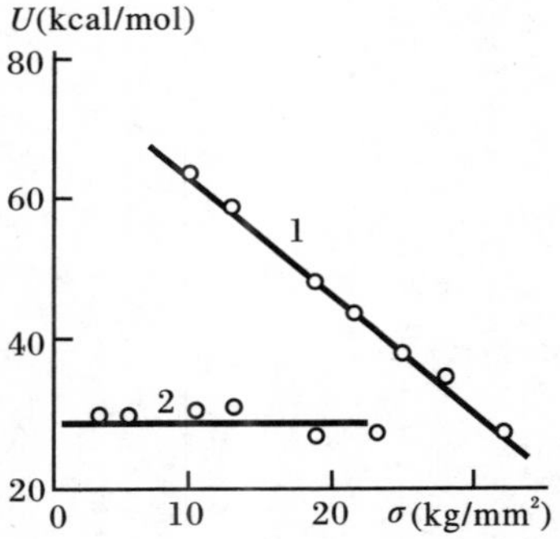

(b)

图 2.96

(a) 应力与蠕变速率的关系;(b) 应力与激活能的关系[2.56]

第 3 章

晶体的电性质

晶体的电性质是以某种方式和电极化相关的现象.在某些情况下,这种极化是自发的,即不是外场感应的;在另一些情况下,极化是由于晶体受热、电场或机械负载的作用等引起的.

在物理晶体学中,晶体的电性质是研究得最好的问题之一.这里主要考虑的是和介电晶体各向异性有紧密联系的现象.比如,对晶体来说,介电恒量 ε 是个张量值.介电极化率、比电导率和其他特性等也是张量值.

某些晶体中自发极化的存在导致了各向同性媒质中不存在的新现象——热释电效应,它是由于晶体在加热(冷却)过程中自发极化的变化引起的.一种比较新的晶类——铁电体就是一种热释电晶类.铁电体是以晶体划分为自发极化区域(即畴)来表征的.这样就解释了铁电体(特别是它们的相变区间)的电性质及其特性.

晶体的各向异性是另一个重要现象即压电效应的基础:在机械应力(应变)作用下的电极化以及由电场引起的形变.

在科学和技术中研究和应用晶体的电性质时,必须考虑晶体的电性质.热释电现象和压电现象被广泛应用于光电子学、无线电电子学、电流体和电声学、能量转换技术等学科中,这里特别有用的是铁电体.

3.1 极化、电导率和介电损耗

3.1.1 概论

介电晶体放置在外电场中,晶体将极化.介电体中的电场强度 $\boldsymbol{E}$ 要考虑晶体极化后才能确定.除了矢量 $\boldsymbol{E}$ 和 $\boldsymbol{P}$,介电体的状态用电感应矢量 $\boldsymbol{D}$ 表征.矢量 $\boldsymbol{D}$、$\boldsymbol{P}$ 和 $\boldsymbol{E}$ 之间的关系由下面等式确定:

$$\boldsymbol{P} = \alpha\boldsymbol{E}, \quad \boldsymbol{D} = \boldsymbol{E} + 4\pi\boldsymbol{P}, \quad \boldsymbol{D} = \varepsilon\boldsymbol{E}(\varepsilon = 1 + 4\pi\alpha) \tag{3.1}$$

其中,α 为介电体的极化,而 ε 为介电体的介电恒量.对含有介电体块体的任意一套物理量,完整的静电场方程组具有如下形式:

$$\boldsymbol{E} = -\operatorname{grad}\varphi, \quad \boldsymbol{D} = \varepsilon\boldsymbol{E}, \quad \operatorname{div}\boldsymbol{D} = 4\pi\rho, \quad \boldsymbol{D}_{2n} - \boldsymbol{D}_{1n} = 4\pi\sigma \tag{3.2}$$

其中,φ 为电势,ρ 为自由电荷体密度,$\boldsymbol{D}_{2n}$ 和 $\boldsymbol{D}_{1n}$ 分别为电感矢量在两个介电体

界面处的法向分量，而 σ 为该界面的自由电荷密度.

对各向同性介质来说，ε 和 α 都是标量. 在晶体以及所有的各向异性介质中，物理量 α 和 ε 分别是联系两个极矢量的二阶极张量：α_{ij} 和 ε_{ij}. 从图 3.1 可知，矢量 $\boldsymbol{D}$、$\boldsymbol{E}$ 和 $\boldsymbol{P}$ 的关系是明显的. 应当注意，极化的结果是介电体表面获得了和自由电荷异号的电荷. 考虑到这一情况和满足式(3.1)的要求，介电体内矢量 $\boldsymbol{P}$ 的方向必定是从负电荷指向正电荷.

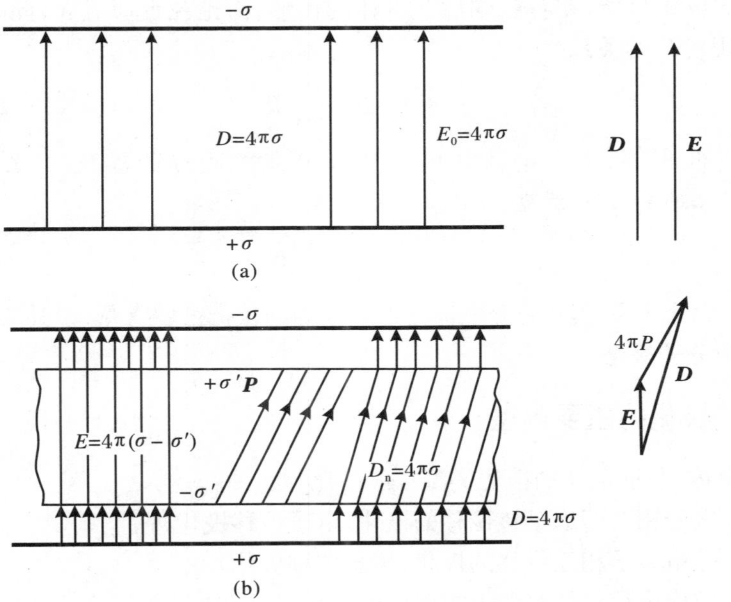

图 3.1 平行板真空电容器(a)和充满各向异性介电薄片的电容器(b)中的矢量 $\boldsymbol{D}$、$\boldsymbol{E}$ 和 $4\pi\boldsymbol{P}$：σ 为感生(自由)电荷密度；σ' 为极化(束缚)电荷密度

在没有外磁场的静电场中，张量 ε_{ij} 和 α_{ij} 是对称的，服从昂萨格对称性原理.

由于晶体中的矢量 $\boldsymbol{E}$ 和 $\boldsymbol{D}$ 的方向一般不重合，和光学类似，我们可以引入矢量 $\boldsymbol{E}$ 方向上的介电恒量 $\varepsilon_{\boldsymbol{E}}$ 和矢量 $\boldsymbol{D}$ 方向上的介电恒量 $\varepsilon_{\boldsymbol{D}}$ 的概念. 介电恒量 $\varepsilon_{\boldsymbol{E}}$ 表明矢量 $\boldsymbol{E}$ 是矢量 $\boldsymbol{D}$ 在 $\boldsymbol{E}$ 方向上的投影的几分之一. 反过来，$\varepsilon_{\boldsymbol{D}}$ 则表示矢量 $\boldsymbol{D}$ 比矢量 $\boldsymbol{E}$ 在 $\boldsymbol{D}$ 方向上的投影长几倍.

实验测定的 $\varepsilon_{\boldsymbol{E}}$ 和主介电恒量 ε_1、ε_2 和 ε_3 之间的关系是通过矢量 $\boldsymbol{E}$ 的导向余弦 c_i 来联系的：

$$\varepsilon_{\boldsymbol{E}} = c_1^2\varepsilon_1 + c_2^2\varepsilon_2 + c_3^2\varepsilon_3 \tag{3.3}$$

在考虑原子和分子极化(微观过程)时,重要的是**内电场(作用电场)**的概念.原因是在宏观考虑中,介电体中的场强是指平均场强 $\boldsymbol{E}$,忽略了介电体的原子结构.分子和原子的极化过程不取决于该场,而是和内(作用)场 $\boldsymbol{F}$ 有关.显然,电场 $\boldsymbol{E}$ 和 $\boldsymbol{F}$ 是不同的,至少在计算平均场强 $\boldsymbol{E}$ 时考虑所有电荷的电场(包括那些被考虑的点),而作用场 $\boldsymbol{F}$ 则是针对某一确定点的计算,并且只考虑那些在给定点以外的电荷的电场.

对弱极化媒质,在各向同性介电体的情形,洛伦兹近似成立,此时,平均场 $\boldsymbol{E}$ 和作用场 $\boldsymbol{F}$ 的关系为

$$\boldsymbol{F} = \boldsymbol{E} + \frac{4\pi}{3}\boldsymbol{P} \tag{3.4}$$

在这一近似中,联系介电体介电恒量和分离微质点的极化 η 之间关系的 Clasius-Mossoty 方程成立:

$$\frac{M}{\rho}\frac{\varepsilon - 1}{\varepsilon + 2} = \frac{4\pi}{3}N_0\eta \tag{3.5}$$

其中,M 为分子质量,ρ 为介电体密度,N_0 为阿伏伽德罗常量.上述表达式的右侧被称为**分子极化**.

3.1.2 极化的主要类型

介电体/非铁电体的极化类型一般简化为 4 种:

(1) 电子相对于原子核位移的极化(电子位移极化);

(2) 晶格离子相互位移的极化(离子位移极化);

(3) 结构中存在的恒偶极矩取向的极化(热取向极化);

(4) 弱结合离子的运动的极化(热离子极化).

一般地,后两种极化被称为弛豫极化.

电子位移极化是所有介电体共有的,是由原子或离子中结合最弱的电子(主要是价电子)的弹性位移感生的.电子位移极化的时间和光振动周期相当,等于$10^{-15}\sim10^{-14}$ s.

一般来说,介电体的介电恒量 ε 可以是各种不同极化的结果.但是,在光频范围内,ε 几乎完全是由电子极化引起的.这里,关系式 $n^2 = \varepsilon$ 是成立的(其中 n 为折射率),并且在考虑单位体积式(3.5)后具有如下形式:

$$\frac{n^2 - 1}{n^2 + 2} = \frac{4\pi}{3}N_i\eta_i \tag{3.6}$$

其中,N_i 为单位体积内第 i 种原子的数目,η_i 为第 i 种原子的电子极化.

利用实验测定的折射率并借助式(3.6)可以找出许多晶体的足够精确的电

子极化值，其大小的数量级等于原子半径的立方，即10^{-24} cm^3.

单纯形式的电子位移极化（即没有其他类型的极化）发生在由非极化分子构成的晶体中，如金刚石、萘和石蜡等，也发生在部分固态极化有机介电体中，如聚苯乙烯、聚乙烯及其他等.在静电场、低频场以及光频场中，这些介电体的极化可以用式(3.5)和式(3.6)来描述.对上述介电体的所有频率都很好地满足关系式 $n^2=\varepsilon$.

离子位移极化是由于离子间的相对位移引起的，在单纯的离子键晶体或以离子键为主的晶体中最为明显.但是，应当注意，这种晶体具有伴随离子位移极化的电子位移极化.单独用后一种极化类型不能解释某些离子晶体介电恒量的实验值.例如，在氯化钠中，折射率 $n=1.5$($n^2=\varepsilon_\infty=2.25$)，而静电介质恒量 $\varepsilon_s=5.62$.静电介电恒量和光频介电恒量的差值可以归因于离子位移极化，这可以用离子对的离子极化确定值 η_{ion}来表征.在忽略作用场和平均场差别后的离子位移极化近似中，静电介电恒量 ε_s 可用玻恩公式计算：

$$\varepsilon_s = n^2 + \frac{2\pi e^2}{\omega_0^2 a^3}\left(\frac{1}{m_1} + \frac{1}{m_2}\right) \tag{3.7}$$

其中，e 为离子电荷，ω_0 为晶格固有振动频率，a 为离子间距，m_1和 m_2分别为离子质量.公式右侧第二项精确地计算了离子位移极化对介电恒量的贡献.例如，对 NaCl，该项为 2.7，这使得上述 NaCl 晶体的 ε_s 和 n 值恰当地联系在一起.

一般地，**弛豫极化**指在极化介电体中的自由的或弱结合的偶极子的取向改变引起的极化以及由弱结合离子运动感生的极化.这两种极化类型和结构单元的热运动紧密相关，极化取决于这种运动，因而被认为是热极化的类型.

某些介电体含有极性分子或其他带有恒偶极矩 μ_0 的结构单元.含有极性分子的介电体以水、硝基苯、HCl 和 HBr 等为代表.如果极性分子是自由的，在电场的作用下，极性分子在热运动允许的范围内沿着电场方向取向.这种极化被称为**热取向极化**.

在考虑电子和离子极化强度 η_0 和由偶极子取向引起的极化强度 η_{0r}(忽略偶极子偶极间的相互作用)时，介电恒量可以用朗之万-德拜方程描述：

$$\varepsilon - 1 = 4\pi N(\eta_0 + \mu^2/3kT) \tag{3.8}$$

其中，N 为单位体积内的分子数目，μ 为偶极子的偶极矩($\mu\approx10^{-18}$ CGSE 单位)，k 为玻尔兹曼常量，T 为绝对温度.朗之万-德拜方程是从电场中偶极子能量远小于热运动能量($\mu E\ll kT$)的情况得到的，这种情形是经常碰到的.但在非常强的电场中，有时可能使所有的偶极子沿电场方向取向，此时其极化 η_{0r}将等于μ 而不是$\mu^2/3kT$.

在含有极性分子的介电体中，如果热运动能量足以克服平衡位置之间的势垒，那么，分子将被从一个平衡位置抛向另一平衡位置. 在分子随机的热抛掷中，外场建立了某个从尤取向(沿固定的方向)，使分子定向取向，从而使介电体极化.

我们已经注意到，极性介电体的极化是一种弛豫性质. 在这种介电体中，极化的初现(或消失)涉及偶极子的热运动，具有概率性特点，并且需要一段确定的时间，这个时间称为弛豫时间 τ. 不难理解 τ 的值取决于比值

$$\tau = \mathrm{e}^{u/kT}/(2\nu) \tag{3.9}$$

其中，ν 为元偶极子固有振动频率，u 为隔开两个平衡位置的势垒高度，k 为玻尔兹曼常数，T 为绝对温度. 事实上，在频率 ν 时，偶极子将每周期两次“试图”克服势垒($\tau'=1/2\nu$，其中 τ'为两次“试图”之间的时间)，$\exp(u/kT)$乘以 τ' 是(根据玻尔兹曼统计)克服势垒概率的倒数，即由此准确导出式(3.9).

固态介电体经常含有弱结合离子，在热运动过程中，离子可能逃脱固定位置而在介电体中运动. 在随机的热抛掷中，外电场建立了某个从尤取向因而引起在该方向上离子的过度抛掷. 在固态介电体中，弱结合离子的运动在空间上受严格限制. 因此，在场方向上的离子过度抛掷导致整个介电体的电荷分布呈非对称性，一段时间后，离子的反向扩散初现. 因此，在稳态中，每个单位体积介电体中得到一定的极化电矩. 这种极化类型和介电体结构单元的热运动有关，被称为**热离子极化**.

在计算热离子极化中的极化值时，我们一般从这样的概念开始：在没有场存在时，一个弱结合离子可以占据两个等概率、有相同势能的位置 1 和位置 2. 一个离子从位置 1 被抛向位置 2 的概率(或相反的情况)和势垒高度 u 及温度有关，并且等于 $\exp(-u/kT)$. 如果离子是固定在位置 1 或位置 2 的，它将以频率 ν(取决于结合力的弹性)振动.

对热离子极化引发的极化值的计算是以上述概念为基础的，得到下面表达式：

$$\eta_{\text{therm. ion}} = e^2\delta^2/(12kT) \tag{3.10}$$

(其中 $\delta/2$ 为离子的自由程)，接近含偶极子介电体的极化值.

热离子极化一般发生在非晶(无机玻璃)和多晶无机介电体(陶瓷)中. 在纯介电体晶体的极化中，这一过程起的作用不显著，但在含有各种杂质的晶体中却可能起主要的作用.

3.1.3 电导率

线性介电体具有择尤离子电导率(内禀型和杂质型).

对一系列晶体电导性本质的研究结果说明，晶体中主要的电流载流子是那些带有等量电荷、尺寸最小的离子，或那些尺寸相近电量较小的离子. 比如，在 NaCl 中，主要的电流载流子是 Na^+，而在 PbCl 中则是 Cl^-. 在一部分晶体中，电导性来自异号的离子，比如在 PbI_2 中. 此外，一部分晶体随着温度而变化，由一种符号载流离子转向两种(异号)离子. 比如，在 600 ℃以上，除了 Na^+ 以外，Cl^- 和 F^- 开始在较小程度上参与 NaCl 或 NaF 晶体中的电荷传递.

在强场中，许多介电晶体的电子电导率叠加到离子电导率. 在石英、岩盐等晶体中已经发现这一效应. 比如，在云母中，在低温强场中电导率主要是电子电导率，而在弱场并且温度足够高时，占主导地位的则是离子电导率.

在场作用下，如果每立方厘米内能运动的粒子数目等于 n，每个粒子的电量为 e，粒子的迁移率为 κ，那么电导率 σ 由下式确定：

$$\sigma = ne\kappa \tag{3.11}$$

在离子晶体中，电导性可能来自晶格离子的运动. 这种电导性被称为内禀电导性，主要表现在高温条件下. 另一方面，离子晶体的电导性和相对弱固定的杂质离子的运动有关. 这些离子确保了晶体的杂质电导性. 这种伴随有弱结合离子运动的电导性在相当低的温度已经相当明显. 更经常的是，在同一晶体中电导性同时受到晶格离子和弱结合杂质离子的影响. 非离子晶体(如分子晶体)一般具有杂质电导性.

晶体中离子的运动可以用一种或两种方式进行：(1) 离子可以在晶格点之间运动，形成弗仑克尔缺陷(在完整晶体中间隙是自由的，而在含有填隙原子的晶体中间隙可以被占据). (2) 离子可以跳到未被占据的格点(肖特基缺陷)而运动. 这种离子运动有时被看作空穴电导性.

研究结果表明，在上述两种情况下，过剩电导率和空穴电导率均由下式表示：

$$\sigma = A\mathrm{e}^{-B/T} \tag{3.12}$$

其中，恒量 B(激活能)和温度无关，而 A 只随温度轻微变化. B 的值受晶体中离子的能量和离子从一个稳定位置位移到另一稳定位置所需的能量控制.

前面已经提到，在高温时的实际离子晶体中，一般电导性为内禀的，而在低温时，电导性为杂质型的(即涉及缺陷). 因此，电导率和温度的关系可以用下式表示：

$$\sigma = A_1\mathrm{e}^{-B_1/T} + A_2\mathrm{e}^{-B_2/T} \tag{3.13}$$

其中，A、B 的脚标 1 指晶格离子，而脚标 2 表示杂质离子. 因此，激活能 B_1 明显超过 B_2. 特别地，在卤化碱晶体中，电导率用式(3.13)表示，低温区曲线 $\ln\sigma = f(T)$ 的斜率约等于高温范围的三分之一.

一般地，非离子晶体的电导率可以用下式描述得很好：

$$\ln\sigma = A - B/T \tag{3.14}$$

这和式(3.12)是相同的，而且一般它是由于杂质离子引起的. 对石英，沿着 c 轴(光轴)的电导率比垂直于 c 轴的高(其激活能分别为 0.88 eV 和 1.32 eV). 室温时，在光轴方向石英的体电阻率约为10^{14} Ω·cm，而在光轴横向方向上的体电阻率约为10^{16} Ω·cm. 在 500 ℃时，石英电阻降低约 5 个数量级，在 c 轴方向约为10^{9} Ω·cm，而在横向约为10^{11} Ω·cm. 在石英中，主要的电流载流子显然是带电的杂质离子 Na，K 和 Li.

在强场中，场对弱结合离子路径的功可以和热运动的能量相比，并将场中的电子电导率叠加到离子上，晶体可能会被击穿.

固态介电体的击穿有两种基本形式：热击穿和电击穿. 在一定强度下由于介电体偏离平衡状态而发生**热击穿**. 介电体的温度快速升高，介电体击穿. 当介电体的电导率随温度升高时，介电体的热平衡被破坏，这是离子电导性本质的典型.

电击穿是用阈值场强来表征的，在阈值场强处固体介电体的电流急剧增大.

3.1.4 介电损耗

在交变电场中，一般来说，介电体发热. 交变电场一部分能量被转化为热量，并被称为**介电损耗**. 总的介电损耗(或简称为损耗)由相当于施加恒定场强的电导率损耗和介电体中位移电流的有功部分构成.

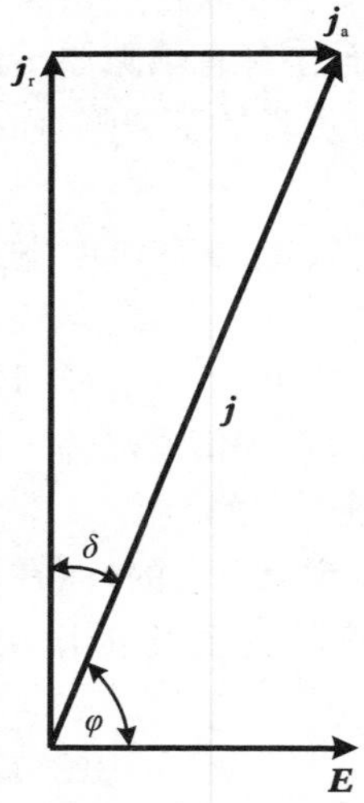

图 3.2 介电体中电流密度和场强的矢量图

因此，介电损耗伴随着极化的初现. 但是，电子和离子位移极化的快速初现从本质上不造成电场能量的显著耗散. 只有这种极化的晶体的介电损耗是很小的.

由热运动(热取向和热离子取向)引起极化的介电体中，极化伴随着吸收电流. 在交变电压中，吸收电流由两部分构成. 一部分是和所加场强同相位的 j_a，是电流的有功部分. 另一部分描述了导致 $\frac{\pi}{2}$ 相移的电流 j_r，是电流的无功部分(电容). 因此，如果一个介电体表现出极化的缓慢初现，那么，在交变电场中，即使是在没有电导通性的情况中，介电体也会经历能量损失.

图 3.2 给出了表示缓慢极化过程的电流密度 $\boldsymbol{j}_a$ 和 $\boldsymbol{j}_r$ 以及介电体中场强 $\boldsymbol{E}$ 的矢量图. 图中，角度 φ 表示在

总电流和电压之间的相移. φ 的补角 δ(两者之和为 $\pi/2$)被称为**介电损耗角**. 这个角的大小可以用其正切值来估计: $\tan\delta = j_a/j_r$.

首先,让我们计算介电恒量的电容部分(无功部分). 考虑到已知的电容器的无功电容 C_r、电流振幅 I_{rm}和频率为 ω 的交变电流的电压振幅 U_m的关系:

$$I_{rm} = \omega C_r U_m \tag{3.15}$$

得到无功电流密度 j_r的表达式:

$$j_r = \omega \varepsilon_r E_m/(4\pi) \tag{3.16}$$

因此,由于只允许由缓慢极化过程的 j_r,介电恒量的无功分量由下式定义:

$$\varepsilon_r = 4\pi j_r/\omega E_m \tag{3.17}$$

假设有功电流密度是由具有介电恒量 ε_a 的介电体的"有功电容"引起的,则

$$j_a = \omega \varepsilon_a E_m/(4\pi) \tag{3.18}$$

那么,我们得到 ε_a 的表达式:

$$\varepsilon_a = 4\pi j_a/(\omega E_m) \tag{3.19}$$

考虑到在 ε_r 和 ε_a 之间的相移$\frac{\pi}{2}$(类似于 j_r和 j_a之间的相移)并记 $\varepsilon_r = \varepsilon'$, $\varepsilon_a = \varepsilon''$,我们可以把缓慢极化过程引起的介电恒量写成复数值:

$$\varepsilon^* = \varepsilon' - i\varepsilon'' \tag{3.20}$$

式(3.20)的实部 ε'表征了介电恒量的无功部分(电容). 在介电体极化过程中,位移电流伴随着用 ε'表征的电容的充电,导致了电压相移$\frac{\pi}{2}$. 式(3.20)的虚部 ε''表征了由位移电流引起的有功部分的介电恒量,这个电流和电压同相位.

总的介电损耗是由各种极化(特别是目前被忽略的位移极化)和电导率引起的. 因此,在实际介电体中,无功电流包括由如几何电容的充电和位移极化等过程引起的电容电流,以及由弛豫极化引入的电流. 类似地,有功电流由伴随着弛豫极化的电流和剩余电导流构成.

由于各种无功电流引起的介电恒量的电容部分 ε 是和频率有关的,如图 3.3(a)所示. 当频率高于极化时间的倒数(它决定电子极化和离子极化以外的对 ε 的贡献,电子极化和离子极化的贡献用 ε_∞ 表示)时,总的介电极化降低.

$\tan\delta$ 和频率的关系一般是相当复杂的. 如果介电体电导率较低,那么,在 $\tan\delta$ 和频率的关系曲线上有一个清晰明确的最大值. 如果介电体的电导率较高, $\tan\delta$ 的最大值被平缓化,而且可能完全消失. 随着电导率降低,即随纯粹的弛豫介电损耗的实现,在温度变化曲线上 $\tan\delta$ 有一个最大值. $\tan\delta$ 为最大值的温度是和频率有关的. 当频率升高时, $\tan\delta$ 为最大值的温度沿着 x 轴向右移动.

当频率较高时，对具有弛豫极化和位移极化的介电体来说，介电恒量将和温度有关，如图 3.3(b)所示(曲线 1 对应的频率低于曲线 2 的). 随着频率的增大，ε 的最大值向高温移动.

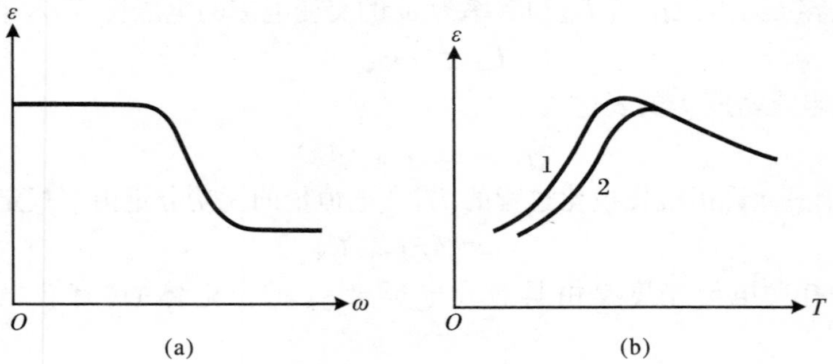

图 3.3 总介电恒量与频率(a)和温度(b)的关系

在很多介电晶体中，介电损耗主要是由于电导性. 只有部分介电体表现出弛豫本性的介电损耗，例如冰中由于极化基团的重新取向. 卤化碱晶体(NaCl，LiF，KBr 等)在一个较宽的温度和频率范围内，介电损耗主要是由无关联的空位引起的.

3.2 热释电现象

3.2.1 概要

相当早之前就证实了：在加热过程中，一部分晶体具有获得电子电量的能力，一个极端带正电，另一极端带负电，这种现象被称为**热释电**. 很长一段时间，注意力主要集中在电石晶体. 后来，通过对热释电效应的定量研究找到了其一般规律，而且证实了所有 10 种极化晶类的介电晶体必然具有热释电性质，这 10 种晶类为

$$1,\ 2,\ 3,\ 4,\ 6,\ m,\ mm2,\ 3m,\ 4mm,\ 6mm$$

热释电性质是所有表现出自发极化的晶体所固有的，而**热释电效应**是自发极化

随温度的变化.

对描述热释电效应的热力学关系的分析表明，肯定存在一个逆反应：加有电场的晶体的温度变化，将导致晶体自发极化的改变，这个效应被称为**电热效应**.

热释电现象和电热现象长期被认为是没有实际应用意义的有趣物理现象，主要原因是过去的研究限于线性热释电体.

在对铁电体中复杂的热释电效应和电热效应进行研究之后，热释电效应和电热效应的重要性增加了，特别是在相变区，由于自发极化急剧依赖于温度，这两种效应更为重要.目前热释电晶体用来做红外辐照的非常敏感的接收器和温度变化拾声器，还有其他转换热能为电能的设备.

3.2.2 热释电效应

热释电效应方程描述了晶体自发极化的变化 ΔP_s 随晶体温度变化 ΔT 的改变.在一级近似时，ΔP_s 和 ΔT 为线性关系：

$$\Delta P_s = p\Delta T \tag{3.21}$$

其中，p 为热释电系数.考虑 T 和 P_s 的无限小的增量，我们得到微分比：

$$\partial P_s/\partial T = p \tag{3.22}$$

这里把 p 处理为自发极化对温度的偏微分.因此，在 P_s- T 曲线上，给定温度的 p 的值被定义为曲线 $P_s = f(T)$ 在给定点的斜率.

P_s随温度的变化可以来自下面两个原因之一.首先，当温度变化时，由于热效应发生收缩或膨胀，自由晶体的尺寸将改变.因此，很明显，即使温度改变没有引起晶体结构的重组，晶体的自发极化也将改变，因为单位体积内的电荷和偶极子数目(决定自发极化的值)改变了.十分清楚，热释电效应的另外一部分自发极化来自晶体的形变.这部分一般是当作压电现象处理的，见 3.3 节.热释电效应的形变(压电)部分被称为**二次**热释电效应或**乱真**热释电效应，其热释电系数通常用 p''表示.

在热释电效应研究的早期，人们假设总的热释电效应(用系数 p 表征)整体地降为二次效应.但是，可以证明，即使晶体被固定而没有形变，温度的变化也会改变 P_s.效应的这部分不涉及晶体的形变，被称为**初级**热释电效应或**真实**热释电效应，并且用系数 p'描述.真实热释电效应的本质不是那么清晰，一般把它归于晶体结构随温度的变化.在线性热释电晶体中，真实热释电效应是很小的，一般为整个效应的 2%～5%，例如电石、硫酸锂和其他热释电晶体在室温都存在这种关系.

考虑把热释电效应分为初级效应和二次效应后，热释电效应方程具有下面的形式：

$$\Delta P_s = (p' + p'')\Delta T = p\Delta T \tag{3.23}$$

注意，由于 ΔP_s 是个矢量，热释电系数 p，p'和 p''都是矢量. 但在这里，我们只给出该效应的数量处理.

一般，在室温，线性介电体的热释电系数 p 仅随温度轻微变化，表明这些晶体的 P_s和温度的低相关性. p 的绝对值接近一个静电系单位. 例如电石，总的热释电系数为 -1.3 CGSE 单位. 从下面例子可获得电石热释电极化的明确概念. 垂直于热释电轴割出的电石片(厚度为 0.1 cm)均匀加热升高 10 ℃时，获得约为 5×10^{-9} C/cm^2 的电荷，两侧表面间的电势差约为 1 200 V.

低于室温时，许多线性热释电晶体表现出热释电系数降低. 在绝对零度附近，p 非常小. 在某一温度，部分晶体(如硫酸锂、硝酸钡等)的热释电系数通过零点而且改变其符号，这表明 $\boldsymbol{P}_s$经过了最大值(最小值)，如图 3.4 所示. 真实热释电系数(p')、乱真热释电系数(p'')和总的热释电系数 p 之间的关系可以从图 3.4(b)中得到. 从图中可见，硝酸钡的热释电系数主要是真实热释电系数，是初级热释电系数. 前面已经提到，一般二级效应在线性热释电体中最普通. 硝酸钡还有某些其他晶体是这一“规则”的例外.

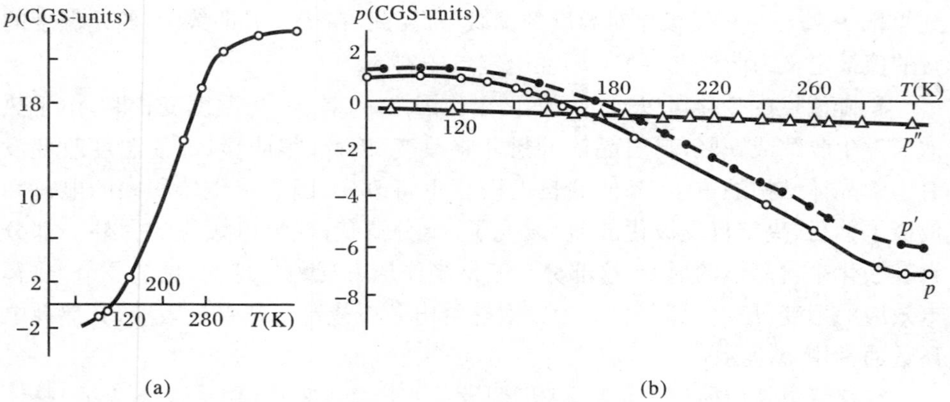

图 3.4 硫酸锂晶体(a)和硝酸钡晶体(b)的热释电系数与温度的关系

3.2.3 电热效应

这一现象是当电场 ΔE 施加到热释电晶体上时引起，热释电晶体的温度改变 ΔT. 相应地，电热效应方程为

$$\Delta T = q\Delta E \tag{3.24}$$

或表示成微分形式

$$q = \partial T/\partial E \tag{3.25}$$

其中，q 为电热效应系数.电热效应以及热释电性质只是极化晶类晶体所固有.

容易找到电热系数 q 和热释电系数 p 之间的关系.在具有自发极化 $\boldsymbol{P}_s$的热释电晶体的热力学考虑中，假设这种极化的改变只影响晶体的焓.在这种情况下，晶体的内能也保持不变，这使得下面几个关系式成立：

$$\mathrm{d}U = 0 = \mathrm{Ed}P + T\mathrm{d}S,\quad T = -E\mathrm{d}P/\mathrm{d}S \tag{3.26}$$

$$\frac{\partial T}{\partial E} = -\frac{\mathrm{d}P}{\mathrm{d}S} = -\frac{\partial P}{\partial T}\frac{\partial T}{\partial S} \tag{3.27}$$

其中，S 为熵.而$\partial T/\partial E = q$，$\partial P/\partial T = p$，从热力学可知有 $\mathrm{d}S = \mathrm{d}Q/T$，其中 $\mathrm{d}Q$ 为热增量，$\mathrm{d}Q = \mathrm{d}T\rho cJ$（其中，$\rho$ 为晶体的密度，c 为热容，而 J 为热功当量）.因此，利用式(3.27)得到

$$q = -pT/(\rho\, c\, J) \tag{3.28}$$

正如期望的，电热系数和热释电系数是相互成正比的，而且具有相反的符号.这表明具有强热释电效应的晶体也具有强电热效应.因此，如果晶体被加热（或冷却），伴随的 $\boldsymbol{P}_s$改变将导致由电热效应引起的热吸收（或释放）.结果，晶体将倾向于保持其温度.当 $q > 0$ 并且电场和 $\boldsymbol{P}_s$的方向相重合时，晶体的温度将升高，如式(3.24)，而当 $q > 0$ 而且电场和 $\boldsymbol{P}_s$的方向相反时，晶体的温度将降低.

和线性热释电体的热释电效应小一致，电热效应也是小的.计算表明，在厚度为 1 mm 的电石片中，施加电压为 300 V 时电石片的温度变化仅为 5×10^{-5} deg.

3.3 压电效应和电致伸缩

3.3.1 压电效应

压电效应是机械应力（应变）和电场（感生电场、极化电场）有线性关联的一系列相关现象.考虑机械应力张量 t_{ik}和应变张量 r_{ik}与电场强度矢量 $\mathcal{U}$ 及极化

$\boldsymbol{P}(\boldsymbol{P}=\boldsymbol{D}/4\pi)$之间的关系,将得到下面压电效应方程①:

$$\begin{aligned} P_n &= d_{nji}t_{ji}, \quad r_{ij} = d_{mij}E_m \\ P_n &= e_{nij}r_{ij}, \quad t_{ji} = -e_{mji}E_m \\ E_m &= -h_{mij}r_{ij}, \quad t_{ij} = -h_{nji}P_n \\ E_m &= -g_{mji}t_{ji}, \quad r_{ij} = g_{nij}P_n \end{aligned} \tag{3.29}$$

物理量 d,e,g 和 h 均为三阶极张量,称为**压电系数**.在式(3.29)的左列和右列方程分别描述了正压电效应和逆压电效应.

在 CGSE 单位制中,系数 e 和 h 具有电极化的量纲($\mathrm{cm}^{-1/2}\cdot\mathrm{g}^{1/2}\cdot\mathrm{s}^{-1}$),而系数 g 和 d 则具有电极化的倒数的量纲($\mathrm{cm}^{1/2}\cdot\mathrm{g}^{-1/2}\cdot\mathrm{s}$).

在实验条件下,晶体可能是“短路”的或是“开路”的.如果晶体由压致极化引起的带电 σ'的表面和导体相连,或晶体简单地直接放在一种导电介质中,那么,晶体(薄片)是“短路”的、“闭合”的.被吸附的自由电荷 σ_0 和晶体中抵消它的束缚电荷 σ' 两者大小相等、符号相反,即 $-\sigma_0=\sigma'$.如果在压电极化 $P=\sigma'$的条件下,晶体是“开路”的,晶体处于绝缘介质中,它的带相反符号电荷的表面不是电相连的.此时,电感应 $D=0$(晶体上没有自由电荷).束缚电荷 σ'的场强为 $E=-4\pi\sigma'/\varepsilon$,其中 ε 为晶片的介电恒量.

在逆压电效应中,用 P 表示自由电荷的面密度σ_0.在这些条件下,晶体是开路的.当施加外场 E 时(通过电池),晶体成为闭合的.

由于置换两个脚标(第二和第三脚标)的对称性质,三阶压电张量 d,e,g 和 h 一般有 18 个独立分量,而不是 27 个.非零压电系数全部限于非中心对称晶类晶体(晶类 432 是例外,根据它的对称性,其压电系数张量的所有分量均为零).这样的晶类共有 20 个:$1,2,m,222,mm2,4,\bar{4},422,4mm,\bar{4}2m,3,32,3m,6,\bar{6},622,6mm,\bar{6}m2,23,\bar{4}3m$.严格来讲,属于这些晶类的晶体也可能不是压电体.但在所有实际情况中,晶体的几何的(对称的)极性和电的极性是等效的,在这里不需要对它们做区别.

在实际计算中,应当用式(3.29)的矩阵形式,应变和应力分量用单脚标,压电系数张量分量用双脚标:

$$\begin{aligned} P_n &= d_{nj}t_j, \quad r_i = d_{mi}E_m \\ P_n &= e_{ni}r_i, \quad t_j = -e_{mj}E_m \\ E_m &= -h_{mi}r_i, \quad t_j = -h_{nj}P_n \quad (n,m=1,2,3;i,j=1,2,\cdots,6) \end{aligned}$$

① 区别于第 2 章,本章中,用 t 和 r 分别表示机械应力和应变,因为这里的 σ 和 ε 分别表示电荷密度和介电恒量.

$$E_m = -g_{mj}t_j, \quad r_i = g_{ni}P_n \tag{3.30}$$

比较式(3.29) 的系数 d_{nji} 和式(3.30) 的 d_{ij} 得到下面关系式：

$$\begin{aligned}
&d_{111} = d_{11}, \quad d_{122} = d_{12}, \quad d_{133} = d_{13} \\
&d_{132} = d_{123} = \frac{1}{2}d_{14}, \quad d_{131} = d_{113} = \frac{1}{2}d_{15}, \quad d_{112} = d_{121} = \frac{1}{2}d_{16} \\
&d_{211} = d_{21}, \quad d_{222} = d_{22}, \quad d_{233} = d_{23}, \quad d_{232} = d_{123} = \frac{1}{2}d_{24} \\
&d_{231} = d_{213} = \frac{1}{2}d_{25}, \quad d_{212} = d_{221} = \frac{1}{2}d_{26}, \quad d_{311} = d_{31} \\
&d_{322} = d_{32}, \quad d_{333} = d_{33}, \quad d_{323} = d_{332} = \frac{1}{2}d_{34} \\
&d_{313} = d_{331} = \frac{1}{2}d_{35}, \quad d_{312} = d_{321} = \frac{1}{2}d_{36}
\end{aligned} \tag{3.31}$$

一般，方程(3.29)和(3.30)是非常不方便的. 但在大多数具体情况下，由于晶体的对称性，部分系数等于零或者相等. 事实上，正如前面已经提到的，在中心对称晶体中不可能有压电效应. 这可从下面的事实得知：有对称中心的晶体的对称素“总和”和有对称中心的均匀机械应力将导致服从居里原理的中心对称群. 换句话说，中心对称晶体在形变后保持中心对称. 形变晶体中对称中心的存在明确指出这种晶体没有极性方向，因而没有电极化.

从分析来看，对称性对压电系数张量类型的影响，可以用对任意阶张量的影响的相同方法来考虑，见第 1 章. 表 3.1 和表 3.2 给出了所有压电晶类的这种考虑的结果. 表 3.1 说明，对 20 种晶类，系数 d_{nj} 的矩阵中至少有一个非零系数，当然非零系数不超过 18 个.

系数 g_{mj} 的矩阵和列在表 3.1 中系数 d_{nj} 的矩阵相同. 同时，根据这里所采用的记号，对某些晶类形变张量 r_{ij} 的剪切分量，在系数 e_{mi} 和 h_{mi} 的矩阵与上述矩阵 d_{nj} 之间存在一个差异. 存在这种差异的晶类的矩阵列在表 3.2 中. 注意，式(3.31)中的系数 e 和 h 从两位数脚标转到三位数脚标时，不出现因子 1/2.

表 3.1 所有晶类压电系数矩阵的形式(非零系数的数目在每个矩阵后的括弧中标明)

三斜晶系	
晶类 1	
$\begin{Vmatrix} d_{11} & d_{12} & d_{13} & d_{14} & d_{15} & d_{16} \\ d_{21} & d_{22} & d_{23} & d_{24} & d_{25} & d_{26} \\ d_{31} & d_{32} & d_{33} & d_{34} & d_{35} & d_{36} \end{Vmatrix}$	(18)

续表

单斜晶系

晶类 $2,2\parallel Y$

$$\begin{Vmatrix} 0 & 0 & 0 & d_{14} & 0 & d_{16} \\ d_{21} & d_{22} & d_{23} & 0 & d_{25} & 0 \\ 0 & 0 & 0 & d_{34} & 0 & d_{36} \end{Vmatrix} \quad (8)$$

晶类 $2,2\parallel Z$

$$\begin{Vmatrix} 0 & 0 & 0 & d_{14} & d_{15} & 0 \\ 0 & 0 & 0 & d_{24} & d_{25} & 0 \\ d_{31} & d_{32} & d_{33} & 0 & 0 & d_{36} \end{Vmatrix} \quad (8)$$

晶类 $m,m\perp Y$

$$\begin{Vmatrix} d_{11} & d_{12} & d_{13} & 0 & d_{15} & 0 \\ 0 & 0 & 0 & d_{24} & 0 & d_{26} \\ d_{31} & d_{33} & 0 & d_{35} & 0 & 0 \end{Vmatrix} \quad (10)$$

晶类 $m,m\perp Z$

$$\begin{Vmatrix} d_{11} & d_{12} & d_{13} & 0 & 0 & d_{16} \\ d_{21} & d_{22} & d_{23} & 0 & 0 & d_{26} \\ 0 & 0 & 0 & d_{24} & d_{25} & 0 \end{Vmatrix} \quad (10)$$

三角晶系

晶类 3

$$\begin{Vmatrix} d_{11} & -d_{11} & 0 & d_{14} & d_{15} & 2d_{22} \\ d_{22} & -d_{22} & 0 & d_{15} & -d_{14} & 2d_{11} \\ d_{31} & d_{31} & d_{33} & 0 & 0 & 0 \end{Vmatrix} \quad (6)$$

晶类 32

$$\begin{Vmatrix} d_{11} & -d_{11} & 0 & d_{14} & 0 & 0 \\ 0 & 0 & 0 & 0 & -d_{14} & 2d_{11} \\ 0 & 0 & 0 & 0 & 0 & 0 \end{Vmatrix} \quad (2)$$

晶类 $3m,m\perp X$

$$\begin{Vmatrix} 0 & 0 & 0 & 0 & d_{15} & 2d_{21} \\ d_{21} & -d_{21} & 0 & d_{15} & 0 & 0 \\ d_{31} & d_{31} & d_{33} & 0 & 0 & 0 \end{Vmatrix} \quad (4)$$

晶类 $3m,m\perp Y$

$$\begin{Vmatrix} d_{11} & -d_{11} & 0 & 0 & d_{15} & 0 \\ 0 & 0 & 0 & d_{15} & 0 & 2d_{11} \\ d_{31} & d_{31} & d_{33} & 0 & 0 & 0 \end{Vmatrix} \quad (4)$$

六角晶系

晶类 6

$$\begin{Vmatrix} 0 & 0 & 0 & d_{14} & d_{15} & 0 \\ 0 & 0 & 0 & d_{15} & -d_{14} & 0 \\ d_{31} & d_{31} & d_{33} & 0 & 0 & 0 \end{Vmatrix} \quad (4)$$

晶类 $6mm$

$$\begin{Vmatrix} 0 & 0 & 0 & 0 & d_{15} & 0 \\ 0 & 0 & 0 & d_{15} & 0 & 0 \\ d_{31} & d_{31} & d_{33} & 0 & 0 & 0 \end{Vmatrix} \quad (3)$$

晶类 622

$$\begin{Vmatrix} 0 & 0 & 0 & d_{14} & 0 & 0 \\ 0 & 0 & 0 & 0 & -d_{14} & 0 \\ 0 & 0 & 0 & 0 & 0 & 0 \end{Vmatrix} \quad (1)$$

晶类 $\overline{6}$

$$\begin{Vmatrix} d_{11} & -d_{11} & 0 & 0 & 0 & 2d_{21} \\ d_{21} & -d_{21} & 0 & 0 & 0 & 2d_{11} \\ 0 & 0 & 0 & 0 & 0 & 0 \end{Vmatrix} \quad (2)$$

晶类 $\overline{6}m2,m\perp X$

$$\begin{Vmatrix} 0 & 0 & 0 & 0 & 0 & 2d_{22} \\ d_{22} & -d_{22} & 0 & 0 & 0 & 0 \\ 0 & 0 & 0 & 0 & 0 & 0 \end{Vmatrix} \quad (1)$$

晶类 $\overline{6}m2,m\perp Y$

$$\begin{Vmatrix} d_{11} & -d_{11} & 0 & 0 & 0 & 0 \\ 0 & 0 & 0 & 0 & 0 & 2d_{11} \\ 0 & 0 & 0 & 0 & 0 & 0 \end{Vmatrix} \quad (1)$$

续表

立方晶系

晶类 $\bar{4}3m$ 和 23

$$\begin{Vmatrix} 0 & 0 & 0 & d_{14} & 0 & 0 \\ 0 & 0 & 0 & 0 & d_{14} & 0 \\ 0 & 0 & 0 & 0 & 0 & d_{14} \end{Vmatrix} \quad (1)$$

正交晶系

晶类 222

$$\begin{Vmatrix} 0 & 0 & 0 & d_{14} & 0 & 0 \\ 0 & 0 & 0 & 0 & d_{25} & 0 \\ 0 & 0 & 0 & 0 & 0 & d_{36} \end{Vmatrix} \quad (3)$$

晶类 $mm2$

$$\begin{Vmatrix} 0 & 0 & 0 & 0 & d_{15} & 0 \\ 0 & 0 & 0 & d_{24} & 0 & 0 \\ d_{31} & d_{32} & d_{33} & 0 & 0 & 0 \end{Vmatrix} \quad (5)$$

四方晶系

晶类 4

$$\begin{Vmatrix} 0 & 0 & 0 & d_{14} & d_{15} & 0 \\ 0 & 0 & 0 & d_{15} & -d_{14} & 0 \\ d_{31} & d_{31} & d_{33} & 0 & 0 & 0 \end{Vmatrix} \quad (4)$$

晶类 $\bar{4}$

$$\begin{Vmatrix} 0 & 0 & 0 & d_{14} & d_{15} & 0 \\ 0 & 0 & 0 & -d_{15} & d_{14} & 0 \\ d_{31} & -d_{31} & 0 & 0 & 0 & d_{36} \end{Vmatrix} \quad (4)$$

晶类 422

$$\begin{Vmatrix} 0 & 0 & 0 & d_{14} & 0 & 0 \\ 0 & 0 & 0 & 0 & -d_{14} & 0 \\ 0 & 0 & 0 & 0 & 0 & 0 \end{Vmatrix} \quad (1)$$

晶类 $4mm$

$$\begin{Vmatrix} 0 & 0 & 0 & 0 & d_{15} & 0 \\ 0 & 0 & 0 & d_{15} & 0 & 0 \\ d_{31} & d_{31} & d_{33} & 0 & 0 & 0 \end{Vmatrix} \quad (3)$$

晶类 $\bar{4}2m, 2 \parallel x, y$

$$\begin{Vmatrix} 0 & 0 & 0 & d_{14} & 0 & 0 \\ 0 & 0 & 0 & 0 & d_{14} & 0 \\ 0 & 0 & 0 & 0 & 0 & d_{36} \end{Vmatrix} \quad (2)$$

表 3.2 压电系数 e_{ij} 和 h_{ij} 的矩阵形式与其 d_{ij} 和 g_{ij} 矩阵形式不同的晶类
(非零系数的数目在每个矩阵后的圆括号中标出)

晶类 3

$$\begin{Vmatrix} e_{11} & -e_{11} & 0 & e_{14} & e_{15} & e_{21} \\ e_{21} & -e_{21} & 0 & e_{15} & -e_{14} & -e_{11} \\ e_{31} & e_{31} & e_{33} & 0 & 0 & 0 \end{Vmatrix} \quad (6)$$

晶类 32

$$\begin{Vmatrix} e_{11} & -e_{11} & 0 & e_{14} & 0 & 0 \\ 0 & 0 & 0 & 0 & -e_{14} & -e_{11} \\ 0 & 0 & 0 & 0 & 0 & 0 \end{Vmatrix} \quad (2)$$

续表

晶类 $\bar{6}$

$$\begin{Vmatrix} e_{11} & -e_{11} & 0 & 0 & 0 & e_{21} \\ e_{21} & -e_{21} & 0 & 0 & 0 & -e_{11} \\ 0 & 0 & 0 & 0 & 0 & 0 \end{Vmatrix} \quad (2)$$

晶类 $3m, m \perp X$

$$\begin{Vmatrix} 0 & 0 & 0 & 0 & e_{15} & e_{21} \\ e_{21} & -e_{21} & 0 & e_{15} & 0 & 0 \\ e_{31} & e_{31} & e_{33} & 0 & 0 & 0 \end{Vmatrix} \quad (4)$$

晶类 $\bar{6}m2, m \perp Y$

$$\begin{Vmatrix} e_{11} & -e_{11} & 0 & 0 & 0 & 0 \\ 0 & 0 & 0 & 0 & 0 & -e_{11} \\ 0 & 0 & 0 & 0 & 0 & 0 \end{Vmatrix} \quad (1)$$

3.3.2 电机械转变

一般，晶体的能量是其热状态、机械状态和电状态的函数. 温度 T 或熵 S 作为独立变量描述热状态，机械状态则用应力 t 或形变 r 来表征，而电状态用电场场强 E 或电感应 D 来表征. 在相当确定的条件下可以测定的晶体的弹性和介电性质，用以表征在每种特殊情况下的热状态、机械状态和电状态.

晶体的热状态既可以是恒温条件的(等温条件，T = 常量)，也可以是恒熵条件的(绝热条件，S = 恒量). 从机械上看，晶体可以是自由晶体(没有机械应力，$t=0$)或者用夹钳固定的(形变 r 恒定或者为零). 从电的角度看，如前所述，晶体可以是断开的(感应量 D 为恒量或者为零)，也可以是闭合的(电场 E 为恒量或者为零). 参考弹性刚性系数，可以讨论物理量 c^{DS}, c^{DT}, c^{ES} 和 c^{ET} 等. 第一个物理量表征在绝热条件断开状态下测量的刚性(上标为 D 和 S)，第二个表征在等温条件晶体断开状态下测量的刚性等. 一般来说，在测量介电特性时，反过来有必要区别 ε^{rS}, ε^{tS}, ε^{rT} 和 ε^{tT}；ε^{rS} 是在绝热条件下对钳夹固定的晶体的测量，而 ε^{tT} 是在等温条件下对自由晶体的测量等.

实际中，在高频时的测量可以观察到绝热条件. 晶体中各自独立的部分在这种条件下测量时没有时间交换热量. 反过来，在静态测量中，等温测量条件则比较现实.

在不同热条件下测量弹性系数(弹性刚性 c 和弹性柔度 s)，但在相同的机械条件和电条件下得到的结果仅相差约 1%. 一般，绝热顺度比等温顺度小，在绝热条件下晶体更加刚硬. 只有当晶体为热释电体时，在不同热条件下测得的介电恒量 ε 才不相同. ε^S 和 ε^T 之差和乘积 $p_i p_j$ 成正比(其中 p_i 和 p_j 均为热释电系数)，而差值的符号则和 p_i 及 p_j 的符号有关. 考虑系数 c 和 s、D 和 E 之间的关系后，很容易得到不同压电系数之间如下形式的关系：

$$d_{nj}=\frac{\varepsilon^{t}_{mn}}{4\pi}g_{nj}=e_{ni}s^{E}_{ij},\quad g_{nj}=4\pi\beta^{t}_{mn}d_{mj}=h_{ni}s^{D}_{ij}$$

$$e_{nj}=\frac{\varepsilon^{r}_{mn}}{4\pi}h_{mj}=d_{ni}c^{E}_{ij},\quad h_{nj}=4\pi\beta^{r}_{mn}e_{mj}=g_{ni}c^{D}_{ij}$$

$$(m,n=1,2,3;i,j=1,2,\cdots,6) \tag{3.32}$$

其中，β_{mn}为倒易介电恒量的张量.

对压电晶体，c^D，c^E 以及 s^D，s^E 的值是分别不同的，其余的则是相同的.定性来说，考虑到弹性系数测量时伴随有晶体的极化，这种差异是可以理解的.对电断开晶体(D＝恒量)，这表明在测定弹性系数时，我们同时测量了晶体自身的刚性和外空间压电极化感生的电场的刚性(如果我们能这样说的话).换句话说，在这种情况下，部分能量被消耗来产生电场.这说明了 $c^D>c^E$(或 $s^D<s^E$)，这就是实际情况.显然，刚性(或柔度)之差是机械能转换成电能的度量：产生电场消耗的能量越大，**电-机械耦合系数** k 越大，k 由下式定义：

$$k^2=\frac{s^E-s^D}{s^E}=\frac{c^D-c^E}{c^D} \tag{3.33}$$

最后，对压电晶体来说 ε^t 和 ε^r 是有区别的，但其余方面都相同.如果晶体是自由的，对晶体施加电场，除了由于压电效应引起的极化外，还导致晶体的机械形变.在被夹紧的晶体中，则不会发生这种转换.这说明肯定存在这样的关系 $\varepsilon^t>\varepsilon^r$.它们的差值也是电-机械转换的度量：

$$k^2=(\varepsilon^t-\varepsilon^r)/\varepsilon^t \tag{3.34}$$

电-机械耦合系数是一个各向异性的物理量，对进行不同振动的不同试样可以有不同的值.电-机械耦合越高，压电系数越大.对电场 E(或感应矢量 D)的第 i 个分量和张量 t 及 r 的第 j 个分量，下面关系式成立：

$$k^2=\frac{d^2_{ij}}{\varepsilon^{t}_{ii}s^{E}_{jj}}=\frac{h^2_{ij}}{\beta^{s}_{ii}c^{D}_{jj}},\quad k^2=\frac{e^2_{ij}}{\varepsilon^{r}_{ii}c^{E}_{jj}}=\frac{g^2_{ij}}{\beta^{t}_{ii}s^{D}_{jj}} \tag{3.35}$$

在恒定熵 S 条件(绝热条件)和恒温 T 条件(等温条件)下测得的**压电系数** d，e，g 和 h 对压电晶体才存在差别.对线性压电体，这个差值较小，约等于 0.1%.有关在相变区的铁电体的这个差值将在下面考虑.

压电晶体由于机械作用和在电场作用下的形变而获得极化的能力，有可能把压电体看作电-机械转换器.从前面可清楚地知道，这种转换器的效率取决于机械钳夹定的晶体与自由晶体的介电恒量之差，以及电短路晶体与开路晶体的弹性系数之差.

正是利用定义，即利用压电效应方式的方程组(3.29)，系数 d，g，e 和 h 表征了确切的电-机械转换机制.因此，从该方程组，对系数 d(忽略了式(3.29)中

的脚标)有

$$P = dt, \quad r = dE \tag{3.36}$$

由此得出对正压电效应,在机械应力作用下,出现由系数 d 确定的电极化(电荷密度或感应矢量,因为 $D=4\pi P=4\pi\sigma$). 在逆压电效应中,系数 d 表示由外加电场引起的形变量. 在正压电效应中,系数 g 表示由机械应力引起的电势差,而在逆压电效应中则表示由沉淀在晶体上的电荷引起的形变量,等等. 这说明,比如要在机械应力作用下获得高电场强度,必须利用具有最大系数 g 的晶体. 这种要求就被强加到声波和超声波压电体接收机中. 在电场作用下要力图确保晶体的有效形变时,我们必须选择有最大系数 d 的晶体. 这种要求在设计有效的声和超声辐照器时是可预见的. 借助压电晶体确保有效测量形变的电学方法时,我们必须选择有最大系数 h 和 e 的晶体(压电地震仪、压电适配器),因为在正压电效应中,这些系数表征了与电场 E 和极化 P 成正比的形变.

3.3.3 线性介电体的压电性质

石英(SiO_2)是被熟知和广泛使用的线性压电晶体. 石英的低温(低于573 ℃)变态即 α 石英属于三角晶系(晶类为32,空间群为 $D_3^4=C3_121$). 在室温时,每个晶胞的晶格参数为 $a=4.90$ Å 和 $c=5.39$ Å,含有3个 SiO_2"分子". α 石英的结构如图3.5所示. 结构的型主是顶联结的[SiO_4]四面体. 四面体轻微畸变:两个 Si—O 间距等于1.61 Å,而另外两个则等于1.62 Å. 在结网中的[SiO_4]四面体形成一个沿着 c 轴的螺旋形型主,在三重六角单胞中心处有空位.

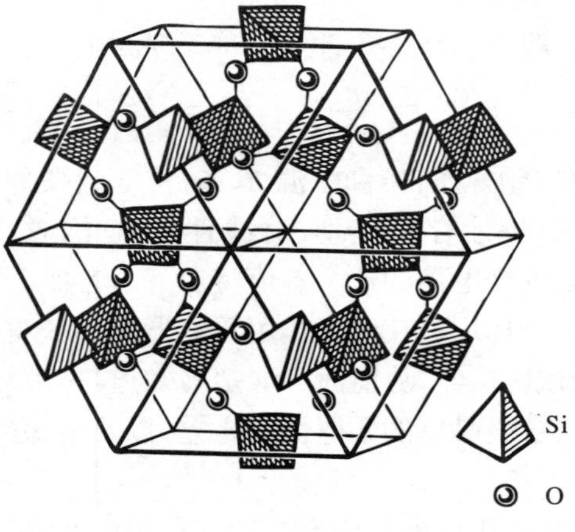

图3.5 α 石英的晶体结构

在 573 ℃附近，石英发生相变，在该温度以上转变成为六角结构(晶类 622，空间群 $D_6^5 = p6_122$). 这种变态称为 β 石英，在 573～870 ℃的温度范围内是稳定的. 已经知道在更高的温度存在的另外两种 SiO_2 的变态——鳞石英和方石英.

α 石英和 β 石英都具有压电性质. 根据表 3.1，对 α 石英所属的晶类 32，利用正压电效应压电模量 d 的方程具有如下形式：

	t_1	t_2	t_3	t_4	t_5	t_6
P_1	d_{11}	$-d_{11}$	0	d_{14}	0	0
P_2	0	0	0	0	$-d_{14}$	$-2d_{11}$
P_3	0	0	0	0	0	0

(3.37)

而对逆压电效应有：

	E_1	E_2	E_3
r_1	d_{11}	0	0
r_2	$-d_{11}$	0	0
r_3	0	0	0
r_4	d_{14}	0	0
r_5	0	$-d_{14}$	0
r_6	0	$-2d_{11}$	0

(3.38)

在习惯上，正压电效应的方程写成

$$P_1 = d_{11}t_1 - d_{11}t_2 + d_{14}t_4, \quad P_2 = -d_{14}t_5 - 2d_{11}t_6 \tag{3.39}$$

而逆压电效应的方程则写成

$$r_1 = d_{11}E_1, \quad r_2 = -d_{11}E_1, \quad r_4 = d_{14}E_1 \tag{3.40}$$
$$r_5 = -d_{14}E_2, \quad r_6 = -2d_{11}E_2$$

石英中压电效应的主要特殊性是，根据石英的对称性，石英在 Z 轴(c 轴)方向不具有压电性质. 石英的最简单的压电体切割是分别垂直于晶体 X 轴和 Y 轴的 X 切割和 Y 切割. X 切割薄片一般用于感生纵向压电效应，如图 3.6(a)所示，而 Y 切割薄片则用于感生横向压电效应，如图 3.6(b)所示. X 切割薄片中的纵向压电效应方程有下面形式：

$$P_1 = d_{11}t_1 \tag{3.41}$$

而 Y 切割薄片的横向压电效应方程则有：

$$P_2 = -d_{11}t_2 \tag{3.42}$$

切应力引发的压电极化由压电模量 d_{14}确定，如图 3.6(c)所示.

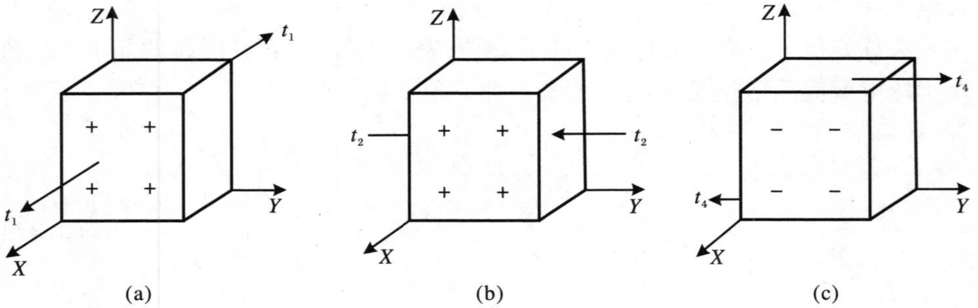

图 3.6 石英中的直接压电效应

(a) 纵向；(b) 横向；(c) 切应变感生

在 CGSE 单位制中，石英压电模量的值是

$$d_{11} = -6.76\times10^{-8}, \quad d_{14} = 2.56\times10^{-8}$$

为了传递石英中压电效应的数量级的概念，我们简要地说明，向厚度为 1 cm 的 X 切割石英薄片沿着 X 轴方向施加 1 000 V 的电场，石英薄片的厚度将增加 21 Å. 另一方面，沿着 X 轴方向、大小为 1 kgf/cm^2 的应力作用在同一石英薄片上，在该轴方向上产生的电势差为 60 V.

石英的刚性系数 c 和柔度系数 s 在绝热条件和等温条件下测量得到的结果实际上是一样的. 在室温和恒定场强中测得的这些系数的值为(以 CGSE 为单位)

$$s_{11}^E = 127\times10^{-14}, \qquad c_{11}^E = 86.05\times10^{10}$$
$$s_{12}^E = -15.35\times10^{-14}, \qquad c_{12}^E = 4.85\times10^{10}$$
$$s_{13}^E = -11.10\times10^{-14}, \qquad c_{13}^E = 10.45\times10^{10}$$
$$s_{14}^E = -44.6\times10^{-14}, \qquad c_{14}^E = 18.25\times10^{10}$$
$$s_{33}^E = 95.6\times10^{-14}, \qquad c_{33}^E = 107.1\times10^{10}$$
$$s_{44}^E = 197.8\times10^{-14}, \qquad c_{44}^E = 58.65\times10^{10}$$
$$s_{66}^E = 2(s_{11}^E - s_{12}^E) = 286.6\times10^{-14}, \qquad c_{66}^E = (c_{11} - c_{16})/2 = 40.5\times10^{10}$$

三角晶体的石英具有两个独立的介电恒量 $\varepsilon_1 = \varepsilon_2$ 和 ε_3. 当 $t = 0$ 时，即对机械上自由的晶体来说，这些介电恒量为

$$\varepsilon_1^t = 4.58, \quad \varepsilon_3^t = 4.70$$

当使用 X 切割薄片并且激发纵向振动时，线性压电体的石英具有较小的电-机械耦合系数 $k=0.1$. 当使用 Y 切割薄片且有部分剪切振动时，k 值略为大一些，等于 0.14.

由于石英的重要性质，石英被广泛应用于各种设备（包括压电设备）中. 石英的莫氏硬度为 7，不溶于水，对很多酸有抗腐蚀作用，熔点为 1 700 ℃，显示出较低的热膨胀（约为 $\alpha_1=8\times10^{-6}$，$\alpha_3=13.4\times10^{-6}\,\mathrm{deg}^{-1}$）. 石英是很好的绝缘体，在室温的电阻率为 $10^{14}\sim10^{15}\ \Omega\cdot\mathrm{cm}$.

石英最重要的性质之一是在一个较宽的温度范围内特性变化小、重复性好（低温可达超低温，高温范围几乎可达 β 石英的相变点 573 ℃）. 石英特性的稳定性使得它有广泛的应用，特别在测量精度和参数稳定性都有较高要求的情况.

作为压电体，石英主要用来稳定发生器的频率. 石英也常常用于高选择性的过滤器、激发和接收机械振动的高频电-机械转换器以及各种类型的机械量发送机.

不久前，只有天然石英才会被应用到技术领域. 最近，在工业条件下生长出人造石英，人造石英比天然石英矿更受欢迎.

在线性压电体中，除石英外，酒石酸钾$\left(K_2C_4H_4O_6\cdot\frac{1}{2}H_2O\right)$、酒石酸乙二胺（$C_2H_{14}N_2O_6$）、硫酸锂（$Li_2SO_4\cdot H_2O$）、电石和磷酸二氢铵等已经被应用于各种设备中. 除磷酸二氢铵外，所有这些晶体也具有热释电性质.

热释电体压电性能的特殊性是在热释电体中产生的电极化，特别是在三维（流体静）压缩（或拉伸）条件下. 因此，热释电体被用作记录流体静压缩设备的元件. 例如，垂直于轴 3（Z 轴）割出的电石薄片（晶类为 $3m$），就是用于此目的.

在流体静压缩中的压电效应可以用普通的压电效应方程来计算. 为此，假设在机械应力张量中，$t_1=t_2=t_3=p$ 和 $t_4=t_5=t_6=0$，其中 p 为流体静压强. 比如，在电石中，导出电极化的表达式如下：

$$P_3=(d_{33}+2d_{31})p=d_{\mathrm{hydro}}\,p \tag{3.43}$$

即流体静压缩的压电模量为

$$d_{\mathrm{hydro}}=d_{33}+2d_{31} \tag{3.44}$$

对于晶类 2 的晶体（如硫酸锂等），根据表 3.2，d_{hydro}是由下面关系式确定的（对轴 2 为 Y 轴的情况）：

$$d_{\mathrm{hydro}}=d_{22}+d_{21}+d_{23} \tag{3.45}$$

而对轴 2 为 Z 轴的情况则有下式：

$$d_{\mathrm{hydro}}=d_{33}+d_{31}+d_{32} \tag{3.46}$$

电石的 d_{hydro} 的绝对值为 7.56×10^{-8}(CGSE 单位),酒酸石钾为 4.1×10^{-8},而硫酸钾为 38.9×10^{-8}.

3.3.4 电致伸缩

介电体的形变和所加电场 E 的平方成正比,这种形变被称为**电致伸缩**.

考虑用应力 t 和形变 r 描述"机械"状况以及用电场强度 E 和极化 P 描述"电"状况,我们可以得到下面 4 个电致伸缩方程:

$$\begin{aligned} r_{ij} &= Q_{ijmn}P_mP_n, \quad r_{ij} = R_{ijmn}E_mE_n \\ t_{ij} &= G_{ijmn}P_mP_n, \quad t_{ij} = H_{ijmn}E_mE_n \end{aligned} \tag{3.47}$$

利用 r 和 t 以及 P 和 E 之间的关系,我们得到系数 R、Q、G 和 H 之间的关系,下面是其中的部分关系式:

$$\begin{aligned} Q_{ijmn} &= s^P_{ijkl}G_{klmn}, \quad G_{ijmn} = c^P_{ijkl}Q_{klmn} \\ R_{ijmn} &= \left(\frac{1}{4\pi}\right)^2 \varepsilon_{km}\varepsilon_{ln}Q_{ijkl}, \quad H_{ijmn} = \left(\frac{1}{4\pi}\right)^2 \varepsilon_{km}\varepsilon_{ln}G_{ijkl} \end{aligned} \tag{3.48}$$

不要把电致伸缩和逆压电效应混淆.如前所述,逆压电效应也是外场作用的结果,但它是一种线性效应,形变直接和电场成正比,而电致伸缩则是二次效应.这说明,其中的电致伸缩的符号(表明晶体在该电场作用下是膨胀还是收缩)和电场的方向无关,而在压电效应中,反方向的电场改变了形变的符号.在交变场中,电致伸缩的结果是晶体以场强频率的二倍振动,而在压电效应中,场强和形变的频率是相同的.电致伸缩在所有的介电体中都发生,和介电体的对称性无关.相反,压电效应只在非中心对称晶体中发生(前面已讨论过).定量来说,由二次效应引起的电致形变要比压电效应的小.最后,在部分压电晶体中,沿着特定方向施加的电场不会导致压电形变,如表 3.1 所示,而在这种情况下,只有电致形变在压电体中发生.

一般来说,每个中心对称的介电晶体可以通过施加外场而转变成压电体.在这种人造介电体中,表征压电效应(形变效应,见第 1 章)的系数的值将和电场成正比,可以利用式(3.47)中的一个方程计算而得,比如第一个系数①:

$$\frac{\partial r_{ij}}{\partial p_l} = 2Q_{ijll}P_l \tag{3.49}$$

将上式和式(3.29)的最后一个方程相比较,得

$$g_{lij} = 2Q_{ijll}P_l \tag{3.50}$$

---

① 这里假设中心对称晶体带有一个大的自由电荷 $\sigma_0 = P_l = D/4\pi$,其值在一个较窄的范围内变化,并且测量和这些小变化的 σ_0 成正比的形变.

这使得我们能够在这种情形中把电致伸缩方程式(3.47)作为逆压电效应方程来处理：

$$r_{ij} = g_{lij}P_l \tag{3.51}$$

一个极化的中心对称的压电晶体也具有正的压电效应.在电场 E_l 中,这个效应用下面方程描述：

$$E_l = -g_{lij}t_{ij} \tag{3.52}$$

其中,g 是由式(3.50)决定的压电系数.这种压电体中的压电效应也可以用正压电效应和逆压电效应的其他方程描述.很清楚,这种形变压电效应是非常小的.

由于张量在置换第一对和第二对脚标时的对称性,在大多数的情况下,描述电致伸缩的四阶张量含有 36 个独立系数而不是 81 个.介质对称性的存在降低了非零和独立系数的数目.更普遍的情况是,晶体物理中利用的不是电致伸缩方程的一般张量形式,而是简化的矩阵形式,其中一个脚标表示应力或应变张量的分量(从 1 到 6),另一个脚标表示电矢量的分量(从 1 到 3),而用双脚标表示电致伸缩系数.这些系数的矩阵相当大,我们只给出其中的两个:一个是表示立方晶类 $\bar{4}3m$,432,$m3m$ 的晶体,比如顺电态的 $BaTiO_3$;另一个是表示所有单斜晶类的晶体,如硫酸三甘肽和铁电态的罗谢尔盐：

$$\begin{array}{cc} \text{晶类 } \bar{4}3m,432,m3m & \text{晶类 } 2(2\parallel Z) \\ \left\|\begin{matrix} R_{11} & R_{12} & R_{12} & 0 & 0 & 0 \\ R_{12} & R_{11} & R_{12} & 0 & 0 & 0 \\ R_{12} & R_{12} & R_{11} & 0 & 0 & 0 \\ 0 & 0 & 0 & R_{44} & 0 & 0 \\ 0 & 0 & 0 & 0 & R_{44} & 0 \\ 0 & 0 & 0 & 0 & 0 & R_{44} \end{matrix}\right\| & \left\|\begin{matrix} R_{11} & R_{12} & R_{13} & 0 & 0 & R_{16} \\ R_{21} & R_{22} & R_{23} & 0 & 0 & R_{26} \\ R_{31} & R_{32} & R_{33} & 0 & 0 & R_{36} \\ 0 & 0 & 0 & R_{44} & R_{45} & 0 \\ 0 & 0 & 0 & R_{54} & R_{55} & 0 \\ R_{61} & R_{62} & R_{63} & 0 & 0 & R_{66} \end{matrix}\right\| \end{array} \tag{3.53}$$

根据把 r 和 t 转变为单脚标的差异,部分晶类的 R、Q 系数矩阵和 G、H 系数矩阵略有不同.

式(3.47)可以清楚说明系数 Q、R、G 和 H 的物理意义.例如,系数 R 表征在电场作用下自由晶体的形变.上述系数表征不同机制的电致伸缩变换器的工作原理.

系数 R 是通过测量在感生电场作用下的形变来测定的,系数 H 是通过比较机械应力和电场强度的平方来计算的,等等.比较电致伸缩和逆压电效应可知道,测定系数 Q 的条件和测定系数 g 的条件是相同的.而且,测定系数 R 的条件和测定压电模量 d 的条件相同,测定 G 和测定 h 的条件相同,而测定 H 的

和测定 e 的条件相同.

除了直接测定电致伸缩系数的方法外，还有其他间接测量的方法. 例如，系数 Q 和 R 可以通过测量压电系数 g 和所加电场的关系来获得，系数 R 可以从压电系数 d 和电场的关系中导出等，见下面的讨论.

线性介电体晶体的电致形变是非常小的. 这解释了为什么直到最近科学文献中还缺乏晶体电致伸缩系数数值的事实.

如前所述，如果所加电场的方向沿着 Z 轴，石英晶体不具有压电效应，见表 3.1. 因此沿着 Z 轴方向的电场只能引起电致伸缩形变. 石英晶体的电致伸缩 R_{33} 是通过建立由沿着 Z 轴施加的恒电场引发的形变压电效应和场强大小的关系来测量的. 在这些实验中，通过向晶体施加额外的弱交变电场测量在不同的恒定电场中的压电模量，此时，利用式(3.47)的第二个方程，我们得到

$$d_{33} = 2R_{33}E_3 \tag{3.54}$$

实验中，从关系式 $d_{33} = f(E)$ 的直线斜率获得 R_{33} 为

$$R_{33} = 0.3 \times 10^{-12}\ \text{CGSE 单位}$$

值得注意的是，当电场为 100 kV/cm 时，d_{33} 的值为 2×10^{-10} CGSE 单位，这比石英的 $d_{11} = 6.8\times 10^{-8}$ CGSE 单位（见前节）小了两个数量级. 可见，为了得到石英 Z 切割的等于 d_{11} 的压电模量，我们必须施加数量级为 10^7 V/cm 的电场.

可用类似的方法测得 NaCl 晶体的电致伸缩系数. 从关系式 $d = f(E)$ 得到的电致伸缩系数为（CGSE 单位）

$$R_{11} = R_{22} = R_{33} = 2.7 \times 10^{-12}$$

$$R_{12} = R_{13} = R_{23} = 1.35 \times 10^{-12}, \quad R_{44} = 0.9 \times 10^{-12}$$

比较石英和岩盐的系数发现，岩盐中的电致伸缩现象要比石英的显著得多. 在电场为 100 kV/cm 的场中的 NaCl 晶体具有的压电模量为 2×10^{-9} CGSE.

3.3.5 压电织构

织构是由空间取向一致的颗粒组成的一种均匀介质. 由取向晶体组成的颗粒织构、纤维材料（如木材）、永电体、压电陶瓷、多晶永磁体等都是织构的例子.

一般来说，织构可以是各向同性的，也可以是各向异性的. 部分各向异性织构可能具有压电性质. 由 Shubnikov 等人预言和实验证明了织构中压电效应存在的可能性，他们首次对这种压电织构进行了研究[3.3].

最重要的是具有极限群对称性的织构，见第 1 章. 在 7 个不同类型的这种极性群织构中，只有 3 种是压电体. 它们是由群 ∞, ∞mm 和 $\infty 2$ 描述的织构.

对称性为∞和∞mm的压电体织构是有极性的.对称性为$\infty 2$的织构没有任何极性方向,但它是非中心对称的,并且在织构中可以借助切应变产生压电极化.表3.3给出了织构的压电系数矩阵.和表3.1的比较说明,织构∞的压电系数矩阵和晶类4、晶类6的压电系数矩阵相重合;织构∞mm的压电系数矩阵和晶类$4mm$、晶类$6mm$的相同;而织构$\infty 2$的压电系数矩阵则和晶类422、622的相同.

表3.3 织构压电模量的矩阵

对称性 ∞

$$\begin{Vmatrix} 0 & 0 & 0 & d_{14} & d_{15} & 0 \\ 0 & 0 & 0 & d_{15} & -d_{14} & 0 \\ d_{31} & d_{31} & d_{33} & 0 & 0 & 0 \end{Vmatrix}$$

对称性 ∞mm

$$\begin{Vmatrix} 0 & 0 & 0 & 0 & d_{15} & 0 \\ 0 & 0 & 0 & d_{15} & 0 & 0 \\ d_{31} & d_{31} & d_{33} & 0 & 0 & 0 \end{Vmatrix}$$

对称性 $\infty 2$

$$\begin{Vmatrix} 0 & 0 & 0 & d_{14} & 0 & 0 \\ 0 & 0 & 0 & 0 & -d_{14} & 0 \\ 0 & 0 & 0 & 0 & 0 & 0 \end{Vmatrix}$$

已经全面地研究了罗谢尔盐和钛酸钡的压电织构.钛酸钡的织构具有广泛的实际应用(压电陶瓷).

罗谢尔盐的织构是用该盐的熔体在定向的刷状模板表面上获得的.在熔体固化(结晶)后,织构具有对称性$\infty 2$和压电效应.这种织构的压电模量为$(1\sim5)\times10^{-7}$ CGSE单位的数量级.

钛酸钡(或其他钙钛矿型铁电体)的未极化陶瓷是由空间中取向任意的大量微晶组成的.分散的陶瓷微晶被划分为畴(见下面的讨论),属于对称群$mm2$,$3m$或$4mm$之一,取决于温度和成分.一套空间取向任意的这种畴形成对称群为$\infty/\infty mm$的织构.这种各向同性的中心对称织构不具有任何压电性质.

为了获得压电性质,陶瓷被极化,也就是放置在强电场中并且留一段时间.此时,微晶畴的矢量$\boldsymbol{P}_s$有取向并和电场形成可能的最小角度.由于畴相互作用的复杂过程、杂质有序化等,当电场撤除后,陶瓷主要保持微晶中$\boldsymbol{P}_s$这种择尤方向.根据居里对称性原理,极化陶瓷属于对称群∞mm,而且是压电织构.

$BaTiO_3$陶瓷的压电模量平均值为$d_{33}\cong5\times10^{-6}$,$d_{31}\cong2\times10^{-6}$,$d_{15}\cong7\times10^{-6}$(CGSE单位).

压电性质是某些岩石所固有的,特别是那些含有石英的岩石.它们有压电织构，石英织构显然有对称性$\bar{6}m2$.表征这种织构的压电效应的压电模量约等于石英压电模量d_{11}的0.1%～5%.

不仅仅由一系列单晶体构成的织构可以是压电体.已经发现和研究了木材的压电效应，这是由于纤维取向排列引起的压电性质.木材织构的对称性为$\infty 2$.压电模量d_{14}和d_{25}约等于0.5×10^{-8} CGSE单位.

前不久，在人类和动物的骨头和肌肉中发现了压电效应.发现其织构具有对称性∞，压电模量在$10^{-9}\sim10^{-8}$ CGSE单位的数量级.

3.4 铁电体和反铁电体的畴结构和电特性

3.4.1 概述

在过去的几十年，注意力主要集中在铁电体和反铁电体晶体的研究.**铁电体**是用出现自发电极化时的某一温度(居里温度)来表征的，此时晶体被分割为畴.**反铁电体**不表现出宏观的自发极化，但它们具有自发极化的单胞，单胞中的自发极化方向是反平行的.两个单胞形成一个反铁电的超结构电中性单胞，它也被分割为畴.铁电体和反铁电体的相变和畴结构对其性质产生本质上的影响(如极化、热释电和压电性质、电性、光学性质、弹性以及其他性质等).

研究表明，铁电体和反铁电体的自发极化机制可以不同，有两种自发极化机制.一种是典型的带有氧八面体结构类型的铁电体和反铁电体，符合这样的事实:结构重排的结果是，自发极化是由于某些离子位移直接引起的，极化方向和位移的方向重合(**位移型**铁电体).一般，这些铁电体中的极化伴随有正离子(Ti，Nb，Ta等)偏离周围氧八面体中心的位移.形成的偶极矩不是平行的就是反平行的，取决于结构的几何特征(如离子的大小、空位的大小、离子的相互间排列等)、键的性质以及原子的电子组态.取向过程中氧离子起最重要的作用.位移型铁电体包括钙钛矿结构的化合物(如$BaTiO_3$，$PbTiO_3$和$KNbO_3$等)、赝钛铁矿($LiNbO_3$，$LiTaO_3$)、烧绿石($Cd_2Nb_2O_7$，$Pb_2Nb_2O_7$)等.

其他铁电体和反铁电体向极化态的转变起因于某一结构元素的有序化，这些结构元素在相变前经常没有有序化(**有序**铁电体).这种晶体中的相变经常(并非总是、也不是必要是)伴随有氢键质子的有序化,比如,硫酸盐、氟铍酸盐、蓝晶石等.其他情形中,基团旋转减速造成的基团有序化,如亚硝酸钠、丙酸二钙锶等.

3.4.2 畴

自发极化的出现使晶体对称性改变符合居里对称性原理,见第1章.为此,我们要考虑初相(顺电相)晶体的整套对称素和初相的自发极化后的对称素.自发极化是一个对称性为 ∞mm 的极矢量.容易知道,比如,晶类 $m3m$ ($BaTiO_3$的情形)的极矢量沿着初始立方晶胞的轴4,该极矢量导致向晶类 $4mm$ 的转变,沿着轴2的极矢量导致向晶类 $mm2$ 的转变;而沿着轴3的极矢量导致向晶类 $3m$ 的转变.和这些对称性变化对应的实际是晶胞的四方、正交和三角畸变.对初相为立方晶类的晶体,点对称性变化对铁电相变的影响结果归纳在表3.4中.

因此,从表3.4和类似的表格,可以找出处于单畴态的铁电晶体的点对称性.在单畴态中,晶体必须归属热释电体对称性晶类中的一种而且是有极的.如果晶体不是单畴的,那么,独立的畴具有这种对称性.

如果晶体经历几个连续的铁电相变(相继地改变自发极化的大小和方向),可以通过假设这是直接从顺电相(初相)转变得到的,以获得每个相变中对称性变化的总概念.因此,可以说每个新的铁电相变是"应顺电相的要求"发生的.

在表3.4中,群符号后面括弧内的数字是指假设自发极化沿着初相中晶体学等价(和物理学等价)方向的数目.不难理解,如果所有畴整套沿着晶体学等效方向均匀取向,那么,作为整体,宏观上被分割为畴的铁电体具有和在顺电相中相同的对称群.因此,在宏观上分割为畴之后,晶体"返回"初始的对称性,而且它的宏观性质(如弹性、压电性质等)必定也具有这种对称性.

如果把铁电畴看成孪晶,可以确定晶体从初相向给定铁电相转变过程中失去的点对称素是畴的孪生元素.

对每套特定的晶体学等价方向的分析说明了畴间的哪个角度(畴的 $\boldsymbol{P}_s$ 之间)可以实现,以及畴边界是如何取向的.考虑到真实晶体中畴孪晶两部分是配对的,也可以找到它们所有可能的特殊组合等.换句话说,这可以使我们把解决每种晶体的问题归为畴结构的几何问题.

表 3.4　沿不同晶体学方向出现 $\boldsymbol{P}_s$ 时，立方晶类点对称性的变化
（括号内的数字表示等价方向的数目）

<table>
<tr><th rowspan="2">方向
$\boldsymbol{P}_s$</th><th colspan="5">初　　相</th></tr>
<tr><th>$m3m$</th><th>432</th><th>$\bar{4}3m$</th><th>$m3$</th><th>23</th></tr>
<tr><td>[100]</td><td>$4mm$(6)</td><td>4(6)</td><td>$mm2$(6)</td><td>$mm2$(6)</td><td>2(6)</td></tr>
<tr><td>[110]</td><td>$3m$(8)</td><td>3(8)</td><td>$3m$(4)</td><td>3(8)</td><td>3(4)</td></tr>
<tr><td>[110]</td><td>$mm2$(12)</td><td>2(12)</td><td>m(12)</td><td rowspan="2">m(12)</td><td rowspan="5">1(12)</td></tr>
<tr><td>[hko]</td><td rowspan="3">m(24)</td><td rowspan="4">1(24)</td><td>1(24)</td></tr>
<tr><td>[hkk]</td><td rowspan="2">m(12)</td><td rowspan="3">1(24)</td></tr>
<tr><td>[hhk]</td></tr>
<tr><td>[hkl]</td><td>1(48)</td><td>1(24)</td></tr>
</table>

例如，晶类 $m3m$（$BaTiO_3$的情形）的 $m3m \to 4mm$ 相变中，形成 180°边界（相邻畴反平行取向）和 90°边界（相互垂直的取向，边界和{110}类型的平面重合）的畴组合是可能的. 在 $m3m \to 3m$ 转变中，相邻畴 $\boldsymbol{P}_s$ 的方向可以等于～71°，～109°和 180°；而在 $m3m \to mm2$ 转变中，$\boldsymbol{P}_s$ 的方向则可以等于 60°，90°，120°和 180°.

自发极化晶体分割成畴服从简单的能量考虑：在这种方式中，由于电场的闭合使晶体降低能量. 还存在有其他考虑：相变过程中自发极化可能在晶体的不同部分独立出现，而且可以有不同的方向（但必为晶体学等价方向），畴也会出现. 对没有宏观自发极化的反铁电体来说，这些考虑特别重要.

当考虑铁电体可能的畴边界时，不仅必须考虑几何方面，还必须考虑相当于晶体能量最小的边界的电中性条件. 这要求相邻畴中 $\boldsymbol{P}_s$ 的一个取向如下：矢量 $\boldsymbol{P}_s$ 从畴的一边在畴边界上的投影和相邻畴矢量 $\boldsymbol{P}_s$ 投影的大小相等而符号相反（“头到尾”畴取向）.

在有电子极化和离子极化存在时，铁电体中的主要作用显然是极化离子间的静电相互作用. 已知介电体中平行和反平行偶极子列的相互作用能是轻微不同的，这允许介电体有一个狭窄的畴壁. 因此，这里晶体的各向异性能是决定性因素. 不像铁磁体的自发磁化 $\boldsymbol{M}_s$，铁电体的矢量 $\boldsymbol{P}_s$ 由于高度的各向异性，在畴壁内不旋转，即 $\boldsymbol{P}_s$ 的数值减小而方向不变、通过零点后再增大（取向相反），如图 3.7 所示.

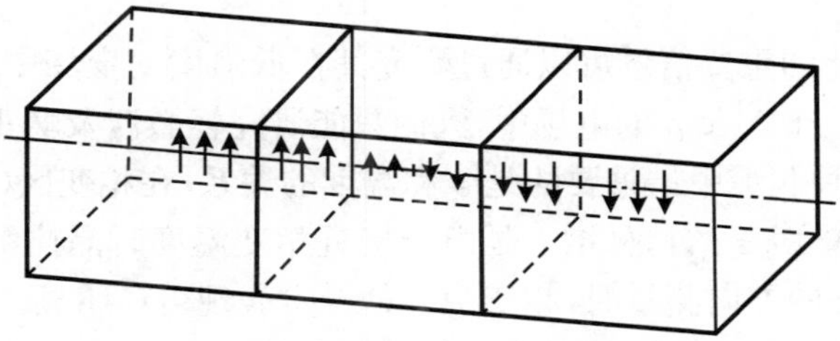

图 3.7 畴边界处自发极化的变化

铁电体畴壁能量的相当大部分可以由弹性能组成.这部分能量和机械应力有关,这种应力是由于压电效应使畴壁内极化改变而引起的.一般,弹性能有利于缩小畴壁,它和偶极子能量在数量级上相当.

可以用不同的方法研究铁电体的畴结构,如带电粉末、腐蚀、电致发光、各种 X 射线形貌术、电子显微术和光学方法等.最重要的铁电畴结构信息是通过光学方法得到的.可以在普通偏光显微镜中研究畴.遗憾的是,这种方法不是什么时候都适用;如果孪晶畴的相邻部分具有相同的光折射率,例如在 TGS 中,这种畴就不能用光学方法区分.

3.4.3 极化,电导率和介电损耗

除了上面 3.1 节提到的极化类型,铁电体还有另外一种极化类型,即畴极化类型,也就是极化伴随有畴的重新取向.一般,畴极化的贡献大大超过其他机制的贡献,因而下面我们将只涉及畴的铁电极化特征.

没有外场存在时,分割成畴的铁电体并不表现出宏观极化,在任何晶体表面,正负电荷都被自由电荷抵消.施加电场将增大畴中某个取向的分数而减少另一个取向的分数.相反取向畴之间的比例变化是一个复杂的过程,主要取决于电场的大小和电场作用的时间.

对电场中畴行为的观察表明,有两种机制实现铁电体的再极化:反向核的产生和生长.在弱场中,再极化主要是由于新畴核的形成,不仅在表面,而且在整个晶体形成新畴核.在强场中,则是少数畴核的长大.因此,在弱场中,再极化时间 t_n 和场强 E 的关系必定是指数性质的(形核的统计特点),而在高强度电场中则存在 $t_n \sim 1/E$ 的关系(在黏滞媒质中的运动).

在再极化过程畴结构的可视观察中,可以看见新畴的出现和随后的长大两种情形.但是,详细的研究说明铁电体(与铁磁体不同)核只正向长大,而随后的运动只是表观的:当在边界上形成的核正向长大时,产生了畴壁随后运动的

印象.

铁电体极化的重要信息可以通过研究其在低强度交变场中的行为而得到.在强度不高于几个 V/cm 的电场中,人们只能研究轻微涉及畴重新取向的初始介电恒量 ε.这种测量中最重要的是 ε 和温度的关系,在相变区(居里点附近)表现出 ε 的急剧增大.ε 的这种增大是由于接近相变温度时晶体结构的不稳定性增大.沿 $\boldsymbol{P}_s$ 出现的方向测量时,相变中 ε 的异常表现得最明显.

实验表明,在铁电体中,当从顺电区接近居里点时,晶体的极化率倒数和温度呈线性关系:

$$1/\alpha = C^*(T - T_{CW}) \tag{3.55}$$

其中,T_{CW}为居里-外斯温度.考虑到关系式 $\varepsilon \cong 4\pi\alpha(\varepsilon \gg 1)$,利用式(3.55)有

$$\varepsilon = C/(T - T_{CW}) \tag{3.56}$$

其中,C 为居里恒量.上面的表达式被称为**居里-外斯定律**.

对很多铁电体,在相变温度 T_C(居里点)以上,居里-外斯定律能很好地成立.对许多有二级相变的铁电体,居里-外斯温度 T_{CW}和真正的相变温度 T_C(自发极化温度)重合.在一级相变中,居里外斯温度 T_{CW}比相变温度 T_C 低.一般,差值 $T_C - T_{CW}$只有几度.

根据居里常数的绝对值,铁电体可以分成两组.第一组,式(3.56)中 C 的数量级在 10^3 deg,包括有序化结构单元的铁电体(如罗谢尔盐,KH_2PO_4,$NaNO_2$等).第二组铁电体有氧八面体结构类型,如 $BaTiO_3$,$PbNb_2O_6$等.第二组 C 的数量级为 10^5 deg.C 值的巨大差异来自相变中铁电体结构的不同类型改变.

在弱场中测得的铁电体的介电恒量是和频率有关的.当频率增大时,在电场频率接近被研究铁电体的共振频率时,ε 降低.铁电体 ε 降低的第二个区域(弛豫)涉及畴的低响应,即畴极化机制的"关闸".

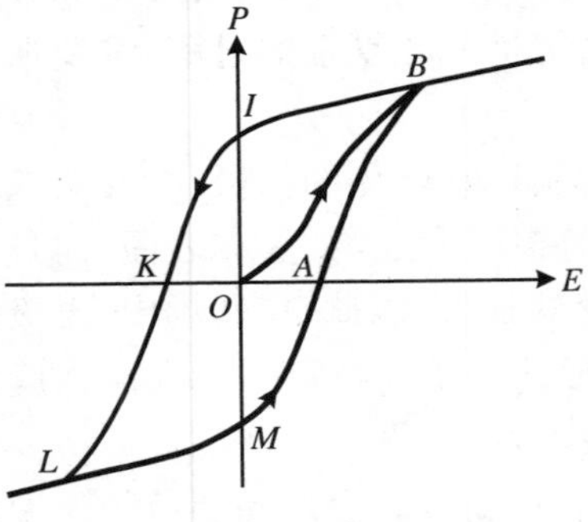

图3.8 介质电滞回线

极化和场的非线性关系是铁电体所固有的,这导致了在交变电场中的介质电滞效应,如图 3.8 所示,即导致电极化 $\boldsymbol{P}$ 和电场 $\boldsymbol{E}$ 之间的相移.介质电滞回线是铁电体的最重要特征之一,并且给出了铁电体动态极化率的概念.这是介质电滞方法广泛应用于研究强场中铁电体极化的原因.

滞后回线的考虑提供了铁电体极化过程中畴的作用的清晰画面.这种作用最主要表现在回线的间隙 MB 和 IL 线段上,见图 3.8.由于再极化取决于电场的强度和作用

时间,矫顽场 OK 和回线的形状也取决于电场的大小和频率.

一般,铁电体具有离子电导率,既是内禀型的、也是杂质型的(或伴随有缺陷的).这是带有序化结构单元铁电体的最为典型.

同时,铁电体的电导率也有几个特性.首先,这些特性是由畴结构和相变引起的.此外,成分的非理想配比性(大多数是氧不足)导致电子(或空穴)电导率,这几乎在氧八面体铁电体中都能观察到.这种电导率特点在氧八面体铁电体的表面层中起到特别重要的作用.晶体的这种非理想配比性在晶体体内也是相当大的,其中的电子(或空穴)电导率超过离子电导率,这使我们可以概括地谈及部分氧八面体热释电体的半导体性质.

多数情形中,铁电体电导率和温度的关系可以用二项式(3.13)来描述.最感兴趣和最重要的与其说是曲线 $\ln\sigma = f(1/T)$ 有一个拐点,不如说是这个拐点相当于铁电体的相变温度.这表明相变区的结构重排和自发极化的出现(或消失)伴随有载流子激活能的改变.在某些铁电体中,不仅有激活能的改变,在相变区还有电导率的突变发生.

熟知的介电吸收现象,和流过介电体的电流随时间的缓慢变化一致,可以发生在铁电晶体中.同时,铁电体中的常规极化和电导率可以和畴的极化(取向)的慢过程相叠加,这也导致电流随时间降低.而且,当空间电荷的形成、杂质的运动、成模等变得无关紧要时,电流随时间的降低将全部是由畴重新取向引起的.

在弱电场中,铁电体像线性介电体那样极化(一级近似).虽然畴过程发生到某种程度,但它们不造成滞后型的极化和场的关系,而且畴边界的位移可以认为是弹性的.因此,铁电体介电损耗在弱场中的主要规律和具有弛豫极化的线性介电体一样.

在强场中,铁电体的介电损耗可以有不同的根源,但这里介质电滞的介电损耗是根本的损耗,和滞后回线面积成正比.注意,当温度接近铁电体的相变温度时,所有类型的介电损耗增大并且经过最大值.

只有处于单畴态,即当整个晶体的自发极化沿同一方向取向时,铁电体才具有热释电性质.如前所述,被分割为畴的铁电晶体具有非极性顺电相的对称性,而且不具备热释电性质.但是,所谓的单极晶体,即畴取向沿着某个方向择尤取向的晶体表现出热释电性质.然而单极晶体的热释电效应并不太重要,因为它表征了铁电体的一个特殊状态,而单畴晶体则表现了给定物质的典型性质.

3.4.4 压电性质

所有的铁电体，至少在极性铁电相中，具有压电性质. 在把分割为畴的晶体作为一个整体的宏观考虑中，可能碰到两种情况：存在或不存在压电性质. 这取决于给定晶体在相变前的顺电相中是否具有压电性质，即在该变态中晶体是否具有对称中心. 如果晶体没有对称中心，即在相变前认为晶体是一个压电体，那么，根据晶体被分割为畴后返回以前的对称群的原理，晶体在分割成畴的铁电相中也将具有压电性质. 这种典型相变的例子如：磷酸二氢钾(KDP)和罗谢尔盐的自发极化的出现. 顺电相为中心对称的晶体是以畴的中心对称组态和多畴态中不存在压电效应为特征的. 比如，在硫酸三甘肽(TGS)中就发生这种相变.

一般，对铁电体几种特殊的压电性质来说，铁电体的畴是可靠的. 因此，铁电体中逆压电效应不仅伴随有普通的形变(或应力的出现)，还伴随有畴的重新取向. 反过来，在部分晶体中，畴的重新取向伴随着正压电效应.

一般来说，铁电体的压电性质要比线性压电体更为显著，特别是在相变区. 和线性介电体相比，铁电体在相变区的压电性质异常构成了铁电体压电性质的第二种特异性.

如前所述，铁电体的自发极化是由铁电体在相变区的多种性质(如弹性、介电性质、光学性质等)的异常引发的. 当考虑相变区压电性质行为时，每一方面都和被研究的给定试样的压电性质机制有关系，相应地，和系数相关的各个方面都用 d 和 e 或者 g 和 h 来表征. 在相变区的压电系数 d 和 e 急剧变化，而系数 g 和 h 则相对保持恒定. 处于顺电相、具有压电性质的铁电体，在两个区中的 g 和 h 近似相等. 有中心对称的(顺电)相中，这些系数得到一个跳跃式的确定值，而且即使在相变温度附近也只是轻微变化. 从成对系数本身的测定条件是不难理解造成这些系数对之间行为差异的原因.

单畴铁电体的电致伸缩系数和线性介电体系数的数值接近. 在交变电场作用下，畴重新取向时，畴的出现导致了电致伸缩系数的急剧增大. 在这种情形中，畴对电致伸缩的贡献本质上取决于畴的双重重新取向(在电场周期内)引起的逆压电效应. 注意，在实际中，电致伸缩振荡是由于施加交变电场到晶体上激发的. 这种方式是以电致伸缩系数 R 来表征的，并且伴随有畴的重新取向. 对晶体施加恒定(极化)电场的同时施加交变电场将导致畴机制的关闭和电致伸缩的减少.

3.4.5 反铁电体

正如前面提到的，在反铁电体的相变过程中，初始(顺电)单胞变为极化的，但在微观水平“孪生”的出现(即新的超结构单胞的出现)使得晶体即使在微观上也不极化.位移型反铁电体的典型代表是锆酸铅 $PbZrO_3$,而含有序化结构单元的反铁电体的典型代表是磷酸二氢铵 $NH_4H_2PO_4$.

在弱场中,像线性介电体一样,反铁电体被极化.在强场中,反铁电体常常可能“去孪生”已有的反平行极化单胞,使畴变成极性的:在电场作用下,反铁电体发生向铁电态的相变.结果,在高强交变电场中,这种反铁电体沿着介质电滞的双回线重新极化.

很明显,在没有外作用时,反铁电体不表现出热释电性质.在强场中极化后,它们恢复了非极性结构.

如果在相变成为反铁电相前反铁电体没有对称中心,那么反铁电体可以具有压电性质.磷酸二氢铵 $NH_4H_2PO_4$就是一个例子.在室温时它处于顺电相,根据它的对称性 $D_{2d}=\bar{4}2m$,它表现出压电性质,并且在成为反铁电体时(此时晶体宏观上恢复顺电相的对称性)具有相同的性质.中心对称的钙钛矿反铁电体是不具有压电效应的.

3.5　部分铁电体和反铁电体的结构和性质

3.5.1　钛酸钡

钛酸钡($BaTiO_3$)具有钙钛矿结构,如图3.9所示,在120 ℃以上为理想的立方结构.这种顺电态属于空间群 $Pm3m$($a\approx4$ Å,分子数 $Z=1$).每个 Ti 离子位于由6个氧原子形成的规则八面体的中心.八面体的顶相连并形成一个含有大间隙(由 Ba 原子占据)的骨架.

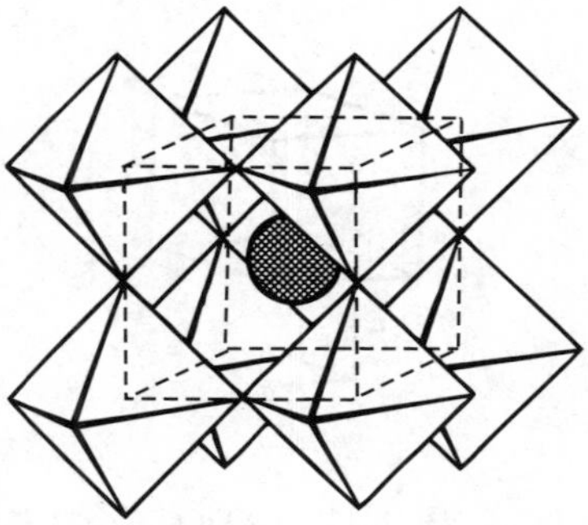

图3.9　钙钛矿型化合物 ABO_3 的理想结构:B 原子位于八面体的中心,O 原子位于八面体顶角,A 原子用阴影表示

当温度约为120 ℃时,$BaTiO_3$ 发生相变,而低于这个温度(可达5 ℃)时,$BaTiO_3$ 是四方的.120 ℃是 $BaTiO_3$ 的居里温度,因

为低于这个温度，$BaTiO_3$ 变成铁电体. 四方的 $BaTiO_3$ 的对称性空间群为 $P4mm(Z=1,c/a\approx1.01)$.

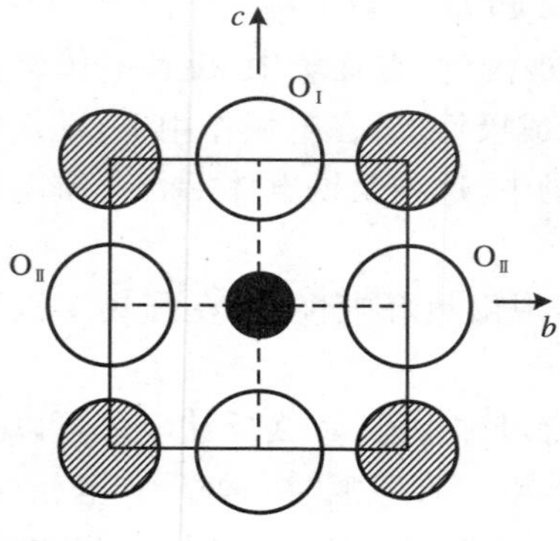

图 3.10 $BaTiO_3$ 的立方晶胞在 bc 平面上的投影

氧原子八面体形成的骨架是轻微畸变的. O_I 相对于 O_{II} 的位移较小，如图 3.10 所示. 钛原子相对于对应的八面体中心位移了 0.13 Å，结果，O_{II} 到 Ti 的两个键形成了一个不等于 180° 的角度（171°28′）. 四方相的自发极化方向和晶体初始立方相的四重对称轴之一重合，如图 3.11(a)所示.

进一步冷却四方对称的 $BaTiO_3$，晶体在温度为 5 ℃左右发生第二个相变，变为正交相. 这种结构也可以解释成为轻微的畸变立方结构（在一个晶面的对角线方向伸长而在另一个面对角线方向收缩）. 这些对角线变为正交轴，如图 3.11(b)所示. 第三个轴保持其初始方向，但沿着该方向的晶格间距有些变化. $BaTiO_3$ 正交相的对称性空间群为 $Bmm2$. 新轴中的单胞是面心的，轴 2 和正交轴 c 重合. 所有原子在相互平行的轴 c 上位移.

在 −70 ℃到 −90 ℃附近，钛酸钡经历第三个相变，在这个温度以下变为三角结构. 三角单胞是在初始立方晶体的体对角线方向伸长而形成的，如图 3.11(c)所示，它的空间群为 $R3m$，$Z=1$. 三角轴之间的夹角和 90°相差 8′.

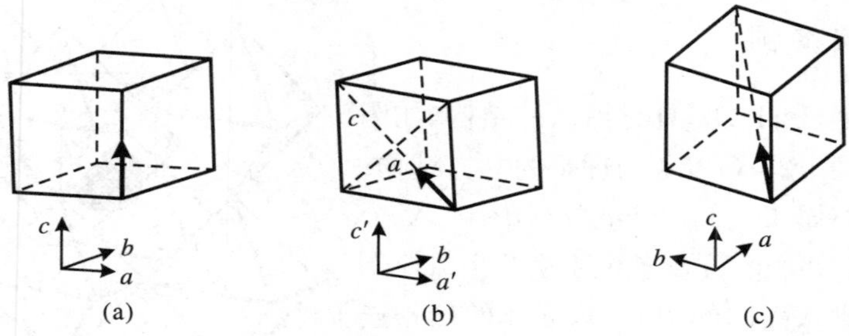

图 3.11 $BaTiO_3$ 三个铁电相的单胞：(a) 四方；(b) 正交；(c) 三角. 箭头表示 P_s 的方向

图 3.12 给出了 $BaTiO_3$ 所有相的晶格参数（a，c）和单胞体积 V 随温度的变化. 可见，在所有的相变点，晶格参数和单胞体积呈跳跃状改变. 所有相变都

伴随有温度滞后，即相变温度和晶体被加热或冷却有关.

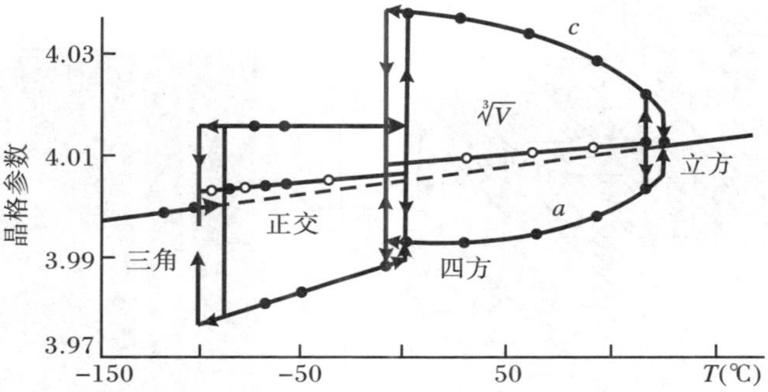

图 3.12　不同 $BaTiO_3$ 相的晶格参数和温度的关系[3.4]

一般，钛酸钡四方相的(001)晶面看起来如图 3.13 所示. 它用所谓的偶极子型主表示所有畴中各个单胞中矢量 $\boldsymbol{P}_s$ 的取向. $\boldsymbol{P}_s$ 方向之间夹角为 180° 和 90° 的所有边界类型也是明显的. 在前一种(180°)情形，自发极化的方向平行于畴边界(界面)，而后者(90°)则是边界(粗的折线)和分离畴的自发极化方向成 45° 的角度.

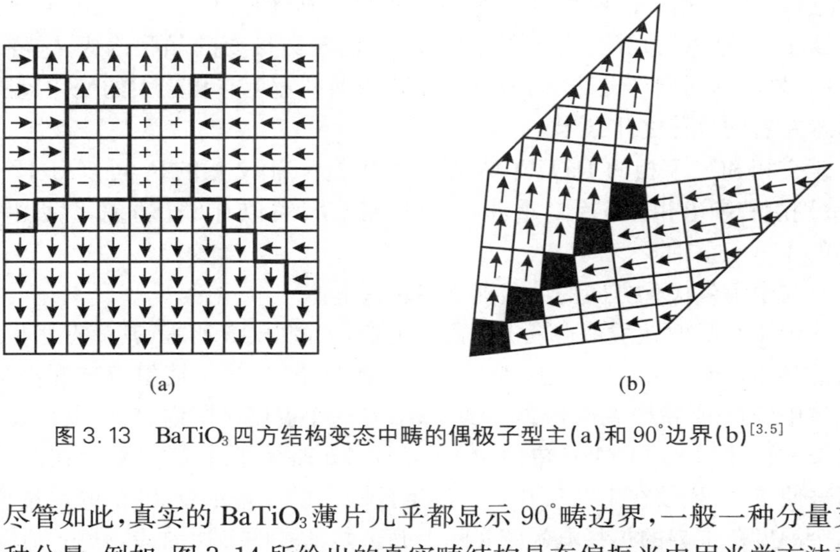

图 3.13　$BaTiO_3$ 四方结构变态中畴的偶极子型主(a)和 90° 边界(b)[3.5]

尽管如此，真实的 $BaTiO_3$ 薄片几乎都显示 90° 畴边界，一般一种分量支配另一种分量. 例如，图 3.14 所给出的真实畴结构是在偏振光中用光学方法观察到的. $\boldsymbol{P}_s$ 方向位于薄片平面的薄片被称为 ***a* 畴**，如图 3.14 所示. $\boldsymbol{P}_s$ 方向垂直于薄片平面的薄片被称为 ***c* 畴**. 在相邻的 *c* 畴，矢量 $\boldsymbol{P}_s$ 是反平行的，而在 *a* 畴中的矢量 $\boldsymbol{P}_s$ 则是相互成 90° 的. 接连地，*a* 畴可以分成反平行的畴.

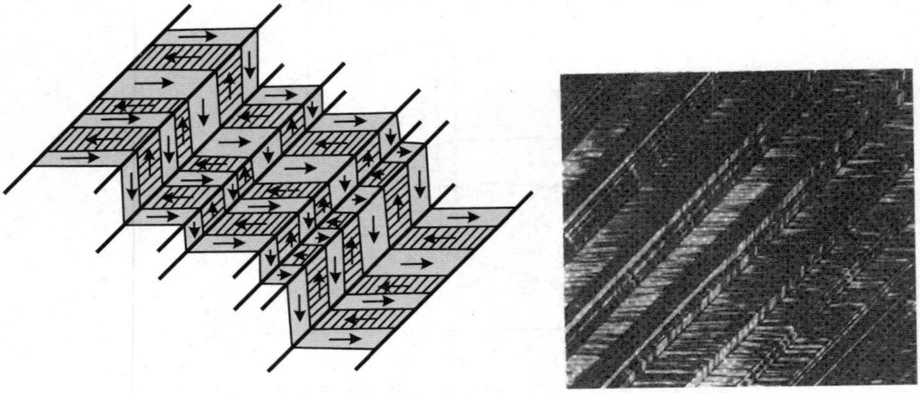

(a) (b)

图3.14 $BaTiO_3$ 晶体畴间的180°和90°边界

$BaTiO_3$ 晶体中各向异性能量和偶极子相互作用能的近似估计给出：反平行畴壁厚度数量级为单位晶胞，边界能量约为 10 erg/cm²①. 实验表明，$BaTiO_3$ 的180°边界实际上是非常狭窄的，而它的能量接近其计算值.

$BaTiO_3$ 的 90°边界具有更复杂的结构，由轻微形变的晶胞构成，边界较宽(达几百埃)，能量等于几十 erg/cm². $BaTiO_3$ 畴的宽度有相当大的变化范围，从一微米左右到百分之几微米.

正交相和三角相的 $BaTiO_3$ 畴结构更为复杂：正交相的 $\boldsymbol{P}_s$ 可以有 12 个方向，分别沿着顺电相的 6 个二重轴，而三角相的 $\boldsymbol{P}_s$ 可以有 8 个方向，分别沿着顺电相的 4 个三重轴.

有几个等效极化方向的钛酸钡是**多轴**铁电体.

在约 120 ℃时钛酸钡自发极化出现突变，如图 3.15 所示，其值在居里点附近可达到 18 μCi/cm²②. 而且，根据最可靠的测量结果，从居里点升到室温时，好晶体中的 $\boldsymbol{P}_s$ 平稳增大达到 26 μCi/cm². 在这个温度范围内，热释电系数 p 的平均值估计约为 240 CGSE 单位. 在 T_C 附近，p 略为超过这个值，而在 20 ℃时 p 值略低一些. 比较在 120～20 ℃的温度范围内的晶格形变和 $\boldsymbol{P}_s$ 的增量说明，在这个温度范围内的热释电效应实际上完全是乱真的二次效应，是由晶体尺寸的改变引起的.

---

① erg，尔格，功的单位，1 erg = 1 dyn · cm = 10^{-7} J.

② μCi/cm²，极化值单位，1 μCi/cm² = 10^{-1} C/m².

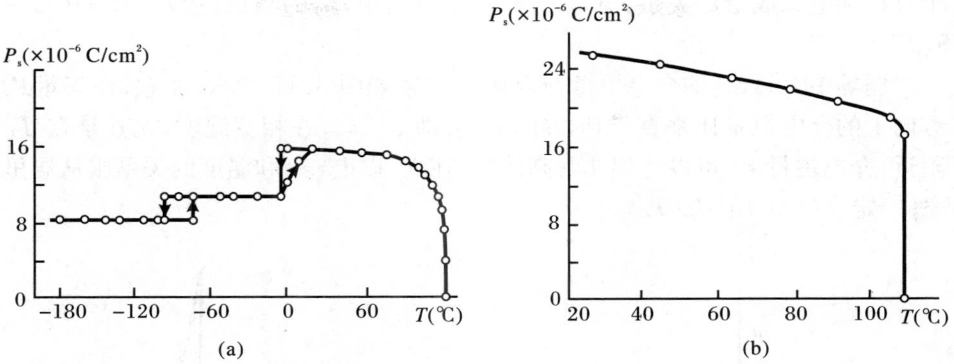

图 3.15 钛酸钡晶体的不完全(a)和完全(b)自发极化与温度的关系[3.6,3.7]

铁电体的热释电现象与电热现象的关系(见 3.2 节式(3.28))随后可以把电热现象和相变潜热(晶体发生一级相变时,见 3.6 节)相联系.相变潜热抵消电热效应所需的热量,使相变情景看起来近似为:当被加热的晶体失去自发极化时,晶体倾向于通过电热效应冷却,结果是供应的热量被消耗掉而没有加热晶体.

现在,我们考虑钛酸钡的自发电热效应.在居里点,$BaTiO_3$的自发极化突然出现,因而阻止了热释电系数 p(因而还有电热系数 q)在该点的测定.但是,q 值是通过在相变区晶体 T_C的位移来测定的,其值为 −0.45 CGSE 单位.这使得我们首先可以测定居里点处自发电热效应,其次是利用式(3.28)估计相变区内 p 的值.$BaTiO_3$的自发极化场等于 2 CGSE 单位(600 V/cm).这说明,在式(3.23)的基础上,自发电热效应可以导致约 1 ℃的晶体温度变化.当晶体从铁电区被加热时,由于上述的电热效应晶体将被冷却;当晶体从顺电区被冷却到铁电区时,晶体也由于电热效应而被加热.在相变温度的上述温度变化(达1 ℃)使得有可能直接从晶体的热容来估计相变潜热.120 ℃时,$BaTiO_3$的热容约为 25 cal/(mol·deg),得出的热量 $\Delta Q = 25$ cal/mol.在居里点附近,从 $BaTiO_3$的 $q = -0.45$ 对 p 估计结果为 $p \cong 46\,000$ CGSE 单位.

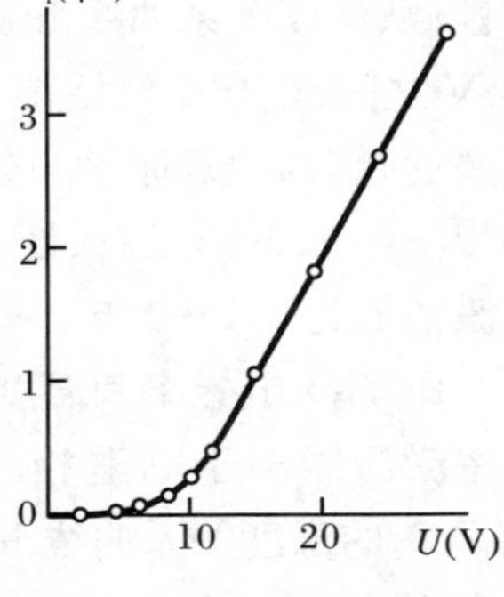

图 3.16 钛酸钡晶体再极化时间的倒数 $1/t_r$ 和场强的关系[3.8]

在脉冲场中 $BaTiO_3$ 晶体极化的特殊性如图 3.16 所示,在弱场中的再极化时间较长.这主要是因为,在这种场中的再极化是由畸形核引起的(这个过程和电场成指数关系，见 3.4 节）. 在强场中，畴的骤成巨粒占优势（$t_n \sim 1/E$）.

弱场中 $BaTiO_3$ 的介电恒量与温度的关系如图 3.17 所示. 注意，在矢量 $\boldsymbol{P}_s$ 方向上的介电恒量比垂直于 $\boldsymbol{P}_s$ 方向的小，即 $\varepsilon < \varepsilon_a$. 在相变温度，尤其是在 T_C 附近，介电恒量 ε_a 可以达到非常高的值. 在 T_C 以上，ε_c 和温度的关系服从居里-外斯定律（$C \simeq 10^5$ deg）.

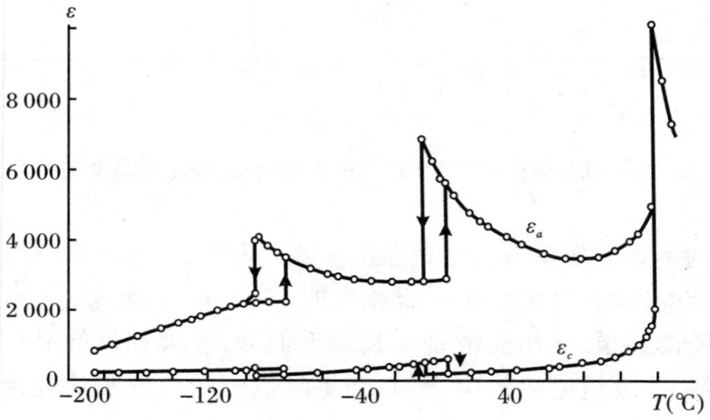

图 3.17 单畴 $BaTiO_3$ 晶体沿着 a 和 c 轴方向测得的介电恒量与温度的关系. c 轴的方向和自发极化方向相重合[3.6]

在强场中，$BaTiO_3$ 晶体清晰地表现出介质电滞回线. 在低频中矫顽场 E_c 等于 500～2 000 V/cm. 由 c 畴构成的晶体比由 a 畴构成的矫顽场低.

用常规技术生长的 $BaTiO_3$ 晶体具有半导体性质，能隙约为 3 eV，为 n 型电导性. 从温度关系曲线 $\ln\sigma = f(1/T)$ 的斜率计算得的激活能大小介于 1 eV 和 2 eV 之间. 电导率激活能小于禁带能量宽度一般可以归结为杂质存在以及（更重要的）结构中氧原子的欠缺. 钛酸钡中由于氧原子脱离晶格位，施主能级位于导带下约 2.5 eV 的深处，即价带顶以上约为 0.5 eV 处. 氧欠缺试样中载流子的激活能为 1.5～1.6 eV.

$BaTiO_3$ 电导率和温度倒数的关系在相变点有一个清晰的拐点；铁电相的电导率激活能小于顺电相. 在从四方变态向正交变态转变的相变中也观察到 $BaTiO_3$ 的温度关系曲线 $\ln\sigma = f(1/T)$ 上的拐点.

在 120 ℃时立方中心对称的 $BaTiO_3$ 晶体中 $\boldsymbol{P}_s$ 的出现伴随有和 P_s 平方成正比的自发电致伸缩形变. 自发极化再次出现突变，使晶体成为压电体. 随着进一步的冷却，在已处于铁电相的晶体内发生额外的 P_s 增量和额外的晶格形变.

这两个量之间的关系是线性的,因而发生的过程可以被称为自发压电效应.

根据3.4节陈述的原理,分割成畴的 $BaTiO_3$ 晶体在任何铁电相(当然不是单极的)中都不具有压电性质,因为在顺电相中有对称中心存在.因此,当研究和应用压电效应时,晶体必须单畴化,这可通过对晶体施加恒定电场实现.

表3.5列出了 $BaTiO_3$ 四方相的压电系数和介电恒量的绝对值.应当注意,不同晶体的这些系数略有不同. $BaTiO_3$ 的压电模量 d 不超过最好的线性压电体 d 值的一个数量级.根据3.4节,系数 g 和 h 实际上是和温度无关的,而压电系数 d 和 e 随温度接近 T_C 而大大地增大,但在居里点以上,所有的压电系数都降低为零.

表3.5 25 ℃时四方相 $BaTiO_3$ 单晶的介电系数和压电系数

ε		d(×10^6 CGSE 单位)	g(×10^8 CGSE 单位)
$\varepsilon_{11}^t=2\,920$	$\varepsilon_{33}^t=168$	$d_{15}=11.76$	$g_{15}=5.07$
$\varepsilon_{11}^r=1\,970$	$\varepsilon_{33}^r=110$	$d_{31}=-1.04$	$g_{31}=-7.67$
		$d_{33}=2.57$	$g_{33}=19.17$

ε^t 和 ε^r 的巨大差异表明了晶体的高的电-机械耦合系数 k,部分模式中它可达67%.

钛酸钡和某些氧原子八面体铁电体在工业中被广泛用作压电体,大多数采用压电陶瓷的形式,见3.3节.

$BaTiO_3$ 晶体的电致伸缩系数可以从居里点处相变的单胞参数突变和自发极化突变中估计.如前所述,这种情形中 P_s 的突变约为 18 μCi · cm^{-2},而X射线测量得到自发应变量(也是突变式的)为

$$r_3 = 3.42\times10^{-3},\quad r_1 = 1.55\times10^{-3}$$

比较 $P_s(=P_3)$ 的突变和上述 r_{ij} 的值,可以借助式(3.47)写出

$$r_3 = Q_{33}P_3^2,\quad r_1 = Q_{13}P_3^2$$

得到系数 Q_{33} 和 Q_{12}(CGSE 单位)为

$$Q_{33} = 1.7\times10^{-12},\quad Q_{12} = 0.53\times10^{-12}$$

系数 Q_{33} 和 Q_{12} 描述了自发电致伸缩效应.这些系数的值接近用其他方法得到的顺电相的值.第三个电致伸缩系数式(3.53)可以直接测量:

$$Q_{44} = 0.70\times10^{-12}\text{ CGSE 单位}$$

3.5.2 磷酸二氢钾

碱金属的磷酸二氢盐和砷酸二氢盐(KH_2PO_4, RbH_2PO_4, KH_2AsO_4,

RbH_2AsO_4,CsH_2AsO_4)以及相应的氘化物都是典型的含有序化结构单元——氢键的铁电体.由于大量的X射线衍射和中子衍射研究,已经十分清楚地知道了KH_2PO_4类型的晶体的详细结构和相变机制.

在室温,KH_2PO_4(KDP)具有四方晶类$\bar{4}2m$(空间群为$I\bar{4}2d$,$a=7.434$ Å,$c=6.945$ Å,$Z=4$).该结构由氢键O—H…O链接成的$[PO_4]^{-4}$基团的三维骨架组成:一个$[PO_4]^{-4}$四面体的上部两个氧原子连接两个相邻四面体下部的两个氧原子,而两个下部的氧原子又连接其他两个四面体的上部氧原子,如图3.18所示.

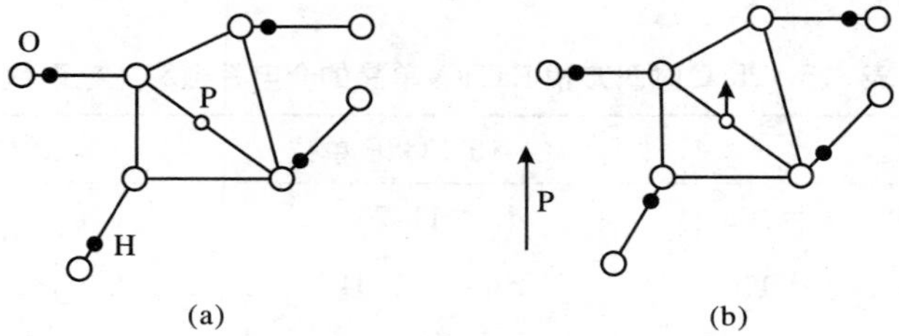

图3.18 根据J.C.Slater得到的磷酸二氢钾晶体中H_2PO_4基团的组态

(a) 在c轴方向不存在偶极矩;(b) 磷原子的位移(用箭头表示)在c轴方向产生了偶极矩

在室温条件下,氢键长等于2.48 Å,说明这是非常强的氢键;氢原子是无序的,氢原子沿着键线间距为~0.5 Å的两个平衡位置间跃迁.在居里点(−151 ℃)以下,质子是有序的,即所有质子位于$[PO_4]^{-4}$基团四面体上边氧原子的或下边氧原子的附近离氢键中心为0.21 Å.质子的有序化如图3.19所示,这是中子散射密度在(001)平面上的投影.这种有序化扰乱了晶体中内场的分布,因而造成了$[PO_4]^{-4}$基团四面体中偶极矩的出现.中子有序化伴随有氢键长度的增大达到2.51 Å以及磷原子和钾原子相当大的位移,成为自发极化的实质性贡献.自发极化的方向和四面体中磷原子的位移方向重合,和钾原子的位移方向相反.质子本身对自发极化没有贡献,因为质子沿着氢键运动,这个氢键实际上是垂直于铁电体的c轴的.

低于居里温度(−151 ℃)时,KDP属于正交晶类$mm2$(空间群为Fdd),晶轴a和b相对于顺电相的轴旋转45°.畴的孪生在宏观上把晶体带回晶类$\bar{4}2m$.图3.20是用"露"方法(确切地说是"白霜"方法)显示的垂直极性c轴切割的畴结构.畴边界平行于四方的(100)和(010)平面;极化方向和[001]方向重合.畴宽为$(2\sim3)\times10^{-4}$ cm,界面能约为40 erg/cm^2.

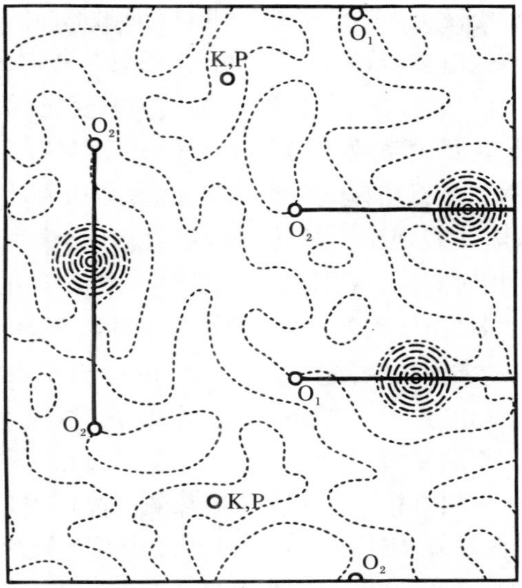

图 3.19 在 77 K 时磷酸二氢钾在(001)晶面上的傅里叶投影[3.9]：虚线表示负的等高线，点虚线表示零等高线

图 3.20 用"露"方法在垂直于 c 轴的薄截面上显示 KDP 晶体的畴结构[3.10]

以前,KDP 的相变被认为是二级相变,但近来用不同的方法证明,KDP(实际上是这一组的所有铁电体,特别是氘化物)接近临界点时发生一级相变.在一个狭窄的温度范围内(2 ℃)这种晶体的 $\boldsymbol{P}_s$ 发生快速变化(约等于 10^4 CGSE 单位),这导致非常大的热释电系数,约为 5 000 CGSE 单位.

在 3.2 节中列举了电石热释电效应的例子,是以带相当低电荷而有很大的电势差为特征的.铁电体表现出大的热释电系数 p(比线性热释电体高出几百甚至几千倍)确保了相对高的电荷密度(温度发生 10 ℃变化时每平方厘米有几甚至几十微库仑).同时,由于大的介电恒量,这里的电势差不是永远都是高的.例如,和电石薄片测量类似的条件下,一块大小和电石相同的 KDP 薄片在相变区只有约 300 V 的电势差.在相变区的电热效应系数 q 估计约为 -0.06 CGSE 单位.考虑到在这个区的自发极化场强约为 1.7 CGSE 单位(500 V/cm),发现在从顺电相冷却中由于电热效应晶体被加热了 $0.06\times1.7=0.1$(℃).(从铁电相向顺电相转变时由于电热效应晶体被冷却相同的温度.)这种效应是非常重要的.事实上,利用相当容易获得的约 10 000 V/cm 的电场,借助电热效应有可能在相变区改变晶体的温度(2 ℃)(图 3.21).这种改变被称为在电场影响下的居里点移动.电场中居里点向高温移动已在实验中观察到.图 3.22 给出了 KDP 晶体介电性质各向异性和温度的关系.

根据对称性,KDP 在顺电相中表现出压电性质.图 3.23 为 KDP 晶体的放置情况.从表 3.1 晶类 $\bar{4}2m$ 的压电模量的矩阵可知,KDP 晶体只有处于切应变时才具有压电效应.为研究纵向应变时的压电效应,制备了所谓的 45°切割试样.KDP 压电系数 g_{36} 的实验值为 5.0×10^{-7} CGSE 单位.

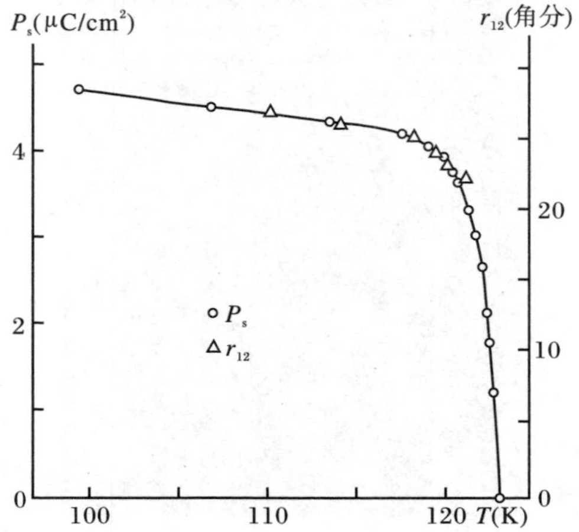

图 3.21 KDP 晶体的自发极化 P_s 和自发剪切变 r_{12} 与温度的关系[3.11]

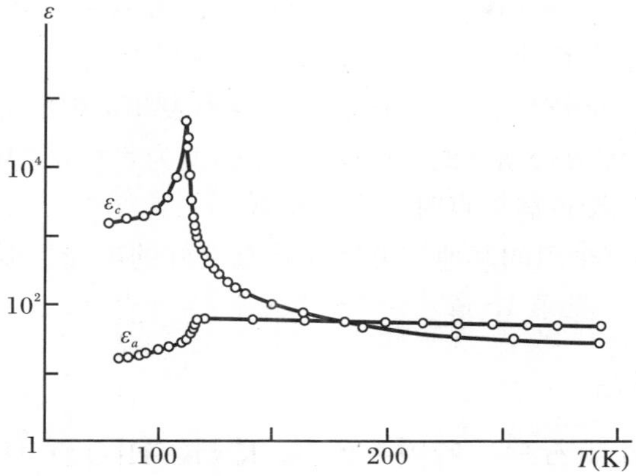

图 3.22　KDP 晶体的介电恒量 ε_a 和 ε_c 与温度的关系

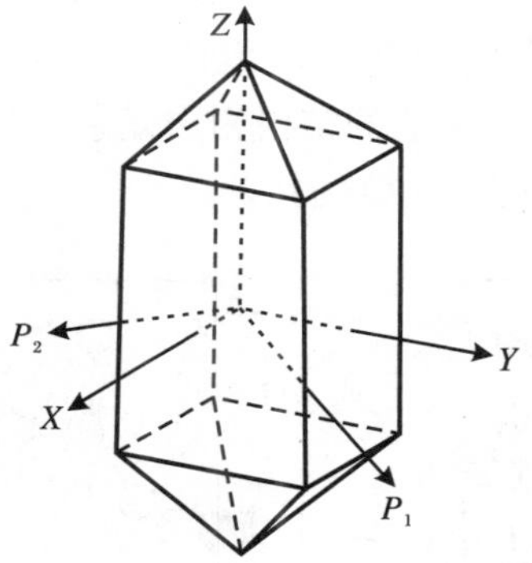

图 3.23　KH_2PO_4 和 $NH_4H_2PO_4$ 晶体中晶轴的方向；P_1 和 P_2 是平行于对称面的轴

当温度为 −150 ℃时，KDP 中 $\boldsymbol{P}_s$ 的出现伴随有自发移动 $\boldsymbol{r}_{6s}$：

$$\boldsymbol{r}_{6s} = g_{36}\boldsymbol{P}_s$$

因此，自发应变的出现可以解释成一种自发压电效应. 比较 $\boldsymbol{r}_{6s}$ 和 $\boldsymbol{P}_s$ 的值得到系数 g_{36} 的值等于 5.5×10^{-7} CGSE 单位，这和实验测得的顺电区的 g_{36} 值符合得很好. 应当强调，$\boldsymbol{P}_s$ 和 $\boldsymbol{r}_{6s}$ 之间的正比关系，即系数 g_{36} 的实际不变性在整个铁电相温度范围内保持不变. 而且，在经过居里点时 g_{36} 不出现反常，这说明这个系数是晶体的真正特性，不涉及介电性质的反常. 但是，这不能说压电模量 d_{36} 也一样，d_{36} 接近居里点时按居里-外斯定律增大.

在 Z 轴方向，$\boldsymbol{P}_s$ 的出现伴随有自发电致伸缩. 考虑到表 3.1 中晶类 $\bar{4}2m$

的模量 $d_{33}=0$，这是不难理解的. 由于 $\boldsymbol{P}_s$ 的出现，可以直接从晶体沿着 Z 轴的应变测量系数 Q_{33}，其值为 4.3×10^{-12} CGSE 单位.

正交相(晶类 $mm2$)晶体的压电性质已经用表 3.1 中的另一个压电模量矩阵描述. 从电致伸缩应变估计的压电系数 g_{33} 的值为 8×10^{-8} CGSE 单位. 自然，这个系数也必然在接近居里点时不发生反常.

KDP 晶体和这个组的其他铁电体都具有良好的电光性质并被广泛应用于非线性光学设备中，见第 15 章.

3.5.3　罗谢尔盐

铁电性质是双酒石酸盐所固有的，如 $KNaC_4H_4O_6\cdot4H_2O$(罗谢尔盐)，$NH_4NaC_4H_4O_6\cdot4H_2O$，$LiNH_4C_4H_4O_6\cdot H_2O$ 和 $LiTeC_4H_4O_6\cdot H_2O$ 等. 罗谢尔盐是首先被发现具有铁电性质和被研究的晶体. 处于高温顺电相的罗谢尔盐的空间群为 $P2_12_12_1$. 在两个居里点间(高温为 +24.5 ℃，低温为 −18 ℃)的极性铁电相则是单斜的，属于空间群 $P2_1$，温度为 11 ℃时单斜角为 $\beta=90°3'$.

由图 3.24 可看出，罗谢尔盐的结构相当复杂. 以结晶水分子和负离子氧原子间的无限螺旋氢键链 O—H⋯O 为特征.

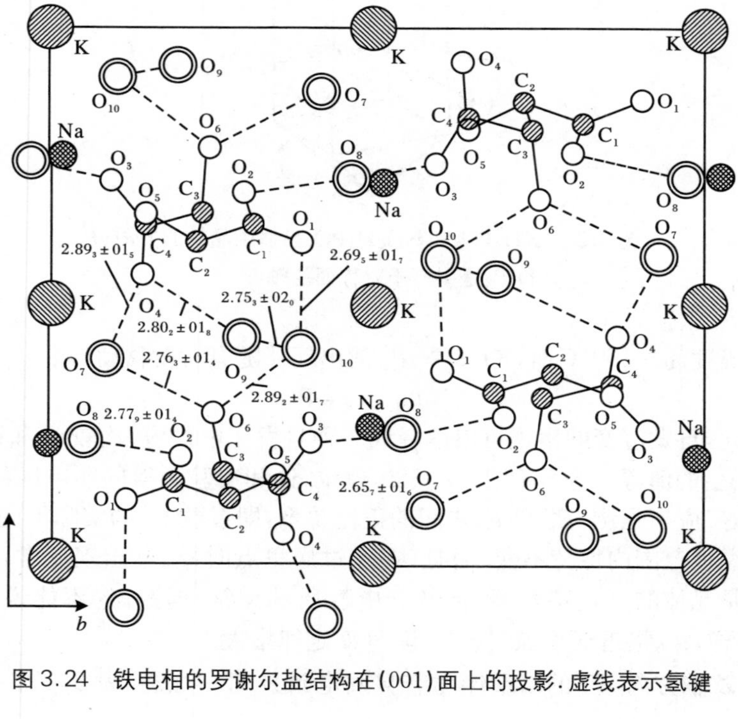

图 3.24　铁电相的罗谢尔盐结构在(001)面上的投影. 虚线表示氢键

罗谢尔盐结构的大量研究还不能完全解释该晶体中的自发极化机制. 但是,可以确定的是,罗谢尔盐的相变是由于氢键的有序化引起的. 有根据认为其铁电性质伴随有羟基$(OH)_5$和某种程度上水分子$(H_2O)_8$的偶极子,如图 3.24 上的 O_5 和 O_8.

图 3.25 简要地给出了罗谢尔盐的畴结构. 发生相变之后,沿着 a 轴的自发极化使初始的正交晶胞变为单斜的. $\boldsymbol{P}_s$ 取向相反的畴具有相同的对映性符号. 通过和单斜畴(晶类 2)的合并可以得到对称性晶类 222 的起点. 它们的配对组合可以导致畴边界的两种取向,分别沿着(001)和(010)面. 图 3.25(b),(c)给出了可能的 4 种组合中的两种.

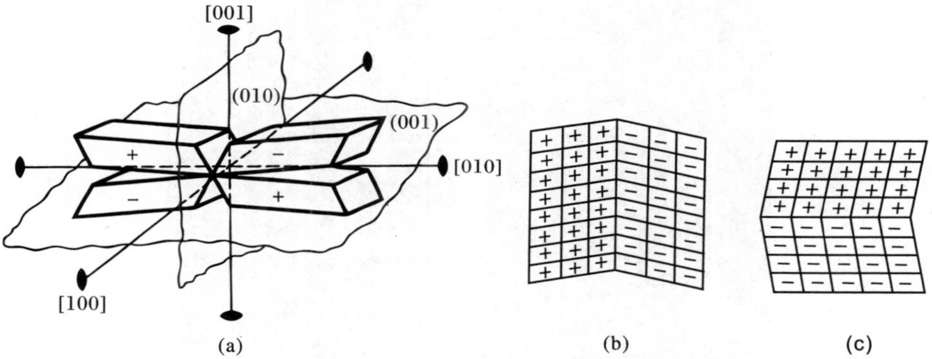

图 3.25　罗谢尔盐的畴

(a) 对称性为 222 的畴孪晶,一个畴的对称性为 2;

(b)(c) (100)面上的偶极子花样,畴界面分别沿(010)和(001)

实际罗谢尔盐晶体的畴,如图 3.26 所示,是平行于正交(010)和(001)面的薄层,即平行于(ac)和(ab)面的薄片. 一般,边界平行于(ab)平面的畴被称为 b 畴,而平行于(ac)面的称为 c 畴. 由于相邻畴单胞的取向不同,在偏振光中观察时,晶体的不同取向使这些单胞变得"暗淡". 这使我们能够辨别$\boldsymbol{P}_s$ 取向相反的畴. 由于晶体的各向异性,b 畴和 c 畴边界的形成能是不同的:和 c 畴边界能相比,b 畴具有较低的边界能,所以 b 畴更稳定. 在罗谢尔盐中,畴边界的宽度只有约两个单胞的间距(24 Å),而边界能约为几百 erg/cm^2.

罗谢尔盐的自发极化和温度的关系如图 3.27 所示. 介电恒量和温度关系与自发极化的变化相关,如图 3.28 所示.

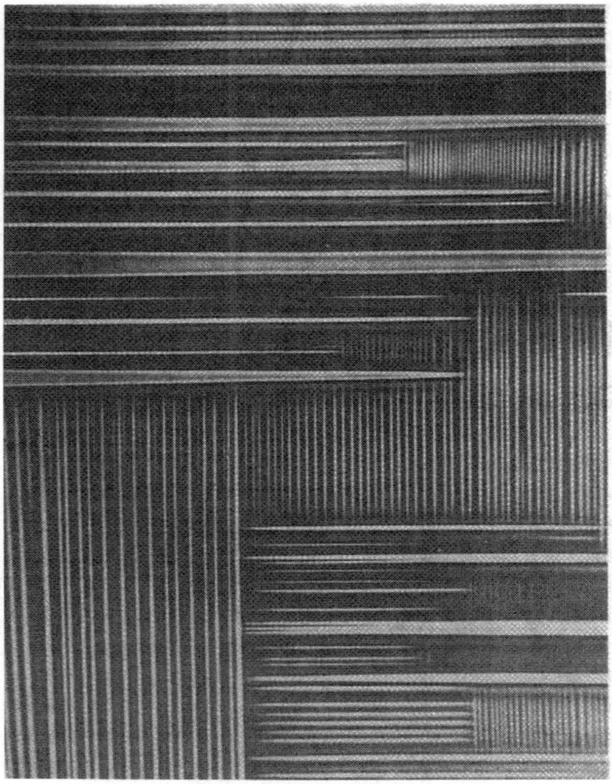

图 3.26　罗谢尔盐晶体的 a 切割薄片的畴结构

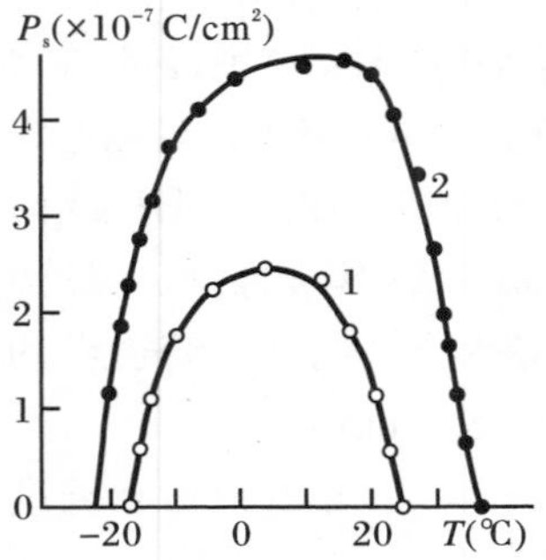

图 3.27　罗谢尔盐(1)和氘化罗谢尔盐(2)自发极化与温度的关系[3.13]

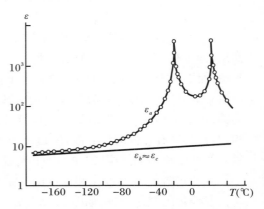

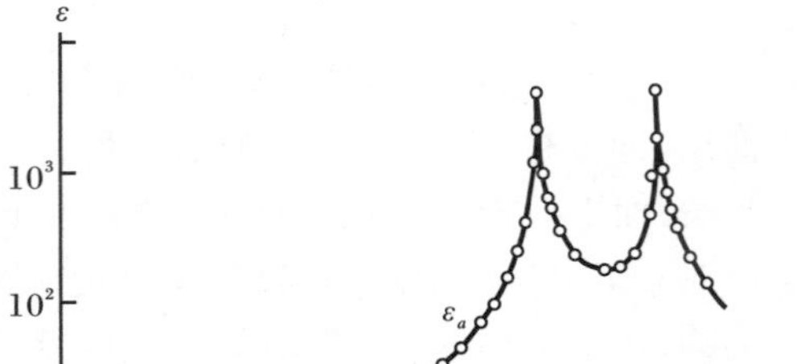

图 3.28　弱场中测得的罗谢尔盐介电恒量与温度的关系

在铁电相温区外，罗谢尔盐是非中心对称的，具有压电性质.压电模量矩阵有 3 个非零独立系数，见表 3.1 和图 3.29 的晶体放置.所以，晶体中沿 X 轴（a 轴）方向的自发极化伴随有自发压电切应变：

$$\boldsymbol{r}_{4s} = g_{14}\boldsymbol{P}_{1s}$$

在包括两个居里点的一个宽的温度范围内，从 $\boldsymbol{r}_s$ 和 $\boldsymbol{P}_s$ 的实验数据估计得到的系数 g_{14} 约为 $(3\sim4)\times10^{-9}$ CGSE 单位.

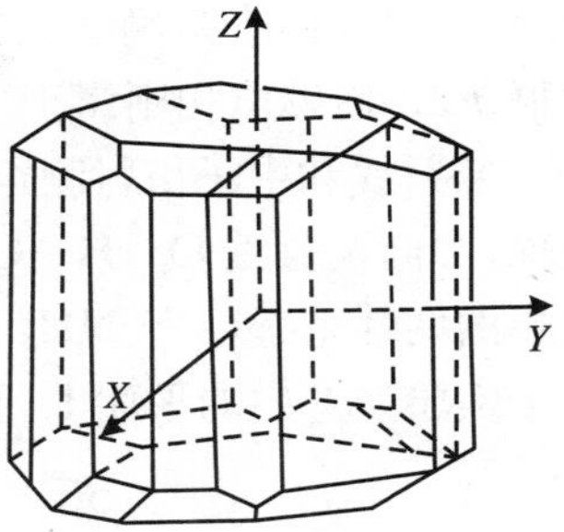

图 3.29 晶体物理坐标系中罗谢尔盐的放置

是自发形变使得铁电相晶体（更确切地说是畴）处于对称性为 2 的单斜结构.在正交相（顺电相）的坐标系中，单畴晶体的压电模量矩阵将有不同的形式，见表 3.1.其他系数的矩阵也类似地改变.在正交相中为零的系数 d_{11} 在铁电温区中部的极化试样内改变为 $(1\sim1.5)\times10^{-6}$ CGSE 单位.类似的测量得到 $d_{12}=3.8\times10^{-7}$ CGSE 单位和 $d_{13}=-3.78\times10^{-7}$ CGSE 单位.

实验证实，当温度变化（包括两个居里点）和场强变化时，压电系数 g_{14} 和 h_{14} 实际上保持不变，而系数 d_{14} 和 e_{14} 则强烈地和温度及场强相关.这表明系数 g_{14} 和 h_{14} 的正确性.表 3.6 归纳了罗谢尔盐的压电性质和介电性质.由表可见，罗谢尔盐具有非常优良的压电性质，部分振动模的电-机械耦合系数超过 50%.

由于罗谢尔盐晶体在多畴态也表现出压电性质，它可以在机械应力（或应变）条件下再次极化.在大小和符号周期性变化的机械应力作用下，畴结构的重排导致极化滞后和对机械应力的依赖关系，这种极化滞后可用相反取向的畴的面积比来表示.

表 3.6 20 ℃时罗谢尔盐晶体的压电系数和介电恒量（CGSE 单位）

压电系数				介电恒量	
$d\cdot10^8$	$g\cdot10^8$	$e\cdot10^4$	$h\cdot10^4$	ε^t	ε^r
$d_{14}=1\ 150$	$g_{14}=31$	$e_{14}=140$	$h_{14}=7.58$	$\varepsilon_{11}^t=480$	$\varepsilon_{11}^r=220$
$d_{25}=-160$	$g_{25}=-170$	$e_{25}=-5$	$h_{25}=-5.8$	$\varepsilon_{22}^t=12$	$\varepsilon_{33}^r=11$
$d_{36}=35$	$g_{36}=44$	$e_{36}=3.5$	$h_{36}=4.8$	$\varepsilon_{33}^t=10$	$\varepsilon_{33}^r=9.8$

3.5.4 硫酸三甘肽

硫酸三甘肽 $(NH_2CH_2COOH)_3\cdot H_2SO_4$（TGS）是 3 个铁电同形分子化合

物之一，另外两个是硒酸三甘肽和氟铍酸三甘肽．这些化合物的铁电相属于空间群 $P2_1$，而顺电相则属于 $P2_1/m$，两种相的 $Z=2$．

X 射线和中子衍射测定的硫酸三甘肽结构是甘氨酸分子和硫离子的复杂堆垛，中间被氢键 O—H⋯O 和 N—H⋯O 连接．3 个甘氨酸分子中的一个具有普通的两性组态，一个NH_3^+ 基位于其他原子的平面之外，另两个甘氨酸分子则处于实验误差内的平面上．甘氨酸的组态如图 3.30 所示．

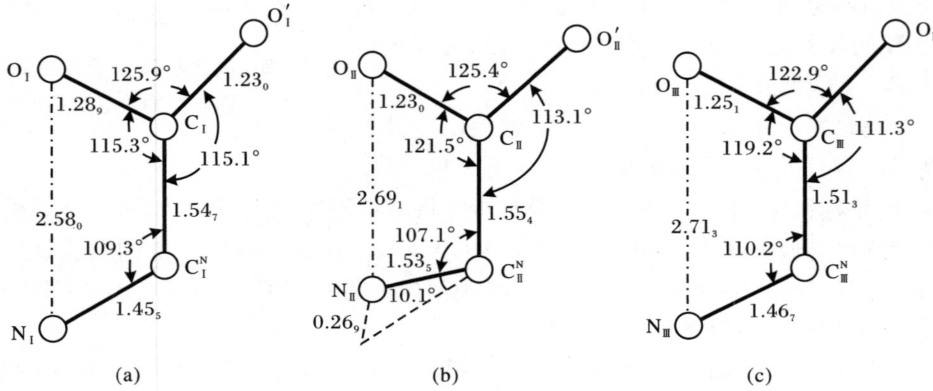

图 3.30　硫酸三甘肽中的甘氨酸及其离子的组态

(a)(c) 平面单质子化的甘氨酸离子；(b) 两性甘氨酸离子

硫酸三甘肽的铁电性质来自氢键的质子有序化，这导致了在甘氨酸分子和硫酸离子中出现偶极子．TGS 自发极化的主要贡献来自甘氨酸Ⅰ离子的NH_3^+基偶极矩．甘氨酸Ⅰ离子可以占据和 $y=1/4$ 平面成 $+12.5^\circ$ 角的两个等效对称位置，取决于偶极矩的符号．质子有序化被居里点附近的 X 射线漫散射研究所证实．有趣的是，在顺电相结构中，由于甘氨酸Ⅰ离子的无序取向，垂直于二重轴的对称面只是在统计意义上存在．

和 KDP 一样，在 TGS 晶体中，铁电相变是有序-无序类型的相变．在两种情形中，短氢键的质子在特定的基团中开始激发出偶极矩．氢键偶极矩自身几乎垂直于铁电轴，而且对自发极化没有贡献．

图 3.31(a)简要地画出了 TGS 的相邻畴的结构．具有 $\boldsymbol{P}_s$ 某一方向的畴习惯上被称为右旋的，而另一个畴则被称为左旋的．每个畴的矢量 $\boldsymbol{P}_s$ 的反向伴随有其对映性符号的改变．图 3.31(b)说明了相邻两个畴结构的偶极子型主．畴的对映性用一个半圆形箭头表示，箭头方向表示对映性的符号．

从图 3.31(b)可见，相邻 TGS 畴的晶格是平行的，排除了用光学方法观察．

但是，TGS 畴结构已通过浸蚀、电致发光和带电粉末方法进行了全面研究.

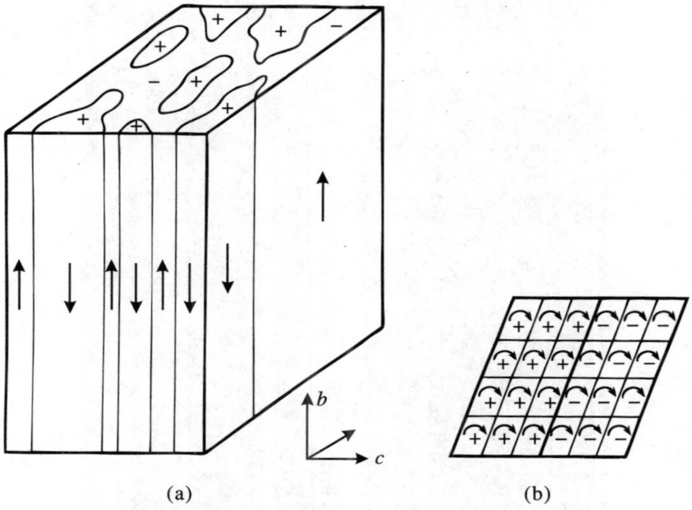

图 3.31　硫酸三甘肽的畴结构模型(a)和该晶体垂直于 b 轴(即轴 2 自发极化取向沿着 b)的薄截面中的偶极子花样[3.5](b)

尽管 TGS 的畴结构和晶体的生长条件有很大关系，特别是和生长温度有关，但是不受电场和力场作用的大多数晶体，相似的畴($\boldsymbol{P}_s$ 取向相同的)形成一种基体，填充有其他符号($\boldsymbol{P}_s$ 相反的取向)的畴以小扁豆短棒的形式沿着 b 轴取向. 小扁豆横截面的主轴沿晶体的 a 轴取向，如图 3.31 所示. 在某些情形，畴边界沿着晶体 a 轴取向，如图 3.32 所示.

图 3.33 为 TGS 铁电相的自发极化与温度的关系. 根据这个关系，TGS 在温区在 37～49 ℃内(接近 $T_C = 49$ ℃处)，自发极化的变化约为 6×10^3 CGSE 单位(2 μC)，依此可估算出在这个温区内的热释电系数为 500 CGSE 单位. 所以，由于相变区内相对低的 ε 值，由热释电效应引起的电势差可达几百千伏. 因而，TGS 薄片常常因为在从顺电相快速冷却过程中热释电效应产生的自发极化的固有电场而破碎. 在 T_C 以上，TGS 晶体不具有压电性质，因而在相变区内热释电效应真正占主要地位. 在温区 37～20 ℃的范围内，热释电系数约为 150 CGSE 单位. 这里，TGS 具有较小的电热系数 $q = -0.012$ CGSE，这表明 TGS 的自发电热效应弱小，而外场仅仅轻微地影响相变温度(二级相变).

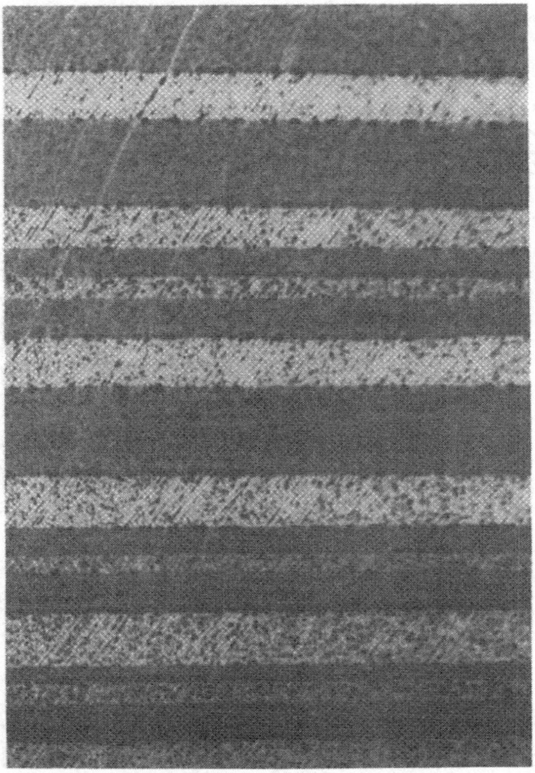

图3.32 用氯化银缀饰(010)解理表面的方法显示硫酸三甘肽的畴结构的电子显微照片

图中 a 轴平行纸面排列

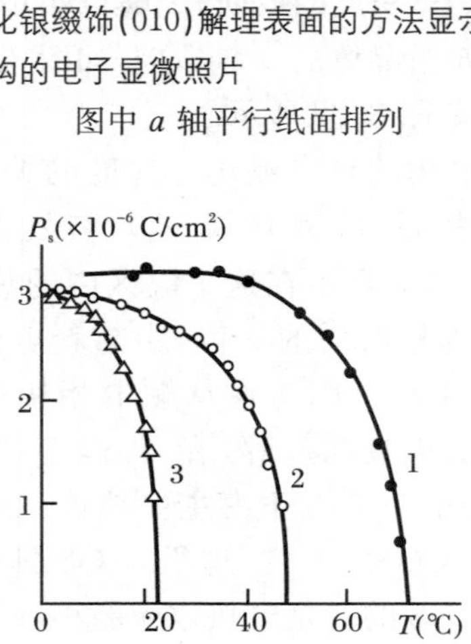

图3.33 晶体的自发极化$\boldsymbol{P}_s$和温度的关系

1.氟铍酸三甘肽;2.硫酸三甘肽;3.硒酸三甘肽[3.14]

图 3.34 为 TGS 的介电恒量和温度的关系. 在 $T_C = 49$ ℃附近的 ε_b 反常(矢量 $\boldsymbol{P}_s$ 平行于 b 轴)清晰可见. 容易观察到在 TGS 晶体中清晰明确的介质电滞回线,矫顽场约为 400 V/cm.

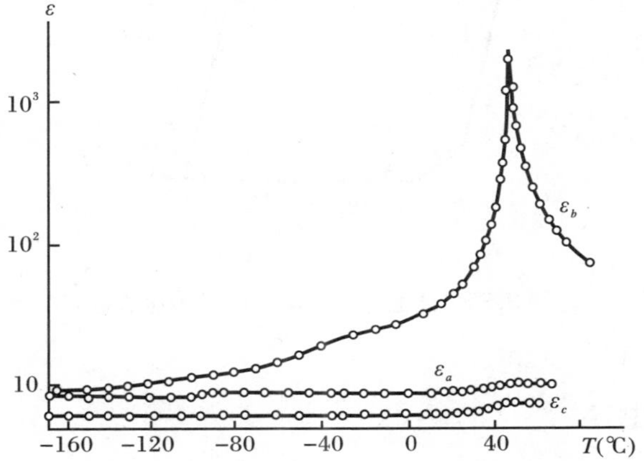

图 3.34 硫酸三甘肽的介电恒量和温度的关系[3.15]

TGS 晶体是具有杂质离子电导率的铁电体的典型代表. 特别地,硫酸三甘肽晶体的电导率是由杂质硫离子引起的,在居里点处 TGS 晶体沿所有三个晶轴进行的电导率测量清楚地表现出突变. 假设电导率为离子性,在铁电体和顺电体范围内载流子的激活能分别为 0.6 eV 和 0.4 eV. 所以,随温度的升高,向顺电体转变的激活能可能不仅增大(如 $BaTiO_3$ 和罗谢尔盐)而且还会降低.

在 TGS 晶体(还有 $BaTiO_3$ 晶体)中,压电效应仅可能在铁电相发生. 在 T_C 温度以下,TGS 属于晶类 2,根据表 3.1,它有 8 个独立的压电系数. 在其晶体物理的放置中(如图 3.35),如前面提到的那样,实际上和温度没有关系的部分系数 g 为(CGSE 单位)

$$g_{22} = -25.2 \times 10^{-8}, \quad g_{21} = -59.2 \times 10^{-8}, \quad g_{23} = 15.2 \times 10^{-8}$$

室温时,系数 d 等于

$$d_{22} = -83.8 \times 10^{-8}, \quad d_{21} = -44.2 \times 10^{-8}, \quad d_{23} = 136.7 \times 10^{-8}$$

室温时,在弱场中测得的介电恒量值为

$$\varepsilon_{11} = 8.7, \quad \varepsilon_{22} = 25, \quad \varepsilon_{33} = 4.7, \quad \varepsilon_{13} = 0.5$$

TGS 的压电性质的上述数据是单畴化试样的数据. 应该说明,一般天然的 TGS 晶体(没有经过场处理的)具有单极性,即它们具有未被抵消的畴结构,因此,尽管不明显,晶体表现出压电效应和热释电效应.

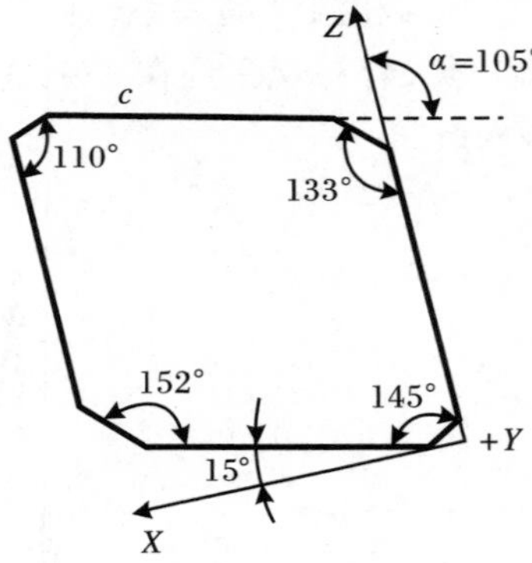

图 3.35 硫酸三甘肽晶体的晶体学放置

3.5.5 反铁电体

锆酸铅 $PbZrO_3$ 是典型的位移型反铁电体，在温度高于 230 ℃时，它是立方结构的，在这个温度以下，$PbZrO_3$ 变为单胞参数近似等于 $\sqrt{2}a_0$，$2\sqrt{2}a_0$ 和 $2a_0$ 的正交结构，空间群为 *Pbam*，其中 a_0 为初始立方晶胞的边长. 这种超结构晶胞的 $Z=8$. 在相变点以下，这种结构表现出沿着正交轴 a（平行于亚晶胞对角线）原子反平行位移约 0.2 Å.

正交相 $PbZrO_3$ 的畴结构和正交相 $BaTiO_3$ 类似. 这是可理解的，因为在这两种晶体中，正交变态是由于立方顺电体晶胞在立方相轴的⟨110⟩方向上的极化造成的. 两者的区别在于正交 $PbZrO_3$ 的单胞是超结构，而 $BaTiO_3$ 的立方相单胞不是多重的.

$PbZrO_3$ 的介电性质已被彻底研究. 热释电相的介电恒量服从居里-外斯定律. 居里-外斯温度 $T_{CW}=190$ ℃，这远比实际相变温度 230 ℃低得多. 区别于反铁电体以结构单元的有序化为特征，$PbZrO_3$ 的介电恒量非常高，如图 3.36(a) 所示. 居里恒量和 $BaTiO_3$ 的大小和数量级相同（$C=1.59\times10^5$ deg）. 相变为一级相变（相变的温度滞后为 4 ℃）.

根据热力学原理（见下面的讨论），施加恒定电场将降低相变温度，当所加电场为 20 kV/cm 时，$\Delta T_C=-1.5$ ℃. 在强交变电场中，$PbZrO_3$ 的极化用双滞后回线描述，如图 3.36(c) 所示. 双滞后回线的临界电场 F_{crit} 表征了从反铁电态向铁电态转变的电场. 临界电场和温度有关，越接近晶体的相变温度，临界电场越小，如图 3.36(b) 所示.

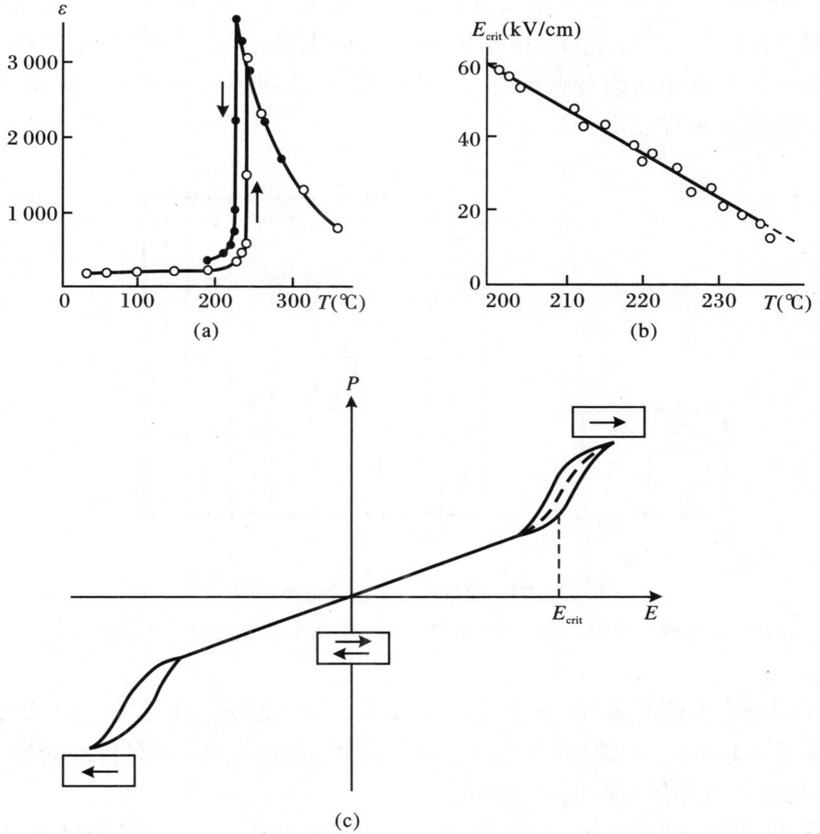

图 3.36 $PbZrO_3$晶体的介电恒量(a)和临界场(b)与温度的关系以及晶体的双滞后回线(c)[3.16]

在室温顺电相时，磷酸二氢铵 $NH_4H_2PO_4$(ADP)和 KH_2PO_4是同形的，具有相同的空间群，单胞参数为 $a = 7.50$ Å 和 $b = 7.58$ Å. 这种结构的特征是 PO_4四面体的三维晶格被长为 2.51 Å 的氢键 O—H…O 结合而$[NH_4]^+$四面体则被长为 2.88 Å 的氢键 N—H…O 结合到$[PO_4]^{-4}$基的氧原子上. 和 KDP 一样，在 ADP 中氢键的质子在相变温度($T_C = -125$ ℃)以下有序化，但这种有序化是十分复杂的. 反铁电相的 ADP 空间群为 $P2_12_12_1$. 在相变温度以下，超结构的出现表现为：等效于相变温度以上结点的晶胞中心在低于相变温度时不等效于这些结点. 轴 2 变为反极化轴，在相邻的亚晶胞中的极化取向相反.

晶体反铁电相的理想超结构晶胞由初相的 4 个晶胞(4 个亚晶胞)构成，如

图3.37(a)所示.夹角为90°的畴具有相反的对映性符号,其中一个是右旋的,另一个是左旋的.由于初晶的[100]和[010]方向仅是镜面等同的但不是相容的,这些畴必须具有相反的对映性符号.宏观上,一套理想的两种取向畴具有初相(顺电相)的点对称性 $\bar{4}2m$.

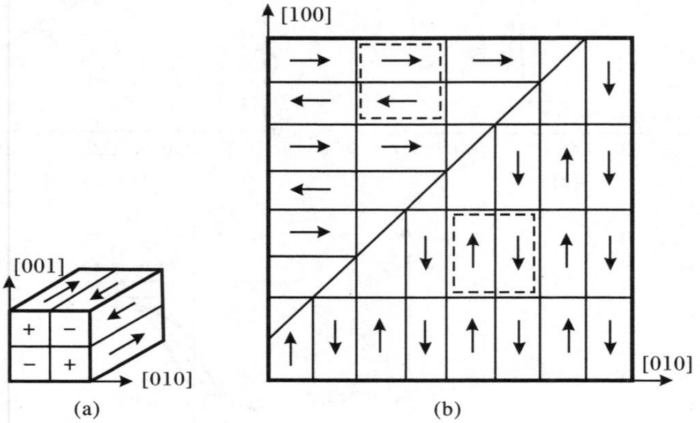

图3.37 磷酸二氢铵晶体的畴[3.5]

(a) 一个畴的超结构晶胞,对称性为222;(b) 两个畴及其边界的偶极子花样

在弱场中的研究表明,在相变温度以上,沿着反极化轴(a 轴和 b 轴)和垂直于反极化轴方向(c 轴)的介电恒量服从居里-外斯定律,具有负的居里-外斯温度.机械钳夹晶体可降低相变温度.

作为一个好的压电体,ADP已被广泛应用于实际中.在室温,ADP的压电系数等于(CGSE单位):

$$d_{36} = 148 \times 10^{-8}, \quad g_{36} = 118 \times 10^{-8}, \quad \varepsilon_{33} = 14.0$$

3.6 铁电体的相变,自发极化理论基础

3.6.1 概述

自发极化状态是线性热释电体(如电石、糖等)和铁电体(如罗谢尔盐、

KDP、$BaTiO_3$等)所固有的.形式上,铁电体是热释电体的一个小类:铁电体是被分割为畴的热释电体.尽管两种晶体的$\boldsymbol{P}_s$在绝对值上大小是同数量级的,但它们自发极化的起源明显不同.这已经由,特别是由线性热释电体不发生相变的事实所指明.另一方面,假设线性热释电体的居里温度非常高而且在晶体熔化(分解)前也不能达到,也是不合理的,因为已经知道有一部分铁电体只存在铁电变态,并且具有铁电体所具有的畴结构(如硫酸铝胍).

我们可定性地证明自发极化状态为什么会在某些晶体中存在,即它们是热力学稳定的.从模型考虑入手最容易做到.为此,假设晶格由偶极矩为 p 的点电偶极子构成,给定晶格的形成和稳定性不仅由偶极子作用力所确保,还有其他作用力所确保(但我们暂时对这些力不感兴趣).在这种模型的框架内,有效电场(或者作用电场)用记号 $\boldsymbol{F}$ 表示,也就是认为作用在分离偶极子的平均场具有确切的含义.如果宏观平均场强 $\boldsymbol{E}$ 和极化 $\boldsymbol{P}$ 是相互平行的(例如它们的方向都沿着晶格的对称轴),那么

$$\boldsymbol{F} = \boldsymbol{E} + f\boldsymbol{P} \tag{3.57}$$

其中,f 为洛伦兹因子,对立方晶格 $f=4\pi/3$.在外场作用下,被研究媒质的极化可以认为是偶极子分子组成的气体的极化,或者和铁磁体中自旋气体的磁化一样.外斯磁性理论的直接推论说明,在没有外场时,所研究媒质处于热力学平衡时,在温度 $T=0$ 到居里点 T_C的范围内,存在一个不等于零的自发极化 $\boldsymbol{P}$,而且

$$T_C = fpP_\infty 3kT \tag{3.58}$$

其中,P_∞ 为饱和时(即在 $T=0$ 时)的极化,而 k 为玻尔兹曼常量.当 $T>T_C$ 时,$\boldsymbol{P}=0$.假设 $f\approx1$,$p=10^{-18}$,$P_\infty\approx10^6\sim10^5$(CGSE 单位),即接近真值,我们得到 $T_C\approx10^2\sim10^3$ deg.

所以,上述讨论证明了作用场 $\boldsymbol{F}$ 和宏观平均场 $\boldsymbol{E}$ 的差异直接导致了自发极化存在的可能性(甚至在选定模型框架内的必然性).区别于铁磁性,在这种情况下,我们直接获得和铁电体真实居里温度相对应的值 $T\approx10^2\sim10^3$ 是有意义的.换句话说,普通类型的静电相互作用导致了 $f\approx1$ 的值能够确保高达 $T_C\approx10^3$ 时的自发极化的存在.但是,正如已知,为保持外斯铁磁性理论的框架,必须接受 f 值等于 $10^3\sim10^4$,而这不可能是由磁相互作用引起的.

3.6.2 铁电体相变的热力学理论

在描述自发极化的过程时,最好考虑晶体自由能是温度 T、应力和极化 P 的函数.这个函数的微分表达式为

$$\mathrm{d}G = -S\mathrm{d}T + r_i\mathrm{d}t_i + E_m\mathrm{d}P_m \tag{3.59}$$

其中，S 为熵，r_i 为应变张量的分量，E_m 和 P_m 分别为电场强度和自发极化的分量，t 为机械负荷.考虑一个自由晶体（$t=0$），函数 G 可以展开为极化的具有温度相关系数的幂函数.

具有单一自发极化轴的单轴铁电体晶体，如罗谢尔盐、TGS 和 KH_2PO_4 等，只可能有两个 $\boldsymbol{P}_s$ 的取向：$+P_s$ 和 $-P_s$.由于这两个方向是等效的，自由能 $G=G(P,t)$ 在应力 t 等于零处的展开式只含有极化的偶次幂的项：

$$G = G_0 + \frac{1}{2}\alpha^* P^2 + \frac{1}{4}\beta P^4 + \frac{1}{6}\gamma P^6 + \cdots \tag{3.60}$$

那么，电场强度由下式确定：

$$E = \partial G/\partial P = \alpha^* P + \beta P^3 + \gamma P^5 + \cdots \tag{3.61}$$

自由能曲线的形状本质上随展开式(3.60)中的系数的数目、符号和大小而改变.如果所有展开式的项的符号都是正的（$\alpha^*,\beta,\gamma>0$），那么，曲线在 $P_s=0$ 处有一个单一的最小值，如图 3.38(a)所示.因此，顺电态在 P 的整个区间内是稳定的.

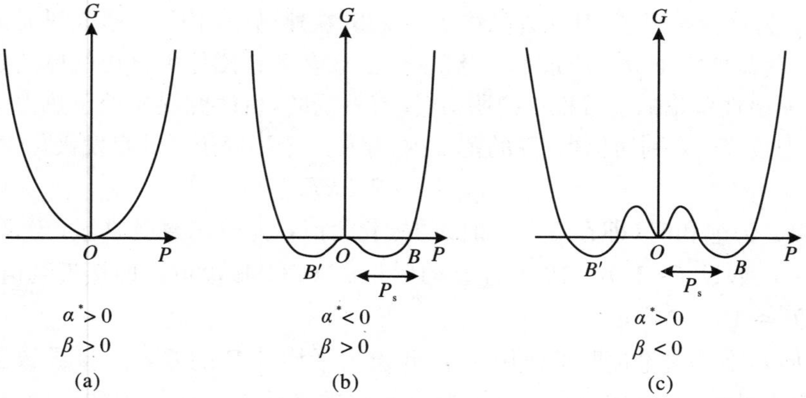

图 3.38　顺电相(a)和铁电相(b,c)的自由能曲线：(b)、(c)分别为二级相变和一级相变

如果展开式的系数之一 α^* 或 β 是负的而且 $\gamma>0$，那么，在没有外场存在（$E=0$）时，具有形式 $\partial G/\partial P=0$ 的式(3.61)可能有除 $P=0$ 外的其他解 $P\neq0$，和自发极化状态相对应.分析这种状态的自由能，我们可以断定该状态是否稳定.

由方程 $\partial G/\partial P=0$ 确定的自由能极值给出第一个解 $P_s=0$，相当于函数在原点的极值.从下面方程可以得到其他极值.

$$\alpha^* P + \beta P^2 + \gamma P^4 + \cdots = 0 \tag{3.62}$$

下面仔细分析这个方程,首先令 $\gamma=0$,$\alpha^*+\beta P^2=0$,我们得到自发极化 P_s 的表达式:

$$P_s^2=-\alpha^*/\beta \tag{3.63}$$

如果 α^* 和 β 的符号相反,P_s 的解具有物理意义.图 3.38(b)为 $\alpha^*<0,\beta>0$ 时的函数 G 的示意图.那么,在原点和两个对称的极小值 B 和 B' 处的自由能为极小.自发极化的状态是稳定的.比较图 3.38(a)和 3.38(b)可以知道,α^* 从正值连续变化到负值将导致稳定的顺电状态($\alpha^*>0$)向稳定的铁电状态($\alpha^*<0$ 转变,在相变温度 T_C,$\alpha(T_C)=0$).在上述讨论的情形中,自发极化 P_s 也是温度的连续函数,如图 3.39(a)所示,并且在相变温度 T_C 处降低为零.假设系数 α^* 和温度有线性关系(即居里-外斯定律式(3.56)):

$$\alpha^*=(T-T_C)/C^* \tag{3.64}$$

其中,C^* 为恒量,那么,当 $\beta=$ 恒量时从式(3.63)得到的自发极化 P_s 和温度的抛物线关系为

$$P_s^2=k(T_C-T) \tag{3.65}$$

其中,k 为恒量.在相变过程中晶体能连续变化;转变过程不释放相变潜热,但伴随有热容的突变,所以是典型的二级相变.

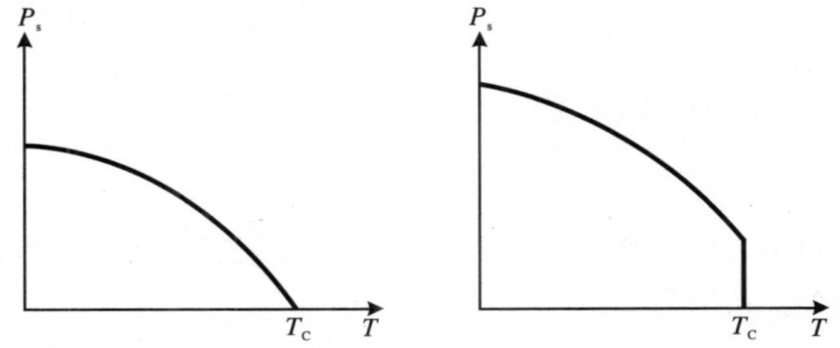

图 3.39 二级相变(a)和一级相变(b)的自发极化与温度关系的示意图

现在我们回到式(3.62).如果方程中不是 α 为负值而是 β 为负值,自由能 G 的曲线更为复杂.只有当其他极小值满足条件 $G_{P_s=0}\geqslant G_{P_s\neq 0}$ 时,原点处极小值($\alpha^*>0$)的存在才允许有 $P_s\neq 0$ 的极小的存在.最后一个条件说明式(3.60)

$$\frac{1}{2}\alpha^* P_s^2+\frac{1}{4}\beta P_s^4+\frac{1}{6}\gamma P_s^6+\cdots=0 \tag{3.66}$$

式(3.62)和式(3.65)必须同时成立,这将导出关系式

$$P_s^2=-\frac{3}{4}\beta_0/\gamma_0 \tag{3.67}$$

$$\alpha_0^* \gamma_0 = \frac{3}{16}\beta_0^2 \tag{3.68}$$

以表征在相变温度处晶体的状态(这里用脚标0强调系数 α^*,β 和 γ 在相变温度).从这些关系可见,条件 $\alpha^*>0$ 说明 β 和 γ 必须具有相反的符号.

图3.38(c)为温度接近 T_C 但低于 T_C 时典型的自由能图,$\alpha^*>0,\beta<0,\gamma>\gamma_0$.由图可见,这种情形中的 G 曲线有3个极小值:一个在原点处 $P=0$ 而另外两个和 $P\neq0$ 时相对应(B 和 B').如果极小值的深度比和温度有关,从顺电态向铁电态将发生等势相变.区别于前面的情形,晶体的自发极化和能量在相变点发生突变.相变潜热有一个确定的值,这是典型的一级相变.

根据式(3.59),体系的熵由下式确定:

$$S = -\left(\frac{\partial G}{\partial T}\right)_{P,t}$$

由此,再利用式(3.60)得

$$S = S_0 - \frac{1}{2}P^2\frac{\partial \alpha^*}{\partial T} - \frac{1}{4}P^4\frac{\partial \beta}{\partial T} - \cdots \tag{3.69}$$

其中,S_0 为零极化时的熵.所以,只有当式(3.69)的第一项显著时,相变过程的熵变为

$$\Delta S = S - S_0 \cong -\frac{1}{2}P^2\frac{\partial \alpha^*}{\partial T} \tag{3.70}$$

考虑到式(3.64),我们可以把式(3.70)变为

$$\Delta S = -\frac{1}{2}C^* P_s^2 \tag{3.71}$$

显然,从上式可见,P_s 的突变和 S 的突变对应,这说明了相变潜热 ΔQ 的存在(一级相变),ΔQ 由下式决定:

$$\Delta Q = \frac{T_C}{2C^*}P_s^2 \tag{3.72}$$

类似地,在二级相变的情形,P_s^2 曲线的斜率发生突变,此时存在热容的突变.图3.39概要地表示了两种相变的自发极化和温度的关系.

到目前为止,我们已经考虑了忽略机械应力和电场($t=0$ 和 $E=0$)作用的体系的自由能.下面我们考虑这些物理量对体系温度(进而对相变温度位置)的影响.对一级相变,极化铁电相"f"和顺电相"p"在相变中自由能是相等的,即 $G_f=G_p$,所以利用式(3.59)得

$$0 = dG_f - dG_p = -(S_f - S_p)dT + (r_{if} - r_{ip})dt_i + (P_{mf} - P_{mp})dE_m \tag{3.73}$$

其中,T 是应力为 T_i 和电场为 E_m 时的相变温度.假设电场 E 是恒定的、压强 p

是流体静压强,我们得到

$$\frac{\partial T}{\partial P}=\frac{\Delta V}{S_{\mathrm{f}}-S_{\mathrm{p}}} \tag{3.74}$$

也就是熟知的克劳修斯-克拉珀龙方程,其中 ΔV 为相变时的体积变化.

令式(3.73)中的应力为恒量,得到

$$\frac{\partial T}{\partial E_m}=\frac{P_{m\mathrm{f}}-P_{m\mathrm{p}}}{S_{\mathrm{f}}-S_{\mathrm{p}}} \tag{3.75}$$

利用这个表达式可以计算在电场作用下相变温度的变化.特别地,利用相变处的熵变式(3.71),可以把式(3.75)写成

$$q=\frac{\partial T_{\mathrm{C}}}{\partial E}=\frac{\Delta P}{\Delta S}=-\frac{2C^*}{P_{\mathrm{f}}} \tag{3.76}$$

在二级相变中,两相的熵是相等的.在流体静压强的情形,令 S_{f} 等于 S_{p},得到埃伦费斯特方程:

$$\frac{\partial T}{\partial P}=\frac{T(\Delta_{i\mathrm{f}}-\Delta_{i\mathrm{p}})}{C_{\mathrm{f}}-C_{\mathrm{p}}} \tag{3.77}$$

其中,C_{f} 和 C_{p} 均为恒压时的热容量,$\Delta_{i\mathrm{f}}$和 $\Delta_{i\mathrm{p}}$为膨胀系数.

可以容易地用实验数据证实这里给出的部分热力学关系.首先,我们注意到,对发生一级相变的铁电体,由于相变温度滞后,式(3.64)类型的关系式中的 T_{C}必须用和某一温度 T'_{C}相对应的真实相变温度来代替,T'_{C}和 T_{C}相差几度,例如 $BaTiO_3$的 $T'_{\mathrm{C}}-T_{\mathrm{C}}=11$ ℃.和这种相变对应的系数 α_0^* 可从下式得到:

$$\alpha_0^*=(T'_{\mathrm{C}}-T)/C^* \tag{3.78}$$

对罗谢尔盐和 KDP 类型的铁电体,式(3.72)和实验结果符合得相当好.对 $BaTiO_3$,$P_{\mathrm{s}}=54\times10^3$ CGSE 单位,$\Delta S=-0.12$ cal · mol^{-1} · deg^{-1},利用式(3.76)可得 $q=\partial T_{\mathrm{C}}/\partial E=-0.53$ CGSE 单位,这非常接近实验值 $q=-0.45$ CGSE 单位.式(3.74)真实地反映了已被实验证实的在流体静压缩情形中 $BaTiO_3$居里点向低温度移动的事实.

就罗谢尔盐、钛酸钡和部分其他铁电体而言,这里给出的热力学理论一般前提是,这些理论和实验结果符合得很好.

没有根据认为,伴随有自发极化的所有相变中的极化可以确切地看成按自由能式(3.60)展开式中的参数.事实上,当相变不是由自发极化引起的时,自发极化不再是这样的一个参数,因为它仅仅伴随着相变.从对称性的观点看,在这种相变中,晶体铁电相的对称群是晶体对称群和自发极化(极)矢量对称群的一般子群而不再是它们的最高子群.

相变不是由自发极化引起的铁电体被称为**非本征**铁电体.铁电相变发生时

伴随晶胞的多重性(即形成超结构)的晶体是本征铁电体的例子,典型的代表有钼酸钆 $Gd_2(MoO_4)_3$. 当 $T\approx 159$ ℃时,这个晶体发生铁电相变,空间群从 $P\bar{4}2m$ 变为 $Pba2$. 结构的重组使得单胞体积倍增,即垂直于极轴的平面上的平移为多重的.

体积和关联能量之比以及它们在相变中作用的考虑证实了展开式(3.60)只能很好地描述 $(\Delta P)^2 \ll P^2$ 时的铁电体相变,即极化涨落相对小的相变. 位移类型铁电体相变的关联效应的仔细考虑证实,和临界低频支声子间相互作用相一致的这些效应明显是不小的,能够从本质上影响相变热力学. 特别是氧八面体铁电体一般具有一级相变,尽管它们在 $T_C' - T_C \ll T_C$ 的意义下是接近二级相变的. 在这些铁电体中,系数 β 强烈和温度有关: $\beta(T)\approx\beta_0[1-9(T_C-1)]$. 系数 γ 也有类似的关系. 这些关系是由于非简谐性修正引起的,非简谐性修正相对数量级是 $T\xi_{aT}^{-1}$,其中, $\xi_{aT}\approx 1$ eV.

普通的唯象理论不足以精确描述介电恒量和温度的关系. 考虑位移型铁电体在相变处临界涨落的相互作用的相关效应,有可能相当满意地使理论和相变中观察到的这些晶体的主要特征相符合. 同时,部分铁电体的极化涨落是较小的,在居里点附近,这种晶体的行为可以用式(3.60)类型的展开式恰当地描述,这在前面已讨论过.

3.6.3 宏观模型

为了证实电子极化是否高得足以把晶体从非极化态转变为极化态,我们必须记住,当偶极子(由作用场 F 感生的)的相互作用能超过造成电子壳层畸变所需的能量时、即产生了必需的偶极矩时,发生自发极化. 这种考虑表明,当电子极化 η 超过以下的临界值时,极化态变成稳定的:

$$\eta \geqslant \frac{3}{4}\pi N \tag{3.79}$$

这个临界值相当于所谓的" $\frac{4\pi}{3}$ 突变".

一般,条件式(3.79)对晶体不成立,因而不存在自发极化. 但部分立方晶体的洛伦兹场沿着某些方向的系数远远超过 $\frac{4\pi}{3}$. 如果在这种条件下,满足关系式(3.79),那么,在晶体的 η 较低时也会出现自发极化.

假设晶体满足" $\frac{4\pi}{3}$ 突变"条件,那么,为得到相变温度,必须引入和至少一个离子的极化相关的温度关系. 为了能够解释位移型铁电体(如 $BaTiO_3$)的介电性质,极化 η 中有一个表现出弱的线性温度关系就足够了.

为了解释含有有序化结构单元的铁电体性质,如罗谢尔盐、KDP 和 TGS 等,极化 η 的温度关系必定是不同性质的. 已知这种铁电体的宏观极化率 α 在居里点之上(罗谢尔盐的上居里点之上)是和温度成反比的. 这表明在描述这种铁电体的自发极化时,可以以假设存在恒偶极子的理论为基础,认为恒偶极子被内场确定方向. 在极性液体中,这种偶极子是极性分子. 在晶格中,我们不能单独分离出能够重新取向的极性分子. 但是,能够占据两个(或多个)平衡位置的带电 q 的离子可以是极性分子的等效物. 例如,硫酸三甘肽的键 O—H…O 中的质子就是可以占据离键中心距离为 l 的两个稳定平衡位置的离子. 这个离子可以看作极矩 $p = ql$ 的赝偶极子,并且可以有两个或多个取向. 从一个位置向另一个位置跃迁时需要一定的激活能. 低于居里温度时赝偶极子的一般取向相当于离子有序化. 利用这个方法,晶体自发极化的增大可以用一个函数描述,这个函数依赖于与偶极子相关的离子平衡位置的数目和分布.

对四方变态 $BaTiO_3$ 洛伦兹场的计算可得出,Ti 和 O_1 离子之间的相互作用最强,如图 3.10 所示. 描述这个相互作用的系数是一般值 $\frac{4\pi}{3}$ 的 8.2 倍,这是钙钛矿结构离子中心区域有相当大场强增加的原因. 四方相中,钛离子偏离氧八面体中心大大增加了电子极化的分量,这主要是因为 O_1 离子的极化增强. 反过来,O_1 离子的电场影响 Ti 离子,导致沿同一方向取向的偶极子键的形成,在晶体中产生了自发极化. 计算结果表明,钛离子对全部极化的贡献为 37%(其中 31%为离子移动引起的,6%是电子极化引起的);而氧离子 O_1 的贡献可达 59%. 当然,这种估计是近似的,因为计算结果大大地依赖于所利用的离子极化的数值和其他因素的数值.

仔细的计算表明,单独的电子极化不能确保自发极化. 换句话说,单独的离子的电子极化不能完全解释 $BaTiO_3$ 的铁电相变.

还有其他方法解决自发极化形成中电子极化作用的问题. 特别地,把 TiO_6 八面体的电子态作为一个整体考虑. 不存在电场时,这个电子组态的基态是立方对称的,而且不具有偶极矩. 在八面体间的相互作用影响下基态的初始简并能级的分裂方式,使得微扰态能量小于基态能量,这解释了非零偶极矩态的稳定性. 尽管还有缺点,所讲的方法仍是相当重要的,因为它揭示了单纯电子效应基本上可以造成自发极化的存在.

在一部分晶体中,自发极化可以解释成扬-特勒赝效应的结果. 这种赝效应中,离子的对称排列在两个十分接近的能带(高对称晶体中的价带和导带)是不稳定的. 因此,离子移动使得离子排列的对称性受到破坏,而价带顶降低. 计算

结果说明,在只考虑外部 π 态相互作用的模型中,钙钛矿出现自发极化的判据是

$$\Delta < 4a^2/\rho\omega^2 \tag{3.80}$$

其中,Δ 为禁带宽,ρ 为单胞质量,ω 为极限光振动频率,a 为电子声子相互作用恒量. $BaTiO_3$ 晶体中的 3 个相变分别相当于极限光振动的固有频率(简并在对称态中).

当满足条件式(3.80)时,钙钛矿以及其他某些晶体中出现自发极化是由于晶体的满带和空带的相互作用(在最对称的组态中)造成的.从式(3.80)可以知道,当这两个带足够接近时,这种相互作用最有效,价带和导带间的相互作用最强.

对 $BaTiO_3$ 的估算表明,$a \approx 10^{-5}$ CGSE 单位,$\Delta \approx 1$ eV 和 $\omega \approx 10^{12} \sim 10^{13}$ s^{-1},说明这种晶体满足铁电性出现的判据式(3.80)是可能的.理论也指出在含有 Ti,Zr 和 Hf 离子的钙钛矿体系中,T_C 必须含 Ti 降到含 Hf 系,而在含有 Ca,Sr 和 Ba 离子的钙钛矿体系中,实际上 T_C 从含 Ba 降到含 Ca 系.

在非谐振子模型中考虑了非谐振动离子体系(谐振动离子体系不会导致自发极化).对这种体系的势能分析可以导出类似于式(3.79)的分析表达式,当考虑内场时要求 $\frac{4\pi}{3}$ 突变的存在.表达式的右边含有表征作用在离子上产生位移的弹性力的物理量,而左边则是表征由于内场的存在产生的力的物理量,也就是由于离子移动形成的偶极子的相互作用产生的力.所以,在偶极子-偶极子相互作用超过弹性力的晶体内发生自发极化.

有些部分作者利用伊辛模型描述有序化铁电体的相变.应用这个模型计算涨落显著的相变的微观模型时特别有效.

铁电体的伊辛模型是一种偶极子晶格,其中每个偶极子只可以占据两个位置而且只和最近的偶极子发生相互作用.在一个二维晶格中,一个偶极子和四个相邻的偶极子发生相互作用,而且平行和反平行偶极子的能量是不同的,它们的差值用 I 来表示,那么,作为温度函数的体系自由能在温度 T_C 处有一个奇异点,它由下面的比值确定:

$$\mathrm{sh}^2(I/kT_C) = 1 \tag{3.81}$$

当 $T < T_C$ 时,晶格处于有序态,而当 $T > T_C$ 时则处于无序状态,当 $T = T_C$ 时,发生二级相变.相变点处的热容按照以下定律趋向无穷:

$$c \sim -b\ln(T - T_C) \tag{3.82}$$

其中,b 为恒量.从朗道相变理论的观点出发,伊辛模型中序参数的作用是由晶格结点上的中间偶极矩 p_c 承担的.当接近相变点时,根据下面定律 p_c 趋向于零:

$$p_c \sim (T - T_C)^{1/8} \tag{3.83}$$

3.6.4 反铁电体的亚晶格极化和相变

在向反铁电体相变时，反铁电晶体中的每个顺电相(亚晶胞)变成极化的，尽管晶体不能获得微观的自发极化，因为超结构单胞的亚晶胞的偶极矩相互抵消. 这就是为什么习惯上说相变过程中出现反铁电亚晶格的反极化或极化.

从唯象的观点出发，当相邻单胞反平行极化态具有比平行极化态更低的能量时，介电体中出现反铁电相. 因此，可以在铁电性理论的框架内考虑反铁电体.

反铁电体相变的热力学描述可以用类似于描述铁电体相变的方法. 在相变点附近，由两个极化为 P_a 和 P_b 的亚晶格组成的晶体自由能是

$$G = \alpha_1^* (P_a^2 + P_b^2) + \alpha_2^* P_a P_b + \beta (P_a^4 + P_b^4) + \gamma (P_a^6 + P_b^6) + \cdots \tag{3.84}$$

其中，α_1^*，α_2^*，β 和 γ 均为温度的函数(外场 E 为零时各向异性和应变均可忽略). 展开式(3.84)不考虑 4 次和 6 次的某些项，但得到的结果定性地反映了相变的基本特征.

不存在外电场时，对反铁电体存在 $P_a = -P_b$，因而式(3.84)可写成

$$G - G_0 = (2\alpha_1^* - \alpha_2^*) P^2 + 2\beta P_a^4 + 2\gamma P_a^6 + \cdots \tag{3.85}$$

对上式的分析可得到有关涉及系数符号的相变性质的部分结论. 分析的结果说明，如果 $2\alpha_1^* - \alpha_2^* > 0$，那么 G 在 $P_a = 0$ 点有一个最小值，在 $2\alpha_1^* - 2\alpha_2^* < 0$ 时，在相同的 $P_a = 0$ 点 G 有个最大值，但在某个 $P_a \neq 0$ 处获得一个最小值，如图 3.38(b)所示. 所以，如果 $2\alpha_1^* - \alpha_2^*$ 随温度的变化从负值变到正值，那么将会发生反铁电相变.

这种相变类型由其他系数的符号决定. 考虑结果说明，当 $\beta > 0$ 而且 $\gamma > 0$ 时，发生二级相变. 如果 $\beta < 0$，那么，当 $2\alpha_1^* - \alpha_2^*$ 为正且足够小时，自由能随 P_a 的增大而发生如下的变化：首先从 $P_a = 0$ 处的极小值增大，然后在某个 $P_a \neq 0$ 处降低到极小值，而后又增大，如图 3.38(c)所示，在某一温度(对应于 $2\alpha_1^* - \alpha_2^*$ 为正且足够小)，$P_a \neq 0$ 处的极小值变得比在 $P_a = 0$ 处的极小值小，体系发生从 $P_a = 0$ 的状态跃迁向另一个 $P_a \neq 0$ 的状态，发生一级相变.

进一步的分析说明，在二级反铁电相变中，介电恒量是连续而且有限的. 回忆铁电相变的情形，在二级相变中介电恒量也不发生突变，但在相变点趋向于无限，这实际上说明介电恒量在相变点显著增大. 相反，在二级相变中，在反铁电居里温度处的介电恒量不必须具有较大的值. 在一级相变中，介电极化率发

生突变,但也不具有较大的值.

晶体中从反铁电态向顺电相的相变不一定发生.反铁电态和铁电态之间的相变是可能的,如果展开式(3.84)系数的绝对值和符号之间存在确定的关系.首先,从分析可知,只有当 $\alpha_1^*<0$ 时这种相变才会发生.其次,在系数之间存在下面关系时:

$$0 \geqslant \alpha_2^* > \alpha_1^* \tag{3.86}$$

铁电相是稳定的,而反铁电相则是亚稳的,当下面关系成立时,情况恰好相反.

$$0 < \alpha_2^* < -\alpha_1^* \tag{3.87}$$

α_1^* 和 α_2^* 随温度和压强的变化可能会造成上两个关系式中的一个被另一个代替,这将确保反铁电态和铁电态之间的相变.

前面已经提到,施加外电场提高了铁电-顺电相转变温度(这里假设顺电态在较高的温度存在).施加电场增加晶体的极化,而这种极化只有在更高温度才被热运动破坏.从这样的事实看,铁电体的这种行为是不难理解的.低于居里温度时,对反铁电体施加电场有利于向铁电结构相变(铁电结构的 P_a 和 P_b 的方向相同).当铁电相处于较高温度时,这表明施加电场降低反铁电-铁电相变温度.但是,如果反铁电体的高温变态为顺电相时,上述有关居里点移动的本质的讨论不是那么明显.但是,关于反铁电相比铁电相更为有序和根据上面施加电场将使反铁电相更加接近铁电相的论述,可以推断,在电场作用下反铁电-铁电相变温度将降低.实验上观察到了这点.

一般来说,通过施加外场是有可能把反铁电态向铁电态转变的,也就是使两种亚晶格的偶极矩沿同一方向取向(见 3.4 节).即使高温变态为顺电态而不是铁电态时这也可以做到.发生这种相变的电场被称为临界场.(如果高温相为铁电相,从反铁电态向铁电态的转变可以解释为在电场作用下居里点向低温范围移动的结果.)热力学考虑证明,用自由能函数展开式的系数表示的临界场 E_{crit} 大小为

$$E_{\text{crit}} = \frac{4}{3\sqrt{6\beta}}\left(\alpha_2^* - \alpha_1^*\right)^{\frac{3}{2}} \tag{3.88}$$

正如 3.4 节提到的,反铁电体的临界场的存在导致了强交变场中反铁电体的极化,这种极化在 $P=P(E)$ 的关系中有双滞后回线的形式,如图 3.36(c)所示.

给定反铁电体的临界场大小和晶体温度有关,确切地说,和晶体温度低于相变点多少有关.临界场决定了场诱发反铁电态向铁电态的相变.这是一个伴随有相变潜热释放的一级相变.

流体静压强对铁电体相变温度的影响已经在考虑热释电现象和电热效应现象中讨论过,见 3.2.5 节.对反铁电体的相关定性讨论归纳如下:假设流体静

压缩增大反铁电亚晶胞的偶极矩.这种增大也表明反铁电态稳定性的增大.这里,反铁电-铁电相变温度和反铁电-顺电相变温度都升高.如果流体静压缩减少亚晶胞的极化,那么相应的相变温度都降低.

基于微观模型的上述各种铁电体自发极化的概念原则上都能够推广到反铁电体中.反铁电态的实现要求亚晶胞中出现偶极矩,而偶极矩必须排列成相互抵消的状态.这些条件的第一个等效于在单个亚晶胞内的"极化突变"(通过电子极化或离子极化来解释).第二个条件成立时,反平行偶极子链相互作用能低于平行偶极子链的相互作用能(电荷-偶极子静电相互作用能对晶体能量的贡献是负的).

3.6.5 铁电体的晶格动力学和相变

晶体中原子的热振动可以看成晶格简正振动的组合.作为一个整体的晶体亚晶格的位移的振动被称为**极限**振动.如果极限振动伴随有宏观偶极矩的改变,那么它们被称为**偶极子**振动.

电场 $E\exp(\mathrm{i}\omega t)$ 中简正坐标的振动方程(忽略了阻尼振动)具有形式:

$$\ddot{u} + \omega_0^2 u = \frac{e^*}{m}E\mathrm{e}^{\mathrm{i}\omega t} \tag{3.89}$$

这是一个谐振子的运动方程.这里,ω_0 为简正振动的频率,e^* 为给定模的有效动态电荷(在最简单的情形中为离子电荷),而 m 为给定简正振动的约化质量.

联系简正坐标 u 的极化等于

$$P = e^* Nu \tag{3.90}$$

考虑到极化也是频率的周期函数 $P = P_0\mathrm{e}^{\mathrm{i}\omega t}$ 以及式(3.90),式(3.89)可以简化为

$$\omega^2 P_0 + \omega_0^2 P_0 = e^* NE/m \tag{3.91}$$

由于简正振动,对介电恒量 ε 的贡献 ε_u 可以从上式计算得到:

$$\varepsilon_u = 4\pi\frac{\partial P_0}{\partial E} = \frac{f}{\omega_0^2 - \omega^2} \tag{3.92}$$

其中,$f = e^{*2}N/m$.

对几种极限振动,ε 的表达式有如下形式:

$$\varepsilon = \varepsilon_\infty + \sum \frac{f_k}{\omega_k^2 - \omega^2}$$

其中,ε_∞ 为高频介电恒量($\omega \gg \omega_k$),ω_k 为极限振动频率,而 f_k 为振子强度.如果每个模阻尼常量为 γ_k,上式具有如下形式:

$$\varepsilon = \varepsilon_\infty + \sum \frac{f_k}{\omega_k^2 - \omega^2 + 2\mathrm{i}\omega\gamma_k} \tag{3.93}$$

可见，在某个温区和低频条件下 ε 的急剧增大（这是典型的铁电体相变）可以归结为极限振动中的一个振动的频率 ω_k 的突变（$\gamma_k \gg \omega_k$）. 当 $T \to T_C$ 时，频率急剧降低的振动一般被称为**铁电振动**或**软模**. 在适当考虑居里-外斯定律式（3.56）后，这个振动的频率和温度的关系为

$$\omega_k \sim (T - T_C)^{1/2} \tag{3.94}$$

从晶格动力学的观点出发研究铁电体相变首先是由金兹堡、安德森、科克伦等人提出的. 在过去的几十年中，已经获得了很多成果，证实用这种方法研究很多铁电体相变是有效的.

已经知道，质量分别为 m_1 和 m_2、间距为 $a/2$ 的两个原子振动链的色散比（频率 ω 和波数 k 之间的关系）是

$$\omega^2 = \frac{M(m_1 + m_2)}{m_1 + m_2} \pm \frac{M}{m_1 m_2}\left[(m_1 + m_2)^2 - 4m_1 m_2 \sin^2(\pi q a)\right]^{\frac{1}{2}} \tag{3.95}$$

其中，M 为准弹性耦合系数. 从式（3.95）得到的相当于两个频率支的两个解为：声频 $\omega_-(k)$ 和光频 $\omega_+(k)$. 随波数 k 的减少（波长增大），声频支的振动频率减小为零，而光频支的振动频率增大，达到最大值. 这涉及相邻粒子（原子）振动性质的差别. 在声频支中，近邻原子同相振动，而且长波完全和单胞的位移对应. 在光频支中，近邻原子是反相振动. 那么，长波和单胞内原子的相反振动对应. 这些都可以认为是由不同类型原子组成的两种平移晶格的共同振动. 在声频支中，原子同相振动而且振幅相等. 在光频支中，原子反相振动，而振幅和原子的质量成反比. 波数 k 最大值处，声频支中的重原子静止.

从一维链振动理论可以推广出三维的情形. 对双原子晶体（含有两种原子），存在函数 $\omega(k)$ 的 6 个支，其中 3 个和声振动对应，另外 3 个和光振动对应.

研究了部分晶体在某种条件下至少在某一简正振动模中不稳定的可能性，首先是在双原子立方晶体（如 NaCl，CsCl）中进行的. 这种不稳定性可能导致具有自发极化的晶体的重排，重排后晶体重新变得稳定. 此时，式（3.95）变为

$$\mu\omega_T^2 = R_0' - 4\pi(\varepsilon_e + 2)(Z'e)^2/9V \tag{3.96}$$

其中，$\mu = m_1 m_2/(m_1 + m_2)$，$R_0'$ 为短程相互作用恒量，ε_e 为高频介电恒量，V 为单胞体积，而 $Z'e$ 为单胞的有效电荷.

在保持下式成立的条件下，由式（3.96）可得，所考虑晶体的横向光振动模的频率 ω_T 实际上可以降为零，如果

$$R_0' = 4\pi(\varepsilon_e + 2)(Z'e)^2/9V \tag{3.97}$$

可以证明这个条件等效于“极化突变”的条件. 从 Lidden-Sax-Teller 关系式

$$\omega_L^2/\omega_T^2 = \varepsilon_s/\varepsilon_e \tag{3.98}$$

可得到静介电恒量从零($\varepsilon_s=0$)增大到无限对应于的频率 ω_T 降为零,其中 ω_L 为纵向模频率,ε_s 为静介电恒量. 这点来自以下事实:晶体的软模不稳定性引起晶体的铁电相变.

在实际的双原子卤化碱晶体中,式(3.96)左边和右边有相同的数量级,但是 R_0'大约是方程右边大小的两倍. 对钛酸钡研究证明,晶格不稳定性必然可能引起晶体的相变. 考虑到晶格振动的非简谐性可以导出 R_0'和温度相关. 相变取决于弹性能 F_{el}和库仑力 F_{Coul}之间的数值关系. 弹性能是位移 u 的函数:

$$F_{el} = R'u + Bu^3 + B'u^5 \tag{3.99}$$

而库仑力为

$$F_{Coul} = 4\pi(\varepsilon_e + 2)Z'eu/9V \tag{3.100}$$

图 3.40 给出了这两种力的示意图. 弹性力曲线的曲率是放大了的,B 设为负. 根据式(3.96),ω_T^2 的值和两曲线在原点处的斜率之差成正比,而 ε_s 则和斜率之差成反比. 随温度的降低,决定位移力的曲线斜率增大,直到两曲线在确定的 u_{int}值处相交. 在 u_{int}附近,两种晶格稳定的、但是非简谐的振动都是可能的. 上述情形对应于 $BaTiO_3$向带有自发极化的四方变态的相变. 但是,只有在两相的自由能相等时相变才会发生,在图 3.40(a)中,阴影部分表示两相自由能相等. 晶体在 T_C以上是稳定的,在某个温区(在 T_C'和 T_{CW}之间)是亚稳的,而在 T_{CW}以下是不稳定的. 正是这种不稳定性使得晶体向四方变态转变.

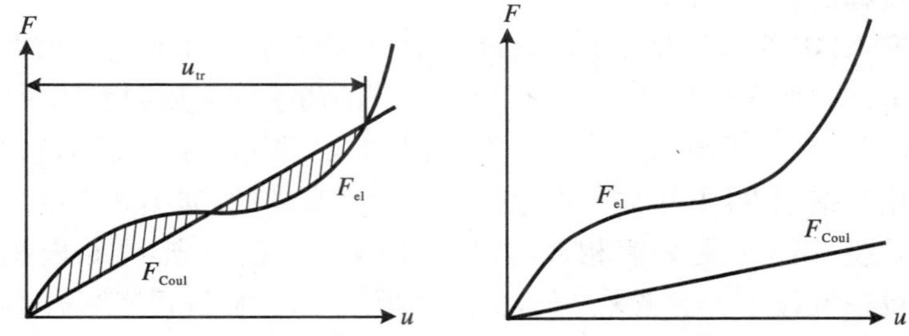

图 3.40 在相变温度(a)和相变温度以上(b)回复力 F_{el}和库仑力 F_{Coul}与位移数值之间的关系[3.17]

在式(3.60)类型展开式中的宏观参数 α^*,β 和 γ 看来有可能与微观参数相联系. 通过恰当选取宏观参数,我们能够获得 $BaTiO_3$ 中分别沿着[100]、[110]和[111]方向发生自发极化的 3 个相继的相变,描述的 $BaTiO_3$的性质和实验结果相一致.

在前面,只考虑了模 ω_T(当振动模不再是简正的时候,这对非简谐性的情形是不合理的).由于允许滞后效应,极限频率并不和无限的波长($k=0$)对应,而是和小于晶体但大于单胞的波长对应.

正如实验证实的,钛酸钡中,除了很小的波矢值外,软模(横向光模)低于声频支.定量地看,这说明声频支和横向光频支之间的相互作用只在紧接相变温度的区域发生.由于铁电态是压电体,在低于居里温度下,这种相互作用必定发生的把握更大.

我们已经关注了以KDP类型铁电体相变为基础的质子有序化的概念.但最近,不考虑晶格振动有序化过程的相互作用的理论和实验相符遇到了困难.正如现在已被理论和实验都证明了的一样,需要假设至少在部分发生结构单元有序化相变的铁电体中,晶格动力学起到重要作用:这里由晶体电荷运动造成的长程库仑力(和上面关于离子晶体的描述一样),也会导致弱化短程力和晶格不稳定性.有序化铁电体的这种行为是由于这样的事实造成的:至少在部分有序化铁电体中,有序化伴随有亚晶格整体的位移,例如,KDP晶体中的K离子和P离子沿着Z轴的位移.正是这些位移导致了自发极化.如前所述,对居里点我们观察到相当大的同位素效应(KH_2PO_4的$T_C=122$ K,KD_2PO_4的$T_C=213$ K),而对自发极化和居里恒量,同位素效应几乎是零.氘化物相当大变化的居里点说明了相变中质子子系统的重要作用.相反,自发极化和居里恒量不发生实质变化以及自发极化几乎完全是由于离子位移引起的事实,要求在理论上考虑离子位移的自由度.

在研究KDP等这类晶体的晶格动力学时,我们从这样的前提出发,在这些晶体中铁电态和质子有序化对应,两个“上面”的质子向所属四面体角的方向运动,而下面“两个”质子则离开四面体角,如图3.41所示.容易看到,这个模型是以斯莱特用于描述KDP中质子有序化的概念为基础的,如图3.18所示.但是,应当记住,这些模型只是外表相似,因为根据斯莱特的概念,在顺电相中,氢原子相对于键在统计意义上是无序的,而这个模型中,它们进行连续振动.

在其他描述KH_2PO_4相变的模型中,假设涉及质子隧穿的激发和K-PO_4沿Z轴光振动之间有强相互作用,而且在相变点处结合模频率趋向于零.涉及相变的光振动形式和图3.41给出的形式相似.这个模型解释了居里点的同位素效应以及几乎完全不出现居里恒量和自发极化.

最后的这个模型说明KH_2PO_4属于“混合型”铁电体,因为它的相变同时伴随有质子体系的有序化和极限光振动的不稳定性.

KDP相变模型的考虑证实了相当于质子有序化和晶格光振动之间相互作用的混合模是“声学”的而不是“光学”的.在KDP晶体中,去极化场明显地不影响晶体光谱.

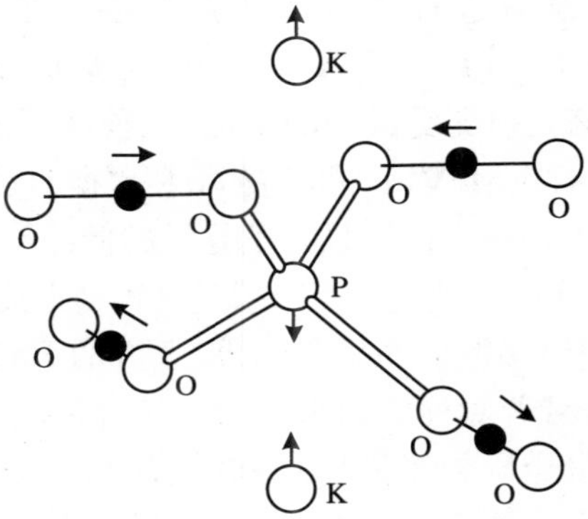

图 3.41 相应于 KDP 中铁电模的振动[3.17]

由于光频支和声频支之间的强键,随温度的改变,即使它相对于横向光学模变得不稳定之前,晶体可能相对于横向声学模变得不稳定.在热力学理论中,这种情形反映了相变条件不仅和介电恒量的行为有关,还和弹性恒量及压电恒量有关.

因此,这种过去被认为是"有序-无序"相变的部分铁电相变实际上必须更加复杂地加以考虑.这些晶体的相变密切地涉及晶格的光学和声学振动模.KDP,$K_4Fe(CN)_6 \cdot 3H_2O$ 和罗谢尔盐的铁电相变就是例子.

反铁电体相变也可以归结为晶体某些简正振动模的不稳定性.特别地,对某些钙钛矿型化合物(如 $PbZrO_3$,$NaNbO_3$)的相变的理论考虑说明,原子偏离其立方晶格平衡位置的平均位移可以用相当于某一波数 $k = k_{oi}$ 的振动的静位移项来表示.

揭示各种铁电体软模的巨大努力的有:如接近 T_C 时某一频率的极限偶极子横向光振动的反常减少等,包括红外光谱和拉曼光散射谱、热力学、X 射线漫散射和电子散射以及非弹性中子散射等研究.晶体动力学的部分数据也可以从穆斯堡尔效应和 NMR 及 EPR 谱中获得.

研究的主要目标是位移型铁电体,如 $BaTiO_3$,$SrTiO_3$,$KTaO_3$ 和 $LiNbO_2$ 等.对 $BaTiO_3$ 四方相拉曼光谱的研究显示了阻尼的软铁电模.在未衰减状态中,这种模的频率为 36 cm^{-1},这和式(3.98)的计算结果符合得很好.

对 $BaTiO_3$(立方相)的非弹性中子散射研究显示了由弛豫性质的极化涨落引起的强四极子中子散射.这种散射有很大的各向异性,垂直于 $\boldsymbol{P}_s$ 沿着[100]轴发生最强的涨落关联.

对 $BaTiO_3$ 四方相单畴晶体的非弹性中子散射研究发现，和单位极化矢量 $\boldsymbol{e}$ 方向相关的软光学模衰减过程中有非常强的能量各向异性. 除了小 k 值（<0.05 Å^{-1}）外，波矢 $\boldsymbol{k}\parallel[110]$ 和 $\boldsymbol{e}\parallel[1\bar{1}0]$ 的最低频率的横向光频支仅仅轻微衰减，低于此值，该光频支受过分的阻尼. 这种软模的能量随 k 快速增大，而 k 外推到零的值为 4.5 MeV，这和拉曼散射数据符合得很好. $\boldsymbol{e}\parallel[100]$ 和 $\boldsymbol{k}\parallel[010]$ 的另一种软模在整个区域具有不寻常的低能量和高衰减恒量. 它们低于一部分声频支，当和这些声频支相交时引起某种与温度及 k 相关的反常.

根据 $BaTiO_3$ X 射线漫散射的研究结果，立方的 $BaTiO_3$ 是无序的，并且分离的有序的 Ti 离子链沿着对称的四重轴不均匀地取向. 但是，可以证明，光子频率的各向异性分布也会导致漫散射层和沿着[100]方向强烈关联的原子位移. 上述关联是瞬时的而不是静态的（像漫散射研究中假设的那样）. 所以，从这些试验不能得到一个明确的结论，从而把 $BaTiO_3$ 立方相看成无序相. 同时，有序化和位移型铁电体表现出两个极限态，所有的铁电体化合物都分布在这两个极限态之间.

在超低温（~4 K），$KTaO_3$ 发生铁电相变. 这种晶体是用不同方法首先发现软铁电模的晶体之一，并且证明了铁电性动力学理论的主要依据. 根据非弹性中子散射的研究，这种晶体的铁电横向光学模在 $k=0$ 时具有 (10.7 ± 0.3) MeV（$(86.3\pm2.5)\,\mathrm{cm^{-1}}$）的光子能量. 能量平方和温度的关系（图 3.42）相当于相变温度为15 K 的 $1/\varepsilon$ 的温度关系，外推相变温度 $T'_C\approx2\sim4$ K. 在非常低和非常高的温度时，ε 的温度关系偏离居里-外斯定律，这精确地表示了软模能量和温度的关系. 这一个关系在 4.3 K 时显示出一个反常. 对反常的分析表明，$KTaO_3$ 在 10 K 时由于纵向声学模和横向光学模（铁电模）之间的相互作用而引发结构相变. 在 4~30 K 的温区，显现出超声波（纵波）衰减的强烈依赖关系. 对超声波衰减的研究得到了 $KTaO_3$ 软模的数据，和用其他方法得的数据完全吻合.

对 $KTaO_3$ 的非弹性中子散射研究也显示出了横向声学模和软横向光学模之间的紧密关系. 除了预期的"软化"外，软横向光学模也表现出能量严重依赖温度的关系. 软横向声学模光子的中子散射截面也展现了意料不到的严重依赖温度的关系，这里所讨论的模之间的关系强烈依赖于矢量 $\boldsymbol{k}$ 的方向.

在接近居里温度的顺电体温区内，铁电体光学模的不规则行为必定降低穆斯堡尔谱线的强度. 在研究富 ^{119}Sn 的固溶体 $Ba(Ti_{1-x}Sn_x)O_3$ 的穆斯堡尔效应与温度的关系时，已实际观察到上述效应，说明穆斯堡尔效应在居里点处确实通过了最小值.

KDP 晶体的拉曼光谱研究发现了宽低频的铁电模，可以用谐波衰减振动

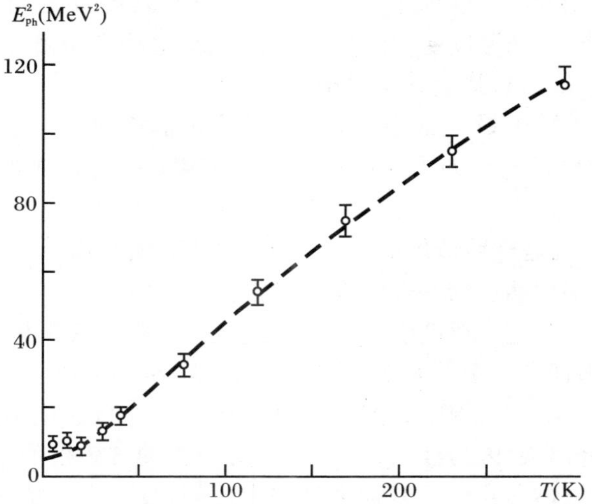

图 3.42 $KTaO_3$ 横向光学模($k=0$)的能量和温度关系

函数做近似描述.从顺电相接近 T_C时,模的特征频率 ω_0 趋向于零.在高温时,这个频率为～99 cm^{-1}.而带宽为～170 cm^{-1}.在 T_C附近,ω_0 接近零相当于以软模和质子合作隧穿(分别伴随有 85,99 cm^{-1}的频率)为依据的概念.

KDP 布里渊散射谱的研究发现,在 122 K、有限波长时,KDP 的声学模频率降低为零.当 T 从顺电相一侧趋于 T_C时,软模必定和声学模相交,而且由于晶体为压电体,软模和横向声学模有线性关系.通过外推,光学模频率在 117 K 时趋向零.所以,比较上面的数据可知,在 KDP 中的声学模要先于光学模变得不稳定.这两种模 T_C的差值相当于钳夹晶体和自由晶体 T_C的差值.

3.6.6 铁电体的无公度相变

被研究透彻的铁电体相变是结构相变的明显例证,结构相变可以分为两大类:有公度相变和无公度相变.为明确起见,我们将谈及位移型相变.这种相变的对称性改变来自原子相对于简正坐标的位移,即原子的静"位移波".在已知的大多数情形中,这种位移波的周期为初相(对称性更高的相)的晶格位移波的 1,2,3 或 4 倍.这种相变被称为有公度相变.近年来,在各种化合物包括铁电体中已经普遍能够观察到无公度相变.在这些相变中,出现原子位移的波周期不是高对称相晶格周期的倍数或与其成比例.因此,在无公度相中,晶体沿某一确定的方向失去其周期性,而这也精确表明单胞有非常大的体积.

有公度相变和无公度相变的差别表现在晶体声子谱中的软支色散的不同

性质.在有公度相变中,软模局限于 k 空间.也就是软支的最小值位于布里渊区内某一确定的点,不随温度变化而改变点的位置.这些点是由对称性决定的,并符合 $ka/2\pi=1,2,3,4$,其中 a 为晶格参数[3.19].

在无公度相变中,软支最小值的位置不是由晶格的对称性决定的,因而随温度改变.和软模对应,$ka/2\pi$ 的值是一个任意数,一般来说是一个无理数,即 k 和 $2\pi/a$ 的值是无公度的.

图 3.43(a)就是这种情形的一个例子,即钛酸钡的相变,在 $k=0$ 处,软模是三重简并的.根据朗道的一般相变理论,这种相变的热力学理论首先是由**金兹堡**发展的[3.20].在这个理论中,序参数是极化的,和软模坐标成正比,金兹堡理论解释了钛酸钡和许多其他铁电体的介电反常和其他性质.

图 3.43(b)表示的是钼酸钆的铁电相变情形.这里,极化不是一个序参数,并且在相变之外出现,因为极化和 $k=a/\pi$ 处双重简并软模的坐标的二次组合成正比.这种铁电体的介电反常称为是非本征的,具有多种特殊性,这里居里-外斯定律不再适用,和本征铁电体一样,电场不消除二次相变.二级相变用金兹堡理论描述.

图 3.43(c)的情形涉及无公度相变,如铁电体硝酸钠.这种晶体随温度的降低发生两个接续的相变:首先是向无公度相转变,然后向普通极化(有公度)相转变.无公度相的结构可以用周期超过晶格间距一级或几级的偏振波来表征.这种偏振波的位置不是固定在一个无限的晶体,即波可以在完美、无缺陷的晶体内没有任何阻力地移动.这解释了声学型振动新支的存在,即理论预言的所谓的相位子支.区别于声频声子,长波相子被过度阻尼,而且应该既不表现在红外吸收也不表现在光散射谱.但是无论如何,相当于相位子支振动和在足够大的 $k\sim k_0$ 振动可做的实验肯定是重要的.重要的还有通过二次光谐波(以及异常的大)的产生、观察铁电体无公度相中宏观四极矩(由于极化波,四极矩是异常的大)的实验或通过具有自身特点的 NMR 谱的研究,或通过测量介电极化率的反常性质、热容等研究.无公度相的特征是缺陷对它自身的性质的强烈影响,这种影响可能伴随有固定位移波对缺陷的影响.

磁性材料的无公度超晶格热力学理论首先是由 Dzyaloshinskii[3.21] 提出的.类似的方法可应用到铁电体的无公度相变中[3.22].早在 1941 年,在 Lifshitz 的论文中实际已经提到无公度相变可能的宏观原因之一(由对称性产生的)[3.19].序参数 η,ξ 的 $\eta\partial\xi/\partial\chi-\xi\partial\eta/\partial\chi$ 类型的梯度不变量(也称为 Lifshitz 梯度不变量)的存在,禁止了在 k 空间涉及 η,ξ 模的点处晶体简正振动的支最小值的位置.该支的最小值移动到 k 空间的任意点(不由对称性决定),而只有向无公度结构相转变的二级相变可以继续下去.Indenbom[3.23] 首先提出,当考

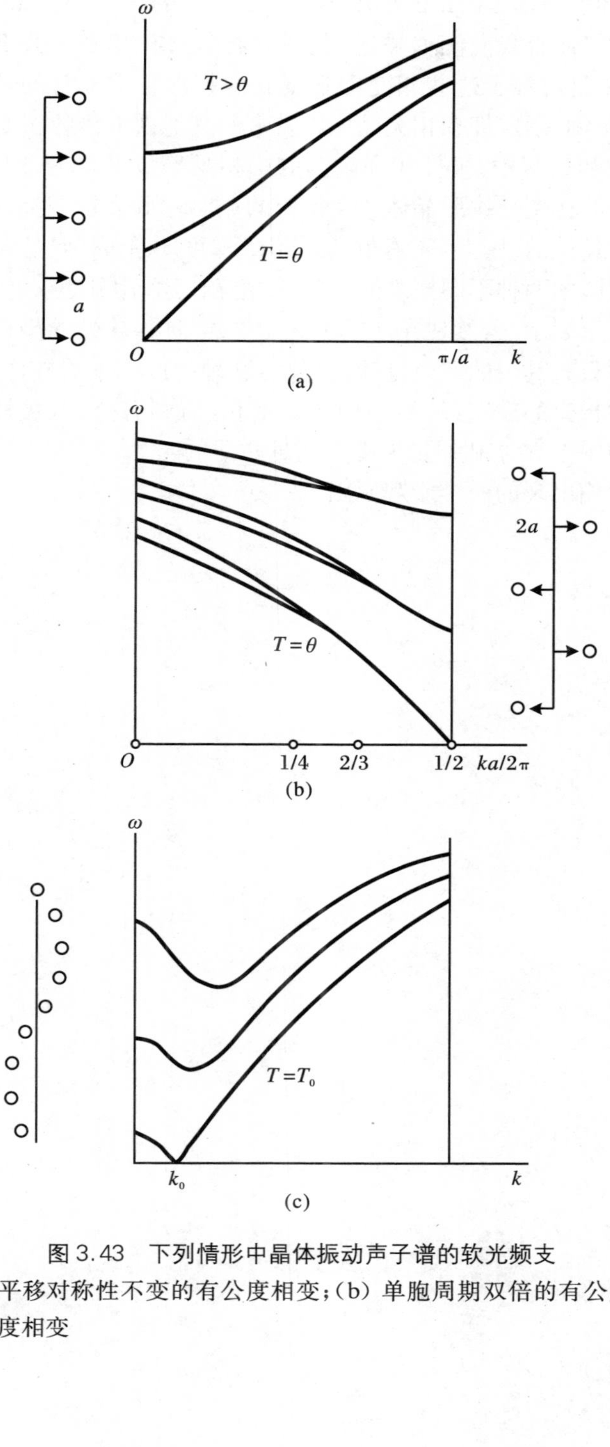

图 3.43　下列情形中晶体振动声子谱的软光频支

(a) 晶体平移对称性不变的有公度相变;(b) 单胞周期双倍的有公度相变;(c) 无公度相变

虑铁电体相变时,考虑 Lifshitz 梯度不变量是必要的.包括 Lifshitz 梯度不变量在内的热力学势使得我们能够描述相变的顺序,从初相到无公度相,再到有公度(极性)相,并且解释了这些相变中观察到的物理量的异常的性质,如在氟铍酸氨、三水硒酸铷、硒酸钾和相关晶体以及多种其他铁电体的相变.

在硝酸钠和硫脲中,极性相和高温的初相是等效平移的,因而序参数描述了这些相之间的相变是按照晶体 D_{2h} 初相的点对称群表示变换的,而所有该群的表示都是无量纲的.因此,不存在 Lifshitz 梯度不变量.但是,初相的对称性允许晶体振动谱的两种不同模之间的特殊相互作用,用外表类似 Lifshitz 不变量的梯度不变量表示.虽然现在 η 和 ξ 不是二重简并软模的坐标,但是两种不同模的坐标中只有其中的一个是软模.包括这种梯度不变量在内的热力学势使我们能够描述相变的次序:从初相到无公度相,再到有公度(极性)相.因此,由对称性产生的序参数 η 和通过梯度不变量联系的与另一变量 ξ 的关系,也可以认为是无公度相出现的一个宏观原因.

第 4 章

晶体的磁性

正如前面提到的，晶体学广泛应用对称性概念作为晶体研究的基础. 在这一章中，我们将从这一观点精确地考虑磁现象. 我们把注意力集中在磁对称性和应用对称性原理解释物理性质的各向异性并描述磁性晶体的结构. 在讨论铁磁体物理性质的各向异性时，我们应用晶体学中传统采用的张量方法. 以前的晶体学课程实际上忽略了铁磁晶体的各向异性.

限于特定的"晶体学"内容和尽量少的磁性理论信息，我们自然不能详细研究和晶体磁性相关的某些重要问题. 例如，这一章完全忽略共振现象、不涉及交变场中磁有序晶体的行为问题以及光学和其他"非磁性"性质. 尽管前面已经讨论过，这一章仍不能完全覆盖现代技术中广泛应用的磁性材料问题. 所有这些内容在后面列出的书刊目录中的专业课本和磁性方面的专著中可以找到.

4.1　无序磁性材料

4.1.1　表征磁场中材料行为的基本关系

所谓材料的磁性是指块体和磁场相互作用的能力. 我们已经知道，任何运动的带电体或带电粒子会产生自身的磁场，和外磁场发生相互作用. 可见，磁性是任何材料的普遍性质，因为不能想象材料中没有运动的带电粒子.

放在磁场 $\boldsymbol{H}$ 中的物质被磁化. 它获得了由分离粒子的基本磁矩构成的合磁矩. 物质的磁化状态的特征或量度是**磁化强度** $\boldsymbol{I}$，或单位体积的磁矩. 在中等场中，$\boldsymbol{I}$ 和 $\boldsymbol{H}$ 之间存在下面的简单关系：

$$\boldsymbol{I} = \kappa \boldsymbol{H} \tag{4.1}$$

其中，κ 为物质的**体积磁化率**. 除了体积磁化率 κ 外，有时还使用**摩尔磁化率** κ_{mol} 和**比磁化率** κ_{spec}. 它们之间的关系为：$\kappa_{\mathrm{spec}} = \kappa/\rho$，$\kappa_{\mathrm{mol}} = \kappa M/\rho$，其中 ρ 和 M 分别为密度和分子质量. 相应地，**摩尔磁化强度**和**比磁化强度**是有区别的，后者一般用 σ 表示.

在磁化物质中引起内禀场 $4\pi\boldsymbol{I}$，因而除了矢量 $\boldsymbol{I}$ 和 $\boldsymbol{H}$ 外，引入另一个矢量**磁感应强度**：

$$\boldsymbol{B} = \boldsymbol{H} + 4\pi\boldsymbol{I} \tag{4.2}$$

把式(4.1)代入式(4.2),得

$$\boldsymbol{B} = \boldsymbol{H}(1 + 4\pi\kappa) = \mu\boldsymbol{H} \tag{4.3}$$

物理量 $\mu = 1 + 4\pi\kappa$ 被称为物质的磁导率.

如果一个放开形状的块体受到磁化,在外场方向上的块体表面出现"磁荷",并且在块体内感生一个附加的磁场 $\boldsymbol{H}_d$,它的方向和外场方向相反.场 $\boldsymbol{H}_d$ 被称为**退磁场**,在一级近似时和磁化强度成正比:

$$\boldsymbol{H}_d = -N\boldsymbol{I} \tag{4.4}$$

其中,N 为所谓的**退磁因子**,和块体的形状有关.考虑到退磁场,块体内总的实际磁场即实际引起磁化的磁场等于

$$\boldsymbol{H} = \boldsymbol{H}_e + \boldsymbol{H}_d = \boldsymbol{H}_e - N\boldsymbol{I} \tag{4.5}$$

其中,$\boldsymbol{H}_e$ 为外磁场.允许退磁场只在强磁性物质(如铁磁体)中才是重要的,因为其 $\boldsymbol{I}$ 值可以和外场相比.注意,只有椭圆状物体中 $\boldsymbol{H}_d$ 才是均匀的.

把式(4.5)代入式(4.1),得

$$\boldsymbol{I} = \kappa\boldsymbol{H} = \frac{\kappa}{1 + \kappa N}\boldsymbol{H}_e = \kappa_0\boldsymbol{H}_e \tag{4.6}$$

其中,κ_0 可以被称为块体的磁化率,以区别于物质的磁化率 κ,因为前者不仅和材料的性质有关,还和块体的形状有关.可以类似地定义块体的磁导率 μ_0.

应该强调矢量 $\boldsymbol{H}$,$\boldsymbol{B}$ 和 $\boldsymbol{I}$ 的对称性的联合特征.从电磁场方程 curl $\boldsymbol{H} = 4\pi\boldsymbol{j}/c$(其中 $\boldsymbol{j}$ 为电流密度极矢量,c 为光速),可知 $\boldsymbol{H}$ 为对称性为 ∞/m 的轴矢量,见第1章.上述方程说明,感生的闭合磁力线围绕每一条电流线.关系式(4.1)和式(4.2)说明 $\boldsymbol{B}$ 和 $\boldsymbol{I}$ 也是轴矢量.严格来说(见第1章),这说明了磁场 $\boldsymbol{H}$、磁矩和矢量 $\boldsymbol{B}$ 及 $\boldsymbol{I}$ 可以描绘为旋转圆柱体的旋转线段,如图4.2(b),(d)和(e)所示.但这并不总是方便的,因此,后面的讲解中磁矩和磁场将用传统的箭头标记,如图4.1,图4.2(c)及其他的图.但是应当记住,这样并不反映轴矢量的真正对称性.

4.1.2 抗磁磁化率和顺磁磁化率张量

如果仅限于各向同性磁性,那么,根据式(4.1),磁化强度矢量 $\boldsymbol{I}$ 和矢量 $\boldsymbol{H}$ 是共线的,而磁化率 κ 是标量.如果 $\kappa<0$,磁化强度 $\boldsymbol{I}$ 反平行于外场,而如果 $\kappa>0$ 则 $\boldsymbol{I}$ 平行于 $\boldsymbol{H}$.对前者的情形,我们说物质是**抗磁的**,而对后者的情形则是**顺磁**的.对抗磁物质和顺磁物质 κ 的绝对值介于 $10^{-4}\sim10^{-6}$之间.通过把物质放在非均匀磁场中可以把抗磁物质和顺磁物质区别开来:抗磁物质将被磁场推开,而顺磁物质则会被拉入场强最大的区域.

对晶体,即各向异性介质,κ 和 μ 都是二阶极张量.因此,式(4.1)和式

(4.3)必须写成张量的形式：

$$I_i = \kappa_{ij}H_j, \quad B_i = \mu_{ij}H_j \tag{4.7}$$

由于式(4.7)中的 $\boldsymbol{I}$,$\boldsymbol{B}$ 和 $\boldsymbol{H}$ 作为轴矢量分量变换，κ_{ij} 和 μ_{ij} 作为一个二阶极张量的分量变换.不同对称性晶体的二阶张量的特点和形式已经在第1章考虑.

一般，当张量 κ_{ij} 变换为主轴的形式(见第1章)时，晶体的磁化率可以用主磁化率的3个值 κ_1，κ_2 和 κ_3 表征.

4.1.3 磁性材料的分类

通常，由于自然界中磁性表现的多样性，以及各种类型磁性的奇异关系，很难找到磁性材料分类的统一原则.以磁化率符号(抗磁材料 $\kappa<0$，其他材料 $\kappa>0$)和磁化率的大小(弱磁材料 $|\kappa|\approx10^{-4}\sim10^{-6}$，即抗磁材料和顺磁材料；铁磁体 $\kappa\gg1$)为依据的传统磁性材料分类方法的缺点是：很难明确地归入上述磁性材料中任一种的物质数目一直在增加.例如，某些晶体沿着某个轴是顺磁的，而沿另一个轴则是抗磁的就足以看出这个缺点.又如某些晶体沿着某个轴像铁磁体那样磁化，而沿另一个轴则像弱磁性材料那样磁化.至于它们在磁场中的行为，反铁磁晶体可以归类为弱磁质，尽管反铁磁性在性质上最接近铁磁性.从使用对称性方法的晶体学角度看，最好用以晶体中是否存在原子磁矩有序化的分类方法.根据这一特点，所有晶体都可以划分为两类：有序的磁性材料和无序的磁性材料.

下面的章节将考虑没有磁性有序化的磁性材料，包括抗磁体和顺磁体.

4.1.4 抗磁性

抗磁体是其原子或分子没有磁矩的物质.在这种物质中，电子壳层是封闭的.从电磁学理论知道，和电路相交的外磁场的任意变化都在电路内产生感生电流，感生电流的磁场和外场的改变相反，即楞次定律.因此，当抗磁体置于磁场中时，外磁场被产生的、和外场反向的内场所“屏蔽”.和外场反向表现在电子轨道运动的角速度放慢.磁场 H 使得轨道绕场方向进动，感生了和场方向相反的附加磁矩：

$$\Delta I = -\frac{e^2 Q}{4\pi mc^2}H \tag{4.8}$$

其中，Q 为轨道在垂直于磁场方向的平面上的投影面积，m 和 e 分别为电子的质量和电荷.

对球对称的闭合壳层，Q 可以用 $\pi\overline{\rho^2}$ 代替，$\overline{\rho^2}$ 为原子核到电子的间距在垂直于磁场方向的平面上的投影的平方的平均值.对球对称壳层(所有的轨道取向都是等概率的)，$\overline{\rho^2}=2\,\overline{r^2}/3$，其中 $\overline{r^2}$ 为轨道半径平方的平均值. 一组含有 Z 个电子的 N 个孤立原子的总抗磁矩将由下式确定：

$$\Delta I = -\frac{Ne^2 H}{6mc^2}\sum_{i=1}^{i=Z}\overline{r_i^2} \tag{4.9}$$

因而抗磁磁化率表示为

$$\kappa = \frac{\Delta I}{H} = -\frac{Ne^2}{6mc^2}\sum_{i=1}^{i=Z}\overline{r_i^2} \tag{4.10}$$

方程式(4.10)被称为朗之万-泡利公式. 由此式可见，抗磁性取决于电子轨道半径，并且和温度无关. 由于朗之万-泡利公式是从一组孤立原子导出的，用该公式描述惰性气体和溶液中的离子相当好. 取 $\overline{r_i^2}\sim 10^{-16}\,\mathrm{cm}^2$，可得 $\kappa\sim 10^{-6}$，这和实验结果得到的数量级相符合.

在一级近似时，晶体块体的抗磁磁化率由构成晶体组分的原子的磁化率组成，但还是必须考虑化学键的性质. 在很多化合物中，如 KCl，NaCl 和 KBr 类型的离子晶体中，抗磁性和所谓的**极化顺磁性**共存. 这种顺磁性也常常被称为**范弗莱克顺磁性**，是由于破坏电子壳层球对称性的离子间的互相变形引起的. 实际上，极化顺磁性磁化率也是和温度无关的.

抗磁性元素有锑、碳、碲、砷、铋、汞、锌、金、银和铜. 最强的抗磁性元素是铋. 植物和动物组织、很多矿物、水和某些玻璃也是抗磁性的. 抗磁体包括大量的化学化合物，特别是几乎所有的有机化合物和石油.

金属和半导体是抗磁性的特殊情形，除了原子骨架的抗磁性外，金属和半导体还表现出所谓的**传导电子抗磁性**. 这种抗磁性伴随着外磁场中出现的轨道自由电子运动的改变. 电子气的抗磁性要比传导电子具有的内禀自旋磁矩引起的顺磁性超出几倍. 传导电子的抗磁性和顺磁性是纯量子效应. 从量子理论可知，电子气的抗磁性和顺磁性都是和温度无关的.

总的来说，抗磁性毫无例外是所有物质所固有的. 磁性的普遍性确切地说是由抗磁性引起的，但它可能被强磁效应所掩盖，因为它和强磁效应相比可以忽略.

4.1.5 顺磁性

正如前面所示，顺磁材料的特殊性是它的磁化率为正. 区别于抗磁体，物质顺磁态的必需条件是，不管外磁场如何，原子具有恒定的磁矩.

下面考虑原子磁矩的性质. 原子或离子的磁矩是由总的电子角动量决定的. 原子的每个电子具有和轨道运动相关的角动量以及内禀角动量(自旋角动量). 根据罗素-桑德斯模型，为了得到多电子原子的**总角动量 $\boldsymbol{J}$**，我们首先把各个单独电子的轨道角动量矢量相加获得**总的轨道角动量 $\boldsymbol{L}$**，然后再把电子所有的自旋角动量加起来得到原子总的自旋角动量 $\boldsymbol{S}$. 总的角动量 $\boldsymbol{J}$ 就等于角动量 $\boldsymbol{S}$ 和 $\boldsymbol{L}$ 的矢量和 $\boldsymbol{J}=\boldsymbol{L}+\boldsymbol{S}$. 角动量 $\boldsymbol{J}$, $\boldsymbol{S}$ 和 $\boldsymbol{L}$ 遵守确定的量子化定则，并且可以用适当的**轨道量子数** L、**自旋量子数** S 和**总角量子数** L[4.1] 来表征. 下面的磁矩和轨道角动量及自旋角动量有关：

$$\mu_L = -\mu_B L, \quad \mu_S = -2\mu_B S \tag{4.11}$$

其中，$\mu_B = \hbar|e|/(2mc) = 0.927\times10^{-20}$ erg/Oe 称为玻尔磁子，是电子体系的磁矩"量子"的一种. 这里值得注意的是，名词"自旋"表示的是内禀角(机械)动量，而不是磁矩，尽管两者经常会被互相误认.

从式(4.11)可见，比率 μ_S/S 是电子轨道运动相应的磁-机械比率的两倍. 由于这种旋磁"反常"，电子壳层的合磁矩 $\boldsymbol{\mu}_J$ 将不会和原子的角动量 J 位于同一条轴上：$\boldsymbol{\mu}_J = -\mu_B(\boldsymbol{L}+2\boldsymbol{S})$. 当有外磁场存在时，一般我们只对 $\boldsymbol{\mu}_J$ 在 $\boldsymbol{J}$ 轴上投影的时间的平均值感兴趣. 原子的这种有效磁矩可以用下面方程计算：

$$|\mu_{\text{eff}}| = g_J\mu_B\sqrt{J(J+1)} \quad \text{或} \quad p = \mu_{\text{eff}}/\mu_B = g_J\sqrt{J(J+1)} \tag{4.12}$$

其中

$$g_J = 1 + \frac{J(J+1)+S(S+1)-L(L+1)}{2J(J+1)}$$

就是所谓的电子壳层的朗德因子 g. 表征玻尔磁子有效数的物理量 p 可以方便地用于有效磁矩的实验测定. $\boldsymbol{\mu}_J$ 在磁场方向的投影的最大正值(饱和磁矩)由下面式子确定：

$$\mu_{\max} = g_J\mu_B J \tag{4.13}$$

g 因子的大小取决于电子的轨道角动量和自旋角动量是如何相加形成总的角动量的. 如果原子的总角动量仅仅是由自旋角动量引起的($S\neq0, L=0$)，那么，$g_j = 2$. 在这种情形，我们说轨道角动量被完全"猝灭"了. 此时，原子的有效磁矩 μ_{eff} 表示成：

$$\mu_{\text{eff}} = 2\mu_B\sqrt{S(S+1)}, \quad p = 2\sqrt{S(S+1)} \tag{4.14}$$

比较 p 的实验值和式(4.12)、式(4.14)得到的计算值说明，铁族离子(Ti^{3+}, V^{3+}, Cr^{3+}, Mn^{3+}, Co^{2+}, Ni^{2+} 和 Cu^{2+})的磁矩几乎完全是自旋角动量引起的，因为 p 的实验值和由式(4.14)的计算结果符合得很好，即当 $g_J = 2$ 时的计算结果符合. 类似地，对稀土金属离子(Ce^{3+}, …, Lu^{3+})的比较也说明，轨道角动量($1<g_J<2$)在这些离子的磁性中起到积极的作用.

上述两组离子的磁矩性质上的差异是因为铁族晶体场对轨道角动量的作用非常强，以至于轨道角动量在晶格中获得一个固定的取向，即它被"猝灭". 铁族晶体中，L 和晶格之间的耦合非常强，因为对原子磁矩有贡献的未满的 3d 层是外层.在稀土离子晶体中,磁矩是由位于电子壳层"内部"的未满的 4f 层引起的.这里,晶体场仅仅引发了轨道角动量的一部分"猝灭"效应.

在考虑支配顺磁性的基本定律时,应当记住,区别于抗磁体中碰到的范弗莱克极化顺磁性效应(见前节),所有的顺磁体具有所谓的**"取向顺磁性"**.

下面考虑一种媒质,每单位体积含有 N 个原子,每个原子的磁矩为 μ_A.当没有外场存在时,这些磁矩的方向随机取向,因此,我们把顺磁材料归类为无序磁性材料.施加外场引起部分磁矩沿场方向取向($\kappa>0$),而且单位体积的磁矩为 $I=N\mu_A$,即式(4.1).场的取向效应受热运动的阻碍,因而取向顺磁性本质上是与温度有关的.取向顺磁性磁矩 I,H 和绝对温度 T 的关系用布里渊-德拜公式描述:

$$I = Ng_J\mu_B JB_J(x) \tag{4.15}$$

其中

$$B_J(x) = \frac{2J+1}{2J}\coth\left(\frac{2J+1}{2J}x\right) - \frac{1}{2J}\coth\frac{x}{2J} \tag{4.16}$$

$$x = \frac{g_J\mu_B JH}{kT} \tag{4.17}$$

除玻尔兹曼常量 k 外,方程(4.15)~(4.17)所含的物理量前面已经介绍过.对弱场:

$$\mu_B H \ll kT, \quad B_J(x) \approx (J+1)x/3J$$

$$\kappa = \frac{I}{H} = \frac{N\mu_B^2 g_J^2 J(J+1)}{3kT} = \frac{C}{T} \tag{4.18}$$

方程(4.18)就是熟知的居里定律,其中 C 为居里恒量,是由皮埃尔·居里于 1895 年在实验中发现的.只有在磁矩间互相作用较弱的媒质(如气体、稀盐溶液等)中居里定律才成立.在有磁矩互相作用的大多数固体中,所谓的**居里-外斯**(由外斯于 1907 年发现)定律成立:

$$\kappa = C/(T-\Delta) \tag{4.19}$$

恒量 Δ 考虑了磁矩间的相互作用.在 4.2 节中,我们将证明居里-外斯定律只适用于大多数铁磁体在温度高于居里点时的磁化率.回顾第 3 章,大多数铁电体在温度高于居里点时的介电极化率服从同一定律.

在其他极限情形 $H/T\to\infty$(如超强场或 $T\to0$)时,有 $I\to Ng_j\mu_B J = N\mu_{max}$.此时,式(4.1)不成立,而顺磁体开始表现出饱和,即所有磁矩都平行于外场的状态(是一种人造铁磁体).

典型的顺磁晶体是那些含有铁族和稀土族元素的离子的晶体.这些离子的磁矩性质前面已讨论过.

4.2 有序磁性材料

4.2.1 晶体不同的磁结构类型(铁磁性、反铁磁性和亚铁磁性)

现在我们从晶体冷却到低于某一确定温度引发原子磁矩有序取向着手.

为了描述磁结构,我们必须引入**磁单胞**的概念,表示晶格中原子团簇的最小单位,这一团簇的周期性重复(平移)形成了整个晶体的磁结构.晶体单胞既可以和磁结构单胞重合,也可以是磁结构单胞的倍数.但是,下面将证明,这个条件在螺旋结构中可能不成立.

所有磁有序晶体都可划分为两类:磁单胞的合磁矩(总磁矩)分别为非零和等于零两类.单位体积的非零宏观合磁矩称为**自发**磁化强度,用 I_s表示. $I_s \neq 0$的晶体称为**铁磁体**,而 $I_s = 0$ 晶体称为**反铁磁体**.下面将证明,除了根据 I_s是否为零划分磁有序晶体外,还有一种更详细的分类,这种分类反映原子磁矩的空间分布花样.

图 4.1 简要地给出了不同类型的磁结构.图 4.1(a)表示简单的、"寻常"的铁磁结构:所有原子磁矩是互相平行的.图 4.1(a)中的原子均为同一种原子.显然,在这种结构中 $I_s \neq 0$."经典的"铁磁体如铁、镍和钴就是有这种磁有序晶体的典型.

图 4.1(b)为简单的反铁磁结构.晶格中相邻的位置被具有大小相等、方向相反的磁矩的原子占据,因而这里冠以"反"(anti)字.在这种结构中,原子磁矩相互抵消,即 $I_s = 0$.沿着反铁磁有序磁矩排列方向的轴被称为**反铁磁轴**.

从晶体学看,结构中同一磁矩方向的所有原子可以统一为所谓的**磁亚晶格**.这里,磁矩方向"向上"的所有原子形成一个磁亚晶格,而磁矩向下的所有原子形成另一个磁亚晶格.这两个磁亚晶格是由晶体学等效位置上的原子形成的(即两个等效磁亚晶格).一般,磁结构可以含有由晶体学非等效位置上原子形成的几个磁亚晶格.严格来说,一个磁亚晶格是通过相互平行平移磁单胞间距整数倍的距离而获得一套所有原子的磁矩的.过渡族氧化物,如 MnO,NiO,CoO,FeO,很多氟化物,氯化物,硫化物,硒化物等,就是具有反铁磁结构的典型晶体.

在**亚铁磁**共线磁结构中(图 4.1(c)),相邻原子也具有反平行取向,但单胞的总磁矩不等于零.这种结构具有自发磁化,因为不同磁亚晶格的离子磁矩没有完全补偿.这种不完全补偿可以归结为几个原因.首先,一个磁单胞中可以含有分属两个磁亚晶格的、不同数目的离子(离子的磁矩可能是相同的).其次,不同磁亚晶格的离子磁矩也可能大小不相同.在大多数情形中,两种因素都存在(图 4.1(c)).亚铁磁材料包括所谓的铁氧体(见 4.5 节),因而称为"亚铁磁性".亚铁磁性有时也被称为**非补偿反铁磁性**,名称有点长但更精确地反映了现象的本质.如果我们不特别强调亚铁磁晶体的磁有序特点,把它称为铁磁体也不会是严重的术语错误,因为它还是属于具有自发磁化的物质(但和磁有序晶体的分类不免还有一些不一致).

上述的磁结构类型都是**共线**磁结构.还存在有各种非共线磁结构的类型.下面是几种最典型的:

弱非共线磁结构,如图 4.1(d)是所谓的**弱铁磁材料**,以较小的合磁矩为特征,在图 4.1(d)中方向向上,由磁亚晶格磁矩的反铁磁有序的方向轻微倾斜引起.弱铁磁材料(倾斜的反铁磁材料)包括 α-Fe_2O_3(赤铁矿),$FeBO_3$,FeF_3,碳酸盐 $MnCO_3$,$CoCO_3$,$NiCO_3$,所谓的正铁氧体 $RFeO_3$ 以及正亚铬酸盐 $RCrO_3$ 等晶体(其中 R 为稀土元素离子).

同时,不具有合磁矩的**弱非共线反铁磁结构**也是可能存在的(图 4.1(e)).

强非共线磁结构包括**三角**(角)结构(图 4.1(f)).这里,由阴影原子形成的磁亚晶格再被分为两个磁亚晶格,两个磁亚晶格相互成一个角度的磁矩合成后产生的磁矩反平行于第三个磁亚晶格的磁矩.这种结构在部分铁氧体中存在,而且可以看成亚铁磁结构的特殊情形.

特别而且非常重要的一类磁结构是由**螺丝**或**螺旋**磁有序晶体组成的.在部分六角稀土金属中观察到这种有序化.最简单的螺丝结构是反铁磁的螺旋面,如图 4.1(g),是镝和钬低于某一温度时发现的.这种结构的原子磁矩垂直于六重轴,即它们位于底面,但在每个底面上,原子磁矩相对于相邻底面上的磁矩方向旋转某一角度.因此,这些磁矩矢量的末端绕六重轴绘出一条螺旋线,而作为整体的磁单胞(相当于一个螺距)不具有合磁矩.在钬中还发现更复杂的有序化情形(图 4.1(h)).铁磁态的钬原子磁矩和六重轴倾斜成某一恒定角度:磁矩在底面上的投影是螺旋面有序化的,和前面的情形一样.这种结构中的自发磁化来自平行于六角轴的磁矩分量.这种结构被称为**铁磁螺旋面**①.反铁磁态的铒中

① 由于还不十分清楚的原因,螺旋面结构的磁单胞间距(螺距)并不总是晶体学单胞参数的倍数.

可观察到非常复杂的磁结构.沿着六角轴的磁矩分量的大小和方向从一层到另一层呈现出正弦曲线的变化(图 4.1(i)).这种磁有序被称为摆线磁有序.文献[2.5]中的图 1.40(a),(b)和图 1.41(a)~(d)也给出了一些磁结构的例子.

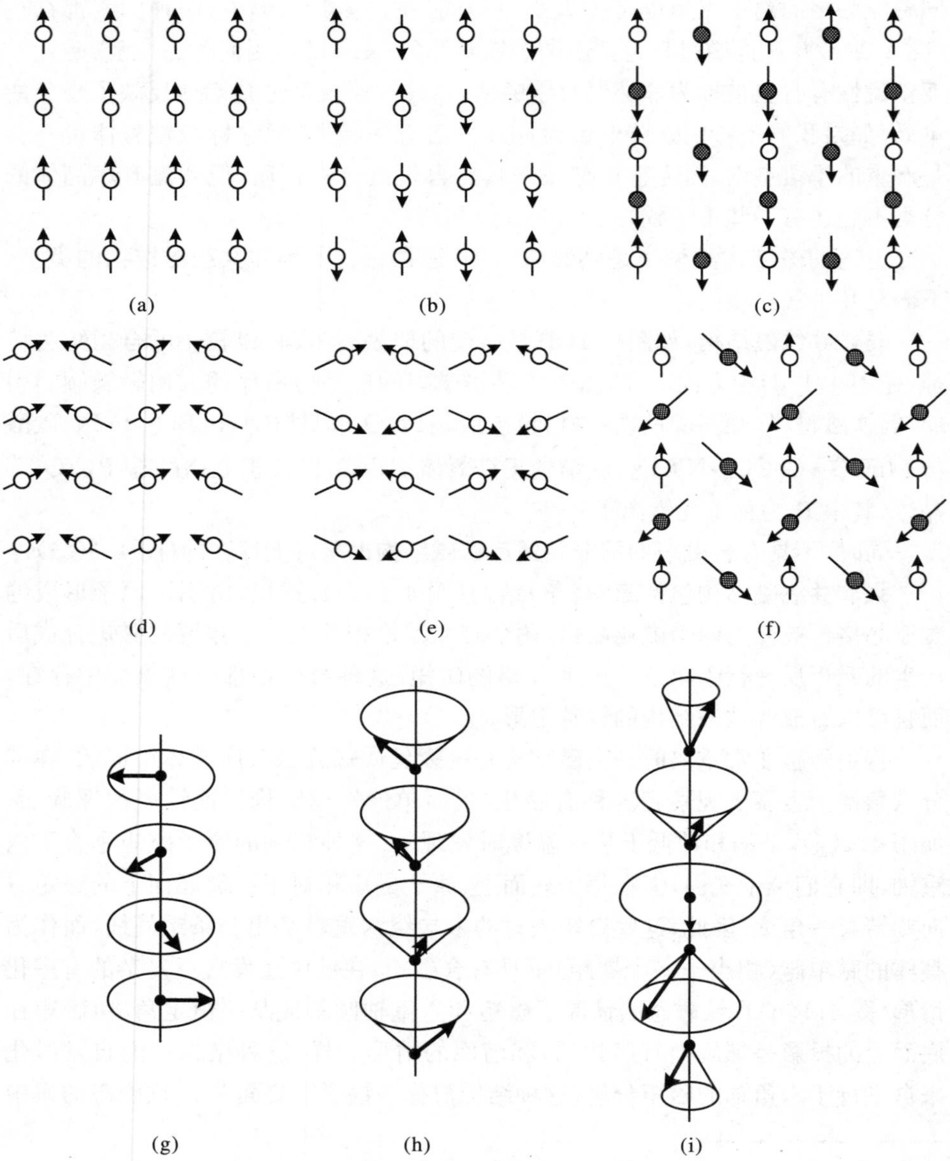

(a) (b) (c) (d) (e) (f) (g) (h) (i)

图 4.1 磁结构的各种类型

在部分六角结构的铁氧体中已发现螺旋面磁结构.

测定原子磁结构的直接方法是中子衍射方法,见文献[1.1]第4章.在某些情形中,借助穆斯堡尔效应和核磁共振可以获得足够详细的磁结构信息.

4.2.2 磁对称性

晶体中磁矩的位置和取向的对称性由**磁空间群**描述.磁对称性考虑了由晶体中电子感生的磁矩密度的空间分布 $\mu(x,y,z)\equiv\mu(r)$.函数 $\mu(r)$ 含有由磁矩反转构成的所谓的 R 变换.在该变换下(相当于时间符号的改变,"时间反演")保留了量子力学方程的不变性,同时应用操作 R 和寻常操作得到的对称性被称为磁对称性.由于操作 R 的特殊性,有时磁对称性也称为空间-时间对称性.

操作 R 和反对称性中着色操作是同形的.因此,磁对称性的点群和反对称的点群同形,而磁对称性的空间群和舒布尼科夫的空间群,即反对称空间群同形,参见文献[1.1]第2章.

表4.1给出了晶体的磁类和反对称类之间的关系.括号内的数字是对应的空间群的数目.在总共122磁类中,显然有32类含有操作 R(磁类 G1′).在 G1′ 类的晶体中,磁矩密度对时间的平均值等于零,因为变换 R 分别取平均值 $\mu(\boldsymbol{r})=-\mu(\boldsymbol{r})=0$.这种晶体不具有磁结构(抗磁体和顺磁体).

表4.1 反对称晶类和磁对称类的关系(允许 $I_s\neq0$ 的磁类数用下划线表示)

G 极性 (单色)	G′ 混合极性 (双色)	G1′ 中性 (灰)	类总数
<u>13</u>+19=32(230)	<u>18</u>+40=58(1 191)	32(230)	122(1 651)
总共 90(1 421)			

所有的有序磁性材料属于晶类(G+G′).由表4.1可见,描述磁有序晶体的磁类总共有90个,它们列在表4.2中.在这些磁类中,32种磁类根本不包含操作 R(普通的晶体学晶类G);余下的58个磁类含有操作 R,同时含有其他操作.在90个磁类中,有31(13+18)个表现出非零自发磁化的晶体,如铁磁体、亚铁磁体和弱铁磁体.在表4.2中这31个磁类用下划线表示.90个磁类中还余下的59(19+40)个磁类描述了反铁磁晶体,包括属于立方晶系的磁类晶体,根据表4.2,尽管这些磁类不能含有表现出自发磁化的晶体.原则上,反铁磁材料可以包括属于90个磁类中的任意一个磁类的晶体,包括具有潜在自发磁化能力

的 31 个磁类晶体.

表 4.2 90 个磁类($G'+G$)的分布(包含操作 R 的对称素加“$'$”表示;允许$I_s\neq 0$ 的晶类用下划线表示)

晶系	G′	G
三斜	$\bar{1}'$	$\underline{1},\underline{\bar{1}}$
单斜	$\underline{2'},\underline{m'},\underline{2'/m'},2/m',2'/m$	$\underline{2},\underline{m},\underline{2/m}$
正交	$\underline{22'2'},\underline{m'm'2},\underline{m'm2'}$ $\underline{mm'm'},m'm'm',m'mm$	$222,mm2,mmm$
四方	$4',\bar{4}',4'/m,4/m',4'/m'$ $4'22',\underline{42'2'},4'mm',\underline{4m'm'}$ $\bar{4}'2m',\bar{4}'2'm,\underline{\bar{4}2'm'},4'/mmm'$ $\underline{4/mm'm'},4/m'm'm',4/m'mm$ $4'/m'mm'$	$\underline{4},\underline{\bar{4}}$ $\underline{4/m}$ 422 $4mm,\bar{4}2m$ $4/mmm$
三角	$\bar{3}',\underline{32'},\underline{3m'},\underline{\bar{3}m'}$ $\bar{3}'m',3'm$	$\underline{3},\underline{\bar{3}},32$ $3m,\bar{3}m$
六角	$6',\bar{6}',6'/m',6/m',6'/m$ $6'22',\underline{62'2'},6'mm',\underline{6m'm'}$ $\bar{6}'m'2,\bar{6}'m2',\underline{\bar{6}m'2'}$ $6'/m'mm',\underline{6/mm'm'},6/m'm'm'$ $6/m'mm,6'/mmm'$	$\underline{6},\underline{\bar{6}}$ $\underline{6/m},622$ $6mm,\bar{6}2m$ $6/mmm$
立方	$m'3,4'32',\bar{4}'3m'$ $m3m',m'3m',m'3m$	$23,m3$ $432,\bar{4}3m,m3m$

为什么有必要使用磁对称群呢?从图 4.2 给出的简单例子可以看到,晶体学对称性一般不完全反映磁结构.图 4.2(a)的 4 个非磁性原子形成一个组态,可用 Z 轴方向上的四重轴(垂直于纸面)来表征.如果所有的原子都带有磁矩并且沿着 Z 轴铁磁地排列,如图 4.2(b)所示,容易知道,这个轴仍保持为轴 4.但是如果保持磁矩平行不变,在 XY 平面上的某个方向上它们的自旋取向改变,如图 4.2(c)所示,Z 轴将变成反对称的二重轴 $2'$:为了叠加原子 1,3 和 2,4 以磁矩,除了旋转过 180° 外,有必要同时逆转磁矩的方向,即应用操作 R 和 180° 旋转的组合.(借用反对称理论的“反对称轴”“反对称中心”等概念,用于描述磁结构,见文献[1.1]第 2 章,用来表示伴随有图形着色的操作.磁对称性中没有包含操作 R 的对称素的特别名称.)

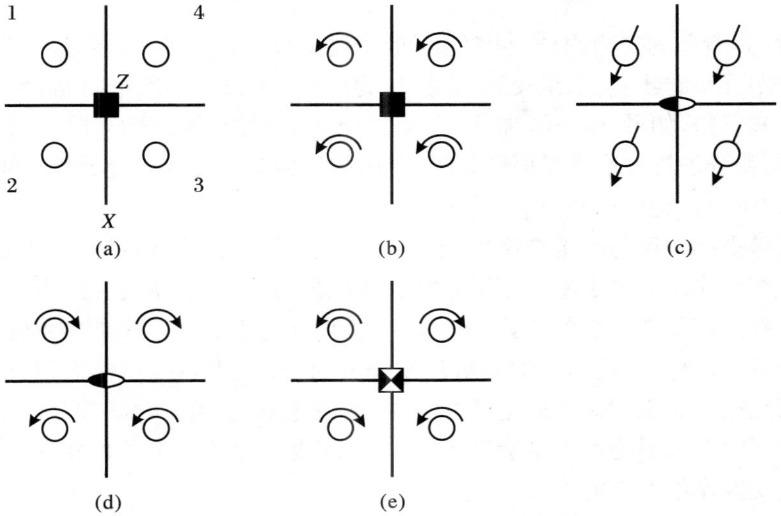

图 4.2 排列在四重轴周围的四个原子可能的磁有序类型

图 4.1(d)表示轴 $2' /\!/ Z$ 也可能相当于沿着 Z 方向磁矩的反铁磁序. 图 4.2(e)的反铁磁序用四重反对称轴 $4' /\!/ Z$ 来表征.

上述例子说明了下面几个重要的对称性规则：

(1) 对给定晶体结构,一个晶体可以有几种类型的磁结构.

(2) 和非磁性态相比,磁有序的出现,可能只导致晶体对称性的降低(或至少保持).

这些规则反映了晶体物理的一个基本原理,即居里原理,见第 1 章. 4.5 节将给出用磁对称性描述特定磁结构的例子.

4.2.3 有序磁性相互作用的基本类型

磁有序晶体的原子相互作用既可以是静电性质的,也可以是磁性性质的. 对原子磁相互作用的估计证明,在较大的温度范围内这种相互作用不足以确保磁序. 而且,揭示能引起磁序的强内磁场的实验努力证明,不存在这样的强内磁场,如 1927 年 Dorfman 研究电子穿过磁化镍膜的实验. 因此,磁矩有序化的原因应当从原子间的静电相互作用中去寻找.

除了库仑相互作用的静电能外,有序磁性材料还有纯量子来源的附加的静电能,称为**交换能** E_{exch}. 自旋磁矩分别为 $\boldsymbol{s}_i$ 和 $\boldsymbol{s}_j$ 的 i 原子和 j 原子之间的相互作用的交换能表达式具有如下形式：

$$E_{exch}=-2I_{ij}\boldsymbol{s}_i\boldsymbol{s}_j \tag{4.20}$$

其中，I_{ij}是所谓的**交换积分**，它考虑了原子波函数 p 的重叠. 交换能有利于自旋磁矩有序分布的建立. 如果交换积分 I_{ij} 为负的，那么发生反平行自旋取向（反铁磁性）. 但是，如果 $I_{ij}>0$，那么，自旋是相互平行的（铁磁性）. 除了其他因素外，交换积分的符号取决于原子间距. 交换能是相对于置换自旋 i 和 j 的不变量（它是相对于自旋对称的，$I_{ij}=I_{ji}$）.

直接交换作用和**间接交换作用**（超交换）是有区别的. 到目前为止，所讨论的直接交换作用对应于相邻原子的电子波函数的重叠，它主要在所有最近邻原子均具有磁矩的铁磁金属及其合金中存在. 当具有磁矩的原子被磁中性原子隔开时，比如被磁性氧化物中的氧负离子隔开时，会发生间接交换作用. 此时，交换作用是通过非磁性原子的电子发生的. 在含有稀土元素的某些合金中，磁性原子的间距太大不能发生直接交换作用，磁序是通过传导电子由相邻原子电子的间接交换作用引起的.

式(4.20)形式的交换能是各向同性的：当整个自旋体系相对晶格绕过任意角度时，体系的交换能保持不变.（近几年，所谓的四极矩相互作用计算结果导出了各向异性交换能的概念，在这里不做考虑.）但是，从实验知道，晶体的自旋磁矩和自发磁化矢量的方向 $\boldsymbol{I}_s$ 总是和它的对称性有关. 在铁磁晶体中，自发磁化矢量$\boldsymbol{I}_s$ 总是被束缚到某个确定的对称轴（尽管不像在铁电体中的自发极化那样“坚固”），这个对称轴被称为**易磁化轴**（或从尤方向）. 这个概念的意义在考虑4.3节磁化过程时会变得更加清楚. 为了使矢量 $\boldsymbol{I}_s$ 偏离这个轴（比如通过施加外场），必须消耗一定能量. 这个能量称为**磁晶各向异性能**或**磁各向异性能**. 矢量 $\boldsymbol{I}_s$“向指”晶格是由于原子磁矩的磁相互作用. 除了磁矩的纯磁偶极相互作用外（这可用磁箭头体系的相互作用加以指明），还可以通过所谓的自旋轨道耦合，使磁矩和晶格的关系受到影响. 在4.1节已经提到，由于部分或完全“猝灭”，原子的轨道角动量 L 获得一个相对于晶格的固定取向. 和晶格的耦合可以通过自旋轨道互作用传递给原子的自旋磁矩.

由于磁相互作用引入晶体的部分自由能，即磁各向异性能，可以表示成矢量 $\boldsymbol{I}_s$ 分量的幂展开式（或是 $\boldsymbol{I}_s$ 方向余弦的幂展开式）. 各向异性能必须是对操作 R 不变的（在这个操作中磁化改变符号）. 可见，作为标量的各向异性能必须是磁化分量的偶函数. 各向异性能的表达式具有形式：

$$V=k'_{mn}I_mI_n+k'_{mnop}I_mI_nI_oI_p+k'_{mnopqr}I_mI_nI_oI_pI_qI_r+\cdots \tag{4.21}$$

其中，$m,n,\cdots,r$ 取值1,2和3，与3个晶轴 X_1，X_2和 X_3一致；$I_m,\cdots,I_r$表示矢量$\boldsymbol{I}_s$ 沿着 X_1，X_2和 X_3轴方向的分量；k'_{mn}，k'_{mnop}和 k'_{mnopqr} 分别是二阶张量、四阶张量和六阶张量，张量的形式取决于顺磁相的晶体对称性，见4.4节.

在 4.4 节将证明,立方铁磁晶体的磁各向异性能的表达式为

$$V_{\text{cube}} = K_1(\alpha_1^2\alpha_2^2 + \alpha_2^2\alpha_3^2 + \alpha_3^2\alpha_1^2) + K_2\alpha_1^2\alpha_2^2\alpha_3^2 + \cdots \tag{4.22}$$

式(4.22)中的磁化分量用方向余弦来代替;K_1 和 K_2 分别是所谓的**一次磁各向异性恒量**和**二次磁各向异性恒量**.

单轴晶体的磁各向异性能(忽略底面的各向异性)可以写成:

$$V_{\text{uni}} = K_1\sin^2\theta + K_2\sin^4\theta \tag{4.23}$$

其中,θ 是 $\boldsymbol{I}_s$ 和最高次轴的夹角.式(4.23)中的各向异性恒量 K_1 和 K_2 不等于式(4.22)中的恒量 K_1 和 K_2.

上面举例的晶体交换作用和磁相互作用确保了各种类型的磁序.在每一种特定的情形,这些相互作用导致磁矩的某种平衡磁序结构的出现.

4.2.4 分子场理论,居里点和奈尔点

现在考虑温度对有序磁性材料的影响.在铁磁晶体的温度为**居里温度**(或**居里点**)T_C 和反铁磁体的温度为奈尔温度 T_N 时,磁有序完全消失(在 $T=0$ 时磁序是"理想的").在这些温度,对磁矩有序化有贡献的交换能等于原子的热运动平均能量,达到了足以破坏有序结构的值.在 T_C 和 T_N 点以上,晶体变为顺磁的.已经知道有这样的情形:随温度的升高,某些稀土金属晶体先从铁磁相改变为反铁磁相,随后才变为顺磁相.

为了描述 $\boldsymbol{I}_s$ 和温度的关系,我们将利用外斯分子场理论.在 4.1 节中提到,当 $T \to 0$ 时强场中的顺磁材料接近饱和状态而且类似铁磁状态,因为所有原子的磁矩和磁场方向一致.假设 $T < T_C$ 时铁磁体内部存在某种强场(我们称之为**分子场**),引起磁矩的有序化.远比交换作用理论的提出早,外斯首先于 1907 年提出分子场理论,以这种内磁场(分子场 H^M)的存在为前提,导出了原子磁矩有序化.(事实上并不存在这种场,因而 H^M 必须看成交换作用的某种等效量度.)考虑了原子磁矩相互作用后,假设这种场和磁化成正比:

$$H^M = \lambda I \tag{4.24}$$

常量 λ 被称为**分子场常量**.在这种情形下,对铁磁体的考虑简化为处于外磁场 H 中的顺磁材料,而磁场 H 被等于 $H + H^M$ 的有效场代替.

利用布里渊-德拜方程式(4.15),把有效磁场 $H + H^M$ 代入并取外场 H 为零,可获得自发磁化.把式(4.24)代入式(4.15)并假设 $H = 0$,得

$$I = NJg_J\mu_B B_J(x) \tag{4.25}$$

$$x = Jg_J\mu_B\lambda I/kT \tag{4.26}$$

源于外斯理论,用经典的朗之万函数 $L(x) = \coth x - 1/x$ 来代替布里渊

函数式(4.16).当 $J\to\infty$ 时,B_J 变为 $L(x)$.条件 $J\to\infty$表示:假设热运动状态下的磁矩可以相对于磁场方向任意取向.

为了求解式(4.25),考虑到式中 I 同时在布里渊函数自变量和方程左边出现,我们采用图4.3的作图解法.外斯理论最重要的结论是:$H=0$ 时,当表示 I 和 x 关系的式(4.26)的直线2穿过原点时,I 存在一个非零的解.对应于 $H=0$ 的磁化具有自发磁化的意义.曲线1(式(4.25))和直线2相交处可得到 $I=I_s$.利用式(4.26)可得,直线2的斜率和 T 成正比.当 $T\to0$,$x\to\infty$时,$I=I_s$ 趋向于其最大值:

$$I(0)=NJg_J\mu_B \tag{4.27}$$

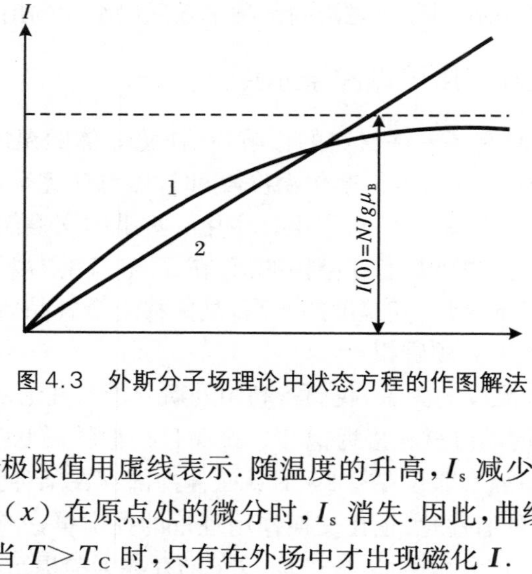

图4.3 外斯分子场理论中状态方程的作图解法

在图4.3中,这个极限值用虚线表示.随温度的升高,I_s 减少,并且当直线2的斜率等于函数 $B_J(x)$ 在原点处的微分时,I_s 消失.因此,曲线1的初始斜率相当于居里点 T_C.当 $T>T_C$ 时,只有在外场中才出现磁化 I.

当有外场存在时,参数 x 可以写成

$$x=\frac{Jg_J\mu_B(H+\lambda I)}{kT} \tag{4.28}$$

和推导式(4.18)一样,忽略布里渊函数展开式中关于参数 $x\ll1$ 的高次项,我们得到

$$I=\frac{Ng_J^2\mu_B^2J(J+1)}{3kT}(H+\lambda I) \tag{4.29}$$

如果从式(4.29)中选出 $\kappa=I/H$ 的值,可以得到类似居里-外斯定律表达式(4.19),式中 $\Delta=C\lambda$,并且

$$C=\frac{Ng_J^2\mu_B^2J(J+1)}{3k} \tag{4.30}$$

物理量 $C\lambda$ 具有温度的量纲，相当于图 4.3 中直线 2 和曲线 1 在原点处相接触的温度，即 $\Delta = C\lambda = T_C$. 现在，居里-外斯定律可以写成：

$$\kappa = \frac{I}{H} = \frac{C}{T - C\lambda} = \frac{C}{T - T_C} \tag{4.31}$$

比较式(4.31)和式(4.29)可以找出带有微观特性的恒量 λ 和 C 之间的关系.

自发磁化随温度变化的关系可以方便地相对绝对零度时的磁化 $I(0)$，即式(4.27)考虑，而温度的变化可以相对 T_C 考虑. 在这种“约化”的坐标中，通过用 T_C/C 表示式(4.26)中的 λ，容易得到磁化和温度关系的表达式. 在适当考虑式(4.27)后，得到

$$x = \frac{3J}{J+1}\frac{T_C I(T)}{TI(0)} \tag{4.32}$$

这里，当 $H=0$ 时，$I(T)$ 和 $I(0)$ 分别具有在 T 和绝对零度时自发磁化的意义. 根据式(4.32)和式(4.25)，在约化坐标中，I_s 和温度的关系式将具有形式：

$$\frac{I_s(T)}{I_s(0)} = B_J\left[\frac{3J}{J+1}\frac{I_s(T)/I_s(0)}{T/T_C}\right] \tag{4.33}$$

如果每个原子只有一个未抵消的自旋，那 $J=1/2$，$g_J=2$，式(4.33)简化为

$$\frac{I_s(T)}{I_s(0)} = \tanh\frac{I_s(T)/I_s(0)}{T/T_C} \tag{4.34}$$

比较式(4.33)和实验结果表明，在较小的 J 和 $g_J=2$ 时得到的铁和镍的结果符合得最好. 这和这些金属原子的电子组态符合，并且说明 Ni 和 Fe 中的主要磁性载体是电子自旋. 在图 4.4 中，实线表示关系式(4.34)，而点线表示 Ni 的实验值.

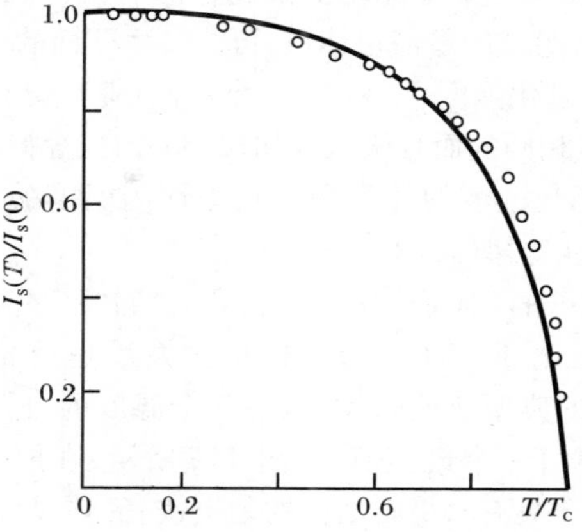

图 4.4 自发磁化和温度的关系

实线为关系式(4.34)，而点线为 Ni 的实验结果

尽管分子场理论简单，但它描绘出了铁磁体基本性质的真实定性图像，预言了自发磁化并解释了自发磁化和温度的关系.但是仔细比较理论和实验结果却发现偏离，在 $T\approx0$ 和 $T\approx T_C$ 的区域特别复杂.当 T 接近绝对零度时，大多数铁磁体的 I_s 和温度的关系服从由自旋波理论导出的所谓布洛赫 $T^{3/2}$ 定律：

$$I_s(T) = I_s(0)(1 - \alpha T^{3/2}) \tag{4.35}$$

其中，α 为某一恒量，取决于晶格类型和交换积分.分子场理论计算得出的 $\boldsymbol{I}_s$ 随温度变化而降低要快很多.在居里点附近的温度，已发现和分子场理论预言的关系式 $I_s(T)/I_s(0)\sim(T_C-T)^{1/2}$ 有偏离.

在居里点以及晶体的多形变态之间的普通相变点，各种"非磁性"物理性质的特殊异常(如热容、热膨胀系数等)表现出来.尽管也知道有一级相变的情况，但对大多数铁磁体包括亚铁磁体，在居里点的相变是二级相变.

当晶体的磁结构由几个磁亚晶格(亚铁磁性)表征，分子场理论也是有效的.奈尔首先提出铁氧体的这种理论.在有 n 个磁亚晶格的情形，我们引入磁亚晶格磁化的概念.由于给定亚铁磁亚晶格的原子被邻近的原子包围，其中部分邻近原子划归同一磁亚晶格，而另一部分原子则划归其他的磁亚晶格，分子场对给定原子的作用取决于所有磁亚晶格的磁化，即它等于：

$$H_i^{\mathrm{M}} = \sum_{j=1}^{n}\lambda_{ij}\boldsymbol{I}_i \tag{4.36}$$

分子场理论已经被修正过很多次而且仍然能够成功地用于解释实验数据[4.2].

温度对每个磁亚晶格的磁化的影响取决于单个磁亚晶格内自旋间的相互作用和不同磁亚晶格之间自旋的相互作用.但是，这并不说明每个磁亚晶格自身有一个居里点，因为每个磁亚晶格的磁化伴随着其他磁亚晶格的磁化.对由两个磁亚晶格 a 和 b 组成的最简单体系，可能发生下面的特殊情形：

(1) 磁亚晶格的磁化强度 $\boldsymbol{I}_a$ 和 $\boldsymbol{I}_b$ 大小不同(亚铁磁材料)，但温度对任意一磁亚晶格的影响是相同的而且服从定律(4.33).在这种情形，至少为 $\boldsymbol{I}_a$ 和 $\boldsymbol{I}_b$ 矢量之和的自发磁化与温度的关系和纯铁磁性的温度关系没有什么区别，是"外斯"性质的，即服从定律(4.33).

(2) 晶体是亚铁磁的，但每个磁亚晶格具有"自身"的磁化 $\boldsymbol{I}_a$ 和 $\boldsymbol{I}_b$ 与温度的关系.此时自发磁化 $\boldsymbol{I}_s = \boldsymbol{I}_a + \boldsymbol{I}_b$ 的温度关系是反常的，即不服从定律(4.33).在一个特定的典型亚铁磁体中，在某个温度的自发磁化可能穿过零点(所谓的**抵消点**)或越过一个最大值，如图 4.5 所示.在成分为 $Li_{0.5}Cr_{1.25}Fe_{1.25}O_4$ 的铁氧体中，在部分具有石榴石结构的稀土铁氧体以及正铁氧体中已经发现抵消点(参见 4.5 节).磁化测量并不能揭示 $\boldsymbol{I}_s$ 符号的改变(如图 4.5(a)中的虚线)，实验测得的关系在图 4.5(a)中是实线.理论上说，亚铁磁材料的 $\boldsymbol{I}_s(T)$ 曲线可能有很大的不同.这里只给出两种最典型的情形.

(3) 磁亚晶格磁化相同,并且相互抵消,$\boldsymbol{I}_a+\boldsymbol{I}_b=\mathbf{0}$.磁亚晶格完全等效,而且温度对磁亚晶格的影响也相同.这是"纯"的反铁磁性的情形.在奈尔点 T_N,反铁磁材料呈现出最大磁化率 κ.当 $T<T_\mathrm{N}$ 时,κ 的大小和随温度的变化强烈依赖于外场相对于反铁磁有序轴的方向.

铁磁体的 $\boldsymbol{I}_\mathrm{s}$ 与温度关系的测量并不给出单个磁亚晶格磁化与温度关系的任何信息.为了研究每个磁亚晶格磁化与温度的关系,我们采用测量核位置处的局域磁场的方法,如核磁共振、穆斯保尔效应.测定这种关系的依据是,核处的局域场和给定磁亚晶格的离子磁矩的时间平均值成正比.

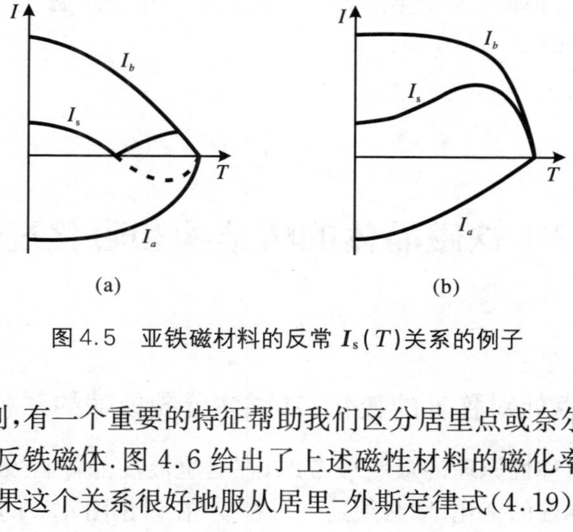

图 4.5 亚铁磁材料的反常 $\boldsymbol{I}_\mathrm{s}(T)$关系的例子

应该注意到,有一个重要的特征帮助我们区分居里点或奈尔点以上的铁磁体、亚铁磁体和反铁磁体.图 4.6 给出了上述磁性材料的磁化率倒数 $1/\kappa$ 和 T 之间的关系.如果这个关系很好地服从居里-外斯定律式(4.19)和式(4.31),上

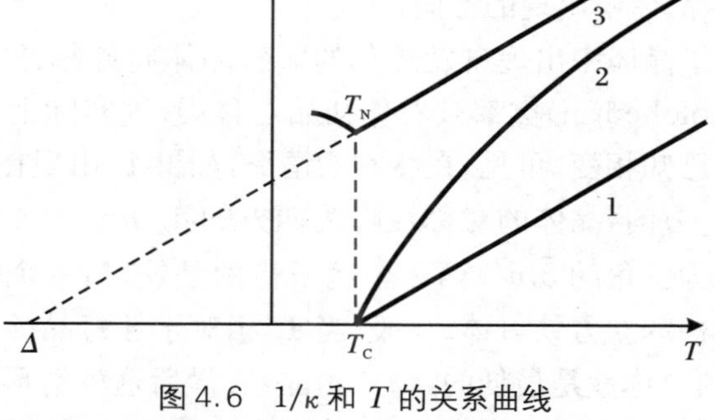

图 4.6 $1/\kappa$ 和 T 的关系曲线

1.铁磁体;2.亚铁磁体;3.反铁磁体

述关系用一条和 x 轴相交于 $T=T_C$ 点的直线表示，而铁磁体的 T_C 必须和铁磁相变温度重合，如图 4.5 所示. 这个要求源于二级相变理论. 但实验证明，从定律式(4.31)得到的居里温度总是比加热过程中 $\boldsymbol{I}_s$ 消失的温度高. 这种差异有时达到几十度，因此，我们把铁磁体的**顺磁居里点** Θ 和**铁磁居里点** T_C 加以区别. 一般，Θ 和 T_C 的差异归结于短程磁序的涨落效应. 对铁磁体，除了上述特殊情况，居里-外斯定律在离居里点较远的一个较宽温度范围内成立.

在 $T>T_N$ 的范围内，反铁磁体的居里-外斯定律也是成立的，但式(4.19)中的 Δ 值为负，这直接和交换积分式(4.20)的负号相关.

对亚铁磁体，$1/\kappa$ 和 T 的关系不服从普通的居里-外斯定律. 它具有接近双曲线的特征凸形. 根据奈尔理论，这个特征来自于复杂的磁亚晶格磁化与分子场的关系式(4.36).

4.3 铁磁晶体的畴结构和磁化过程

4.3.1 居里点处对称性的变化、铁磁体分裂成畴的对称性问题

根据居里对称性原理的最一般考虑，在居里温度晶体自发磁化 $\boldsymbol{I}_s$ 的出现必须伴随有对称性的变化，即必须是一个相变. 在讨论图 4.2 的组态时，我们已看到这一点. 图 4.2 还说明，温度低于 T_C 时的晶体磁对称性点群将有所不同，依赖于 $\boldsymbol{I}_s$ 在顺磁晶体中出现的方向.

表 4.3 列出了晶体中出现自发磁化的顺磁晶体向哪些磁类转变[1.14]. 所有体系的全对称(holohedral)类都被看作初始对称类. 这实际上已足以包含有序磁性材料中所有已知相变. 可见，在特别的情形，如果 $\boldsymbol{I}_s$ 出现在晶类 $m3m$ 初始立方晶体的[100]方向，晶体的对称性降为四方的 $4/mm'm'$. 如果 $\boldsymbol{I}_s$ // [111]，晶体的对称性变为三角的 $\bar{3}m'$. 第一个例子指的是铁，后一个例子则指镍和大多数有尖晶石结构的立方铁氧体. 一般，当 $\boldsymbol{I}_s$ 相对于任意晶类初晶的对称轴任意取向时，最终的对称性是最低的，为三斜晶系. 最后这种情形在居里点时是不可能实现的，因 $\boldsymbol{I}_s$ 总是沿着初相的确定对称轴(这些轴为易磁化轴)出现的，但是它可以在外场中或在两种磁类之间的重取向相变中实现，见 4.5 节.

表 4.3 全对称性晶类中出现 I_s 时磁点对称性的变化

I_s 方向	初始磁类	I_s 方向	初始磁类		I_s 方向	初始磁类	I_s 方向	初始磁类		
	$m3m$		$6/mmm$	$\bar{3}m$		$4/mmm$		mmm	$2/m$	$\bar{1}$
⟨100⟩	$4/mm'm'$	⟨000 1⟩	$6/mm'm'$	$\bar{3}/m'$	⟨001⟩	$4/mm'm'$	⟨001⟩	$mm'm'$	$2/m$	1
⟨111⟩	$\bar{3}m'$	$\langle 11\bar{2}0\rangle^b$	$mm'm'$	$2/m$	⟨100⟩	$mm'm'$	⟨010⟩	$mm'm'$	$2'/m'$	1
⟨110⟩	$mm'm'$	$\langle 10\bar{1}0\rangle^a$	$mm'm'$	$2'/m'$	⟨110⟩	$mm'm'$	⟨100⟩	$mm'm'$	$2'/m'$	1
$\langle hk0\rangle$	$2'/m'$	$\langle hki0\rangle$	$2'/m'$	$\bar{1}$	$\langle hk0\rangle$	$2'/m'$	$\langle hk0\rangle$	$2'/m'$	$2'/m'$	1
$\langle hkk\rangle$	$2'/m'$	$\langle hh2\bar{h}l\rangle$	$2'/m'$	$\bar{1}$	$\langle h0l\rangle$	$2'/m'$	$\langle h0l\rangle$	$2'/m'$	$\bar{1}$	1
$\langle hhk\rangle$	$2'/m'$	$\langle h0\bar{h}l\rangle^a$	$2'/m'$	$2'/m'$	$\langle hhl\rangle$	$2'/m'$	$\langle 0kl\rangle$	$2'/m'$	$\bar{1}$	1
$\langle hkl\rangle$	$\bar{1}$	$\langle hkil\rangle$	$\bar{1}$	$\bar{1}$	$\langle hkl\rangle$	$\bar{1}$	$\langle hkl\rangle$	$\bar{1}$	$\bar{1}$	1

注：*a* 初始晶类为 $\bar{3}m$，这些方向沿着垂直的对称面.

b 初始晶类为 $\bar{3}m$，这些方向和一个二重轴重合.

如果我们不仅把全对称性的相变包括在内,还把表4.3中其他晶类的相变也包括在内,那么,我们将得到表4.2中带下划线的晶类(总共31个).

作为例子,我们再考虑铁类型的立方晶体.由于立方晶体有3个四重轴,从晶体学和能量的角度看存在6个等效的⟨100⟩方向,$\boldsymbol{I}_s$ 可以沿着这些方向出现.相变中的自发磁化的出现实现了这种"可能性",而且事实上当 $T<T_C$ 时,$\boldsymbol{I}_s$ 是沿着上述所有方向排列的.此时,晶体体积被分割成分离的区域,即畴,是多合成孪晶的一种,畴中的 $\boldsymbol{I}_s$ 平行于立方初相的6个⟨100⟩方向中的一个方向.根据表4.3,每个畴将是四方的 $4/mm'm'$.但畴的空间分布是使多畴晶体的对称性(赝对称性)实际上还保持为立方的 $m3m$.图4.7(a)说明了这个情况,沿着⟨100⟩轴分布的6组四方畴(在理想情况下,每一组占晶体体积的1/6)形成了具有初始顺磁相对称性 $m3m$ 的图形.这个图形相当于"理想退磁"状态,因为 $\boldsymbol{I}_s$ 方向相反的畴占据相同份额的晶体体积.整体上,这种晶体不表现出任何宏观磁化(这种磁化的不存在实际上是外斯引入不同方向磁化分离区的概念的原因).

如果畴的一个或几个组比另外的畴占据较大的体积,就会出现所谓的**磁织构**,如图4.7(b)所示,尤其是它可以带来剩余磁化的状态,如图4.7(c)所示.在这种状态下,晶体将表现出宏观磁化(晶体可以用作永磁体).图4.7(b),(c)中的情形已不能再认为晶体的赝对称性是立方的.

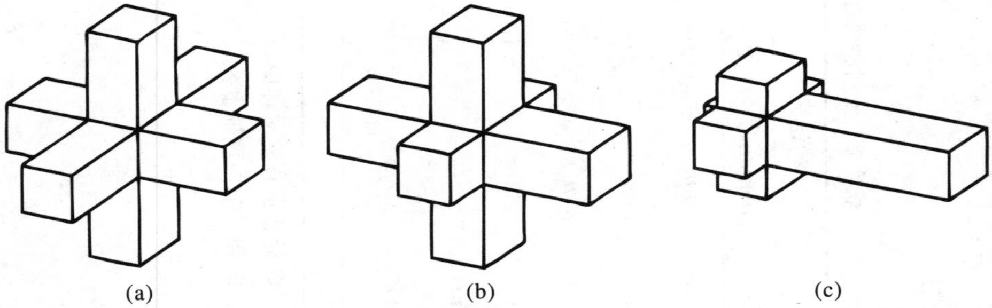

图4.7 相当于晶体理想退磁状态(a)、磁织构状态(b)和剩余磁化状态(c)的畴结构的示意图

除了铁磁体中的畴,在反铁磁晶体中存在反铁磁畴.当反铁磁序在立方晶体中出现时,这种畴的存在最明显.这种情形中,畴的出现是由于初始晶体具有几个等效的晶体学和物理学轴,沿着这些轴可以出现反铁磁畴有序化.因此,立方晶体可以被称为**磁性多轴晶体**,而所有其他晶系晶体的磁矩有序化只能沿着某个晶轴,这些晶体被称为**磁性单轴晶体**.

Shuvalov[1.14]已经证明,铁磁体和反铁磁体分裂为畴的对称性问题和第3

章中对铁电体和反铁电体的考虑类似.

晶体中毗邻畴被**畴壁**(边界)隔开.从图 4.7(a)可以知道,在铁类型晶体中,相邻畴的 $\boldsymbol{I}_s$ 方向可以有 90°或 180°的差异.90°或 180°的畴壁是有区别的.容易知道,Ni 类型晶体(易磁化轴为⟨111⟩)可以有～71°,～109°和 180°的畴壁.从前面可知道,$\boldsymbol{I}_s$ 出现引起的晶体对称性的变态意指分离畴的对称性.畴的对称性将和沿着畴中 $\boldsymbol{I}_s$ 某个方向(易磁化轴)饱和磁化的整个晶体的对称性重合.这样磁化的晶体是一个大的单畴.

在考虑铁磁体的性质时,人们可能想知道铁磁晶体是否必须被看成四方的或立方的晶体(对 Fe 类型晶体).这个问题的答案取决于所关心的物理性质是否由独立畴的性质或畴的空间分布决定.例如,在"立方"铁氧体石榴石(在 T_C 以上点群为 $m3m$)中,我们能够观察到光偏振面的磁旋转(这一现象可以应用来研究畴结构),而根据诺依曼原理,对 $m3m$ 晶类来说这种现象是被禁止的.还可以观察到明显的法拉第效应,因为每个畴的对称性都比 $m3m$ 低.另一方面,对于如电导率这样的性质,赝立方多畴(无织构的)铁磁体的行为和各向同性媒质一样,即和立方晶体所预期的一样.

为了避免概念上的混淆,在描述磁序晶体的对称性时,我们将对这些磁类(晶类)用晶体学(非磁性)的概念即描述给定晶体顺磁相(即没有磁序)的对称性.由于一般不需要考虑晶体向磁序状态转变中晶体对称性的降低,习惯上认为晶体和顺磁相有相同的晶类,即使是对磁序晶体也是这样(即用通常的 32 种晶类和相应的 230 种空间群).这样,有时出现的"立方铁磁体"这类的表述将不会误导读者.

另一方面,如果有必要强调由磁序引起的对称性,晶体(畴)将被划归为 90 个磁类中的一个,而用磁对称空间群中的一个来描述磁结构,当然,也可能出现磁类和晶类的对称性重合.

当描述 4.5 节中特殊晶体的结构时,我们将尽可能分别说明晶体的相关晶类和磁类.

4.3.2 自发磁致伸缩,磁弹性能

由于 $\boldsymbol{I}_s$ 引起的晶体对称性改变伴随有晶体的变形,自发磁化总是伴随有所谓的自发形变,即晶体结构的畸变(和自发磁化的方向和大小有关).这种变形被称为**自发磁致伸缩**,它由各向同性部分和各向异性部分组成,见 4.4 节.各向异性部分导致铁磁体的线性磁致伸缩,即磁化过程中线性尺度的相对变化,如图 4.15(b)所示.

在大多数铁磁体中，在温度比居里点低相当多时，相对自发形变为 10^{-5} 量级．在居里点附近，畸变仍然明显地小，因为物理量 I_s 本身是小的．X 射线衍射并不能总是揭示这种小的晶格畸变．但在部分铁磁体中，畴的自发形变可用 X 射线衍射探测，例如，在钴铁氧体中，各向异性自发形变可能是 10^{-4} 量级．部分稀土金属（Tb，Dy，Ho 和 Er）的各向异性自发形变特别大，达 10^{-3} 量级．稀土金属与铁的合金，如 $TbFe_2$，在室温观察到巨大的相对线性磁致伸缩（约为 10^{-3}）．这种磁致伸缩幅度明显被磁化过程中 1 m 的棒伸长 1 mm 的事实所证实．

磁致伸缩现象被广泛用于各种设备的生产，如磁致伸缩计、换能器、共振器和超声仪器等．

晶体分裂成畴，造成晶体中源自磁致伸缩的内应力，图 4.8 给出了解释．由于畴壁差不等于 180°的相邻畴（如 1 和 2，2 和 4）在不同方向发生形变，应力出现．这些应力在磁化过程中起到重要的作用．畴结构和应力之间的关系表现在通过施加外应力可以改变畴结构上．

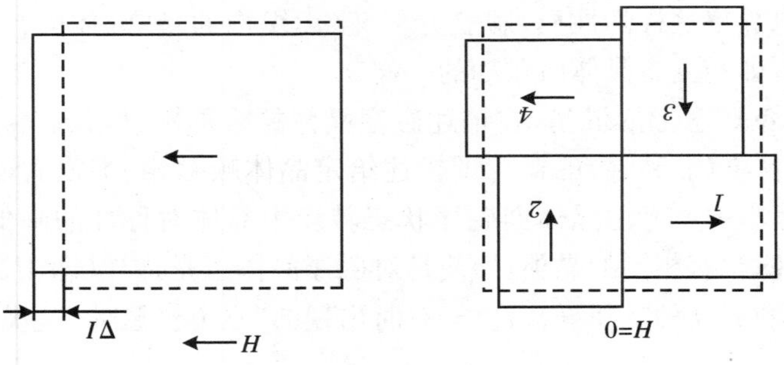

图 4.8　解释磁致伸缩应力发生的示意图

在图 4.8 中，如果沿一个易磁化轴施加外场磁化晶体，那么，晶体将被变化为单畴态，而且在场方向改变晶体长度 Δl．[①]如果晶体在和易磁化轴成某一角度 $\varphi=\pi/2$ 的方向被磁化，那么，磁致伸缩的大小将是不同的．

考虑形变和铁磁晶体中 I_s 方向之间的关系，引入所谓的**磁弹性能**，它可以写成张量展开式：

$$E_{me} = M_{ijkl}\varepsilon_{ij}I_kI_l + M_{ijklmn}\varepsilon_{ij}I_kI_lI_mI_n + \cdots = V^0_{ij}\varepsilon_{ij} \tag{4.37}$$

其中，ε_{ij} 为形变张量分量．磁弹性能也可以用应力分量 σ_{ij} 的项来表示：

① 磁化方向的自发形变不一定是正的，图 4.8 所示的是放大了的样子．畴可以在 I_s 方向收缩，即它可以有负的自发伸缩．自发形变的符号和大小取决于原子间作用力的性质．

$$E_{\mathrm{me}} = N_{ijkl}\sigma_{ij}I_kI_l + N_{ijklmn}\sigma_{ij}I_kI_lI_mI_n + \cdots \tag{4.38}$$

和磁各向异性能式(4.21)一样,由于同样的理由,方程(4.37)和(4.38)含有磁化分量的偶次幂.形成张量 N 和 M 的系数被称为**磁致伸缩系数**或**磁弹性系数**. N 和 M 的差别近似和弹性理论中劲度系数 c 和柔度系数 s 之间的差别一样,见第 2 章.为下面表述的目的,这里强调张量 $[N_{ijkl}]$ 和 $[N_{ijklmn}]$ 的对称性与张量 $[M_{ijkl}]$ 和 $[M_{ijklmn}]$ 的对称性完全重合.和磁各向异性能 V 一样,这些性质取决于晶体初始顺磁相的晶体对称性.

能量 E_{me} 可以看成铁磁晶体自由能的一部分,表示成关于形变的展开式(因为磁致伸缩形变较小,这是可以的):

$$V' = V^0 + V^0_{ij}\varepsilon_{ij} + \frac{1}{2}V^0_{ijkl}\varepsilon_{ij}\varepsilon_{ki} + \cdots \tag{4.39}$$

$$V^0 = k_{mn}I_mI_n + k_{mnop}I_mI_nI_oI_p + k_{mnopqr}I_mI_nI_oI_pI_qI_r \tag{4.40}$$

上标"0"是指展开式系数从非形变晶体中算得.式(4.39)的第一项相当于零形变时的各向异性能,而从式(4.37)知 V^0_{ij} 的意义是明确的.从对称性局限性的观点看,式(4.40)的张量 k_{mn}, k_{mnop}, k_{mnopqr} 和式(4.21)的 k'_{mn}, k'_{mnop}, k'_{mnopqr} 是一样的,但前者反映了在零应力条件下的各向异性,而后者则反映了在零形变条件下的各向异性.这两种类型的磁各向异性之间的关系将在 4.4 节讨论.

式(4.39)的第三项考虑了对弹性能的附加贡献以及晶格形变对称性改变的附加贡献(即所谓的"形状(morphic)"效应),由于其值较小,一般可以忽略.

4.3.3 畴结构能量状况,畴壁

有限尺寸的铁磁晶体分裂成畴的精确理论首先是由朗道和 Lifshitz 发展的[4.3].这个理论也包括上面讨论的对称性问题.

由于有限尺寸晶体有一个退磁场 $\boldsymbol{H}_{\mathrm{d}}$,晶体具有磁(静磁)能 $NI^2/2$,如果该晶体是一个单一的磁化区域(单畴),该磁能将达到最大值,正如图 4.9(a)中的磁单轴晶体.最小磁能相当于晶体被分割成分离畴的状态,如图 4.9(b),(c)所示.考虑了交换作用力和表面退磁作用的竞争后说明,畴尺寸 l 和试样大小 L 之间有近似的关系 $l \sim \sqrt{L}$.磁单轴铁磁体的最"有利"畴结构对应于如图 4.9(c),(d)所示的结构(具有所谓的"闭合畴"),闭合畴的磁化方向垂直于主畴 $\boldsymbol{I}_{\mathrm{s}}$ 的方向.对这种结构,磁通量封闭在晶体内(因而称为"闭合畴"),而和退磁场有关的磁能等于零.这种"闭合"畴中的 $\boldsymbol{I}_{\mathrm{s}}$ 方向和易磁化轴不重合.

如果 $\boldsymbol{I}_{\mathrm{s}}$ 较小或晶体形状不利于闭合畴的形成,单轴晶体将由边平行畴(即所谓的条结构)构成.当畴出现时,在畴之间形成**畴壁**,把磁矩方向不同的畴分开.畴壁中的磁矩必须"扇形"地改变其方向.交换能倾向于使磁矩方向的改变

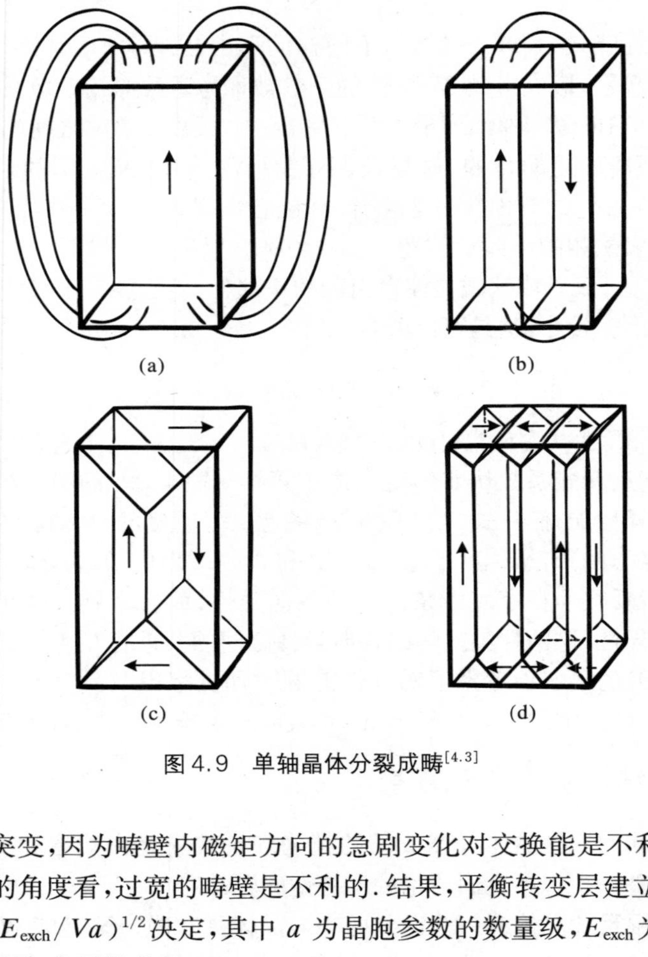

图 4.9　单轴晶体分裂成畴[4.3]

尽量少发生突变，因为畴壁内磁矩方向的急剧变化对交换能是不利的. 但从磁各向异性能的角度看，过宽的畴壁是不利的. 结果，平衡转变层建立，层宽 δ 由关系式 $\delta = (E_{exch}/Va)^{1/2}$ 决定，其中 a 为晶胞参数的数量级，E_{exch} 为交换能，而 V 为单位体积各向异性能.

在各种铁磁材料中，畴壁的宽度可能在一个相当宽的范围内(从几十个到几百个原子间距)变动. 畴壁的形成需要消耗能量. 晶体分裂成畴一直持续，直到新边界形成消耗的能量超过由于磁能降低而获得的能量. 因此，平衡畴结构是各种能量竞争的结果，如交换能、静磁能和磁各向异性能等，并且和包括上面列出的各种类型能量在内的晶体最小自由能对应.

值得注意的是，反铁磁体缺乏有利于分畴的能量因素(与静磁能有关，而 $\boldsymbol{I}_s = \mathbf{0}$). 然而，反铁磁体也可以具有畴结构，但它的出现至少可以从对称性考虑来理解，见 4.3.1 节.

和畴的对称性相比较，畴壁内磁矩的旋转导致了磁对称性的局部降低.

畴边界的两个极端情形，即布洛赫畴壁和奈尔畴壁是有区别的，取决于磁矩旋转的性质. 图 4.10 为这两种类型的 180°畴壁的模型. 如图 4.10(a)所示，布洛赫畴壁中，磁矩在平行边界层 XZ 平面的面内旋转. 这里，畴壁没有垂直于平面的"磁荷". 在奈尔畴壁中，磁矩在垂直于边界层的 YZ 平面内旋转，即它在法线方向上带磁荷.

以畴壁中心为原点，沿着其法向的坐标与旋转角 φ 之间的关系(见图 4.10(a)，对 180°的布洛赫畴壁来说)，可用下式表示：

$$\sin\varphi = \tanh(y/\delta) \tag{4.41}$$

其中，δ 为参数，具有畴壁宽度的意义. 从式(4.41)可以知道，畴壁不应该表示成具有严格明确起始和末端的某样东西，因此，**转变层**的概念更为适合. 从对称性的角度看，重要的是注意畴壁可以是右旋的或左旋的，因为从能量的角度看，磁矩开始旋转的方向(顺时针或逆时针)并没有什么区别. 为了区别"右旋"畴壁和"左旋"畴壁，有时引入畴壁极化记号，这个记号取决于畴壁中心磁矩的方向. 例如，图 4.10(a)的畴壁是沿着 X 轴正方向极化的.

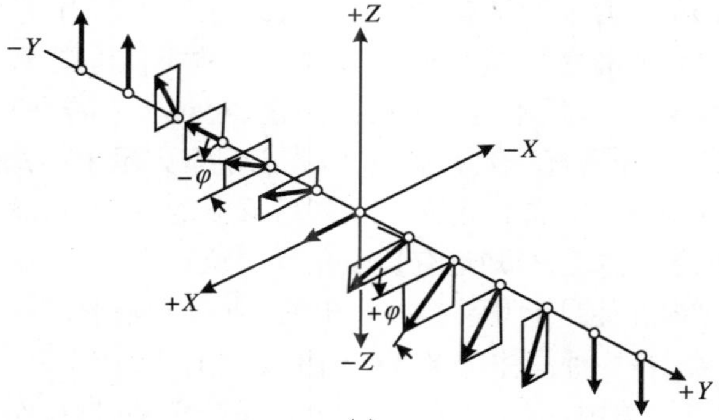

(a)

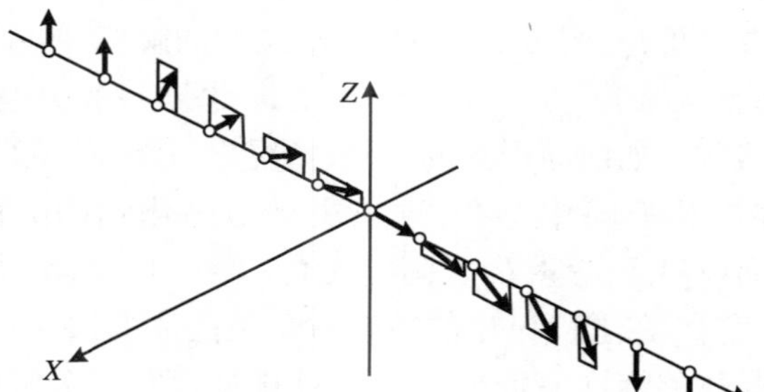

(b)

图 4.10 两种 180°的畴壁

(a) 布洛赫畴壁；(b) 奈尔畴壁

在理想的退磁铁磁晶体中,很自然要假设存在数目相等的右旋畴壁和左旋畴壁.

运动畴壁有惯性性质,因而它可以归结为具有某种有效质量.

4.3.4 畴结构的观察方法,畴结构的例子

有几种方法可以观察畴结构.最广泛应用的是粉末花样法.在这种方法中,液体中的铁磁粉末悬浮薄层放置在彻底抛光的晶体表面.粉末静止下来后,粉末选择停留在散射场梯度最大的位置,即畴壁的位置.这可以让我们能够在显微镜中观察到畴壁.还可以利用克尔效应和法拉第效应借助磁光方法观察畴结构,见第 7 章.前者是根据偏振光从晶体表面反射具有不同旋转程度的偏振面(大小和方向都不同),这是由于不同畴的 $\boldsymbol{I}_s$取向不同造成的.为了观察非常薄的薄膜中的畴或是透明铁磁体的畴,可以利用法拉第效应.已经发展了借助中子束或电子束观察畴结构的方法,X 射线形貌术也成功用于观察畴结构.

图 4.11 是用粉末花样法显示六重轴(c 轴)为易磁化轴的六角钴晶体的畴结构.图 4.11(a)的照片显示了含有 c 轴的$(10\bar{1}0)$平面,带有反平行方向磁化矢量 $\boldsymbol{I}_s$(用箭头表示)的畴壁沿着 c 轴延伸.这种结构类似于图 4.10(a)中的结构(只不过不是"闭合畴"),照片说明了反向磁化(相对于主畴)的劈状畴.劈状畴是由退磁场造成的.在垂直于 c 轴的底面,我们观察到星星形式的独特结构,如图 4.11(b),这是延伸畴在晶体表面"出射"后形成的.在六角晶体中,不仅仅是 c 轴可以作为易磁化轴.已经知道有易磁化方向位于底面、形成**易磁化面**(当底面上 $\boldsymbol{I}_s$的所有方向在能量上几乎都是等价的)或和 c 轴形成某一角度(**易磁化锥体**)的晶体存在.在这种晶体中将观察到更复杂的畴结构.

一般,在立方晶体中,不是四方轴⟨100⟩就是三角轴⟨111⟩作为易磁化轴.图 4.12(a)为硅铁晶体(001)面上畴结构的示例,⟨100⟩轴为易磁化轴.照片的水平方向和[110]轴方向重合.图 4.12(b)为该畴结构的解释.照片中毗邻畴的 $\boldsymbol{I}_s$ 方向形成 90°角,而且从[100]方向变到[010]方向.图 4.12(b)也画出了闭合畴,尽管在照片上看不到.正如前面提到的,一般情况下,180°,～09°,～71°和 90°畴壁可以在立方晶体的相邻畴中存在,这取决于易磁化轴的类型(是⟨100⟩ 还是⟨111⟩方向),因而取决于矢量 $\boldsymbol{I}_s$ 之间的夹角.在图 4.12(b)中,例如,我们能看到 180°和 90°的畴壁.在上面讨论的单轴六角钴晶体的情形,只存在 180°畴壁.但是,如果六角晶体的畴在底面上沿二重轴排列,那么,分隔畴的 $\boldsymbol{I}_s$ 之间夹角为 30°,60°,90°,120°和 180°的畴壁可以存在.

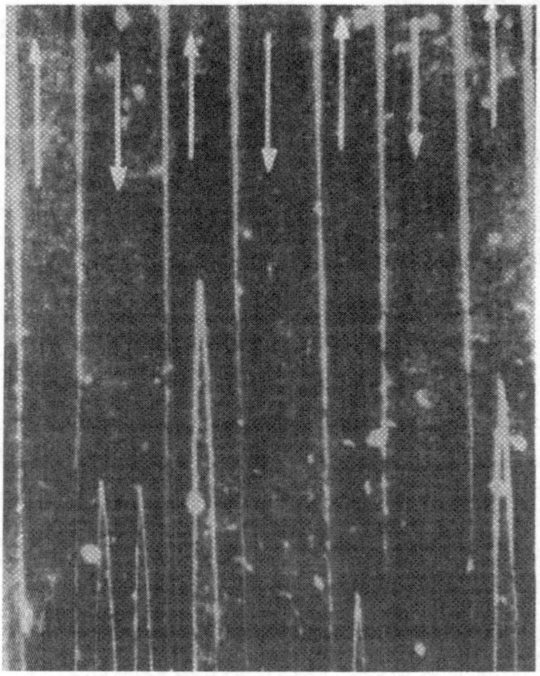

(a)

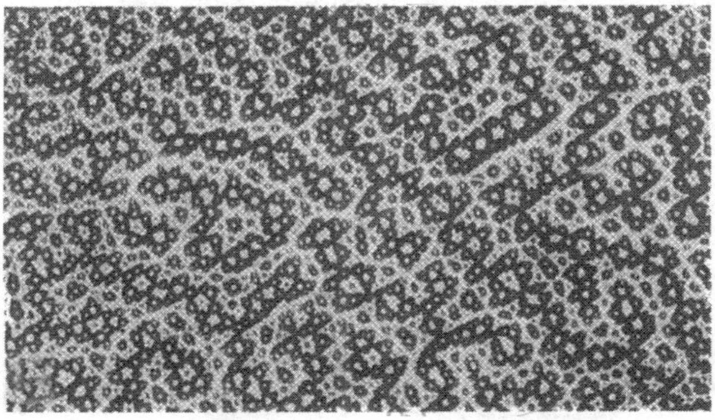

(b)

图 4.11 (a)和(b)分别为钴晶体在$(10\bar{1}0)$和(0001)面上的畴结构[4.4]

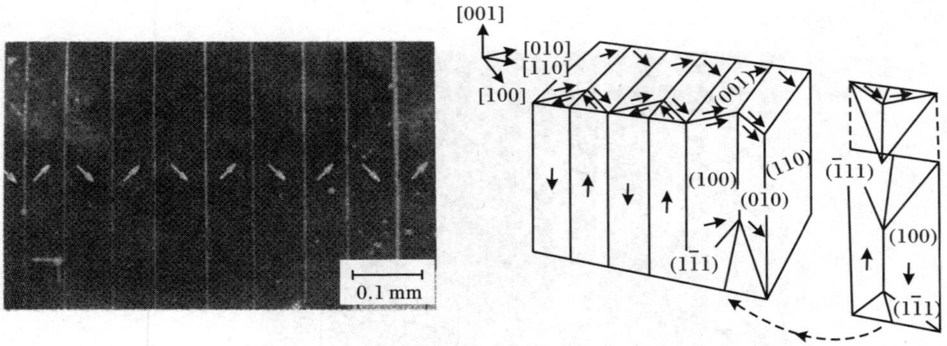

图 4.12　硅铁晶体(001)表面上的畴结构(a)及其解释(b)[4.4]

图 4.13 描绘了借助法拉第效应显示的 $YFeO_3$ 晶体(钇正铁氧体)薄片(厚 0.05 mm)的畴结构.这种正交的磁单轴晶体表现出畴壁平行于易磁化轴的所谓条带畴(迷宫式的)结构(易磁化轴垂直于照片平面并且和一个二重轴重合).可见,部分畴具有闭合柱体的形状.这种分离柱体畴或泡状畴也可能在其他铁氧体(如石榴石)的晶体薄片中存在.在晶体给定位置,柱体畴的存在与不存在可以看成两种稳定状态.具有这种畴结构的磁性材料作为计算机技术中集成电路元件变得越来越重要.磁单轴铁氧体单晶薄片和薄膜在弱梯度场中可以含有高达 $10^6 \sim 10^7$ 个运动可控的位(可移柱体畴).已经发展了可使柱体畴可靠地移动、产生、消除和记录的技术,即可以对晶体中所含信息进行所有的必要操作.

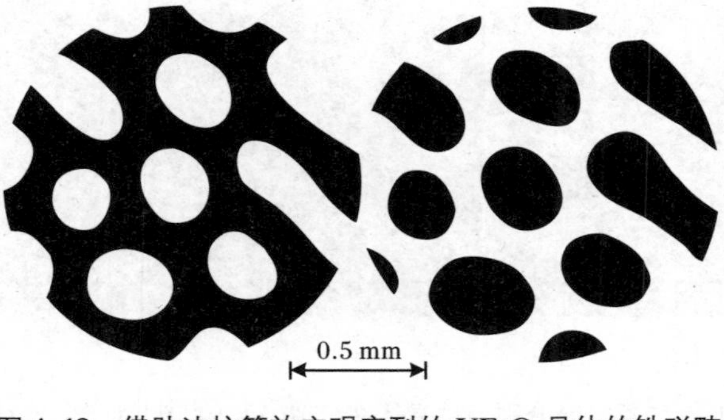

图 4.13　借助法拉第效应观察到的 $YFeO_3$ 晶体的铁磁畴
衬比度用显微分析仪反转[4.4]

畴结构的特征受到很多涉及真实晶体结构的因素的影响.除了诸如晶体的形状和大小、磁各向异性能的特征和晶体表面的晶体学取向等这些因素外,畴结构,特别是畴壁移动主要受到内应力、晶格缺陷以及非均性(掺杂物、空位和位错)的影响.

4.3.5 磁化过程

当外场不存在时,铁磁体的大多数能量有利的状态是:$\boldsymbol{I}_s$ 方向不同的畴占晶体的体积份额相等,如图 4.7(a)所示.这种畴的分布相当于退磁状态,晶体作为一个整体不显示磁化.

现在考虑施加外场后晶体中发生的变化.多畴铁磁体的磁化主要有两个过程:畴壁的位移和畴的矢量 $\boldsymbol{I}_s$ 的旋转.在铁电体中我们已经碰到过畴壁的位移,但畴壁旋转仅是铁磁体的特征;在铁电体中,自发极化矢量不能偏离晶体的确定对称轴.图 4.14 解释畴壁的位移和 $\boldsymbol{I}_s$ 的旋转,这是一个 c 轴为易磁化轴的磁单轴晶体(如六角晶体).

假设磁场和 c 轴成某一任意角度.在这种最一般情形中,畴及畴壁的磁化强度 $\boldsymbol{I}_s$ 和外场的夹角可以从 0 到 $\pi/2$.在弱场中,畴壁位移占主导地位,如图 4.14(b)所示,矢量 $\boldsymbol{I}_s$ 和磁场方向夹角最小的畴体积依靠消耗近邻畴体积而不断增加,此时 $\boldsymbol{I}_s$ 方向保持不变,只有畴壁的位置移动和消失,如图 4.14(c)所示.在强磁场中,矢量 $\boldsymbol{I}_s$ 转向磁场方向,如图 4.14(d)所示,在某一磁场 H_s 时,发生饱和,即在磁场方向上的晶体磁化等于分离畴的磁化(即 $\boldsymbol{I}_s$),如图 4.14(e)所示.进一步加大磁场,$\boldsymbol{I}_s$ 不再改变方向,但绝对值略为增大,$H\to\infty$,$\boldsymbol{I}_s$ 趋向于绝对饱和,增大为在 $T=0$ 处的 $\boldsymbol{I}_s$,此时温度对自旋取向的无序影响不存在,如图 4.14(f)所示.磁化的这部分附加增量被称为**真磁化**,此时已克服了热运动的无序作用.在俄文文献中,这个过程的传统名称为**顺过程**,因为这个现象类似于顺磁材料的磁化,这在 4.1 节中已讨论过.

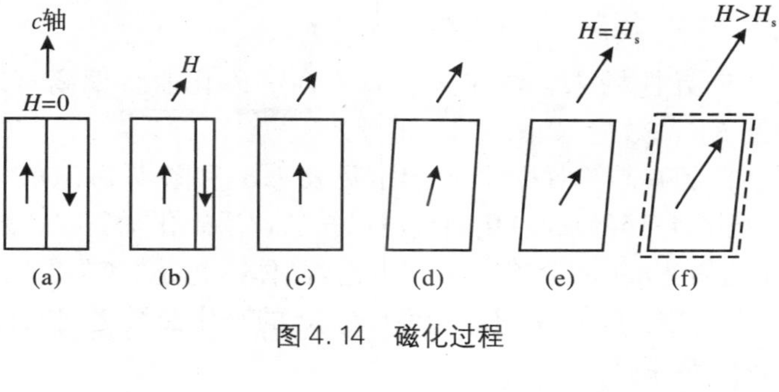

图 4.14 磁化过程

我们已经讨论过,外磁场方向和易磁化轴成任意角度时单轴晶体的磁化过程.在一般情形,我们只能说在一确定磁场中某种磁化机制或其他机制(位移、旋转或顺过程等)占优势,因为这些机制经常是相互叠加的.在立方(磁多轴)的铁磁体中,总是多种磁化过程相叠加,因为这种铁磁体表现出外场和畴磁化夹角间的复杂分布.对单轴晶体可以这样选取外加磁场的方向,使得磁化限于单独的 $\boldsymbol{I}_s$ 旋转或单独的畴壁位移.例如,如果我们沿着易磁化轴 c 轴的方向磁化一个单轴铁磁晶体,如图 4.14(a)所示,那么,除了 180°畴壁位移外,这种晶体将会在相当低的磁场范围内磁化达到饱和,这相当于图 4.15(a)中钴单晶体各种磁化曲线(即 I-H 关系曲线)中的曲线 $\boldsymbol{H}/\!/\boldsymbol{c}$.180°畴壁的位移不涉及晶体的形变(磁致伸缩),因为畴的自发形变在 $\boldsymbol{I}_s$ 反方向后仍然保持不变.

如果晶体沿着垂直于易磁化方向被磁化,那么,磁化过程(如图 4.15(a)中的曲线 $\boldsymbol{H}\perp\boldsymbol{c}$)将是限于矢量 $\boldsymbol{I}_s$ 的旋转,因为畴中 $\boldsymbol{I}_s$ 的方向和磁场成 90°.磁各向异性力倾向于"保持"$\boldsymbol{I}_s$ 沿着 c 轴方向,而和外场相互作用的力则倾向于把 $\boldsymbol{I}_s$ 转向磁场方向.那么,每立方厘米的总能量等于

$$F = V - \boldsymbol{H}\boldsymbol{I}_s\cos(\boldsymbol{H},\boldsymbol{I}_s) = V - \boldsymbol{H}\boldsymbol{I}_s\sin\theta \tag{4.42}$$

其中,V 为由式(4.23)确定的磁各向异性能.图 4.16 给出了 $\boldsymbol{I}_s$ 和 $\boldsymbol{H}$ 相对于 c 轴的相互取向.从平衡条件 $\partial F/\partial\theta = 0$ 并只考虑式(4.23)中的第一个各向异性恒量,我们得到

$$\sin\theta_0 = \boldsymbol{H}\boldsymbol{I}_s/2K_1 \tag{4.43}$$

在 $\boldsymbol{H}\perp\boldsymbol{c}$ 方向的磁化率等于磁化 $\boldsymbol{I}_s$ 沿 $\boldsymbol{H}$ 方向的分量除以 H:

$$\kappa(\perp c) = \boldsymbol{I}_s\sin\theta_0/\boldsymbol{H}$$

利用式(4.43)我们发现磁化率

$$\kappa = \boldsymbol{I}_s^2/2K_1 \tag{4.44}$$

是一个恒定值,此时晶体在 $\boldsymbol{H}\perp\boldsymbol{c}$ 方向的磁化曲线是一直线,直到下面磁场时达到饱和$\left(\theta_0 = \dfrac{\pi}{2}\right)$:

$$\boldsymbol{H} = 2K_1/\boldsymbol{I}_s \tag{4.45}$$

该场被称为各向异性场 H_a.钴在 $\boldsymbol{H}\perp\boldsymbol{c}$ 方向的磁化曲线偏离直线是由于式(4.23)中恒量 K_2 的效应,如图 4.15(a)所示.

$\boldsymbol{I}_s$ 的旋转伴随有晶体对称性的变化(见表 4.3)和图 4.14(d),(e)所示的磁致伸缩变形.从图 4.15(a)的磁化曲线可以知道,"易磁化轴"和"难磁化轴"的概念有效地表达了事物的本质:在 $\boldsymbol{H}/\!/\boldsymbol{c}$ 方向,晶体磁化是"容易"的,而在 $\boldsymbol{H}\perp\boldsymbol{c}$ 方向,晶体磁化是"困难"的.从 $\boldsymbol{H}/\!/\boldsymbol{c}$ 和 $\boldsymbol{H}\perp\boldsymbol{c}$ 的磁化曲线之间的面积,我们可以估计出磁各向异性能.

如果磁场方向和 c 轴的夹角既不是零也不是 $\pi/2$，就是本节一开始我们讨论的一般情形，磁化曲线将位于图 4.15(a)中 $\boldsymbol{H}/\!/\boldsymbol{c}$ 和 $\boldsymbol{H}\perp\boldsymbol{c}$ 方向的磁化曲线之间.

图 4.15(b)为钴晶体在 $\boldsymbol{H}/\!/\boldsymbol{c}$ 和 $\boldsymbol{H}\perp\boldsymbol{c}$ 方向上磁化时的所谓磁致伸缩曲线 $\lambda=\Delta l/l$(线性尺寸的相对变化)，实验中在晶体表面粘贴上应变计，而测量的形变不是沿着 c 轴($\lambda_{/\!/}$)就是垂直于 c 轴($\lambda_{\perp}$). 如前所述，当晶体在平行于 c 轴方向磁化时，实际上沿着任意方向的磁致伸缩等于零：只观察到和磁场呈线性关系并且是由顺过程引起的轻微的磁致伸缩. 在 $\boldsymbol{H}\perp\boldsymbol{c}$ 磁化的情形，由于 $\boldsymbol{I}_s$ 的旋转晶体形变，沿着 c 轴和垂直于 c 轴测量到的磁致伸缩有不同的符号和大小. 在大小为 12 000 Oe 的场中，磁致伸缩达到饱和. 进一步加大磁场只引起顺过程的磁致伸缩，而当磁致伸缩完全由顺过程引起并且 $H>12\ 000$ Oe 时，曲线 $\lambda(H)$ 和 $\boldsymbol{H}/\!/\boldsymbol{c}$ 的 $\lambda(H)$ 曲线有相同的斜率. 最后这种情况说明，顺过程的磁致伸缩是“体积”各向同性的，其示意图如图 4.14(f)所示，见有关图 4.14(*f*)的说明.

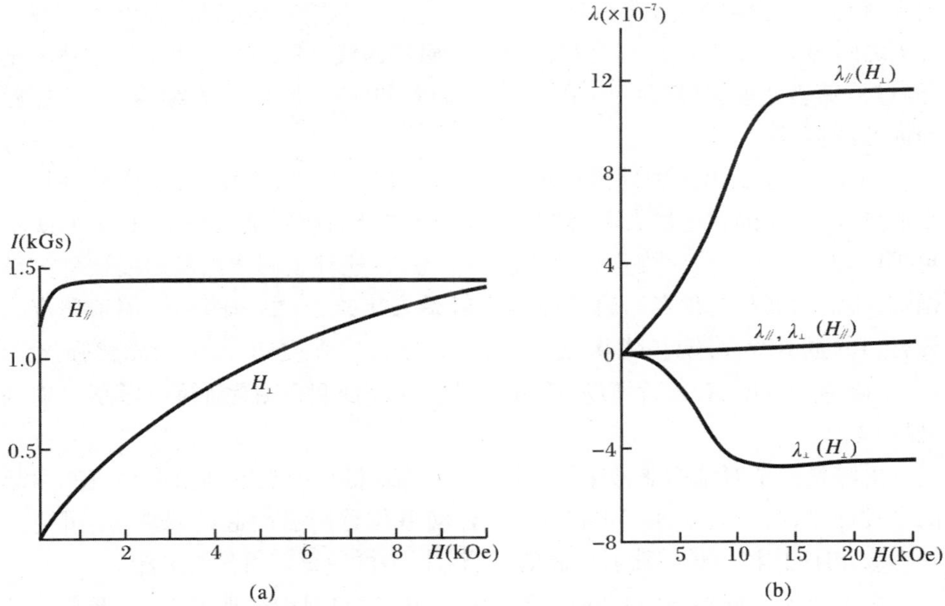

图 4.15 室温时钴单晶的磁化曲线(a)[4.5]和磁致伸缩曲线(b)[4.6]

$H_{/\!/}$ 为外场平行于 c 轴；$H_{\perp}$ 为外场垂直于 c 轴；$\lambda_{/\!/}$ 为沿 c 轴的磁致伸缩；$\lambda_{\perp}$ 为垂直于 c 轴的磁致伸缩

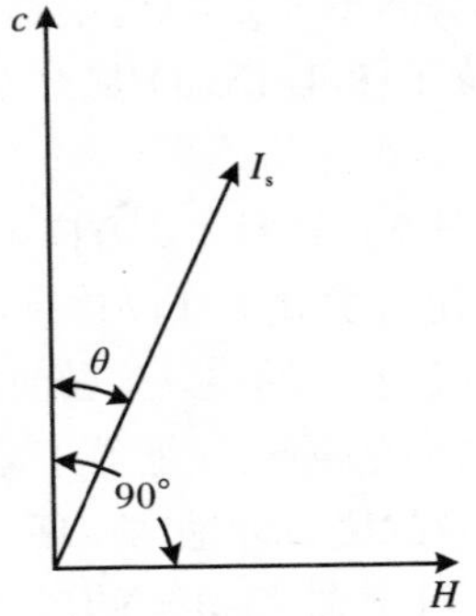

图4.16 垂直于易磁化轴(c 轴)的单轴晶体磁化曲线的计算

4.3.6 磁滞

已经知道,外磁场从某一正值 $+H$ 变到负值 $-H$ 再变回正值,如果铁磁材料在这种磁场中被磁化,那么磁化 I 和 H 的关系(或者和磁感应强度 $B=H+4\pi I$ 之间的关系,见4.2节)将得出所谓的**磁滞回线**.图4.17给出了钼坡莫合金(经过特殊热处理、成分为79wt%Ni,17%Fe和4%Mo的立方结构合金)的磁滞回线的例子.

图4.17显示出了和外磁场不同最大值对应的一族磁滞回线.随着外场大小的增加,回线的宽度增大而且形状改变.但在磁场达到某一确定值后,回线不再扩展,图4.17中的回线几乎达到这种状态.在这种主回线内的回线被称为**小循环**.小滞后回线的顶点的轨迹被称为**起始磁化曲线**.主磁滞回线用来测定铁磁材料的基本特性:**饱和磁化强度**(或饱和磁感应强度 B_s)、剩余磁化强度 $\boldsymbol{I}_r$(剩余磁感应强度 $\boldsymbol{R}_r$)、矫顽场(矫顽力)H_c(即降低剩余磁化强度到零所必需的磁场)①.

磁滞是一个对结构非常敏感的性质.在铁磁材料中观察到由多种机制引起的多种磁滞,其中有3种基本机制:① 由畴壁位移滞后引起的磁滞(不可逆位移),② 再磁化核生长的滞后引起的磁滞,③ 不可逆旋转引起的磁滞.

由不可逆畴壁移动引起的磁滞在不均匀磁性材料中是典型的,其畴壁运动被各种非均匀性(如应力梯度、掺杂物、位错等)延滞.不可逆位移过程对磁滞性

---

① 从磁感应回线测出的矫顽场和从磁化强度 I 的磁滞回线测出的 H_c 不重合,因为 $\boldsymbol{B}=\boldsymbol{H}+4\pi\boldsymbol{I}=\boldsymbol{0}$,$\boldsymbol{I}=-\boldsymbol{H}/4\pi\neq\boldsymbol{0}$.但只对高 H_c 的材料,这种差别才是重要的.

质的影响可用图 4.17 的磁滞回线族来解释.在弱场区域(区域 1),我们主要观察到畴壁的弹性可逆位移,这种位移在磁场大小和方向改变的过程中并不造成明显的磁滞,当磁场被切断时,畴壁恢复其原来位置.阶段 1 相当于所谓的**起始磁导率**($\mu_{unit}=B/H$)区.

和磁化曲线陡峭部分(区域 2)对应的较强场中,畴壁的不可逆移动是决定性过程:当磁场断开时,畴壁被"固定"在新的位置(从能量的角度看,它找到了新的势阱).如果边界是在某一磁场强度处于"能量峰值",那么,畴壁可以自发地运动到新的势阱而不需要增加磁场,这将导致所谓的不可逆的**巴克豪森跳变**.发生巴克豪森跳变的阶段 2 有**最大磁导率** μ_{max}.因为是不可逆过程,当磁场在阶段 2 被断开时,畴结构将不会恢复其初始状态,它将向某一剩余磁感应强度的状态(即图 4.17 中的点 B_1 和 B_2)运动.

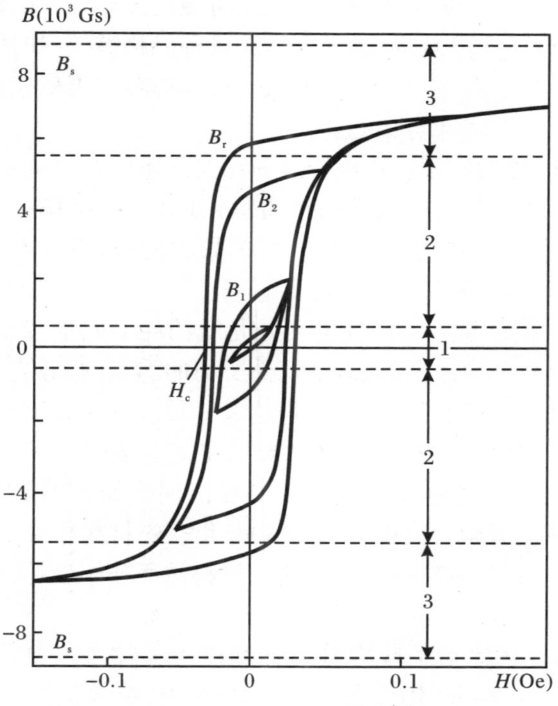

图 4.17 钼坡莫合金的磁滞回线

1,2 和 3 部分分别和不同的磁化过程对应[4.7]

在接近饱和的高磁场中(区域 3),磁化过程是由矢量 $\boldsymbol{I}_s$ 的旋转引起的.如果在饱和后磁场降为零,畴的磁化矢量将从磁场方向转向最近的易磁化方向

(在初始状态,矢量是等概率地沿着所有易磁化方向分布的),这将导致主磁滞回线的、剩余磁感应强度为 B_r 的状态. 图 4.7(c)为剩余磁化状态的图解.

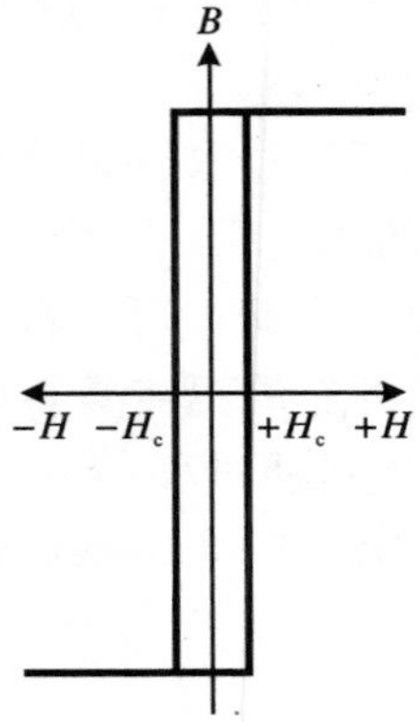

图 4.18 矩形磁滞回线

下一个磁滞机制是再磁化核生长的滞后,从某种程度上说,在所有铁磁体中都发生这种滞后,但在单轴晶体中表现出最纯的形式. 考虑磁化曲线如图 4.15(a)所示的晶体. 当 $\boldsymbol{H}/\!/\boldsymbol{c}$ 时,这种晶体在再磁化过程中的主要作用由类似劈状反磁化畴的**再磁化核**承担,这在图 4.11 钴晶体表面上是可以看到的. 随着磁场符号的改变和进一步增大,在某个磁场值处,核开始快速长大,通过畴壁的位移吸收整个晶体的体积. 当 $\boldsymbol{H}/\!/\boldsymbol{c}$ 时,这种单轴晶体的磁滞回线必须具有一个矩形的形状,如图 4.18 所示. 矫顽力的大小等于决定再磁化过程开始的磁场 H_c,它取决于"反向"畴的形核和各种晶格畸变(如掺杂物、内应力和位错等)引起的畴边界位移滞后. 再磁化核的起源目前还不十分清楚.

磁滞的第三个原因即不可逆旋转过程在大晶体中几乎碰不到. 这种磁滞可能发生在多相铁磁材料、薄膜或铁磁细粉颗粒(每个颗粒是一个单畴)中,不包括畴壁不可逆位移和再磁化核的出现. 在单晶的情形,不可逆旋转可以表现在旋转磁场中磁化过程的磁滞.

总的来说,我们注意到铁磁体的再磁化所消耗的能量转化为热量. 受到循环再磁化的铁磁体,如变压器的芯,不仅受所谓的涡流的加热,还受到磁滞损耗的加热:磁滞损耗越大,磁滞回线的面积越大. 因此,具有高磁导率(陡峭磁化曲线)和窄的磁滞回线(低矫顽力)的材料被用在交变场中. 这种材料被称为**软磁材料**. 钼坡莫合金就是这种材料的例子,其磁滞回线如图 4.17 所示. 从图 4.17 可知道,这种材料的矫顽力大小为 0.05 Oe. 和软磁材料相反,**硬磁材料**具有高矫顽力(几百奥斯特)和剩磁. 技术上,这些材料被用作永磁体. 硬磁材料的磁滞回线有一个大的面积.

传统的硬磁材料包括某些牌号的钢和以下面体系为基的合金:Ni-Al-Fe(铝镍合金)、Ni-Al-Co-Fe(铝镍钴合金)、Co-V-F(维卡钒钴铁磁性合金)、Cu-Ni-Fe(库尼菲铜镍永磁合金)、Cu-Ni-Co(库尼科铜镍钴合金)和 Fe-Co-Ni-Al(镍铁铝磁合金). 永磁体也可用某些高矫顽力铁氧体做成. 近些年,已在稀土金属和铁族过渡元素形成的金属间化合物中发现最佳的永磁体特性,如 $SmCo_5$ 合金. 这种永磁体的优越性可以用下面数据加以说明,直径为 3 mm 的球形单晶 $SmCo_5$ 永磁体可以承受约为其自身重量 1 000 倍的负荷.

4.4 铁磁晶体的各向异性

4.4.1 铁磁晶体张量描述的特异性

从 4.3 节可知,当矢量 $\boldsymbol{I}_s$ 在铁磁晶体中旋转时(例如,这可以是晶体在足够强的磁场中旋转造成的),晶体的对称性将"跟随"$\boldsymbol{I}_s$ 的方向改变.晶体将类似一个卷动的液滴.这种奇特性造成了描述铁磁晶体各向异性性质的一系列困难.可能是因为这个原因,直到现在晶体物理还没有考虑铁磁晶体的各向异性.

第 1 章中已经证明,在各向异性媒质中两个性质矢量 $\boldsymbol{A}$ 和 $\boldsymbol{B}$ 之间的关系有张量形式:

$$A_i = \varepsilon_{ik}B_k \tag{4.46}$$

而且张量 ε_{ik} 的类型取决于晶体对称性的类.从铁磁晶体的对称性随矢量 $\boldsymbol{I}_s$ 旋转而变化可知,在这种情形,张量的类型必须取决于矢量 $\boldsymbol{I}_s$ 的方向.当矢量 $\boldsymbol{I}_s$ 相对于对称轴成任意角度时,我们必须考虑张量 ε_{ik} 的所有 6 个分量(考虑条件 $\varepsilon_{ik}=\varepsilon_{ki}$ 成立时的性质),因为晶体的对称性可以降低为三斜(见表 4.3).由于 $\boldsymbol{I}_s$ 方向的改变,对称性对张量 ε_{ik} 类型的影响可通过张量 ε_{ik} 分量和矢量 $\boldsymbol{I}_s$ 的分量 I_1, I_2 及 I_3 之间的关系来加以考虑.选取初始顺磁晶体($\boldsymbol{I}_s=\boldsymbol{0}$)的晶轴为坐标轴 X_1, X_2 和 X_3.

考虑 $\boldsymbol{I}_s$ 方向变化引起的晶格畸变微小,ε_{ik} 分量和 $\boldsymbol{I}_s$ 分量之间的关系可以表示成下面的张量展开式:

$$\varepsilon_{ik} = N_{iklm}I_lI_m + N_{iklmno}I_lI_mI_nI_o + \cdots \tag{4.47}$$

其中,i,k,l,m,n 和 o 取值为 1,2,3.展开式是偶次幂的,和所有的磁各向异性情形一样,因为我们考虑张量性质对操作 R 的不变性.由张量 ε_{ik} 描述的晶体性质属于不受 $\boldsymbol{I}_s$ 方向反转影响的所谓**偶效应**.在某一恒定温度,分量 I_1, I_2 及 I_3 可以用相对于 X_1, X_2 和 X_3 轴的方向余弦 α_1, α_2 和 α_3 表示:

$$I_1 = I_s\alpha_1,\quad I_2 = I_s\alpha_2,\quad I_3 = I_s\alpha_3$$

现在我们来看哪些奇特性质可以用张量 ε_{ik} 表征.

假设式(4.46)和式(4.47)中的 ε_{ik} 具有形变张量分量的物理意义,表征径

矢 $\boldsymbol{B}_k$(到晶体内的某一点)的长度和位置变化.那么,式(4.47)不是别的,正是晶体中 $\boldsymbol{I}_s$ 的方向变化(旋转)过程中的自发磁致伸缩形变.磁致伸缩形变关系式(4.47)也可以通过磁弹性能式(4.38)对应分量的微分得到:$\varepsilon_{ij}=\partial E_{me}/\partial \sigma_{ij}$.如果我们假设式(4.46)表达了电场和电流矢量之间的关系,那么,张量 ε_{ik} 将是电阻率张量.在这种情形,式(4.47)描述了 $\boldsymbol{I}_s$ 旋转过程中电阻的变化.

类似地,回忆温度梯度和出现的热电势场强的关系,那么,式(4.47)中的 ε_{ik} 将表征所谓的偶热磁效应,即在 $\boldsymbol{I}_s$ 旋转过程中热电势的改变.在后面两种情况中,用类似"自发磁致伸缩形变"的概念,我们可以说"自发电阻变化"和"自发热电势变化".类似也可以形式上列出所有效应的描述.对磁致伸缩的情形,可以追踪到上面提到的最明显的偶效应各向异性.

为了得到沿着晶体某个方向测量的自发磁致伸缩(用 ε_s 表示)的表达式,我们改变坐标系,使新的 X_3' 轴和所感兴趣的方向重合.根据第 1 章,所关注的形变等于:

$$\begin{aligned}\varepsilon_S &= \varepsilon_{33}' = \sum_i \sum_j \varepsilon_{ik}\beta_l\beta_m \\ &= \beta_1^2\varepsilon_{11} + \beta_2^2\varepsilon_{22} + \beta_3^2\varepsilon_{33} + 2\beta_2\beta_3\varepsilon_{23} + 2\beta_3\beta_1\varepsilon_{13} + 2\beta_1\beta_2\varepsilon_{12}\end{aligned} \tag{4.48}$$

其中,β_1,β_2 和 β_3 分别是旧坐标轴 X_1,X_2 和 X_3 和新轴 X_3' 之间夹角的余弦,即磁致伸缩测量方向相对于晶体晶轴的方向余弦.

借助式(4.47),通过测量特定对称性晶体的 ε_{ik} 的分量和磁化方向间的关系,并把得到的表达式代入式(4.48),我们能够得到所谓的各向异性公式,表征在任意方向(β_1,β_2 和 β_3)上、磁化方向为任意的(α_1,α_2 和 α_3)时的自发磁致伸缩(或上述列出的任意偶效应).在下一节,我们将考虑不同对称性铁磁晶体的磁致伸缩各向异性张量 N_{iklm},N_{iklmno} 的性质和所获得的表达式.

我们将强调磁致伸缩区别于其他偶效应的一个特征,并且在所考虑框架下推导磁致伸缩公式时记住这一特征.

式(4.47)这种形式的 ε_{ik} 和 $\boldsymbol{I}_s$ 方向的关系中,假设了由于磁致伸缩引起的晶体可以自由形变.实际上,晶体的自由形变受到晶体弹性的阻碍.平衡形变分量 ε_{ik}^* 可以从下面条件中找到:

$$\frac{\partial(U+V')}{\partial \varepsilon_{ij}} = 0 \tag{4.49}$$

其中,$U=\dfrac{1}{2}c_{ijkl}\varepsilon_{ij}\varepsilon_{ki}$ 为弹性能(见第 2 章).而 V' 为忽略了形状效应的式(4.39)形式的自由能,见 4.3.2 节.对式(4.39)微分,得

$$-c_{ijkl}\varepsilon_{kl}^* = V_{ij}^0 \tag{4.50}$$

其中，函数 V_{ij}^0 由式(4.37)确定.

用柔度系数 s_{ijkl} 代替劲度系数 c_{ijkl}，可以把式(4.50)写成

$$\varepsilon_{ij}^* = -s_{ijkl}V_{kl}^0 \tag{4.51}$$

比较式(4.51)和胡克定律(见第2章)，可见函数 V_{ij}^0 具有被弹性力抵消的磁致伸缩应力的意义，它们产生了某个形变的平衡值 ε_{kl}^*. 因此，严格来讲，式(4.47)中的系数 N 应该用 s 的相应分量乘以式(4.37)中的 M 来代替. 但是，这将不改变 ε_{ij} 分量和 I_s 分量的函数关系的一般形式. 因此，为避免失去所有偶效应各向异性公式微分的一般性，在考虑不同晶系晶体的磁致伸缩时，我们将不再考虑弹性性能.

4.4.2 不同对称性铁磁体的磁致伸缩各向异性

尽管式(4.47)是针对晶体处于铁磁体状态的，但张量 N_{iklm} 和 N_{iklmno} 必须满足晶体"初"相(顺磁相)的对称性条件，在初相中有自发磁致伸缩发生. 原因是，导致晶体对称性降低的自发磁致伸缩形变可以认为是小的. 由于张量 N_{iklm} 和 N_{iklmno} 的本征对称性(相对于下标的对称性)，它们可以写成矩阵形式 $N_{\alpha\beta}$ 和 $N_{\alpha\beta\gamma}$，其中 α，β 和 γ 取值 1,2,3,4,5,6 并且和张量分量脚标的关系为 1＝11，2＝22，3＝33，4＝23，5＝13 和 6＝12，见第1章. 张量 $N_{iklm}=N_{\alpha\beta}$ 在对称性上和第3章的电致伸缩系数张量及压光系数张量(第7章)类似. 张量 $N_{\alpha\beta}$ 和弹性恒量张量不同，因为它不允许脚标 α 和 β 的相互置换，因而一般它有 36 个独立分量，而不像第2章中的弹性恒量张量那样只有 21 个独立分量.

一般，六阶张量 $N_{\alpha\beta\gamma}$ 有 90 个独立分量. 不同对称性晶体这种类型张量的详细微分将会占用很多篇幅，因此，我们只给出最后的矩阵，其微分可参见文献[4.8,4.9].

1. 立方晶体

立方对称性 $m3m$ 晶体(如镍、铁和铁氧体尖晶石)的张量 $N_{iklmn}=N_{\alpha\beta}$ 矩阵具有以下形式[4.7]：

$$N_{\alpha\beta} = \left\| \begin{matrix} N_{11} & N_{12} & N_{12} & 0 & 0 & 0 \\ N_{12} & N_{11} & N_{12} & 0 & 0 & 0 \\ N_{12} & N_{12} & N_{11} & 0 & 0 & 0 \\ 0 & 0 & 0 & N_{44} & 0 & 0 \\ 0 & 0 & 0 & 0 & N_{44} & 0 \\ 0 & 0 & 0 & 0 & 0 & N_{44} \end{matrix} \right\| \tag{4.52}$$

当利用式(4.47)计算 ε_{ik} 时，要找的分量 ε_{11}，ε_{22}，ε_{33}，ε_{23}，ε_{13} 和 ε_{12} 必须放到矩阵式(4.52)的左边(垂直向下)和行数一致，而磁化的分量 $I_1I_1=I_s^2\alpha_1^2$，$I_2I_2=I_s^2\alpha_2^2$，$I_3I_3=I_s^2\alpha_3^2$，$I_2I_3=I_3I_2=I_s^2\alpha_2\alpha_3$，$I_1I_3=I_3I_1=I_s^2\alpha_1\alpha_3$ 和 $I_1I_2=I_2I_1=$

$I_s^2\alpha_1\alpha_2$ 必须放在上面(水平方向从左到右).

相同对称性晶体的六阶张量 $N_{iklmno}=N_{\alpha\beta\gamma}$ 的矩阵可以方便地写成下面形式[4.8]:

$$
N_{\alpha\beta\gamma}=\left\|\begin{matrix}
{}_{\alpha\beta}1=\left\|\begin{matrix}
N_{111} & N_{112} & N_{112} & 0 & 0 & 0\\
N_{112} & N_{112} & N_{123} & 0 & 0 & 0\\
N_{112} & N_{123} & N_{112} & 0 & 0 & 0\\
0 & 0 & 0 & N_{441} & 0 & 0\\
0 & 0 & 0 & 0 & N_{551} & 0\\
0 & 0 & 0 & 0 & 0 & N_{551}
\end{matrix}\right\| & {}_{\alpha\beta}2=\left\|\begin{matrix}
N_{112} & N_{112} & N_{123} & 0 & 0 & 0\\
N_{112} & N_{111} & N_{112} & 0 & 0 & 0\\
N_{123} & N_{112} & N_{112} & 0 & 0 & 0\\
0 & 0 & 0 & N_{551} & 0 & 0\\
0 & 0 & 0 & 0 & N_{441} & 0\\
0 & 0 & 0 & 0 & 0 & N_{551}
\end{matrix}\right\| \\
{}_{\alpha\beta}3=\left\|\begin{matrix}
N_{111} & N_{123} & N_{112} & 0 & 0 & 0\\
N_{123} & N_{112} & N_{112} & 0 & 0 & 0\\
N_{112} & N_{112} & N_{111} & 0 & 0 & 0\\
0 & 0 & 0 & N_{551} & 0 & 0\\
0 & 0 & 0 & 0 & N_{551} & 0\\
0 & 0 & 0 & 0 & 0 & N_{441}
\end{matrix}\right\| & {}_{\alpha\beta}4=\left\|\begin{matrix}
0 & 0 & 0 & N_{123} & 0 & 0\\
0 & 0 & 0 & N_{112} & 0 & 0\\
0 & 0 & 0 & N_{112} & 0 & 0\\
N_{123} & N_{112} & N_{112} & 0 & 0 & 0\\
0 & 0 & 0 & 0 & 0 & N_{456}\\
0 & 0 & 0 & 0 & N_{456} & 0
\end{matrix}\right\| \\
{}_{\alpha\beta}5=\left\|\begin{matrix}
0 & 0 & 0 & 0 & N_{112} & 0\\
0 & 0 & 0 & 0 & N_{123} & 0\\
0 & 0 & 0 & 0 & N_{112} & 0\\
0 & 0 & 0 & 0 & 0 & N_{456}\\
N_{112} & N_{123} & N_{112} & 0 & 0 & 0\\
0 & 0 & 0 & N_{456} & 0 & 0
\end{matrix}\right\| & {}_{\alpha\beta}6=\left\|\begin{matrix}
0 & 0 & 0 & 0 & 0 & N_{112}\\
0 & 0 & 0 & 0 & 0 & N_{112}\\
0 & 0 & 0 & 0 & 0 & N_{123}\\
0 & 0 & 0 & 0 & N_{456} & 0\\
0 & 0 & 0 & N_{456} & 0 & 0\\
N_{112} & N_{112} & N_{123} & 0 & 0 & 0
\end{matrix}\right\|
\end{matrix}\right\| \tag{4.53}
$$

每个小矩阵的 ε_{ik} 分量和四阶张量计算的情形一样,所不同的是,小矩阵中的每个系数要额外乘以和第三个脚标 γ 一致的相关分量 $I_nI_0=I_\gamma$.

从式(4.52)和式(4.53)可见,立方晶类 $m3m$ 晶体的张量 N_{iklm} 和 N_{iklmno} 一般分别有 36 个和 90 个独立分量,这两个张量现在只分别留下 3 个和 6 个分量:N_{11},N_{12},N_{44} 和 N_{111},N_{112},N_{123},N_{441},N_{551},N_{456}. 利用式(4.52)和式(4.53)计算得到的 ε_{ik} 分量为

$$
\begin{aligned}
\varepsilon_{11} &= N_{12}I_s^2+(N_{11}-N_{12})\alpha_1^2I_s^2+N_{112}(\alpha_2^4+\alpha_3^4)I_s^4\\
&\quad +3N_{123}\alpha_2^2\alpha_3^2I_s^4+3N_{112}(\alpha_3^2\alpha_1^2+\alpha_1^2\alpha_2^2)I_s^4\\
\varepsilon_{22} &= N_{12}I_s^2+(N_{11}-N_{12})\alpha_2^2I_s^2+N_{112}(\alpha_3^4+\alpha_1^4)I_s^4\\
&\quad +3N_{123}\alpha_3^2\alpha_1^2I_s^4+3N_{112}(\alpha_1^2\alpha_2^2+\alpha_2^2\alpha_3^2)I_s^4\\
\varepsilon_{33} &= N_{12}I_s^2+(N_{11}-N_{12})\alpha_3^2I_s^2+N_{112}(\alpha_1^4+\alpha_2^4)I_s^4\\
&\quad +3N_{123}\alpha_1^2\alpha_2^2I_s^4+3N_{112}(\alpha_2^2\alpha_3^2+\alpha_3^2\alpha_1^2)I_s^4\\
\varepsilon_{23} &= N_{44}\alpha_2\alpha_3I_s^2+(N_{441}+N_{123}+2N_{456})\alpha_1^2\alpha_2\alpha_3I_s^4\\
&\quad +(N_{551}+N_{112})(\alpha_2^3\alpha_3+\alpha_3^3\alpha_1)I_s^4\\
\varepsilon_{13} &= N_{44}\alpha_3\alpha_1I_s^2+(N_{441}+N_{123}+2N_{456})\alpha_2^2\alpha_3\alpha_1I_s^4
\end{aligned}
$$

$$+ (N_{551} + N_{112})(\alpha_3^3\alpha_1 + \alpha_1^3\alpha_2)I_s^4$$
$$\varepsilon_{12} = N_{44}\alpha_1\alpha_2 I_s^2 + (N_{441} + N_{123} + 2N_{456})\alpha_3^2\alpha_1\alpha_2 I_s^4$$
$$+ (N_{551} + N_{112})(\alpha_1^3\alpha_2 + \alpha_2^3\alpha_3)I_s^4$$

计算中考虑了直角坐标系的方向余弦的关系：

$$\alpha_1^2 + \alpha_2^2 + \alpha_3^2 = 1 \tag{4.54}$$

利用上式并且替换：

$$\alpha_2^4 + \alpha_3^4 = 1 - \alpha_1^4 - 2S(\alpha_1^2\alpha_2^2), \quad \alpha_2^2\alpha_3^2 = \alpha_1^4 - \alpha_1^2 + S(\alpha_1^2\alpha_2^2) \tag{4.55}$$

其中，$S(\alpha_1^2\alpha_2^2) = \alpha_1^2\alpha_2^2 + \alpha_2^2\alpha_3^2 + \alpha_3^2\alpha_1^2$（其他分量也有类似的重排列），在部分重排后，$\varepsilon_{ik}$ 的表达式可以写成

$$\varepsilon_{11} = h_0 + h_1\alpha_1^2 + h_4\left[\alpha_1^4 + \frac{2}{3}S(\alpha_1^2\alpha_2^2)\right] + h_3S(\alpha_1^2\alpha_2^2)$$
$$\varepsilon_{22} = h_0 + h_1\alpha_2^2 + h_4\left[\alpha_2^4 + \frac{2}{3}S(\alpha_1^2\alpha_2^2)\right] + h_3S(\alpha_1^2\alpha_2^2)$$
$$\varepsilon_{33} = h_0 + h_1\alpha_3^3 + h_4\left[\alpha_3^4 + \frac{2}{3}S(\alpha_1^2\alpha_2^2)\right] + h_3S(\alpha_1^2\alpha_2^2)$$
$$\varepsilon_{23} = h_2\alpha_2\alpha_3 + h_5\alpha_1^2\alpha_2\alpha_3$$
$$\varepsilon_{13} = h_2\alpha_3\alpha_1 + h_5\alpha_2^2\alpha_3\alpha_1$$
$$\varepsilon_{12} = h_2\alpha_1\alpha_2 + h_5\alpha_3^2\alpha_1\alpha_2 \tag{4.56}$$

式(4.56)中的值 h_0, h_1, h_2, h_3, h_4 和 h_5 被称为磁弹性耦合恒量. 它们和矩阵式(4.52)和式(4.53)的分量及自发磁化$\boldsymbol{I}_s$ 有如下关系：

$$h_0 = N_{12}I_s^2 + N_{112}I_s^4$$
$$h_1 = (N_{11} - N_{12})I_s^2 + (3N_{112} - 3N_{123})I_s^4$$
$$h_2 = N_{44}I_s^2 + (N_{551} + N_{112})I_s^4$$
$$h_3 = \left[N_{123} + \frac{2}{3}(N_{112} - N_{111})\right]I_s^4$$
$$h_4 = (N_{111} - 4N_{112} + 3N_{123})I_s^4$$
$$h_5 = (N_{441} + N_{123} + 2N_{456} - N_{551} - N_{112})I_s^4 \tag{4.57}$$

把式(4.56)代入式(4.48)并注意到 $\beta_1^2 + \beta_2^2 + \beta_3^2 = 1$，我们得到

$$\varepsilon_S = h_0 + h_1S(\alpha_1^2\beta_1^2) + 2h_2S(\alpha_1\alpha_2\beta_1\beta_2)$$
$$+ h_3S(\alpha_1^2\alpha_2^2) + h_4S\left(\alpha_1^4\beta_1^2 + \frac{2}{3}\alpha_1^2\alpha_2^2\right) \tag{4.58}$$

为简洁起见，这里我们已引入操作 S，它表示脚标循环置换后括号内的总值，例如 $S\left(\alpha_1^4\beta_1^2 + \frac{2}{3}\alpha_1^2\alpha_2^2\right) = \alpha_1^4\beta_1^2 + \alpha_2^4\beta_2^2 + \alpha_3^4\beta_3^2 + \frac{2}{3}(\alpha_1^2\alpha_2^2 + \alpha_2^2\alpha_3^2 + \alpha_3^2\alpha_1^2)$.

方程(4.58)说明了立方晶体中自发磁化的出现伴随有自发磁致伸缩形变，

这种形变包含有各向同性部分 h_0 和取决于形变测量方向及 $\boldsymbol{I}_s$ 取向的各向异性形变部分.如果考虑弹性能,式(4.58)的恒量 $h_0, h_1, \cdots, h_5$ 将包含柔度系数 s_{ij},但方程的一般形式将保持不变.

在推导式(4.58)时,对零形变的状态,我们采用没有自发磁化的状态,即在居里温度之上晶体的某个状态.在测量磁致伸缩时,通常在测量磁致伸缩的温度时用试样的退磁态作参考更为方便.这使我们能够利用式(4.58)测量晶体从 $H=0$(退磁态)到饱和磁化、在某恒定温度、沿晶体中的不同方向的形变.

对立方铁磁晶体,有可能区别退磁态的两种主要情形:畴的 $\boldsymbol{I}_s$ 方向沿着〈111〉或沿着〈100〉易磁化轴的方向排列.以〈111〉为易磁化轴的晶体(如镍)的理想退磁态是所有畴的磁化矢量沿着4个轴(共8个方向)的均匀分布,这8个方向是$[111]$,$[\overline{1}\overline{1}\overline{1}]$,$[1\overline{1}\overline{1}]$,$[\overline{1}11]$,$[\overline{1}\overline{1}1]$,$[11\overline{1}]$,$[\overline{1}1\overline{1}]$,$[1\overline{1}1]$,共有4组畴,每组畴的 $\boldsymbol{I}_s$ 反平行取向.在下面的方向余弦处可达到这种状态:

$$\begin{aligned}&\pm\alpha_1=\pm\alpha_2=\pm\alpha_3=1/\sqrt{3},\quad \mp\alpha_1=\mp\alpha_2=\pm\alpha_3=1/\sqrt{3}\\&\pm\alpha_1=\mp\alpha_2=\mp\alpha_3=1/\sqrt{3},\quad \mp\alpha_1=\pm\alpha_2=\mp\alpha_3=1/\sqrt{3}\end{aligned}\tag{4.59}$$

把式(4.59)代入式(4.58),每个解乘以该组的“权重”(1/4),并且加在一起,得到

$$h_0+\frac{1}{3}h_1+\frac{1}{3}h_3+\frac{1}{3}h_4\tag{4.60}$$

它表征了Ni型晶体从非铁磁状态向理想退磁态转变过程中的自发形变.在有3个〈100〉易磁化轴的晶体,如铁,存在用下面方向余弦表征的畴:

$$\begin{aligned}\alpha_1&=\pm1,\quad \alpha_2=0,\quad \alpha_3=0\\\alpha_1&=0,\quad \alpha_2=\pm1,\quad \alpha_3=0\\\alpha_1&=0,\quad \alpha_2=0,\quad \alpha_3=\pm1\end{aligned}$$

类似的计算得到

$$h_0+\frac{1}{3}h_1+\frac{1}{3}h_4\tag{4.61}$$

用式(4.58)减去式(4.60)和式(4.61),得到描述Ni型和Fe型晶体磁化到饱和引起的各向异性磁致伸缩的必要方程(考虑相对形变 $\Delta l/l=\lambda$ 更为方便):

$$\begin{aligned}\lambda(\mathrm{Ni})=\;&h_1S\left(\alpha_1^2\beta_1^2-\frac{1}{3}\right)+2h_2S(\alpha_1\alpha_2\beta_1\beta_2)+h_3S\left(\alpha_1^2\alpha_2^2-\frac{1}{3}\right)\\&+h_4S\left(\alpha_1^4\beta_1^2+\frac{2}{3}\alpha_1^2\alpha_2^2-\frac{1}{3}\right)+2h_5S(\alpha_1^2\alpha_2\alpha_3\beta_2\beta_3)\end{aligned}$$

$$\lambda(\mathrm{Fe})=h_1S\left(\alpha_1^2\beta_1^2-\frac{1}{3}\right)+2h_2S(\alpha_1\alpha_2\beta_1\beta_2)+h_3S(\alpha_1^2\alpha_2^2)$$

$$+h_4S\left(\alpha_1^4\beta_1^2+\frac{2}{3}\alpha_1^2\alpha_2^2-\frac{1}{3}\right)+2h_5S(\alpha_1^2\alpha_2\alpha_3\beta_2\beta_3) \quad (4.62)$$

式(4.62)形式的磁致伸缩表达式是由 Becker 和 Döring 于 1939 年导出的[4.10].

如果令 $N_{\alpha\beta\gamma}=0$,即如果仅考虑式(4.47)中磁化的二次项,那么,h_3,h_4 和 h_5 也将消失,而式(4.62)将变为两个恒量的方程:

$$\lambda = h_1\left(\alpha_1^2\beta_1^2+\alpha_2^2\beta_2^2+\alpha_3^2\beta_3^2-\frac{1}{3}\right)+2h_2(\alpha_1\alpha_2\beta_1\beta_2+\alpha_2\alpha_3\beta_2\beta_3+\alpha_3\alpha_1\beta_3\beta_1) \quad (4.63)$$

这个表达式是由 Akulov 于 1939 年导出的[4.11].一般,式(4.63) 的下面形式更常用:

$$\lambda = \frac{3}{2}\lambda_{100}\left(\alpha_1^2\beta_1^2+\alpha_2^2\beta_2^2+\alpha_3^2\beta_3^2-\frac{1}{3}\right) + 3\lambda_{111}(\alpha_1\alpha_2\beta_1\beta_2+\alpha_2\alpha_3\beta_2\beta_3+\alpha_3\alpha_1\beta_3\beta_1) \quad (4.64)$$

通常,方程式(4.63)和(4.64)已经足以近似描述立方铁磁晶体的磁致伸缩.恒量 λ_{100} 和 λ_{111} 分别相当于沿着〈100〉轴($\alpha_1=\beta_1=1$)和沿着〈111〉轴($\alpha_1=\alpha_2=\alpha_3=\beta_1=\beta_2=\beta_3=1/\sqrt{3}$)的纵向磁致伸缩(形变方向沿着外场方向),即 $\boldsymbol{I}_s /\!/ \boldsymbol{H}$ 时晶体从 $H=0$ 到饱和磁场磁化过程中的磁致伸缩.例如,在室温时,磁铁矿晶体(Fe_3O_4)磁致伸缩恒量的值为 $\lambda_{100}=-20\times10^{-6}$,$\lambda_{111}=-78\times10^{-6}$.

2. 六角晶体

在考虑六角晶体、四方晶体和正交晶体时,我们仅局限于式(4.47)的二次项.六角晶类 $6/mm$(如钴、六角铁氧体)张量矩阵 $N_{\alpha\beta}$ 有下面形式[4.9]:

$$N_{\alpha\beta} = \begin{Vmatrix} N_{11} & N_{12} & N_{13} & 0 & 0 & 0 \\ N_{12} & N_{11} & N_{13} & 0 & 0 & 0 \\ N_{31} & N_{31} & N_{33} & 0 & 0 & 0 \\ 0 & 0 & 0 & N_{44} & 0 & 0 \\ 0 & 0 & 0 & 0 & N_{44} & 0 \\ 0 & 0 & 0 & 0 & 0 & N_{11}-N_{12} \end{Vmatrix} \quad (4.65)$$

张量 ε_{ik} 分量的计算和立方晶体一样,把它们代入式(4.48),得到

$$\varepsilon_S = I_s^2(N_{33}-N_{31})\alpha_3^2\beta_3^2+I_s^2(N_{11}-N_{13})(\alpha_1^2\beta_1^2+\alpha_2^2\beta_2^2) + I_s^2(N_{12}-N_{13})(\alpha_2^2\beta_1^2+\alpha_1^2\beta_2^2)+2I_s^2(N_{11}-N_{12})\alpha_1\alpha_2\beta_1\beta_2 + 2I_s^2N_{44}\alpha_3\beta_3(\alpha_2\beta_2+\alpha_1\beta_1)+N_{13}I_s^2+I_s^2(N_{31}-N_{13})\beta_3^2 \quad (4.66)$$

易磁化轴和六角轴重合的六角晶体(如钴)的退磁态用单一组反平行畴表征,即由下面条件决定:

$$\alpha_3=\pm1,\quad \alpha_1=\alpha_2=0 \quad (4.67)$$

把式(4.67)代入式(4.66),得

$$\varepsilon_S = I_s^2(N_{33} - N_{13})\beta_3^2 + N_{13}I_s^2 \tag{4.68}$$

从式(4.66)减去式(4.68),得到由磁化到饱和引起的磁致伸缩的表达式:

$$\begin{aligned}\lambda = I_3^2[&(N_{11} - N_{12})(\alpha_1\beta_1 + \alpha_2\beta_2)^2 + (N_{12} - N_{13})(1 - \beta_3^2)(1 - \alpha_3^2) \\ &+ (N_{31} - N_{33})(1 - \alpha_3^2)\beta_3^2 + 2N_{44}(\alpha_1\beta_1 + \alpha_2\beta_2)\alpha_3\beta_3]\end{aligned} \tag{4.69}$$

实际上,使用式(4.69)部分形变的形式更为方便:

$$\begin{aligned}\lambda = &\lambda_A[(\alpha_1\beta_1 + \alpha_2\beta_2)^2 - (\alpha_1\beta_1 + \alpha_2\beta_2)\alpha_3\beta_3] \\ &+ \lambda_B[(1 - \alpha_3^2)(1 - \beta_3^2) - (\alpha_1\beta_1 + \alpha_2\beta_2)^2] \\ &+ \lambda_C[(1 - \alpha_3^2)\beta_3^2 - (\alpha_1\beta_1 + \alpha_2\beta_2)\alpha_3\beta_3] \\ &+ 4\lambda_D(\alpha_1\beta_1 + \alpha_2\beta_2)\alpha_3\beta_3\end{aligned} \tag{4.70}$$

其中,恒量 $\lambda_A,\lambda_B,\lambda_C$ 和 λ_D 从实验测出,磁致伸缩和磁化测量方向和取向如下:

$$\lambda_A(\alpha_1 = \beta_1 = 1),\quad \lambda_B(\alpha_1 = 1,\beta_2 = 1)$$

$$\lambda_C(\alpha_1 = 1,\beta_3 = 1),\quad \lambda_D(\alpha_1 = \beta_1 = 1/\sqrt{2},\alpha_3 = \beta_3 = 1/\sqrt{2})$$

它们和分量 $N_{\alpha\beta}$ 及自发磁化的关系如下:

$$\lambda_A = (N_{11} - N_{13})I_s^2,\quad \lambda_B = (N_{12} - N_{13})I_s^2,\quad \lambda_C = (N_{31} - N_{33})I_s^2$$

$$\lambda_D = \left[\frac{1}{4}(N_{11} - N_{13}) + \frac{1}{4}(N_{31} - N_{33} + 2N_{44})\right]I_s^2$$

室温时,钴晶体的磁致伸缩恒量等于 $\lambda_A = -45\times10^{-6}$,$\lambda_B = -95\times10^{-6}$,$\lambda_C = +110\times10^{-6}$ 和 $\lambda_D = -100\times10^{-6}$. 恒量 λ_A 和 λ_C 直接从图 4.15(b)所示的磁致伸缩曲线得到,它们分别等于 $\lambda_\perp,H_\perp$ 和 $\lambda_{/\!/},H_\perp$ 情形的饱和磁致伸缩.

3. 四方和正交晶体

四方晶体 $4/mm$ 晶体张量矩阵 $N_{\alpha\beta}$ 具有下面形式[4.8]:

$$N_{\alpha\beta} = \begin{Vmatrix} N_{11} & N_{12} & N_{13} & 0 & 0 & 0 \\ N_{12} & N_{11} & N_{13} & 0 & 0 & 0 \\ N_{31} & N_{31} & N_{33} & 0 & 0 & 0 \\ 0 & 0 & 0 & N_{44} & 0 & 0 \\ 0 & 0 & 0 & 0 & N_{44} & 0 \\ 0 & 0 & 0 & 0 & 0 & N_{66} \end{Vmatrix} \tag{4.71}$$

对正交晶类 mmm 晶体则有[4.9]:

$$N_{\alpha\beta} = \begin{Vmatrix} N_{11} & N_{12} & N_{13} & 0 & 0 & 0 \\ N_{12} & N_{22} & N_{23} & 0 & 0 & 0 \\ N_{31} & N_{32} & N_{33} & 0 & 0 & 0 \\ 0 & 0 & 0 & N_{44} & 0 & 0 \\ 0 & 0 & 0 & 0 & N_{55} & 0 \\ 0 & 0 & 0 & 0 & 0 & N_{66} \end{Vmatrix} \tag{4.72}$$

这里不做详细推导,计算结果可导出下面由磁化到饱和引起的磁致伸缩公式.

对四方晶体:

$$\begin{aligned} \lambda = & h_1(1-\alpha_3^2)\beta_3^2 + h_2(\alpha_1^2\beta_1^2 + \alpha_2^2\beta_2^2) + h_3(\alpha_2^2\beta_1^2 + \alpha_1^2\beta_2^2) \\ & + 2h_4\alpha_1\alpha_2\beta_1\beta_2 + 2h_5(\alpha_2\beta_2 + \alpha_1\beta_1)\alpha_3\beta_3 \end{aligned} \tag{4.73}$$

其中

$$h_1 = (N_{31} - N_{33})I_s^2,\quad h_2 = (N_{11} - N_{13})I_s^2,\quad h_3 = (N_{12} - N_{13})I_s^2$$

$$h_4 = N_{66}I_s^2,\quad h_5 = N_{44}I_s^2$$

对正交晶体:

$$\begin{aligned} \lambda = & h_1\alpha_1^2\beta_1^2 + h_2\alpha_2^2\beta_1^2 + h_3\alpha_1^2\beta_2^2 + h_4\alpha_2^2\beta_2^2 + h_5\alpha_1^2\beta_3^2 + h_6\alpha_2^2\beta_3^2 \\ & + 2h_7\alpha_2\alpha_3\beta_2\beta_3 + 2h_8\alpha_3\alpha_1\beta_3\beta_1 + 2h_9\alpha_1\alpha_2\beta_1\beta_2 \end{aligned} \tag{4.74}$$

其中

$$h_1 = (N_{11} - N_{13})I_s^2,\quad h_4 = (N_{22} - N_{23})I_s^2,\quad h_7 = N_{44}I_s^2$$

$$h_2 = (N_{12} - N_{13})I_s^2,\quad h_5 = (N_{31} - N_{33})I_s^2,\quad h_8 = N_{55}I_s^2$$

$$h_3 = (N_{21} - N_{23})I_s^2,\quad h_6 = (N_{32} - N_{33})I_s^2,\quad h_9 = N_{66}I_s^2$$

以上两种晶体的退磁状态中,畴沿着 X_3 轴(即 Z 轴)的正、负方向等概率分布.

4. 多晶

下面考虑畴磁化矢量沿着所有可能方向等概率取向的理想多晶.这里不需要考虑退磁态,因为所有的磁化方向都是等概率的.

多晶晶体的张量矩阵 $N_{\alpha\beta}$ 具有形式:

$$N_{\alpha\beta} = \begin{Vmatrix} N_{11} & N_{12} & N_{12} & 0 & 0 & 0 \\ N_{12} & N_{11} & N_{12} & 0 & 0 & 0 \\ N_{12} & N_{12} & N_{11} & 0 & 0 & 0 \\ 0 & 0 & 0 & N_{11}-N_{12} & 0 & 0 \\ 0 & 0 & 0 & 0 & N_{11}-N_{12} & 0 \\ 0 & 0 & 0 & 0 & 0 & N_{11}-N_{12} \end{Vmatrix} \tag{4.75}$$

分量 ε_{ik} 等于

$$\varepsilon_{11} = N_{12} + (N_{11} - N_{12})\alpha_1^2,\quad \varepsilon_{23} = (N_{11} - N_{12})\alpha_2\alpha_3$$

$$\varepsilon_{22} = N_{12} + (N_{11} - N_{12})\alpha_2^2, \quad \varepsilon_{13} = (N_{11} - N_{12})\alpha_3\alpha_1$$
$$\varepsilon_{33} = N_{12} + (N_{11} - N_{12})\alpha_3^2, \quad \varepsilon_{12} = (N_{11} - N_{12})\alpha_1\alpha_2$$

在沿着 α_1,α_2 和 α_3 方向的磁化过程中,在余弦 β_1,β_2 和 β_3(任意选定的直角坐标系)表征的磁致伸缩方向,有

$$\lambda = N_{12} + (N_{11} - N_{12})S(\alpha_1^2\beta_1^2) + 2(N_{11} - N_{12})S(\alpha_2\alpha_3\beta_2\beta_3)$$

用 θ 表示 λ 的测量方向和磁化方向之间的夹角,并利用 $\cos\theta = \alpha_1\beta_1 + \alpha_2\beta_2 + \alpha_3\beta_3$,得到

$$\lambda = M_1 + M_2\cos^2\theta$$

其中,$M_1 = N_{12}$,$M_2 = N_{11} - N_{12}$.

在 Ni 型立方晶体中,多晶的恒量 M_1,M_2 和单晶的恒量 h_1,h_2,h_3,h_4 及 h_5 之间关系如下:

$$M_1 = -\frac{1}{5}\left(\frac{2}{3}h_1 + h_2 + \frac{2}{3}h_3 + \frac{4}{7}h_4 + \frac{1}{7}h_5\right)$$
$$M_2 = \frac{1}{5}\left(2h_1 + 3h_2 + \frac{12}{7}h_4 + \frac{3}{7}h_5\right)$$

4.4.3 相对于零应变和零应力的磁各向异性能

在零应变(当体积恒定,$\varepsilon_{ij} = 0$)时,由式(4.39)可知,弹性能和磁能之和等于:

$$U + V' = V^0 \tag{4.76}$$

V^0 的表达式由式(4.40)给出.能量 V^0 被称为**未形变晶体的磁各向异性自由能**.在零应力时,应变分量 ε_{ij} 将具有由式(4.51)确定的平衡值 ε_{ij}^*,因而

$$U + V' = -\frac{1}{2}V_{ij}^0\varepsilon_{ij}^* + V^0 + V_{ij}^0\varepsilon_{ij} = V^0 + \frac{1}{2}V_{ij}^0\varepsilon_{ij} \tag{4.77}$$

式(4.77)实际上相当于在大气压中测得的磁各向异性能,即式(4.22)的能量 V,V 现在可以写成:

$$V = V^0 + \frac{1}{2}V_{ij}^0\varepsilon_{ij}^* \tag{4.78}$$

因此,磁各向异性能密度由两部分组成:未形变晶体的能量和磁弹性能的贡献.磁弹性贡献的考虑最终相当于这样的事实:在 V 的最终表达式(如式(4.22)和式(4.23))中的各向异性恒量 K_1 和 K_2 变为相等,$K_1 = K_1^0 + K_1'$和 $K_2 = K_2^0 + K_2'$,其中含有上标零的恒量涉及未形变晶体的能量 V^0,而带撇的恒量考虑了磁弹性能的贡献.正如 4.3 节提到的,从对称性的观点看,式(4.21)和式(4.40)中的张量 k_{mn},k_{mnop},k_{mnopqr}和k'_{mn},k'_{mnop},k'_{mnopqr}分别是相等的,但在假设零应变的

条件下能更方便地导出不同晶系的磁各向异性能方程.我们把零上标和撇去掉,并设最终表达式中得到的各向异性恒量相当于实验值,即指定它们具有式(4.22)和式(4.23)中恒量 K_1 和 K_2 的物理意义.

下面讨论几种特殊对称性晶体的 V.

1. 立方晶体

为了找出磁各向异性能,和磁致伸缩的情形一样,有必要知道给定对称性类的张量 k_{mn},k_{mnop}和k_{mnopqr}的具体形式.借助矩阵式(4.52)和式(4.53)可以获得在附加条件下的磁各向异性张量 k_{mnop}和k_{mnopqr},这个附加条件是:脚标为 m,n,o,p,q,r 的所有项都可以以任何方式交换脚标(张量 k_{mnop}可以从相同条件下类似于弹性常量的张量得到).和介电恒量相似,对立方晶体,张量 k_{mn}只有唯一的一个分量(张量退化为标量).和张量 $N_{\alpha\beta}$,$N_{\alpha\beta\gamma}$的情形一样,所考虑的张量写成矩阵形式 k_α,$k_{\alpha\beta}$和$k_{\alpha\beta\gamma}$更方便.脚标 m,n,o,p,q,r 和α,β,γ 之间的关系已经在式(4.47)中考虑.对立方晶体,张量 $k_{\alpha\beta}$的分量数目(维持置换所有脚标的可能)从 3 个(张量 $N_{\alpha\beta}$式(4.52))减少到两个(k_{11}和 k_{12}),因为 $k_{44}=k_{12}$;而六阶张量则从六个(张量 $N_{\alpha\beta\gamma}$式(4.53))分量减少到 3 个(k_{111},k_{112}和 k_{123}),因为 $k_{112}=k_{551}$,$k_{123}=k_{441}=k_{456}$.和以前一样,用方向余弦替代自发磁化矢量的分量,并适当组合张量 k_α,$k_{\alpha\beta}$和 $k_{\alpha\beta\gamma}$的分量,我们得到立方铁磁晶体磁各向异性能的下面表达式:

$$V = K_0 + K_1(\alpha_1^2\alpha_2^2 + \alpha_2^2\alpha_3^2 + \alpha_3^2\alpha_1^2) + K_2\alpha_1^2\alpha_2^2\alpha_3^2 \tag{4.79}$$

式(4.79)中的磁各向异性恒量 K_1 和 K_2 及自发磁化有如下关系:

$$K_1 = aI_s^4 + bI_s^6, \quad K_2 = cI_s^6$$

其中,a 和 b 分别是分量k_{11},k_{12}和 k_{111}的某种线性组合,而物理量 c 则是六阶张量分量k_{123},k_{112}和 k_{111}的组合.附加的 K_0 项包括和晶体的$\boldsymbol{I}_s$ 方向无关的张量分量的组合(它们对各向异性没有贡献);特别地,K_0 只包括 k_{mn}的唯一分量 k_α,它考虑了磁化分量的二次相互作用.由于式(4.54),这种相互作用不会导致各向异性.

磁各向异性能表示的形式例如式(4.79)不是唯一的.因为我们可以选取独立的不变量,不把方向余弦的组合用在式(4.79)的 K_1 和 K_2 之中,而是用 $\alpha_1^{2n}+\alpha_2^{2n}+\alpha_3^{2n}$ 形式的单一独立不变量,其中 n 可以取 2,3,4 或 5,允许更高的磁化程度.对 $n=1$,我们得到式(4.54).

有些场合说明,以简谐多项式表示磁各向异性能比用幂级数更好.

2. 六角、四方和正交晶体

对晶类 $6/mmm$ 的六角晶体,二阶张量 k_α 有两个分量k_1 和 k_3;四阶张量

$k_{\alpha\beta}$只有 4 个分量 k_{11}，k_{12}，k_{13} 和 k_{33}，而不是磁致伸缩张量式的 6 个分量式(4.65)和弹性恒量张量的 5 个分量(使用式(4.65)形式的张量时，应当记住，在矩阵右下角的分量必须具有 $2(k_{11}-k_{12})$ 的形式，和弹性恒量张量一样)．如果式(4.21)局限于磁化恒量的二次和四次幂，即如果我们只考虑二阶和四阶张量，那么，利用式(4.54)和式(4.55)做相当简单的计算后，六角晶体的表达式(4.21)变为

$$V = k_1 I_s^2 + k_{11} I_s^4 + (k_{11} + k_{33} - 3k_{13}) I_s^4 \alpha_3^4 + [(k_3 - k_1) I_s^2 + (3k_{13} - 2k_{11}) I_s^4]\alpha_3^2 \tag{4.80}$$

式(4.80)的头两项和式(4.79)中附加的 K_0 项类似，而最后两项说明六角晶体的磁各向异性能在这个近似中仅仅和 α_3 有关，即和磁化矢量相对于六角轴的取向有关．注意，区别于立方晶体，对六角晶体，允许式(4.21)中磁化的平方导致各向异性(式(4.80)中的 k_1 和 k_2)，立方晶体中张量 k_α 退化为标量，对各向异性没有贡献．

对磁单轴晶体，用球坐标代替方向余弦更方便：

$$\alpha_1 = \sin\theta\cos\varphi,\quad \alpha_2 = \sin\theta\sin\varphi,\quad \alpha_3 = \cos\theta$$

其中，θ 角确定了自发磁化矢量 I_s 相对于六角轴的取向，角度 φ 在底面上从二重轴算起．注意到，$\alpha_3^2 = 1-\sin^2\theta$，$\alpha_3^4 = 1-2\sin^2\theta-\sin^4\theta$，可以把式(4.80)简化为

$$V = K_0 + K_1\sin^2\theta + K_2\sin^4\theta \tag{4.81}$$

其中，K_0，K_1 和 K_2 均为六角晶体式(4.24)的磁各向异性恒量．表达式(4.80)和式(4.81)说明，考虑式(4.21)的磁化的二次和四次幂项不会导致底面上的各向异性(α_2，α_3 或坐标 φ 是不存在的)．为了使底面出现各向异性，我们必须考虑磁化分量的六次幂并利用六阶张量 $k_{\alpha\beta\gamma}$．在计算中，磁各向异性能将包括张量 $k_{\alpha\beta\gamma}$ 的 5 个分量：k_{333}，k_{113}，k_{133}，k_{111} 和 k_{222}．由于计算烦琐，我们只给出最后的结果：

$$V = K_0 + K_1\sin^2\theta + K_2\sin^4\theta + K_3'\sin^6\theta + K_3\sin^6\theta\cos 6\varphi \tag{4.82}$$

其中，K_1，K_2，K_3'和 K_3 均为六角晶体的磁各向异性恒量．这里，K_3'和 K_3 具有不同的物理意义．前者和 K_1，K_2 一样，确定矢量 I_s 和 c 轴之间的关系，而后者考虑了和角度 φ 有关的底面各向异性．但是 K_3'和 K_3 都在六次幂项前，因而用相同的脚标．

类似地，对四方晶体和正交晶体磁各向异性能的计算得出[4.9]：

$$V(\text{四方}) = K_0 + K_1\sin^2\theta + K_2\sin^4\theta + K_3\sin^4\theta\sin^2\varphi\cos^2\varphi$$

$$V(\text{正交}) = K_0 + (K_1\cos^2\varphi + K_2\sin^2\varphi)\sin^2\theta$$

$$+(K_3\cos^4\varphi + K_4\sin^2\varphi\cos^2\varphi + K_5\sin^4\varphi)\sin^4\theta$$
$$+(K_6\cos^2\varphi + K_7\sin^2\varphi)\sin^2\theta\cos^2\theta \tag{4.83}$$

两种情形中,角度 θ 是从 X_3 轴即 Z 轴算起,而角度 φ 从垂直于 X_3 轴的晶面上的二重轴算起.

4.4.4 自发磁化的平衡方向

从磁各向异性能方程,我们可以得到晶体中 $\boldsymbol{I}_s$ 沿着确定的易磁化磁轴取向的条件.以六角晶体为例,忽略磁化的六次幂项和各向同性项后,磁各向异性能写成与式(4.23)和式(4.81)一样的形式:

$$V = K_1\sin^2\theta + K_2\sin^4\theta$$

由角度 θ_0 确定的 $\boldsymbol{I}_s$ 的平衡方向必须对应于最小能量 V.从最小值条件

$$\mathrm{d}V/\mathrm{d}\theta = \cos\theta\sin\theta(2K_1 + 4K_2\sin^2\theta) = 0 \tag{4.84}$$

我们发现六角晶体中存在 3 个相当于 $\boldsymbol{I}_s$ 平衡方向的解:

$$\sin\theta_0 = 0 \tag{4.85}$$
$$\cos\theta_0 = 0 \tag{4.86}$$
$$\sin^2\theta_0 = -K_1/2K_2 \tag{4.87}$$

解式(4.85)说明,$\boldsymbol{I}_s$ 的平衡方向和六重轴(c 轴)的方向重合.在 $\theta = 0^\circ$ 和 $\theta = 180^\circ$ 处,式(4.85)成立,表明晶体有一组 $\boldsymbol{I}_s$ 方向相反的畴.比较对应于最小值条件 $\mathrm{d}^2V/\mathrm{d}\theta^2 > 0$ 时的能量,满足下面条件时,解式(4.85)成立:

$$K_1 + K_2 > 0, \quad K_1 > 0 \tag{4.88}$$

但是,如果

$$0 < -K_1 < 2K_2 \tag{4.89}$$

那么,解式(4.87)和 $\boldsymbol{I}_s$ 平衡方向对应.如果忽略底面的各向异性(即式(4.82)中带 K_3 的项),锥体轴和 c 轴重合,锥角为 $2\theta_0$ 的回旋锥体的每一条母线都将是 $\boldsymbol{I}_s$ 的平衡方向.

在 K_1 和 K_2 之间的任意其他关系,将有解式(4.86),底面上的任意一方向(易磁化面)将是 $\boldsymbol{I}_s$ 的平衡方向.

严格来讲,底面上的磁各向异性能必须总是和角度 φ 有关,见式(4.82).因此,在式(4.87)中的情形,可以从圆锥体中挑出 6 个“最容易磁化的”轴.这样,晶体被分为 6 组反平行的畴,而每一组中一半的畴 $\boldsymbol{I}_s$ 方向相对于 c 轴“向上”,而另一半畴的 $\boldsymbol{I}_s$ 方向则“向下”.在“易磁化面”的情形,所有的 $\boldsymbol{I}_s$“易磁化”方向都将位于底面.

对四方晶体和正交晶体可以做类似的考虑.

如果假设在正交晶体中，I_s 位于其中的一个对称面，如 XZ 平面，那么，式(4.83)的 $V_{正交}(\varphi=0)$约化为如下形式：

$$V = K_1\sin^2\theta + K_3\sin^4\theta \tag{4.90}$$

对六角晶体进行类似上述的考虑，得到 I_s 的平衡位置既可以和二重轴重合($\theta_0=0°,180°$；$\theta_0=90°,270°$)，也可以是位于 XZ 平面上、角度 θ_0 不等于 0°、90°的某一值的位置.在前者情形中，将存在一组反平行畴，而在后者情形中将存在两组畴.后者的对称性(以及对应于易磁化锥体的六角晶体畴的对称性)将和 $\theta_0=0°$时畴的对称性不同，也和 $\theta_0=90°$时畴的对称性不同，见表 4.3.

应当强调，磁各向异性能 V 反映了原始(顺磁)相的对称性.对应于 V 值极小的各种解说明，晶体可以用不同方式分割为畴，但在整体上保持晶体的初始对称性.畴的对称性和晶体的对称性之间的关系已在 4.3 节中考虑.

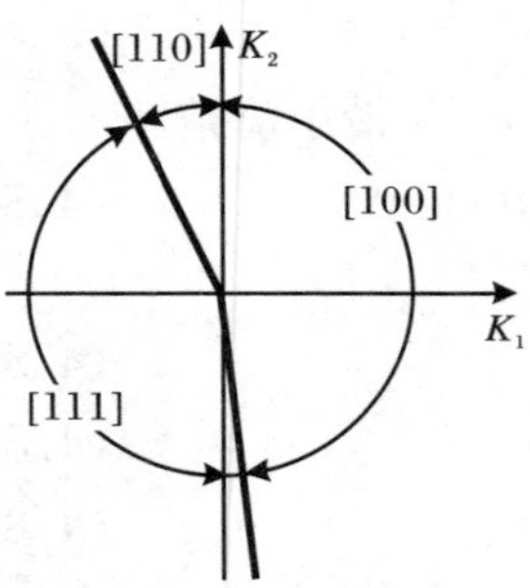

图 4.19　立方晶体各向异性恒量 K_1，K_2 和易磁化方向之间的关系

在立方晶体中，可以存在〈100〉，〈110〉和〈111〉易磁化轴.当 I_s 的方向和上述轴重合时，式(4.79)中恒量 K_1 和 K_2 之间的关系如图 4.19 所示.当式(4.79)中带 K_1 的项是主要项时，则 $K_1<0$，〈111〉轴易磁化；$K_1>0$，〈100〉轴易磁化.

不同的温度可能对应最小 V 值的不同条件.晶体温度的变化将引起随易磁化轴取向改变的相变，并伴随对称性的改变和畴结构的重排.这种相变在 4.5 节末尾讨论.

4.4.5　磁各向异性的测量

研究磁各向异性的最简单、最可靠的方法是所谓的转矩法.把晶体制备成球或盘的形状，在均匀强磁场中在某一晶面内逐渐旋转晶体.在旋转过程中，测量使磁场中晶体平衡的转矩.转矩是指晶体单位体积内的转矩(erg/cm^3).磁各向异性的测量相当于从转矩曲线中测定各向异性恒量 K_1，K_2 等.

假设要测出钴晶体的恒量 K_1 和 K_2.如果把晶体制备成平面和$(10\bar{1}0)$面重合的盘状，并自由地悬挂在强度足够高的均匀磁场中，那么，晶体将会占据易磁化方向和磁场方向重合的位置(这种性质被用作在磁场中获得定向铁磁晶体的方法).图 4.20(a)图示说明了这种情况，图中 c 轴的方向用虚线表示.

如果磁场方向改变了角 ψ，那么，自由晶体将会随磁场方向旋转，如图 4.20(b)所示，为了把晶体复原回位置 a 而且不改变磁场的方向和大小，必须给晶体施加某一转矩 L.

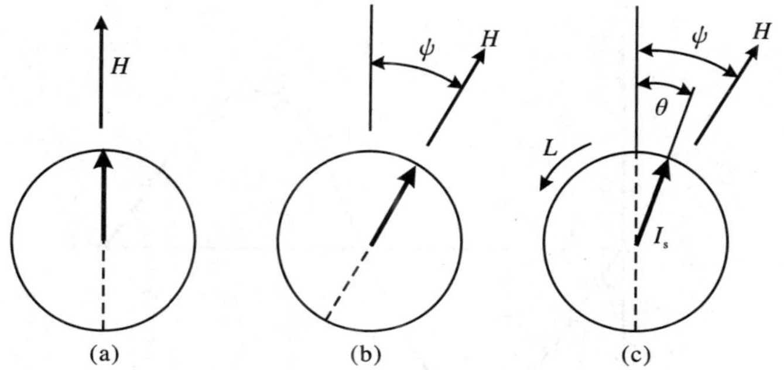

图 4.20 用转矩法测量磁各向异性能的原理

所加转矩将被反方向转矩抵消，反向转矩由平衡条件式(4.42)确定：

$$L = -\mathrm{d}V/\mathrm{d}\theta = -HI_s\sin(\psi - \theta) \tag{4.91}$$

结果，矢量 $\boldsymbol{I}_s$ 将偏离 c 轴某个角度 θ 转向磁场方向，如图 4.20(c)所示，而晶体旋转所消耗的能量及其"保持"在磁场中的能量将和磁各向异性能持平，这阻止了矢量 $\boldsymbol{I}_s$ 偏离"易磁化"c 轴的方向. 从式(4.84)可获得 L 的过渡到倍角的表达式：

$$L = -(K_1 + K_2)\sin2\theta - \frac{K_2}{2}\sin4\theta \tag{4.92}$$

一般，取足够大的磁场 H 以满足条件 $\theta \approx \psi$. 通过测量和角度 $\theta \approx \psi$ 有关的 L，可以得到所谓的转矩曲线，并且用最小二乘法算出式(4.92)的 K_1 和 K_2.

如果条件 $\theta \approx \psi$ 不满足，如图 4.20(c)所示，有必要引入矢量 $\boldsymbol{I}_s$ 偏离磁场 $\boldsymbol{H}$ 方向的角度"落后"修正项 $\psi - \theta$. 如果 $\boldsymbol{H}$ 和 $\boldsymbol{I}_s$ 的值是已知的，这可以通过式(4.91)实现. 图 4.21 为室温时盘状钴单晶($(10\bar{1}0)$ 晶面)的转矩曲线[4.6]. 圆圈表示和角 ψ 相关的 L 值. 三角形表示 L 值相同，但 L 值和角 θ 通过式(4.91)相联系. 实线是根据式(4.92)画出的，其 $K_1 = 4.3 \times 10^6\ \mathrm{erg/cm^3}$，$K_2 = 1.2 \times 10^6\ \mathrm{erg/cm^3}$. 当 $\psi = \theta = 0$ 时，晶体处于稳定平衡，而且转矩为零，因为 $\boldsymbol{H}$ 和 c 轴方向重合. L 的符号这样选择：晶体的稳定位置和曲线 $L(\theta)$ 的 $\mathrm{d}L/\mathrm{d}\theta < 0$ 部分上的 $L = 0$ 的点相对应. 在点 $L = 0$ 和 $\theta = 90^\circ$ 处，曲线的 $\mathrm{d}L/\mathrm{d}\theta > 0$，磁化 $\boldsymbol{I}_s$ 处在底面(硬磁化面)内. 此时，晶体是不稳定的，在 $\boldsymbol{I}_s$ 轻微偏离 $\theta = 90^\circ$ 的任意方向，晶体倾向于占据 $\boldsymbol{I}_s$ 和易磁化方向夹角最小的位置.

在 4.3.5 节中已提到，磁各向异性能也可以从晶体沿不同轴的磁化曲线之间的面积来估计.

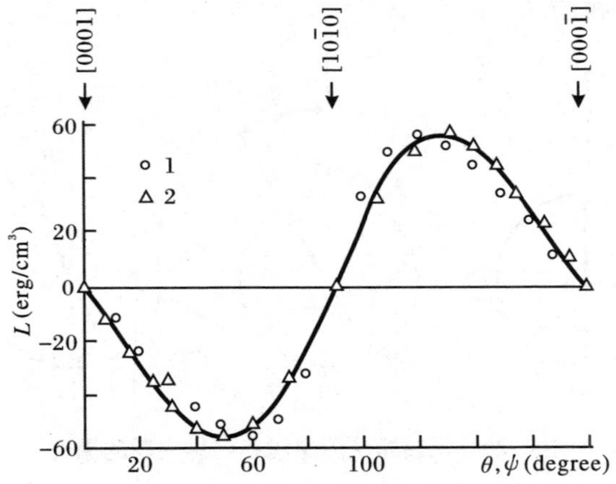

图 4.21 室温时钴晶体在（10$\bar{1}$0）晶面的转矩曲线 L
1. $L(\psi)$，2. $L(\theta)$[4.6]

4.5 部分磁序晶体的结构和重取向转变

4.5.1 铁氧体

从磁原子结构的观点看，最有趣的晶体是铁和稀土的氧化物. 这类物质包括铁氧体，最典型的晶体是具有尖晶石和石榴石结构的铁氧体及六角结构的铁氧体.

至于它们的电性质，铁氧体是半导体，它们的电导率介于$10^{-10}\ \Omega^{-1}\cdot cm^{-1}$和$10^{2}\ \Omega^{-1}\cdot cm^{-1}$之间，取决于它们的结构和成分. 由于它们的低电导率，铁氧体广泛应用于各种高频设备，这主要是因为它们的涡流损耗远比磁性合金小.

考虑到文献[4.12，4.13]中已十分详细地描述了铁氧体的结构，我们只提供最重要的有关信息. 并将把注意力集中在作为有序磁性材料代表的弱铁磁体的结构上，它们的性质可用磁对称性成功描述.

1. 尖晶石结构的铁氧体

在居里点以上,尖晶石的晶体学空间群为 $O_h^7 = Fd3m$. 结构类似于矿物尖晶石($MgAl_2O_4$)和磁铁矿(Fe_3O_4)的铁氧体的化学式是:$MeFe_2O_4 = MeO \cdot Fe_2O_3$. 其中 Me 表示过渡族金属 Mn,Fe,Co,Ni,Cu 或 Zn 的二价离子,或 Mg 和 Cd 离子,也可能是平均价数为 2 的离子组合. 尖晶石单胞相当于 8 个 $MeFe_2O_4$ 分子. 它含有 32 个立方密堆积的氧原子. 这种晶胞中,有 64 个四面体和 32 个八面体位置. 在尖晶石结构中,只有 8 个四面体(a 位置)和 16 个八面体(b 位置)被占据,尖晶石型氧化物的结构参见文献[2.5]图 2.17.

尖晶石结构的两种极端情形是有区别的:**正尖晶石结构**和**反尖晶石结构**. 在正尖晶石结构中,8 个二价金属离子 Me^{2+} 占据 8 个 a 位置,16 个三价 Fe^{3+} 离子占据 16 个 b 位置. 正尖晶石的化学式可以写成:

$$\{Me^{2+}[Fe^{3+}Fe^{3+}]O_4\} \cdot 8$$

这里,占据 a 位置的离子写在方括号前,而占据 b 位置的离子写在方括号内. 反尖晶石的化学式为

$$\{Fe^{3+}[Me^{2+}\ Fe^{3+}]O_4\} \cdot 8$$

如前所述,完全正尖晶石结构和完全反尖晶石结构都是极端的情形,一般,正离子的分布可以写成(一个化学式单位)

$$Me_{\delta}^{2+}Fe_{1-\delta}^{3+}[Me_{1-\delta}^{2+}Fe_{1+\delta}^{3+}]O_4$$

参数 δ 可以看作尖晶石反演的程度:对正尖晶石,$\delta=1$,对反尖晶石,$\delta=0$.

在 a,b 位置的磁性离子分别形成两种磁亚晶格. 在大多数铁氧体中,在 b 位置的不同类型离子呈统计分布. a,b 磁亚晶格的磁矩表现为反平行取向;a,b 相互作用的交换积分是负的,而且相当大地超过正交换积分 I_{aa} 和 I_{bb}. 在每个 a,b 磁亚晶格内的磁矩表现出平行取向. 当 $T=0$ 时,磁结构相当于两个反平行磁矩饱和的 a,b 磁亚晶格,如图 4.1(c)所示. 总的自发磁化可以从 a,b 磁亚晶格的磁化之差直接找到(一般 b 磁亚晶格的磁化要比 a 磁亚晶格的高). 这种结构说明了最简单的亚铁磁性的情形.

作为例子,表 4.4 列出了 0 K 时自发磁矩的实验值和理论值(即式(4.12)的物理量 ρ),以及具有尖晶石结构的部分铁氧体的居里点. 表中还给出了在 a,b 磁亚晶格的离子分布.

对反尖晶石,总的磁化等于 b 磁亚晶格中的二价金属离子的磁矩.

从表 4.4 可见,两个磁亚晶格模型原则上正确地反映了尖晶石磁结构的特征. 但在部分尖晶石铁氧体中可能会出现更复杂类型的亚铁磁结构,如图 4.1(f)所示.

表 4.4 部分尖晶石铁氧体在 0 K 时的自发磁矩和居里温度

铁氧体	T_C (℃)	A 离子	B 离子	磁矩 (单位:玻尔磁子)		总磁矩	
				A 离子	B 离子	理论值	实验值
Fe_3O_4	585	Fe^{3+}	$Fe^{2+}+Fe^{3+}$	5	4+5	4	4.1
$CoFe_2O_4$	520	Fe^{3+}	$Co^{2+}+Fe^{3+}$	5	3+5	3	3.7
$NiFe_2O_4$	585	Fe^{3+}	$Ni^{2+}+Fe^{3+}$	5	2+5	2	2.3
$CuFe_2O_4$	455	Fe^{3+}	$Cu^{2+}+Fe^{3+}$	5	1+5	1	1.3
$MgFe_2O_4$	440	Fe^{3+}	$Mg^{2+}+Fe^{3+}$	5	0+5	0	1.1
$Li_{0.5}Fe_{2.5}O_4$	670	Fe^{3+}	$Li^{1+}_{0.5}+Fe^{3+}_{1.5}$	5	0+7.5	2.5	2.6

大多数尖晶石结构的铁氧体具有〈111〉型的易磁化轴(低于 T_C 时磁类为 $\bar{3}m'$).

2. 石榴石结构的铁氧体

石榴石铁氧体的化学式可以写成 $3R_2O_3 \cdot 5Fe_2O_3$ 或者 $R_3^{3+}Fe_2^{3+}Fe_3^{3+}O_{12}=R_3Fe_{15}O_{12}$,其中 R^{3+} 为三价的稀土元素离子. R 和 Fe 离子相互替代的方式很多. 在 T_C 以上,石榴石的晶体学空间群为 $O_h^{10}=Ia3d$. 在结构上,亚铁磁石榴石类似于天然矿物锰铝榴矿 $Mn_3Al_2Si_3O_{12}$. 石榴石的晶体结构见文献[2.5]图 2.18.

石榴石结构有 3 种中间位置,分别被 3 种负离子占据:有四重配位的 24 个四面体位置(d 位置,环境点对称性为 $\bar{4}$),有六重配位的 16 个八面体位置(a 位置,环境对称性为 $\bar{3}$)以及 8 个氧离子形成的十二面体即形变的立方体包围的 24 个位置(c 位置,环境对称性为 222). 容易知道,每个单胞含有 8 个化学式单位 $R_3Fe_5O_{12}$ 或 4 个化学式单位 $3R_2O_3 \cdot 5Fe_2O_3$. 为了解释石榴石铁氧体的磁性,要应用 3 个磁亚晶格构成的模型(和尖晶石有区别,那里考虑了两个磁亚晶格构成的模型). 其中,两个磁亚晶格(a 和 d)含有 Fe^{3+} 离子,四面体位置($24d$)的数目超过八面体位置($16a$)的数目. 第三个磁亚晶格($24c$ 位置)含有 R^{3+} 离子.

根据奈尔理论,a,b 磁亚晶格和由过量的"四面体"(d)磁矩合成的总磁矩之间存在一个强的负交换作用. R^{3+} 离子被 a,b 磁亚晶格的弱磁场磁化. 因此,在 c 位置的离子磁矩方向和 d 磁亚晶格中的磁化方向相反.

磁亚晶格磁化的排列可以简要表示成:

$$\xrightarrow[R^{3+}]{c}\quad \xleftarrow[Fe^{3+}]{d}\quad \xrightarrow[Fe^{3+}]{a}$$

这个简图使得有可能计算石榴石铁氧体在 0 K 时的总磁矩(每摩尔 $3R_2O_3 \cdot 5Fe_2O_3$).因此,对钆铁氧体 $3Gd_2O_3 \cdot 5Fe_2O_3$,考虑到 Gd^{3+} 和 Fe^{3+} 的磁矩分别为 7 和 5 玻尔磁子,得到

$$6 \cdot 7\mu_B - (6 \cdot 5\mu_B - 4 \cdot 5\mu_B) = 32\mu_B$$

实验测得的钆铁氧体总磁矩为 $30\mu_B$.对钇石榴石(Y^{3+} 离子是非磁性的),有$6 \times 5\mu_B - 4 \times 5\mu_B = 10\mu_B$,这和实验值也符合得很好.

大多数石榴石铁氧体的磁类和尖晶石的磁类一样,都是 $\bar{3}m'$.

由于 3 个磁亚晶格中离子之间交换作用的竞争,石榴石的 I_s-T 关系表现出很大的变化,这已在第 254 页的项(2)中讨论,例如,抵消点的出现.

3.六角铁氧体

从文献[2.5]第 1 章的最密集堆垛理论可以知道,*ABABA*…类型的层间排列顺序形成六角结构,而 *ABCABCA*…的排列顺序形成立方最密集堆垛,见文献[2.5]图 1.63.六角铁氧体的晶体结构是按照氧离子的立方块和六角块交替堆垛的原理构建的.在某些层,部分氧离子被半径比氧离子略大的钡离子代替.

最简单的六角结构用 *M* 表示,和矿物磁铅石的结构类似.结构中的层间排列顺序具有 *AC′ACBAB′ABCAC′ACB* 的形式.带撇的层含有钡离子.这种排列说明具有 *M* 结构的晶体单胞含有 10 层氧离子.在居里点之上,有 *M* 结构晶体的晶体学空间群为 $P6_3/mmc$.*M* 结构化合物的化学式是 $BaO \cdot 6Fe_2O_3 = BaFe_{12}O_9$(磁铅石中含有 Pb 原子而不含有 Ba 原子),每个单胞含有两个化学式单位 $BaFe_{12}O_{19}$.

图 4.22 是 *M* 结构的六角单胞在含有六重螺旋轴(6_3)、六重反演轴($\bar{6}$)和一条二重螺旋轴(2_1)的平面上的截面示意图.这种结构可以方便地表示成 ***S*** 块区和 ***R*** 块区的交替排列,如图 4.22 所示.***S*** 块区的构建和有垂直方向[111]轴的尖晶石类似.***S*** 块区相当于分子式单位 $2(MeO \cdot Fe_2O_3)$,其中 *M* 结构的 $Me = Fe^{3+}$.容易知道,上面分子式的电中性条件不成立,有剩余电荷 +2.但作为一个整体,*M* 结构是电中性的,因为 ***R*** 块区($=(BaFe_6O_{11})^{-2}$)的两个氧离子被二价正离子代替.在图 4.22 中,$\boldsymbol{S}^*$ 和 $\boldsymbol{R}^*$ 相当于分别相对 ***S*** 块区和 ***R*** 块区绕轴 2_1 旋转180°的块区.图 4.22 的晶体结构可以记为 $\boldsymbol{RSR^*S^*}$.

M 结构中的 Fe^{3+} 离子占据 5 个非等价位置,如图 4.22 中的 *a*,*b*,*c*,*d* 和 *e* 位置,形成 5 个磁亚晶格.除了前面碰到的八面体和四面体位置外,六角铁氧体具有由 5 个氧离子构成的新型环境即磁亚晶格 *e*,其中心形成一个三角双棱锥.属于同一磁亚晶格的所有 Fe^{3+} 离子用通过结构对称中心的虚线连接,如图 4.22 所示.

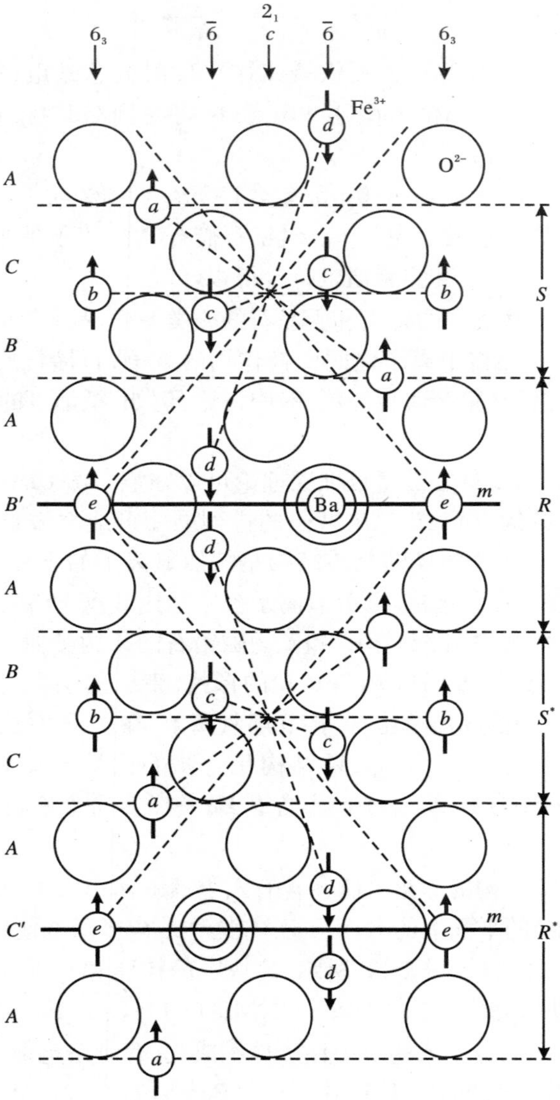

图 4.22 M 结构沿$(11\bar{2}0)$晶面的横截面[4.12]

M 结构中 5 种磁亚晶格间离子的分布见表 4.5,该表也说明了总磁矩是容易计算的,因为磁矩方向“向上”(常规方向)和磁矩方向“向下”的数目之差(考虑到 Fe^{3+} 离子的磁矩等于 $5\mu_B$)为

$$(6+1-2-2+1)\cdot 5\mu_B = 20\mu_B$$

表 4.5 M 结构磁亚晶格中 Fe^{3+} 离子的分布和 $T=0$ 时的总磁化

磁亚晶格类型	环境	Fe^{3+} 离子的数目	磁亚晶格的磁矩方向
a	八面体	6	↑
b	八面体	1	↑
c	四面体	2	↓
d	八面体	2	↓
e	三角双棱锥	1	↑

除了六角铁氧体结构构建中的 $\boldsymbol{R}$ 和 $\boldsymbol{S}$ 块外，还存在所谓的 $\boldsymbol{T}$ 块，它由 4 个氧原子层按 $AB'A'B$ 类型堆垛构成. 这种块中的两个相邻的内层含有钡离子. $\boldsymbol{T}$ 块可以看成两个 $\boldsymbol{R}$ 块内层的组合. $\boldsymbol{T}$ 块的化学成分相当于虚拟化合物 $2\{BaO \cdot 2Fe_2O_3\}$. 在磁性上，$\boldsymbol{T}$ 块是“反铁磁的”，因为离子的磁矩相互抵消.

$\boldsymbol{R}$，$\boldsymbol{S}$ 和 $\boldsymbol{T}$ 块是构建六角铁氧体的“砖”. 表 4.6 列出了具有六角结构的铁磁性氧化物的主要类型及其传统表示方法和主要特征. 除了具有表 4.6 列出的结构的晶体外，还合成了结构为类型$(\boldsymbol{TS}_n)\boldsymbol{T}$ 的晶体，原则上，n 可以增加到无穷. 这种结构例证了磁性材料的多型性. 这种结构沿 c 轴的单胞参数增加到几千埃.

表 4.6 六角铁氧体结构的主要类型

分 子 式	记 号	块区顺序	单胞内的层数	晶体学空间群
$BaO \cdot 6Fe_2O_3$	M	RSR^*S^*	10	$P6_3/mmc$
$BaO \cdot 2MeO \cdot 8Fe_2O_3$	$W(MS)$	$RS_2R^*S_2^*$ $(W=M+2S)$	14	$P6_3/mmc$
$2BaO \cdot 2MeO \cdot 6Fe_2O_3$	Y	$(TS)_3$	$3\times6=18$	$R\bar{3}m$
$3BaO \cdot 2MeO \cdot 12Fe_2O_3$	$Z(MY)$	$RSTSR^*S^*T^*S^*$ $(Z=M+Y)$	22	$P6_3/mmc$
$2BaO \cdot 2MeO \cdot 14Fe_2O_3$	$X(M_2S)$	$(RSR^*S_2^*)_3$	$3\times12=36$	$R\bar{3}m$
$4BaO \cdot 2MeO \cdot 18Fe_2O_3$	M_2Y	$RSR^*S^*TS^*$	16	$R\bar{3}m$

4.5.2 弱铁磁晶体(倾斜反铁磁体)

有一组磁矩几乎是完全反铁磁序的晶体，但表现出由严格共线排列磁矩受干扰(倾斜)引起的轻微自发磁化. 在 4.2 节中，这种晶体被称为弱铁磁体. 只有应用磁对称性，这种晶体的磁性才被完全理解，成为这方面的最主要例子.

铁磁晶体中弱磁性存在的必要条件(但不是充分条件)是，晶体应该属于 31

种铁磁类的晶体之一，见表 4.2，在这些晶体中可以表现出 $\boldsymbol{I}_s \neq 0$.

下面考虑两种同形反铁磁体 α-Fe_2O_3（赤铁矿）和 Cr_2O_3. 在顺磁相，两种晶体都具有刚玉结构类型（见文献[2.5]图 1.72），属于晶类 $\bar{3}m$. 三角单胞中含有按三重轴排列的 4 个磁性原子，如图 4.23 所示. 图 4.23(c) 表示出这种三角晶胞的间距.

对 α-Fe_2O_3，当 $T<260$ K 时，原子磁矩沿着三重轴的顺序是使该结构保留一般的对称中心，如图 4.23(a) 所示，在图中用叉表示对称中心的位置. 磁对称性类和晶类 $\bar{3}m$ 重合. 在 Cr_2O_3 中，如图 4.23(c) 所示，在磁序相中磁矩的排列顺序是：对称中心把磁矩方向相反的原子结合在一起，即在该点反演操作和操作 R（反对称中心）组合在一起. 从表 4.2 的 G′ 得到相应的磁类是 $\bar{3}'m'$；$\bar{3}m$ 和 $\bar{3}'m'$ 不属于允许自发磁矩的类. 因此，对称性“禁止”这些类型中存在弱铁磁性.

当赤铁矿被加热到 $T=260$ K 时发生相变（即所谓的莫林点），相变中磁矩旋转，到垂直于三重轴的平面（即底面）运动，如图 4.23(b) 所示. 假设磁矩的旋转发生在 3 个纵向对称面中一个对称面上. 反铁磁轴偏离三重轴降低了对称性：现在对称性必须相当于磁类 $2/m$，这属于晶体沿着轴 2 能够表现自发磁矩的磁类. 已经从实验知道，当 $T>260$ K 时，赤铁矿具有垂直于三重轴的小自发磁矩. 这里，允许弱铁磁性的对称性原因是：磁矩方向的这种改变既可以改变磁矩的方向使单胞中建立一个非零的总磁矩又可以仍然保持晶体的对称性不变.

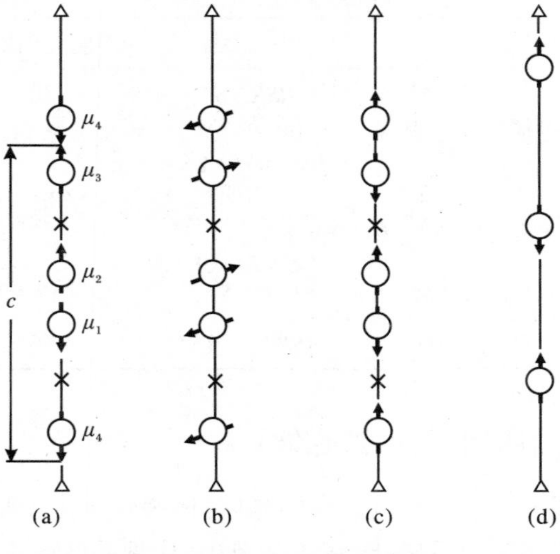

图 4.23　刚玉型结构的各种磁序类型

(a) α-Fe_2O_3 ($T<260$ K)；(b) α-Fe_2O_3 ($T>260$ K)；(c) Cr_2O_3，(d) $FeCO_3$

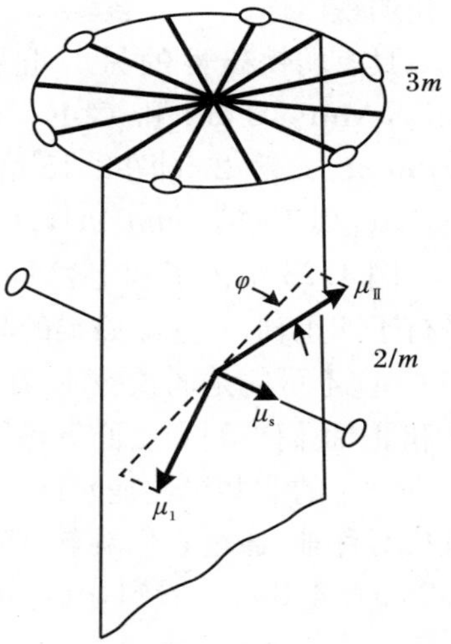

图 4.24 解释赤铁矿中弱铁磁性可能性的图解

图 4.24 显示属于磁类 $2/m$ 的一种自旋组态. 这里,从同一点出发的两个磁矩 $\mu_{\text{I}}=\mu_1+\mu_4$ 和 $\mu_{\text{II}}=\mu_2+\mu_3$(两种磁亚晶格模型)替代了 4 个磁矩. 从图 4.24 可见,由角度 φ 表征的非共线性并不干扰晶体对称性 $2/m$,但它已伴随有沿二重轴方向的自发磁矩 μ_s 的出现.

由于 α-Fe_2O_3 晶体具有 3 个二重轴,如图 4.24 的上部,根据 4.3 节讲述的原理,晶体将被分割成 3 组畴;而分离的畴之间可能出现 60°,120°和 180°畴壁.

用对称性方法解释赤铁矿弱铁磁性首先由 Dzyaloshinsky[4.13]提出. 较早之前,人们假设弱铁磁性是由于晶体的非理想性引起的,因而它被称为"寄生"铁磁性. 从能量的角度看,通过引入下面形式的相互作用在自由能中加上原子 1 和原子 2 自旋排列的非共线性:

$$E_d=-2D_{12}[S_1\times S_2]$$

当 S_1 和 S_2 倾向于相互垂直而且垂直于某一矢量 $\boldsymbol{D}$(即 Dzyaloshinsky 矢量)时,自由能的这部分降低. 和交换能 E_{exch} 相反[4.20],能量 E_d 是相对于自旋 $\boldsymbol{D}_{12}=-\boldsymbol{D}_{21}$ 反对称的.

一般,E_d 的值比 E_{exch} 小一个数量级,并且是 E_{exch} 的一个二级修正. 因而在弱铁磁体中角 φ 是非常小的(~0.5°).

上面讨论的赤铁矿相变 $\overline{3}m\rightarrow 2/m$,伴随有平行于轴 2 的磁矩 μ_s 的出现,是表 4.3 中所列的相变之一. 由此可见,原则上,相变 $\overline{3}m\rightarrow 2'/m'$ 是可能的,其中 μ_s 位于对称面上,垂直于三重轴.

可以应用类似的理论描述反铁磁碳酸物 $MnCO_3$,$CoCO_3$,$NiCO_3$ 和 $FeCO_3$ 的磁结构. 在 T_N 以上,这些晶体的对称性是和 α-Fe_2O_3 及 Cr_2O_3 相同的晶体学空间群 $D_{3d}^6=\overline{R}3c$,但在三角晶胞三重轴上只有两个金属离子,如图 4.23(d)所示. 在 $FeCO_3$ 中,反铁磁轴是沿着三重轴[111]排列的,而当 $T<260$ K 时,和 α-Fe_2O_3 的一样,$FeCO_3$ 的磁对称类和晶类 $\overline{3}m$ 重合,不允许弱铁磁性. 在 $MnCO_3$,$CoCO_3$ 和 $NiCO_3$ 晶体中,反铁磁轴和[111]不重合,因而它们属于低对称性磁类($2/m$ 或 $2'/m'$),这是磁矩非共线性所允许的. 实验表明,碳酸盐如 $CoCO_3$,$NiCO_3$ 和 $MnCO_3$ 实际上是 $\mu_s\perp[111]$ 的弱铁磁体;$FeBO_3$ 和 FeF_3 也是

三角弱铁磁体.

具有弱铁磁性的另一组重要的反铁磁体是以氟化物晶体为代表的，如 NiF_2，MnF_2，FeF_2 和 CoF_2，在 T_N 以上具有金红石结构类型，对称性为 $4/mmm$. 文献[2.5]图 2.15 给出了金红石的结构. 磁结构的测定说明，在 T_N 以下，NiF_2 属于磁类 $mm'm'$，而 MnF_2，FeF_2 和 CoF_2 属于 $4'/mmm'$.

图 4.25 给出了和上述两类磁类对应的磁结构. 在 $4'/mmm'$ 中，反铁磁轴平行于四重轴. 对这一磁类的晶体，自发磁矩 μ_s 是被禁止的，因而 MnF_2，FeF_2 和 CoF_2 不可能是弱铁磁体. 在 NiF_2 晶体中，反铁磁轴平行于轴 2′. 叠加磁离子Ⅰ和Ⅱ，我们得到和点群 $mm'm'$ 对应的自旋组态. 从图 4.26 可见，在 NiF_2 中，μ_{I} 和 μ_{II} 的非共线性是允许的，μ_s 沿着单一的二重轴出现. 剩下的两个轴是二重反对称轴，通过它们旋转 180°逆转磁矩的方向，而留下整个组态不变. 从表 4.2 和表 4.3 可以看到，$mm'm'$ 是晶体能够表现出铁磁性的那些磁类之一.

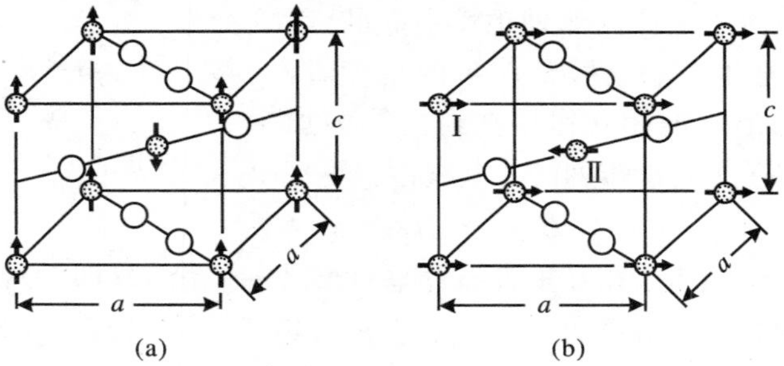

图 4.25 氟化物的磁结构

(a) MnF_2，FeF_2，CoF_2 ($4'/mmm'$)；(b) NiF_2 ($mm'm'$)

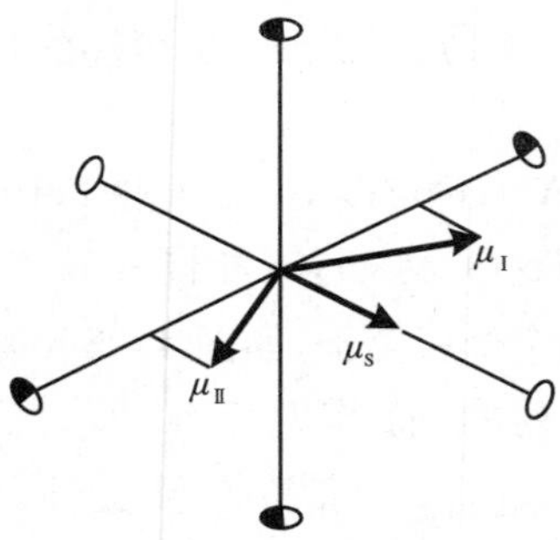

图 4.26 对应于点群 $mm'm'$ 的两个磁矩组成的组态

图中只画出了一个轴 2 和两个轴 2′

从上面讨论的对称性考虑，可以清晰地看到为什么在所有的氟化物中只有 NiF_2 表现出弱磁性.

现在，我们开始处理分子式为 RMO_3 的一大组弱铁磁体，其中 R^{3+} 为稀土离子. 这些化合物被称为正铁氧体（$M = Fe^{3+}$）或正铬铁矿（$M = Cr^{3+}$），取决于 M 离子的种类. 它们的晶体结构为畸变的正交钙钛矿结构，每个晶胞含有 4 个分子式单位. 在顺磁相，这些化合物的空间群为 $D_{2h}^{16} = Pbnm$. 图 4.27 为 $RFeO_3$ 的晶体结构. 在正交晶胞中(图中用点虚线表示),我们可以选出两个单斜的准晶胞,单斜角为 $\beta\approx92^{\circ}\sim93^{\circ}$(图中用虚线表示).每个单斜准晶胞实际上代表了一个畸变的钙钛矿结构,这解释了从正铁氧体向畸变的类钙钛矿型化合物的转变.有时这种钙钛矿结构被描绘成 R^{3+} 离子位于顶角、氧负离子 O^{2-} 位于面心的立方结构.图 4.27左下部的畸变立方体表示了这种晶胞(钙钛矿的结构也可以参看文献[2.5]图 2.16).

稀土正铁氧体中的钙钛矿结构是畸变的,因为和实现理想钙钛矿结构所需要的离子半径相比,R 离子的半径较小,当 R 离子的半径增大(从 Lu 到 La)时,结构畸变的程度降低.

在未畸变的立方钙钛矿结构中,O^{2-} 离子围绕 Fe^{3+} 离子形成八面体,而八面体的轴沿着晶胞立方体的边.正铁氧体中钙钛矿结构的畸变是这样,作为整体,Fe^{3+} 离子的环境保持为八面体,但八面体的轴偏离上述方向.从图 4.27 可以理解氧八面体的替换规律,为清楚起见,图中结构图沿着 $c(Z)$轴再延伸了一个周期.从图可见,例如,沿着 Z 轴排列的八面体链的竖直轴(通过离子 1,2,1,2 或3,4,3,4)形成了之字形,围绕离子 1 和 3、2 和 4 的八面体轴是平行的.沿着 X 和 Y 方向有类似的排列情形.沿着 Z 轴位于八面体空穴的离子 R^{3+} 也形成了一条之字线.

空间群 *Pbnm* 有 3 个二重螺旋轴,C_{2X},C_{2Y}和C_{2Z},如图 4.27 所示.$RFeO_3$ 的磁晶胞等效于晶体学晶胞.为简单起见,假设 R^{3+} 离子是抗磁的,如 Y^{3+},La^{3+} 或 Lu^{3+},而磁结构只由 Fe^{3+} 离子形成.

下面从对称性的角度考虑 $RFeO_3$结构中磁矩的可能排列.为此,利用生成对称素就足够了,例如选取空间群 *Pbnm* 的二重螺旋轴C_{2X},C_{2Y}和C_{2Z}.从图 4.27 可见,螺旋轴 C_{2X}替换离子 2 和 3,1 和 4;C_{2Y}轴替换离子 1 和 3,2 和 4,而 C_{2Z}轴替换离子 1 和 2,3 和 4.如果磁矩和 X 轴、Y 轴、Z 轴(即一般的位置)倾斜,那么,磁矩在这些轴上的投影用下面式子联系:

$$\begin{aligned}\mu_{1X} &= -\mu_{2X} = -\mu_{3X} = \mu_{4X}\\ \mu_{1Y} &= -\mu_{2Y} = \mu_{3Y} = -\mu_{4Y}\\ \mu_{1Z} &= \mu_{2Z} = -\mu_{3Z} = -\mu_{4Z}\end{aligned} \tag{4.93}$$

由式(4.93)可见,磁矩在每个方向上的投影相互抵消,即对具有简单二重对称轴的结构(点群 *mmm*),只有反铁磁性是可能的.式(4.93)的自旋组态用符号 Γ_1 表示,如图 4.28(a)所示.

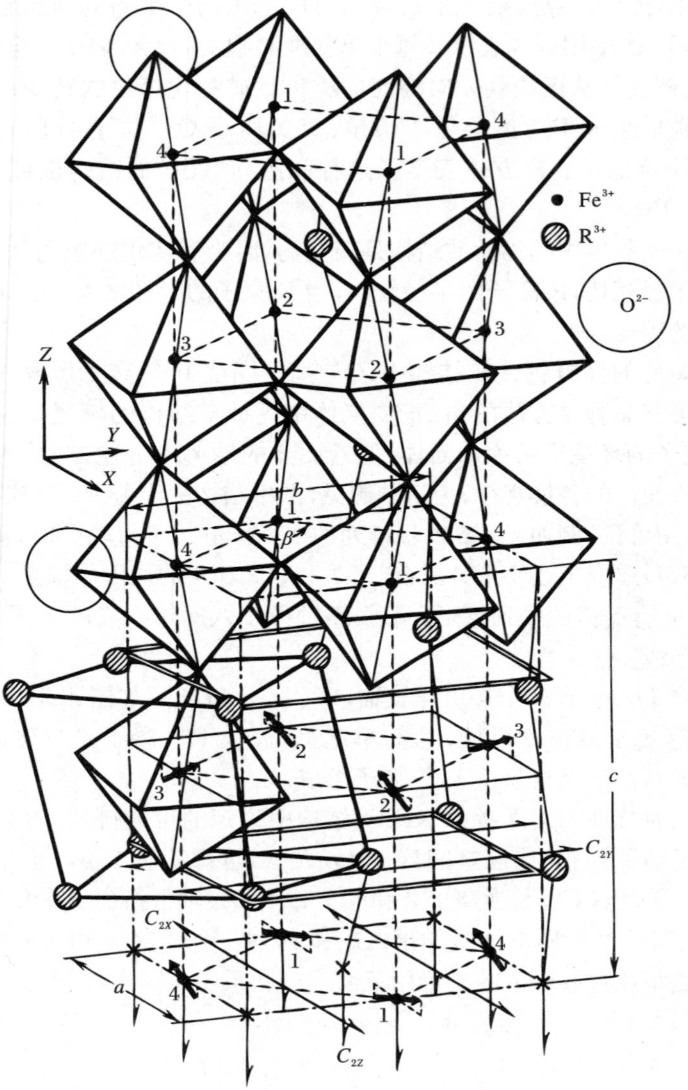

图 4.27　正铁氧体 $RFeO_3$ 的结构

点虚线表示晶胞参数为 a,b,c 的正交晶胞，而虚线表示 4 个单斜准晶胞. 钙钛矿立方体画在图中左下角. 对称中心用叉号表示，对称镜面用双线表示. 相当于组态 Γ_4 的磁矩取向如图 4.28(b)所示

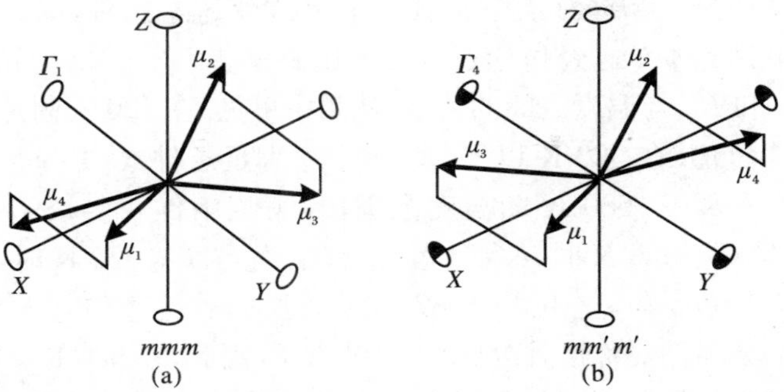

图 4.28 分别相当于点群 mmm 的 Γ_1(a)和 $mm'm'$的 Γ_4(b)类型的自旋组态

组态 Γ_1 不会耗尽正铁磁体中能实现的可能的磁结构类型，分派给它们的晶类 mmm 仍保留. 为了做完整的考虑，我们还必须利用磁对称性. 根据表 4.2，对应于晶类 mmm 的磁类有 $m'm'm'$，$m'mm$ 和 $mm'm'$. 在这些对称素中，类型 $m'm'm'$和 $m'mm$ 包含有反对称中心，这和 Fe^{3+} 离子中存在磁矩有矛盾，因为它们占据了图 4.27 结构中的中心对称位置. 因此，磁类 $m'm'm'$和 $m'mm$ 必须排除在考虑之外. 磁类 $mm'm'$含有普通的对称中心. 和以前一样，在考虑可能的磁结构时，利用轴 2，2′，2′的操作就足够了，这里的情形用轴 2′. 此时，在唯一的磁类 $mm'm$ 中，存在简单轴和反对称轴的 3 种可能的组合：2_X，$2'_Y$，$2'_Z$(组态 Γ_2)；$2'_X$，2_Y，$2'_Z$(Γ_3)和 $2'_X$，$2'_Y$，2_Z(Γ_4). 组态 Γ_4 磁矩的投影用下面式子联系：

$$\begin{aligned} \mu_{1X} &= -\mu_{2X} = \mu_{3X} = -\mu_{4X} \\ \mu_{1Y} &= -\mu_{2Y} = -\mu_{3Y} = \mu_{4Y} \\ \mu_{1Z} &= \mu_{2Z} = \mu_{3Z} = \mu_{4Z} \end{aligned} \tag{4.94}$$

图 4.28(b)为自旋组态式(4.94)的图解.

由式(4.94)和图 4.28(b)可见，区别于组态 Γ_1，组态 Γ_4 适合自发磁矩沿着 Z 轴出现的情况，这和实验结果相符合(在室温以上的温度，几乎所有的正铁氧体具有 $\mu_s /\!/ Z$ 的弱铁磁的磁结构). 部分正铁氧体在确定温度范围内也发现有组态 Γ_1($\mu_s=0$)和 Γ_2($\mu_s /\!/ X$).

因此，在正铁氧体的情形，我们再次确定，在描述弱铁磁磁性时不能局限于普通的对称性.

4.5.3 重取向相变

在 4.4 节末已经证明，在磁各向异性恒量 K_1 和 K_2 之间的一定关系下，晶

体可以达到 I_s 的平衡方向(易磁化轴).如果改变这些条件,易磁化轴改变方向.现在,我们回到本章已经讨论过其磁性的钴晶体.图 4.29 为钴晶体的各向异性恒量 K_1 和 K_2 与温度之间的关系.从图中可见,在 520 K 附近,恒量 K_1 穿过零点并变为负值.在 520 K 以下,K_1 和 K_2 满足条件式(4.88) $K_1+K_2>0$ 和 $K_1>0$;而在 520～580 K 的温度范围内,满足条件式(4.89) $0<-K_1<2K_2$.这说明当 $T<520$ K 时,c 轴为易磁化轴,而当 $T>520$ K 时,I_s 的平衡方向开始偏离 c 轴成 θ 角,这由式(4.87)确定.此时,作为整体,一个多畴晶体必然保持初始顺磁相的对称性,详见 4.4.4 节末尾,因此,在 520 K$<T<$580 K 温度范围内,分离畴的 I_s 方向是沿着锥角为 $2\theta_0$、锥体轴和 c 轴重合的锥体的母线分布的.精确的各向异性测量说明,不是所有和锥体母线重合的方向都是能量等价的:畴的 I_s 在纵向对称面之一上发生旋转.

在 520 K 时,钴的转变和伴随有易磁轴方向改变的铁磁体中的任何其他转变,都是从一种磁类(即表 4.2 中带下划线的磁类)向另一种磁类转变的相变.已知 I_s 的方向,我们可以借助表 4.3 得到磁类.容易知道,上面讨论的钴转变的情形是从磁类 $6/mm'm'$ 向 $2'/m'$ 的转变.在 $T\approx580$ K,钴的恒量 K_1 等于 $-2K_2$(如图 4.29).根据式(4.87),这说明 θ_0 达到 90°,而 I_s 位于底面(更精确地说,和二重轴中的一条重合).从"锥体"向"平面"的转变是 $2'/m'$ 向 $mm'm'$ 磁类的相变.因此,当加热钴时,可以观察到下面系列的磁相变:$6/mm'm'\rightarrow 2'/m'\rightarrow mm'm'$.注意到在 $T\approx690$ K 时,钴发生了非磁性性质的相变,转变为立方变态.

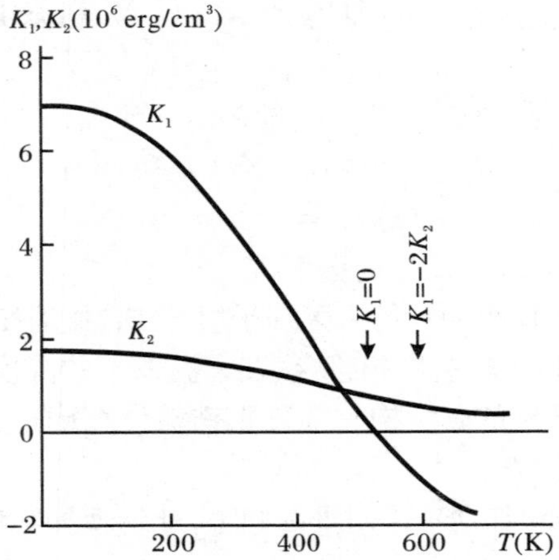

图4.29 钴晶体各向异性恒量 K_1 和 K_2 与温度的关系[4.15]

对加热钴的过程中磁各向异性奇特性的研究可以追溯到 20 世纪 30 年代

早期.已经知道铁磁晶体温度或成分变化改变易磁化方向的许多情形.由于成功利用对称性原理描述了晶体(特别是正铁氧体)的磁性,仅在近年才关注这一过程涉及相变的事实.伴随有磁对称性改变和晶体中 $\boldsymbol{I}_s$ 平衡方向改变的相变被称为**重取向相变**.这个概念的物理意义是清晰的:$\boldsymbol{I}_s$ 方向的改变伴随有磁矩取向相对于初始顺磁相对称素的变化.从广义的意义上看,重取向相变可以指涉及磁矩取向改变、发生在居里点或奈尔点以下温度的任何相变(这种相变被称为"有序-有序"相变,以区别于在居里点或奈尔点处的"有序-无序"相变).那么,从铁磁态(或弱铁磁态)向反铁磁态的相变也可以归类到重取向相变.

图 4.30 给出了不同晶系部分磁序晶体重取向相变的例子.被选的是赤铁矿三角晶体,它的性质我们已在前一节讨论过.至于重取向相变的多样性,正交的正铁氧体 $RFeO_3$ 和正交的铬铁矿 $RCrO_3$ 居首位.图 4.30 只给出这些化合物最典型的相变类型.重要的是要注意,相互间发生相变的组态 Γ_2,Γ_3 和 Γ_4 属于同一磁类 $mm'm'$(它们自然属于不同的磁空间群).

一般,通过反铁磁轴在对称面中的一个面上的平滑旋转,这些相变是连续的,并且发生在某一温度范围,此时,弱铁磁磁矩也在这个对称面上旋转,而方向则从一个对称轴的方向改变为另一个对称轴的方向.在重取向过程中,每个畴的磁对称性降低到单斜 $2'/m'$.在室温以上的 $SmFeO_3$ 和低温的 $SmCrO_3$ 和 $GdCrO_3$ 都观察到这种相变(如图 4.30).在低温,和赤铁矿在 260 K 时一样,部分的正铬铁矿和正铁氧体如 $DyFeO_3$ 和 $ErCrO_3$ 转变为反铁磁态.在液氦温区,R^{3+} 具有磁矩的 $RFeO_3$ 和 $RCrO_3$ 中观察到稀土磁亚晶格中出现磁序引发的附加相变(第二奈尔点).这些相变在图 4.30 中没有给出.

正铁氧体和正铬铁矿的一个重要特征是,它们中的部分晶体存在抵消点.这涉及含有铁和稀土金属离子的磁亚晶格之间的相互作用的性质.但抵消点并不和相变对应,因为总磁矩穿过零点并没有伴随有磁结构的重排.

六角晶体的重取向相变如图 4.30 所示,包括上面讨论的金属钴的情形.不仅仅在钴中观察到下面的相变类型:"易磁化轴"($6/mm'm'$)→"易磁化锥体"($2'/m'$)→"易磁化面"($mm'm'$).图 4.30 给出了有 Co^{2+} 离子替代的部分六角铁氧体中观察到的这种相变的例子($T<77$ K 的各向异性数据没有给出).

在立方晶体中,一般我们观察到磁类 $\bar{3}m'$(易磁化轴为 $\langle 111\rangle$ 的类)和 $4/mm'm'$($\langle 100\rangle$ 为易磁化轴的类)之间的相变.图 4.30 包括纯磁铁矿 Fe_3O_4 和部分铁离子被锰取代的磁铁矿的例子.在冷却到低于 119 K 时,磁铁矿经历了在 b 磁亚晶格中的 Fe^{2+} 和 Fe^{3+} 有序化引发的相变.磁铁矿低温变态的磁类还没有被精确测定.

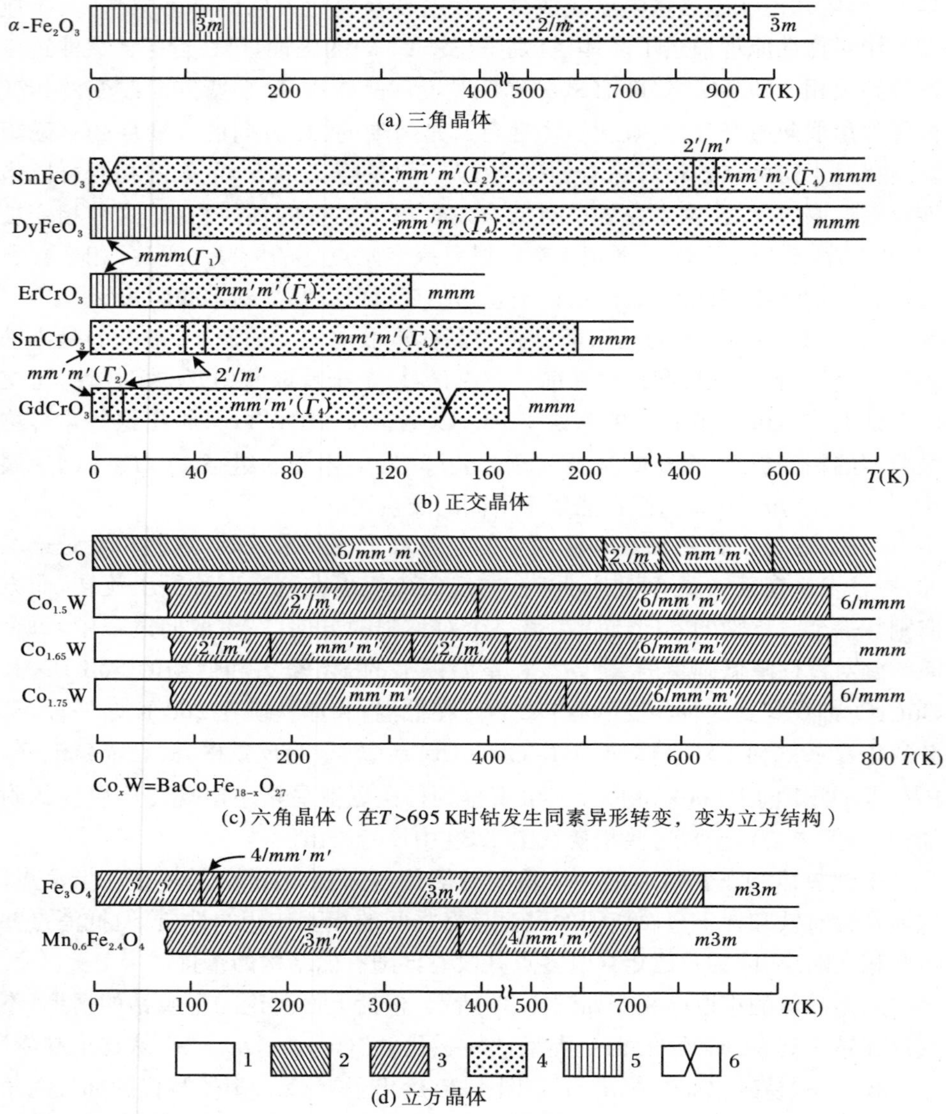

图 4.30　各种对称性的磁序晶体重取向相变的例子

1. 顺磁相，2. 铁磁性，3. 亚铁磁性，4. 弱铁磁性，5. 反铁磁性，6. 抵消点

总之，我们注意到重取向转变既可以是一级相变也可以是二级相变. 例如，$\Gamma_2 \Leftrightarrow \Gamma_4$ 类型的正铁氧体和正铬铁矿的逐渐重取向（经过中间相 $2'/m'$ 进行），为两个连续的二级相变. 六角晶体中的“易磁化轴”⇔“易磁化锥体”⇔“易磁化

面"类型的相变预期也是和上述类型相同的相变,因为这种相变中磁各向异性的唯象描述类似于正铁氧体的重取向描述. 另一方面,弱铁磁相向顺磁相的转变和一级相变一样发生突变(如赤铁矿在 260 K 的相变或 $DyFeO_3$ 和 $ErCrO_3$ 中的类似相变). 立方晶体中在磁类 $\bar{3}m'$ 和 $4'/mm'm'$ 之间的相变明显是一级相变. 有外磁场存在时,相变的性质可能会改变.

4.6 压磁效应和磁电效应

所谓压磁效应是指晶体形变时出现宏观磁矩的效应. 压磁效应可用下面关系式描述:

$$I_i = Q_{ijk}\varepsilon_{jk}$$

由于张量 Q_{ijk} 把轴矢量 I_i 和极张量 ε_{jk} 相联系,它是一个三阶轴张量. 张量 Q_{ijk} 的所有分量在时间反演操作 R 作用下必须反号,因为矢量 I_i 具有这个性质,而张量 ε_{jk} 不具备. 从上面列举的张量 Q_{ijk} 的性质可以知道,在包含操作 R 并且与对称中心组合(即有反对称中心)的磁类中,张量 Q_{ijk} 恒等于零. 这些磁类如下,共有 21 个:

$\bar{1}'$, $2/m'$, $2'/m$, $m'm'm'$, $m'mm$, $4/m'$, $4'/m'$, $4/m'm'm'$, $4'/m'mm'$
$4/m'mm$, $\bar{3}'$, $\bar{3}'m'$, $\bar{3}'m$, $6'/m$, $6/m'$, $6/m'mm$, $6/m'm'm'$
$6'/mmm'$, $m'3$, $m'3m'$, $m'3m$

因为形变张量是对称的($\varepsilon_{jk}=\varepsilon_{kj}$),还有 3 个立方晶系的 $4'3m$, 432 和 $m3m$ 磁类的张量 Q_{ijk} 等于零. 因此,在余下的 $90-21-3=66$ 个磁类晶体中可以观察到压磁效应. 这些磁类列在表 4.7 中,表中还给出了可能出现压磁性的 66 种磁类的压磁张量系数矩阵. 张量 Q_{ijk} 写成矩阵 Q_{iA} 的形式,其中, $i=1,2,3$, 而 $A=1,2,3,4,5,6$.

尽管允许有压磁效应的磁类数目大,但是只在 3 种反铁磁体中实验观察到压磁效应,即在 CoF_2, MnF_2[4.16] 和 $FeCO_3$ 中. 由于 CoF_2 和 MnF_2 都属于磁类 $4'/mmm'$,表 4.7 中的压磁效应必须用两个系数 Q_{14} 和 Q_{36} 表征. 在 20.4 K 时, CoF_2 和 MnF_2 的压磁系数(单位:$Gs \cdot kg^{-1} \cdot cm^2$)分别为 $Q_{14}=2.1\times10^{-3}$, $Q_{36}=0.8\times10^{-3}$ 和 $Q_{14}=10^{-5}$, $Q_{36}\approx0$. 可见, MnF_2 中的压磁效应比 CoF_2 中的弱约

100 倍.

表 4.7 可能发生压磁效应的 66 种磁类张量 Q_{ik} 的系数矩阵

磁类 $1,1'$

$$\begin{Vmatrix} Q_{11} & Q_{12} & Q_{13} & Q_{14} & Q_{15} & Q_{16} \\ Q_{21} & Q_{22} & Q_{23} & Q_{24} & Q_{25} & Q_{26} \\ Q_{31} & Q_{32} & Q_{33} & Q_{34} & Q_{35} & Q_{36} \end{Vmatrix}$$

磁类 $4'22',4'mm',\bar{4}'2m',\bar{4}'2'm,4'/mmm'$

$$\begin{Vmatrix} 0 & 0 & 0 & Q_{14} & 0 & 0 \\ 0 & 0 & 0 & 0 & Q_{14} & 0 \\ 0 & 0 & 0 & 0 & 0 & Q_{36} \end{Vmatrix}$$

磁类 $2,m,2/m$

$$\begin{Vmatrix} 0 & 0 & 0 & Q_{14} & Q_{15} & 0 \\ 0 & 0 & 0 & Q_{24} & Q_{25} & 0 \\ Q_{31} & Q_{32} & Q_{33} & 0 & 0 & Q_{36} \end{Vmatrix}$$

磁类 $42'2',4m'm',\bar{4}2'm',4/mm'm',62'2',6m'm',\bar{6}m'2',6/mm'm'$

$$\begin{Vmatrix} 0 & 0 & 0 & 0 & Q_{15} & 0 \\ 0 & 0 & 0 & Q_{15} & 0 & 0 \\ Q_{31} & Q_{31} & Q_{33} & 0 & 0 & 0 \end{Vmatrix}$$

磁类 $2',m',2'/m'$

$$\begin{Vmatrix} Q_{11} & Q_{12} & Q_{13} & 0 & 0 & Q_{16} \\ Q_{21} & Q_{22} & Q_{23} & 0 & 0 & Q_{26} \\ 0 & 0 & 0 & Q_{34} & Q_{35} & 0 \end{Vmatrix}$$

磁类 $3,\bar{3}$

$$\begin{Vmatrix} Q_{11} & -Q_{11} & 0 & Q_{14} & Q_{15} & -2Q_{22} \\ -Q_{22} & Q_{22} & 0 & Q_{15} & -Q_{14} & -2Q_{11} \\ Q_{31} & Q_{31} & Q_{33} & 0 & 0 & 0 \end{Vmatrix}$$

磁类 $222,mm2,mmm$

$$\begin{Vmatrix} 0 & 0 & 0 & Q_{14} & 0 & 0 \\ 0 & 0 & 0 & 0 & Q_{25} & 0 \\ 0 & 0 & 0 & 0 & 0 & Q_{36} \end{Vmatrix}$$

磁类 $32,3m,\bar{3}m$

$$\begin{Vmatrix} 0 & 0 & 0 & Q_{14} & 0 & -2Q_{22} \\ -Q_{22} & Q_{22} & 0 & 0 & -Q_{14} & 0 \\ 0 & 0 & 0 & 0 & 0 & 0 \end{Vmatrix}$$ [①]

磁类 $22'2',m'm'2,m'm2',mm'm'$

$$\begin{Vmatrix} 0 & 0 & 0 & 0 & Q_{15} & 0 \\ 0 & 0 & 0 & Q_{24} & 0 & 0 \\ Q_{31} & Q_{32} & Q_{33} & 0 & 0 & 0 \end{Vmatrix}$$

磁类 $32',3m',\bar{3}m'$

$$\begin{Vmatrix} Q_{11} & -Q_{11} & 0 & 0 & Q_{15} & 0 \\ 0 & 0 & 0 & Q_{15} & 0 & -2Q_{11} \\ Q_{31} & Q_{31} & Q_{33} & 0 & 0 & 0 \end{Vmatrix}$$ [①]

磁类 $4,\bar{4},4/m,6,\bar{6},6/m$

$$\begin{Vmatrix} 0 & 0 & 0 & Q_{14} & Q_{15} & 0 \\ 0 & 0 & 0 & Q_{15} & -Q_{14} & 0 \\ Q_{31} & Q_{31} & Q_{33} & 0 & 0 & 0 \end{Vmatrix}$$

磁类 $6',\bar{6}',6'/m'$

$$\begin{Vmatrix} Q_{11} & -Q_{11} & 0 & 0 & 0 & -2Q_{22} \\ -Q_{22} & Q_{22} & 0 & 0 & 0 & -2Q_{11} \\ 0 & 0 & 0 & 0 & 0 & 0 \end{Vmatrix}$$

磁类 $4',\bar{4}',4'/m$

$$\begin{Vmatrix} 0 & 0 & 0 & Q_{14} & Q_{15} & 0 \\ 0 & 0 & 0 & -Q_{15} & Q_{14} & 0 \\ Q_{31} & -Q_{31} & 0 & 0 & 0 & Q_{36} \end{Vmatrix}$$

磁类 $6'22',6'mm',6'm'2,6'm2',6'/m'mm'$

$$\begin{Vmatrix} 0 & 0 & 0 & 0 & 0 & -2Q_{22} \\ -Q_{22} & Q_{22} & 0 & 0 & 0 & 0 \\ 0 & 0 & 0 & 0 & 0 & 0 \end{Vmatrix}$$ [①]

续表

磁类 $422, 4mm, \bar{4}2m, 4/mmm, 622, 6mm, \bar{6}m2, 6/mmm$	磁类 $23, m3, 4'32', \bar{4}'3m', m3m'$
$\begin{Vmatrix} 0 & 0 & 0 & Q_{14} & 0 & 0 \\ 0 & 0 & 0 & 0 & -Q_{14} & 0 \\ 0 & 0 & 0 & 0 & 0 & 0 \end{Vmatrix}$	$\begin{Vmatrix} 0 & 0 & 0 & Q_{14} & 0 & 0 \\ 0 & 0 & 0 & 0 & Q_{14} & 0 \\ 0 & 0 & 0 & 0 & 0 & Q_{14} \end{Vmatrix}$

① Y 轴和 2 轴重合.

所谓磁电效应是指在施加电场 E_j 时有宏观磁矩 I_i 出现的效应：

$$I_i = Q_{ij}E_j$$

张量 Q_{ij} 是一个二阶轴张量. 和张量 Q_{ijk} 一样，Q_{ij} 的分量在操作 R 作用下必须反号.

如表 4.2 所示，群 G 中的以下 11 个中心对称磁类张量 Q_{ij} 等于零：

$$\bar{1}, 2/m, mmm, 4'/m, 4/mmm, \bar{3}, \bar{3}m, 6/m, 6/mmm, m3, m3m$$

含有普通对称中心结构的群 G′中的以下 10 种磁类的张量 Q_{ij} 都等于零：

$$2'/m', mm'm', 4'/m, 4/mm'm', 4'/mmm', \bar{3}m',$$
$$6'/m', 6/mm'm', 6'/m'mm', m3m'$$

对张量 Q_{ij} 性质的仔细考虑证明，还有下面 11 种磁类的张量 Q_{ij} 也等于零：

$$\bar{6}, 6', 6'/m, \bar{6}m2, \bar{6}m'2', 6'm'm, 6'22', 6'/mmm', \bar{4}3m, 4'32', m'3m$$

因此，在 90－11－10－11＝58 种磁类的晶体中可能发生磁电效应. 表 4.8 列出了可能发生磁电效应的 58 个磁类，并给出了张量 Q_{ij} 系数的矩阵.

前面提到关于压磁效应实验数据不充分也完全适合磁电效应. 磁电效应首先在 Cr_2O_3 晶体（磁类为 $\bar{3}'m'$）中实验观察到. 晶体受到交变电场影响的同时记录了磁化的变化. 后来，也还是在 Cr_2O_3 晶体中证实了磁电效应的逆效应存在，这种逆效应为磁场作用下出现电极化.

同时出现自发磁化和自发极化是晶体中发生的一种特殊磁电效应. 这种罕见的性质为 Ni-I 方硼石晶体 $Ni_3B_7O_{13}I$ 所固有. 当 $T < 64$ K 时，这种晶体属于磁类 $m'm2'$，并且同时是铁电体和弱铁磁体；自发极化和自发磁化则沿着不同的对称轴. 从对称性考虑可知，$m'm2'$ 是表 4.8 中所列的磁类之一，当 $T<64$ K 时，Ni-I 方硼石晶体具有线性磁电效应.

表4.8　可能发生磁电效应的58种磁类的张量 Q_{ij} 系数矩阵

磁类 $1,1'$ $\begin{Vmatrix} Q_{11} & Q_{12} & Q_{13} \\ Q_{21} & Q_{22} & Q_{23} \\ Q_{31} & Q_{32} & Q_{33} \end{Vmatrix}$	磁类 $2,m',2/m'$ $\begin{Vmatrix} Q_{11} & Q_{12} & 0 \\ Q_{21} & Q_{22} & 0 \\ 0 & 0 & Q_{33} \end{Vmatrix}$	磁类 $2',m,2'/m$ $\begin{Vmatrix} 0 & 0 & Q_{13} \\ 0 & 0 & Q_{23} \\ Q_{31} & Q_{32} & 0 \end{Vmatrix}$
磁类 $222,m'm'2,m'm'm'$ $\begin{Vmatrix} Q_{11} & 0 & 0 \\ 0 & Q_{22} & 0 \\ 0 & 0 & Q_{33} \end{Vmatrix}$	磁类 $22'2',2mm,m'm2',m'mm$ $\begin{Vmatrix} 0 & Q_{12} & 0 \\ Q_{21} & 0 & 0 \\ 0 & 0 & 0 \end{Vmatrix}$	磁类 $4,\bar{4}',4/m',3,\bar{3}',6,\bar{6}',6/m'$ $\begin{Vmatrix} Q_{11} & Q_{12} & 0 \\ -Q_{12} & Q_{11} & 0 \\ 0 & 0 & 0 \end{Vmatrix}$
磁类 $4',\bar{4},4'/m'$ $\begin{Vmatrix} Q_{11} & Q_{12} & 0 \\ Q_{12} & -Q_{11} & 0 \\ 0 & 0 & 0 \end{Vmatrix}$	磁类 $422,4m'm',\bar{4}'2m',4/m'm'm',32,3m',\bar{3}'m',622,6m'm',\bar{6}'m'2,6/m'm'm'$ $\begin{Vmatrix} Q_{11} & 0 & 0 \\ 0 & Q_{11} & 0 \\ 0 & 0 & Q_{33} \end{Vmatrix}$	磁类 $4'22',4'mm',\bar{4}2m,\bar{4}2'm',4'/m'mm'$ $\begin{Vmatrix} Q_{11} & 0 & 0 \\ 0 & -Q_{11} & 0 \\ 0 & 0 & 0 \end{Vmatrix}$
磁类 $42'2',4mm,\bar{4}'2'm,4/m'mm,32',3m,\bar{3}'m,62'2',6mm,\bar{6}'m2',6m'mm$ $\begin{Vmatrix} 0 & Q_{12} & 0 \\ -Q_{12} & 0 & 0 \\ 0 & 0 & 0 \end{Vmatrix}$	磁类 $23,m'3,432,\bar{4}'3m',m'3m'$ $\begin{Vmatrix} Q_{11} & 0 & 0 \\ 0 & Q_{11} & 0 \\ 0 & 0 & Q_{11} \end{Vmatrix}$	

值得一提的是，一般，磁电效应(或压磁效应)的探测可以作为诊断晶体的磁对称性类的方法之一．正如前面提到的，Cr_2O_3 晶体属于磁电效应禁止的晶类 $\bar{3}m$，但事实上，Cr_2O_3 晶体表现出磁电效应证明这个反铁磁晶体属于磁类 $\bar{3}'m'$．

第 5 章

半导体晶体

5.1 半导体的基本性质

5.1.1 金属,半导体和绝缘体

电子半导体是指电导率介于金属电导率($a=10^4\sim10^5\ \Omega^{-1}\cdot cm^{-1}$)和绝缘体电导率($\sigma=10^{-20}\sim10^{-10}\ \Omega^{-1}\cdot cm^{-1}$)之间的晶体和非晶固体.区别于离子导体,金属和半导体中的导电性依赖于电子和空穴的漂移.

在文献[2.5]第 3 章给出的晶体中能带理论在半导体中很生动地显示出来,半导体的物理性质和能带的结构有紧密的关系.根据能带理论,晶体中的电子和自由原子中的电子样只能够占据特定的量子态,也就是只能够具有特定的能量.一个孤立原子的不连续的能级体系在晶体中转变为有限带宽的能带体系,它被称为**能带**.1 立方厘米的晶体中含有 $10^{22}\sim10^{23}$ 个原子.这些能带中的能级数目也有相同数量级(每个原子引入其自身的能级到带中).

能带的宽度有几个电子伏特;因此,一个能带中相邻能级的能量差为 10^{-22} eV 的数量级,即能带中的能级实际形成一个连续谱.

能带理论把固体归纳为两类,即分为金属和半导体(绝缘体).金属以在价带中出现自由能级为特征,这些自由能级被在电场中可以加速而具有附加能量的电子占据.当自由原子构成的晶体具有未充满的价电子层时,形成这样的能级.例如 Na 或 Li 原子具有一个 s 价电子,而一个满壳层至少必须要有两个电子.因此,这种晶体的价带仅是半充满的.在碱土元素(Be,Mg,Ca)中,价带是完全充满的,但和导带有重叠.在这两种情况下,电子可以被加速并且转移到自由能级,即在外电场、即使是弱电场作用下,参与电传导.因此,金属的明显特征是在没有激发的基态(在 0 K 时),它们具有传导电子,即这些电子在外电场作用下发生定向运动.

在 0 K 时,半导体和绝缘体中价带是完全填满的,而导带被禁带从价带分隔开,如图 5.1(a)所示,导带不含载流子.因此,不太强的电场不能加速价带中的电子并把它们传送到导带.换句话说,这种晶体在 0 K 必定是理想的绝缘体.当这种晶体被加热或辐照时,电子能够吸收足够的热能或辐照能量迁移到导

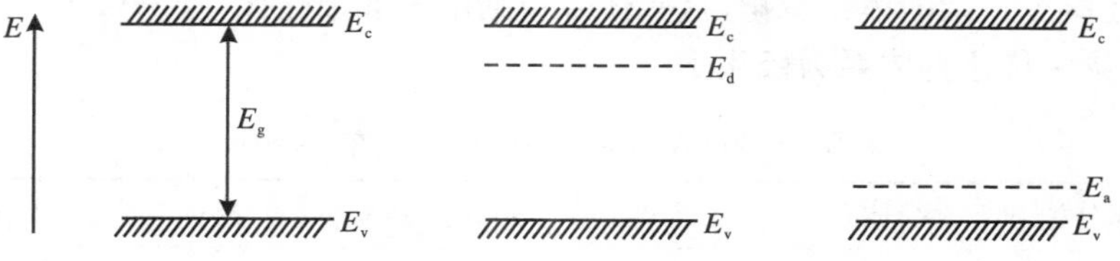

图 5.1 半导体的能带

(a) 内禀半导体；(b) 电子型半导体；(c) 空穴型半导体

带.这种电子能够参与电输运.在这一转变中,某些空穴在价带出现,它们也能参与电输运.一个电子从价带跃迁到导带的概率与 $\exp(-E_g/kT)$成正比,其中E_g为禁带带宽.当 E_g比较大时(2～3 eV),这种概率是很小的.

这样,把晶体划分为金属和非金属的基础是牢固的.相反,把非金属晶体划分为半导体和绝缘体纯粹是习惯.原先认为 $E_g \approx 2 \sim 3$ eV 的晶体属于绝缘体(例子见文献[5.1]),但后来认定:很多这种晶体是典型的半导体,见表 5.1.而且,同一个晶体可能是半导体也可能是绝缘体,取决于杂质的含量或某一组元的剩余原子(超过化学计量比).比如,金刚石($E_g = 5.4$ eV)、氧化锌、氮化镓等晶体中存在这种情况.甚至在钛酸钡和钛酸锶还有二氧化钛等典型的绝缘体中,由于多余金属原子起到杂质的作用(部分还原),这种绝缘体已具有半导体的性质.另一方面,已经知道很多绝缘体和半导体在足够高的压力下表现出金属导电性[5.2].换句话说,同一晶体可能有金属或非金属的性质,取决于温度、压强、杂质含量等因素.因此,严格来说,我们应该区分的是金属状态和半导体状态,而不是金属或半导体.但是在正常条件下,我们区分金属和非金属还是适当的.

把非金属区分为半导体和绝缘体也是合理的,因为已经知道有相当数量的晶体,它们的电导率既不能通过引入杂质也不能通过光照或加热来明显提高.对电导率提高的这种阻碍与光电子非常短的寿命有关,或与晶体中深陷阱的存在有关,这种深陷阱俘获被光激发出来的电子;最后还与电子的极低迁移率有关,即在电场中电子的迁移速度非常低.这种晶体包括化学键是典型离子键的晶体,特别是碱卤化合物晶体.在这些晶体中由于受到电子电场的作用,电子极化其周围的离子.反过来,由于这种极化电场对电子的作用降低了其势能,因此,电子产生了一个极化阱,电子脱离这个阱能量上不利.施加外电场可以使得电子随阱一起运动.极化的低速运动严重地限制了电子的迁移率.

因此,在有极化倾向的晶体中,带电载流子的作用不仅由自由电子或空位承担,还由更复杂的体系承担,这些体系包括电子和极化区.在 Pekar[5.3]提出的相应理论中称这种体系为**极化子**.

表 5.1 300 K 时某些能隙宽为 E_g 的半导体

半导体分类	晶体	E_g(eV)	半导体分类	晶体	E_g(eV)
A^{IV}	C(金刚石)	5.4	$A^{III}B^{V}$	GaAs	1.52
A^{IV}	Si	1.1	$A^{III}B^{V}$	GaSb	0.80
A^{IV}	Ge	0.67	$A^{III}B^{V}$	InP	1.40
$A^{IV}B^{IV}$	SiC(α)	3.10	$A^{III}B^{V}$	InAs	0.43
$A^{III}B^{V}$	GaN	3.60	$A^{III}B^{V}$	InSb	0.22
$A^{III}B^{V}$	GaP	2.32	$A^{II}B^{VI}$	ZnO	3.20
$A^{II}B^{VI}$	ZnS	3.60	$A^{II}B^{VI}$	CdTe	1.51
$A^{II}B^{VI}$	ZnSe	2.80	$A^{IV}B^{VI}$	PbS	0.40
$A^{II}B^{VI}$	ZnTe	2.30	$A^{IV}B^{VI}$	PbSe	0.27
$A^{II}B^{VI}$	CdS	2.42	$A^{IV}B^{VI}$	PbTe	0.30
$A^{II}B^{VI}$	CdSe	1.85			

与**电子半导体**(电输运依靠电子或空穴)一起,有一类晶体,它们的电传导伴随有离子迁移.这些晶体称为**离子导体**或**固体电解质**[5.4].后一个词反映了这样一个事实:在这种晶体中和普通电解质中的带电载流子有相同的性质.晶格中有离子统计(无序的)分布的晶体表现出极高的离子电导性(~0.2 $\Omega^{-1}\cdot cm^{-1}$).离子的数目比格点少,留下很多没有被占据的格点.这大大增加了离子从一个格点跳到另一个格点的概率.这种晶体包括 AgI,Ag_4RbI_5,Ag_2S,Li_3N 等.

固体电解质有很高的能量容量(每千克约含 300 W).由这种材料做成的蓄电池被广泛应用于各种技术,特别是,在城市交通中使用是非常方便的.遗憾的是适合室温使用的、具有足够高的离子电导率的晶体(称为**超离子导体**)还没有被发现.比如说,在公交车上把电池加热到 300~400 ℃不太方便.目前,很多实验室都在寻找超离子导体.

5.1.2 内禀电导率和外赋电导率

在载流子受热力学激活从价带迁移到导带的过程中(在高纯晶体中观察到),电子的浓度总是等于空穴的浓度.由这些载流子的迁移引起的晶体电导率称为**内禀**电导率.内禀载流子浓度与下面的能隙方程有关:

$$n_i = p_i = CT^{-3/2}\exp(-E_g/(kT)) \quad (5.1)$$

其中，n_i和 p_i分别为电子和空穴的浓度，C 为常数，E_g为能隙，k 为玻尔兹曼常数.

内禀电导率一般在相当高的温度下观察到.原因是半导体晶体的大多数能隙为～0.5－2.0 eV，而热激活能为～1.5kT，也就是说，在 300 K 它等于 0.03 eV.一些半导体的内禀载流子浓度列于表 5.2.

表 5.2

晶体	Si	Ge	InSb	GaAs
$n_i(\text{cm}^{-3})$	1.4×10^{10}	2.4×10^{13}	1.7×10^{16}	1.1×10^{7}
$\rho_i(\Omega\cdot\text{cm})$	2.3×10^{5}	47	4.5×10^{-3}	6.4×10^{7}

众所周知，半导体的物理性质不仅与能带结构有关，还与晶体内杂质和缺陷有关.在大多数半导体器件的工作过程中，还要处理由掺杂引起浅的（即低激活能）杂质能级晶体的禁带激发的载流子，如图 5.1(b)，(c)所示.特别值得指出的是：只有在获得高纯晶体并且在其中参入所需的杂质后，才导致在 1948 年 Ge 晶体管效应的发现，带来电子系统和无线电工程的科学与技术革命.

对于锗和硅，这种杂质是周期表中的Ⅴ和Ⅲ族元素.每个Ⅴ族元素有 5 个价电子，而在 Ge 或 Si 晶格中和 4 个近邻原子成键只需要 4 个电子.因此，杂质原子代替基体晶格中的原子后，就多出一个电子.它在离子剩余电场和其他价电子的电场中运动，即在有效电量＋e 的电场中运动，形成类氢体系.在热激活的作用下，这个电子很容易跃迁到导带，因为它与杂质中心的结合能，即施主电离能，仅为～0.01 eV.这种杂质称为**施主**，而这种半导体则称为电子型(n 型).

类似地，由Ⅲ族原子代替基体原子给出了有效电荷为－e 和一个绕它运动的电子空位（正空穴）组成的体系.由于热激活，空穴与杂质中心的束缚也可以不受位置限定，即另一个空穴可能在晶格的其他地方出现，由于不断地和其他电子交换结合使得这个空穴在整个晶体中运动.这一过程类似于一个束缚电子从一个施体脱离，而被称为空穴向自由态的转化.这种类型的杂质称为**受主**，而相应的半导体称为**空穴**(p 型)半导体.

晶体中杂质原子的电离能是可以测定的，比如，利用光谱和杂质光电导率的关系或低温条件下霍尔系数与 $1/T$ 的关系来测定[5.5].利用霍尔测量，Ⅲ和Ⅴ族元素在 Ge 和 Si 中相应的电离能见表 5.3.正如我们所见，所有的电离能要比 Ge 和 Si 的能隙（分别为～0.79 eV 和 1.1 eV）小得多.因此，实际上在温度为 5～10 K 时 Ge 中的杂质中心是完全离子化的.

从杂质中心退定域的自由载流子的迁移引起的晶体电导率被称为**杂质电导率**.在杂质半导体中的自由电子浓度与施主的电离能有如下关系:

$$n_0 = 2(NN_c)^{1/2}\exp[-E_d/(kT)] \tag{5.2}$$

其中,N 为杂质中心总浓度,$N_c = (2\pi m_e kT/h^2)^{2/3}$ 为导带中的态密度(导带中所有允许的能量状态的总数),而 E_d 为施主的电离能.

对空穴浓度也有类似的方程:

$$p_0 = 2(NN_v)^{1/2}\exp[-E_a/(kT)]$$

其中,N_v 为价带中的态密度,而 E_a 为受主的电离能.

表5.3 锗和硅中杂质的电离能

杂质	施主(D)或受主(A)	电离能 (eV)	
		Ge中	Si中
B	A	0.010 4	0.045
Al	A	0.010 2	0.057
Ga	A	0.010 8	0.065
In	A	0.011 2	0.160
P	D	0.012 0	0.044
As	D	0.012 7	0.049
Sb	D	0.009 6	0.039
Bi	D	—	0.069

应当注意,Ⅲ族和Ⅴ族元素在 Ge 和 Si 中的固溶度是相当高的,特别是 Ga,In 和 P 在 Ge 中的固溶度接近每立方厘米 10^{21} 个原子.这使得我们可以在一个很宽的范围内改变电子和空穴浓度,从而设计不同的器件.

可以估计被电子或空穴及相应的杂质中心所占空间的有效尺寸.估算的结果为~$80a_0$,其中 a_0 为氢原子的第一玻尔轨道半径($a_0 = 53\times10^{-8}$ cm).换句话说,杂质电子的波函数包含一个含有晶体大量基体原子的区域.

因此,在半导体晶体中存在3种基本的电导率机制:

(1) **内禀电导率**,其中涉及等数目的电子和空穴.

(2) **电子电导率**,受到从施主中心激发出的电子的影响.

(3) **空穴电导率**,部分电子转移到受主中心后在价带留下的自由空位传输电流.

5.1.3 半导体的电导率

在没有外场的情况下,电子和空穴在晶体中做无规则的热运动,非常类似气体中分子的运动.电子有特定的自由程 l 和等于两次连续跳跃之间的平均时间的弛豫时间 τ.

在外电场的作用下,电子获得附加的速度,其方向与电场相同.如果 τ 是没有限制的,电子速度沿电场方向的增加是无限的,即电子在晶体中的运动将是绝对自由的,但这是不可能的,除非在理想晶体中.

在真实晶体中,完整的周期中总是存在畸变(如杂质、缺陷、原子的热振动等),在畸变处电子受到散射.电子运动加速过程仅仅经过一个自由程 l,然后它经历一次碰撞;而后整个过程又重新开始.如果电子的热运动速度为 v,那么 $\tau = l/v$.这样,在外电场的作用下,电子获得沿着电场方向的附加速度导致了电流的出现,也就是电子沿着电场方向的定向运动(迁移).这一运动的平均速度称为漂移速度 v_d.

电子运动方程具有如下形式:

$$\boldsymbol{F} = m_n \dot{\boldsymbol{v}} = -e\boldsymbol{E}$$

其中,m_n为电子的有效质量.从这个方程可知道,电子的漂移速度与场强 $\boldsymbol{E}$ 成正比:

$$v_d = \mu_n E \tag{5.3}$$

其中

$$\mu_n = e\tau/m_n \tag{5.4}$$

为电子在单位电场中的漂移速度,它被称为**电子迁移率**.

如果只有一种载流子,比如说电子,那么电流密度为

$$j = env_d = en\mu_n E \tag{5.5}$$

其中,n 为电子浓度.根据欧姆定律,有

$$j = \sigma E \tag{5.6}$$

其中,σ 为电导率.比较上面两个方程,得到熟知的方程:

$$\sigma = en\mu_n \tag{5.7}$$

如果电传导不仅涉及电子还涉及空穴,那么

$$\sigma = e(n\mu_n + p\mu_p) \tag{5.8}$$

其中,p 为空穴的浓度而μ_p为空穴迁移率.相应地,有

$$\boldsymbol{j} = e(n\mu_u + p\mu_p)\boldsymbol{E} \tag{5.9}$$

上述讨论仅对各向同性半导体(非晶除外)、多晶物质和立方晶体成立.一般来说,半导体的电传导是各向异性的,并且由一个对称二阶极张量 σ_{ik} 来描述(下一章讨论).碲就是一个各向异性电传导的半导体的例子,它沿着六角轴的电导率几乎是它在垂直方向上电导率的一半:

$$\sigma_x = \sigma_y = 1.95\sigma_z$$

这说明,有效质量的椭球面是在 Z 轴方向受到压缩的旋转椭球面.

一般情况下假设:半导体中的电导率仅在等能面是球面以及载流子的有效质量是标量时才是标量[5.6].在下一章中将会讲到从电导率的角度看立方晶体是各向同性的.至于等能表面,比如在锗和硅中,它们不是球形的:在锗中,它们是沿着4个⟨111⟩方向拉长的旋转椭球面;而在硅中,则是沿着⟨100⟩方向拉伸的椭球面[5.5].对于硅,对应每个椭球面的是一个有效质量张量,该张量在约化为主轴形式后有两个非零的分量 m_L 和 m_T.对所有的椭球面,m_L 和 m_T 的值都是一样的,尽管它们对应于晶体中不同的方向.

如果写出电流密度的方程:$j = \sigma E$,其中 $\sigma = en\mu_c$,μ_c 可以被称为"欧姆"迁移率.μ_c 与有效质量张量的分量有如下关系:

$$\mu_c = (2\mu_T + \mu_L)/3 \tag{5.10}$$

其中,$\mu_T = e\tau/m_T$,$\mu_L = e\tau/m_L$.

相应地,"欧姆"有效质量为

$$\frac{1}{m_c} = \frac{1}{3}\left(\frac{2}{m_T} + \frac{1}{m_L}\right)$$

对处于能带中不同极小值的电子的迁移率进行平均,可得到各方向都相等的"欧姆"迁移率.

但是,如果等能量椭球面和晶体学坐标轴不重合(比如在锗中),那么对应每个椭球面就有一个一般形式的电导率张量,即有非零的非对角线分量.但对所有椭球面取平均,电导率张量的非对角线分量就消失了,而所有的对角线分量则都相等,即电导率张量退化为标量.因此,非球状等能表面并不意味着晶体的电导率必然是各向异性的.

下面测算一些表征半导体性质的量.在300 K的纯锗中,$\mu_n = 4\ 000\ \mathrm{cm^2/(V \cdot s)}$,$m \approx 0.3$ m,即 $e/m_n = 1.8 \times 10^{18}$ CGSE,$\tau \approx 6 \times 10^{-13}$ s.电子的热运动速度(方均值)可由方程 $mv^2/2 = 3kT/2$ 得到,$\bar{v} = 2.5 \times 10^7$ cm/s 或 $l = \bar{v}\tau = 1.5 \times 10^{-5}$ cm;即每个自由程含有几百个原子间距.电子的漂移速度约为 4×10^3 cm/s,这要比热运动速度($E \approx 1$ V/cm 时)的大小要小4个数量级.

半导体区别于金属的特征之一是它们的电导率随温度升高.从前面的叙述(5.1,5.2,5.9节)可得知,这是由于载流子浓度增加引起的.对于载流子迁移率与温度的关系没有那么明显.限制载流子迁移率的主要因素是带电杂质中心、原子的热振动和结构缺陷.

理论计算表明,在共价晶体中载流子受到带电中心的散射为 $\mu \sim T^{3/2}$.这里,我们观察到一个很少见的情形:空穴的电子的迁移率随温度升高.这种关系可以这样解释:温度越高,电子动能越大,其速度越高,也就是电子在带电中心附近飞行的时间越短,因而受到散射的概率越低.但这种明显的依赖关系仅能在低温范围内观察到.在高温范围内,原子热振动的振幅急剧增大,此时热振动对载流子的散射成为主要的.在共价晶体中,$\mu \sim T^{-3/2}$;在离子晶体中,当 $T > \Theta$ 时 $\mu \sim T^{-1/2}$,而当 $T < \Theta$ 时,$\mu \sim T^{\Theta/T}$,其中 Θ 为晶体的德拜温度.

5.1.4 霍尔效应

1879 年发现的霍尔效应成为研究晶体中带电载流子性质最简单、最有效的方法.霍尔电动势的测量使我们能够测定载流子的符号、浓度和迁移率.

在下一章中我们将讲述晶体的霍尔效应是由一个三阶轴张量来描述的以及考虑张量非零分量数目与晶体对称性的关系.我们还将会看到立方晶体的霍尔系数张量仅含一个非零分量而退化成为一个标量.为了找出霍尔系数和带电载流子浓度的关系,我们将考虑这样一个最简单的情形.

已经知道电子在磁场中的运动受到垂直于电子速度和磁场强度 $\boldsymbol{B}$ 的洛伦兹力的作用.因此,如果通有电流 $\boldsymbol{j}$ 的导体放在与电流方向垂直的磁场 $\boldsymbol{B}$ 中,那么在垂直于矢量 $\boldsymbol{B}$ 和 $\boldsymbol{j}$ 构成的平面上的方向上出现一个电动势(霍尔电动势).

显然,在稳定状态下,这个电动势必须和洛伦兹力相平衡.如果电流方向沿着 X 轴,而外磁场沿着 Z 方向,那么作用在电子上的洛伦兹力沿着 Y 方向,并且等于 $-eBv_x$,如图 5.2 所示.

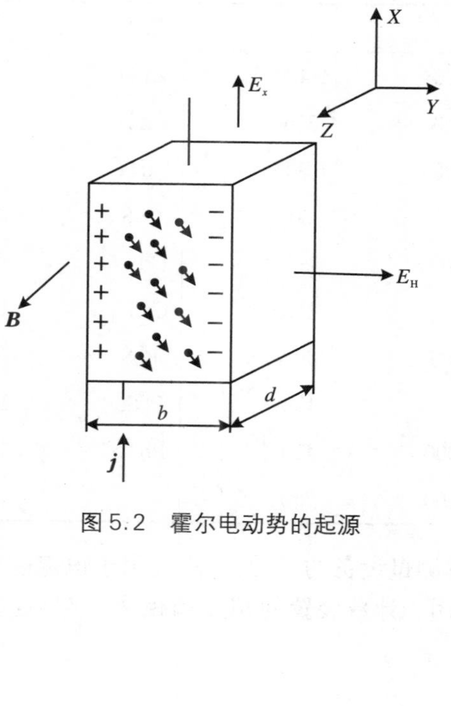

图 5.2 霍尔电动势的起源

抵消洛伦兹力的电场力由下面条件确定：

$$eE_y = -eBv_x = -Bj_x/n \quad (\text{因为 } j_x = env_x)$$

所以

$$E_y = -Bj_x/en = RBj_x \tag{5.11}$$

其中

$$R = -1/(ne) \tag{5.12}$$

为霍尔系数.

如果试样的厚度为 d，而宽度为 b，那么 $j_x = I_x/(bd)$，利用式(5.11)得

$$E_y = RBI_x/(bd) \tag{5.13}$$

因此，霍尔电动势 $E_H = E_Y b$ 就由下式求得：

$$E_H = RBI/d \tag{5.14}$$

通过测定 E_H，B，I 和 d，利用式(5.12)和载流子的浓度相联系，能够测出 R 的值.如果能同时找到 $\sigma = en\mu_n$，就可以得到载流子的迁移率：

$$\mu = R\sigma \tag{5.15}$$

表5.4给出了某些半导体载流子的迁移率.载流子的符号取决于霍尔系数.因此，通过霍尔效应和晶体电导率的测量获得了带电载流子的基本参数，如载流子的浓度、符号和迁移率.

表5.4 某些半导体晶体在300 K时的电子和空穴的迁移率($cm^2/(V\cdot s)$)

晶体	μ_n	μ_p	晶体	μ_n	μ_p
C(金刚石)	1 800	1 400	ZnO	180	–
Si	1 300	500	ZnSe	260	15
Ge	3 800	1 800	ZnTe	1 000	100
SiC	220	50	CdS	300	–
GaN	100	–	CdSe	500	–
GaP	300	100	CdTe	1 500	600
GaAs	8 800	400	PbS	600	600
InP	4 600	150	PbSe	1 000	900
InAs	33 000	460	PbTe	1 600	600
InSb	78 000	730			

霍尔效应是多种测量设备的基础，广泛应用于恒定磁场和交变磁场测量以及磁场分布的探测，用于计数装置的相加和相乘[5.7].这些设备的工作是基于

这样的事实:霍尔电动势与流过霍尔发生器的电流和磁场强度成正比,见式(5.14).因此,通过测量 E_H和 I,我们能够得到 B.霍尔发生器可以做得很小,比如线性尺寸小到 10～20 μm 的薄膜霍尔器件(可以通过一个掩模蒸镀薄膜得到).利用这种霍尔器件,可以测量特定点的磁场,从而得到磁场的空间分布、测定场梯度的存在,等等.

如果把一个霍尔器件放在非常不均匀的场中,它的位置改变将会改变霍尔电动势.因此,器件可以用来探测放入该场中的物体的位置或振动[5.7].带有感应磁场系统(如感应线圈)的霍尔器件是最简单的成倍放大单元.实际上,如果一个信号 $U = U_0\sin\omega_1 t$ 输入到霍尔器件的电流端而另一个信号 $I = I_0\sin(\omega_2 t + \varphi)$输入到场感应线圈的端口,那么,在霍尔接口处获得一个与输入信号成正比的电动势 $E_H \approx U_0 I_0$.因此,输出端将产生一个信号,其大小与输入信号大小的乘积成正比.

5.1.5 光电导性

区别于由热激活在导体中形成的平衡载流子,把其他激活引起的载流子称为非平衡载流子.产生非平衡载流子的最简单方法是用适当波长的光照射半导体.由于非平衡载流子的产生,总的电子浓度自然会增加,从而增大半导体的电导率,这一现象被称为**光电导性**.如果光能量子 $\hbar\omega \geqslant E_g$,辐照会使一个电子从价带跃迁到导带.在这里,我们涉及**内禀光电导性**.如果 $E_d \leqslant \hbar\omega < E_g$,其中 E_d为施主的电离能,那么吸收一个量子则从杂质中心激发一个电子或空穴(**外赋光电导性**).

电子和空穴的光激发伴随着强烈的光吸收.在这里分为**内禀吸收**(当 $\hbar\omega \geqslant E_g$)和**外赋吸收**(当 $\hbar\omega < E_g$).在本征能带间的吸收通常要比外赋吸收高得多.因此,利用某些半导体的吸收谱,可以从本征吸收带边缘测定 E_g的值.

伴随光激发电子-空穴对的产生,附加的电导率为

$$\Delta\sigma = e(\Delta n\mu_n + \Delta p\mu_p) \tag{5.16}$$

当平衡载流子浓度相对低时,辐照可以改变晶体的电导率几百甚至几千倍.这是光敏电阻用于探测和测量光信号强度的依据.

显然,在辐照中,电子和空穴的浓度不能无限增加.当电子处于价带的空穴附近或在空的杂质中心附近时,电子可以填充这些空穴,向晶格释放出多余的能量或以放出相应频率光子的形式释放多余能量.这个过程被称为载流子的**复合**.多余的能量向晶体释放的复合称为**非辐照复合**;以发射光子的形式释放能量的复合称为**辐照复合**.辐照跃迁形成了**光二极管**以及**半导体激光器**的工作基础.

光电导性与常规电导性或暗电导性的区别仅仅在于带电载流子的产生方式. 至于电流流过晶体的机制,特别是电流密度 $\boldsymbol{j}$ 和场强 $\boldsymbol{E}$ 之间的关系,光电导性和常规电导性是一样的. 这就意味着,从光电导性角度看立方晶体是各向同性的,而单轴晶体有两个光电导率主系数,三轴晶体有 3 个光电导率主系数. 特殊地,在 CdS 和 CdSe 晶体中观察到光导电性的各向导性.

在制备光敏电阻时,习惯上使用 $A^{\mathrm{II}}B^{\mathrm{VI}}$ 化合物晶体,如 ZnO,ZnS,ZnSe,ZnTe,CdS,CdSe,CdTe,还有 $A^{\mathrm{IV}}B^{\mathrm{VI}}$ 化合物晶体,如 PbS,PbSe,PbTe 和 $Pb_xSn_{1-x}Te$,这些化合物在可见光范围内(第一组)或在它们各自的光谱范围内(第二组)具有高度的光敏性.

5.2　电子-空穴结

5.2.1　电子能量分布

在分析半导体中的很多现象和描述半导体器件的工作原理时,了解电子和空穴在各个能级的分布规律是十分必要的. 为了描述这个规律,引入所谓分布函数 $f(\varepsilon)$,以表征具有给定能量 ε 的能级的占有概率.

根据量子统计,分布函数 $f(\varepsilon)$ 仅取决于能量,而且等于

$$f(\varepsilon) = \left[\exp\left(\frac{\varepsilon - \varepsilon_F}{kT}\right) + 1\right]^{-1} \tag{5.17}$$

其中,ε_F为每个电子的平均热力学势,更多的时候,这个量被称为化学势能级或**费米能级**.

下面仔细考虑这个函数. 如果 $\varepsilon > \varepsilon_F$,那么,当 $T \to 0$ 时,$f(\varepsilon)$也趋向于零;如果 $\varepsilon < \varepsilon_F$,那么当 $T \to 0$ 时,$(\varepsilon - \varepsilon_F)/(kT) \to -\infty$,而 $f(\varepsilon) \to 1$;在 $\varepsilon = \varepsilon_F$处,$f(\varepsilon)$从 1 跳到 0,因而可以折线(断开的)表示,如图 5.3 所示. 这意味着,在 $T = 0$ K 时,低于费米能级的所有能级都是充满的,而那些比费米能级高的能级都是空的. 因此,在 0 K 时金属的费米能级穿过价带的中间. 如果 $T \neq 0$ K,那么在 $(\varepsilon - \varepsilon_F)/(kT) \gg 0$ 处 $f(\varepsilon) = 0$,而在$(\varepsilon - \varepsilon_F)/(kT) \ll 0$ 处 $f(\varepsilon) = 1$,但是当 ε 的值接近ε_F时,情况就不一样了. 当 $\varepsilon = \varepsilon_F$时,$f(\varepsilon) = 1/2$;当 $\varepsilon < \varepsilon_F$时,$1/2 <$

$f(\varepsilon)<1$；而当 $\varepsilon>\varepsilon_F$ 时，$0<f(\varepsilon)<1/2$. 故函数 $f(\varepsilon)$ 在 $0\sim 4kT$ 范围内从 1 光滑地变到 0，如图 5.3 所示. 这意味着随着温度的升高，某些电子从能带的下半部跃迁到上半部. 在室温，转变发生在约 $4kT$ 的能量范围(仅为 0.1 eV). 因此，平均来说，当温度 T 改变时金属中所有自由电子的能量实际上仍然保持不变. 当电子的能量与温度无关时，这些电子的状态称为**简并态**.

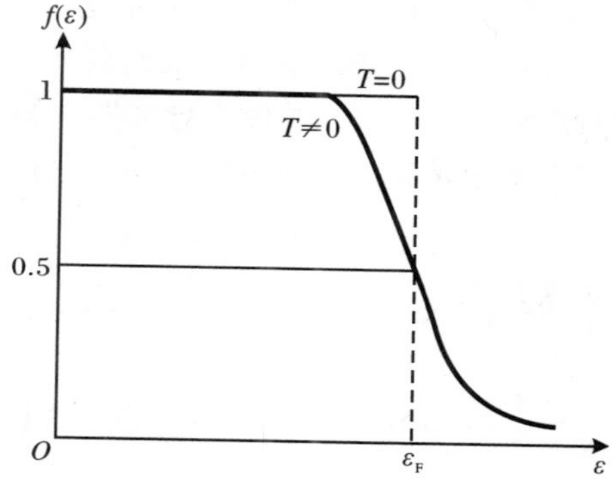

图 5.3 $f(\varepsilon)$分布函数

对半导体而言，情况在本质上是不同的. 半导体中自由电子的数目在 $10^{13}\,cm^{-3}$ 到 $10^{18}\,cm^{-3}$ 之间变化，而在导带中总的电子数目或者说态的数目等于 $2N\cdot g$，其中 N 为原子数目，g 是形成能带的原子能级上的电子数目. 1 立方厘米的晶体含有约 10^{22} 个原子，因而态的数目也是在相同的数量级. 因此，能带中被电子占据的电子能级部分小得可以忽略，即 $f(\varepsilon)\ll 1$ 或同样地 $(\varepsilon-\varepsilon_F)/(kT)\gg 1$；这就是说化学势能级必须低于导带的底部. 这样我们忽略式(5.17)中的 1，得到：

$$f(\varepsilon)=\exp\left(\frac{\varepsilon_F-\varepsilon}{kT}\right) \tag{5.18}$$

这个方程就是熟知的麦克斯韦-玻尔兹曼分布，由式(5.18)描述的电子气状态称为**非简并态**.

从上面的讨论可以知道，电子简并的程度越高，处于导带的电子越多(即杂质浓度和温度越高). 内禀半导体的载流子浓度取决于 E_g. 相应地，E_g 小的半导体简并态处于相对低的温度，如式(5.1). 这些对空穴半导体也是成立的.

在非简并半导体中，电子的平均动能等于 $3kT/2$，在 300 K 时约为 0.03 eV. 换句话说，电子在晶体中的原子间运动时与原子发生碰撞而交换能量，即与晶格处于热平衡. 电子做无规则热运动的速率约为 10^7 cm/s.

金属中的情况十分不同.金属的价带宽度为几个 eV.如果在这样一个能带中,所有的态都充满到至少 1 eV 的水平(由于电子的高浓度),那么,原子的热振动不能影响电子的能量分布(即使在高达1 000 K 的温度,原子热振动的能量约为 0.1 eV).

费米能级对描述半导体中的很多现象非常重要.如果两个或几个半导体放在一起相互接触,即有交换自由载流子的机会,它们迟早会达到热力学平衡状态.那么它们的化学势,即从同一个能级推算出来的费米能级是相等的.这一事实被广泛用于分析接触现象和带有 p-n 结的半导体器件的工作原理.

内禀半导体中导带的电子浓度和价带的空穴浓度与费米能级之间有如下关系:

$$n_{\mathrm{i}} = 2\left(\frac{2\pi m_{\mathrm{n}}kT}{h^2}\right)^{\frac{3}{2}}\exp(\varepsilon_{\mathrm{F}}/(kT)) = N_{\mathrm{c}}\exp(\varepsilon_{\mathrm{F}}/(kT)) \tag{5.19}$$

$$p_{\mathrm{i}} = 2\left(\frac{2\pi m_{\mathrm{p}}kT}{h^2}\right)^{\frac{3}{2}}\exp\left(-\frac{\varepsilon_{\mathrm{F}}+E_{\mathrm{g}}}{kT}\right) = N_{\mathrm{v}}\exp\left(-\frac{\varepsilon_{\mathrm{F}}+E_{\mathrm{g}}}{kT}\right) \tag{5.20}$$

其中,N_{c}和 N_{v}分别为导带和价带的态密度,即式(5.2),而 m_{n}和 m_{p}分别为电子和空穴的有效质量.令 $n_{\mathrm{i}} = p_{\mathrm{i}}$可得到 ε_{F}:

$$\varepsilon_{\mathrm{F}} = -\frac{E_{\mathrm{g}}}{2} + \frac{3kT}{4}\ln\frac{m_{\mathrm{p}}}{m_{\mathrm{n}}} \tag{5.21}$$

当 $m_{\mathrm{p}} = m_{\mathrm{n}}$时,费米能级恰好穿过禁带的中间.在半导体中,如 InSb,$m_{\mathrm{p}}/m_{\mathrm{n}} \approx 20$,$E_{\mathrm{g}} = 0.2$ eV,费米能级明显地移向导带.把 ε_{F}的值代入式(5.19)和式(5.20),可得到

$$n_{\mathrm{i}} = p_{\mathrm{i}} = 2(2\pi kT/h^2)^{\frac{3}{2}}(m_{\mathrm{n}}m_{\mathrm{p}})^{\frac{3}{4}}\exp(-E_{\mathrm{g}}/(2kT)) \tag{5.22}$$

因为在内禀半导体中 $n_{\mathrm{i}} = p_{\mathrm{i}}$,把式(5.19)乘以式(5.20),得到熟知的载流子浓度的表达式:

$$n_{\mathrm{i}} = (N_{\mathrm{c}}N_{\mathrm{v}})^{\frac{1}{2}}\exp(-E_{\mathrm{g}}/(2kT)) \tag{5.23}$$

方程(5.21)也可以用 N_{c}和 N_{v}表示:

$$\varepsilon_{\mathrm{F}} = -\frac{E_{\mathrm{g}}}{2} - \frac{1}{2}kT\ln\frac{N_{\mathrm{v}}}{N_{\mathrm{c}}} \tag{5.24}$$

对杂质半导体也有类似的方程,只不过在方程中能隙的位置被施主电离能 E_{d}和受主电离能 E_{a}替代,方程还含有施主中心和受主中心的浓度 N_{d}和 N_{a},例如:

$$n = (N_{\mathrm{d}}N_{\mathrm{c}})^{\frac{1}{2}}\exp(-E_{\mathrm{g}}/(2kT)), \quad \varepsilon_{\mathrm{F}} = -E_{\mathrm{d}}/2 - (kT/2)\ln\frac{N_{\mathrm{v}}}{N_{\mathrm{d}}}$$

当 $T=0$ 时,杂质电子半导体的化学势能级处于导带底和施主能级之间.温

度的升高引起电子向导带的跃迁和这些电子的散射(从导带底"蒸发").当第一过程占主要地位时,导带中的电子气密度增大,同时费米能级升高.如果第二过程占主导,费米能级降低,当有一半的杂质电子转移到导带后,费米能级和杂质能级相等,随后又继续下降到接近能隙的中间,进入内禀半导体的区域,见图5.4.在空穴半导体中也有类似的过程发生.

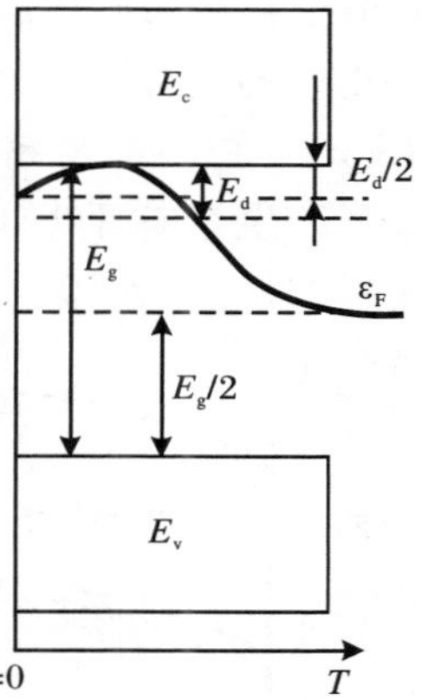

图5.4 电子半导体的费米能级位置与温度的关系

5.2.2 半导体-金属接触

当两种不同的半导体或一种半导体和金属接触时,经常会出现势垒,这在半导体器件的工作中起到重要的作用.例如,考虑一种金属和一种n型半导体的接触.它们接触之前的能量图如图5.5(a)所示,而图5.5(b),(c)则是它们接触之后形成的能量图.这里,E_0为处于真空的电子的能级,E_c和E_v分别为半导体的能带边界能级,而ε_m和ε_s分别为金属和半导体中费米能级的位置.

如果金属的功函数比半导体的低,那么在形成接触之后更多的电子将从金属向半导体迁移;否则反之.在相反的情况下,迁移情形正相反.平衡时,我们得到如图5.5(b),(c)所示的图样.能带边缘略为弯曲,而在半导体的接触层电子浓度将会比体内高一些(如图5.5(b))或者低一些(如图5.5(c)).因此,在界面处存在势垒eU_c,其中U_c为半导体内和接触层(耗尽或富集)的电子浓度不同而引起的电势差.根据平衡时费米能级相等的条件,可以得到在接触层出现的势垒高度:

$$eU_c = \varepsilon_s - \varepsilon_m \tag{5.25}$$

其中,ε_s和ε_m分别为半导体和金属在接触前的费米能级位置.利用化学势和热

电子功函数 Φ 的关系：$\Phi = E_0 - \varepsilon_F$，其中 E_0 为真空中电子的能量，可以把式(5.25)写成

$$eU_c = \Phi_m - \Phi_s \tag{5.26}$$

在金属和半导体的接触处，如果半导体中出现载流子富集层，这种接触是**欧姆接触**.

要达到电流整流的目的，电子耗尽层的形成是重要的. 让我们考虑得更仔细些. 我们需要估算从半导体向金属迁移的电子数目以便建立平衡时的电势差 U_c. 假设功函数之差为 $eU_c = 1$ eV，而金属-半导体间隙为 $d = 10^{-7}$ cm，那么在间隙中的场 $E = 10^7$ V/cm，而产生这样的场所需的表面电荷密度为 $q = E/(4\pi)$. 因此需要有 $n = q/e = E/(4\pi e) \approx 10^{12}$ 个电子从半导体向金属迁移.

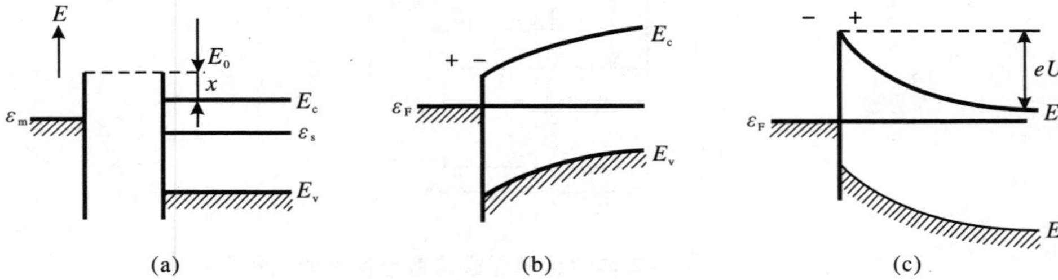

图 5.5 半导体和金属形成接触前(a)、后(b)(c)的能带

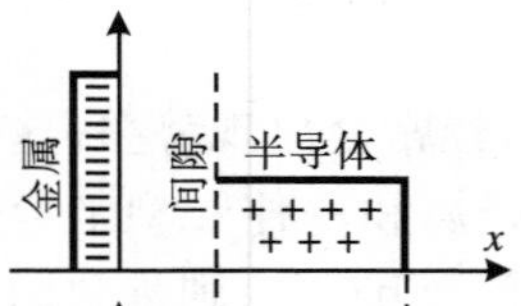

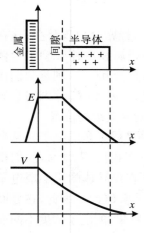

图 5.6 电子半导体与金属接触的接触层中电荷、场强和电势的分布

如果半导体中施主中心的浓度为～10^{16} cm^{-3}，那么，要引起这样的电量必须在离表面为～10^{-4} cm 处电离所有的施主. 这大约是间隙宽度（约 10 Å）的 1 000 倍. 因此，半导体需要一层厚度约为 1 μm 的空间电荷（因为电子已逃逸），层中的电荷密度是近似恒定的，场强是线性增加的，电势的变化则是二次关系，如图 5.6 所示. 这里主要的电势下降不是发生在间隙中，而是在空间电荷层中. 这个层提供了非常高的电阻，它被称为**阻挡层**，而相应的接触则被称为**整流接触**.

穿过整流接触的电流通道取决于外加电势差 V 的符号. 如果给接触加上的电势差使阻挡层的厚度随外加电压增加，通过势垒的电流减小：

$$I_1 = I_s \exp(-eV/(kT)) \tag{5.27a}$$

其中，I_s 为饱和电流. 在相反的情况下，势垒高度降低，电流增大.

$$I_1 = I_s \exp(eV/(kT)) \tag{5.27b}$$

更好的电压-电流特征式子是

$$I = I_s[\exp(eV/(kT)) - 1] \tag{5.28}$$

利用式(5.28)可以知道,在半导体相对于金属的正电势处,电流随电压快速增大.早在 eV 等于几个 kT 的时候,电流呈指数增加(数 1 可以被忽略掉).如果 $V<0$,指数快速降低,而在 $eV \approx kT$ 处,$I = -I_s$,如图 5.7 所示,即电流达到饱和.

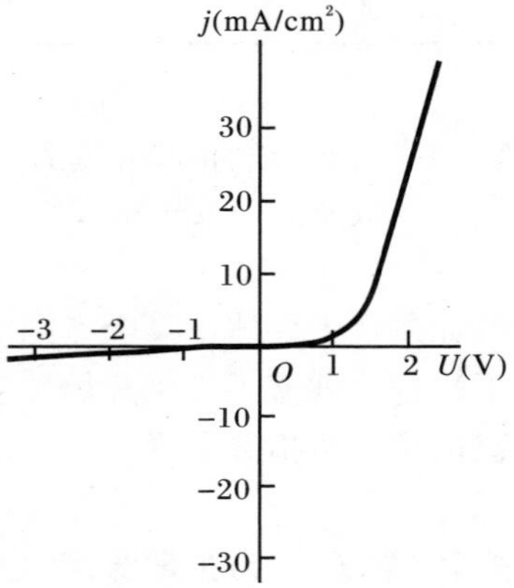

图 5.7 Ag-ZnO 接触的电压-电流特征曲线

金属-半导体接触的单向电导性在半导体整流器中应用广泛.近年来,这种接触又广泛应用于制备 Si 片的集成电路和以各种晶体制成的各种器件,这些晶体有 ZnO, CdS, CdSe 和其他空穴导电性或 p-n 结不能获得的化合物等.

5.2.3 带 p-n 结的半导体二极管

如果一个半导体晶体的某部分含有施主类型的杂质,另一部分含有受主类型杂质,在这两部分的界面处将出现一个电子-空穴结(p-n 结),如图 5.8(a)所示.

假设晶体的这两部分接触.电子从富集电子的 n 区转到电子贫乏的 p 区,类似地,空穴则从 p 区向 n 区运动.这个跃迁不能无限进行下去.事实上,当电子从 n 区逃逸时,它们留下了未被电子抵消的施主中心(正离子),相似地 p 区获得带负电的受主中心.但是,部分载流子将会迁移到附近区域,使得与界面连接的 n 型材料获得正电荷,而与界面连接的 p 型材料获得负电荷.

电子和空穴的迁移一直持续下去,直到引起的电势差 φ_0、抵消电子和空穴半导体的功函数之差,此时,这两部分的费米能级相等,如图 5.8(b).然后在迁移区域出现一个电场,阻止主要的载流子跨过界面进一步扩散.只有具有足够高能量的载流子才能克服电场的反作用力并进入迁移区域.在电场的作用下相同数量的载流子沿相反方向运动.换句话说,在平衡条件下,两个方向的载流子流是相同的.

迁移层内几乎没有自由载流子,自由载流子不能在层内逗留也不能快速飞过迁移层.这个载流子耗尽层(厚约 1 μm)与晶体的其他部分相比,提供了非常高的电阻,如图 5.8(c)所示.因此,当一个带 p-n 结的晶体被接上电路时,实际上所有的电压都集中在 p-n 结上.

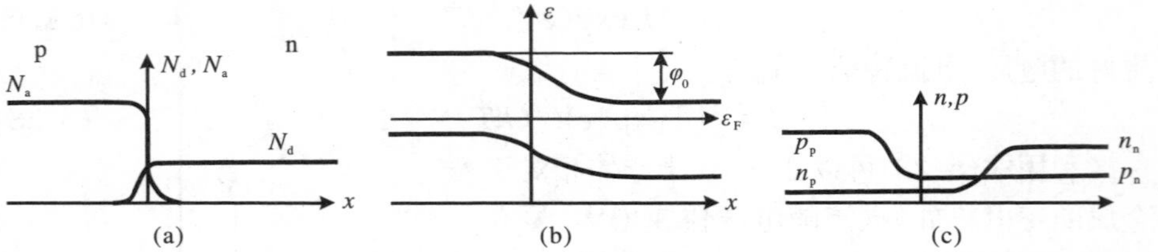

图 5.8 带 p-n 结的晶体中施主(N_d)和受主(N_a)的杂质分布(a),电势分布(b)和自由载流子(c)的分布

如果在半导体中某个点的载流子浓度超出其平衡浓度为 Δn_0(如在辐照条件下),这些载流子立刻开始扩散(耗散),而且由于复合它们的浓度随着与该点距离的增加呈指数下降:

$$\Delta n(x) = \Delta n_0 \exp(-x/L)$$

其中,常数 L 称为**扩散长度**,也就是非平衡浓度减小 e 倍的距离.扩散长度 L 与扩散系数 D 和载流子寿命时间 τ 的关系用爱因斯坦方程表示:

$$L = \sqrt{D\tau} \tag{5.29}$$

现在,假设这个 p-n 结在传输方向上受到外加电压的作用(在 p 区为 +).那么,空穴将会流入 n 区,成为少数载流子并和电子复合.但是,由于 τ_p 值有限,这种复合不是马上发生,而是在通过 p-n 结之后还延续一段距离,在那里空穴浓度仍将保持比平衡空穴浓度 p_n 高.同时,在 n 区的电子浓度也将增大,因为从电极涌现的附加电子会抵消到达 n 区的空穴的空间电荷.在 n 区的电子也有相同的情况.在外加电场的作用下,这些电子中的一部分将会跨过 p-n 结进入 p 区,与空穴复合;相反,从电极涌现的额外空穴将会进入 p 区内抵消电子的电荷.这个现象被称为少子的**注入**.

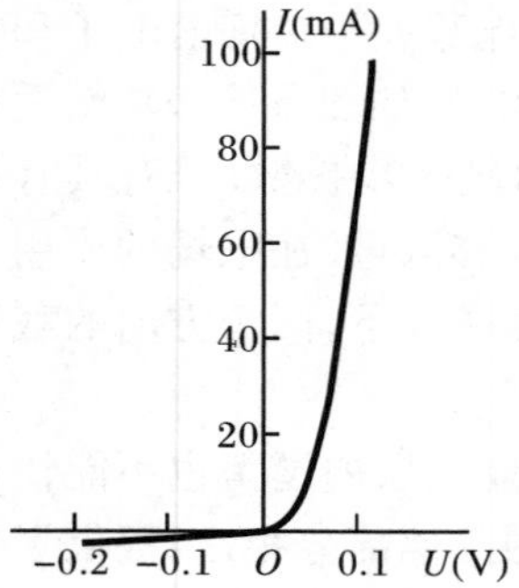

图 5.9 带 p-n 结的 Ge 二极管的电流-电压特性曲线

少子的注入造成了 p-n 结电流-电压特性曲线的陡峭非线性特点,其电流-电压曲线由表征金属-半导体整流接触相同的方程描述.正的外加电压导致空穴从 p 区向 n 区注入以及空穴与电子的充分复合.电子从 n 区向 p 区注入的情形也是一样的.这些复合电流即使在低电压下也可以很高,因为主载流子的浓度足够高,而注入并不伴随着明显的空间电荷的产生.

在 p 区加负电压,势垒高度增加,而且只有浓度比主载流子低得多的少子才能跨过 p-n 结. 因此, p-n 结的反向电流是很小的, 如图 5.9 所示.

由于电流-电压曲线的非线性特征, p-n 结被广泛应用于交流电整流, 用于探测和转换信号. 在大功率整流器中, p-n 结的面积做得很大以增大电流, 而迁移层的厚度也增大以提高击穿电压. 这可以通过制备三层结构即 p-i-n 结构来实现, 其中中间层 i 具有内禀电导性.

在半导体二极管的生产中, 广泛应用的是 Ge 和 Si 晶体, 还有 GaP, GaAs, InAs, InSb, 还有其他化合物以及如 $GaAs_{1-x}P_x$, $Ga_{1-x}In_xAs$ 等类型的固溶体. 最近已经设计了金刚石晶体的 p-n 结.

5.2.4 三极管半导体(晶体管)

一种用于放大和产生电子信号的器件——晶体管的发明成为晶体物理领域最重要的成果之一. 这一发明促进了半导体物理学和微电子学、计算机技术和控制论的快速发展. 晶体管的示意图如图 5.10 所示. 它是由一个很窄(~1 μm)的 n 型区域把两个 p 型区域分开的半导体晶片构成的. 器件的左边部分为发射极, 中间部分为基极, 而右边部分成为集电极, 如图 5.10 中的 E, B 和 C. 发射极的空穴浓度一般比基极电子浓度大两个数量级. 如果将直流电压加到左边的结上, 空穴就会通过结注入. 因为基极很薄, 大多数空穴将会到达右边的结(结的电压反向), 在右边结的反向电场作用下, 空穴将会倾倒到集电极. 因此, 当左边的结是开放的时候, 流过右边结的电流和流过左边结的电流几乎相同, 而不是弱的反向电流, 此时蓄电池的电动势将在电阻 R_C 上产生一个相当大的电压降低 $V = IR_C$. 由于通过 p-n 结的直流电流强烈地依赖于电压, 晶体管中的电流会随着左边结两边的电压的微小变化而明显地改变. 因此, 一个双极晶体管类似一个真空三极管, 其发射极起到阴极的作用, 集电极起到阳极的作用, 而基极则起到栅极的作用.

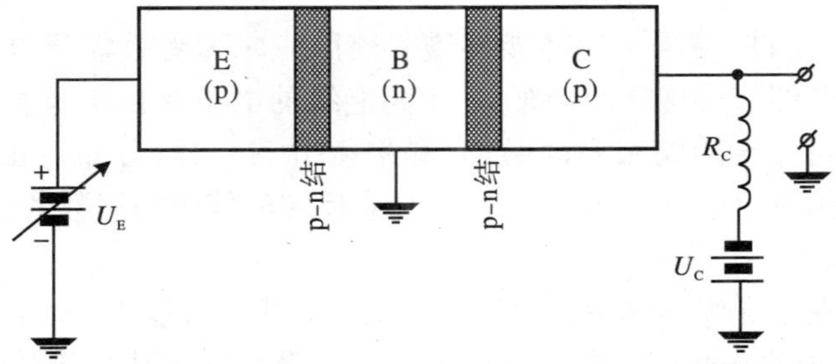

图 5.10 p-n-p 晶体管电路

在刚开始生产二极管和晶体管 p-n 结时，把必需的掺杂剂加到拉单晶的熔液中，或利用掺杂剂(密封在小玻璃管中)从气相扩散进入或者从沉积在半导体表面的金属小滴扩散进入.后来外延技术被广泛应用于这个目的，即在衬底上生长含有所需掺杂剂类型和浓度的单晶半导体薄层.这一技术非常有前景，目前，该技术已广泛应用于工业，特别是集成电路制造业，即在同一块单晶片上制作许许多多微米级的器件，它还应用于多层结构的生产，比如那些用于半导体激光器的多层结构.

近年，分子束外延方法也得到应用，它是以真空中的分子束凝结为基础的.利用几个不同的蒸发器，它可以制备不同成分和一般称为超晶格的很薄的薄层(极限是单个分子)；超晶格是沿着垂直于表面的方向成分做周期性变化的多层结构，比如，10～50 Å 的 GaAs 和 Ge 层.这种人工“超结构”肯定具有多种重要的性质[5.8].利用单晶薄膜外延生产 p-n 结和多层结构的想法是首先由苏联科学院晶体研究所于 1954 年提出的[5.9].

后来，也采用离子注入方法来生产半导体器件和集成电路，即用特殊加速器中获得几十到几百 keV 的、器件必需的高能离子注入半导体表面的薄层[5.10].

5.2.5 半导体激光

受激辐照仅可以从处于**负温度**状态的半导体和电介质晶体中获得.如前所述，在正常条件下，在半导体内建立的是电子和空穴的能量平衡分布，这种分布可以用费米函数式(5.17)描述.此时，电子(为了清楚起见，我们将只用电子来说明)在低能级的数目远比高能级的多.这些能级之间不停地交换电子；只有吸收能量才造成粒子从低能级向高能级的跃迁，而粒子从高能级向低能级的跃迁伴随有能量的释放.利用这种系统产生增强辐照的可能性是很低的，因为在低能级的电子浓度要比高能级的大很多.换句话说，处于热平衡状态的晶体不能增强入射辐照.

为了创造条件，使得半导体能够增强辐照或成为受激辐照源，必须扰乱电子的平衡分布，即获得这样的分布：处于高能级的电子数目比低能级的多.换种说法，必须获得**反转的能级布居数**，它和平衡分布一样，分布可由式(5.17)描述，但在 T 前面要加上一个负号.因此，具有反转的能级布居数的状态通常称为**负温度状态**.

原则上，在半导体晶体中获得负温度状态有两种可能的方法：

(1) 扰乱**能带内平衡**.例如，借助于某种力量使电子从能带的低能部分(比如导带)跃起到了高能部分，但是被扰乱的平衡的恢复只需非常短的时间

$(10^{-13}\ s)$. 因此，这种获得**反转**能级布居数的方法是不现实的.

(2) 扰乱**能带间的平衡**. 如果电子从价带跃迁到导带，这种能带间跃迁的弛豫时间要比前一种情况长得多，可以为 $10^{-9}\sim10^{-3}$ s 不等. 因此，这种方法对实现反转能级布居数是相当可能的.

由于能带内的平衡在约 10^{-13} s 内恢复，可以假设所有跃迁到导带的电子有足够的时间在晶格内达到平衡，即它们聚集在薄膜层导带的底部；类似地，所有的空穴将聚集在价带的顶部. 因此，在半导体晶体中有可能增强或产生辐照，其量子的能量大约等于能隙. 所以，只有通过扰乱能带间的平衡获得负温度状态.

对电介质激光器，实现负温度状态的主要方法为**光抽运**. 这种方法的缺点是：抽运源的宽光谱造成的低转换率. 短波长的辐照在晶体的薄表层被吸收转变为热量，而长波长的辐照不被晶体吸收，即它不参与激发. **电子束激发**方法更有前景，因为电子完全被固体吸收，但这个方法最大的缺点是在受辐照晶体产生缺陷和相关抽运设备(电子枪及其动力源)庞大. 因为这些原因，电子束抽运仅应用在这样的晶体来产生激光：晶体内不能制成 p-n 结，如 CdS, CdSe, ZnO, GaN 等. 在半导体晶体中实现反转布居数密度最有前景的方法是穿过 p-n 结的**电子和空穴的注入**.

下面简要地考虑这个方法. 设想一个带 p-n 结的晶体，其 n 区被严重地掺杂了施主，p 区掺杂了受主. 那么 n 区的导带将有足够数目的电子，而价带的电子将会占据受主能级，即在价带中形成足够多的空穴，让导带电子运动进来. 如果晶体的这两部分不是被 p-n 结分开，导带的电子可能会“掉”进价带并且和空穴复合，结果获得一束复合辐照的明亮的光脉冲，如图 5.11 所示. 因此，如果能把 p-n 结的势垒去掉，那么就能够获得布居数反转的能级密度.

如前所述，p-n 结的势垒可以通过对 p-n 结施加正方向的电压来降低. 在高掺杂条件下，晶体两部分实际上都是简并的，电子和空穴的准费米能级①分别位于能带内. 如果我们对这种晶体施加一个正电压 V，其值满足条件 $eV>E_g$，p-n 结的势垒实际上会消失，而强电流将会流过晶体. 由于势垒的消失，导带电子将运动到 p 区的价带，并且有效地和空穴复合. 在某些半导体中，这种复合伴有强烈的光辐照，而这种半导体被应用于制造激光器，如 GaAs, InAs, InSb 等.

少子的复合自然伴随有相关能带的耗尽. 因此，为了再次产生反转布居数密度，必须通过电子向 n 区和空穴向对 p 区的连续注入来补偿非平衡载流子的

① 当在晶体能带中有非平衡载流子出现时，费米能级 ε_F 分裂成电子和空穴的准能级 ε_n 和 ε_p，它们分别在自己的能带中移动. 载流子的浓度越高，ε_n 和 ε_p 越分别接近导带底和价带顶. 在简并的半导体中，准费米能级位于相应的能带之内.

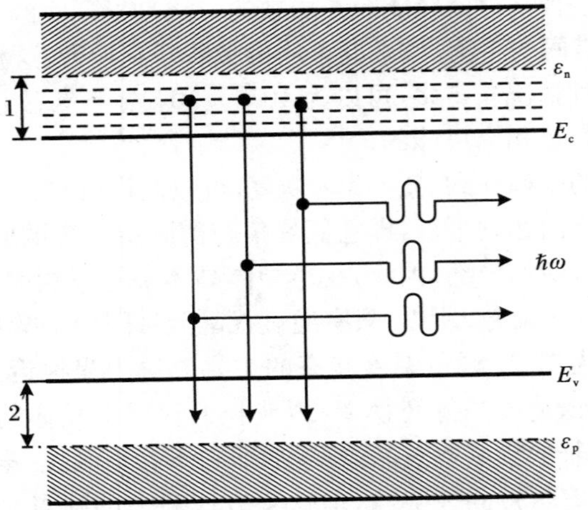

图5.11 半导体晶体中能带间布居数反转的能级(ε_n和ε_p分别为电子和空穴的准费米能级)
1.充满状态的区域;2.空位状态的区域

消失.这种注入可通过一个外加电流源来实现,电流源在这里起到抽运源的作用.

已经知道:要建立激光产生状态,必须在辐照和吸收之间获得一个正的反馈.在一般的激光中,这个反馈是通过带有平行边镜面的**法布里-珀罗共振器**来实现的.在半导体激光器中,试样本身就作为一个共振器,因为半导体的折射率较高($n=3\sim4$),而半导体-空气界面可以反射高达30%的辐照.这种"镜面"的平行是由提供垂直于p-n结的解理面自动获得的.半导体激光器的高放大因子($\sim$2 000 cm^{-1})使得非常小尺寸的晶体(几分之一毫米)的激光器制造成为可能.

早期的注入式激光器是在掺杂了锌(p区)和硒(n区)的GaAs晶体上制成的.在第一台激光器上,穿过p-n结使得激光辐照光相干的电流阈值是每平方厘米几千安,因而它们只能在低温(4~20 K)条件下工作.如果电流密度低于阈值,辐照是非相干的,即激光器像一般的光二极管一样工作.目前,电流密度阈值已经降低到100 A/cm^2,而半导体激光器也可以在室温工作.这些参数的改进,主要是利用了$Ga_{1-x}Al_xAs$型固溶体晶体的多层异质结[5.11],完善激光器制造技术.由于高放大因子和高阈值电流密度,注入式激光器变得非常小,例如辐照面积为$\sim10^{-4}$ cm^2,辐照功率为~10 W和效率为70%~80%[5.12].

5.2.6 带 p-n 结的光电池

在氧化铜整流器问世不久，就发现对整流器的辐照可以产生感生电流而不需要线路中外加电动势.这成为制备把光信号转化为电信号的阻挡层光电池的基础.比如，这种器件用于照射量计.它们不用于电力生产，因为它们的效率只有百分之零点几.但是在带 p-n 结的锗和硅光电池问世后改变了这种情况.

这类光电池的效率为 10%～20%，而含有异质结的器件可以提高到 30%[5.11].这打开了利用光电池把太阳能转化为电能的通道.

下面简要讨论带有 p-n 结的光电池的工作原理.假设具有足够产生电子-空穴对的量子能量的光束照射到含有 p-n 结的晶体表面，如图 5.12 所示.为简单起见，我们假设整束光在 n 区被吸收，而且从辐照表面到 p-n 结的距离要比空穴的扩散长度小.那么，所有的光照感生的空穴将会到达 p-n 结并且在接触电势差 eU_c的作用下迁移到 p 区.光照感生的电子是 n 区的多子；不像空穴，这些电子将被 p-n 结的接触电场抑制而继续留在 n 区.

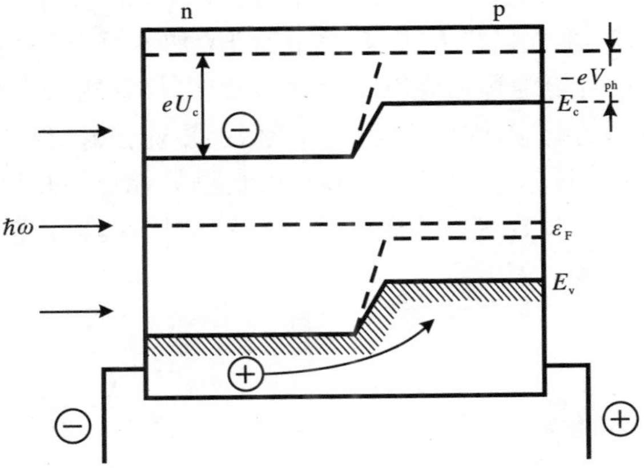

图 5.12 光电池中光电动势的产生

因此，在辐照作用下，光电流将会流过 p-n 结：

$$I_{ph} = eRL_p \tag{5.30}$$

其中，R 为每秒内光感生的电子数目，L_p为空穴的扩散长度.空穴从 n 区逃逸的结果使得这个区域将会带负电而 p 区带正电，而在两个区之间将产生电势差 eV_{ph}，它通常被称为光电动势，如图 5.12 所示.这个电动势降低接触电势差 eU_c，而所谓的漏电流将沿相反方向流过 p-n 结：

$$I_1 = I_s[\exp(eV_{ph}/(kT)) - 1]$$

在某个 V_{ph}值处达到一个稳定状态，此时光电流将等于反向的漏电流.稳定条件下具有以下形式：

$$eRL_p - I_s[\exp(eV_{ph}/(kT)) - 1] = 0$$

由此，我们得到光电池电压的表达式：

$$V_{ph} = \frac{kT}{e}\ln\left(1 + \frac{eRL_p}{I_s}\right) \tag{5.31}$$

在少子的产生水平较低时，V_{ph}和 R 成正比因而与入射光强成正比.当光强较大时，V_{ph}一直增加直到 p-n 结势垒消失.在 p-n 结处可获得的最大电压等于在 n 型和 p 型半导体不同费米能级位置之差引起的电压.它和能隙 E_g近似相等.

如果把几个光电池串联起来，则它们的电动势将会叠加.比如，如果有一串 100 个串联的硅光电池，那么我们可以获得一个电压在 100 V 数量级的蓄电池.这种电池被广泛应用于太空飞船和卫星.

当利用光电池作为光信号探测器时，要把它接到有反方向电动势源的电路中.此时，由于少子的迁移形成的一个非常弱的反向电流将会流过 p-n 结.用光子能量 $\hbar\omega > E_g$的光对这种二极管的辐照急剧地增加了少子的浓度，从而增加通过 p-n 结的电流.通过某些方式探测电流的增加就可以探测或记录光信号.以这种方式工作的光电池称为**光电二极管**.光电二极管的特点是它们具有高度的光敏性和非常高的响应，因而广泛应用于探测短弱信号.这些器件在光学、电子学、自动化和计算技术中很常见.基于窄能隙的晶体（如 PbS，PbSe，PbTe，$Pb_{1-x}Sn_xTe$，$Hg_{1-x}Cd_xTe$ 等）的光电二极管被应用为红外光探测器（$\lambda = 3\sim 10$ cm）.

第 6 章

晶体中的输运现象

输运现象涉及电传导、热传导和扩散中的电、热和质量的流动[14]，还包括有电势梯度和温度梯度存在时[1.5]晶体中的热电效应、电流[6.1, 6.2]和当电流或热流流过处于磁场中的晶体时出现的磁场电流效应[6.1,6.2]和磁热效应[1.11, 6.3, 6.4]. 本章简要讨论所有这些效应.

6.1　晶体的电导率

6.1.1　电导率张量和电阻率张量

电场在导体晶体中感生电流. 在弱电场作用下，电流密度 $\boldsymbol{j}$ 和场强 $\boldsymbol{E}$ 之间的关系几乎是线性的(欧姆定律). 对均匀各向同性导体，这个线性关系退化为简单的比例关系：

$$\boldsymbol{j} = \sigma \boldsymbol{E} \tag{6.1}$$

系数 σ 与导体的类型和温度有关，它被称为**电导率**. 这个系数与电流载流子的浓度和迁移率之间的关系由下面熟知的方程表示：

$$\sigma = en\mu = enl\tau/m^* \tag{6.2}$$

其中，e 为载流子电量，n 为载流子浓度，μ 为迁移率，而 m^* 为有效质量，τ 为载流子相继的两次碰撞之间的时间，l 为平均自由程.

在单晶体中，矢量 $\boldsymbol{j}$ 和 $\boldsymbol{E}$ 的方向一般不重合，它们之间的线性关系用普遍的欧姆定律表示：

$$j_i = \sigma_{ik} E_k \tag{6.3}$$

其中，σ_{ik} 为对称二阶极张量，其中的 $\sigma_{ik} = \sigma_{ki}$，它被称为**电导率系数**张量. 晶体电导率的各向异性是由于电子(空穴)**有效质量** m^* **倒数**的各向异性造成的[6.5]，它是由等能面的对称性决定的，而且是一个对称二阶张量，见文献[2.5]第 3 章. 值得一提的是，式(6.3)也可以有一个自由项，因为晶体的对称性允许它存在[6.6]. 此时，j_{ik} 和 E_k 之间有如下关系：

$$j_i = \sigma_{ik} E_k + j_l^0$$

恒矢量 j_i^0 的出现似乎意味着电场能够在没有电流的导电晶体中存在(导电体的"热释电"). 下面将证明这是不可能的.

根据焦耳-楞次定律，在通电流的过程中，每秒向每立方厘米的晶体释放的热量由下式确定：

$$jE = \sigma E^2 = j^2/\sigma$$

热量的释放使得系统的熵 S 增加．随着热量的释放 $\mathrm{d}Q = jE\mathrm{d}v$，体积元 $\mathrm{d}v$ 的熵变 $\mathrm{d}S$ 增加 $\mathrm{d}Q/T$．故系统总熵变的变化率为

$$\frac{\mathrm{d}S}{\mathrm{d}t} = \int \frac{jE}{T}\mathrm{d}v \tag{6.4}$$

根据能量守恒定律，这个微商必须严格为正．同时，式(6.4)积分号内的项 j_i^0 可以是正的也可以是负的．结果，$\mathrm{d}S/\mathrm{d}t$ 可能变为负的．因此，$j_i^0 = 0$．把 $j = \sigma E$ 代入式(6.4)，可得到电导率 σ 必定为正．

每一个系数 σ_{ik} 都有一个相当明确的物理意义．因此，如果沿着 X_2 轴施加一个单位电场，那么 σ_{22} 等于沿着这个轴的电流密度，而 σ_{12} 和 σ_{32} 则是沿着 X_1 和 X_3 轴的电流密度[6.7]．如果把张量 σ_{ik} 约化为主轴形式，式(6.3)具有简单的形式：

$$j_1 = \sigma_1 E_1, \quad j_2 = \sigma_2 E_2, \quad j_3 = \sigma_3 E_3$$

电导率系数张量的二次特征面由下式表示：

$$\sigma_{ik} x_i x_k = 1 \tag{6.5}$$

当过渡到主轴时，方程具有下面形式：

$$\sigma_1 x_1^2 + \sigma_2 x_2^2 + \sigma_3 x_3^2 = 1 \tag{6.6}$$

如前所述，系数 σ_1，σ_2 和 σ_3 总是正的，因此式(6.6)是个椭球面方程．这是电导率系数的特征椭球面．它的形状和取向必须和晶体的对称性相符合，见第 1 章．

经常方便地用电阻率张量 ρ_{ik} 来代替张量 σ_{ik}，此时，式(6.3)转化为

$$E_i = \rho_{ik} j_k \tag{6.7}$$

系数 ρ_{ik} 也形成了一个对称二阶极张量，即**电阻率系数**张量．如果把这个张量写成矩阵形式，它显然是电导率系数的倒易张量．但这并不意味着所有分量 ρ_{ik} 是相关分量 σ_{ik} 的倒数值，比如 $\rho_{12} \neq 1/\sigma_{12}$，见第 1 章．

可以在各种实验中测定 ρ_{12} 和 σ_{12}．测量中当外加电场沿着 X_2 方向时，从沿着 X_1 的电流分量可测定 σ_{12}，即

$$j_1 = \sigma_{12} E_2$$

区别于此，系数 ρ_{12} 是当电流矢量沿着 X_2 方向时通过测量沿着 X_1 轴的电场得到的，即

$$E_1 = \rho_{12} j_2$$

由于 $\sigma_{ik} = \sigma_{ki}$，那么也有 $\rho_{ik} = \rho_{ki}$．如果张量 ρ_{ik} 约化为主轴形式(它的主轴和张量 σ_{ik} 的主轴相重合)，那么式(6.7)具有简单的形式：

$$E_1 = \rho_1 j_1, \quad E_2 = \rho_2 j_2, \quad E_3 = \rho_3 j_3 \tag{6.8}$$

而得到下面关系式：

$$\rho_1 = 1/\sigma_1, \quad \rho_2 = 1/\sigma_2, \quad \rho_3 = 1/\sigma_3 \tag{6.9}$$

当张量约化为主轴形式后，电阻率系数张量的特征面（椭球面）表示如下：

$$\rho_1 x_1^2 + \rho_2 x_2^2 + \rho_3 x_3^2 = 1 \tag{6.10}$$

至于张量 σ_{ik} 和 ρ_{ik} 的独立分量的个数与对称要素的关系，显然和任意对称二阶极张量的情形一样. 因此，从电导率的角度看，所有晶体可以分为 3 组：

(1) 立方晶系晶体，具有单一的主电导率系数，即它们是各向同性的.

(2) 中级晶系晶体，每个晶体有两个主电导率系数.

(3) 低级晶系晶体，每个晶体有 3 个主电导率系数.

具有各向异性电导率的晶体例如锡、铋、镉和锌（见表 6.1）. 在室温，碲晶体沿着六重轴的电导率（σ_3）几乎是沿着垂直方向的一半：

$$\sigma_1 = \sigma_2 = 1.95\sigma_3$$

由弱键结合密簇构成的晶体具有相当大的电导率各向异性. 在这种晶体中沿着团簇一定方向的电导率（$\sigma_{/\!/}$）可以比沿着垂直方向的电导率 $\sigma_\perp$ 超出几个数量级[6.8]. 当某些物质（如吡啶 Py）分子层和原子团簇（如在 TaS_2）间相互夹持形成三明治结构，即形成所谓的夹层结构（如 STaSPySTaS…）时，这种晶体的各向异性特别大.

表 6.1 20 ℃时金属晶体的电导率

晶体	晶系	$\rho_1=\rho_2$ 10^{-8} Ω·m	ρ_3 10^{-8} Ω·m
锡	四方	9.9	14.3
铋	三角	109	138
镉	六角	6.8	8.30
锌	六角	5.91	6.13
碲	三角	29×10^8	59×10^8
钨	立方		5.48
铜	立方		1.51

6.1.2 给定方向的晶体电导率

由于矢量 $\boldsymbol{j}$ 和 $\boldsymbol{E}$ 一般是不平行的，“给定方向的晶体电导率”的概念需要有一个确切的定义.正如在第1章讲到的,表征给定方向张量性质的量 T 是指矢量 $\boldsymbol{a}$ 在该方向的投影与矢量 $\boldsymbol{b}$ 在同一方向上的长度之比($b_i = T_i a_j$).因此,如果对晶体施加电场 $\boldsymbol{E}$,那么,在电场 $\boldsymbol{E}$ 方向上的电导率 σ 等于平行于矢量 $\boldsymbol{E}$ 的电流密度分量 $j_{/\!/}$ 与 E 的比值,即 $\sigma = j_{/\!/}/E$.比如,下面考虑一个像三明治一样夹在两个平电极之间的薄晶体片,所加电场方向垂直于薄片的大表面.在这样的薄片中,电流密度矢量 $\boldsymbol{j}$ 一般会有其他方向.图6.1给出了矢量 $\boldsymbol{j}$ 和 $\boldsymbol{E}$ 的方向以及相应的电导率和电阻率系数椭球面.这里,因为矢量 $\boldsymbol{E}$ 的方向是给定的,为了找出薄片在其表面法向的电导率,我们必须应用式(6.3)得到:

$$j_1 = \sigma_{11} E, \quad j_2 = \sigma_{21} E, \quad j_3 = \sigma_{31} E$$

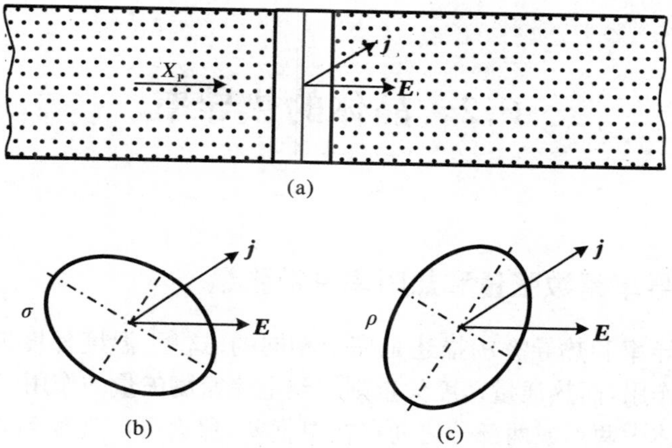

图6.1 流过薄晶体片的电流(a),相应的电导率系数(b)和电阻率系数(c)的椭球面

如果在金属电极之间放置的不是薄片,而是细晶体棒,那么,电流密度矢量平行于晶体棒的轴,而电场矢量和棒轴成某个角度,如图6.2所示.此时,给定矢量方向 $j = [j_1, 0, 0]$ 后,可以更方便地使用式(6.7)得出:

$$E_1 = \rho_{11} j_1, \quad E_2 = \rho_{21} j_1, \quad E_3 = \rho_{31} j_1$$

在这种情况下,最好测量的是沿着棒轴方向的场分量 E_1,从它和电流密度 j_1 的比值将得到 ρ_{11}.沿着 X_1 轴方向的电阻率椭球面的径矢长度等于 $1/\sqrt{\rho_{11}}$,如图6.2(b)所示.通过测量在不同方向上的电导率或电阻率,椭球相对于晶体坐标轴的取向可以测定,例如用X射线方法,可以找到主电导率系数和主电阻率系数.

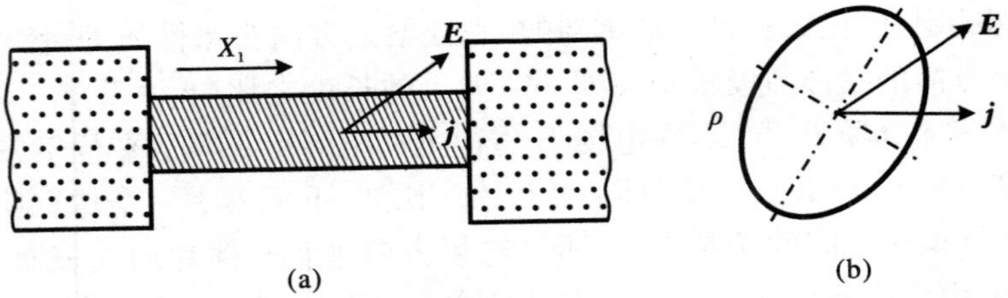

图 6.2 流过长棒的电流(a)和电阻率系数 ρ 的椭球面(b)

6.2 晶体的热导率

6.2.1 热导率系数张量和热阻率系数张量

晶体电导率和热导率的描述是完全相同的. 这里,温度梯度矢量起到电场强度矢量的作用,而热通量密度矢量则起到电流密度矢量的作用.

如果块体中两点或两部分之间存在温度差,那么可以观察到它们之间的热传递,即通过热传导实现温度的平衡. 单位时间内通过某个棒横截面的热量被称为热通量. 类似电流密度矢量 $\boldsymbol{j}$,我们引入热通量密度矢量 $\boldsymbol{q}$. 这个矢量表征了热流的大小和方向:它平行于热流. 如果一个单位面积垂直于矢量 $\boldsymbol{q}$,那么 $\boldsymbol{q}$ 是穿过这个面积的热通量密度. 矢量 $\boldsymbol{q}$ 的分量——q_1,q_2和 q_3分别为单位时间内通过分别垂直于 X_1,X_2和 X_3轴的单位面积的热量.

在各向同性物质中,热导率是由类似于式(6.1)的方程描述的:

$$\boldsymbol{q} = -\chi \operatorname{grad} T \tag{6.11a}$$

其中,χ 为热导率系数.

因此,热通量与温度梯度成正比. 显然,方程(6.11a)可以写成:

$$q_i = -\chi \frac{\partial T}{\partial x_i} \tag{6.11b}$$

在晶体中,矢量 $\boldsymbol{q}$ 一般不平行于 grad T,而式(6.11a)可用类似式(6.3)的普遍的热导率方程代替:

$$q_{ij} = -\chi_{ij}\frac{\partial T}{\partial x_j} \tag{6.12}$$

系数 χ_{ij} 联系两个极矢量，它们形成了一个二阶极张量，它被称为**热导率系数张量**. 式(6.11a,6.12)中的负号表示热量是从较热的部分向较冷的部分传递的. 从式(6.12)可以知道，矢量 $\boldsymbol{q}$ 的每个分量取决于温度梯度的所有 3 个分量，而不是像在各向同性物质中那样只取决于温度梯度的一个分量.

每一个系数 χ_{ij} 都有十分明确的物理意义. 比如，如果沿着 X_1 轴存在一个温度梯度 $\partial T/\partial x_1 = 1$ grad/cm，那么，沿着 X_1 轴的热通量等于 χ_{11}，而沿着 X_2 和 X_3 轴的热通量分别为 χ_{21} 和 χ_{31}. 根据昂萨格原理(见 6.2.2 节)，有

$$\chi_{ij} = \chi_{ji} \tag{6.13}$$

即张量 χ_{ij} 是一个对称二阶极张量. 如果把这个张量约化为主轴形式，式(6.12)变为如下形式：

$$q_1 = -\chi_1\frac{\partial T}{\partial x_1},\quad q_2 = -\chi_2\frac{\partial T}{\partial x_2},\quad q_3 = -\chi_3\frac{\partial T}{\partial x_3} \tag{6.14}$$

其中，χ_1，χ_2 和 χ_3 是热导率的主系数.

通过主轴的热导率系数的特征面由下述方程表示：

$$\chi_1 x_1^2 + \chi_2 x_2^2 + \chi_3 x_3^2 = 1 \tag{6.15}$$

从式(6.12)中解出 $\partial T/\partial x_i$，得

$$\frac{\partial T}{\partial x_i} = -r_{ij}q_j \tag{6.16}$$

其中，r_{ij} 为热阻系数，它形成了一个对称二阶极张量，即**热阻系数张量**.

前面所有有关系数 σ_{ik} 和 ρ_{ik} 的讨论对系数 χ_{ij} 和 r_{ij} 都成立. 不同晶系晶体的 r_{ij} 和 χ_{ij} 张量都具有和介电常量张量一样的形式. 特别地，从热导率的角度看，立方晶体是各向同性的. 表 6.2 列出了某些晶体的热导率系数的值.

表 6.2 某些晶体的热导率系数(J/(m·s·deg))

晶体	晶系	T_1(℃)	$\chi_1 = \chi_2$	χ_3
石英	三角	30	6.5	11.3
方解石	三角	30	4.2	5.0
铋	三角	14	9.2	6.6
石墨	六角	30	355	89
铝	立方	30	208	
铜	立方	0	410	

6.2.2 昂萨格原理

假设所考虑晶体的热导率服从昂萨格原理，即 $\chi_{ij}=\chi_{ji}$. 由上述原理引发的不可逆过程的热力学是由昂萨格于1931年建立的. 有关热导率系数张量的对称性的结论很早之前就是根据对晶体热导率的测量得到的. 为了理解这些测量意义，我们先假设 $\chi_{ij}\neq\chi_{ji}$，再把张量 χ_{ij} 分解为对称和反对称两部分. 然后旋转坐标轴，直到坐标轴和对称张量的主轴重合. 坐标轴的变换使得反对称张量不改变. 结果得到：

$$\begin{Vmatrix}\chi_{11} & 0 & 0\\ 0 & \chi_{22} & 0\\ 0 & 0 & \chi_{33}\end{Vmatrix}+\begin{Vmatrix}0 & \chi_{12} & -\chi_{31}\\ -\chi_{12} & 0 & \chi_{23}\\ \chi_{31} & -\chi_{23} & 0\end{Vmatrix}=\begin{Vmatrix}\chi_{11} & \chi_{12} & -\chi_{31}\\ -\chi_{12} & \chi_{22} & \chi_{23}\\ \chi_{31} & -\chi_{23} & \chi_{33}\end{Vmatrix}$$

假设晶体有三重、四重或六重对称轴，并且让这个轴与 X_3 轴重合. 如果温度梯度沿着 X_3 轴，那么，热通量矢量必定也平行于 X_3 轴. 这意味着 $\chi_{23}=\chi_{31}=0$. 此外，由于三重、四重或六重对称性的存在，使得 $\chi_{11}=\chi_{22}$. 因此，张量 χ_{ij} 具有形式：

$$\begin{Vmatrix}\chi_{11} & \chi_{12} & 0\\ -\chi_{12} & \chi_{11} & 0\\ 0 & 0 & \chi_{33}\end{Vmatrix}\tag{6.17}$$

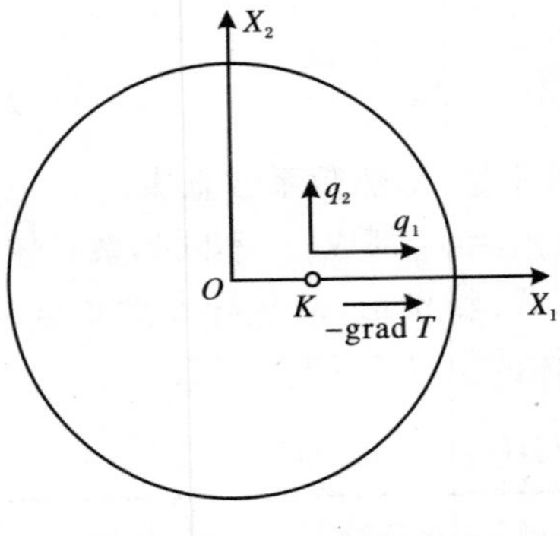

图6.3 热导率系数张量对称性的证明

从有这种对称性的晶体中割出一个垂直于主轴的圆盘. 假设在圆盘中心 O 处存在一个点热源，如图6.3所示. 可以证明，坐标系做任何绕 X_3 轴的旋转后，张量(6.17)将不会改变. 因此，描述热传输的方程必定具有关于 X_3 轴的圆形对称性. 这意味着在圆盘平面的等温线在形状上必定是圆形的.

位于 X_1 轴上的 K 点的热通量方程有如下形式：

$$q_1=-\chi_{11}\frac{\partial T}{\partial x_1},$$

$$q_2=-\chi_{21}\frac{\partial T}{\partial x_1}=\chi_{12}\frac{\partial T}{\partial x_1},\quad q_3=0$$

因此，矢量 $\boldsymbol{q}$ 与 X_1 轴的夹角 φ 由下式确定：

$$\tan\varphi=q_2/q_1=-\chi_{12}/\chi_{11}$$

由于是圆对称，矢量 $\boldsymbol{q}$ 必定和任意径矢构成相同的倾角. 换句话说，热通量必须沿着其切线与径矢有恒定倾角的松开螺线传播. 这一出乎意料的结果促使很多科学家开展实验以证明晶体中的这种“螺旋状的”热流. 但是，所有这些实验都以失败告终.因此,可以得出结论,至少在实验误差范围内,从点源流出的热量是沿着直线的,因此,式(6.13)是成立的.

下面考虑昂萨格原理.令 $x_1,x_2,\cdots,x_a$为表征某系统状态的参数.引入值

$$X_a=-\frac{\partial s}{\partial x_a}$$

其中,s 是系统单位体积的熵,并在该体积能量恒定下取导数.在近平衡状态时,x_a接近它们的平衡值,X_a是很小的.系统将倾向于回到平衡状态,系统的每个点的 x_a的变化率(即$\partial x_a/\partial t$)将是同一点的 X_a的函数.把这些变化率展开成为 x_a的幂的形式,并且只取到线性项,得到下面形式的方程:

$$\frac{\partial x_a}{\partial t}=-\sum\gamma_{ab}X_b \tag{6.18}$$

在不可逆过程的热力学中,值$\partial x_a/\partial t$ 称为**通量**,值 X_a为与相关通量共轭的**力**,而 γ_{ab}为动力系数.根据昂萨格原理,系数 γ 是对称的,即

$$\gamma_{ab}=\gamma_{ba} \tag{6.19}$$

应用这一原理时,我们应当正确地选择通量和相应的力.这个问题一般借助于总系统熵随时间变化的方程来解决[6.6]:

$$\frac{\mathrm{d}S}{\mathrm{d}t}=-\int\sum_a X_a\frac{\partial x_a}{\partial t}\mathrm{d}v \tag{6.20}$$

其中,积分是对整个系统的体积进行的.特别地,当电流流过导体时,有

$$\frac{\mathrm{d}S}{\mathrm{d}t}=\int\frac{jE}{T}\mathrm{d}v$$

因此,电流密度 j 必须看成通量$\partial x_a/\partial t$,而矢量$-\boldsymbol{E}/T$ 的分量必须看成与之对应的力X_a.再从式(6.3)和式(6.18)可知,动力学系数的角色是由电导率张量分量乘 T 承担的,分量的对称性由式(6.19)得出.

6.3 温差电效应

6.3.1 热效应的定义

到目前为止,已经分别讨论了晶体中的热输运和电输运.但在各向同性导体或晶体中经常会同时存在温度梯度和电势梯度.这就产生了多种效应,它被

称为**温差电**效应[6.9]，包括 Zeebeck 效应、佩尔捷效应和汤姆逊效应，还有可能发生在晶体中的布里奇曼效应.

在 Zeebeck 效应中，由两个不同导体组成的闭合电路中，在保持不同温度的接头处出现一个电动势(热电动势)，这个电动势与温差成正比：

$$d\varphi = \alpha dT \tag{6.21}$$

其中，$\alpha = d\varphi/dT$ 为单位温度差引起的热电动势，因而被称为**温差电动势**. 除了直接的温差电效应，存在一个相反的**佩尔捷效应**：当有电流通过两个导体的连接处时，连接处变热或变冷(取决于电流的方向). 吸(放)热率与电流密度成正比：

$$Q = \Pi_{ab} j \tag{6.22}$$

其中，Π_{ab} 为佩尔捷系数.

汤姆逊效应：当电流通过存在温度梯度的均匀导体时，导体放热或吸热. 所吸收(放出)的热量与电流密度和温度梯度成正比：

$$dQ = \tau j dT \tag{6.23}$$

其中，τ 为汤姆逊系数，系数 α，Π 和 τ 之间的关系由**汤姆逊关系**表示：

$$\Pi = \alpha T, \quad \tau_1 - \tau_2 = T\frac{d\alpha}{dT} \tag{6.24}$$

6.3.2　各向同性介质的温差电效应

为了正确选择通量和相应的力，首先考虑各向同性介质的温差电效应. 假设介质不是均匀的，即介质的性质随着不同的点而改变. 由于电流的通过，佩尔捷热将会分布在整个介质(在某个接触点的佩尔捷效应仅是特例).

当温度梯度和电势梯度同时存在时，电通量和热通量符合下式：

$$j = -a\,\text{grad}\varphi - b\,\text{grad}T \tag{6.25a}$$

$$q = -c\,\text{grad}\varphi - d\,\text{grad}T \tag{6.25b}$$

列出介质微小体积元的吉布斯方程：

$$T ds = du - \varphi de \tag{6.26}$$

其中，s 为比熵，u 为比能，e 为电量，而 φ 为电势. 由式(6.26)可见，熵、能量和电流具有如下关系：

$$s = \frac{1}{T}u - \frac{\varphi}{T}j$$

因为 $\text{div}u = \text{div}j = 0$，因而

$$\frac{ds}{dt} = u\,\text{grad}\frac{1}{T} - j\,\text{grad}\left(-\frac{\varphi}{T}\right) \tag{6.27}$$

但 $u = q + \varphi j$，从而

$$\frac{ds}{dt} = (q + \varphi j)\text{grad}\frac{1}{T} + j\,\text{grad}\left(-\frac{1}{T}\right)$$

$$= (q + \varphi j)\mathrm{grad}\,\frac{1}{T} + j\,\frac{-\mathrm{grad}\varphi}{T} - \varphi j\,\mathrm{grad}\,\frac{1}{T}$$

$$= q\,\mathrm{grad}\,\frac{1}{T} - j\,\frac{\mathrm{grad}\varphi}{T} \tag{6.28}$$

比较式(6.28)和式(6.20)可知,如果选 q 和 j 为通量,其相应的力应该为 $\mathrm{grad}(1/T) = -T^{-2}\mathrm{grad}T$ 和 $-\mathrm{grad}(\varphi/T) = E/T$. 所以式(6.25a,b)有下面形式:

$$j = aT\,\frac{-\mathrm{grad}\varphi}{T} + bT^2\mathrm{grad}\,\frac{1}{T} \tag{6.29a}$$

$$q = cT\,\frac{-\mathrm{grad}\varphi}{T} + dT^2\mathrm{grad}\,\frac{1}{T} \tag{6.29b}$$

根据昂萨格原理,有

$$bT^2 = cT \quad 或 \quad bT = c$$

解出式(6.29a)中的 $-\mathrm{grad}\varphi$ 并用 j 和 $\mathrm{grad}T$ 表示,代入式(6.29b)得到热通量表达式:

$$q = \frac{b}{a}jT - \left(d - \frac{b^2T}{a}\right)\mathrm{grad}T \tag{6.30}$$

或

$$q = \frac{b}{a}jT - \chi\,\mathrm{grad}T \tag{6.31}$$

其中,$\chi = d - b^2T/a$ 为热导率系数.

下面找出放热速率的表达式. 在有电通量存在时,总的能流为

$$u = q + \varphi j$$

给定点附近介质的单位体积的放热速率等于异号的能流的散度:

$$-\mathrm{div}(q + \varphi j) = -\mathrm{div}\left(\frac{b}{a}T + \varphi\right)j + \mathrm{div}(\chi\,\mathrm{grad}T)$$

$$= -j\,\mathrm{grad}\varphi - \frac{b}{a}j\,\mathrm{grad}T - Tj\,\mathrm{grad}\,\frac{b}{a} + \mathrm{div}(\chi\,\mathrm{grad}T)$$

但利用式(6.25)有

$$-\mathrm{grad}\varphi = j/a + \frac{b}{a}\mathrm{grad}T$$

故

$$-\mathrm{div}(q + \varphi j) = jj/a - Tj\,\mathrm{grad}(b/a) + \mathrm{div}(\chi\,\mathrm{grad}T) \tag{6.32}$$

式子右边第一项表示焦耳热,最后一项表示传导消耗的热量,而第二项

$$\dot{q} = -Tj\,\mathrm{grad}(b/a) \tag{6.33}$$

为由于温差电效应释放的汤姆逊热. 令

$$\alpha = b/a \tag{6.34}$$

在均匀介质中,α 仅是温度的函数,故

$$\mathrm{grad}\alpha = \frac{\mathrm{d}\alpha}{\mathrm{d}T}\mathrm{grad}T$$

那么式(6.33)转化为

$$\dot{q} = -Tj\frac{\mathrm{d}\alpha}{\mathrm{d}T}\mathrm{grad}T$$

可见,$-T\mathrm{d}\alpha/\mathrm{d}T$ 不是别的,正是汤姆逊系数 τ(式(6.24)),而 α 为热电动势系数.一般情况下,式(6.33)包括汤姆逊热和佩尔捷热.事实上,在非均匀介质中,系数 α 不仅是温度的函数,还是坐标的函数,它可以随介质的化学成分改变而改变,或当通量流过金属间的接触时改变.

因此,gradα 含有两项,而式(6.33)的展开形式为

$$\dot{q} = -Tj\mathrm{grad}\alpha = -Tj_i\frac{\partial\alpha}{\partial x_i} = -j_i\left(\frac{\partial\alpha}{\partial x_i}\right)_T - j_iT\left(\frac{\partial\alpha}{\partial T}\right)\frac{\partial T}{\partial x_i} \quad (6.35)$$

方程右边第一项是佩尔捷热,与电流密度成正比,第二项为汤姆逊热,与电流密度和温度梯度成正比.

6.3.3 晶体中的温差电效应

对晶体,联系电通量和热通量及其相应的力的方程与式(6.29)有相同的形式,只不过用二阶极张量 a_{ik},b_{ik},c_{ik} 和 d_{ik} 来代替标量系数 a,b,c 和 d:

$$j_i = a_{ik}T\left(-\frac{1}{T}\frac{\partial\varphi}{\partial x_k}\right) + b_{ik}\frac{\partial}{\partial x_k}\left(\frac{1}{T}\right) \quad (6.36a)$$

$$q_i = c_{ik}T - \left(\frac{1}{T}\frac{\partial\varphi}{\partial x_k}\right) + d_{ik}T^2\frac{\partial}{\partial x_k}\left(\frac{1}{T}\right) \quad (6.36b)$$

利用昂萨格关系,有

$$c_{ik} = b_{ik}T \quad (6.37)$$

解出式(6.36a)中的 $E_i = -\partial\varphi/\partial x_k$ 并用 j 和 $\frac{\partial}{\partial x_i}\left(\frac{1}{T}\right)$ 表示,把式(6.37)代入式(6.36b),得

$$E_i = a_{ik}^{-1}j_k + a_{ik}^{-1}b_{lk}\frac{\partial T}{\partial x_k}$$

或

$$q_i = b_{il}a_{lk}^{-1}Tj - (d_{ik} - b_{il}a_{lm}^{-1}b_{mk}T)\frac{\partial T}{\partial x}$$

$$E_i = \rho_{ik}j_k - \alpha_{ik}\frac{\partial T}{\partial x_k}, \quad q_i = -\beta_{ik}j_k - \chi_{ik}\frac{\partial T}{\partial x_k} \quad (6.38)$$

在这些方程中,ρ_{ik} 为电阻率张量而 χ_{ik} 为热导率张量.张量 α_{ik} 和 β_{ik} 服从汤

姆逊关系 $\beta_{ik}=T\alpha_{ik}$. 它们可以被称为晶体的温差电性质张量. 特别地, χ_{ik} 为热电动势系数张量. 这些张量都是二阶极张量, 一般它们是非对称的.

对晶体单位体积放热速率, 我们得到与均匀介质的式(6.32)类似的方程:

$$-\frac{\partial u}{\partial x_k}=\frac{j_i j_k}{a_{ik}}-T\frac{\partial}{\partial x_k}(j_i\alpha_{ik})+\frac{\partial}{\partial x_k}\left(\chi_{ki}\frac{\partial T}{\partial x_i}\right) \tag{6.39}$$

和式(6.32)一样, 这里, 方程右边的第一项为焦耳热, 第二项是由于温差电效应释放的热量, 而第三项是由传导消耗的热量. 下面单独考虑与温差电效应相关的项:

$$\dot{q}=-T\frac{\partial}{\partial x_k}(j_i\alpha_{ik}) \tag{6.40}$$

对在两个晶体之间或同一个晶体的两部分之间的接触处放出的热量, 有

$$\dot{q}=-T\Delta_n(j_i\alpha_{ik})=-\Delta_n(j_i\alpha_{ik}T) \tag{6.41}$$

其中, Δ_n 为矢量 $j_i\alpha_{ik}$ 法向分量的跳跃. 显然, $\alpha_{ik}T$ 为 Π_{ik}, 即佩尔捷系数, 故

$$\dot{q}=-\Delta_n(j_i\Pi_{ik}) \tag{6.42}$$

6.3.4 温差电系数张量和晶体对称性的关系

一般情况下(三斜晶系), 由 $\Pi_{ik}=T\alpha_{ik}$ 关联的张量 α_{ik} 和 Π_{ik} 分别有 9 个独立的分量. 晶体对称素的存在通常减少了独立分量的数目. 表 6.3 列出了各种晶系的 α_{ik} 张量的矩阵.

表 6.3 各种晶系的温差电系数 α_{ik} 矩阵

三斜晶系 $\begin{Vmatrix}\alpha_{11}&\alpha_{12}&\alpha_{13}\\\alpha_{21}&\alpha_{22}&\alpha_{23}\\\alpha_{31}&\alpha_{32}&\alpha_{33}\end{Vmatrix}$	四方、三角和六角晶系 晶类: $4,\bar{4},4/m,3,\bar{3},6,\bar{6},6/m$ $\begin{Vmatrix}\alpha_{11}&\alpha_{12}&0\\-\alpha_{12}&\alpha_{11}&0\\0&0&\alpha_{33}\end{Vmatrix}$
单斜晶系 $\begin{Vmatrix}\alpha_{11}&\alpha_{12}&0\\\alpha_{21}&\alpha_{22}&0\\0&0&\alpha_{33}\end{Vmatrix}$	晶类: $422,4mm,\bar{4}2m,4/mmm,32,3m,\bar{3}m,$ $622,6mm,\bar{6}m2,6/mmm$ $\begin{Vmatrix}\alpha_{11}&0&0\\0&\alpha_{11}&0\\0&0&\alpha_{33}\end{Vmatrix}$
正交晶系 $\begin{Vmatrix}\alpha_{11}&0&0\\0&\alpha_{22}&0\\0&0&\alpha_{33}\end{Vmatrix}$	立方晶系 $\begin{Vmatrix}\alpha_{11}&0&0\\0&\alpha_{11}&0\\0&0&\alpha_{11}\end{Vmatrix}$

6.3.5 佩尔捷效应,汤姆逊效应和布里奇曼效应

一般情况,纵向和横向的温差电效应都能观察到.比如,考虑从一个非立方对称的晶体中切割出一个长的平行六面体.假设一束电流 $\boldsymbol{j}=[j,0,0]$流过这样的晶体(沿 X_1轴).矢量 $\boldsymbol{j}\cdot\alpha_{ik}$将不平行于$\boldsymbol{j}$,因为除了存在纵向分量 $j\cdot\alpha_{11}$外,还存在横向分量 $j\cdot\alpha_{12}$和 $j\cdot\alpha_{13}$.在垂直于 X_2轴的上表面,存在一个等于 $-j\alpha_{12}$的法向分量 $j_i\alpha_{ik}$的跳跃.根据式(6.41),这里将释放大小等于 $Tj\alpha_{12}$的热量.在对面(即下表面)将会吸收等量的热量.

为了得到由温差电效应引起的放热性质的更多细节,对式(6.40)右边取微分.应当注意 α_{ik}与χ_k 的关系有两种形式.首先,由于晶体成分或取向的改变(横跨过接触边界或孪晶界),使得 α_{ik}随坐标变化.其次,由于温度的非均匀分布也可以使得 α_{ik}随坐标变化.

最后,我们得到

$$\dot{q}=-j_iT\left(\frac{\partial\alpha_{ik}}{\partial x_k}\right)_T-j_iT\left(\frac{\partial\alpha_{ik}}{\partial T}\right)\frac{\partial T}{\partial x_k}-T\alpha_{ik}\frac{\partial j}{\partial x_k}\tag{6.43}$$

式(6.43)右边第一项是佩尔捷热,是由于晶体性质随坐标改变而引起的(在恒定温度条件下).除了纵向的佩尔捷效应外,晶体中**横向的佩尔捷效应**也是可能的,因为不仅沿着电流方向的温度梯度对效应有贡献,其他梯度也有贡献.

第二项为汤姆逊热,它与电流密度和温度梯度成正比.晶体中单位体积释放的热量由下式确定:

$$-j_iT\left(\frac{\partial\alpha_{ik}}{\partial T}\right)\frac{\partial T}{\partial x_k}=\tau_{ik}j\frac{\partial T}{\partial x_k}\tag{6.44}$$

其中,τ_{ik}为汤姆逊系数张量,具有下面的形式:

$$\tau_{ik}=-T\left(\frac{\partial\alpha_{ik}}{\partial T}\right)_x\tag{6.45}$$

式(6.43)的最后一项描述了只有在晶体中才能观察到的效应.在最简单的立方晶体中,张量 α_{ik}中只有对角线分量是非零的,而且每一项都相等.因此,式(6.43)的最后一项可以表示成:

$$-T\alpha\frac{\partial j}{\partial x_i}\tag{6.46}$$

在稳恒电流的情况下,$\frac{\partial j}{\partial x_i}=0$.所以,这一项给出的热量释放是由于非均匀电流分布造成的.这就是所谓的**布里奇曼效应**.

为了测定这个效应,考虑横截面为单位面积的L形晶体,其对称性为

4*mm*，如图 6.4 所示. 晶体两部分的取向和温度都是一样的. 假设电流 j 是沿着 X_3 轴方向的，然后再沿着平行于 X_1 轴的方向. 为了不把横向佩尔捷效应的概念复杂化，让晶体的主轴平行于 X_3 轴. 对晶体的阴影部分应用式(6.40). 分量 α_{ik} 是恒量，而 $-q/T$ 的值等于散度 $j_i\alpha_{ik}$ 对所选体积的积分. 利用高斯定理，这一积分等于法向分量 $j\alpha_{ik}$ 向外穿过所围体积的晶体晶面的通量. 穿过 AB 和 DE 的通量分量分别等于 $-j\alpha_{33}$ 和 $j\alpha_{11}$(分量取向外的法向方向为正). 故

$$\dot{q} = Tj(\alpha_{33} - \alpha_{11}) \tag{6.47}$$

这是布里奇曼热量的表达式，这是从晶体中电流 j 方向的变化而得到的. 一般地，各向异性晶体中的任何电流密度的非均匀分布都会导致布里奇曼热的释放.

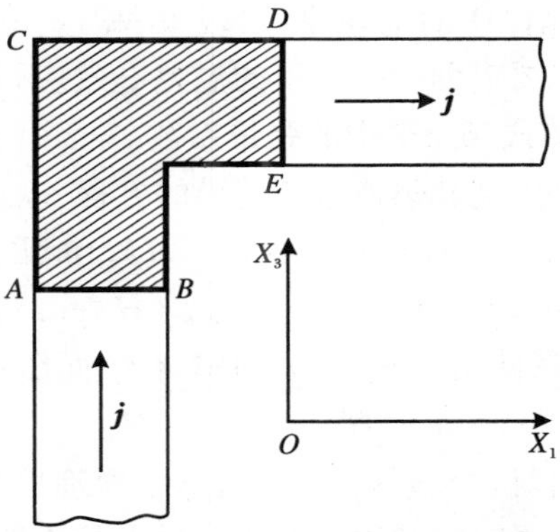

图 6.4 观察布里奇曼效应的示意图

6.3.6 技术中的温差电效应

温差电效应广泛应用于温差电发电机和制冷机中，即那些设计用于直接将热转化为电的设备中和电流通过两个半导体接触处制冷(佩尔捷效应)的设备中. 制造这些设备的构想是由 Ioffe 院士提出的[6.9].

温差发电机由几个串联的温差元件(温差电偶)构成，这些温差元件一般是由具有高热电动势系数、足够高的电导率及较低的晶格热导率的半导体做成，如 Bi_2Te_3，Sb_2Te_3，PbTe 等. 这种发电机的效率可以高达 10%～15%，它可用下式计算：

$$Z = (\alpha_1^2 + \alpha_2^2)/(\sqrt{\chi_1\rho_1} + \sqrt{\chi_2\rho_2})^2$$

式中，α_1 和 α_2 分别为支路的热电动势，χ_1 和 χ_2 为晶格热导率，而 ρ_1 和 ρ_2 是半导体的电阻率.

6.4 磁场电流效应和磁场热流效应

6.4.1 磁场中的昂萨格原理

外加磁场对导体晶体中的电现象、热现象和温差电现象产生实质的影响.对这一影响的唯象描述要借助同一体系的温差电效应张量,只不过这里用磁场 $\boldsymbol{H}$ 的函数来代替前一节式(6.38)中的张量系数.

描述磁场中的晶体电流和热通量流传导的方程一般具有如下形式:

$$E_i = \rho_{ik}(H)j_k + \alpha_{ik}(H)\mathrm{grad}T \tag{6.48a}$$

$$q_i = -\beta_{ik}(H)j_k + \chi_{ik}(H)\mathrm{grad}T \tag{6.48b}$$

当有磁场存在时,昂萨格原理式(6.19)具有下面形式:

$$\gamma_{ik}(\boldsymbol{H}) = \gamma_{ki}(-\boldsymbol{H}) \tag{6.49}$$

这是从力学方程的时间对称性原理得到的,这个原理也是证明动力学系数对称性的基础.原理指出,如果时间和体系的所有质点的速度同时反转的话,质点将会沿着它们以前的轨迹运动.换句话说,单个质点运动的力学方程相对于时间反转的对称性是守恒的.但是对一个均匀旋转的块体或处于磁场中的块体,这种对称性将有所改变.这里,运动方程相对于时间反转的对称性仅当旋转速度 Ω 的符号或磁场 $\boldsymbol{H}$ 的方向也反转时才存在.因此,对和 $\boldsymbol{H}$ 有关的动力学系数,关系式(6.49)是成立的.

所以,可以列出式(6.48)的系数的表达式:

$$\rho_{ik}(\boldsymbol{H}) = \rho_{ki}(-\boldsymbol{H}), \quad \chi_{ik}(\boldsymbol{H}) = \chi_{ki}(-\boldsymbol{H}), \quad \alpha_{ik}(\boldsymbol{H}) = T\beta_{ki}(\boldsymbol{H}) \tag{6.50}$$

这意味着电阻率系数张量和热导率系数张量在没有磁场存在时是对称的,当有磁场存在时这些张量将变为非对称的.

6.4.2 霍尔效应,里吉-勒迪克效应,能斯特效应和埃廷斯豪森效应

众所周知,任何二阶张量可以表示成对称张量和反对称张量两部分之和.特别地,对张量 ρ_{ik},我们可以写成

$$\rho_{ik} = s_{ik} + a_{ik} \tag{6.51}$$

其中，s_{ik}和a_{ik}分别为对称张量和反对称张量.根据定义：

$$s_{ik}(\boldsymbol{H}) = s_{ki}(\boldsymbol{H}), \quad a_{ik}(\boldsymbol{H}) = -a_{ki}(\boldsymbol{H}) \tag{6.52}$$

利用式(6.50)和式(6.52)得

$$s_{ik}(\boldsymbol{H}) = s_{ki}(-\boldsymbol{H}) = s_{ik}(-\boldsymbol{H})$$

$$a_{ik}(\boldsymbol{H}) = a_{ki}(-\boldsymbol{H}) = -a_{ik}(-\boldsymbol{H}) \tag{6.53}$$

这表明，对称部分 s_{ik}是$\boldsymbol{H}$的偶函数而反对称部分a_{ik}为$\boldsymbol{H}$的奇函数.反对称部分 a_{ik}可以表示成轴矢量$\boldsymbol{a}$，其分量由下面关系式确定：

$$a_1 = a_{23}, \quad a_2 = -a_{13}, \quad a_3 = a_{12} \tag{6.54}$$

当没有温度梯度存在时，利用式(6.48a)，得

$$E_i = \rho_{ik}j_k = s_{ik}j_k + a_{ik}j_k$$

或利用轴矢量 $\boldsymbol{a}$ 有

$$E_i = s_{ik}j_k + [\boldsymbol{j} \times \boldsymbol{a}]_i \tag{6.55}$$

为了得到焦耳热，必须计算标积 $\boldsymbol{j} \cdot \boldsymbol{E}$.由于矢量$[\boldsymbol{j} \times \boldsymbol{a}]$和 $\boldsymbol{j}$ 是相互垂直的，它们的标积等于零，因而利用式(6.55)可得

$$\boldsymbol{j} \cdot \boldsymbol{E} = s_{ik}j_ij_k$$

所以，焦耳热只由电阻率系数张量 ρ_{ik} 的对称部分决定.式(6.55)中出现的$[\boldsymbol{j} \times \boldsymbol{a}]$项说明垂直于电流的磁场感生一个垂直于磁场和电流方向的电场.这就是霍尔效应.

用一系列 $\boldsymbol{H}$ 的增幂来表示电阻率系数张量$\rho_{ik}(\boldsymbol{H})$的分量，只取到 $\boldsymbol{H}$ 的二次幂，得到

$$\rho_{ik}(\boldsymbol{H}) = \rho_{ik}^{(0)} + \rho_{ikl}H_l + \rho_{iklm}H_lH_m \tag{6.56}$$

显然，张量的对称部分必须包含一个 $\boldsymbol{H}$ 的偶次幂，而反对称部分包含 $\boldsymbol{H}$ 的奇次幂，即

$$s_{ik}(\boldsymbol{H}) = \rho_{ik}^{(0)} + \rho_{iklm}H_lH_m \tag{6.57}$$

$$a_{ik}(\boldsymbol{H}) = \rho_{ikl}H_l \tag{6.58}$$

霍尔电动势正比于磁场强度的一次幂.换句话说，霍尔效应必定由表示成式(6.58)的电阻率系数张量的反对称部分描述.张量 ρ_{ikl} 被称为霍尔系数张量，它联系了反对称二阶极张量 $a_{ik}(\boldsymbol{H})$和轴矢量 $\boldsymbol{H}$，即它是一个三阶轴张量.

式(6.57)右边的第二项反映了磁场中晶体电阻的变化.换句话说，它描述了磁电阻效应.张量 ρ_{iklm} 被称为磁致电阻张量，它联系了对称二阶极张量和矢量的标积 $H_l \cdot H_m$.因此，可以假设它联系了两个对称二阶极张量，即它是一个对称四阶极张量.

下面仔细考虑各向同性介质中的霍尔效应和其他类似现象.以后将看到立方晶体可以划归到这类介质中.在各向同性介质中,一般的电阻率系数张量 $\rho_{ik}^{(0)}$ 和霍尔系数张量 ρ_{ikl} 是各向同性的,即每个张量有一个非零的分量,而磁致电阻系数张量有两个非零分量.由式(6.54)表示的轴矢量是平行于 $\boldsymbol{H}$ 的,而霍尔电动势矢量是垂直于电流和磁感应矢量的.ρ,a 和 $\boldsymbol{H}$ 之间的关系可以写成

$$\rho(\boldsymbol{H}) = a(\boldsymbol{H}) = -R\boldsymbol{H}$$

其中,R 为霍尔系数张量的非零矢量,称为霍尔系数.

下面与 $\boldsymbol{j}$ 呈线性关系、与 $\boldsymbol{H}$ 成二次幂关系的矢量 $\boldsymbol{H}^2\boldsymbol{j}$ 和 $(\boldsymbol{j}\cdot\boldsymbol{H})\boldsymbol{H}$ 可以利用矢量 $\boldsymbol{j}$ 和 $\boldsymbol{H}$ 产生得到.因此,含有 $\boldsymbol{H}$ 二次项的矢量 $\boldsymbol{E}$ 的一般方程可以写成

$$\boldsymbol{E} = \rho_0\boldsymbol{j} + R[\boldsymbol{H}\times\boldsymbol{j}] + \beta_2(\boldsymbol{j}\cdot\boldsymbol{H})\cdot H \tag{6.59}$$

如果磁场的方向只沿着 X_3 轴方向,利用上面方程可以得到

$$\begin{aligned} E_1 &= (\rho_0 + \beta_1 H_3^2)j_1 - RH_3 j_2 \\ E_2 &= RH_3 j_1 + (\rho_0 + \beta_1 H_3^2)j_2 \\ E_3 &= [\rho_0 + (\beta_1 + \beta_2)H_3^2]j_3 \end{aligned} \tag{6.60}$$

其中,系数 $\rho_0 + \beta_1 H_3^2$ 是当磁场垂直于电流时沿着电流方向测得的电阻率,即它是横向磁场中的纵向效应($\rho_\perp$).RH_3 项是在横向场中产生的横向效应,这实际上就是霍尔效应.最后,方括号中的项给出了纵向场的纵向效应并记为 $\rho_{/\!/}$.量 $(\rho_\perp - \rho_0)/\rho_0 = \Delta\rho_\perp/\rho_0$ 和 $(\rho_{/\!/} - \rho_0)/\rho_0 = \Delta\rho_{/\!/}/\rho_0$ 分别称为横向磁致电阻系数和纵向磁致电阻系数.

用考虑电阻率张量类似的方法,我们下面考虑磁场对热导率系数张量 χ_{ij} 的影响.一次效应,即正比于 $\boldsymbol{H}$ 的项类似于霍尔效应.当有热通量通过的导体受到横向磁场的作用时,一次效应中有横向的温度梯度出现.这就是所谓的**里吉-勒迪克效应**.正比于磁场二次幂的项和磁阻相应,并且描述了**磁致热导率**,即磁场中的热导率的变化.

式(6.48a)中的张量 a_{ik} 联系了没有电流存在时($j=0$)的电场 E_i 和温度梯度 $\partial T/\partial x_k$.当有磁场存在时,它自然就成为该磁场的一个函数.当 $j=0$ 时,利用式(6.48a)得

$$E_i = \alpha_{ik}(\boldsymbol{H}) = \frac{\partial T}{\partial x_k} \tag{6.61}$$

类似地,β_{ik} 联系了热通量 q_i 和电流 j(当温度梯度不存在时):

$$q_i = -\beta_{ik}(\boldsymbol{H})j_k \tag{6.62}$$

张量 α_{ik} 和 β_{ik} 的昂萨格关系式(6.49)与 ρ_{ik} 和 χ_{ik} 的昂萨格关系式是不同的.结果是,张量 α_{ik} 和 β_{ik} 的对称部分和反对称部分不再分别是 $\boldsymbol{H}$ 的偶函数和奇函数.在热通量的情况下,可以列出类似式(6.55)的 α_{ik} 和 β_{ik} 的表达式,它意

味着这些张量的反对称部分产生横向效应.但由于这些反对称部分不等价于函数的奇数项,不能断定由这些反对称部分引起的一级效应同张量 ρ_{ik} 和 χ_{ik} 中的情况一样,是完全的横向效应.

类似式(6.56),把函数 $\alpha_{ik}(H)$展开为 H 的级数:

$$\alpha_{ik}(H) = \alpha_{ik}^{(0)} + \alpha_{ikl}H_l + \alpha_{iklm}H_lH_m \tag{6.63}$$

把式(6.63)代入式(6.61),得

$$E_i = (\alpha_{ik}^{(0)} + \alpha_{ikl}H_l + \alpha_{iklm}H_lH_m)\frac{\partial T}{\partial x_k} \tag{6.64}$$

可见,张量 α_{ikl}类似于霍尔系数张量,但是正如前面提到的,它不表示一个完全的横向效应.对张量 β_{ikl} 也是一样.在各向同性介质中相应的横向效应分别称为**能斯特效应**和**埃廷斯豪森效应**.

能斯特效应:当导体处于横向磁场中并且有热通量流过导体时,导体中出现横向电势差的现象.可以采用张量 α_{ikl} 描述晶体的这一效应,但是由于上述因素,这种描述是不精确的.张量 α_{ikl}被称为能斯特系数张量.分量 α_{ikl}反映了在磁场第 l 个分量作用下由温度梯度第 k 个分量引起的热电动势的第 i 个分量的变化.

埃廷斯豪森效应:晶体在垂直于纵向电流和磁场的方向上的两部分出现温差.张量 β_{ikl}近似地描述了晶体中的这个效应而被称为埃廷斯豪森系数张量.张量 α_{ikl}和β_{ikl}分别联系了一个二阶极张量和一个轴矢量,因而它们是三阶轴张量.

各个二级效应是由张量 α_{ikl}和β_{ikl}描述的.它们中的每一个联系了一个二阶极张量和一个$\boldsymbol{H}_l \cdot \boldsymbol{H}_m$ 类型的矢积,因而是一个四阶极张量.张量 α_{iklm}被称为磁场温差电张量.它描述了磁场中的热电动势的变化.

没有温度梯度存在时由于磁场对电性质和温差电性质产生的效应称为磁场电流效应,包括霍尔效应、磁电阻效应和埃廷斯豪森效应.有些效应是在没有电流存在的情况下由于磁场对热性质和温差电性质的影响引起的,被称为磁场热流效应,包括能斯特效应、磁热电动势、里吉-勒迪克效应和磁热导率.还存在高次效应,这里不做考虑.

因此,晶体中的输运现象可以做以下分类:

(1) **零级效应**,其系数由二阶极张量表示.它们包括电传导和热传导现象,以及没有磁场存在时发生的温差电现象,分别用张量 ρ_{ik},χ_{ik},α_{ik}和β_{ik}描述.

(2) **一级效应**,正比于磁场矢量的一次幂.包括有霍尔效应、里吉-勒迪克效应、能斯特效应和埃廷斯豪森效应.霍尔系数张量 ρ_{ikl}和里吉-勒迪克系数张量 χ_{ikl}是三阶轴张量,由于内部的对称性,它们等效于二阶极张量.能斯特系数张

量 α_{ikl} 和埃廷斯豪森系数张量 β_{ikl} 是联系二阶极张量和轴矢量的三阶轴张量.

(3) **二级效应**,正比于磁场张量的二次幂.由四阶极张量 ρ_{iklm},χ_{iklm},α_{iklm} 和 β_{iklm} 描述.它们是磁致电阻、磁热导率和磁热电动势(四阶效应没起名).

6.4.3 不同晶类晶体的霍尔系数张量,里吉-勒迪克系数张量,能斯特系数张量,埃廷斯豪森系数张量和磁致电阻张量

如前所述,霍尔效应是由电阻率系数张量的反对称部分式(6.58) a_{ij} 描述的.利用定义,$a_{ij}=-a_{ji}$ 且 $a_{ii}=0$,霍尔系数张量 ρ_{ikl} 分量的前两个脚标是相同的,都等于零,而其一般形式的分量有 $\rho_{ikl}=-\rho_{kil}$.

如果 α_{ip} 为新坐标轴(晶体物理)和旧坐标轴(任意)的夹角的方向余弦,张量 ρ_{ikl} 的变换规则将和式(1.17)一样:

$$\rho_{ikl} = \alpha_{ip}\alpha_{kq}\alpha_{lr}\rho_{pqr}$$

下面考虑晶类 2 和 $\bar{3}m$ 各自遵循的变换.

在晶系 2 中,如果二重轴平行于 X_3 轴,那么坐标轴变换矩阵可写为

	X_1	X_2	X_3
X_1'	-1	0	0
X_2'	0	-1	0
X_3'	0	0	1

正如前面提到的,$\rho_{ikl}=-\rho_{kil}$,$\rho_{iil}=0$,下面将考虑其可能的非零系数:

$$\rho'_{121} = \alpha_{14}\alpha_{22}\alpha_{11}\rho_{121} = (-1)(-1)(-1)\rho_{121} = -\rho_{121} = 0$$
$$\rho'_{131} = \alpha_{11}\alpha_{33}\alpha_{14}\rho_{131} = (-1)(1)(-1)\rho_{131} = \rho_{131} \neq 0$$
$$\rho'_{231} = \alpha_{22}\alpha_{33}\alpha_{14}\rho_{231} = (-1)(1)(-1)\rho_{231} = \rho_{231} \neq 0$$

可见,脚标含有单个数字 3 的那些系数不等于零.因此,张量的第一部分和磁场矢量的分量 H_1 相关,得到下面矩阵:

$$\begin{Vmatrix} 0 & 0 & \rho_{131} \\ 0 & 0 & \rho_{231} \\ -\rho_{131} & -\rho_{231} & 0 \end{Vmatrix}$$

类似地,可以得到和磁场矢量分量 H_2 和 H_3 相关的第二、第三个矩阵:

$$\begin{Vmatrix} 0 & 0 & \rho_{132} \\ 0 & 0 & \rho_{232} \\ -\rho_{132} & -\rho_{232} & 0 \end{Vmatrix}, \quad \begin{Vmatrix} 0 & \rho_{123} & 0 \\ -\rho_{123} & 0 & 0 \\ 0 & 0 & 0 \end{Vmatrix}$$

在晶类 $\bar{3}m$ 晶体中,对称素包括平行于 X_3 轴的轴 $\bar{3}$,平行于 X_1 轴的二重轴和一个对称中心.关于二重轴的坐标系变换可用下面矩阵描述:

$$\begin{Vmatrix} 1 & 0 & 0 \\ 0 & -1 & 0 \\ 0 & 0 & -1 \end{Vmatrix}$$

把它应用到霍尔系数分量中,可得

$$\rho'_{121} = \alpha_{11}\alpha_{22}\alpha_{11}\rho_{121} = -\rho_{121} = 0$$
$$\rho'_{131} = \alpha_{11}\alpha_{33}\alpha_{11}\rho_{131} = -\rho_{131} = 0$$
$$\rho'_{231} = \alpha_{22}\alpha_{33}\alpha_{11}\rho_{231} = \rho_{231} \neq 0$$

可见,只有那些脚标含有单个整数 1 的分量是非零的.因此,霍尔系数矩阵为

$$\overset{\boldsymbol{H}_1}{\begin{Vmatrix} 0 & 0 & 0 \\ 0 & 0 & \rho_{231} \\ 0 & -\rho_{231} & 0 \end{Vmatrix}},\quad \overset{\boldsymbol{H}_2}{\begin{Vmatrix} 0 & \rho_{122} & \rho_{132} \\ -\rho_{122} & 0 & 0 \\ -\rho_{123} & 0 & 0 \end{Vmatrix}},\quad \overset{\boldsymbol{H}_3}{\begin{Vmatrix} 0 & \rho_{123} & \rho_{133} \\ -\rho_{123} & 0 & 0 \\ -\rho_{133} & 0 & 0 \end{Vmatrix}}$$

轴 $\overline{3}$ 的坐标变换矩阵与轴 3 和对称中心的坐标变换矩阵相应,即

	$\boldsymbol{X}_1$	$\boldsymbol{X}_2$	$\boldsymbol{X}_3$
$\boldsymbol{X}'_1$	$1/2$	$-\sqrt{3}/2$	0
$\boldsymbol{X}'_2$	$\sqrt{3}/2$	$1/2$	0
$\boldsymbol{X}'_3$	0	0	-1

下面轮到必须借助三重轴变换矩阵找到的那些非零系数(注意,对称中心需要在 ρ'_{ikl} 的表达式中有一个负号):

$$\rho'_{231} = \alpha_{21}\alpha_{33}\alpha_{11}\rho_{131} + (-)\alpha_{22}\alpha_{33}\alpha_{11}\rho_{231} + (-)\alpha_{21}\alpha_{33}\alpha_{12}\rho_{132} + (-)\alpha_{22}\alpha_{33}\alpha_{12}\rho_{232}$$
$$= 0 + \frac{1}{4}\rho_{231} + \left(-\frac{3}{4}\right)\rho_{132} + 0 = \rho_{231}$$

根据诺依曼原理:

$$\rho_{231} = -\rho_{132}$$
$$\rho'_{122} = \alpha_{11}\alpha_{22}\alpha_{22}\rho_{122} + (-)\alpha_{12}\alpha_{21}\alpha_{22}\rho_{212}$$
$$= \frac{1}{8}\rho_{122} - \frac{3}{8}\rho_{122} = -\frac{1}{4}\rho_{122} = \rho_{122} = 0$$

$$\rho'_{123} = \alpha_{11}\alpha_{22}\alpha_{33}\rho_{123} + (-)\alpha_{12}\alpha_{21}\alpha_{33}\rho_{213} = \frac{1}{4}\rho_{123} + \frac{3}{4}\rho_{123} = \rho_{123} \neq 0$$

$$\rho'_{133} = \alpha_{11}\alpha_{33}\rho_{133} = \frac{1}{2}\rho_{133} = \rho_{133} = 0$$

因此,得到下面的霍尔系数矩阵:

$$H_1 \quad \begin{Vmatrix} 0 & 0 & 0 \\ 0 & 0 & \rho_{231} \\ 0 & -\rho_{231} & 0 \end{Vmatrix}, \quad H_2 \quad \begin{Vmatrix} 0 & 0 & -\rho_{231} \\ 0 & 0 & 0 \\ \rho_{231} & 0 & 0 \end{Vmatrix}, \quad H_3 \quad \begin{Vmatrix} 0 & \rho_{123} & 0 \\ -\rho_{123} & 0 & 0 \\ 0 & 0 & 0 \end{Vmatrix}$$

假设电流方向沿着 X_1' 轴方向，磁场方向平行于 X_3' 轴方向，测得的沿着 X_2 轴方向的分量是霍尔电动势，即得到的是霍尔系数 ρ_{123}'. 为了找到用霍尔系数各自的已知分量来表示的表达式，做如下变换：

$$\rho_{123}' = \alpha_{1p}\alpha_{2q}\alpha_{3r}\rho_{pqr}$$

其中，ρ_{pqr} 代表所有非零的 ρ_{ikl}，而 α_{ik} 是 X_1，X_2，X_3 坐标轴的变换矩阵系数.

为了说明，考虑一根铋晶体细棒，其长度方向垂直于三重轴，且底面法向和三重轴倾斜成 θ 角. 选取 X_1' 轴的方向沿着细棒的长度方向，X_3' 轴的方向沿着底面的法向. 那么坐标变换矩阵有下面形式：

	X_1	X_2	X_3
X_1'	0	1	0
X_2'	$-\cos\theta$	0	$\sin\theta$
X_3'	$\sin\theta$	0	$\cos\theta$

使外加磁场沿着 X_3' 轴的方向. 那么相应的霍尔系数就是 ρ_{123}'. 它和角度之间的关系可以通过下面方法获得：利用上面找到的铋的矩阵 ρ_{ikl}，写出

$$\begin{aligned}\rho_{123}' &= \alpha_{12}\alpha_{23}\alpha_{31}\rho_{231} + \alpha_{12}\alpha_{21}\alpha_{33}\rho_{213} = \sin^2\theta \cdot \rho_{231} + (-)\cos^2\theta \cdot (-\rho_{123}) \\ &= \sin^2\theta \cdot \rho_{231} + \cos^2\theta \cdot \rho_{123}\end{aligned}$$

因此，当 $\theta = 0^\circ$ 时，$\rho_{123}' = \rho_{123}$，而当 $\theta = 90^\circ$ 时，$\rho_{123}' = \rho_{231}$.

最后，考虑一个从铋晶体上割出的一根平行于底面的细棒（垂直于 X_3）. 让细棒的长边和晶体的二重轴 x_1 成 θ 角. 我们将找到霍尔系数和角度 θ 之间的关系.

显然，坐标轴的变换矩阵有如下形式：

	X_1	X_2	X_3
X_1'	$\cos\theta$	$\sin\theta$	0
X_2'	$-\sin\theta$	$\cos\theta$	0
X_3'	0	0	1

求得的霍尔系数是 ρ_{123}'. 利用铋晶体的非零系数 ρ_{ikl}，得

$$\rho_{123}' = \alpha_{11}\alpha_{22}\alpha_{33}\rho_{123} + \alpha_{12}\alpha_{21}\alpha_{33}\rho_{123} = \cos^2\theta \cdot \rho_{123} + \sin^2\theta \cdot \rho_{123} = \rho_{123}$$

因此，大的表面垂直于 X_3 轴的细棒的霍尔系数与 θ 无关.

各种晶系晶体的霍尔系数矩阵和里吉-勒迪克系数矩阵列于表 6.4，而能斯

特系数矩阵和埃廷斯豪森系数矩阵列于表 6.5.

磁致电阻张量 ρ_{iklm} 和磁致热导率张量 χ_{iklm} 的非零分量排布是相同的，和光弹性张量具有相同的形式.

总之，我们注意到半导体和薄膜中的霍尔效应和磁致电阻效应已被广泛应用于测定带电载流子主要参数的科学设备和设计各种设备和器件的技术中[5.7,6.1].

表 6.4　各种晶系晶体的霍尔系数矩阵和里吉-勒迪克系数矩阵

三斜晶系

$$\begin{Vmatrix} 0 & \rho_{121} & \rho_{131} \\ \rho_{121} & 0 & \rho_{231} \\ -\rho_{131} & -\rho_{231} & 0 \end{Vmatrix} \quad \begin{Vmatrix} 0 & \rho_{122} & \rho_{132} \\ -\rho_{122} & 0 & \rho_{232} \\ -\rho_{132} & -\rho_{232} & 0 \end{Vmatrix} \quad \begin{Vmatrix} 0 & \rho_{123} & \rho_{133} \\ -\rho_{123} & 0 & \rho_{233} \\ -\rho_{133} & \rho_{233} & 0 \end{Vmatrix}$$

单斜晶系

$$\begin{Vmatrix} 0 & 0 & \rho_{131} \\ 0 & 0 & \rho_{231} \\ -\rho_{131} & -\rho_{231} & 0 \end{Vmatrix} \quad \begin{Vmatrix} 0 & 0 & \rho_{132} \\ 0 & 0 & \rho_{232} \\ -\rho_{132} & \rho_{232} & 0 \end{Vmatrix} \quad \begin{Vmatrix} 0 & \rho_{123} & 0 \\ -\rho_{123} & 0 & 0 \\ 0 & 0 & 0 \end{Vmatrix}$$

正交晶系

$$\begin{Vmatrix} 0 & 0 & 0 \\ 0 & 0 & \rho_{231} \\ 0 & -\rho_{231} & 0 \end{Vmatrix} \quad \begin{Vmatrix} 0 & 0 & \rho_{132} \\ 0 & 0 & 0 \\ -\rho_{132} & 0 & 0 \end{Vmatrix} \quad \begin{Vmatrix} 0 & \rho_{123} & 0 \\ -\rho_{123} & 0 & 0 \\ 0 & 0 & 0 \end{Vmatrix}$$

四方、三角和六角晶系

晶类：$4,\bar{4},4/m,3,\bar{3},6,\bar{6},6/m$

$$\begin{Vmatrix} 0 & 0 & \rho_{131} \\ 0 & 0 & -\rho_{132} \\ -\rho_{131} & \rho_{132} & 0 \end{Vmatrix} \quad \begin{Vmatrix} 0 & 0 & \rho_{132} \\ 0 & 0 & \rho_{131} \\ -\rho_{132} & -\rho_{131} & 0 \end{Vmatrix} \quad \begin{Vmatrix} 0 & \rho_{123} & 0 \\ -\rho_{123} & 0 & 0 \\ 0 & 0 & 0 \end{Vmatrix}$$

晶类：$422,4mm,\bar{4}2m,4/mmm,32,\bar{3}m,622,6mm,\bar{6}m2,6/mmm$

$$\begin{Vmatrix} 0 & 0 & 0 \\ 0 & 0 & \rho_{231} \\ 0 & -\rho_{231} & 0 \end{Vmatrix} \quad \begin{Vmatrix} 0 & 0 & -\rho_{231} \\ 0 & 0 & 0 \\ \rho_{231} & 0 & 0 \end{Vmatrix} \quad \begin{Vmatrix} 0 & \rho_{123} & 0 \\ -\rho_{123} & 0 & 0 \\ 0 & 0 & 0 \end{Vmatrix}$$

立方晶系和各向同性介质

$$\begin{Vmatrix} 0 & 0 & 0 \\ 0 & 0 & -\rho_{132} \\ 0 & \rho_{132} & 0 \end{Vmatrix} \quad \begin{Vmatrix} 0 & 0 & \rho_{132} \\ 0 & 0 & 0 \\ -\rho_{132} & 0 & 0 \end{Vmatrix} \quad \begin{Vmatrix} 0 & -\rho_{132} & 0 \\ \rho_{132} & 0 & 0 \\ 0 & 0 & 0 \end{Vmatrix}$$

表6.5 各种晶系晶体的能斯特系数矩阵和埃廷斯豪森系数矩阵

三斜晶系

$$\begin{Vmatrix} \alpha_{111} & \alpha_{121} & \alpha_{131} \\ \alpha_{211} & \alpha_{221} & \alpha_{231} \\ \alpha_{311} & \alpha_{321} & \alpha_{331} \end{Vmatrix} \quad \begin{Vmatrix} \alpha_{112} & \alpha_{122} & \alpha_{132} \\ \alpha_{212} & \alpha_{222} & \alpha_{232} \\ \alpha_{312} & \alpha_{322} & \alpha_{332} \end{Vmatrix} \quad \begin{Vmatrix} \alpha_{113} & \alpha_{123} & \alpha_{133} \\ \alpha_{213} & \alpha_{223} & \alpha_{233} \\ \alpha_{313} & \alpha_{323} & \alpha_{333} \end{Vmatrix}$$

单斜晶系

$$\begin{Vmatrix} 0 & 0 & \alpha_{131} \\ 0 & 0 & \alpha_{231} \\ \alpha_{311} & \alpha_{321} & 0 \end{Vmatrix} \quad \begin{Vmatrix} 0 & 0 & \alpha_{132} \\ 0 & 0 & \alpha_{232} \\ \alpha_{312} & \alpha_{322} & 0 \end{Vmatrix} \quad \begin{Vmatrix} \alpha_{113} & \alpha_{123} & 0 \\ \alpha_{213} & \alpha_{223} & 0 \\ 0 & 0 & \alpha_{333} \end{Vmatrix}$$

正交晶系

$$\begin{Vmatrix} 0 & 0 & 0 \\ 0 & 0 & \alpha_{231} \\ 0 & \alpha_{321} & 0 \end{Vmatrix} \quad \begin{Vmatrix} 0 & 0 & \alpha_{132} \\ 0 & 0 & 0 \\ \alpha_{312} & 0 & 0 \end{Vmatrix} \quad \begin{Vmatrix} 0 & \alpha_{123} & 0 \\ \alpha_{213} & 0 & 0 \\ 0 & 0 & 0 \end{Vmatrix}$$

四方和六角晶系

晶类：$4,\bar{4},4/m,\bar{6},6,6/m$

$$\begin{Vmatrix} 0 & 0 & \alpha_{131} \\ 0 & 0 & \alpha_{231} \\ \alpha_{311} & \alpha_{321} & 0 \end{Vmatrix} \quad \begin{Vmatrix} 0 & 0 & \alpha_{231} \\ 0 & 0 & \alpha_{131} \\ \alpha_{311} & \alpha_{321} & 0 \end{Vmatrix} \quad \begin{Vmatrix} \alpha_{113} & \alpha_{123} & 0 \\ \alpha_{123} & \alpha_{113} & 0 \\ 0 & 0 & \alpha_{333} \end{Vmatrix}$$

晶类：$4mm,\bar{4}2m,422,4/mmm,\bar{6}m2,622,6/mmm$

$$\begin{Vmatrix} 0 & 0 & 0 \\ 0 & 0 & \alpha_{231} \\ 0 & \alpha_{321} & 0 \end{Vmatrix} \quad \begin{Vmatrix} 0 & 0 & \alpha_{231} \\ 0 & 0 & 0 \\ \alpha_{321} & 0 & 0 \end{Vmatrix} \quad \begin{Vmatrix} 0 & \alpha_{123} & 0 \\ \alpha_{123} & 0 & 0 \\ 0 & 0 & 0 \end{Vmatrix}$$

三角晶系

晶类：$3,\bar{3}$

$$\begin{Vmatrix} \alpha_{111} & \alpha_{121} & \alpha_{131} \\ \alpha_{121} & -\alpha_{111} & \alpha_{231} \\ \alpha_{311} & \alpha_{321} & 0 \end{Vmatrix} \quad \begin{Vmatrix} -\alpha_{121} & -\alpha_{111} & -\alpha_{231} \\ -\alpha_{111} & -\alpha_{121} & \alpha_{131} \\ -\alpha_{321} & \alpha_{311} & 0 \end{Vmatrix} \quad \begin{Vmatrix} \alpha_{113} & \alpha_{123} & 0 \\ -\alpha_{123} & \alpha_{113} & 0 \\ 0 & 0 & \alpha_{333} \end{Vmatrix}$$

晶类：$3m,32,\bar{3}m$

$$\begin{Vmatrix} \alpha_{111} & 0 & 0 \\ 0 & -\alpha_{111} & \alpha_{231} \\ 0 & \alpha_{321} & 0 \end{Vmatrix} \quad \begin{Vmatrix} 0 & -\alpha_{111} & -\alpha_{231} \\ -\alpha_{111} & 0 & 0 \\ -\alpha_{321} & 0 & 0 \end{Vmatrix} \quad \begin{Vmatrix} 0 & \alpha_{123} & 0 \\ -\alpha_{123} & 0 & 0 \\ 0 & 0 & 0 \end{Vmatrix}$$

续表

立方晶系

晶类：23，$m3$

$$\begin{Vmatrix}0&0&0\\0&0&\alpha_{231}\\0&\alpha_{321}&0\end{Vmatrix}\qquad\begin{Vmatrix}0&0&\alpha_{321}\\0&0&0\\\alpha_{231}&0&0\end{Vmatrix}\qquad\begin{Vmatrix}0&\alpha_{231}&0\\\alpha_{321}&0&0\\0&0&0\end{Vmatrix}$$

晶类：$\bar{4}3m$，432，$m3m$；各向同性介质

$$\begin{Vmatrix}0&0&0\\0&0&\alpha_{231}\\0&-\alpha_{231}&0\end{Vmatrix}\qquad\begin{Vmatrix}0&0&-\alpha_{231}\\0&0&0\\\alpha_{231}&0&0\end{Vmatrix}\qquad\begin{Vmatrix}0&\alpha_{231}&0\\-\alpha_{231}&0&0\\0&0&0\end{Vmatrix}$$

第 7 章

晶体的光学性质

7.1　各向异性介质中的平面电磁波

7.1.1　晶体的介电常量

各向异性连续介质中电磁波的性质是用麦克斯韦电动力学方程来描述的，区别于各向同性介质，与频率 ω 有关的介电常量张量 $\varepsilon_{ik}(\omega)$ 和磁导率张量 $\mu_{ik}(\omega)$ 一方面确定了电感应强度 D 和电场强度 E 的关系，另一方面也确定了磁感应强度 B 和磁场强度 H 之间的关系. 耦合方程具有如下形式：

$$D_i = \varepsilon_{ik}(\omega)E_k, \quad B_i = \mu_{ik}(\omega)H_k \tag{7.1}$$

正如我们熟知的，如果块体不受外磁场作用，一般的动力学系数的对称性原则要求张量是对称的：$\varepsilon_{ik} = \varepsilon_{ki}$[7.1].

电磁波能流密度用乌莫夫-坡印亭矢量表示：

$$\boldsymbol{S} = \frac{c}{4\pi}[E \times H] \tag{7.2}$$

而单位时间内单位体积的能量变化可用下式计算：

$$-\operatorname{div}\boldsymbol{S} = \frac{c}{4\pi}(\boldsymbol{E}\operatorname{curl}\boldsymbol{H} - \boldsymbol{H}\operatorname{curl}\boldsymbol{E}) = \frac{1}{4\pi}\left(\boldsymbol{E}\frac{\partial \boldsymbol{D}}{\partial t} + \boldsymbol{H}\frac{\partial \boldsymbol{B}}{\partial t}\right)$$

对单色波，用复数 $E_0\exp(-\mathrm{i}\omega t)$，$H_0\exp(-\mathrm{i}\omega t)$ 表示 $\boldsymbol{E}$ 和 $\boldsymbol{H}$ 更为方便，对时间取平均之后，得到电损失：

$$Q = \frac{\mathrm{i}\omega}{8\pi}(\varepsilon_{ik}^{*} - \varepsilon_{ki})E_iE_k^{*} \tag{7.3}$$

在不存在吸收时，上式中的 $\varepsilon_{ik}^{*} = \varepsilon_{ki} = \varepsilon_{ik}$，即介电常量极张量不仅是对称张量而且是实的. 正如第 1 章中提到的，这样的张量相当于一个椭球面（$\boldsymbol{r}\varepsilon\boldsymbol{r} = 1$，$\boldsymbol{r}$ 为径矢），即晶体光学中所谓的**非涅耳椭球面**.

通过选取适当的（主）坐标系，可以把椭球面方程约化为常规形式：

$$\varepsilon_{11}x^2 + \varepsilon_{22}y^2 + \varepsilon_{33}z^2 = 1 \tag{7.4}$$

这样的坐标系的坐标轴方向称为主方向，而 $\varepsilon_{11} = \varepsilon_x$，$\varepsilon_{22} = \varepsilon_y$，$\varepsilon_{33} = \varepsilon_z$ 称为张量 ε_{ik} 的主值.

回忆一下第 1 章提到的晶体的对称性对对称二阶极张量施加的限制条件.

首先，这种张量的分量在反演变换中保持不变，因此，在晶体的 32 个点对称群中，必须加以考虑的、具有对称中心的点群只有 11 个. 对具有三重轴、四重轴或六重轴的所有晶类，对称张量 ε_{ik} 的类型都是一样的，在这种考虑之下晶类的数目进一步减少. 对立方晶类晶体，张量 ε_{ik} 转变为标量. 因此，只保留了不同晶系的 5 个不同张量：

$$\begin{Vmatrix} \varepsilon_{11} & \varepsilon_{12} & \varepsilon_{13} \\ \varepsilon_{12} & \varepsilon_{22} & \varepsilon_{23} \\ \varepsilon_{13} & \varepsilon_{23} & \varepsilon_{33} \end{Vmatrix}, \quad \begin{Vmatrix} \varepsilon_{11} & \varepsilon_{12} & 0 \\ \varepsilon_{21} & \varepsilon_{22} & 0 \\ 0 & 0 & \varepsilon_{33} \end{Vmatrix}, \quad \begin{Vmatrix} \varepsilon_{11} & 0 & 0 \\ 0 & \varepsilon_{22} & 0 \\ 0 & 0 & \varepsilon_{33} \end{Vmatrix}$$

$$\begin{Vmatrix} \varepsilon_{11} & 0 & 0 \\ 0 & \varepsilon_{11} & 0 \\ 0 & 0 & \varepsilon_{33} \end{Vmatrix}, \quad \begin{Vmatrix} \varepsilon_{11} & 0 & 0 \\ 0 & \varepsilon_{11} & 0 \\ 0 & 0 & \varepsilon_{11} \end{Vmatrix}$$

对三斜、单斜和正交晶系中的头 3 种张量，它们的特征面是一个三轴的椭球面. 对三角、四方和六角晶系，张量的特征面是一个旋转椭球面. 最后，对立方晶系，张量椭球面退化成为一个球面.

在三斜晶系晶体中，介电常量张量主方向的相互垂直的三轴可以取任意方向，取决于张量分量的值（轴分散）. 在单斜晶系晶体中，只有一个总是指向二重轴的张量主轴方向或垂直于对称面的主轴方向. 在不存在轴分散的正交晶体或高对称性晶体中，张量主轴的方向完全由晶体的对称素确定.

7.1.2 透明晶体中的平面波

首先考虑光学透明的各向异性和非磁性介质[7.2-7.5]. 电场和磁场的强度和感应强度的关系必须写成：

$$D_i = \varepsilon_{ik}E_k, \quad B_i = H_i \tag{7.5}$$

其中，ε_{ik} 为有正主值的实数对称张量. 对频率为 ω 和波矢为 $\boldsymbol{k}$ 的平面单色波，有 $\boldsymbol{E} = \boldsymbol{E}_0\exp[\mathrm{i}(\omega t - \boldsymbol{kr})]$，其中 $\boldsymbol{k} = (\omega/c)\boldsymbol{n}$（$\boldsymbol{n}$ 为波的法向），利用麦克斯韦方程：

$$\mathrm{curl}\boldsymbol{H} = \frac{1}{c}\frac{\partial \boldsymbol{D}}{\partial t}, \quad \mathrm{curl}\boldsymbol{E} = -\frac{1}{c}\frac{\partial \boldsymbol{H}}{\partial t}$$

可得

$$\boldsymbol{H} = [\boldsymbol{nE}], \quad \boldsymbol{D} = -[\boldsymbol{nH}]$$

因此，矢量 $\boldsymbol{n}$，$\boldsymbol{E}$ 和 $\boldsymbol{D}$ 处于垂直于 $\boldsymbol{H}$ 的同一个平面内，而且 $\boldsymbol{D} \perp \boldsymbol{n}$，如图 7.1 所示. 将上面两个方程中的 $\boldsymbol{H}$ 消去，得

$$\boldsymbol{D} = n^2\boldsymbol{E} - \boldsymbol{n}(\boldsymbol{nE}) \tag{7.6}$$

利用耦合方程式(7.5)，我们得到矢量分量 E_i 的 3 个线性齐次方程：

$$(n^2\delta_{ik} - n_i n_k - \varepsilon_{ik})E_k = 0, \quad \delta_{ik} = \begin{cases} 0, & i \neq k \\ 1, & i = k \end{cases} \tag{7.7}$$

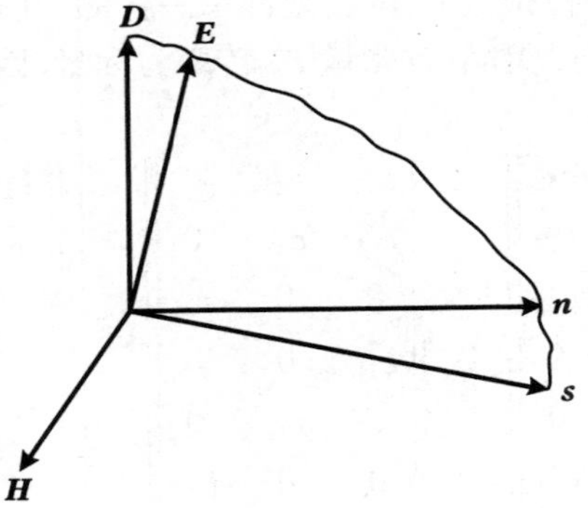

图 7.1 晶体中光波的矢量 $\boldsymbol{E}, \boldsymbol{D}, \boldsymbol{H}, \boldsymbol{n}$ 和 $\boldsymbol{s}$ 的位置($\boldsymbol{s}$ 为束矢量,$\boldsymbol{ns}=1$)

众所周知,线性齐次方程的相容条件是:体系的行列式必须等于零. 在坐标轴和张量 ε_{ik} 的主轴方向重合的笛卡儿坐标系中,这一相容条件导出了晶体光学的主要方程(**菲涅耳方程**):

$$\begin{aligned} n^2(\varepsilon_x n_x^2 + \varepsilon_y n_y^2 + \varepsilon_z n_z^2) - [n_x^2\varepsilon_x(\varepsilon_y + \varepsilon_z) + n_y^2\varepsilon_y(\varepsilon_x + \varepsilon_z) \\ + n_z^2\varepsilon_z(\varepsilon_x + \varepsilon_y)] + \varepsilon_x\varepsilon_y\varepsilon_z = f(k_x, k_y, k_z) = 0 \end{aligned} \tag{7.8}$$

或写成对称形式:

$$\frac{(n_x^0)^2}{1/n^2 - 1/\varepsilon_x} + \frac{(n_y^0)^2}{1/n^2 - 1/\varepsilon_y} + \frac{(n_z^0)^2}{1/n^2 - 1/\varepsilon_z} = 0 \tag{7.9}$$

如果已知作为频率 ω 函数的张量 ε_{ik} 的主值 $\varepsilon_x, \varepsilon_y, \varepsilon_z$,那么,菲涅耳方程确定矢量 $\boldsymbol{n}$ 的绝对值,其方向由单位矢量 $\boldsymbol{n}^0$ 的方向确定. 一般,和一个波矢量对应的折射率 n 有两个不同值,即感应矢量 $\boldsymbol{D}$ 有两个方向($\boldsymbol{D}'$ 和 $\boldsymbol{D}''$ 都是光振子方向). 因此,区别于各向同性介质,晶体中有两个平面线性偏振波,以与方向相关的两个不同相速沿着各自的方向传播. 在测定这些偏振波的振动方向时,选取 Z' 轴沿着矢量 $\boldsymbol{n}^0$ 方向的新坐标系要比使用主坐标系更为方便. 利用式(7.6)可以得到矢量 $\boldsymbol{D}$ 横向分量的下面两个方程:

$$(\varepsilon_{\alpha\beta}^{-1} n^2 - \delta_{\alpha\beta}) D_\beta = 0 \tag{7.10}$$

利用零行列式,可以精确地确定矢量 $\boldsymbol{D}$ 的方向(在式(7.10)坐标系中,$\alpha, \beta = X', Y'$ 而且对 β 求和).

由式(7.10)容易看到,和 n 的两个值(即菲涅耳方程的根)对应的矢量 $\boldsymbol{D}'$ 和 $\boldsymbol{D}''$ 的方向是相互垂直的,如图 7.2 所示.

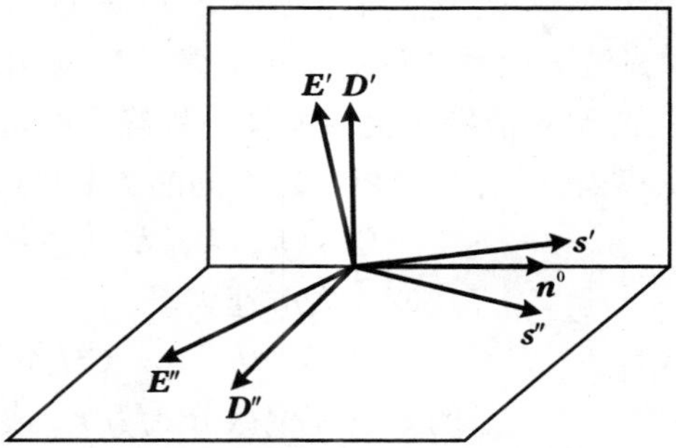

图 7.2　晶体中线性偏振波在两平面上的矢量 $\boldsymbol{E}',\boldsymbol{D}'\,\boldsymbol{s}'$ 和 $\boldsymbol{E}'',\boldsymbol{D}'',\boldsymbol{s}''$ 的位置排列

下面考虑乌莫夫-坡印亭能流矢量：

$$\boldsymbol{S}=\frac{c}{4\pi}[\boldsymbol{E}\times\boldsymbol{H}]=\frac{c}{4\pi}[\boldsymbol{n}\boldsymbol{E}^2-\boldsymbol{E}(\boldsymbol{nE})]\tag{7.11}$$

处于由矢量 $\boldsymbol{D},\boldsymbol{E}$ 和 $\boldsymbol{n}$ 所构成的平面的矢量 $\boldsymbol{S}$ 垂直于光波的电场强度矢量 $\boldsymbol{E}$，并且和矢量 $\boldsymbol{n}$ 的方向一般不重合. 可以证明矢量 $\boldsymbol{S}$ 是沿着群速矢量 $\partial\omega/\partial\boldsymbol{k}$ 的方向. 选定**束矢** $\boldsymbol{s}$ 沿着 $\boldsymbol{S}$ 的方向，并且其绝对值 $\boldsymbol{ns}=1$. 因而有 $\boldsymbol{sE}=0$; $\boldsymbol{sH}=0$(式(7.11))并且进一步有 $[\boldsymbol{s}\times\boldsymbol{H}]=[\boldsymbol{s}\times[\boldsymbol{n}\times\boldsymbol{E}]]=-\boldsymbol{E}$, $[\boldsymbol{s}\times\boldsymbol{D}]=-[\boldsymbol{s}\times[\boldsymbol{n}\times\boldsymbol{H}]]=\boldsymbol{H}$.

比较得到的两组方程：

$$D_i=\varepsilon_{ik}E_k,\quad \boldsymbol{D}=-[\boldsymbol{n}\times\boldsymbol{H}],\quad \boldsymbol{H}=[\boldsymbol{n}\times\boldsymbol{E}],\quad \boldsymbol{ns}=1\tag{7.12a}$$

$$E_i=\varepsilon_{ik}^{-1}D_k,\quad \boldsymbol{E}=-[\boldsymbol{s}\times\boldsymbol{H}],\quad \boldsymbol{H}=[\boldsymbol{s}\times\boldsymbol{D}],\quad \boldsymbol{ns}=1\tag{7.12b}$$

可见，用 $\varepsilon_{ik}\to\varepsilon_{ik}^{-1}$, $\boldsymbol{D}\to\boldsymbol{E}$, $\boldsymbol{n}\to\boldsymbol{s}$ 分别代替第一组方程中的 $\boldsymbol{D},\boldsymbol{H}$ 和 $\boldsymbol{n}$，可以得到第二组 $\boldsymbol{E},\boldsymbol{H}$ 和 $\boldsymbol{s}$ 的方程. 这就是晶体光学中所谓的**对偶性原理**的本质. 比如，为了从其方向 $\boldsymbol{s}^0$ 中找到速矢 $\boldsymbol{s}$ 的绝对值，利用式(7.9)可得到方程：

$$\frac{(s_x^0)^2}{1/s^2-1/\varepsilon_x^{-1}}+\frac{(s_y^0)^2}{1/s^2-1/\varepsilon_y^{-1}}+\frac{(s_z^0)^2}{1/s^2-1/\varepsilon_z^{-1}}=0$$

7.1.3　光学面

关系式(7.10)具有一个简单的几何意义，解释如下. 考虑半轴为 $\sqrt{\varepsilon_x}$, $\sqrt{\varepsilon_y}$, $\sqrt{\varepsilon_z}$ 的张量 ε_{ik}^{-1} 的椭球面，它被称为**光折射椭球**. 现在选择波矢 $\boldsymbol{k}$ 的某个方向，以垂直于该选定方向 $\boldsymbol{n}^0$ 的平面去截椭球面，一般截到的是一个椭圆. 方程式(7.9)表明：椭圆主半轴的大小等于折射率 n 的值，而它们的方向分别和给定 $\boldsymbol{n}^0$ 的晶体中两列波的感应矢量 $\boldsymbol{D}'$ 和 $\boldsymbol{D}''$ 的方向重合. 类似地，替代规则(对偶性原理)可以导出给定束矢 s 的波的强度矢量 $\boldsymbol{E}'$ 和 $\boldsymbol{E}''$ 的方向.

折射率和晶体中光波方向的依赖关系可非常清晰地用波矢面来表征,该面在给定方向 $\boldsymbol{n}^0$ 的径矢的绝对值等于由菲涅耳方程确定的折射率 n.可以构建一个束矢 s 的类似四次表面.以后我们将考虑不同晶类晶体的这些表面的形状.

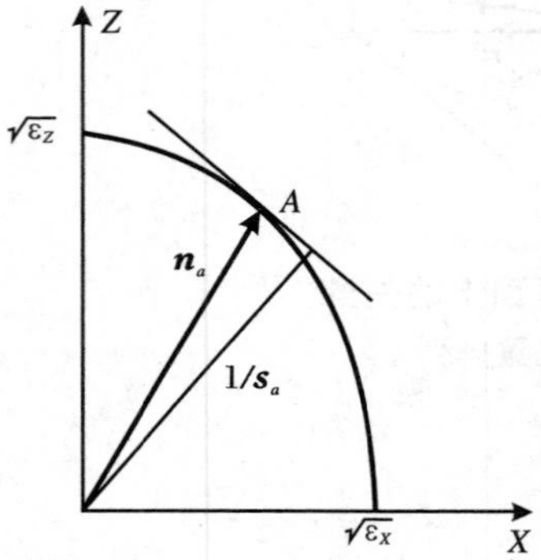

图 7.3 晶体中束矢和波矢之间的几何关系的推导

令 $f(k_x, k_y, k_z, \omega) = 0$ 为波矢面方程.由式(7.8),群速矢量

$$\partial\omega/\partial k_i = -(\partial f/\partial k_i)/(\partial f/\partial\omega)$$

的分量和偏微分 $\partial f/\partial n_i$ 成正比,因而束矢平行于 $\mathrm{grad}f$,即沿着波矢面的法向.假设 $\boldsymbol{n}_a$ 为波矢面某点的径矢,而 $\boldsymbol{s}_a$ 为其相应的束矢.波矢面在 A 的切平面方程将是 $\boldsymbol{s}_a(\boldsymbol{n}-\boldsymbol{n}_a)=0$,如图 7.3 所示,因为 $\boldsymbol{n}_a\boldsymbol{s}_a = 1$,则 $\boldsymbol{s}_a\boldsymbol{n}=1$.因此,从原点到波矢面切平面的垂直间距为 $1/s_a$.类似地,从原点到束矢面切平面的垂直间距为 $1/n_a$.这样,晶体中光波束矢和波矢之间的几何关系就建立了.

7.2 单轴晶体和双轴晶体

7.2.1 单轴晶体

介电常量张量类型的考虑表明,根据介电常量张量不同主值的数目(1,2,3)(见 7.1 节),所有晶体可以分为 3 组.

对立方晶体,张量 ε_{ik} 退化为标量 $\varepsilon = n^2$,因而这种晶体在光学性质上和各向同性块体没有什么区别(见表 7.1).对三角、四方和六角晶系的晶体,张量 ε_{ik} 有两个主值:$\varepsilon_z = \varepsilon_{/\!/} = n_e^2$,$\varepsilon_x = \varepsilon_y = \varepsilon_\perp = n_0^2$(见表 7.2),相应的特征面是转轴平行于最高重对称轴的旋转椭球面.对单轴晶体,在主坐标系中的菲涅耳方程分解为两个二次方程:

$$n^2 - \varepsilon_\perp = 0, \quad \frac{n_z^2}{\varepsilon_\perp} + \frac{n_x^2 + n_y^2}{\varepsilon_{/\!/}} = 1 \tag{7.13}$$

表 7.1 部分立方晶体的折射率 n[7.6]

晶体	n	晶体	n
萤石 CaF_2	1.434	金刚石 C	2.419
岩盐 NaCl	1.544	赤铜矿 Cu_2O	2.705
尖晶石 $MgAl_2O_4$	1.718	锗 Ge	~4.0
镁铝榴石 $Mg_3Al_2Si_3O_{12}$	1.705		

表 7.2 部分单轴晶体的折射率 n_0 和 n_e[7.6]

晶体	n_0	n_e	晶体	n_0	n_e
冰 H_2O	1.309	1.313	刚玉 Al_2O_3	1.768	1.760
石英 SiO_2	1.544	1.553	白钨矿 $CaWO_4$	1.918	1.934
绿宝石 $Be_3Al_2Si_6O_{18}$	1.568	1.564	锆石 $ZrSiO_4$	1.926	1.985
硝石 $NaNO_3$	1.587	1.336	金红石 TiO_2	2.616	2.903
方解石 $CaCO_3$	1.658	1.486	辰砂 HgS	2.854	3.201

因此，在单轴晶体中两列光波可以在各自的波矢方向上传播：① 正如它的名字的含义，与方向无关、折射率为 $n_0=\sqrt{\varepsilon_\perp}$ 的**寻常波**；② 折射率 n 随着矢量 $\boldsymbol{n}$ 与 $\boldsymbol{Z}$ 轴(方向沿着晶体的高对称轴方向)的夹角 θ 变化的异常波：

$$\frac{1}{n^2}=\frac{\sin^2\theta}{\varepsilon_{/\!/}}+\frac{\cos^2\theta}{\varepsilon_\perp} \tag{7.14}$$

在 $\theta=0$ 的特殊方向，两列光波的折射率相同：$n_0=n=\sqrt{\varepsilon_\perp}$，在晶体(及各向同性块体)中，两列光波以相同的速率传播；晶体中的这个方向称为**光轴**. 因此，三角晶系、四方晶系和六方晶系的晶体被称为单轴晶体. 为了测出同一波矢方向两个波的折射率之差，通常假设主双折射(即差值 $\sqrt{\varepsilon_\perp}-\sqrt{\varepsilon_{/\!/}}=n_0-n_e$)很小，此时容易得到：

$$n-n_0\approx(n_e-n_0)\sin^2\theta \tag{7.15}$$

方程组(7.7)的解确定了矢量 $\boldsymbol{E}$ 以及由式(7.1)表示的 $\boldsymbol{D}$ 的方向，它说明寻常波的光振动方向垂直于包含光轴和波矢的平面. 这样的平面被称为**主截面**，如图 7.4 所示. 相反，在异常波的振动方向处于主截面内. 寻常波束矢方向和波矢量 $\boldsymbol{n}$ 重合并且和晶体的光轴成 θ 角. 异常波的束矢自然落在主截面的平面内(矢量 $\boldsymbol{n}, \boldsymbol{D}, \boldsymbol{s}$ 和 $\boldsymbol{E}$ 总是共面的)，但和波矢 $\boldsymbol{n}$ 的方向不重合并且和光轴形成另一个角度 θ'，θ' 满足下面条件：

$$\tan \theta' = \frac{\varepsilon_{\perp}}{\varepsilon_{/\!/}} \tan \theta \tag{7.16}$$

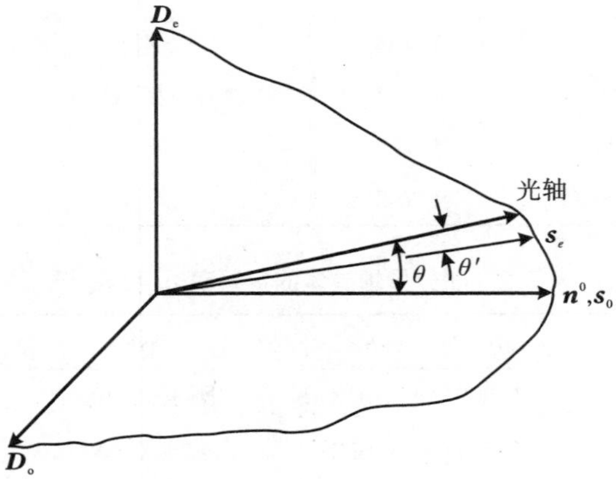

图 7.4 单轴晶体中寻常波和异常波的光振动方向

正如从菲涅耳方程所见到的，单轴晶体的波矢面分解为两个面：寻常波的球面和异常波的旋转椭球面. 这两个面在光轴上的两个点相互接触. 如果 $n_0 < n_e$，那么，我们说单轴晶体是正的，而如果 $n_0 > n_e$，则说单轴晶体是负的，如图 7.5 所示.

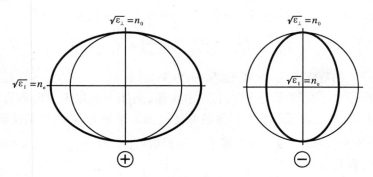

图 7.5 正晶体和负晶体的波矢面

7.2.2 双轴晶体

当构建三斜晶体、单斜晶体和正交晶体的波矢面时，从有 3 个不同主值的三轴椭球面 $\varepsilon_{ik}^{-1} x_i x_k = 1$ 着手. 为了构建垂直于椭球面($\varepsilon_x < \varepsilon_y < \varepsilon_z$) Y 轴的波矢面的截面，我们这样做：用 YZ 平面去截张量的椭球面；在 X 轴上分别取等

于$\sqrt{\varepsilon_y}$和$\sqrt{\varepsilon_z}$的长度;将截面绕 Y 轴旋转,在椭球截面上得到一个半轴$\sqrt{\varepsilon_y}$恒定,另一个半轴在最小值$\sqrt{\varepsilon_x}$到$\sqrt{\varepsilon_z}$之间变化的椭圆.因此,在波矢面的 XZ 截面上得到一个半径为$\sqrt{\varepsilon_y}$的圆和一个半轴为$\sqrt{\varepsilon_z}$和$\sqrt{\varepsilon_x}$的椭圆;用类似的方法,构建分别垂直于张量 ε_{ik}^{-1}椭球面的X轴和Z轴的另外两个截面.图 7.6 给出了双轴晶体波矢各截面的全视图.

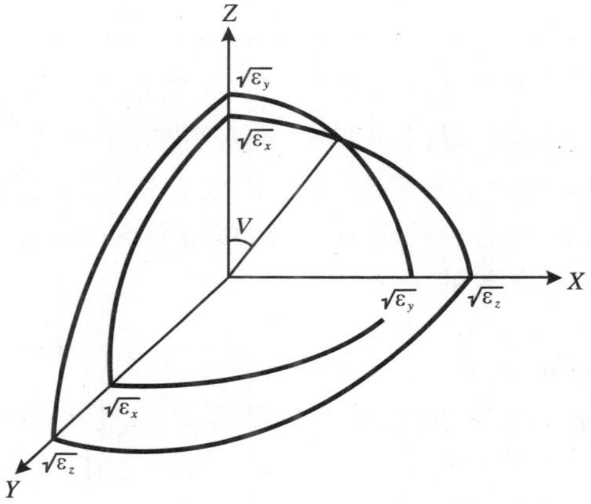

图 7.6 双轴晶体的波矢面

该波矢面是两个有 4 点相接触的壳,并且具有对称中心.在被称为**光轴**或**副法线**两个方向上将这 4 个点和原点相连,光轴上两波的折射率相重合,不存在双折射(这些方向和张量椭球面的圆形横截面对应).所以三斜晶系、单斜晶系和正交晶系的晶体都是双轴的.光轴和 Z 轴的夹角 V 可以通过同时解圆方程 $x^2+z^2=\varepsilon_y$ 和椭圆方程 $x^2/\varepsilon_z+z^2/\varepsilon_x=1$ 而得到,所以

$$\tan V=\left[\frac{\varepsilon_z(\varepsilon_y-\varepsilon_x)}{\varepsilon_x(\varepsilon_z-\varepsilon_y)}\right]^{1/2} \tag{7.17}$$

表 7.3 列出了部分双轴晶体的 n 值和 V 值.

表 7.3 部分双轴晶体的折射率[7.6]

晶体	n_1	n_2	n_3	$2V$(deg)
硝石(KNO_3)	1.332 8	1.498 8	1.499 4	6
氨硝石(NH_4NO_3)	1.411	1.605	1.629 6	35
石膏($CaSO_4\cdot 2H_2O$)	1.520	1.523	1.530	58
霰石($CaCO_3$)	1.530	1.680	1.685	18

续表

晶体	n_1	n_2	n_3	$2V$(deg)
白云母($KAl_2[(OH,F)(AlSi_3O_{10})]$)	1.572	1.611	1.615	30
天青石($SrSO_4$)	1.622	1.624	1.631	51
重晶石($BaSO_4$)	1.636	1.637	1.648	37.5
重铬酸钾($K_2Cr_2O_7$)	1.715	1.762	1.892	64

数学上,波的折射率的数值和波矢方向的关系由菲涅耳方程式(7.8)和式(7.9)确定.为简单起见,不像以前那样,波矢的方向用波矢和介电常量张量的主轴夹角的余弦 n_x^0,n_y^0,n_z^0 来给出,而是用波矢和晶体光轴的两个夹角 φ_1,φ_2 来给定.利用波矢方向的这种约定方式,可以计算比如晶体中沿两个方向传播的波的折射率 n'和 n''之差的简单表达式:

$$\frac{1}{(n')^2}-\frac{1}{(n'')^2}=\left(\frac{1}{\varepsilon_x}-\frac{1}{\varepsilon_z}\right)\sin\varphi_1\sin\varphi_2 \tag{7.18}$$

双轴晶体中波振动方向问题是根据**菲涅耳原理**来解的.光波的振动方向(即和矢量 $\boldsymbol{n}$ 对应的矢量 $\boldsymbol{D}$ 的方向)是两个平面(分别含有矢量 $\boldsymbol{n}$ 和一个光轴)在垂直于矢量 $\boldsymbol{n}$ 的平面上的两个交线的等分线.

实际上,假设 n',n''是张量 ε_{ik}^{-1}的椭球面被垂直于矢量 $\boldsymbol{n}$ 的平面所截出的椭圆的半轴,如图7.7(a)所示,而直径 $A'A'$是该截面和椭球面的圆形截面的交线.在椭圆形截面的平面上,画出直径 $N'N'$垂直于 $A'A'$.显然,$\boldsymbol{n}$,$\boldsymbol{N}_0$和 $N'N'$

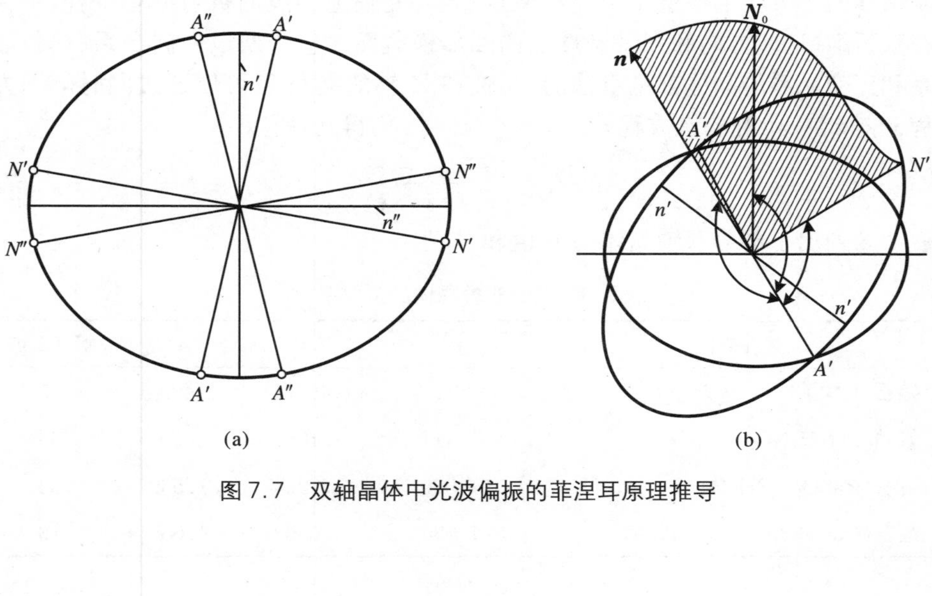

图7.7 双轴晶体中光波偏振的菲涅耳原理推导

处于垂直于 $A'A'$的同一个平面,如图 7.7(b)所示.类似地,可以画出另一个圆形截面和另一个光轴.在勾画出这样的图像后,在椭圆形截面所在平面上,得到两个相等的直径 $A'A'$和 $A''A''$(它们是圆形截面的直径),位于椭圆半轴 n'的两边.因此,n'等分了它们之间的夹角,而且因为 $A'A' \perp N'N'$和 $A''A'' \perp N''N''$,所以 n''是 $N'N'$和 $N''N''$的夹角的等分线.

根据对偶性原理,束矢面既可以以张量 ε_{ik} 椭球面为根据构建,也可以以波矢面为根据构建.束矢面也存在 4 个交点,穿过这些点的束的光轴(**副径向**)和 Z 轴成角度 γ:

$$\tan \gamma = \tan V \sqrt{\varepsilon_x / \varepsilon_z}$$

其中,V 见图 7.6.

如图 7.8(a)所示,对应每个这样的方向(即副径向)的是充满整个圆锥(**外折射锥**)的无限多个波矢.图 7.8(a)中三角形 AOB 是该圆锥的一个截面.类似地,光轴的方向(副法向)和整个束矢圆锥对应.图 7.8(b)中的三角形 $A'O'B'$ 是该圆锥(**内折射锥**)的一个截面.

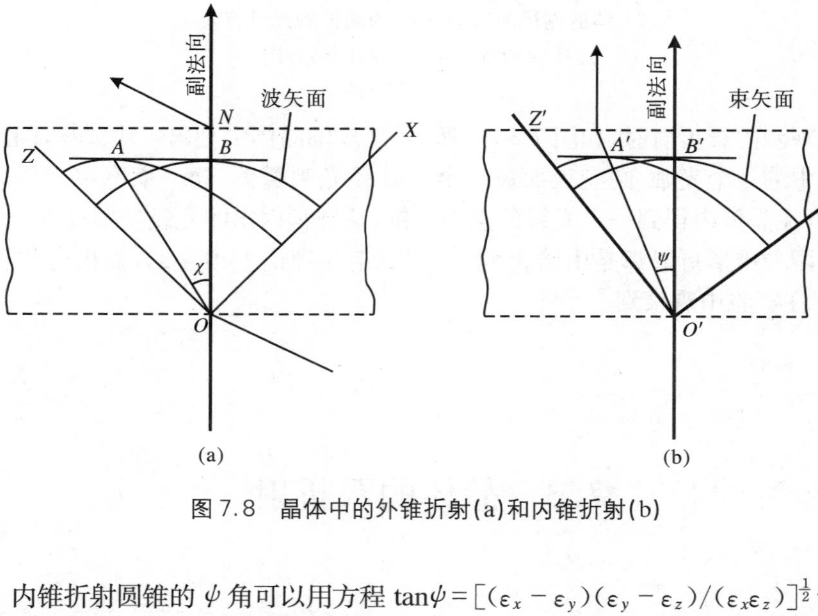

图 7.8 晶体中的外锥折射(a)和内锥折射(b)

内锥折射圆锥的 ψ 角可以用方程 $\tan\psi = [(\varepsilon_x - \varepsilon_y)(\varepsilon_y - \varepsilon_z)/(\varepsilon_x\varepsilon_z)]^{\frac{1}{2}}$ 计算得到,而利用对偶性原理可以得到外锥折射圆锥的 χ 角,$\tan\chi = (\sqrt{\varepsilon_x\varepsilon_z}/\varepsilon_y)\tan\psi$.

当在显微镜下观察外锥折射时,如图 7.9(a),一会聚光束指向从双轴晶体割出的一个圆盘,圆盘垂直于某一副径向,光束聚焦在圆盘的表面.另一个表面则被位于入射光聚焦点的对面的光阑孔径覆盖.汇聚的入射束可以包括折射后

在晶体中波矢沿 OA 方向运动的光线，如图 7.8(a)所示，所以方向 ON 是与沿着 OA 方向的波矢共轭束的方向. 在穿出晶体时，将有一个空心圆锥束，如图 7.9(a)所示.

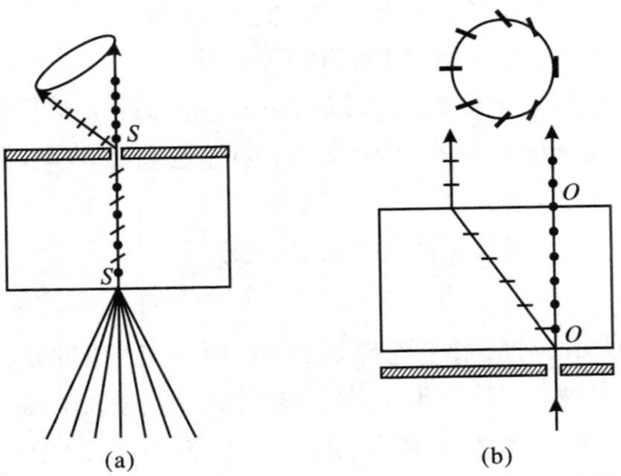

图 7.9 外锥折射(a)和内锥折射(b)的观测：SS 为晶体的副径向方向，OO 为晶体的光轴方向 短横线和点表示不同的振动方向

当观测内锥折射时，如图 7.9(b)所示，从双轴晶体中割出一块圆盘，圆盘垂直于其中的一个光轴. 圆盘表面被一个小孔径光阑覆盖. 让一束窄束光照向晶体，可以在晶体内得到一个光线的空心圆锥，从圆盘射出的光线呈圆柱形分布.

这两种锥形折射都是由哈密顿于 1832 年在理论上预言的，而由劳埃德于 1833 年在实验中观察到[7.7,7.2].

7.3 晶体的双折射

7.3.1 平面波在两介质界面处的双折射

在确立了波偏振的性质和它们在晶体传播方向上的折射率关系(波阵面)后，我们把注意力集中到平面波在界面处的折射规律. 为此，考虑一平面波从空气射到一各向异性介质的表面，如图 7.10 所示. 选取这样的坐标系，Z 轴和界面的法向重合，X 轴处于入射平面，即由界面法向和入射波波矢 $\boldsymbol{k}$ 构成的平面($n_y=0$). 入射波产生一束反射波，区别于各向同性介质，一般来说，还产生两束线性偏振折射波，它们的波矢量 $\boldsymbol{n}'$和 $\boldsymbol{n}''$与 Z 轴分别成ψ'和 ψ''角，并且以不同的速率在晶体中传播.

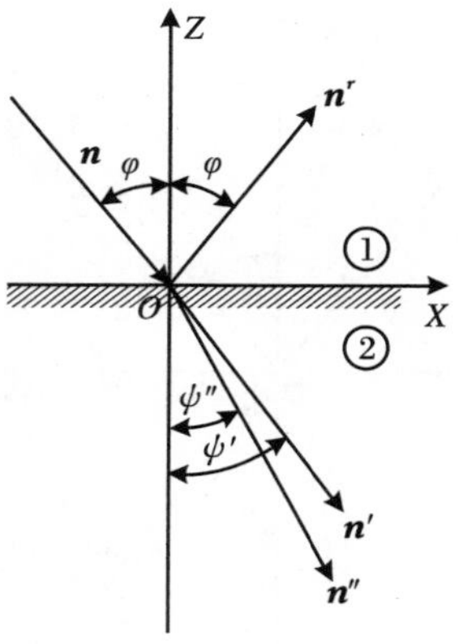

图 7.10 晶体的双折射

入射波和折射波场的表达式包含有因子 $\exp[\mathrm{i}\omega(t-\boldsymbol{nr}/c)]$. 由界面处场的连续性条件可知：任意位于界面 $Z=0$ 上的点 $\boldsymbol{r}$，存在关系 $\boldsymbol{rn}=\boldsymbol{rn}'=\boldsymbol{rn}''$. 由此可得：$n_y=n_y'=n_y''=0$ 及 $n_x=n_x'=n_x''$，即

$$\sin\varphi = n'\sin\psi' = n''\sin\psi'' \qquad (7.19)$$

其中，φ 为入射角. 可见，折射波的矢量 $\boldsymbol{n}'$和 $\boldsymbol{n}''$位于入射平面上，而且它们都服从一般的折射定律，要求矢量 $\boldsymbol{n}$ 的切向分量具有连续性. 对反射的情况也是一样. 和各向同性介质情况的主要区别是两个折射波的出现，因此，它被称为**双折射**，这是由 Bartolini 于 1669 年在方解石晶体中发现的，并由此产生了晶体光学[7.8]. 应当记住，晶体中的每个波矢量和它自身的束矢量对应(和能流矢量的方向重合)，因此晶体中也存在**双折射**. 束矢量的方向和波矢量的方向不重合，而且一般束矢量可以处于入射面之外.

在单轴晶体中，折射产生一个寻常波和一个异常波(见 7.2 节). 寻常波的行为和各向同性介质中的折射波的行为相同，并且它的束矢和波矢相重合. 但是异常光束不服从一般的折射定律. 当光斜照到单轴晶体的表面并且界面垂直于光轴的特别情况下，让我们找出异常光束的方向. 对此，有 $\sin\varphi=n\sin\theta$，其中 θ 为折射角，并且 $1/n^2=\cos^2\theta/\varepsilon_\perp+\sin^2\theta/\varepsilon_{/\!/}$(即式(7.14)). 因此

$$\tan\theta = \frac{\sqrt{\varepsilon_{/\!/}}}{\sqrt{\varepsilon_\perp}}\frac{\sin\varphi}{\sqrt{\varepsilon_{/\!/}-\sin^2\varphi}}$$

又由式(7.16)$\tan\theta'=(\varepsilon_\perp/\varepsilon_{/\!/})\tan\theta$，其中 θ'为光束和光轴之间的夹角，得

$$\tan\theta' = \frac{\sqrt{\varepsilon_\perp}}{\sqrt{\varepsilon_{/\!/}}}\frac{\sin\varphi}{\sqrt{\varepsilon_{/\!/}-\sin^2\varphi}}$$

在双轴晶体中，两束光都可以从入射面射出.

7.3.2 透明晶体的光反射

众所周知，各向同性介质光学边界问题的解可由菲涅耳方程给出[7.9]. 对各

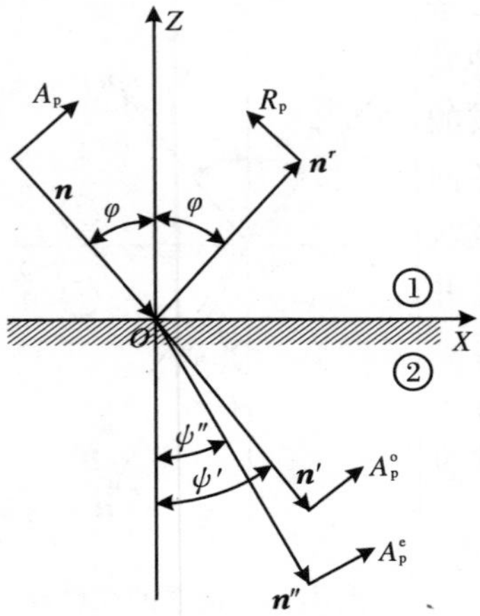

图 7.11 晶体的光反射
晶体光轴和 Z 轴重合

向异性介质,可以得到用入射波振幅表示的反射波和折射波振幅的类似方程.但是,这里的情况比各向同性介质的情况要复杂多了,如果为简单起见而选取界面作为坐标系的一个平面,一般来说,这个平面可能和介电常量张量的任一个主平面都不重合.因此,这里只限于讨论单轴透明晶体和特定的界面位置[7.10].

假设界面是张量 ε_{ik} 的主平面 XY,晶体的光轴,即 Z 轴和该平面法向重合,如图 7.11 所示.

和平常一样,边界条件是场强矢量的切向分量 E_y,H_y 和感应矢量法向分量 D_Z,B_Z(=H_Z)的连续性:

$$
\begin{gathered}
A_s + R_s = A_s^0/\varepsilon_\perp, \quad A_p + R_p = A_p^e v/c \\
A_p \sin\varphi + R_p \sin\varphi = A_p^e \sin\psi'' \\
A_s \sin\varphi + R_s \sin\varphi = A_s^0 \sin\psi' v_0/c
\end{gathered}
\tag{7.20}
$$

假设所有的矢量都可以分解为两个分量:一个分量垂直于入射面(s),另一个位于入射面内(p).入射波感应矢量 $\boldsymbol{D}$ 的振幅称为 A,反射波感应矢量 $\boldsymbol{D}$ 的振幅称为 R,而折射波感应矢量的振幅分别为 A^e 和 A^0;ψ' 和 ψ'' 分别为折射角,v 和 v_0 分别为异常波和寻常波的速度.由折射定律:$\sin\varphi/\sin\psi' = c/v_0 = \sqrt{\varepsilon_\perp}$,$\sin\varphi/\sin\psi'' = c/v$,可以得到要找的振幅为

$$
\begin{aligned}
R_p &= \frac{\sin\psi''\cos\varphi - \dfrac{1}{\varepsilon_\perp}\cos\psi''\sin\varphi}{\dfrac{1}{\varepsilon_\perp}\cos\psi''\sin\varphi + \sin\psi''\cos\varphi} A_p \\
A_p^e &= \frac{\sin 2\varphi}{\dfrac{1}{\varepsilon_\perp}\cos\psi''\sin\varphi + \sin\psi''\cos\varphi} A_p \\
R_s &= \frac{\sin 2\varphi - \varepsilon_\perp \sin 2\psi'}{\varepsilon_\perp \sin 2\psi' + \sin 2\varphi} A_s \\
A_s^0 &= \frac{2\varepsilon_\perp \sin 2\varphi}{\varepsilon_\perp \sin 2\psi' + \sin 2\varphi} A_s
\end{aligned}
\tag{7.21}
$$

和各向同性介质类似,可以找到这样的入射角,使得反射波是完全偏振的,即 $R_p = 0$,故 $\tan\psi'' = \tan\varphi/\varepsilon_\perp$.对于单轴晶体的完全偏振化角(**布儒斯特角**),

利用折射定律，得到下面方程：

$$\sin^2\varphi = \frac{\varepsilon_{/\!/} - \varepsilon_{\perp}\varepsilon_{/\!/}}{1 - \varepsilon_{\perp}\varepsilon_{/\!/}} \tag{7.22}$$

这种情况是各向同性介质的关系 $\tan\varphi = n$ 的推广.

只有从单轴晶体中割出来的板片平行于光轴时才会得到完全偏振角的这种结果，其中 $n = n_0$.

从式(7.22)可见，区别于各向同性介质，以布儒斯特角从晶体反射的反射光既不垂直于寻常波或异常波，也不垂直于晶体中的束.

Fedorov 对透明晶体的光反射问题做了全面的考虑[7.11,7.12]. 结果说明，与各向同性介质不同，特别地，反射中的线性偏振波偏振平面的旋转角和入射波的振动方向有较为复杂的关系. 描述完全内反射的所有必需的关系已全部得到.

7.4 晶体中的光干涉

7.4.1 椭圆偏振

当光穿过晶体片时，我们在出射处得到的两束光振动之间有恒定相位差 $\delta = 2\pi d\mu/\lambda$ 的相干光(其中 d 为片厚度，μ 为折射率之差，λ 为波长)，光的偏振方向分别沿着相互垂直的 X 方向和 Y 方向(见 7.3 节)，表示为

$$E_x = \sin\tau, \quad E_y = k\sin(\tau - \delta) \tag{7.23}$$

其中，$\tau = \omega t$，ω 为光振动的圆频率，而 k^2 为相对波强.

为了求出合成波的偏振，把上面方程中的参数 τ 消去，得

$$E_y^2 - 2kE_xE_y\cos\delta + k^2E_x^2 = k^2\sin^2\delta$$

最后这个方程说明，合成波的强度矢量的末端描述了一个椭圆，因此，说这种波是**椭圆偏振的**.

下面通过选取新的主坐标系把该方程约化为一般的形式，新坐标轴 X' 和 Y' 相对于旧坐标轴 X 和 Y 旋转一个角度 β；此时，可以找到振动椭圆的方向和半轴长 a 和 b. 在主坐标系中椭圆的参数表示有如下形式：

$$E_{x'} = a\cos(\tau - \delta') = \cos\beta\sin\tau + k\sin\beta\sin(\tau - \delta)$$

$$E_{y'} = b\sin(\tau - \delta') = \sin\beta\sin\tau + k\cos\beta\sin(\tau - \delta)$$

那么

$$E_{x'}^2/a^2 + E_{y'}^2/b^2 = 1$$

假设 $\tau = 0$ 和 $\tau = \pi/2$，为方便起见，记 $\tan\alpha = k$ 和 $\tan\gamma = b/a$，得到

$$\tan2\beta = \tan2\alpha\cos\delta, \quad \sin2\gamma = \sin2\alpha\sin\delta \tag{7.24}$$

这些方程又可以导出另外两个（倒易）方程：

$$\cos2\alpha = \cos2\beta\cos2\gamma, \quad \tan\delta = \tan2\gamma/\sin2\beta \tag{7.25}$$

表示椭圆振动的特殊图解方法是：用**庞加莱球面**上坐标为 2γ（纬度）和 2β（经度）的点来表示，如图 7.12 所示. 庞加莱球赤道（$\gamma = 0$）上所有的点相应于线性偏振波（$b = 0$），而极点（$\gamma = \pm\pi/4$）相应于反方向转动的圆偏振波（$a = b$）. 利用庞加莱球面，可以很容易解决一个晶体光学中的主要问题，即相位差为 Δ 的椭圆偏振光（参数为 2β 和 2γ）的透射晶体片的问题，其中偏振光在片中的一个振动方向和 X 轴成 ε 角. 球面上新的点（$2\beta'$，$2\gamma'$）决定了出射椭圆偏振光的参数. 得出新点的方法是：把球面绕赤道平面上的经度为 2ε 处的轴旋转 Δ 角，初始点就转到新点（图 7.12）.

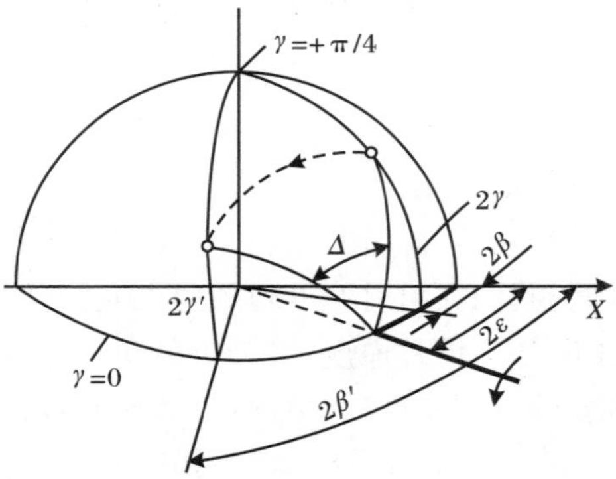

图 7.12　庞加莱球的椭圆振动

如果光波的场强表示成 $\boldsymbol{E} = \boldsymbol{E}_0 e^{i\tau} = (\boldsymbol{E}_1 + i\boldsymbol{E}_2)e^{i\tau}$，$\boldsymbol{E}_0 = \boldsymbol{E}_1 + i\boldsymbol{E}_2$，椭圆偏振可以用琼斯（Jones）矢量 $\boldsymbol{E}_0$[7.13, 7.14] 来表示. 确定偏振化振动的特征方程：

$$\mathrm{Re}\{\boldsymbol{E}\} = \boldsymbol{R} = \boldsymbol{E}_1\cos\tau - \boldsymbol{E}_2\sin\tau$$

可以将关系式 $[\boldsymbol{R}\times\boldsymbol{E}_1] = [\boldsymbol{E}_1\times\boldsymbol{E}_2]\sin\tau$ 和 $[\boldsymbol{R}\times\boldsymbol{E}_2] = [\boldsymbol{E}_1\times\boldsymbol{E}_2]\cos\tau$ 容易地约化为下面形式：

$$[\boldsymbol{R}\times\boldsymbol{E}_1]^2 + [\boldsymbol{R}\times\boldsymbol{E}_2]^2 = [\boldsymbol{E}_1\times\boldsymbol{E}_2]^2$$

假设 $\boldsymbol{R} = \alpha\boldsymbol{E}_1 + \beta\boldsymbol{E}_2$（$\alpha^2 + \beta^2 = 1$），利用拉格朗日方法，得到极值（半轴）：

$$R_{\text{extr}}^2 = \frac{1}{2}\left[\boldsymbol{E}_1^2 + \boldsymbol{E}_2^2 \pm \sqrt{(\boldsymbol{E}_1^2 + \boldsymbol{E}_2^2)^2 - 4(\boldsymbol{E}_1\boldsymbol{E}_2)^2}\right]$$

振动椭圆的方向是由以下事实确定的：矢量 $\boldsymbol{E}_1$ 和 $\boldsymbol{E}_2$ 是振动椭圆的共轭半径，这可以从等式 $\boldsymbol{R} = \alpha\boldsymbol{E}_1 \pm \sqrt{1-\alpha^2}\boldsymbol{E}_2$ 得知. 特别地，如果 $\boldsymbol{E}_1 \perp \boldsymbol{E}_2$，那么 $|\boldsymbol{E}_1|$ 和 $|\boldsymbol{E}_2|$ 都是椭圆的主半轴. 如果波是线性偏振的，那么 $[\boldsymbol{E}_1 \times \boldsymbol{E}_2] = 0$. 波成为圆偏振的条件是等式 $\boldsymbol{E}_1\boldsymbol{E}_2 = 0$ 和 $\boldsymbol{E}_1^2 = \boldsymbol{E}_2^2$ 成立. 习惯上，我们假设沿传播反方向观测到矢量 $\boldsymbol{R}$ 逆时针旋转时（τ 增大），光是左偏振的. 与此相应，有左手系的 3 个轴 $\boldsymbol{E}_1$，$\boldsymbol{E}_2$ 和 $\boldsymbol{n}$，否则反之. 所有这些必要的关系都可以利用单一矢量 $\boldsymbol{E}_0$（或 $\boldsymbol{E}$）来表示，这样就得到一个完整的椭圆偏振的恒定描述[7.12]. 当涉及解决相干椭圆振动 $\boldsymbol{E}_0'$ 和 $\boldsymbol{E}_0''$ 的相加问题时，由于 $\boldsymbol{E}_0 = \boldsymbol{E}_0' + \boldsymbol{E}_0''$，这种表示方法也很方便.

偏振的特征也可以用场强 $\boldsymbol{E}$ 在垂直于波矢量的坐标轴 X 轴和 Y 轴上的投影之比 $E_y/E_x = \kappa$ 来判断. Fedorov[7.12] 导出的方程给出了椭圆主轴和 X 轴之间的夹角 β 和振动椭圆半轴之比 b/a，即

$$\tan 2\beta = \frac{\kappa + \kappa^*}{1 - |\kappa|^2}, \quad \frac{b^2}{a^2} = \frac{1 + |\kappa|^2 - \sqrt{(1 + |\kappa|^2)^2 + (\kappa - \kappa^*)^2}}{1 + |\kappa|^2 + \sqrt{(1 + |\kappa|^2)^2 + (\kappa - \kappa^*)^2}} \tag{7.26}$$

显然，当 $\kappa = k\exp(-\mathrm{i}\delta)$ 时，即式(7.23)，可以导出相同的方程式(7.24)和式(7.25). 如果我们假设 X，Y，Z 是右手坐标系和光波沿着 Z 轴传播，那么，$\mathrm{Im}\{\kappa\} > 0$ 和一束右偏振光相应.

对一列椭圆偏振光的分析，即对振动椭圆半轴比 $b/a = \tan\gamma$ 和主轴方向的实验测定，习惯上使用起偏器和产生相位差 $\delta = \pi/2$ 的晶体片（$-\mu d = \lambda/4$，μ 为双折射率（参考 7.27 式），d 为片厚度），即所谓的四分之一波晶片. 振动椭圆的主轴方向就可以从起偏器在透射光最暗的位置直接得到. 放置四分之一波晶片使得晶片中的一个振动方向和椭圆振动的主轴重合，我们就把椭圆偏振光转变为线性偏振光，正如在庞加莱球的作图中看到的那样（图 7.13）. 显然，通过起偏器必须再旋转 φ 角，使得从"$\lambda/4$"晶片射出的光完全消失，由此可知，旋转角 φ 和轴比值 $\tan\gamma$ 之间有简单的关系 $\gamma = \varphi$.

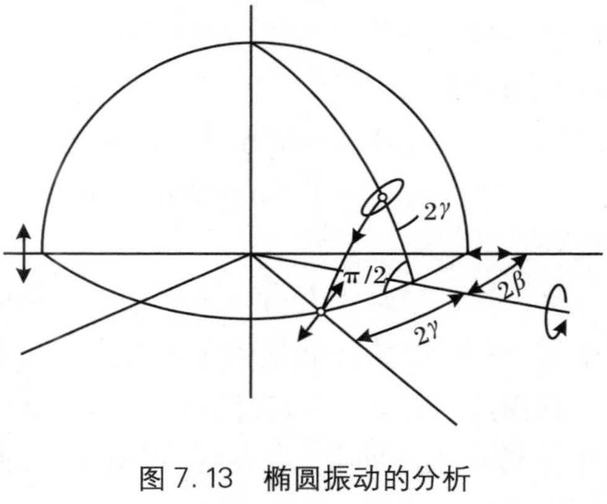

图 7.13 椭圆振动的分析

7.4.2 平行光的干涉

假设一线性偏振光垂直入射到厚度为 d 的晶体片上.由于双折射,两束振动方向相互垂直、传播速度不同的相干光将在晶体内传播,从晶体中射出的这两束光波将获得一个相位差:

$$\delta = \frac{2\pi d}{\lambda}(n'' - n') \tag{7.27}$$

其中,n''和 n'分别是两束光的折射率,而 λ 为光在空气中的波长(见 7.3 节).如果利用输出起偏器(检偏器)在同一个方向上得到两列光波(振动分量选定),那么,它们将发生干涉.下面计算起偏器、晶片和检偏器在不同振动方向下合成波的强度.如图 7.14 所示,Ⅰ和Ⅱ分别表示穿过起偏器和检偏器的光波的振动方向,N'和 N''分别为晶体中光波的振动方向.

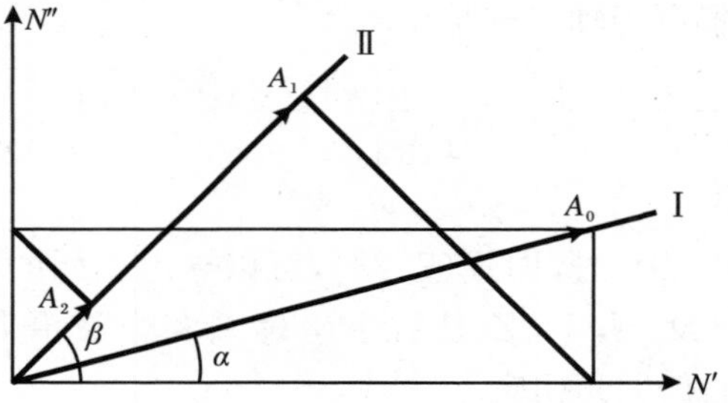

图 7.14 晶体中偏振波的干涉

通过检偏器Ⅱ的光强(振幅分别为 A_1 和 A_2)可以用光波场强的平方对时间取平均来得到:

$$\begin{aligned}&[A_1\sin\omega t + A_2\sin(\omega t - \delta)]^2\\&\quad = [A_0\cos\beta\cos\alpha\sin\omega t + A_0\sin\beta\sin\alpha\sin(\omega t - \delta)]^2\end{aligned} \tag{7.28}$$

因此,有

$$I = I_0[\cos^2(\alpha - \beta) - \sin 2\alpha \sin 2\beta \sin^2(\delta/2)] \tag{7.29}$$

其中,$I_0 = A_0^2/2$ 为经起偏器Ⅰ入射到晶片上的入射光强度.

利用这个方程[7.15],我们可以仔细追踪每个变量 α,β 和 δ 的作用.比如,把晶片旋转一周,即把 α 角从 0° 转过 360°,而起偏器和检偏器垂直放置 $\left(\beta - \alpha = \frac{\pi}{2}\right)$,那么,透过的单色光强 4 次减少到零(**晶体消光**).

用白光照射时,白色分量 $\cos^2(\alpha - \beta)$和波长无关,当检偏器旋转过 360°时,白色分量两次变为零,两次取值为 1. 彩色分量 $-\sin 2\alpha \sin 2\beta \sin^2(\delta/2)$则和相位差有关,将会 4 次取极值;正由于这个原因,两个额外的干涉色交替出现. 晶体消光的观察使得区别三斜和单斜晶系晶体和高对称晶系晶体成为可能. 由于正交晶体和高对称晶体中的菲涅耳椭球面的主轴取向完全由晶体的对称性决定(见 7.1 节),这种晶体的消光必须是"直接"的,即消光方向和晶体的对称轴在晶片平面上的投影方向相重合. 对三斜和单斜晶体,一般消光方向和任何晶体学方向都不重合. 晶体晶片中的干涉被应用于研发许多晶体光学器件,如用于双折射测量的补偿器,干涉-偏振滤光器等.

7.4.3 单轴晶体中的锥光图形

光束斜射到厚度为 d 的晶体片上(光束与晶片法向 N 的夹角为 φ,见图 7.15(a)),下面计算从晶片射出的两束光的相位差. 要计算的相位差等于:

$$\delta = 2\pi(AC/\lambda'' + CD/\lambda - AB/\lambda')$$

其中,λ 为空气中的光波波长,λ'和 λ''均为晶体中的光波波长($\lambda' = \lambda n'$,$\lambda'' = \lambda n''$). 从图 7.15(a)可以知道:

$$AC = d/\cos\psi'', \quad AB = d/\cos\psi'$$

$$CD = CB\sin\varphi = (EB - EC)\sin\varphi = d\sin\varphi(\tan\psi' - \tan\psi'')$$

利用折射定律式(7.19)$\sin\varphi/\lambda = \sin\psi'/\lambda' = \sin\psi''/\lambda''$,得到准确的表达式:

$$\delta = \frac{2\pi d}{\lambda}(n''\cos\psi'' - n'\cos\psi')$$

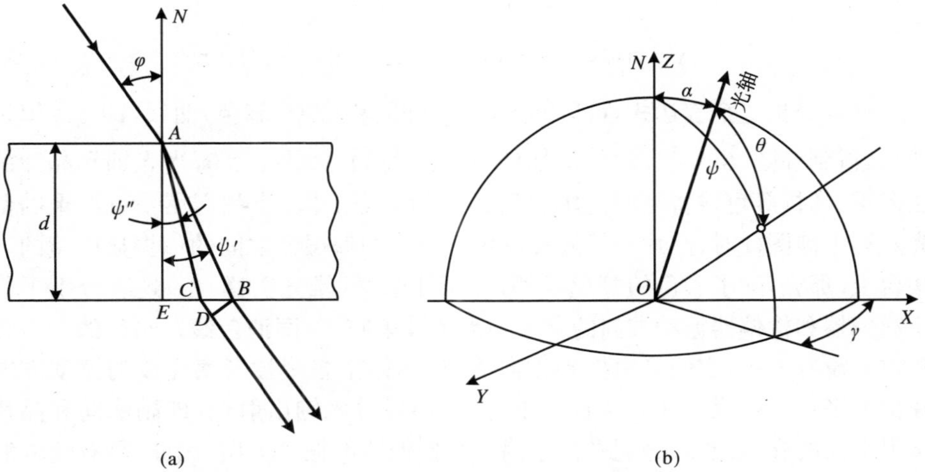

图 7.15 单轴晶体中锥光图形的分析
(a) 晶片中的光路;(b) 球坐标中的同样图样

假设晶体中的双折射很小，那么对差值 $n''\cos\psi''-n'\cos\psi'$，可以得到近似值 $(n''-n')/\cos\psi$，其中 ψ 为折射角 ψ' 和 ψ'' 之间的平均值. 所以

$$\delta=\frac{2\pi d}{\lambda\cos\psi}(n''-n')$$

正如前面式(7.15)所指出的，单轴晶体异常波和寻常波的折射率之差等于 $(n_e-n_o)\sin^2\theta$，其中 θ 为折射波和晶体光轴之间夹角的平均值. 最后得到

$$\delta=\frac{2\pi d}{\lambda\cos\psi}(n_e-n_o)\sin^2\theta$$

现在，转到球坐标系，如图 7.15(b)所示，假设晶体的光轴处于 ZX 平面，晶片法向和光轴之间的夹角用 α 表示，所以

$$\cos\theta=\cos\alpha\cos\psi+\sin\alpha\sin\psi\cos\gamma \tag{7.30}$$

对微小角度 ψ 的近似的相位差，我们可以假设 $1/\cos\psi\approx1+\frac{1}{2}\sin^2\psi$，就可以得到

$$\delta=\frac{2\pi d}{\lambda}\left[\sin^2\alpha+\sin^2\psi\left(\frac{1}{2}+\frac{1}{2}\cos^2\alpha-\sin^2\alpha\cos^2\gamma\right)\right.$$
$$\left.-\sin2\alpha\sin\psi\cos\gamma\right](n_e-n_0) \tag{7.31}$$

利用笛卡儿坐标系：$x=\rho\sin\psi\cos\gamma$，$y=\rho\sin\psi\sin\gamma$，$\rho=\sqrt{x^2+y^2+z^2}$，$z=d$，在板片的出射平面，假设 ψ 很小，得到

$$\delta=\frac{2\pi}{d\lambda}(n_e-n_0)\left[x^2\left(\cos^2\alpha-\frac{1}{2}\sin^2\alpha\right)\right.$$
$$\left.+y^2\left(\cos^2\alpha+\frac{1}{2}\sin^2\alpha\right)-xd\sin2\alpha+d^2\sin^2\alpha\right] \tag{7.32}$$

继续分析这个表达式，可以知道，对相同的相位差(**等色**)曲线，即 $\delta=$ 恒量曲线，得到椭圆($\tan\alpha<\sqrt{2}$)或双曲线($\tan\alpha<\sqrt{2}$). 如果 $\alpha=0$，当光轴和晶片的法向重合时，等色线将是以光轴出射的点为中心的圆. 当我们用一束汇聚的白光观察干涉图样时，晶片一般放置在相互垂直的偏振器之间的偏振显微镜的观察台上. 那么，除了彩色的等色线外，在干涉图样(**锥光图样**)中，还有分别平行于起偏器和检偏器振动方向的交叉的无色波束暗区(**同消色线**). 暗区的产生和相位差没有关系，它们只由振动方向决定. 晶体中各个被考察光波的振动方向在出射平面上的投影和两条直线重合，它们通过光轴出射点(即副法向和晶片出射平面的交点)并且分别平行起偏器和检偏器的振动方向. 因此，具有这种波矢量方向的光波之一不能被入射偏振光激发，而另一光波则被检偏器阻挡.

单轴晶体的锥光图样如图 7.16 所示. 在一般情况下，当同消色线超出视场

中心并且晶片绕其法向旋转时，暗十字波束将会在视场中平行于自身移动. 当光轴的出射点超出视场范围时，同消色线的这种位移方式可用来区别单轴晶体和双轴晶体.

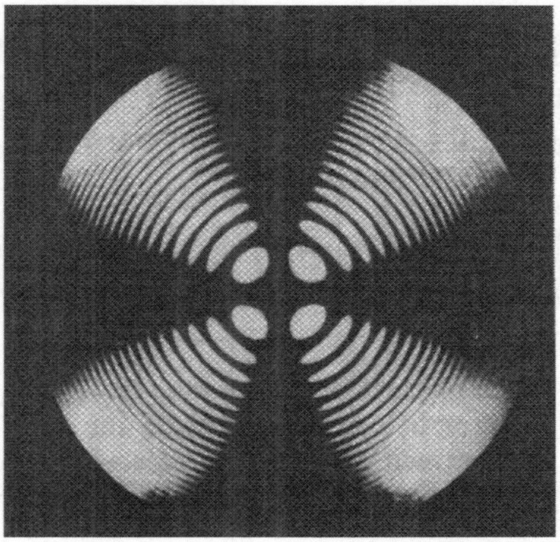

图 7.16 单轴晶体的锥光图样[7.2]

7.4.4 双轴晶体的锥光图样

前面已经发现，在双轴晶体中传播的波折射率之差由下式决定(见式(7.18))：

$$\frac{1}{(n')^2}-\frac{1}{(n'')^2}=\left(\frac{1}{\varepsilon_x}-\frac{1}{\varepsilon_z}\right)\sin\varphi_1\sin\varphi_2$$

其中，φ_1 和 φ_2 分别为光波的波矢和两个光轴之间的夹角. 在双折射较小时，相位差为

$$\delta=\frac{2\pi\rho}{\lambda}(n_x-n_z)\sin\varphi_1\sin\varphi_2 \tag{7.33}$$

其中，ρ 为晶体中波的路程.

下面推定一块取向垂直于光轴锐夹角分角线的晶片的等相位差曲线. 光轴出射点 N_1 和 N_2 分别和光波矢量在晶片平面的出射点 N 的间距用 a_1 和 a_2 表示，分别用 α_1 和 α_2 表示 ON_1，N_1N 和 ON_2，N_2N 之间的夹角，如图 7.17(a)所示.

则有

$$\sin\varphi_1=\frac{a_1}{\rho}\sin\alpha_1,\quad \sin\varphi_2=\frac{a_2}{\rho}\sin\alpha_2$$

那么，我们得到等相位差曲线：

$$(a_1 a_2/\rho^2)\sin\alpha_1 \sin\alpha_2 = \text{恒量} \tag{7.34}$$

当副法向之间的夹角较小和视场小时，有 $\alpha_1 \approx \sin\alpha_2 \approx 1$，而 ρ 可以假设为常数．那么，我们近似得到等色的卡西尼卵形曲线方程：

$$a_1 a_2 = \text{恒量} \tag{7.35}$$

现在我们来推定放在相互垂直的偏振器之间的双轴晶体的同消色线的形状，晶片的取向使得两个光轴的出射点位于起偏器和检偏器的方向夹角的分角线(对角位置)上，而振动方向分别和 X 轴和 Y 轴的方向相同．

下面将说明同消色线是一条等边双曲线．事实上，对这种双曲线从双曲线两顶点 N_1 和 N_2 到双曲线上任意一点 N 所形成的夹角的分角线平行于其渐近线 Y 轴($\alpha_1 = \alpha_2$)，如图 7.17(b)所示．因此，关于同消色线的论述是菲涅耳定理(7.2 节)的一个推论．

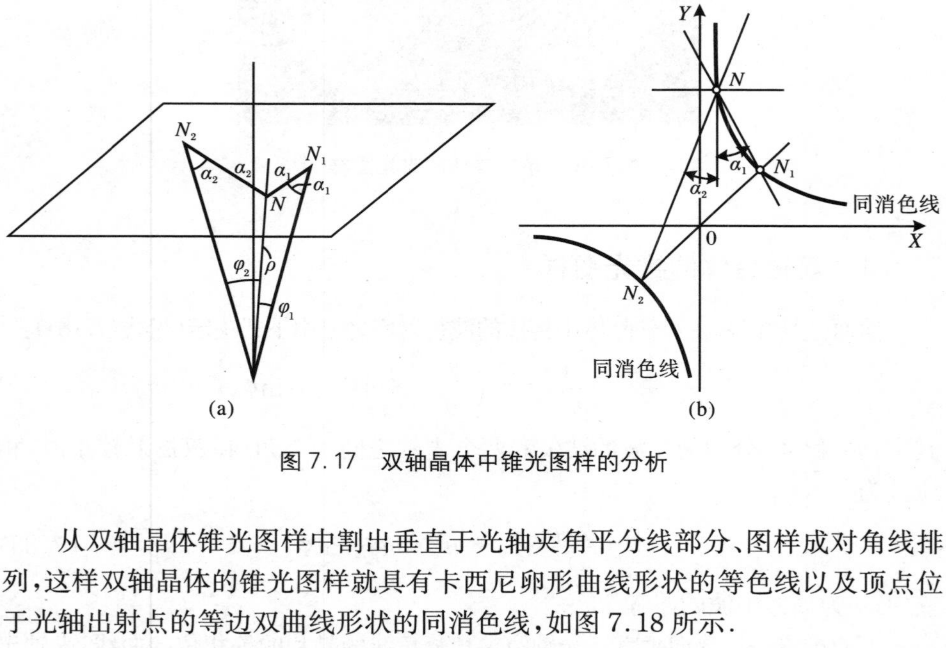

图 7.17 双轴晶体中锥光图样的分析

从双轴晶体锥光图样中割出垂直于光轴夹角平分线部分、图样成对角线排列，这样双轴晶体的锥光图样就具有卡西尼卵形曲线形状的等色线以及顶点位于光轴出射点的等边双曲线形状的同消色线，如图 7.18 所示．

为了得到有关晶体其他取向等色线形状的概念，利用所谓的“Bertin 面”是非常方便的，该曲面的径矢(ρ)满足下面方程(见式(7.33))：

$$\rho \sin\varphi_1 \sin\varphi_2 = \text{恒量} \tag{7.36}$$

其中，φ_1 和 φ_2 分别为径矢和光轴的夹角，如图 7.19 所示．

下面考虑被平面 $x=0$ 所截的 Bertin 面的截面．那么

$$\cos\varphi_1 = \cos\varphi_2 = \cos V \cos\Omega, \quad \sin\varphi_1 \sin\varphi_2 = 1 - \cos^2 V \cos^2 \Omega$$

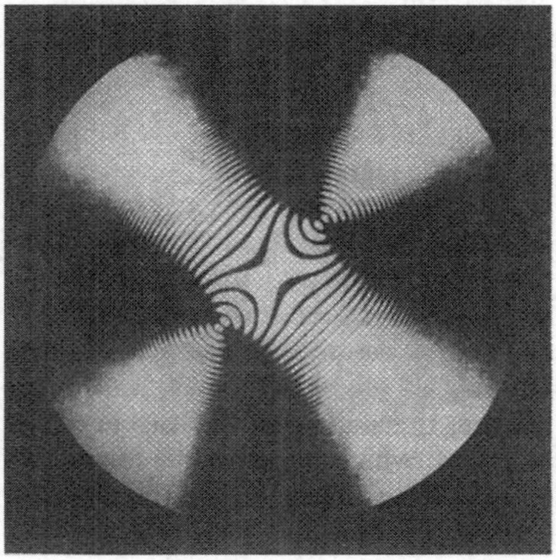

图 7.18 双轴晶体中的锥光图样

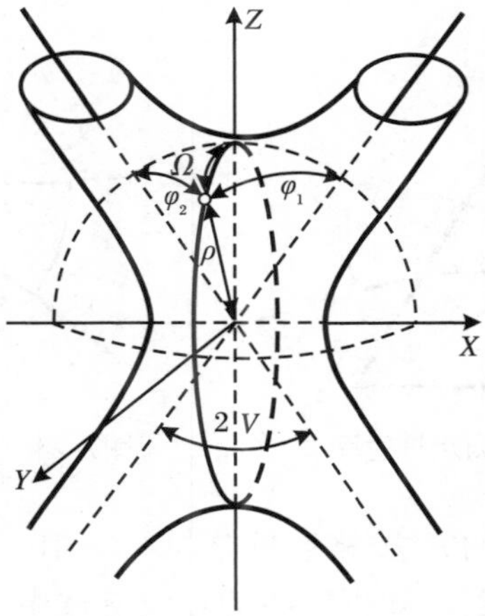

图 7.19 晶体中恒定相位差表面的全图

而且截面曲线(等色线)的方程具有下面的形式:

$$\rho = \rho_0/(1 - \cos^2 V \cos^2 \Omega) \tag{7.37}$$

其中,Ω 为波矢和光轴夹角分角线之间的夹角,而 $2V$ 为光轴之间的夹角.因此,得到了一个半轴为 ρ_0 和 $\rho_0/\sin^2 V$ 的闭合卵形曲线.类似地,双轴晶体Bertin面的其他截面也可以容易地找到.

对双轴晶体锥光图样的观察一般是在偏振化显微镜中进行的,这使得直接测量晶体的光轴夹角 $2V$ 成为可能，这对晶体的诊断是重要的．应当注意，由于在空气-晶体界面处的折射，这个角度是畸变的，因而要根据明显的方程 $\sin V=\sin V_{\text{meas}}/n_2$ 来做修正，其中 V 为真实角度，n_2 为晶体的平均折射率．

7.4.5 晶体折射率的测定

折射率是晶体的主要光学常量而且经常作为晶体的诊断特征．测定折射率最精确的方法之一（$\Delta n\approx10^{-4}\sim10^{-5}$）是棱镜法（或测角法）．从晶体中割出一块棱镜（图7.20），比如利用 Fedorov 方法使棱镜这样取向：棱镜折射率椭球的一条主轴平行于棱镜的折射角的一边[7.16]．利用测角计，测量光束穿过棱镜的最小偏差角 φ，它与棱镜的折射角 α 有关，还与棱镜的折射率 n 有这样的关系：$n=\sin[(\alpha+\varphi)/2]/\sin(\alpha/2)$．测定一般使用单色偏振光．折射率的测定也采用折射计方法，它是基于测量全内反射的极限角 φ_0，即在已知折射率 n_{c}（大于被测晶体折射率 n_{k}）的半球形玻璃底面上放置晶片，如图7.21所示．折射率 n_{k} 可以从下面方程中解出：

$$n_{\text{k}}=n_{\text{c}}\sin\varphi_0 \tag{7.38}$$

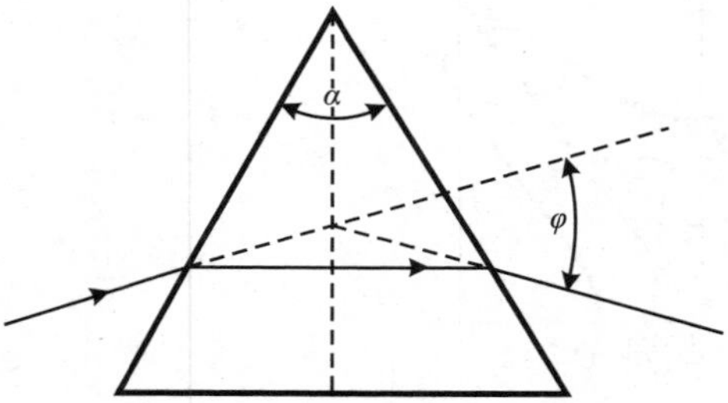

图7.20 棱镜法测定折射率

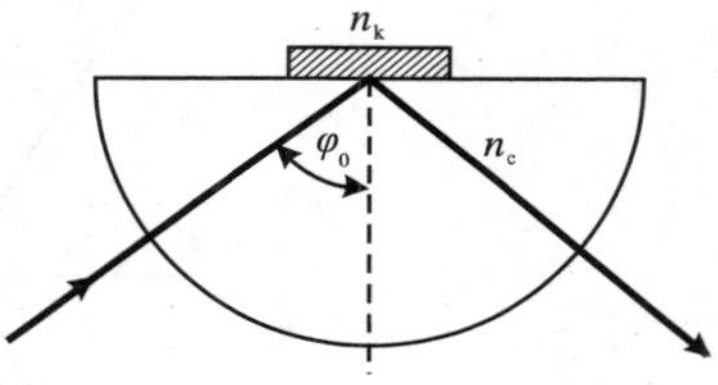

图7.21 完全内反射法测定折射率

最简单、使用最普遍的方法（精度较差，$\Delta n\approx10^{-3}$）是浸没方法．在该方法中，被精细磨碎的晶体放到已知折射率的浸没液体中．在显微镜中观察这些试样，就折射率来说，我们找到和待测晶体的折射率很相似的液体．比较液体和待测晶体的折射率时，会观察到勾画晶体碎块的明亮条纹（Becke 条带），如图7.22所示．如果假设晶体的边缘具有棱镜的形状，这种条纹的产生在晶体边缘的光程中变得相当明显．当有显微镜筒升起时，条纹向折射率大的介质移动，如果在单色光中晶体和液体的折射率相等，那么，Becke 条带完全消失．可以用偏振光分别测量晶体中两种波在晶体消光位置中的折射率[7.17－7.19]．

晶体的双折射是用主折射率 n_1，n_2，n_3 之差表征的．折射率之差的测量根据是测量光束穿过垂直于张量 ε_{ik} 主轴的晶片的相位差 $\delta=2\pi(n_i-n_k)d/\lambda$

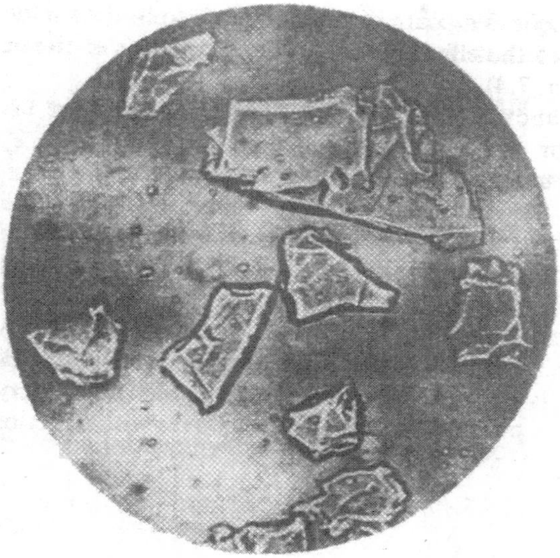

图 7.22 浸没处理中的 Becke 线[7.19]

$(i,k=1,2,3)$. 相位差一般用补偿的办法来测量,一个光学设备(补偿器)放在光束的光程中,则产生熟知的、和晶体相位差反号的附加相位差. 改变补偿器中的光程差,使得它的绝对值等于晶体中的光程差,那么,总的光程差减少为零,晶体的干涉色彩消失. 石英劈就是最简单的补偿器. 在 Berek 型旋转式补偿器中,光程差的改变是用从一块晶体(一般是方解石)割出的垂直于光轴的晶片的倾斜来实现的. 光程差也可以通过分析从晶片射出的光束在出射处的椭圆振动参数而得到,见 7.4 节.

前面已经提到(见 7.2 节),单轴晶体一般可以分为正的,即 $\varepsilon_{\perp}<\varepsilon_{/\!/}$ $(n_0<n_e)$ 和负的,即 $\varepsilon_{\perp}>\varepsilon_{/\!/}$ $(n_0>n_e)$. 对垂直于光轴的晶体截面,在会聚光的偏振显微镜中观察单轴晶体的符号是容易确定的. 为此,利用一个平行于光轴割出来的薄石英劈(正晶体),让石英中有高折射率的光波的振动方向和石英劈的短边相重合. 推动石英劈,从第四象限进入第二象限,在石英劈薄端向前移时,观察干涉环的运动. 环的运动根据晶体符号的不同而不同. 假定我们用的是正晶体,那么对法向处于第四和第二象限的波,石英劈将减小相位差,因而等色线圆环的半径将变大. 当石英劈向前运动时,在我们看来,似乎在这些象限干涉环从视场中心向周边运动,如图 7.23 所示. 对负晶体,等色线圆环的运动正好相反.

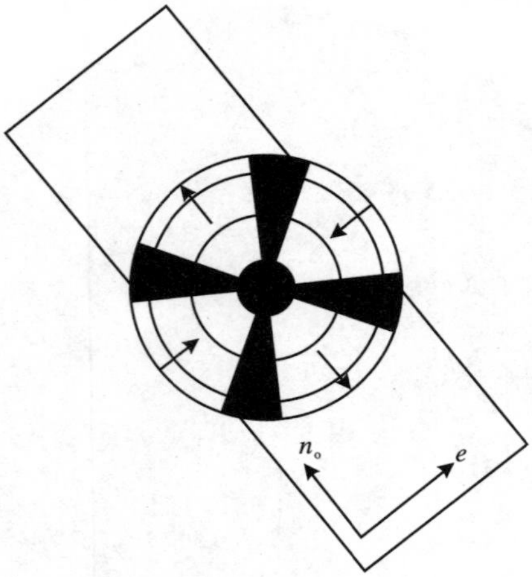

图 7.23　利用石英劈(正晶体)测定晶体的光学符号

7.5　晶体中的光吸收

为了描述吸收晶体的性质,我们引入联系电流密度矢量 $\boldsymbol{j}$ 和电场强度 $\boldsymbol{E}$ 的对称电导率张量 σ_{ik} : $j_i = \sigma_{ik} E_k$. 此时,只有一个强度正比于 $\exp[\mathrm{i}(\omega t - \boldsymbol{k}\boldsymbol{r})]$、复合指数为 $\hat{n} = n(1 - \mathrm{i}\kappa)$($\kappa$ 为吸收系数)、$\boldsymbol{k} = \frac{\omega}{c}\hat{n}\,\boldsymbol{n}^0$($\boldsymbol{n}^0$ 为实矢量)的均匀衰减的光波,利用麦克斯韦方程,得到

$$\boldsymbol{H} = [\hat{\boldsymbol{n}} \times \boldsymbol{E}], \quad -[\hat{\boldsymbol{n}} \times \boldsymbol{H}] = \boldsymbol{D} + \frac{4\pi}{\mathrm{i}\omega}\boldsymbol{j} = \hat{\boldsymbol{D}}, \quad \hat{\boldsymbol{n}} = \hat{n}\,\boldsymbol{n}^0$$

同时

$$\hat{D}_i = \left(\varepsilon_{ik} - \frac{4\pi\mathrm{i}}{\omega}\sigma_{ik}\right)E_k = \hat{\varepsilon}_{ik}E_k$$

其中介电常量的复对称张量为

$$\hat{\varepsilon}_{ik} = \varepsilon_{ik} - \frac{4\pi\mathrm{i}}{\omega}\sigma_{ik}$$

此时麦克斯韦方程具有和透明晶体方程相同的形式.

只有法向入射的激发光才能在吸收晶体中激发均匀波.倾斜入射时,由复矢量$\boldsymbol{n}^0$表征的非均匀波在晶体中受激.这种波的偏振化特征对矢量$\boldsymbol{D}$和$\boldsymbol{B}$来说是不同的.

单斜和三斜晶系晶体中,张量ε_{ik}和σ_{ik}的主轴不重合.因此,张量$\hat{\varepsilon}_{ik}$不能约化为对角形式,即使利用复线性变换也不能.这样,利用张量在普通坐标系中的表示也遇到根本性的困难,因而应当采用不变量方法[7.12, 7.20].对对称性不低于正交晶系的晶体,引入实的主坐标系,使得复对称张量具有对角形式总是可能的.如果只限于这类晶体,那么类似透明晶体的情况[7.21],可以得到在主坐标系中的菲涅耳方程(见式(7.9)):

$$\frac{(n_x^0)^2}{1/\hat{n}^2-1/\hat{\varepsilon}_x}+\frac{(n_y^0)^2}{1/\hat{n}^2-1/\hat{\varepsilon}_y}+\frac{(n_z^0)^2}{1/\hat{n}^2-1/\hat{\varepsilon}_z}=0 \tag{7.39}$$

这意味着,在这里,相应于每个波矢$\boldsymbol{n}^0$方向也有两个折射率$\hat{n}$(现在是复数).

为了建立固有光波偏振化的本质,和以前一样,选择一个新的坐标系,其Z'轴和波矢的方向重合.那么,利用方程$\boldsymbol{E}=\hat{\varepsilon}_{ik}^{-1}\hat{\boldsymbol{D}}$,$\hat{\boldsymbol{D}}=\hat{n}^2\boldsymbol{E}$,得到

$$\left(\frac{1}{\hat{n}^2}-\gamma_{11}\right)D_{x'}=\gamma_{12}D_{y'},\quad \left(\frac{1}{\hat{n}^2}-\gamma_{22}\right)D_{y'}=\gamma_{12}D_{x'} \tag{7.40}$$

其中,$\gamma_{\alpha\beta}$为二维复张量$\hat{\varepsilon}_{\alpha\beta}^{-1}$的分量($\alpha,\beta=x',y'$),从而得到

$$1/\hat{n}_\pm^2=(\gamma_{11}+\gamma_{22})/2\pm\sqrt{1/4\,(\gamma_{22}-\gamma_{11})^2+\gamma_{12}^2}$$

和入射波感应矢量分量之比:

$$(D_{y'}/D_{x'})_+=k,\quad (D_{y'}/D_{x'})_-=-1/k$$

$$k=\frac{1}{\gamma_{12}}\left[\frac{1}{2}(\gamma_{22}-\gamma_{11})+\sqrt{\frac{1}{4}(\gamma_{22}-\gamma_{11})^2+\gamma_{12}^2}\right] \tag{7.41}$$

其中,k为在晶体中传播的波的椭圆率.利用这些关系,我们得出结论(见7.4节),在吸收晶体中的衰减波是椭圆偏振的.这些振动椭圆是相似的、交叉的而且在同一方向上转动.

可以证明,中级晶系晶体中$\gamma_{12}=0$,因而在单轴晶体中均匀波是线性偏振的.但在低级晶系晶体中,均匀波却是椭圆偏振的.

对弱吸收晶体,和数值1相比,我们可以忽略吸收系数κ的平方项,所以写成$\hat{n}^2=n^2(1-\mathrm{i}\kappa)^2\simeq n^2(1-2\mathrm{i}\kappa)$;类似地,对速度,有$\hat{c}_n=\dfrac{c}{\hat{n}}\approx\dfrac{c}{n}(1+\mathrm{i}\kappa)=c_n(1+\mathrm{i}\kappa)$.菲涅耳方程的实部导出前面的式(7.9),即和在透明晶体中一样.而方程的虚部约化为下面的形式:

$$\kappa c_n^2\left[\frac{(n_x^0)^2}{(c_n^2-c_x^2)^2}+\frac{(n_y^0)^2}{(c_n^2-c_y^2)^2}+\frac{(n_z^0)^2}{(c_n^2-c_z^2)^2}\right]$$

$$= \frac{\kappa_x c_x^2 (n_x^0)^2}{(c_n^2 - c_x^2)^2} + \frac{\kappa_y c_y^2 (n_y^0)^2}{(c_n^2 - c_y^2)^2} + \frac{\kappa_z c_z^2 (n_z^0)^2}{(c_n^2 - c_z^2)^2} \tag{7.42}$$

并且决定了和波矢 $\boldsymbol{n}^0$ 方向、和波偏振状态有关的吸收系数 κ 的值. 对单轴晶体,当 $\varepsilon_x = \varepsilon_y = \varepsilon_\perp$, $\varepsilon_z = \varepsilon_{/\!/}$ 时,菲涅耳方程被分两部分:$\hat{c}'_n = \hat{c}_0$, $(\hat{c}''_n)^2 = \hat{c}_0^2 \cos^2\theta + \hat{c}_e^2 \sin^2\theta$,其中 θ 为波矢和晶体光轴之间的夹角. 因此,对寻常波 $c'_n = c_0$, $\kappa'_n = \kappa_0$,对异常波 $(c''_n)^2 = c_0^2 \cos^2\theta + c_e^2 \sin^2\theta$, $\kappa''_n (c''_n)^2 = \kappa_0 c_0^2 \cos^2\theta + \kappa_e c_e^2 \sin^2\theta$,其中 $c_0 = c/n_0$, $c_e = c/n_e$,见 7.2 节.

为了简化双轴晶体中一般情况下 κ 的变化规则,注意到当没有吸收时有

$$D_i = -\frac{c^2 n_i^0 (\boldsymbol{E}\boldsymbol{n}^0)}{c_n^2 - c_i^2}$$

为感应矢量的分量,那么,作为 κ 的一个线性近似,可以写出:

$$\kappa c_n^2 = \kappa_x d_x^2 c_x^2 + \kappa_y d_y^2 c_y^2 + \kappa_z d_z^2 c_z^2$$

其中,$\boldsymbol{d}$(感应矢量 $\boldsymbol{D}$ 的残余)由无吸收的晶体(相同的 ε_x, ε_y 和 ε_z 值或实量)确定. 要测定 κ 需要知道振动方向,对双轴晶体来说,振动方向由菲涅耳定理确定,见 7.2 节.

这样,区别于各向同性介质. 晶体中波的吸收系数取决于波的偏振状态. 这一现象被称为**二向色性**. 如果假设晶体中的双折射也很小,那么,$\kappa = \kappa_x d_x^2 + \kappa_y d_y^2 + \kappa_z d_z^2$,所以,以 κ_x, κ_y 和 κ_z 为轴的卵形面被称为吸收卵形面.

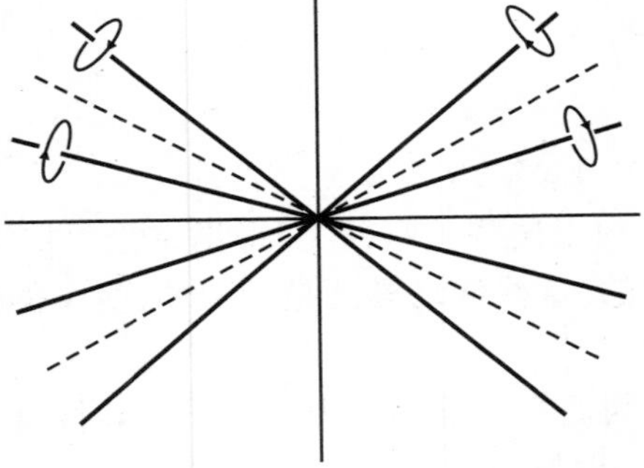

图 7.24 正交晶系吸收晶体中圆偏振轴的排列

虚线表示没有吸收的光轴

正如透明晶体的情况一样,特别重要的是晶体中那些和复折射率重合的方向. 这些方向和以前一样,可以称为光轴. 但这些轴的数目、折射率和在这些方向上传播的波的偏振性质是不同的. 这些差别对完成吸收晶体的全面分类是一个有用的特征. 我们将只说明正交晶系晶体一般具有 4 个圆偏振轴,沿着这些轴可以传播具有相同折射率的圆偏振波,如图 7.24 所示. 事实上,当 $(\gamma_{22} - \gamma_{11})^2 + 4\gamma_{12}^2 = 0$, $n_+ = n_-$ 时,利用式(7.41)得 $(D_y'/D_x')_+ = \mathrm{i}$ 和 $(D_y'/D_x')_- = -\mathrm{i}$. 有关吸收晶体光反射的详细讨论参见 Fedorov 的文献[7.12]. 他还从分析反射光椭圆偏振中发展了一种测定吸收晶体光学常数和取向的方法.

7.6 晶体的旋光性

到目前为止,考虑的耦合方程 $D_i = \varepsilon_{ik}^0 E_k$ 仅是更一般的线性关系中的第一项.更一般的线性关系是

$$D_i = \varepsilon_{ik}^0 E_k + \gamma_{ikl} \frac{\partial E_k}{\partial x_l} \tag{7.43}$$

它考虑了一束光波的场强和空间不均匀性的关系,即 a/λ 量级的项(a 为原子尺寸,λ 为波长).可以证明,动力学系数的对称性原理要求等式 $\gamma_{ikl} = -\gamma_{kil}$ 成立.

假设介质中不存在吸收,则单色波的能量消耗积分对时间的平均

$$\int \left(\boldsymbol{E} \frac{\partial \boldsymbol{D}^*}{\partial t} + \boldsymbol{E}^* \frac{\partial \boldsymbol{D}}{\partial t} \right) \mathrm{d}v = \mathrm{i}\omega \int (\boldsymbol{E}\boldsymbol{D}^* - \boldsymbol{E}^* \boldsymbol{D}) \mathrm{d}v$$

必须消失.考虑在透明介质中 ε_{ik}^0 为实数,利用 $\boldsymbol{D}$ 和 $\boldsymbol{E}$ 的关系,有

$$\begin{aligned}\int \left(\gamma_{ikl}^* E_i \frac{\partial E_k^*}{\partial x_l} - \gamma_{ikl} E_i^* \frac{\partial E_k}{\partial x_l} \right) \mathrm{d}v &= \int \left(\gamma_{ikl}^* E_i \frac{\partial E_k^*}{\partial x_l} + \gamma_{ikl} E_k \frac{\partial E_i^*}{\partial x_l} \right) \mathrm{d}v \\ &= \int (\gamma_{ikl}^* + \gamma_{kil}) E_i \frac{\partial E_k^*}{\partial x_l} \mathrm{d}v \end{aligned} \tag{7.44}$$

因此,非吸收条件要求张量 γ_{ikl},$\gamma_{ikl}^* = \gamma_{ikl} = -\gamma_{kil}$ 也是实数.

对波矢为 $\boldsymbol{k} = \omega/cn$ 的平面波,我们有 $D_i = \varepsilon_{ik} E_k$,其中 $\varepsilon_{ik} = \varepsilon_{ik}^0 + \frac{\mathrm{i}\omega}{c} \gamma_{ikl} n_l$($n_l$ 为矢量 $\boldsymbol{n}$ 的分量).可以引入回旋赝张量 g_{ik} 替换前两个脚标反对称的三阶张量 γ_{ikl}:

$$\frac{\omega}{c} \gamma_{ikl} = e_{ikm} g_{ml}$$

其中,e_{ikm} 是一个完全的反对称单位张量,而回旋轴矢量

$$g_i = g_{ik} n_k$$

赝张量 g_{ik} 不为零的晶体被称为**旋光晶体**.

晶体的对称性限制了赝张量 g_{ik} 的分量.对称中心的存在使所有的 g_{ik} 分量为零,即完全消除了旋光性.根据对称条件,在余下的无对称中心晶类中的另外 3 个晶类 $\bar{6}$,$\bar{6}m2$ 和 $\bar{4}3m$ 晶体中不存在旋光性.所以只剩下 18 个晶系晶体中可以观察到旋光性.对此,在晶体学坐标系中存在 11 种不同的回旋赝张量,见表 7.4.

表 7.4　不同对称性晶类的回旋张量 g_{ik}[7.22]

三斜晶系

晶类 1

$$\begin{Vmatrix} g_{11} & g_{12} & g_{13} \\ g_{21} & g_{22} & g_{23} \\ g_{31} & g_{32} & g_{33} \end{Vmatrix}$$

单斜晶系

晶类：2（$2/\!/X_2$）

$$\begin{Vmatrix} g_{11} & 0 & g_{13} \\ 0 & g_{22} & 0 \\ g_{31} & 0 & g_{33} \end{Vmatrix}$$

晶类：2（$2/\!/X_3$）

$$\begin{Vmatrix} g_{11} & g_{12} & 0 \\ g_{21} & g_{22} & 0 \\ 0 & 0 & g_{33} \end{Vmatrix}$$

晶类：m（$m \perp X_2$）

$$\begin{Vmatrix} 0 & g_{12} & 0 \\ g_{21} & 0 & g_{23} \\ 0 & g_{32} & 0 \end{Vmatrix}$$

晶类：m（$m \perp X_3$）

$$\begin{Vmatrix} 0 & 0 & g_{13} \\ 0 & 0 & g_{23} \\ g_{31} & g_{32} & 0 \end{Vmatrix}$$

正交晶系和四方晶系的 $\bar{4}2m$ 晶类

晶类：222

$$\begin{Vmatrix} g_{11} & 0 & 0 \\ 0 & g_{22} & 0 \\ 0 & 0 & g_{33} \end{Vmatrix}$$

晶类：$mm2, \bar{4}2m(m \perp X_1, X_2)$

$$\begin{Vmatrix} 0 & g_{12} & 0 \\ g_{21} & 0 & 0 \\ 0 & 0 & 0 \end{Vmatrix}$$

三角、六角和四方晶系

晶类：$\bar{4}$

$$\begin{Vmatrix} g_{11} & g_{12} & 0 \\ g_{12} & -g_{11} & 0 \\ 0 & 0 & 0 \end{Vmatrix}$$

晶类：$\bar{4}2m$

$$\begin{Vmatrix} g_{11} & 0 & 0 \\ 0 & -g_{11} & 0 \\ 0 & 0 & 0 \end{Vmatrix}$$

晶类：3,4,6

$$\begin{Vmatrix} g_{11} & g_{12} & 0 \\ -g_{12} & g_{11} & 0 \\ 0 & 0 & g_{33} \end{Vmatrix}$$

晶类：32,422,622

$$\begin{Vmatrix} g_{11} & 0 & 0 \\ 0 & g_{11} & 0 \\ 0 & 0 & g_{33} \end{Vmatrix}$$

晶类：$3m, 4mm, 6mm$

$$\begin{Vmatrix} 0 & g_{12} & 0 \\ -g_{12} & 0 & 0 \\ 0 & 0 & 0 \end{Vmatrix}$$

续表

立方晶系
晶类：23,432 $\begin{Vmatrix} g_{11} & 0 & 0 \\ 0 & g_{11} & 0 \\ 0 & 0 & g_{11} \end{Vmatrix}$

为了分析旋光晶体中的偏振特征，我们对回旋矢量 g_i 做相同的线性近似：

$$\boldsymbol{E} = (\varepsilon^0)^{-1}\boldsymbol{D} + \mathrm{i}[\boldsymbol{DG}] \tag{7.45}$$

其中，$G_i = \dfrac{-1}{|\varepsilon^0|}\varepsilon^0_{ik}g_k$，$|\varepsilon^0|$ 为张量 ε^0_{ik} 的行列式. 选取新的坐标系，使得 z' 轴和波矢的方向重合，而 x' 和 y' 轴则沿着二维张量 $(\varepsilon^0_{\alpha\beta})^{-1}$ 的主轴. 利用耦合方程式(7.45)和关系式 $D_{x',y'} = n^2E_{x',y'}$（因为 $\boldsymbol{D}\perp\boldsymbol{n}$）得到方程组：

$$\left(\frac{1}{n_{01}^2} - \frac{1}{n^2}\right)D_{x'} + \mathrm{i}G_{z'}D_{y'} = 0,\quad \left(\frac{1}{n_{02}^2} - \frac{1}{n^2}\right)D_{y'} - \mathrm{i}G_{z'}D_{x'} = 0 \tag{7.46}$$

其中，$\dfrac{1}{n_{01}^2}$ 和 $\dfrac{1}{n_{02}^2}$ 为张量 $(\varepsilon^0_{\alpha\beta})^{-1}$ 的主值. 方程组有解的条件是这个体系的行列式等于零，因而对折射率，得到

$$\frac{1}{n^2} = \frac{1}{2}\left(\frac{1}{n_{01}^2} + \frac{1}{n_{02}^2}\right) \pm \left[\frac{1}{4}\left(\frac{1}{n_{01}^2} - \frac{1}{n_{02}^2}\right)^2 + G_{z'}^2\right]^{1/2} \tag{7.47}$$

利用式(7.46)和式(7.47)，晶体中传播的波的椭圆率等于 $(D_{y'}/D_{x'})_+ = \mathrm{i}k$，$(D_{y'}/D_{x'})_- = -\mathrm{i}/k$，其中

$$k = \frac{1}{G_{z'}}\left\{\frac{1}{2}\left(\frac{1}{n_{01}^2} - \frac{1}{n_{02}^2}\right) - \left[\frac{1}{4}\left(\frac{1}{n_{01}^2} - \frac{1}{n_{02}^2}\right)^2 + G_{z'}^2\right]^{1/2}\right\} \tag{7.48}$$

所以，得出结论：旋光晶体中椭圆率为 $k = b/a$、椭圆轴相互交叉并且旋转方向相反的两束椭圆偏振波可以在每个方向以不同的速度传播. 同一非旋光晶体中的椭圆主轴和振动方向相重合. 在测定 k 值时，赝张量 g_{ik} 可以认为是对称的.

光穿过一块旋光晶片的边界问题的解给出了合椭圆振动主轴旋转角的表达式：

$$\tan 2\beta = \frac{\tan 2\alpha\cos\delta - \dfrac{2k}{1+k^2}\sin\delta}{\left(\dfrac{1-k^2}{1+k^2}\right)^2 + \left(\dfrac{2k}{1+k^2}\right)^2\cos\delta + \dfrac{2k}{1+k^2}\tan 2\alpha\sin\delta} \tag{7.49}$$

其中，α 为入射光的方位角，δ 为相位差. 区别于非旋光晶体的式(7.24)，这个表

达式中还有和 k 有关的项.

在光轴方向上(当 $n_{01}=n_{02}=n_0$),$k=-1$,即式(7.45)和式(7.46).相反旋转方向和不同传播速度(如果 $G_{z'}\neq 0$)的圆偏振波沿着该光轴传播.这导致了初始线性偏振波的偏振平面旋转,即旋光性表现在偏振平面的旋转.旋转角度 θ 正比于圆偏振波折射率之差($n'-n''=n_0^3G_{z'}$)及晶体中的光程 l,即 $\theta=\pi G_{z'}n_0^3 l/\lambda$.通过偏振平面的旋转,Arago 于 1811 年首次发现了石英晶体的旋光性.晶体的旋光性通常用**旋光率** $\rho=\theta/l$(单位长度的偏振平面的旋转)来表征.表 7.5 列出了部分晶体的旋光率.

表 7.5 部分晶体偏振平面的旋光率 ρ[7.24]

晶　体	对称类	ρ(deg/mm)
醋酸双氧铀钠($NaUO_2(C_2H_3O_2)_3$)	23	1.48
氯酸钠($NaClO_3$)	23	3.16
碘酸锂($LiIO_3$)	6	102.9
副黄碲矿(TeO_2)	422	104.9
石英(SiO_2)	32	21.3
偶苯酰($C_{14}H_{10}O_2$)	32	25.0
辰砂(HgS)	32	560
罗谢尔盐($KNaC_4H_4O_6\cdot 4H_2O$)	222	1.35
碘酸(α-HIO_3)	222	47.4
酒石酸($C_4H_4O_6$)	2	10.7
糖($C_{12}H_{22}O_{11}$)	2	$\rho_1=22.0$①,$\rho_2=-6.4$

① ρ_1 和 ρ_2 的值分别和两个光轴对应.

光线穿透一块从晶体割出的平行于光轴的晶片,当入射光的线性偏振平行或垂直于包含光轴的平面($\alpha=0$)时,出射光将是椭圆偏振的,而且振动椭圆的主轴方向 β 将相对振动初始方向振荡,并依赖于晶体中两列波的光程差 δ [7.23].利用入射光波长的改变引起光程差改变,图 7.25 给出了从石英晶片(平行于光轴)计算的结果.这个关系可用方程 $\tan 2\beta=-2k\sin\delta$(当 k 值很小时)描述.

下面将给出在右旋和左旋石英主坐标系中相对于波长为 510 nm 的回旋张量分量的值:$g_{11}=\pm 5.82\times 10^{-5}$和 $g_{33}=\mp 12.96\times 10^{-5}$.利用这些值得到沿着光轴的偏振平面的旋光率,$\rho=g_{33}\pi/n_0\lambda\approx 30$ deg/mm ($n_0=1.5$).如果波矢

垂直于光轴，得到波椭圆率（k）的近似值 $k \approx g_{11}/2n_0(n_e - n_0) \approx 0.002$（$n_e - n_0 \approx 0.01$），这意味着在垂直于光轴的方向传播的波具有较小的椭圆率.

因此，以偏振平面旋转为内容的旋光性的最明显的现象可以在沿着光轴的光传播中观察到.在光传播的所有其他方向上，和线性双折射引起的透射光椭圆率相比，旋光性表现为有透射光的附加椭圆率，对它的观察是十分困难的.

在对称性(1,2,222,3,4,6,32,422,622,23,432)的对映晶类晶体中可以存在两种变态(右旋和左旋的)，因而在这种晶体中可以存在反号的旋光性.

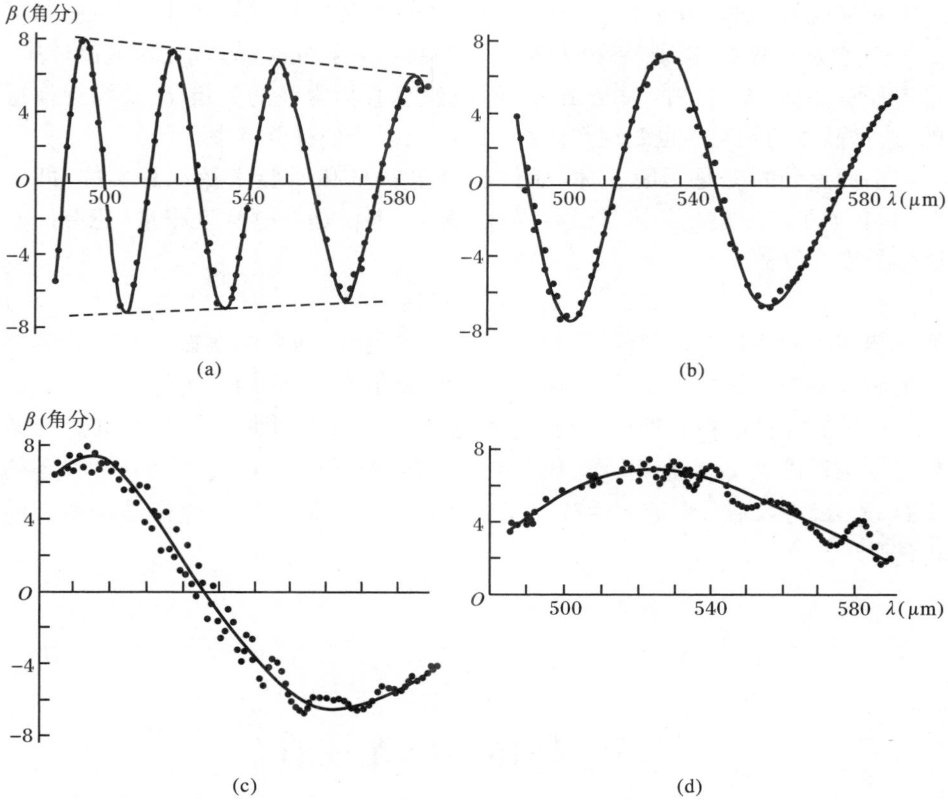

图 7.25 各种厚度 d 的右旋石英晶片中，决定透射光偏振椭圆主轴取向的角度 β 和波长 λ 之间的关系[7.25]

(a) $d = 1$ mm；(b) $d = 0.5$ mm；(c) $d = 0.2$ mm；(d) $d = 0.1$ mm

在中级晶系晶体中，旋转只可能沿着光轴.在双轴晶体中，沿着不同光轴旋转的符号和大小都可以不同，这取决于对称性和光轴平面的位置.

对称性为 m,$mm2$,$\bar{4}$,和 $\bar{4}2m$ 的晶体尤为重要.在 $\bar{4}$ 和 $\bar{4}2m$ 晶类的晶体中,沿着光轴的旋转被对称性禁止,旋光性只能在与光轴不同的方向上观察.比如,在硫代镓酸镉($CdGa_2S_4$)晶体($\bar{4}$)中,当 $\lambda=0.487\ \mu m$ 时,可以观察到偏振平面的旋转(在这个波长中晶体变为各向同性),而计算得的回旋张量分量为 $g_{11}=11.7\times10^{-5}$ 和 $g_{12}=7.8\times10^{-5}$[7.26].

在 m 和 $mm2$ 类晶体中,当光轴不在对称面上时,沿着光轴的旋转是可能的.沿着两个光轴的旋转在大小上是相近的而符号是相反的.

对称性为 $3m$,$4mm$ 和 $6mm$(中级晶系的平面晶类)的晶体中,回旋赝张量 g_{ik} 是完全反对称的,需要特殊的考虑.它们被称为弱回旋晶体.在这些晶体中,沿着任意法向,寻常波的矢量 $\boldsymbol{E}$ 是线性极化的.异常波的矢量 $\boldsymbol{E}$ 是椭圆偏振的.这种晶体的旋光性也表现在倾斜入射时反射光的椭圆率中[7.27].

前面提到的全是透明晶体,晶体的介电常量和回旋张量都是实的,即式(7.44).如果一个旋光晶体是吸收晶体,那么,不仅是介电常量张量,还有回旋赝张量变为复数:

$$g_{ik} = g'_{ik} + \mathrm{i}g''_{ik} \tag{7.50}$$

实部描述了圆双折射,而复部则描述了圆二向色性,即右圆偏振波和左圆偏振波的吸收不同.线性和圆二向色性的同时出现的结果是椭圆二向色性.

晶体旋光性的精确理论,包括空间色散 $\varepsilon(\boldsymbol{k},\omega)$、能量守恒定律和边界条件等详细讨论见 Fedorov[7.28],Bokut 等[7.29],Agranovich,Ginzburg[7.30]等的文献.Kizel 在文献[7.31]综述中陈述了利用旋光性和圆二向色性做结构研究的可能性.

7.7 晶体的电光性质

已经知道,在恒定外电场 $\boldsymbol{E}$ 中,各向同性块体变为光各向异性[7.7].为了描述这个现象,假设介电常量张量和电场 $\varepsilon_{ik}(\boldsymbol{E})$ 有关,把介电常量展开为 $\boldsymbol{E}$ 的幂级多项式.对各向同性块体,可以把矢量 E 的分量组成两个对称二阶张量 $\alpha\delta_{ik}E^2$ 和 βE_iE_k,其中 α,β 为标量.如果把这两个张量加到初始张量 $\varepsilon^0\delta_{ik}$ 中去,得到

$$\varepsilon_{ik} = (\varepsilon^0 + \alpha E^2)\delta_{ik} + \beta E_i E_k \tag{7.51}$$

显然，这个张量的主轴之一和电场 $\boldsymbol{E}$ 的方向重合，张量相应的主值等于 $\varepsilon_{/\!/} = \varepsilon_0 + (\alpha + \beta)E^2$，而其余两个主值 $\varepsilon_{\perp} = \varepsilon_0 + \alpha E^2$. 由此，我们得出各向同性块体在电场中的行为和光学单轴晶体一样.

和各向同性块体相反，在电场 $\boldsymbol{E}$ 中为线性的电光效应在晶体中是可能的. 那么，采用倒易张量 $\varepsilon_{ik}^{-1} = a_{ik}$（偏振张量）更加方便. 在电场作用下，张量分量的改变可写成：

$$\Delta a_{ik} = r_{ikl} E_l \tag{7.52}$$

其中，r_{ikl} 为一个相对前两个脚标对称的三阶张量，它被称为电光系数张量. 该张量的对称性质和压电系数张量的对称性相重合，从而在 20 种同样的无对称中心的晶类（存在压电效应）晶体中出现**线性光电效应**（Pockels 效应），见3.3 节和文献[7.32].

不同晶类的这些张量在矩阵中的形式在前面已经讨论过. 下面考虑张量 a_{ik} 面，也就是在光折射椭球（见 7.1 节）中的变化，例如当外加电场 $\boldsymbol{E}$ 沿着对称性的三重轴方向 $E_x = E_y = E_z = E/\sqrt{3}$ 时，$\bar{4}3m$ 晶类立方晶体的张量面的变化. 利用式(7.52)光折射椭球方程变为

$$\frac{x^2 + y^2 + z^2}{n_0^2} + \frac{2r_{41}E}{\sqrt{3}}(yz + xz + xy) = 1$$

约化为主轴形式，则可找到主折射率 $n_1 = n_0 + n_0^3 r_{41} E/2\sqrt{3} = n_2$ 和 $n_3 = n_0 - n_0^3 r_{41} E/\sqrt{3}$，所以现在的光折射椭球成为一个具有以[111]方向为旋转轴的椭球面，而立方晶体在这个方向的电场作用下成为光学单轴晶体. 如果光的传播方向垂直于电场方向，那么可以得到晶体中由电场感生的两列波的相位差的表达式 $\delta = \sqrt{3}\pi l \cdot n_0^3 r_{41} E/\lambda$，$l$ 为晶体中的光程. 如果外加电场的方向为任意的，那么，立方晶体变为光学双轴晶体.

类似地，可以考虑低对称晶体中外加电场方向不同时的线性电光效应的表现以及光传播方向. 已经发现，在光学单轴晶体中（$\bar{4}$ 和 $\bar{4}2m$ 晶类除外），沿着光轴方向的外加电场偏离晶体单轴，而任意方向的外电场改变了光折射椭球的外形，使它成为三轴椭球面[7.33,7.34].

当极化常量的变化 Δa_{ik} 和电场强度的平方成正比时，所有的介电晶体，还有各向同性介质也可以有二次电光效应（克尔(Kerr)电光效应）：

$$\Delta a_{ij} = R_{ijkl} E_k E_l \tag{7.53}$$

四阶张量 R_{ijkl}（即二次电光系数张量）保留了独立脚标对(ij)和(kl)置换的对称性，和往常一样，晶体的对称性限制了张量独立分量的数目. 比如，在 $\bar{4}3m$，

432 和 $m3m$ 晶类的立方晶体中张量 R_{ijkl} 只有 3 个不同分量的存在[7.35].

电光系数的测量是通过分析锥光图形的变化并利用定量折射术和干涉测量术进行的[7.36].光度计法一般用于测量穿过特殊切割出来的晶片的透射光的强度变化,晶片放置在线性或圆偏振器之间,并且对晶片施加外电场.有时,电光系数也可以从获得光程差为 $\lambda/2$ 所需的电压简单地计算出来.

在立方线性电光晶体中,数量最多的是具有闪锌矿结构的晶体(ZnS,ZnSe和 ZnTe).所有这些晶体都有高折射率($n>2$)并且在可见光和红外光谱区域(对大试样高达 12 μm)都是透明的.ZnS 在 $\lambda=0.589$ μm(钠光)时 r_{41} 的值为 6×10^{-8} CGSE 单位,见表 7.6.

表 7.6 部分晶体的线性电光系数[7.33]

晶体	对称晶类	电光系数(10^{-8}CGSE 单位)	波长(λ/μm)
闪锌矿(ZnS)	$\bar{4}3m$	$r_{41}=6$	0.589
铜绿泥石(CuCl)	$\bar{4}3m$	$r_{41}=18.3$	0.56
方钠石($Na_8[AlSiO_4]_6Cl_2$)	$\bar{4}3m$	$r_{41}=5$	0.535
氯酸钠($NaClO_3$)	23	$r_{41}=1.2$	—
醋酸双氧钠($NaUO_2(CH_3COO)_3$)	23	$r_{41}=2.6$	—
铌酸锂($LiNbO_3$)	$3m$	$r_{13}=25.8, r_{33}=92.4$ $r_{42}=84, r_{22}=21$	0.633
石英(SiO_2)	32	$r_{11}=0.59, r_{41}=1.4$	0.59
磷酸二氢钾(KH_2PO_4(KDP))	$\bar{4}2m$	$r_{63}=-30, r_{41}=26$	0.54
磷酸二氢铵($NH_4H_2PO_4$(ADP))	$\bar{4}2m$	$r_{63}=-25, r_{41}=62$	0.54
钛酸钡($BaTiO_3$)	$4mm$	$r_{33}=84$	0.633

对称晶类为 $\bar{4}2m$ 的磷酸二氢钾 (KDP) 族的电光晶体具有非常广泛的实际应用.KDP 晶体的透明区域为 0.3 μm$<\lambda<$1.15 μm,折射率约为 1.5,双折射 $n_0-n_e\approx0.04$,电光系数 $r_{63}\approx-30\times10^{-8}$ CGSE 单位.

铁电晶体中的电光效应伴随着自发极化和畴结构具有特殊的特征,因而被应用于对相变和铁电晶体的其他特性相应的实验过程中.

非常高的电光效应响应解释了器件中光电晶体在实际应用的重要性,如对控制光束参数的器件,比如,光调制器中的光强[7.37]和控制偏振参数(如方位角和椭圆率)、折射角或晶体边界处的内反射角等.上述参数的变化是由于在恒定电场或变化电场中光折射椭球的椭球面主轴大小和方向的变化.

伴随电光效应，晶体中也可能有电回旋效应，即在电场作用下旋光率的改变或出现[7.38]. 这个效应可以用回旋赝张量对电场的幂展开式表示：

$$g_{ij}(\boldsymbol{E}) = g_{ij}^{0} + A_{kij}E_k + B_{ijkl}E_kE_l + \cdots \tag{7.54}$$

其中，g_{ij}^{0}为没有电场存在时的回旋赝张量. 对张量 g_{ik} 的对称部分，A_{ijk} 是一个相对两脚标置换对称的三阶赝张量 $A_{ijk} = A_{ikj} = A_{j\mu}$，其形式在表 7.7 中给出，而 B_{ijkl} 是一个相对于置换第一、第二对脚标对称的四阶赝张量.

表 7.7 不同对称晶类晶体的线性电回旋赝张量 A_{ikl} ($A_{ilk} = A_{ikl} = A_{i\mu}$)[7.41]

三斜晶系

晶类：1 和 $\overline{1}$

$$\begin{Vmatrix} A_{11} & A_{12} & A_{13} & A_{14} & A_{15} & A_{16} \\ A_{21} & A_{22} & A_{23} & A_{24} & A_{25} & A_{26} \\ A_{31} & A_{32} & A_{33} & A_{34} & A_{35} & A_{36} \end{Vmatrix}$$

单斜晶系

晶类：2，m 和 $2/m$($2 /\!/ X_2$，$m \perp X_2$)

$$\begin{Vmatrix} 0 & 0 & 0 & A_{14} & 0 & A_{16} \\ A_{21} & A_{22} & A_{23} & 0 & A_{25} & 0 \\ 0 & 0 & 0 & A_{34} & 0 & A_{36} \end{Vmatrix}$$

晶类：2，m 和 $2/m$($2 /\!/ X_3$，$m \perp X_3$)

$$\begin{Vmatrix} 0 & 0 & 0 & A_{14} & A_{15} & 0 \\ 0 & 0 & 0 & A_{24} & A_{25} & 0 \\ A_{31} & A_{32} & A_{33} & 0 & 0 & A_{36} \end{Vmatrix}$$

正交晶系

晶类：222，$mm2$ 和 mmm

$$\begin{Vmatrix} 0 & 0 & 0 & A_{14} & 0 & 0 \\ 0 & 0 & 0 & 0 & A_{25} & 0 \\ 0 & 0 & 0 & 0 & 0 & A_{36} \end{Vmatrix}$$

三角晶系

晶类：3 和 $\overline{3}$

$$\begin{Vmatrix} A_{11} & -A_{11} & 0 & A_{14} & A_{15} & -2A_{22} \\ -A_{22} & A_{22} & 0 & A_{15} & -A_{14} & -2A_{11} \\ A_{31} & A_{31} & A_{33} & 0 & 0 & 0 \end{Vmatrix}$$

晶类：32，$3m$ 和 $\overline{3}m$($2 /\!/ X_1$，$m \perp X_1$)

$$\begin{Vmatrix} A_{11} & -A_{11} & 0 & A_{14} & 0 & 0 \\ 0 & 0 & 0 & 0 & -A_{14} & -2A_{11} \\ 0 & 0 & 0 & 0 & 0 & 0 \end{Vmatrix}$$

四方和六角晶系

晶类：4，$\overline{4}$，$4/m$，6，$\overline{6}$ 和 $6m$

$$\begin{Vmatrix} 0 & 0 & 0 & A_{14} & A_{15} & 0 \\ 0 & 0 & 0 & A_{15} & -A_{14} & 0 \\ A_{31} & A_{31} & A_{33} & 0 & 0 & 0 \end{Vmatrix}$$

晶类：422，$4mm$，$\overline{4}2m$，$4/mmm$，622，$6mm$，$\overline{6}m2$ 和 $6/mmm$

$$\begin{Vmatrix} 0 & 0 & 0 & A_{14} & 0 & 0 \\ 0 & 0 & 0 & 0 & -A_{14} & 0 \\ 0 & 0 & 0 & 0 & 0 & 0 \end{Vmatrix}$$

续表

立方晶系
晶类:23 和 $m3$
$$\begin{Vmatrix} 0 & 0 & 0 & A_{14} & 0 & 0 \\ 0 & 0 & 0 & 0 & A_{14} & 0 \\ 0 & 0 & 0 & 0 & 0 & A_{14} \end{Vmatrix}$$

除了 $\bar{4}3m$,432 和 $m3m$ 3 个晶类外($A_{ijk}=0$),其他所有晶类的晶体都表现出线性电回旋性($A_{ijk}\neq 0$).电回旋性的实验观察是相当困难的,因为有电光效应的参与.当电场的方向沿着光轴的方向,只有在 $3,\bar{3},4,\bar{4},4/m,6,\bar{6}$ 和 $6/m$ 晶类晶体中,光轴方向上的线性电回旋性的线性或二次电光效应中不被复杂化;当电场方向沿着⟨111⟩方向时,在 23 和 $m\bar{3}$ 晶类立方晶体中,以及当电场方向沿着⟨011⟩,⟨110⟩和⟨101⟩方向时在 $3m$ 晶类晶体中的光轴方向上的线性电回旋张量不被复杂化.在实验中,当外加电场和光沿着光轴方向传播时,$\bar{4}$,$4/m$,$\bar{6}$ 和 $6/m$ 晶类的单轴非旋光晶体肯定是最方便的.$PbMoO_4$ 晶体($4/m$ 晶类)的电回旋性的出现在以下条件时被发现:外加电场为 10 kV,在 2 mm 厚的晶片上 $\lambda=0.633\ \mu m$ 时,光偏振平面旋转角度为 1°[7.40].

二次电回旋性由偶数阶赝张量 B_{ijkl} 描述,因而它不可能发生在中心对称的晶体中.由于线性电回旋和电光效应,二次电回旋的实验研究被复杂化.在没有线性电回旋和光电效应的方向上,或者通过分解出复杂效应中二次电回旋分量,可以探测到二次电回旋.实例就是这样:当光沿着光轴 Z 轴传播和电场沿着 X 轴方向时,石英中的二次电回旋效应被发现了.这个效应被证明是和电光效应有公度的.

7.8 晶体的磁光性质

如果对晶体施加外磁场 $\boldsymbol{H}$,介电常量 ε_{ik} 必定和磁场相关:$\varepsilon_{ik}=\varepsilon_{ik}(\boldsymbol{H})$.在磁场存在的条件下,动理学系数的对称性原理要求[7.1]:

$$\varepsilon_{ik}(\boldsymbol{H})=\varepsilon_{ki}(-\boldsymbol{H}) \tag{7.55}$$

与此同时,不存在吸收时,和以前一样,张量 ε_{ik} 保持是厄米的,即 $\varepsilon_{ik}=\varepsilon_{ki}^{*}$(* 表

示复共轭)；这意味着它的实部和虚部必定分别是对称张量和反对称张量，$\varepsilon_{ik}=\varepsilon'_{ik}+\mathrm{i}\varepsilon''_{ik}$，$\varepsilon'_{ik}=\varepsilon'_{ki}$，$\varepsilon''_{ik}=-\varepsilon''_{ki}$. 考虑到式(7.55)，很容易确定 ε'_{ik}是H 的偶函数和ε''_{ik}是H 的奇函数. 倒易张量 $\varepsilon_{ik}^{-1}=a'_{ik}+\mathrm{i}a''_{ik}$具有相同的性质.

联系电场强度矢量 $\boldsymbol{E}$ 和电感应矢量$\boldsymbol{D}$ 的耦合方程有如下形式：

$$E_i=(a'_{ik}+\mathrm{i}a''_{ik})D_k=a'_{ik}D_k+\mathrm{i}[\boldsymbol{DG}]_i \tag{7.56}$$

这里，$\boldsymbol{G}(\boldsymbol{H})$是轴矢量，它由一个完全反对称的单位张量 e_{ikl}和$a''_{ik}(H)$相联系，即 $a''_{ik}=e_{ikl}G_l$.

考虑具有这种耦合方程的介质的基本光学性质. 如前面 7.5 节所述，选取矢量 $\boldsymbol{n}$ 的方向为Z'轴的方向，那么，$D_{z'}=0$；$n'_x=n'_y=0$；而对矢量 $\boldsymbol{D}$ 的横向分量，得到$\left(a'_{\alpha\beta}+\mathrm{i}a''_{\alpha\beta}-\dfrac{1}{n^2}\delta_{\alpha\beta}\right)D_\beta=0$($\alpha,\beta=x',y'$，对 β 求和). 使 X'和 Y'轴的方向沿着张量 $a'_{\alpha\beta}$主轴的方向，张量的主值用 n_{01}^{-2}和 n_{02}^{-2}来表示. 系统行列式等于零的条件导出方程：

$$\left(\frac{1}{n^2}-\frac{1}{n_{01}^2}\right)\left(\frac{1}{n^2}-\frac{1}{n_{02}^2}\right)=G_{z'}^2 \tag{7.57}$$

方程的根决定了波的折射率：

$$\frac{1}{n^2}=\frac{1}{2}\left(\frac{1}{n_{01}^2}-\frac{1}{n_{02}^2}\right)\pm\sqrt{\frac{1}{4}\left(\frac{1}{n_{01}^2}-\frac{1}{n_{02}^2}\right)^2+G_{z'}^2} \tag{7.58}$$

波的偏振是建立在这样的事实上的：一列波为$(D_{y'}/D_{x'})_+=\mathrm{i}k$，而另一列波为$(D_{y'}/D_{x'})_-=-\mathrm{i}/k$. 因此，和旋光晶体一样，两列波都是椭圆偏振的，椭圆的轴比值 b/a 等于k. 两列波的偏振椭圆是相互交叉的而且在相反方向转动. 这里，有

$$k=\frac{1}{G_{z'}}\left[\frac{1}{2}\left(\frac{1}{n_{01}^2}-\frac{1}{n_{02}^2}\right)-\sqrt{\frac{1}{4}\left(\frac{1}{n_{01}^2}-\frac{1}{n_{02}^2}\right)^2+G_{z'}^2}\right] \tag{7.59}$$

由于实部 a'_{ik}为偶函数，在弱场 $\boldsymbol{H}$ 中分量a'_{ik}的幂级展开式中的第一个修正项将是二次项的，而对于奇函数 a''_{ik}将是一次项的. 因此，可以近似地假设和磁场有关的项是张量的虚部 a''_{ik}.

如果光在晶体光轴方向上传播(由张量 a'_{ik}判断)，那么，$n_{01}=n_{02}$；对波的折射率，有 $n_\pm^2=n_0^2\mp n_0^4G_{z'}$，而对比值，有$(D_{y'}/D_{x'})_\pm=\pm\mathrm{i}$. 因此，在加磁场的晶体中，两列圆偏振波以不同的速度沿晶体的光轴传播，如同在各向同性介质中. 结果，当频率为 $\nu=c/\lambda$ 的平面偏振波穿过两侧面平行的厚度为 l 的晶片时，波仍然保持线性极化，但偏振方向转过一个角度：

$$\theta=\pi G_{z'}n_0^3l/\lambda$$

这就是所谓的**法拉第效应**. 同样的表达式也可以表示成(利用 $G_{z'}\sim H$)

$$\theta = VHl$$

其中，V 为韦尔代(Verdet)常量，H 为磁场强度. 部分材料在室温时的韦尔代常量列在表 7.8 中[7.42].

表 7.8

材料	H_2O	石英(SiO_2)	Cs_2	EuF_2	$Y_3Fe_5O_{12}$
V(角分/(Oe · cm))	0.019	0.025	0.067	−1.0	34.5
λ(μm)	0.486	0.486	0.486	0.6	0.7

注意，如果一束光两次进、出沿着光轴穿过晶体，偏振平面的总旋转角将是单次通过时的两倍大，因为 G 是一个轴矢量.

在不是光轴的方向上，和双折射相比，磁场的效应是弱的，并且表现为波的椭圆率小.

在抗磁物质中，如石英，要使偏振平面转过几十度需要的磁场大约为 $10^4 \sim 10^5$ Oe 量级. 顺磁体，如 EuF_2，具有很大的韦尔代常量，并且 V 随温度的降低而较快地增大. 在铁磁体中的韦尔代常量相当高，因为这些材料具有自发磁化区，在这些区域中的磁矩在外磁场作用下和磁场取向相同. 因此，在铁磁体中，偏振平面的旋转和磁化强度成正比. 和其他物质有区别，铁磁体表现出**赤道克尔效应**，从铁磁体反射的光强度也和它的磁化强度有关. 磁化强度矢量必定垂直于入射平面. 反射光强度的改变也和入射波的偏振有关. 由于 10 K 时的再磁化，已经获得 $\lambda = 0.8$ μm 时铁磁体 EuO 的反射光强度最大变化达 30%.

在抗磁和顺磁晶体中，如果轴矢量 $\boldsymbol{G}(\boldsymbol{H})$ 和光的传播方向相互垂直，作为一级近似，磁场对光没有影响. 这里必须考虑张量 a_{ik} 分量展开式的附加项(即 $\boldsymbol{H}$ 的二次项)，用它来描述人工双折射. 如果光沿着光轴传播，出现单独由磁场引起的双折射. 如果光沿着任意方向传播，和一般情况相比，发生附加的双折射. 这就是和克尔二次电光效应相似的**科顿-穆顿效应**.

在和磁场相互作用过程中发生的效应广泛应用于科学和技术目的，主要应用于研究各种化合物的结构和性质. 法拉第效应是应用于光调制和激光技术设备的基础，如光阀和光去耦合电路等.

7.9 晶体的压光性质

受到弹性形变的各向同性块体变为光学各向异性是布儒斯特于 1818 年首次发现的. 对弹光效应的唯象描述,介电常量张量必须补充以和形变张量 u_{ik} 分量成正比的项. 从对称性考虑,在各向同性介质中,附加到初始张量 $\varepsilon^0\delta_{ik}$,这些项中只能是 c_1u_{ik} 和 $c_2u_{ll}\delta_{ik}$(对指数 l 求和),所以

$$\varepsilon_{ik} = \varepsilon^0\delta_{ik} + c_1u_{ik} + c_2u_{ll}\delta_{ik} \tag{7.60}$$

因子 $c_1(\omega)$ 和 $c_2(\omega)$ 被称为弹光系数. 如果选取形变张量的主轴为坐标轴,那么

$$\begin{aligned}\varepsilon_{xx} &= \varepsilon^0 + c_1u_{xx} + c_2u_{ll}\\ \varepsilon_{yy} &= \varepsilon^0 + c_1u_{yy} + c_2u_{ll}\\ \varepsilon_{zz} &= \varepsilon^0 + c_1u_{zz} + c_2u_{ll}\end{aligned} \tag{7.61}$$

可见,在一般类型的形变作用下,各向同性介质变为有 3 个不同主值的张量 ε_{ik} 的光学双轴晶体而且介电常量张量的主轴和形变张量的主轴重合[7.43].

对晶体,我们利用倒易张量 $\varepsilon_{ik}^{-1} = a_{ik}$(偏振张量)和在形变作用下 a_{ik} 值的变化,得到一般形式:

$$\Delta a_{ik} = p_{ikrs}u_{rs} \tag{7.62}$$

其中,p_{ikrs} 是一个相对于置换前两个和后两个脚标对称的四阶张量,它被称为**弹光系数**张量. 晶体的对称性限制了张量 p_{ikrs} 独立分量的数目;不同晶类晶体的弹光系数张量的矩阵形式列在表 7.9 中.

表 7.9 不同对称晶类晶体的弹光系数张量 $p_{\lambda\mu}$[7.22,7.35] ($p_{ijkl} = p_{jikl} = p_{ijlk} = p_{\lambda\mu}$)

三斜晶系
晶类: 1 和 $\bar{1}$
$\begin{Vmatrix} p_{11} & p_{12} & p_{13} & p_{14} & p_{15} & p_{16}\\ p_{21} & p_{22} & p_{23} & p_{24} & p_{25} & p_{26}\\ p_{31} & p_{32} & p_{33} & p_{34} & p_{35} & p_{36}\\ p_{41} & p_{42} & p_{43} & p_{44} & p_{45} & p_{46}\\ p_{51} & p_{52} & p_{53} & p_{54} & p_{55} & p_{56}\\ p_{61} & p_{62} & p_{63} & p_{64} & p_{65} & p_{66} \end{Vmatrix}$

续表

单斜晶系

晶类：2，m 和 $2/m$（$2/\!/X_2$，$m\perp X_2$）

$$\begin{Vmatrix} p_{11} & p_{12} & p_{13} & 0 & p_{15} & 0 \\ p_{21} & p_{22} & p_{23} & 0 & p_{25} & 0 \\ p_{31} & p_{32} & p_{33} & 0 & p_{35} & 0 \\ 0 & 0 & 0 & p_{44} & 0 & p_{46} \\ p_{51} & p_{52} & p_{53} & 0 & p_{55} & 0 \\ p_{61} & p_{62} & p_{63} & p_{64} & 0 & p_{66} \end{Vmatrix}$$

晶类：2，m 和 $2/m$（$2/\!/X_3$，$m\perp X_3$）

$$\begin{Vmatrix} p_{11} & p_{12} & p_{13} & 0 & 0 & p_{16} \\ p_{21} & p_{22} & p_{23} & 0 & 0 & p_{26} \\ p_{31} & p_{32} & p_{33} & 0 & 0 & p_{36} \\ 0 & 0 & 0 & p_{44} & p_{45} & 0 \\ 0 & 0 & 0 & p_{54} & p_{55} & 0 \\ p_{61} & p_{62} & p_{63} & 0 & 0 & p_{66} \end{Vmatrix}$$

正交晶系

晶类：222，$mm2$ 和 mmm

$$\begin{Vmatrix} p_{11} & p_{12} & p_{13} & 0 & 0 & 0 \\ p_{21} & p_{22} & p_{23} & 0 & 0 & 0 \\ p_{31} & p_{32} & p_{33} & 0 & 0 & 0 \\ 0 & 0 & 0 & p_{44} & 0 & 0 \\ 0 & 0 & 0 & 0 & p_{55} & 0 \\ 0 & 0 & 0 & 0 & 0 & p_{66} \end{Vmatrix}$$

三角晶系

晶类：3 和 $\bar{3}$

$$\begin{Vmatrix} p_{11} & p_{12} & p_{13} & p_{14} & -p_{25} & p_{16} \\ p_{12} & p_{11} & p_{13} & -p_{14} & p_{25} & -p_{16} \\ p_{31} & p_{31} & p_{33} & 0 & 0 & 0 \\ p_{41} & -p_{41} & 0 & p_{44} & p_{45} & p_{52} \\ -p_{52} & p_{52} & 0 & -p_{45} & p_{44} & p_{41} \\ -p_{16} & p_{16} & 0 & p_{25} & p_{14} & p_{66} \end{Vmatrix}$$

晶类：32，$3m$ 和 $\bar{3}m$

$$\begin{Vmatrix} p_{11} & p_{12} & p_{13} & p_{14} & 0 & 0 \\ p_{12} & p_{11} & p_{13} & -p_{14} & 0 & 0 \\ p_{31} & p_{31} & p_{33} & 0 & 0 & 0 \\ p_{41} & -p_{41} & 0 & p_{44} & 0 & 0 \\ 0 & 0 & 0 & 0 & p_{44} & p_{41} \\ 0 & 0 & 0 & 0 & p_{14} & p_{66} \end{Vmatrix}$$

四方晶系

晶类：4，$\bar{4}$和 $4/m$

$$\begin{Vmatrix} p_{11} & p_{12} & p_{13} & 0 & 0 & p_{16} \\ p_{12} & p_{11} & p_{13} & 0 & 0 & -p_{16} \\ p_{31} & p_{31} & p_{33} & 0 & 0 & 0 \\ 0 & 0 & 0 & p_{44} & p_{45} & 0 \\ 0 & 0 & 0 & -p_{45} & p_{44} & 0 \\ p_{61} & -p_{61} & 0 & 0 & 0 & p_{66} \end{Vmatrix}$$

晶类：422，$4mm$，$\bar{4}2m$ 和 $4/mmm$

$$\begin{Vmatrix} p_{11} & p_{12} & p_{13} & 0 & 0 & 0 \\ p_{12} & p_{11} & p_{13} & 0 & 0 & 0 \\ p_{31} & p_{31} & p_{33} & 0 & 0 & 0 \\ 0 & 0 & 0 & p_{44} & 0 & 0 \\ 0 & 0 & 0 & 0 & p_{44} & 0 \\ 0 & 0 & 0 & 0 & 0 & p_{66} \end{Vmatrix}$$

续表

六角晶系	
晶类：6,$\bar{6}$ 和 6/m	晶类：622,6mm,6m2 和 6/mmm
$\left\|\begin{matrix} p_{11} & p_{12} & p_{13} & 0 & 0 & p_{16} \\ p_{12} & p_{11} & p_{13} & 0 & 0 & -p_{16} \\ p_{31} & p_{31} & p_{33} & 0 & 0 & 0 \\ 0 & 0 & 0 & p_{44} & p_{45} & 0 \\ 0 & 0 & 0 & -p_{45} & p_{44} & 0 \\ -p_{16} & p_{16} & 0 & 0 & 0 & p_{66} \end{matrix}\right\|$	$\left\|\begin{matrix} p_{11} & p_{12} & p_{13} & 0 & 0 & 0 \\ p_{12} & p_{11} & p_{13} & 0 & 0 & 0 \\ p_{31} & p_{31} & p_{33} & 0 & 0 & 0 \\ 0 & 0 & 0 & p_{44} & 0 & 0 \\ 0 & 0 & 0 & 0 & p_{44} & 0 \\ 0 & 0 & 0 & 0 & 0 & p_{66} \end{matrix}\right\|$
立方晶系	
晶类：23 和 $m3$	晶类：432,$\bar{4}3m$ 和 $m3m$
$\left\|\begin{matrix} p_{11} & p_{12} & p_{21} & 0 & 0 & 0 \\ p_{21} & p_{11} & p_{12} & 0 & 0 & 0 \\ p_{12} & p_{21} & p_{11} & 0 & 0 & 0 \\ 0 & 0 & 0 & p_{44} & 0 & 0 \\ 0 & 0 & 0 & 0 & p_{44} & 0 \\ 0 & 0 & 0 & 0 & 0 & p_{44} \end{matrix}\right\|$	$\left\|\begin{matrix} p_{11} & p_{12} & p_{12} & 0 & 0 & 0 \\ p_{12} & p_{11} & p_{12} & 0 & 0 & 0 \\ p_{12} & p_{12} & p_{11} & 0 & 0 & 0 \\ 0 & 0 & 0 & p_{44} & 0 & 0 \\ 0 & 0 & 0 & 0 & p_{44} & 0 \\ 0 & 0 & 0 & 0 & 0 & p_{44} \end{matrix}\right\|$

类似地，可以描述在应力作用下 a_{ik} 值的变化：

$$\Delta a_{ik} = \pi_{ikrs}\sigma_{rs}$$

其中，σ_{rs} 为应力张量的分量，张量 π_{ikrs} 被称为**压光系数张量**. 自然，该张量具有和张量 p_{ikrs} 相同的对称性.

作为例子，考虑立方晶体的压光性质. 根据这些性质，立方晶体被分为两组：一组具有 4 个独立分量的 23 和 $m\bar{3}$ 晶类，而另一组只有 3 个独立分量(见表 7.9). 假设单轴应力 σ 沿着轴 2 作用在第一组的立方晶体上. 张量椭球面 ε_{ik}^{-1} 的方程(光折射椭球)将不是 $x^2 + y^2 + z^2 = n_0^2$，而是

$$(x^2 + y^2 + z^2)/n_0^2 + \pi_{11}\sigma x^2 + \pi_{13}\sigma y^2 + \pi_{12}\sigma z^2 = 1 \qquad (7.63)$$

因此，新的主折射率可以写成

$$n_1 = n_0 - \frac{\pi_{11}}{2}n_0^3\sigma, \quad n_2 = n_0 - \frac{\pi_{13}}{2}n_0^3\sigma, \quad n_3 = n_0 - \frac{\pi_{12}}{2}n_0^3\sigma$$

所以，晶体成为双轴晶体. 在第二组立方晶体中，沿着二重轴的单轴拉伸把晶体转变为光学单轴晶体(因为对这些晶体而言，$\pi_{12} = \pi_{13}$).

如果第二组晶体受到沿着三重轴([111]方向)的拉伸应力 σ 作用，那么，利用压光系数矩阵，可以找到张量 $\varepsilon_{ik}^{-1} = a_{ik}$ 的分量：

$$\begin{Vmatrix} a & b & b \\ b & a & b \\ b & b & a \end{Vmatrix} \tag{7.64}$$

其中，$a = 1/n_0^2 + (\pi_{11} + 2\pi_{12})\sigma/3, b = \pi_{44}\sigma/3$.

把它约化为主轴形式，得到折射率的主值：

$$\begin{aligned} n_1 &= n_2 = n_0 - \frac{(\pi_{11} + 2\pi_{12})\sigma n_0^3}{6} + \frac{\pi_{44}\sigma n_0^3}{6} \\ n_3 &= n_0 - \frac{(\pi_{11} + 2\pi_{12})\sigma n_0^3}{6} - \frac{\pi_{44}\sigma n_0^3}{3} \end{aligned} \tag{7.65}$$

可见，在这些应力作用下，晶体从立方晶体转化为光轴沿着[111]方向的单轴晶体.

在观察 $\bar{4}3m$，432 和 $m3m$ 晶类晶体在沿着[100]拉伸时的压光效应过程中，如果使光的方向沿着[001]方向，晶体中两列波的相位差将是

$$\delta = \pi n_0^3(\pi_{11} - \pi_{12})\sigma l/\lambda \tag{7.66}$$

在沿着[111]方向拉伸作用下，两列垂直于这个方向传播的光波的相位差等于

$$\delta = \pi n_0^3 \sigma l \pi_{44}/\lambda \tag{7.67}$$

通过实验测定这些值，可以找到差值 $\pi_{11} - \pi_{12}$ 和压光系数 π_{44} 的值. 为了分别测定 π_{11} 和 π_{12} 的值，必须直接测量折射率 n_1 或 n_2 的变化，比如用干涉仪法测量. 部分立方晶体的压光系数列在表 7.10 中. 这些系数在 10^{-11} cm^2/dyn 的数量级，弹光系数是无量纲的，数量级为 10^{-1}.

表 7.10 $\lambda = 0.589$ μm 时立方晶体的压光系数 $\pi_{\lambda\mu}$ (10^{-11} cm^2/dyn)和弹光系数 $P_{\lambda\mu}$ [7.35]

晶体	晶类	π_{11}	π_{12}	π_{13}	π_{44}	P_{11}	P_{12}	P_{13}	P_{44}
明矾	$m\bar{3}$	3.7	9.1	8.5	−0.65	0.27	0.35	0.34	−0.005 6
硝酸铅	$m\bar{3}$	70.21	89.34	82.05	−1.39	8.5	8.78	8.67	−0.019 1
氯化钠	$m3m$	0.25		1.46	−0.85	0.137		0.178	−0.010 8
萤石	$m3m$	−0.29		1.16	0.698	0.055 8		0.228	0.023 6
金刚石	$m3m$	−0.43		0.37	−0.27	−0.125		0.325	−0.11

当考虑晶体中的线性电光效应时，假设没有晶体形变（晶体被固定）和单独处理在光折射椭球中的电致变化，即处理一次电光效应. 如果晶体是自由的，那么，由于逆压电效应，电场引起的形变反过来导致折射率的改变（**二次电光效应**）. 因此，自由晶体中由电场引起的这一效应是一次效应和二次效应的总和：

$$\Delta a_{ij} = r_{ijk}E_k + p_{ijkl}u_{kl}$$

二次效应大小的数量级可以从倒压电效应的系数 $u \approx 0.5 \times 10^{-12}$ 来估计，也可以从值 $p \approx 10^{-1}$ 来估计.可见，二次效应产生的折射率变化可以和一次效应的相比.这可以用来加强电场的作用，特别是在机械共振中.另一方面，一次效应可以通过对晶体施加高频可变场而测得，此时，晶体的形变是很小的.

当声波在晶体中传播时也可以观察到弹光效应[7.42].例如，在交叉放置的偏振片之间放一块厚度为 l 的晶片并且激发出一列纵向形变的声驻波：

$$u = u_0 \cos Kz \cos \Omega t$$

其中，Ω 为声振动频率，$K = 2\pi/\Lambda$ 为波数，那么，晶体中存在下面的相位差：

$$\Gamma = (2\pi l/\lambda) n_0^3 pu$$

其中，p 为有效弹光系数，而检偏器输出的光强将为

$$I = \frac{I_0}{D}\int_{-D/2}^{D/2} \sin^2 \frac{\Gamma(z)}{2} \mathrm{d}z \tag{7.68}$$

这里，D 为光束的宽度，I_0 为输入光强.而且 $2D/\Lambda$ 一般选为整数，那么

$$I = \frac{I_0}{2}\left[1 - J_0\left(\frac{2\pi n_0^3}{\lambda} plu_0 \cos \Omega t\right)\right] \tag{7.69}$$

其中，J_0 为零级贝塞尔函数.这样，找到光在出射处将受到频率为 Ω 的偶谐函数的调制.弹性驻波已被激发的介质中，由于弹光效应，折射率随 $n = n_0 + \Delta n \cos Kz \cos \Omega t$ 的规律变化.

介质中，如果光束沿着垂直于折射率梯度的方向传播，它的偏离角度为 $\theta = l\,\mathrm{grad}n$，在驻波节点附近的窄光束，$\mathrm{grad}n \approx (2\pi \Delta n/\Lambda)\cos \Omega t$，并且最大的偏离角为 $\theta_{\max} = (4\pi l/\Lambda)\Delta n$.

如果光束的直径远大于声波长 Λ，受声波激发的介质表现为一个相位衍射光栅，在驻波的情况下光栅是固定的，或在行波中光栅以声速运动.因此，光束在光栅处被衍射.如果入射光波矢 $\boldsymbol{k}$ 方向上声柱的宽度 l 是小的，如图 7.26 所示，可以假设光束是直线穿过光栅.声驻波的前端从出射点到晶体 $x = l$ 处，作为衍射中的第二列波的波源可以用下面方程描述：

$$E = E_0 \exp[\mathrm{i}kl(n_0 + \Delta n \cos Kz \cos \Omega t)]$$

从衍射理论可得离开 $x = l$ 处的光电场是由下式给出：

$$E = \frac{b}{\lambda}\int_{-L/2}^{L/2} \exp(\mathrm{i}kz \sin\theta) E \mathrm{d}z$$

其中，b 和 L 为衍射光栅的横向尺寸，而 θ 为观测角.计算这个积分得到

$$E = E_0 \frac{bL}{\lambda} \mathrm{e}^{\mathrm{i}kl} \sum_{m=-\infty}^{\infty} (-\mathrm{i})^m \mathrm{J}_m (kl \Delta n \cos \Omega t)$$

$$\times \sin\left[\frac{\pi L}{\lambda}\left(\sin\theta - \frac{m\lambda}{\Lambda}\right)\right] / \frac{\pi L}{\lambda}\left(\sin\theta - \frac{m\lambda}{\Lambda}\right) \tag{7.70}$$

其中,J_m为m次贝塞尔函数.主衍射最大的方向由条件$\theta_m = m\lambda/\Lambda$决定.$m$级衍射最大强度正比于表达式$J_m^2(\Gamma_0\cos\Omega t)$,$\Gamma_0 = 2\pi l\Delta n/\lambda$.

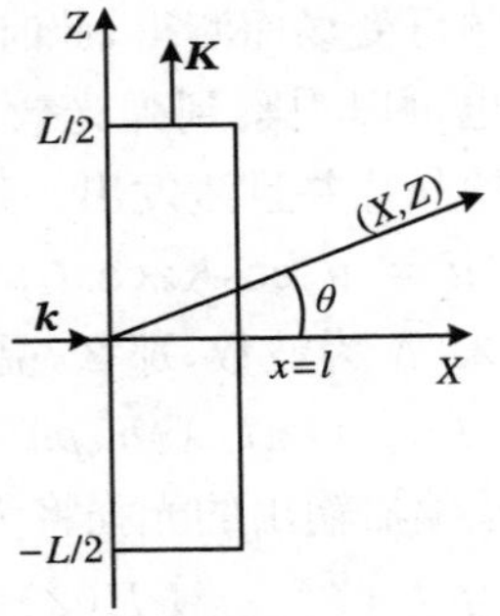

图7.26 超声波引起的光衍射[7.42]

对行波:

$$E = E_0\exp\{ikl[n_0 + \Delta n\cos(Kz - \Omega t)]\}$$

类似的计算得到的最大强度的方向与时间无关的$J_m^2(\Gamma_0)$的方向相同.最大频率由于多普勒效应而移动了$m\Omega$.在行波中$u^2 = 2P/S\rho v^3$,其中S为声柱的横截面积,ρ为介质密度,v为声速,P为声波功率.当Γ_0较小时,一级衍射最大值的强度为

$$I_0\ \frac{n^6 p^2}{\rho v^3}\ \frac{2\pi^2 l^2}{\lambda^2 S}P$$

因此,声光材料的效率就由量$M = n^6 p^2/\rho v^3$来表征.表7.11列出了部分材料的M值.

表7.11 部分声光晶体的特征[7.42]

材料	弹光系数 p_{ij}		n	ρ (g/cm³)	v (10^5 cm/s)	$M = n^6 p^2/\rho v^3$ (10^{18} s³/g)
1	2		3	4	5	6
熔融石英	$p_{11} = 0.121$ $p_{12} = 0.270$	$(p_{11} - p_{12})/2$ $= -0.075$	1.46	2.2	5.95	1.51
磷化镓 GaP	$p_{11} = -0.151$ $p_{12} = -0.082$	$p_{44} = -0.074$	3.31	4.13	6.32	44.6

续表

材料	弹光系数 p_{ij}		n	ρ (g/cm^3)	v (10^5 cm/s)	$M=n^6p^2/\rho v^3$ (10^{18} s^3/g)
1	2		3	4	5	6
金红石 TiO_2	$p_{11}=0.011$	$p_{13}=0.168$	2.6	4.24	7.86	3.93
	$p_{12}=0.172$	$p_{33}=0.058$				
	$p_{31}=0.096\,5$					
铌酸锂 $LiNbO_3$	$p_{31}=0.178$	$p_{41}=0.155$	2.20	4.7	6.57	6.99
	$p_{13}=0.092$	$p_{11}=0.036$				
	$p_{33}=0.088$	$p_{12}=0.072$				
钇铝石榴石 $Y_3Al_5O_{12}$	$p_{11}=-0.029$	$p_{44}=-0.061\,5$	1.83	4.2	8.53	0.012
	$p_{12}=0.009$					
钽酸锂 $LiTaO_3$	$p_{11}=p_{12}=0.080\,4$		2.18	7.45	6.19	1.37
	$p_{44}=0.022$	$p_{13}=0.094$				
	$p_{31}=0.086$	$p_{41}=0.024$				
	$p_{33}=0.150$	$p_{14}=0.031$				
硫化镉 CdS	$p_{11}=0.142$	$p_{31}=0.041$	2.44	4.82	4.17	12.1
	$p_{12}=-0.066$	$p_{11}=0.104$				
	$p_{44}=0.084$					
磷酸二氢钾 KDP	$p_{11}=0.251$	$p_{13}=0.246$	1.51	2.34	5.50	3.83
	$p_{12}=0.249$	$p_{33}=0.221$				
	$p_{31}=0.225$	$p_{66}=0.058$				
副黄碲矿 TeO_2	$p_{11}=0.007\,4$					
	$p_{12}=0.187$	$p_{33}=0.240$	2.41	5.99	0.62	1 200
	$p_{13}=0.340$	$p_{44}=-0.17$				
	$p_{31}=0.090$	$p_{66}=-0.046\,3$				

一般地，光声波引起的光衍射问题可以归结为解波动方程：

$$\nabla^2 E-\frac{1}{c^2}\frac{\partial^2}{\partial t^2}(\varepsilon E)=0 \tag{7.71}$$

方程考虑了在声波中介电常数 ε 和坐标与时间的关系.方程的解在本质上取决于 $Q=K^2L/k$ 的值.当 $Q\ll 1$(拉曼-纳斯区域)时，得到上述讨论的结果.相反，当 $Q\gg 1$ 时(在布拉格区域)时，除了零极大值和在 $\theta_{-1}(\sin\theta_{-1}=\lambda/2\Lambda)$ 观察到的峰以外，所有衍射峰的强度都低.这个布拉格角方向上的最大强度值为

$$I_{-1}=I_0\frac{\pi l^2\Delta n^2}{\lambda^2}\sin^2\left[\frac{\pi l\Delta n}{\lambda}\right]$$

除了这种一般的布拉格衍射外，晶体也可以出现入射波偏振平面改变的衍射（各向异性衍射）. 为了找到衍射峰的方向，应当记住，光对超声波的衍射可以用波矢为 $\boldsymbol{k}$ 的光子对波矢为 $\boldsymbol{K}$ 的声子的散射产生动量为 $\boldsymbol{k}'$ 的新的光量子来表示. 考虑光的振动频率 ω 远超过声频 Ω，并且利用能量和动量守恒定律，得到

$$-k\sin\vartheta' + K = k'\sin\vartheta', \quad k\cos\vartheta = k'\cos\vartheta'$$

其中，$k = nk_0$；$k' = n'k_0$；n，n' 为晶体中不同偏振的固有波的折射率. 从而有

$$\begin{aligned}\sin\vartheta &= \frac{\lambda}{2n\Lambda}\left[1 + \frac{\Lambda^2}{\lambda^2}(n^2 - n'^2)\right]\\ \sin\vartheta' &= \frac{\lambda}{2n'\Lambda}\left[1 - \frac{\Lambda^2}{\lambda^2}(n^2 - n'^2)\right]\end{aligned} \tag{7.72}$$

当 $n > n'$ 和 $\Lambda = \lambda/\sqrt{n^2 - n'^2} = V/\Omega^*$ 时，入射角 ϑ 为最小，而且衍射角 $\vartheta' = 0$，如图 7.27 所示. 在各向异性衍射中，最大和最小声频可能和 $\Lambda = \lambda/(n \mp n')$ 相应（$\vartheta = 90°$）. 有关双轴晶体弹性波的光散射的讨论参见文献[7.44].

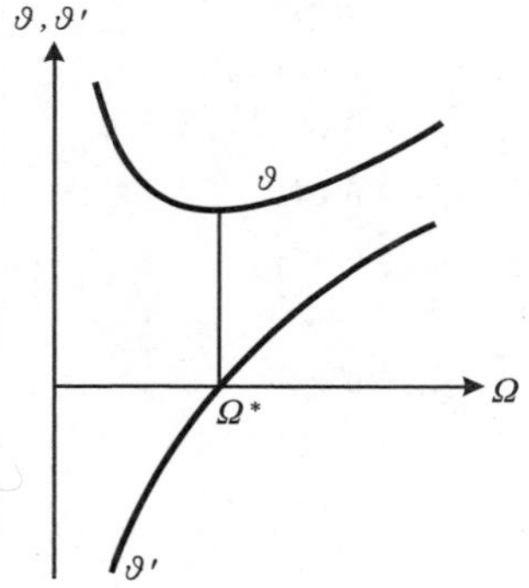

图 7.27　入射角 ϑ 和衍射角 ϑ' 与声频 Ω 的关系[7.42]

弹光现象在调制和控制光束，尤其是激光束的设备中有广泛的应用. 这种调制器的工作原理和电光调制器的是一样的，只不过相位差是在机械应力作用下产生的而不是在电场作用下产生的. 当使用弹光调制器时，调制器工作的有效频率变窄. 因此，这种调制器应用于窄带体系，如测距仪.

衍射调制器也被广泛应用，光在声波场中折射率的周期性变化形成的光栅中发生衍射.

7.10 晶体中的光散射

晶体中,光在形变涨落晶体中的散射是由热弹性波引起的(Mandel'shtam-Brillouin 散射),与液体和气体中的热散射相比,这种散射由于弹性和光学的各向异性而被复杂化[7.46-7.49].

用下式表示晶体中平面弹性波的位移矢量 $\boldsymbol{e}$:

$$\boldsymbol{e} = (\boldsymbol{A}/2)\{\exp[\mathrm{i}(\Omega t - \boldsymbol{Kr})] + \exp[-\mathrm{i}(\Omega t - \boldsymbol{Kr})]\}$$

其中,Ω 为频率,$\boldsymbol{K}$ 为弹性波的波矢,$\boldsymbol{A}$ 为波的振幅.以矢量 $\boldsymbol{K}$ 和 $\boldsymbol{A}$ 的余值 ξ_k 为坐标系,有 $\boldsymbol{K} = \boldsymbol{K}\kappa_k\xi_k$, $\boldsymbol{A} = \boldsymbol{A}\gamma_k\xi_k$.

根据弹性理论,可以得到由这种波引起的形变张量的分量:

$$u_{xx} = \frac{\partial e_x}{\partial x} = -\frac{1}{2}\mathrm{i}KA\kappa_x\gamma_x\{\exp[\mathrm{i}(\Omega t - \boldsymbol{Kr})] - \exp[-\mathrm{i}(\Omega t - \boldsymbol{Kr})]\}$$

$$u_{yy} = \frac{\partial e_y}{\partial y} = -\frac{1}{2}\mathrm{i}KA\kappa_y\gamma_y\{\exp[\mathrm{i}(\Omega t - \boldsymbol{Kr})] - \exp[-\mathrm{i}(\Omega t - \boldsymbol{Kr})]\}$$

$$\begin{aligned} u_{xy} &= \frac{1}{2}\left(\frac{\partial e_x}{\partial y} + \frac{\partial e_y}{\partial x}\right) \\ &= -\frac{1}{4}\mathrm{i}KA(\kappa_y\gamma_x + \kappa_x\gamma_y)\{\exp[\mathrm{i}(\Omega t - \boldsymbol{Kr})] - \exp[-\mathrm{i}(\Omega t - \boldsymbol{Kr})]\} \end{aligned} \tag{7.73}$$

晶体中的这些形变伴随有介电常数张量的改变,从弹光效应理论知道这个改变量等于

$$\begin{aligned} \varepsilon_{xx} - \varepsilon_{xx}^0 &= n^4(p_{11}u_{xx} + p_{12}u_{yy} + p_{13}u_{zz} + 2p_{14}u_{yz} + 2p_{15}u_{zx} + 2p_{16}u_{xy}) \\ \varepsilon_{xy} - \varepsilon_{xy}^0 &= n^4(p_{61}u_{xx} + p_{62}u_{yy} + p_{63}u_{zz} + 2p_{64}u_{yz} + 2p_{65}u_{zx} + 2p_{66}u_{xy}) \end{aligned} \tag{7.74}$$

其中,p_{rj} 为弹光系数.把弹性波中形变张量分量的这些值代入,得

$$\varepsilon_{ij} - \varepsilon_{ij}^0 = -\frac{1}{2}\mathrm{i}kAn^4\varphi_{ij}\{\exp[\mathrm{i}(\Omega t - \boldsymbol{Kr})] - \exp[-\mathrm{i}(\Omega t - \boldsymbol{Kr})]\} \tag{7.75}$$

其中,$\varphi_{ij} = p_{ijkl}\kappa_l\gamma_k$.

下面转到光在介电常量按式(7.75)变化的介质中传播问题的解.

假设不存在热波，麦克斯韦方程的解为 $\boldsymbol{E}^0,\boldsymbol{D}^0,\boldsymbol{H}^0$，其中 $\boldsymbol{D}^0=\{\varepsilon^0\}\boldsymbol{E}^0$. 假设散射波的场 $\boldsymbol{E}',\boldsymbol{H}'$ 和入射波的场 $\boldsymbol{E}^0,\boldsymbol{H}^0$ 相比较小，我们找到麦克斯韦方程组的解的形式为

$$\boldsymbol{E}=\boldsymbol{E}^0+\boldsymbol{E}',\quad \boldsymbol{H}=\boldsymbol{H}^0+\boldsymbol{H}'$$

那么，感应矢量

$$\begin{aligned}D_i&=\varepsilon_{ik}E_k=(\varepsilon_{ik}^0+\Delta\varepsilon_{ik})(E_k^0+E_k')\\&\approx\varepsilon_{ik}^0E_k^0+\varepsilon_{ik}^0E_k'+\Delta\varepsilon_{ik}E^0=D_i^0+D_i'+\Delta\varepsilon_{ik}E_k^0\end{aligned}\tag{7.76}$$

现在场 $\boldsymbol{E}',\boldsymbol{H}'$ 的方程就可以写成

$$\begin{aligned}&c\,\mathrm{curl}\,\boldsymbol{E}'=-\frac{\partial\boldsymbol{H}'}{\partial t},\quad c\,\mathrm{curl}\,\boldsymbol{H}'=-\frac{\partial\boldsymbol{D}'}{\partial t}+4\pi j\\&\mathrm{div}\boldsymbol{D}'=4\pi\rho,\quad \mathrm{div}\boldsymbol{H}=0\end{aligned}\tag{7.77}$$

其中

$$j_i=\frac{1}{4\pi}\frac{\partial}{\partial t}\Delta\varepsilon_{ik}E_k^0,\quad \rho=-\frac{1}{4\pi}\mathrm{div}(\{\Delta\varepsilon\}\boldsymbol{E}^0),\quad \boldsymbol{D}'=\{\varepsilon^0\}\boldsymbol{E}'\tag{7.78}$$

因此，问题简化为由式(7.78)确定的带电流和电量的介质的麦克斯韦方程组的解. 将只给出由 Ginzburg[7.50] 得到的最终解. 首先，在这里，它和各向同性介质的情况一样，散射波的波矢和频率满足条件：

$$\boldsymbol{k}-\boldsymbol{k}_0=\pm\boldsymbol{K}\tag{7.79a}$$

$$\omega-\omega_0=\pm\Omega\tag{7.79b}$$

其中，$\boldsymbol{k}_0,\omega_0$ 和 $\boldsymbol{k},\omega$ 分别为入射波和散射波的波矢和频率.

各向异性晶体中，对某固定方向一般存在偏振不同的两列光波；相应地，对入射波有

$$\boldsymbol{E}^0=B\boldsymbol{\beta}^j\exp[\mathrm{i}(\omega t-\boldsymbol{k}_0^j\boldsymbol{r})]\tag{7.80}$$

其中，$\boldsymbol{\beta}^j$ 为矢量 $\boldsymbol{E}^0$ 的振动方向的单位矢量；在散射波中，相应的余值将用 $\boldsymbol{\alpha}^i$ 来表示. 对散射波的乌莫夫-坡印廷能流矢量的法向分量，得到下面表达式(假设 $\Omega\ll\omega$)：

$$S_n\approx\frac{V}{R^2}\frac{\omega^4}{64\pi^3c^3}n^8\frac{n^i}{\cos^2\theta^i}\frac{K^2A^2}{2}B^2(\varphi_{lm}\alpha_l^i\beta_m^j)^2\tag{7.81}$$

其中，V 为散射体积，R 为到观察点的距离，而 θ^i 为散射波的矢量 $\boldsymbol{E}$ 和 $\boldsymbol{D}$ 的夹角. 显然，$K^2/(\rho\Omega^2)$ 和晶体的弹性常量及密度 ρ 有关，而 $\rho\Omega^2A^2/2$ 为弹性热波的动能，后者可以等于 kT. 由于对入射波而言：

$$S_{n_0}=\frac{c}{4\pi}n_0^j\cos^2\theta_0^jB^2$$

最后得到散射波的相对强度[7.49]：

$$S_n = \frac{V}{R^2}\frac{\omega^4}{c^4}\frac{n^8}{16\pi^2}\frac{n^i}{n_0^j}\frac{1}{\cos^2\theta^i\cos^2\theta_0^j}\frac{K^2}{\rho\Omega^2}kT\,(\varphi_{lm}\alpha_l^i\beta_m^j)^2 S_{n_0} \tag{7.82}$$

在光学各向异性晶体中,对每个给定的散射几何(固定方向的$\boldsymbol{k}_0^j$与$\boldsymbol{k}^j$),$\boldsymbol{K}^{ij}$的4个不同矢量一般满足式(7.79a),各个矢量都和两个入射和两个散射线性偏振波的4个可能组合之一相对应.图7.28为与入射波方向成90°角观察到可能的散射情况.而且,弹性波的每个波矢方向一般和晶体中偏振和速度都不同的三列波相应:一列纵波和两列横波.根据式(7.79b),这些波中的每一列将在散射光中改变频率,因此,将观察到晶体中由12列长波和12列短波伴线构成的瑞利散射的精细结构,以及一条没有位移的线[7.51].对图7.28所示的散射几何,线条的位移由下式确定:

$$|\boldsymbol{K}| = \frac{2\pi}{\lambda}\sqrt{(n_0^j)^2 + (n^i)^2} \tag{7.83}$$

因而频率的变化将等于

$$\Omega = \frac{2\pi\nu}{\Lambda} = \omega\frac{v}{c}\sqrt{(n_0^j)^2 + (n^i)^2} \tag{7.84}$$

其中,v为相应声波的速度,Λ为声波波长.分离一般为1 cm^{-1}的数量级,可以用高分辨光谱实验探测,比如,利用法布里-珀罗参考标尺测量.

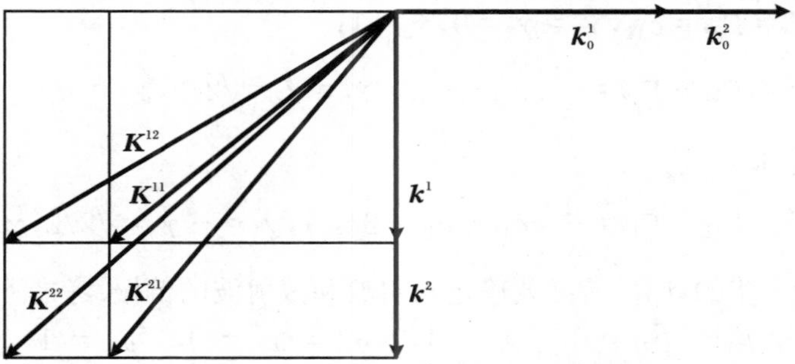

图7.28 在光学各向异性晶体的90°散射几何的光散射中表现出来的弹性波波矢量$\boldsymbol{K}^{ij}$的可能值

$\boldsymbol{k}_0^j$和$\boldsymbol{k}^i$分别为入射光和散射光的波矢,每一对$\boldsymbol{k}_0^j$和$\boldsymbol{k}^i$有一个确定的$\boldsymbol{K}^{ij}$值相应

为了利用式(7.82)计算Mandel'shtam-Brillouin分量的强度,有必要测定相关弹性波的速度v和偏振量γ_k以及知道弹光系数.作为例子,我们将对$\bar{4}3m$,432和$m3$晶类立方晶体做如下计算.

建立确定弹性波速度和偏振的方程:

$$(\Gamma_{ik} - \rho v^2 \delta_{ik})\gamma_k = 0 \tag{7.85}$$

其中系数 Γ_{ik} 由下列式子决定：

$$\begin{aligned}
\Gamma_{11} &= c_{11}\kappa_2^2 + c_{44}\kappa_2^2 + c_{44}\kappa_3^2, \quad \Gamma_{23} = (c_{12} + c_{44})\kappa_2 h_3' \\
\Gamma_{22} &= c_{44}\kappa_1^2 + c_{11}\kappa_2^2 + c_{44}\kappa_3^2, \quad \Gamma_{31} = (c_{12} + c_{44})\kappa_3 h_1' \\
\Gamma_{33} &= c_{44}\kappa_1^2 + c_{44}\kappa_2^2 + c_{11}\kappa_3^2, \quad \Gamma_{12} = (c_{12} + c_{44})\kappa_1 h_2'
\end{aligned} \tag{7.86}$$

张量 φ_{ik} 的分量有如下形式：

$$\begin{aligned}
\varphi_{11} &= p_{11}\kappa_1\gamma_1 + p_{12}\kappa_2\gamma_2 + p_{12}\kappa_3\gamma_3, \quad \varphi_{23} = p_{44}(\kappa_3\gamma_2 + \kappa_2\gamma_3) \\
\varphi_{12} &= p_{12}\kappa_1\gamma_1 + p_{11}\kappa_2\gamma_2 + p_{12}\kappa_3\gamma_3, \quad \varphi_{31} = p_{44}(\kappa_1\gamma_3 + \kappa_3\gamma_1) \\
\varphi_{33} &= p_{12}\kappa_1\gamma_1 + p_{12}\kappa_2\gamma_2 + p_{11}\kappa_3\gamma_3, \quad \varphi_{12} = p_{44}(\kappa_2\gamma_1 + \kappa_1\gamma_2)
\end{aligned}$$

现在，考虑下面的散射几何．让光沿着 X 方向上的立方体的一条边照射．选择散射方向为 Y 轴．那么，光和弹性波的波矢的分量将等于 $\boldsymbol{k}_0(k_0, 0, 0)$，$\boldsymbol{k}(0, k_0, 0)$，$\boldsymbol{K}(-k_0, k_0, 0)$ 和 $\kappa_1 = -\sqrt{2}/2, \kappa_2 = \sqrt{2}/2, \kappa_3 = 0$．式(7.85)中的系数 Γ_{ik} 具有形式：$\Gamma_{11} = \Gamma_{12} = \dfrac{1}{2}(c_{11} + c_{44})$，$\Gamma_{33} = c_{44}$，$\Gamma_{23} = \Gamma_{31} = 0$，$\Gamma_{12} = -\dfrac{1}{2}(c_{12} + c_{44})$．利用方程组(7.85)，得到：

对横波，有

(1) $\rho v^2 = \Gamma_{33} = c_{44}, \gamma_1 = \gamma_2 = 0, \gamma_3 = 1$；

(2) $\rho v^2 = \Gamma_{11} + \Gamma_{12} = \dfrac{1}{2}(c_{11} - c_{12}), \gamma_1 = \gamma_2 = \sqrt{2}/2, \gamma_3 = 0$.

对纵波，有

(3) $\rho v^2 = \Gamma_{11} - \Gamma_{12} = \dfrac{1}{2}(c_{11} + c_{12} + 2c_{44}), \gamma_1 = -\gamma_2 = \sqrt{2}/2, \gamma_3 = 0$.

为做进一步的计算，有必要确定入射波和散射波的偏振．考虑下面的例子：

$$\beta_1 = \beta_2 = 0, \quad \beta_3 = 1, \quad \alpha_1 = \alpha_2 = 0, \quad \alpha_3 = 1$$

然后计算张量 φ_{ik} 的分量并且代入式(7.82)，得到：只有纵波的散射光强不为零，并且由下式确定：

$$S_n = \frac{V}{R^2}\frac{\omega^4}{c^4}\frac{n^8}{16\pi^2}kT\frac{p_{12}^2}{\frac{1}{2}(c_{11} + c_{12} + 2c_{44})}S_{n_0} \tag{7.87}$$

对其他情况，计算方法是相同的．

表 7.12 列出了计算结果．正如我们所见，散射分量的强度本质上取决于散射几何．

表 7.12 立方晶体($\bar{4}3m$,432,$m3$)的 Mandel'shtam-Brillouin 分量的强度与入射波和散射波相对于散射平面的偏振方向的关系

弹性波的特性	$E_{\perp}^{\text{inc}}$		$E_{//}^{\text{inc}}$	
	$E_{\perp}^{\text{sc}}$	$E_{//}^{\text{sc}}$	$E_{\perp}^{\text{sc}}$	$E_{//}^{\text{sc}}$
具有该振动方向的横波				
垂直于散射平面 $\Omega_1 = K\ (c_{44}/\rho)^{1/2}$	0	$\frac{1}{2}\frac{p_{44}^2}{c_{44}}$	$\frac{1}{2}\frac{p_{44}^2}{c_{44}}$	0
平行于散射平面 $\Omega_2 = K\left(\frac{c_{11}-c_{12}}{2\rho}\right)^{1/2}$	0	0	0	0
纵波 $\Omega_3 = K\left(\frac{c_{11}+c_{12}+2c_{44}}{2\rho}\right)^{1/2}$	$\frac{2p_{12}^2}{c_{11}+c_{12}+2c_{44}}$	0	0	$\frac{2p_{44}^2}{c_{11}+c_{12}+2c_{44}}$

由于声波,在推导介电常量变化的张量分量表达式(7.75)时,仅考虑了形变张量的对称部分,这部分描述了形变的伸缩和切变,因此,弹光张量满足条件 $p_{ij(kl)} = p_{ij(lk)}$,也就是 $p_{ij(kl)}$ 是相对于置换声波脚标(kl)对称的张量.但是,晶体中的弹性波也产生另一类形变,这种形变表现在晶体体积元的旋转(即形变本质上是非均匀的,非均匀参数为 Λ)并由形变张量反对称部分描述①.在光学各向异性晶体中,这种类型的形变引起了介电常量张量分量的附加变化,而且弹光系数张量的相应部分相对于置换声波脚标是反对称的,即 $p_{ij(kl)} = -p_{ij(lk)}$,其分量完全由晶体的光学各向异性决定.因此,由弹性波引起的介电常量的全部改变是形变张量的对称部分和反对称部分的贡献之和.这是由 Nelson和 Lax[7.52]首先提出的.把这一因素加以考虑改变了散射系数和选择规则.事实上,这种改变已经在实验中探测到[7.52-7.54].

① 众所周知,在均匀形变中,形变张量的反对称部分描述整个晶体的旋转.

7.11 晶体的非线性光学性质

在线性光学中,假设介电常量 ε 和磁化率 κ 与在介质中传播的电磁波强度是无关的,因而认为极化矢量 $\boldsymbol{P}$ 和场强 $\boldsymbol{E}$ 的关系是线性的.在使用低功率光束的实验中,波的电场强度和原子间的电场相比较小时,这种假设是相当适合的.事实上,利用产生强度为1~10 W/cm^{2}的普通光源可以获得0.1~10 V/cm的光场强,但原子间场强的数量级为 $e/r_0^2 \approx 10^9$ V/cm(r_0为电子轨道的特征半径,约为10^{-8} cm).强度为10^{10} W/cm^{2}的激光源场中,场强为 $E \approx 10^9$ V/cm,和原子间的场强相比不可以忽略,而必须加以考虑.这里,必须引入 $\boldsymbol{P}$ 和 $\boldsymbol{E}$ 之间关系正比于E 的幂的附加项,对均匀介质的情形:

$$P = \kappa E + \chi E^2 + \theta E^3 \tag{7.88}$$

从线性关系 $P = \kappa E$ 转变到非线性关系导致新的定性现象,非线性光学研究这些现象[7.55].此时,在入射简谐平面波

$$E = A_1 \sin(\omega t - k_1 z)$$

的作用下,除了频率为 ω 的寻常波外,还出现倍频偏振波:

$$P^{(2\omega)} = A_1^2 \chi^{(2\omega)} \sin(2\omega t - 2k_1 z)$$

它激发介质中频率为 2ω 的电磁波E_2.

由麦克斯韦方程

$$\mathrm{curl}\boldsymbol{H} = \frac{1}{c}\frac{\partial \boldsymbol{D}}{\partial t}, \quad \mathrm{curl}\boldsymbol{E} = -\frac{1}{c}\frac{\partial \boldsymbol{H}}{\partial t}$$

和关系式 $\varepsilon(2\omega) = 1 + 4\pi\kappa(2\omega)$,得到波动方程:

$$\frac{\partial^2 E_2}{\partial z^2} + \frac{\varepsilon(2\omega)}{c^2}\frac{\partial^2 E_2}{\partial t^2} = -\frac{4\pi}{c^2}\frac{\partial^2 P^{(2\omega)}}{\partial t^2} \tag{7.89}$$

对强制波,得到

$$E_2 = \frac{4\pi\chi^{(2\omega)} A_1^2 4\omega^2/c^2}{4k_1^2 - k_2^2}\sin(2\omega t - 2k_1 z) \tag{7.90}$$

其中,$k_2 = (2\omega/c)\sqrt{\varepsilon(2\omega)}$.

因此,在非线性介质中,可以通过偏振波从主辐照中获取能量而产生**二次谐波**.能量有效地传递的条件是各波的相位差 $\Delta\varphi = l(k_2 - k_1)$保持小于 $\pi/2$(l 是积累的距离),即对相干长度 $l_{\mathrm{coh}} = \lambda_0/4(n_2 - n_1)$的积累,其中 n_2为二次

谐波的折射率，n_1 为主频波的折射率. 由于在光学范围（$n_2 - n_1 \approx 10^{-3} \sim 10^{-2}$）内的强烈色散，相干长度一般是小的，$l_{coh} \approx 10^{-3}$ cm.

非线性光学中还有另一些已知的效应，如三次谐波的产生和探测、介质折射率的改变和非线性反射[7.56]等.

在非线性光学晶体中，必须要推广耦合方程和写出二次极化项：

$$P_i^{(nl)} = \chi_{ikl} E_k E_l \tag{7.91}$$

其中，$P_i^{(nl)}$ 的上标 nl 为非线性（译者注）；χ_{ikl} 为**非线性极化率张量**，是置换后面的两脚标时对称的张量并且和压电系数张量的对称性相似. 在第 3 章中已给出不同晶类晶体的这种张量的形式，部分晶体的张量 χ_{ikl} 分量的值列在表 7.13 中. 非线性极化色散的经典理论是以电子的振动作为非简谐振子考虑为基础的，说明了在弱色散范围内可以假设张量 χ_{ikl} 在置换所有 3 个脚标时是对称的[7.57].

区别于各向同性介质，在正常的色散范围 $n(2\omega) > n(\omega)$，晶体中同步非线性效应可能伴随有不同偏振波的传播. 因此，非线性介质中，在两列频率为 ω 的平面电磁波传播过程中，由于二次极化项产生一列频率为 2ω 并且有确定偏振的波. 在基础频率的寻常波和异常波的相互作用（oe→e 相互作用）过程中，二次谐波形成的条件或矢量同步的条件可以写成：

$$n^e(\omega) + n^o(\omega) = 2n^e(2\omega)$$

在两列寻常波的相互作用（oo→e 相互作用：$n^o(\omega) = n^e(2\omega)$）过程中，相似的矢量同步是可能的. 二次谐波的传播方向和光轴成 θ_0 角并且由初始波波矢之和确定，如图 7.29 所示. 角度 θ_0 称为**同步角**.

表 7.13 部分晶体的非线性磁化率 χ_{ikl} 系数①[7.22]

晶体	对称性	系数 χ_{ikl}	
		$\lambda = 0.69\ \mu m$	$\lambda = 1.06\ \mu m$
磷酸二氢钾 KH_2PO_4	$\bar{4}2m$	$\chi_{36} = 1.00$	$\chi_{36} = 1.00$
		$\chi_{14} = 0.95$	$\chi_{14} = 1.01$
磷酸二氢铵 $NH_4H_2PO_4$	$\bar{4}2m$	$\chi_{36} = 0.93$	$\chi_{14} = 0.89$
砷化镓 GaAs	$\bar{4}3m$	$\chi_{14} = 490$	$\chi_{14} = 580$
铌酸锂 $LiNbO_3$	$3m$	$\chi_{22} = 6.3$	$\chi_{33} = 83$
		$\chi_{31} = 11.9(\lambda = 1.15\ \mu m)$	
钛酸钡 $BaTiO_3$	$4mm$	$\chi_{15} = 35$	$\chi_{14} = 37$
		$\chi_{33} = 14$	

① 采用的单位是磷酸二氢钾的极化率 χ_{36}，等于 6×10^{-9} CGSE 单位.

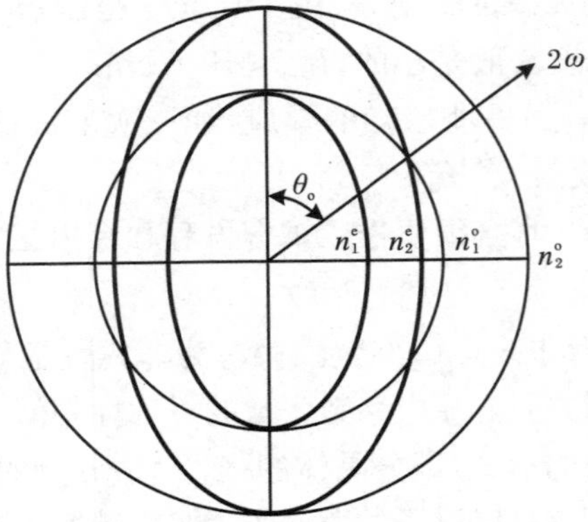

图 7.29 单轴负晶体中的同步条件

在单轴负晶体中，在主折射率和双折射率的色散伴随有 $n_1^o<n_2^o$，$n_1^e<n_2^e$ 之外，发现 $n_1^o>n_2^e$，对晶体中和光轴成同步角 θ_0 的圆锥方向，同步条件 $n_1^o=n_2^e(\theta_0)$ 成立，同步角 θ_0 由下式确定：

$$\arctan\theta_0 = \left\{\frac{(n_2^e)^2[(n_2^o)^2-(n_1^o)^2]}{(n_2^o)^2[(n_1^o)^2-(n_2^e)^2]}\right\}^{1/2}$$

脚标 1 和频率 ω 对应，脚标 2 和频率 2ω 对应. 下面，作为例子计算二次谐波的振幅.

假设波矢为 $\boldsymbol{k}_1$ 的寻常波在非线性晶体中传播的主平面（含晶体光轴 z 和波矢 k_1）的方位角为 φ，如图 7.30 所示. 那么，波的电场场强的余值将有分量 $e_{1x}^o=\sin\varphi$，$e_{1y}^o=-\cos\varphi$，$e_{1z}^o=0$. 二次谐波偏振波矢量的分量

$$P_x^{(2\omega)} = \chi_{xyz}^{(2\omega)}e_{1y}^o e_{1z}^o = 0$$

$$P_y^{(2\omega)} = \chi_{yxz}^{(2\omega)}e_{1x}^o e_{1z}^o = 0$$

$$P_z^{(2\omega)} = \chi_{zyx}^{(2\omega)}e_{1y}^o e_{1x}^o = -(\chi_{zyx}^{(2\omega)}/2)\sin2\varphi$$

这表明二次谐波异常波将在晶体中传播，其矢量的余值为 e_2，而振幅 E_2 正比于 $\frac{1}{2}\chi_{zyx}^{(2\omega)}\sin2\varphi\sin\theta$.

同步条件的成立确保了大的相干长度，从而确保了频率转变的高效率. 在正晶体中，提供 $n_1^e>n_2^o$ 的 ee→o 相互作用，同步条件也可以成立.

当辐照不是单一波而是一组平面波(其波矢形成一发散光束时)时，在晶体中产生二次谐波的过程中出现获得累积效应的额外可能性. 此时，不仅仅在某一方向上而是在二维相互作用下满足同步条件. 事实上，假设我们处理单轴负

晶体,其波矢面的截面见图 7.31.由图可见,恰当选取波矢为 $\boldsymbol{k}^{1o}$ 和 $\boldsymbol{k}^{2o}$ 的基本辐照波,即可产生与这些波同步且保持 $\boldsymbol{k}_1^{1o}+\boldsymbol{k}_1^{2o}=\boldsymbol{k}_2^{e}$ 的二次谐波 $\boldsymbol{k}_2^{e}$ 的辐照(这里的 $\boldsymbol{k}$ 即图 7.31 中的 $\boldsymbol{n}$——译者注)[7.58].

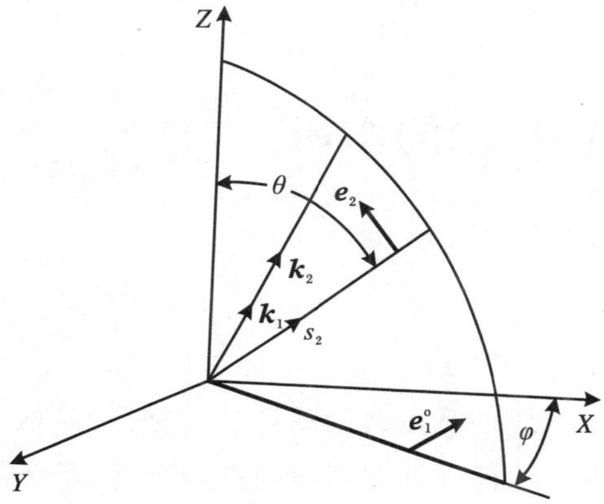

图 7.30 在 oo→e 相互作用中二次谐波的产生

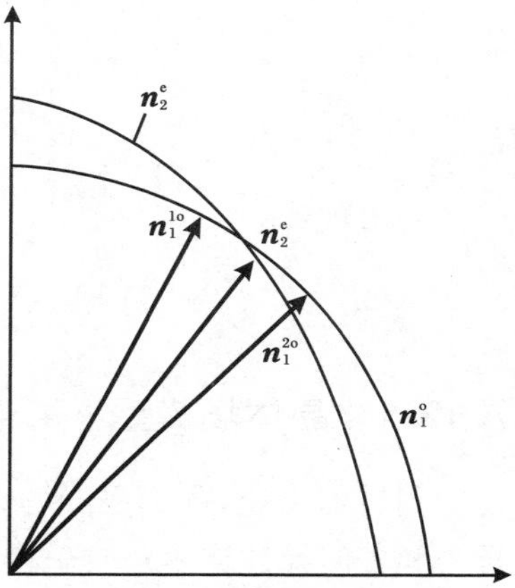

图 7.31 晶体中的二维同步

利用晶体的非线性光学性质,不仅能把激光辐照转变为另一种固定频率的谐波,还实现了辐照频率的平滑改变.

假设频率为 ω_H、波矢为 $\boldsymbol{k}_H$ 的大功率抽运波和两列波矢分别为 $\boldsymbol{k}_1$ 和 $\boldsymbol{k}_2$、频率为 ω_1 和 ω_2 并满足条件 $\omega_1+\omega_2=\omega_H$ 的弱波同时照射到非线性二次型介质上.那么非线性极化导致频率为 ω_H 和 ω_2 的波的相互作用,再辐照频率为 ω_1 的波,以及由频率为 ω_H 和 ω_1 的波的相互作用引起频率为 ω_2 的辐照.这里的同步条件是 $k_H-k_2=k_1$.如果满足这一条件,抽运波的能量被转化为频率分别为 ω_H 和 ω_2 的波.因此,如果放置一块非线性晶体到光学共振腔中,即放置在反射频率分别为 ω_1 和 ω_2 的光的反光镜之间,当抽运功率足够高时,则会在共振腔中产生频率为 ω_1 和 ω_2 的波.

满足同步条件的频率取决于晶体中相互作用的波的方向,并且能够随晶体取向的改变而光滑变化.这种光发生器称为参变发生器.

除了在非线性极化展开式中的二次项,还可能考虑立方项:

$$P_i^{(\mathrm{nl})}=\theta_{iklm}E_kE_lE_m \tag{7.92}$$

其中,θ_{iklm} 是相对于置换后 3 个脚标对称的四阶张量.和式(7.91)的二次项一样,低色散时,该张量可以认为是相对于置换所有 4 个脚标对称的.因此,在无对称中心晶体中,电磁波复杂的非线性相互作用是可能的.关于同步相互作用的可能性和测定晶体粉末非线性值的论文有 Kurtz 和 Perry[7.59] 等重要的文献.这一方法提供了晶体对称性的信息并且使得我们能够选择适当材料应用于非线性谱学以及非线性光学仪器和设备[7.60].

7.12 晶体场理论的本质

7.12.1 晶体场模型

到目前为止,我们已经考虑了光学现象中晶体各向异性的表现,当晶体的行为和各向异性连续介质一样时,晶体的所有点具有相同的点对称性.晶体间断的各向异性结构使晶格位置具有不同对称性,其对称性由空间对称性描述,在晶体光学性质中也发现了它的反映.在这当中,有以过渡元素铁和稀土族元素离子为掺和物的晶体的吸收和发光的分光特征.注意,区别于各向同性介质,晶体具有起主导作用的单一类型的光活性中心.

在解释杂质晶体的光谱时,有必要描述填隙离子和晶格离子的相互作用.以含有不满 d 或 f 壳层的元素为杂质的离子晶体中的这种相互作用,可以认为是由周围离子感应的某等效静电场对填隙原子的电子能级的作用.这个模型是晶体场理论的基础.

当前晶体场理论的主要前提是:

(1) 在被激发的晶体中,有可能选出一个离子+介质的复合体(配位体),其性质决定晶体的基本光学和磁学特性.

(2) 在考虑激发离子和介质的相互作用时,它们的波函数的重叠效应可以忽略.周围离子的作用在于感应出一定对称性的有效静电场、干扰杂质离子的态.

(3) 假设环境的微扰作用对受激和未受激杂质离子的态来说是等同的.为此,要忽略填隙原子对环境的作用.

根据晶体场模型[7.61],晶体介质对填隙离子电子能级的作用可以认为是由静电场引发的晶体内的斯塔克效应,静电场的对称性取决于在晶格中离子的位置[7.62].在这个模型的构架中,在适当考虑基本相互作用后,包含 N 个电子的杂质原子的哈密顿量可以写成

$$H = H_0 + V_{ee} + V_{cr} + V_{so} \tag{7.93}$$

其中，$H_0=\sum_j[(p_j^2/2m)+U(r_j)]$为在中心场近似时的离子能量算符，$V_{ee}$为离子电子的库仑静电相互作用能，$V_{cr}$为晶体场中电子的势能，$V_{so}$是自旋轨道相互作用能.

如果考虑仅限于基本组态内的跃迁，可以忽略被H_0包含的闭合离子壳层的作用而只考虑未充满壳层 d 电子的体系.现在的任务是找出在微扰 $V_{ee}+V_{cr}+V_{so}$作用下给定组态的能级分裂.取决于这些能量的平均值之比，在应用微扰论时有3种不同的情况：弱晶体场近似 $V_{ee}\gg V_{so}\gg V_{cr}$，平均场近似 $V_{ee}\gg V_{cr}\gg V_{so}$和强场近似 $V_{cr}\gg V_{ee}\gg V_{so}$.特别地，对铁族离子 $V_{ee}\approx 10^{-5}\sim 10^6\ \mathrm{cm}^{-1}$，$V_{cr}\approx 10^2\sim 10^5\mathrm{cm}^{-1}$和 $V_{so}\approx 10^2\ \mathrm{cm}^{-1}$，因此，这里应用平均场和强场近似更为方便，而对稀土则应用弱场近似更现实.

计算晶体内场的电势时[7.63]，通常可以使用点模型，在该模型中用相应结构的多面体顶点的电荷代替配位体.这一模型正确地反映了问题的主要特征，即晶体场的对称性，并且考虑了最强的静电配位体场对杂质离子的作用.作为例子，我们考虑八面体环境中电场电势的计算.

选取杂质离子中心为原点.那么，周围环境的6个离子坐标分别为$(a,0,0)$，$(-a,0,0)$，$(0,a,0)$，$(0,-a,0)$，$(0,0,a)$，$(0,0,-a)$.

电场在径矢为$\boldsymbol{r}(x,y,z)$的点的库仑电势写成$\sum\frac{q}{|\boldsymbol{R}_j-\boldsymbol{r}|}=V_x+V_y+V_z$，其中，$\boldsymbol{R}_j$为带电量为$q$的配位体的径矢，$V_x=q[(r^2+a^2-2ax)^{-1/2}+(r^2+a^2+2ax)^{-1/2}]$，$V_y$和$V_z$的表达式也是类似的.由于我们对八面体中心附近的电势感兴趣，可以假设$r<a$，那么，把电势展开为比值$X=2ax/A$，$Y=2ay/A$和$Z=2az/A$（其中$A=(r^2+a^2)^{1/2}$）的幂的泰勒展开式，取到6次项，得到

$$V(xyz)=\frac{q}{A^{\frac{1}{2}}}\Big[6+\frac{3}{4}(X^2+Y^2+Z^2)+\frac{35}{64}(X^4+Y^4+Z^4)\Big]+\frac{693}{64\cdot 24}(X^6+Y^6+Z^6)$$

回复到变量x,y,z，得到在笛卡儿坐标系中八面体环境的电势：

$$V(xyz)=\frac{6q}{a}+\frac{35q}{4a^5}\left(x^4+y^4+z^4-\frac{3}{5}r^4\right)-\frac{21q}{2a^7}\Big[(x^6+y^6+z^6)+\frac{15}{4}(x^2y^4+z^4x^2+y^2z^4+z^2x^4+z^2y^4)-\frac{15}{14}r^6\Big]$$

$$= \frac{6q}{a} + \frac{7q}{16a^5}(P_4^0 + 5P_4^4)$$

其中，P_n^m 为齐次多项式，见表 7.14.

利用微扰论对在这样的场中的离子能级进行计算，并且用表示为球函数 $Y_l^m(\theta,\varphi)$ 的自由离子波函数来计算微扰算符 $V(x,y,z)$ 的矩阵元. 为此，电势 $V(x,y,z)$ 也可以方便地用相同的球函数表示，见表 7.15. 对 $R > r$，利用表达式 $\frac{1}{|\boldsymbol{R}_j - \boldsymbol{r}|} = \sum_{n=0}^{\infty} \frac{r^n}{R_j^{n+1}} P_n(\cos\omega_j)$（其中 ω_j 为矢量 $\boldsymbol{R}_j$ 和 $\boldsymbol{r}$ 之间的夹角）以及勒让德多项式的附加定理：

$$P_n(\cos\omega_j) = \frac{4\pi}{2n+1} \sum_{m=-n}^{n} (-1)^m Y_n^{-m}(\theta_j,\varphi_j) Y_n^M(\theta,\varphi)$$

得到球坐标中的电势 $V(r,\theta,\varphi)$：

$$V(r,\theta,\varphi) = \sum_n \sum_{m=-n}^{n} r^n B_n^m Y_n^m(\theta,\varphi) \tag{7.94}$$

表达式的系数由下面方程决定：

$$B_n^m = \sum_j \frac{4\pi}{2n+1} \frac{q_j}{R_j^{n+1}} (-1)^n Y_n^{-m}(\theta_j,\varphi_j) \tag{7.95}$$

特别地，对考虑的八面体环境，利用球函数的显式做直接计算，并且只取到球谐波的六次项，得到

$$V(r,\theta,\varphi) = D_4\left[Y_4^0 + \left(\frac{5}{14}\right)^{\frac{1}{2}}(Y_4^4 + Y_4^{-4})\right] + D_6\left[Y_6^0 - \left(\frac{7}{2}\right)^{\frac{1}{2}}(Y_6^4 + Y_6^{-4})\right] \tag{7.96}$$

其中

$$D_4 = \frac{7\sqrt{\pi}}{3}\frac{q}{d^5}r^4,\quad D_6 = \frac{3}{2}\left(\frac{\pi}{13}\right)^{\frac{1}{2}}\frac{q}{d^7}r^6$$

d 为中心离子到配位体离子的间距.

表 7.14　晶体场电势表达式中的 P_n 和 A_n 的值[7.64]

$V = \sum_{n,m>0} A_n^m P_n^m(x,y,z)$	
$P_2^0 = 3z^2 - r^2$	$P_2^2 = x^2 - y^2$
$P_4^0 = 35z^4 - 30r^2z^2 + 3r^4$	$P_4^2 = (7z^2 - r^2)(x^2 - y^2)$
$P_4^3 = xz(x^2 - 3y^2)$	$P_4^4 = x^4 - 6x^2y^2 + y^4$
$P_6^0 = 231z^6 - 315r^2z^4 + 105r^4z^2 - 5r^6$	$P_6^3 = (11z^2 - 3r^2)(x^2 - 3y^2)xz$
$P_6^4 = (11z^2 - r^2)(x^4 - 6x^2y^2 + y^4)$	$P_6^6 = x^6 - 15x^4y^2 + 15x^2y^4 - y^6$

续表

$V = \sum_{n}\sum_{m=-n}^{n} r^n B_n^m Y_n^m(\theta,\varphi)$, $P_n^m \sim r^n(Y_n^m + Y_n^{m*})$	
$A_2^0 = \frac{1}{\sqrt{2\pi}}\sqrt{\frac{5}{8}}B_2^0$	$A_2^2 = \frac{1}{\sqrt{2\pi}}\sqrt{\frac{15}{4}}B_2^2$
$A_4^0 = \frac{1}{\sqrt{2\pi}}\frac{3\sqrt{2}}{16}B_4^0$	$A_4^2 = \frac{1}{\sqrt{2\pi}}\frac{3\sqrt{5}}{4}B_4^2$
$A_4^3 = \frac{1}{\sqrt{2\pi}}\frac{3\sqrt{70}}{4}B_4^3$	$A_4^4 = \frac{1}{\sqrt{2\pi}}\frac{3\sqrt{35}}{8}B_4^4$
$A_6^0 = \frac{1}{\sqrt{2\pi}}\frac{\sqrt{26}}{32}B_6^0$	$A_6^3 = \frac{1}{\sqrt{2\pi}}\frac{\sqrt{26\cdot 105}}{16}B_6^3$
$A_6^4 = \frac{1}{\sqrt{2\pi}}\frac{3\sqrt{13\cdot 28}}{32}B_6^4$	$A_6^6 = \frac{1}{\sqrt{2\pi}}\frac{\sqrt{13\cdot 21\cdot 22}}{32}B_6^6$

表 7.15 直角坐标中的球谐波(Condon-Shortley 相[7.65,7.66])

$$Y_0^0 = \sqrt{\frac{1}{4\pi}}$$

$$Y_1^{-1} = \sqrt{\frac{3}{8\pi}}\frac{x-\mathrm{i}y}{r},\quad Y_1^0 = \sqrt{\frac{3}{4\pi}}\frac{z}{r},\quad Y_1^1 = -\sqrt{\frac{3}{8\pi}}\frac{x+\mathrm{i}y}{r}$$

$$Y_2^{-2} = \sqrt{\frac{5}{4\pi}}\sqrt{\frac{3}{8}}\frac{(x-\mathrm{i}y)^2}{r^2},\quad Y_2^{-1} = \sqrt{\frac{5}{4\pi}}\sqrt{\frac{3}{2}}\frac{z(x-\mathrm{i}y)}{r^2}$$

$$Y_2^0 = \sqrt{\frac{5}{4\pi}}\sqrt{\frac{1}{4}}\frac{3z^2-r^2}{r^2},\quad Y_2^1 = -\sqrt{\frac{5}{4\pi}}\sqrt{\frac{3}{2}}\frac{z(x-\mathrm{i}y)}{r^2}$$

$$Y_2^2 = \sqrt{\frac{5}{4\pi}}\sqrt{\frac{3}{8}}\frac{(x+\mathrm{i}y)^2}{r^2}$$

$$Y_3^{-3} = \sqrt{\frac{7}{4\pi}}\sqrt{\frac{5}{16}}\frac{(x-\mathrm{i}y)^3}{r^3},\quad Y_3^{-2} = \sqrt{\frac{7}{4\pi}}\sqrt{\frac{15}{8}}\frac{z(x-\mathrm{i}y)^2}{r^3}$$

$$Y_3^{-1} = \sqrt{\frac{7}{4\pi}}\sqrt{\frac{3}{16}}\frac{(x-\mathrm{i}y)(5z^2-r^2)}{r^3},\quad Y_3^0 = \sqrt{\frac{7}{4\pi}}\sqrt{\frac{1}{4}}\frac{z(5z^2-3r^2)}{r^3}$$

$$Y_3^1 = -\sqrt{\frac{7}{4\pi}}\sqrt{\frac{3}{16}}\frac{(x+\mathrm{i}y)(5z^2-r^2)}{r^3},\quad Y_3^2 = \sqrt{\frac{7}{4\pi}}\sqrt{\frac{15}{8}}\frac{z(x+\mathrm{i}y)^2}{r^3}$$

$$Y_3^3 = -\sqrt{\frac{7}{4\pi}}\sqrt{\frac{5}{16}}\frac{(x+\mathrm{i}y)^3}{r^3}$$

$$Y_4^{-4} = \sqrt{\frac{9}{4\pi}}\sqrt{\frac{35}{128}}\frac{(x-\mathrm{i}y)^4}{r^4},\quad Y_4^{-3} = \sqrt{\frac{9}{4\pi}}\sqrt{\frac{35}{16}}\frac{z(x-\mathrm{i}y)^3}{r^4}$$

续表

$$Y_4^{-2}=\sqrt{\frac{9}{4\pi}}\sqrt{\frac{5}{32}}\frac{(x-\mathrm{i}y)^2(7z^2-r^2)}{r^4}$$

$$Y_4^{-1}=\sqrt{\frac{9}{4\pi}}\sqrt{\frac{5}{16}}\frac{(x-\mathrm{i}y)(7z^3-3zr^2)}{r^4}$$

$$Y_4^0=\sqrt{\frac{9}{4\pi}}\sqrt{\frac{1}{64}}\frac{35z^4-30z^2r^2+3r^4}{r^4}$$

$$Y_4^1=-\sqrt{\frac{9}{4\pi}}\sqrt{\frac{5}{16}}\frac{(x+\mathrm{i}y)(7z^3-3zr^2)}{r^4}$$

$$Y_4^2=\sqrt{\frac{9}{4\pi}}\sqrt{\frac{5}{32}}\frac{(x+\mathrm{i}y)^2(7z^2-r^2)}{r^4}$$

$$Y_4^3=-\sqrt{\frac{9}{4\pi}}\sqrt{\frac{35}{16}}\frac{z(x+\mathrm{i}y)^3}{r^4},\quad Y_4^4=-\sqrt{\frac{9}{4\pi}}\sqrt{\frac{35}{128}}\frac{(x+\mathrm{i}y)^4}{r^4}$$

$$Y_5^{-5}=\sqrt{\frac{11}{4\pi}}\sqrt{\frac{63}{256}}\frac{(x-\mathrm{i}y)^5}{r^5},\quad Y_5^{-4}=\sqrt{\frac{11}{4\pi}}\sqrt{\frac{315}{128}}\frac{z(x-\mathrm{i}y)^4}{r^5}$$

$$Y_5^{-3}=\sqrt{\frac{11}{4\pi}}\sqrt{\frac{35}{256}}\frac{(x-\mathrm{i}y)^3(9z^2-r^2)}{r^5}$$

$$Y_5^{-2}=\sqrt{\frac{11}{4\pi}}\sqrt{\frac{105}{32}}\frac{(x-\mathrm{i}y)^2(3z^2-zr^2)}{r^5}$$

$$Y_5^{-1}=\sqrt{\frac{11}{4\pi}}\sqrt{\frac{15}{128}}\frac{(x-\mathrm{i}y)(21z^4-14z^2r^2+r^4)}{r^5}$$

$$Y_5^0=\sqrt{\frac{11}{4\pi}}\sqrt{\frac{1}{8}}\frac{63z^5-70z^3r^2+15zr^4}{r^5}$$

$$Y_5^1=-\sqrt{\frac{11}{4\pi}}\sqrt{\frac{15}{128}}\frac{(x+\mathrm{i}y)(21z^4-14z^2r^2+z^4)}{r^5}$$

$$Y_5^2=\sqrt{\frac{11}{4\pi}}\sqrt{\frac{105}{32}}\frac{(x+\mathrm{i}y)^2(3z^2-zr^2)}{r^5}$$

$$Y_5^3=-\sqrt{\frac{11}{4\pi}}\sqrt{\frac{35}{256}}\frac{(x+\mathrm{i}y)^3(9z^2-r^2)}{r^5}$$

$$Y_5^4=\sqrt{\frac{11}{4\pi}}\sqrt{\frac{315}{128}}\frac{z(x+\mathrm{i}y)^4}{r^5},\quad Y_5^5=-\sqrt{\frac{11}{4\pi}}\sqrt{\frac{63}{256}}\frac{(x+\mathrm{i}y)^5}{r^5}$$

应当记住，在处理以球函数展开式的形式表示的晶体场电势时，当反演中心处于中心离子所在位置时，电势将不包含奇数次 n 的谐波. 另外，应当考虑到谐波 Y_n^0 具有轴对称性，Y_n^2 具有正交对称性，Y_n^4 具有四方对称性，Y_n^6 具有三角对称性，正如从它们在笛卡儿坐标系表达式中清楚看到的一样，见表 7.15. 电势表达式中必须保留的项数决定于以下事实：不是所有的项都产生非零矩阵元. 对组态为 d^n 的铁族离子只有多项式不高于 4 次和对稀土族(f^n)则不高于 6 次的谐波才会获得非零矩阵元，这是已知的多项式勒让德理论中对包含 3 个多项式乘积的积分的三角形规则的简单结论.

在计算同一项的矩阵元时，可以利用**算符等效法**，在给定算符处，构建另一个算符，使它们的矩阵元只相差一个恒量因子. 选择新算符是为使其矩阵元的计算尽可能简单. 比例系数可以通过比较计算这些算符的矩阵元得到. 比如，轴对称电势 $3\cos^2\theta-1$ 的等效算符是 $3\hat{L}_z^2-L(L+1)=O_2^0$，见表 7.16. 如果考虑轨道动量 L 的投影等于 m 的波函数 ψ_m 的变换规则，在算符 $\hat{L}_z$ 的作用下，该算符矩阵元的计算不是太难：$\hat{L}_z\psi_m=m\psi_m$.

在这个方面，计算技术已经完全简化到利用制好的矩阵元和比例系数表的程度.

表 7.16 多项式$\{P_n^m\left(\{AB\}_s=\frac{1}{2}(AB+BA)\right)\}$的等效算符[7.64]

$O_2^0=3J_z^2-J(J+1)$
$O_2^2=\frac{1}{2}(J_+^2+J_-^2)$
$O_4^0=35J_z^4-30J(J+1)J_z^2+25J_z^2-6J(J+1)+3J^2(J+1)^2$
$O_4^2=\frac{1}{2}\{[7J_z^2-J(J+1)-5](J_+^2+J_-^2)\}_s$
$O_4^3=\frac{1}{2}\{J_z(J_+^3+J_-^3)\}_s$
$O_4^4=\frac{1}{2}(J_+^4+J_-^4)$
$O_6^0=231J_z^6-315J(J+1)J_z^4+735J_z^4+105J^2(J+1)^2J_z^2-525J(J+1)J_z^2+294J_z^2-5J^3(J+1)^3+40J^2(J+1)^2-60J(J+1)$
$O_6^3=\frac{1}{2}\{[11J_z^3-3J(J+1)J_z-59J_z](J_+^3+J_-^3)\}_s$
$O_6^4=\frac{1}{2}\{[11J_z^2-J(J+1)-38](J_+^4+J_-^4)\}_s$
$O_6^6=\frac{1}{2}(J_+^6+J_-^6)$

7.12.2 立方场中的单个 d 电子

以下内容根据 Ballhausen 文献[7.61]撰写.

从最简单的带有单个 d 电子离子的情况开始考虑晶体场理论. 离子基态为 $L=2, S=\frac{1}{2}$ 的项 ^2D,这个态对应于轨道的五重简并.

为明确起见,首先在立方对称场中,选定对称性 T_d,并找出这一项的分裂. 下面先回顾群 T_d 的特征标表 7.17.

表 7.17

	E	$8C_3$	$3C_2$	$6\sigma_d$	$6S_4$
A_1	1	1	1	1	1
A_2	1	1	1	−1	−1
E	2	−1	2	0	0
T_1	3	0	−1	−1	1
T_2	3	0	−1	1	−1

再用自由离子的波函数(忽略公共乘子):

$$d_{\pm 2} = Y_2^{\pm 2} = \sqrt{\frac{3}{8}}(x \pm \mathrm{i}y)^2, \quad d_1 = Y_2^1 = -\sqrt{\frac{3}{2}}(x+\mathrm{i}y)z$$
$$d_{-1} = Y_2^{-1} = \sqrt{\frac{3}{2}}(x-\mathrm{i}y)z, \quad d_0 = Y_2^0 = \frac{1}{2}(3z^2 - r^2) \tag{7.97}$$

形成了约化的五尺度群 T_d表示的基. 计算这一表示的特征标,可得

E	C_3	C_2	σ_d	S_4
5	−1	1	+1	−1

特征标 $\chi(C(\varphi)) = \dfrac{\sin(L+1/2)\varphi}{\sin\varphi/2}$. 为了计算平面反射和镜像旋转的特征标,注意到 $S(\varphi) = IC(\pi+\varphi)$, $\sigma = IC_2$,其中 I 为反演操作; $\varphi = 2\pi/n$ 为绕对称轴 C_n旋转的角度, C_2为绕垂直于 σ 平面的二重轴旋转 π 的操作.

把这个表示展开为群 T_d的不可约表示,可以看到它分解为 E 和 T_2,因此,群论预言了立方对称场中的 ^2D 项相对于轨道分裂为一个双重和一个三重简并的能级,见表 7.18 和表 7.19.

表 7.18 $J=n$(n 为整数)在不同对称场中项的分裂[7.66]

J	$2J+1$	对称性 立方	三角	四方
0	1	1(1)①	1(1)	1(1)
1	3	1(3)	1(1)+1(2)	1(1)+1(2)
2	5	1(2)+1(3)	1(1)+2(2)	3(1)+1(2)
3	7	1(1)+2(3)	3(1)+2(2)	3(1)+2(2)
4	9	1(1)+1(2)+2(3)	3(1)+3(2)	5(1)+2(2)
5	11	1(2)+3(3)	3(1)+4(2)	5(1)+3(2)
6	13	2(1)+1(2)+3(3)	5(1)+4(2)	7(1)+3(2)
7	15	1(1)+1(2)+4(3)	5(1)+5(2)	7(1)+4(2)
8	17	1(1)+2(2)+4(3)	5(1)+6(2)	9(1)+4(2)

① 正交对称场表现出完全的分裂,圆括号中的数字表示简并度.

表 7.19 $J=\frac{1}{2}(2n+1)$在不同对称场中项的分裂[7.66]

J	$2J+1$	立方对称性	较低对称性
1/2	2	1(2)	1(2)
3/2	4	1(4)	2(2)
5/2	6	1(2)+ 1(4)	3(2)
7/2	8	2(2)+ 1(4)	4(2)
9/2	10	1(2)+ 2(4)	5(2)
11/2	12	2(2)+ 2(4)	6(2)
13/2	14	3(2)+ 2(4)	7(2)
15/2	16	2(2)+ 3(4)	8(2)

为了找出适当的函数按照立方群不可约表示变换,必须通盘考虑 d 轨道的变换性质.最好的方法是:把笛卡儿坐标表示的函数和群 T_d 自身的操作都表示为算符以代替笛卡儿坐标.比如,我们说旋转操作 C_3表示置换结果:

$$C_3\begin{bmatrix} x\rightarrow y \\ y\rightarrow z \\ z\rightarrow x \end{bmatrix},\quad \text{以及}\quad C_2\begin{bmatrix} z\rightarrow z \\ x\rightarrow -x \\ y\rightarrow -y \end{bmatrix},\quad C_4\begin{bmatrix} z\rightarrow z \\ x\rightarrow y \\ y\rightarrow -x \end{bmatrix}$$

操作 E 和 C_n 把波函数变换为表 7.20 的形式：

表 7.20

	E	c_3	c_2	c_4
d_2	d_2	$-\frac{1}{2}(d_1+d_{-1})-\frac{1}{4}(d_2+d_{-2})-\sqrt{\frac{3}{8}}d_0$	d_2	$-d_{-2}$
d_1	d_1	$(i/2)(d_2-d_{-2})+i(d_1-d_{-1})$	$-d_1$	$-id_1$
d_0	d_0	$-\frac{d_0}{2}+\sqrt{\frac{3}{8}}(d_2+d_{-2})$	d_0	d_0
d_{-1}	d_{-1}	$-(i/2)(d_2-d_{-2})+(i/2)(d_1-d_{-1})$	$-d_{-1}$	id_{-1}
d_{-2}	d_{-2}	$\frac{1}{2}(d_1+d_{-1})-\frac{1}{4}(d_2+d_{-2})-\sqrt{\frac{3}{8}}d_0$	d_{-2}	$-d_2$

因此，d 轨道的波函数变换矩阵，比如算符 C_3，具有表 7.21 的形式.

表 7.21

	d_2	d_1	d_0	d_{-1}	d_{-2}
d_2	$-\frac{1}{4}$	$-\frac{1}{2}$	$-\sqrt{\frac{3}{8}}$	$-\frac{1}{2}$	$-\frac{1}{4}$
d_1	$i/2$	$i/2$	0	$-i/2$	$-i/2$
d_0	$\sqrt{\frac{3}{8}}$	0	$-\frac{1}{2}$	0	$\sqrt{\frac{3}{8}}$
d_{-1}	$-i/2$	$i/2$	0	$-i/2$	$i/2$
d_{-2}	$-\frac{1}{4}$	$\frac{1}{2}$	$-\sqrt{\frac{3}{8}}$	$\frac{1}{2}$	$-\frac{1}{4}$

正如期望的一样，可约表示特征标 $\chi(C_3)$ 等于 -1，很容易验证 $\chi(C_2)=1$.

从上述的变换性质可知函数 d_0，d_1 和 d_{-1} 在变换中不会混合，因而是纯轨道，所以马上可以写出立方场中电子的 3 个常规波函数：$e_g^a=d_0$，$t_{2g}^+=d_1$，$t_{2g}^-=d_{-1}$. 由于函数 d_2 和 d_{-2} 相混合，剩下的两个波函数(用 ψ_+ 和 ψ_- 来表示)将从线性组合的形式 $\psi_\pm=ad_2\pm bd_{-2}$ 中找到. 用算符 C_2 作用这两个波函数，得到 $a=b$，以及正交归一化的波函数：

$$\psi_\pm=\frac{1}{\sqrt{2}}(d_2\pm d_{-2})$$

因此，做相应于算符 C_3 的变换后，得到矩阵(表 7.22)：

表 7.22

	t_{2g}^0	t_{2g}^-	t_{2g}^+	e_g^a	e_g^b
t_{2g}^0	0	$-1/\sqrt{2}$	$-1/\sqrt{2}$	0	0
t_{2g}^-	$-\mathrm{i}\sqrt{2}/2$	$-\mathrm{i}/2$	$\mathrm{i}/2$	0	0
t_{2g}^+	$\mathrm{i}\sqrt{2}/2$	$-\mathrm{i}/2$	$\mathrm{i}/2$	0	0
e_g^a	0	0	0	$-1/2$	$\sqrt{3}/4$
e_g^b	0	0	0	$-\sqrt{3}/4$	$-1/2$

可见，$\chi_{e_g}(C_3)=-1$，$\chi_{t_{2g}}(C_3)=0$，应该为群 T_d 不可约化表示的情况.

表 7.23 按照立方群表示变换的球谐波的线性组合[7.61]

S	$\left.Y_0^0\right\} A_1$
P	$\left.\begin{matrix} Y_1^{-1} \\ Y_1^0 \\ Y_1^1 \end{matrix}\right\} T_1$
D	$\left.\begin{matrix} \frac{1}{\sqrt{2}}(Y_2^2-Y_2^{-2}) \\ Y_2^1 \\ Y_2^{-1} \end{matrix}\right\} T_2 \quad \left.\begin{matrix} \frac{1}{\sqrt{2}}(Y_2^2+Y_2^{-2}) \\ Y_2^0 \end{matrix}\right\} E$
F	$\left.\begin{matrix} \sqrt{3/8}\,Y_3^1+\sqrt{5/8}\,Y_3^{-3} \\ \sqrt{3/8}\,Y_3^{-1}+\sqrt{5/8}\,Y_3^3 \\ Y_3^0 \end{matrix}\right\} T_1 \quad \left.\begin{matrix} \sqrt{5/8}\,Y_3^1-\sqrt{3/8}\,Y_3^{-3} \\ \sqrt{5/8}\,Y_3^{-1}-\sqrt{3/8}\,Y_3^3 \\ \frac{1}{\sqrt{2}}(Y_3^2+Y_3^{-2}) \end{matrix}\right\} T_2 \quad \left.\frac{1}{\sqrt{2}}(Y_3^2-Y_3^{-2})\right\} A_2$
G	$\left.\begin{matrix} \frac{1}{\sqrt{2}}(Y_4^2-Y_4^{-2}) \\ \sqrt{1/8}\,Y_4^{-1}-\sqrt{7/8}\,Y_4^3 \\ \frac{1}{\sqrt{8}}Y_4^1-\sqrt{7/8}\,Y_4^{-3} \end{matrix}\right\} T_2 \quad \left.\sqrt{7/12}\,Y_4^0+\sqrt{5/12}(Y_4^4+Y_4^{-4})\frac{1}{\sqrt{2}}\right\} A_1$ $\left.\begin{matrix} \frac{1}{\sqrt{2}}(Y_4^2+Y_4^{-2}) \\ \sqrt{5/12}\,Y_4^0-\sqrt{7/12}(Y_4^4+Y_4^{-4}) \end{matrix}\right\} E \quad \left.\begin{matrix} \frac{1}{\sqrt{2}}(Y_4^4-Y_4^{-4}) \\ \sqrt{7/8}\,Y_4^{-1}+\sqrt{1/8}\,Y_4^3 \\ \sqrt{7/8}\,Y_4^1+\sqrt{1/8}\,Y_4^{-3} \end{matrix}\right\} T_1$

续表

H	$\left.\begin{array}{l}\frac{1}{\sqrt{2}}(Y_5^2 - Y_5^{-2})\\ \frac{1}{\sqrt{2}}(Y_5^4 - Y_5^{-4})\end{array}\right\}E$	$\left.\begin{array}{l}\frac{1}{\sqrt{2}}(Y_5^2 + Y_5^{-2})\\ -\frac{\sqrt{120}}{16}Y_5^{-5} + \frac{\sqrt{112}}{16}Y_5^{-1} + \frac{\sqrt{24}}{16}Y_5^3\\ -\frac{\sqrt{120}}{16}Y_5^5 + \frac{\sqrt{112}}{16}Y_5^1 + \frac{\sqrt{24}}{16}Y_5^3\end{array}\right\}T_2$
	$\left.\begin{array}{l}Y_5^0\\ \frac{\sqrt{126}}{16}Y_5^{-5} + \frac{\sqrt{60}}{16}Y_5^{-1} + \frac{\sqrt{70}}{16}Y_5^3\\ \frac{\sqrt{126}}{16}Y_5^5 + \frac{\sqrt{60}}{16}Y_5^1 + \frac{\sqrt{70}}{16}Y_5^{-3}\end{array}\right\}T_1$	$\left.\begin{array}{l}\frac{1}{\sqrt{2}}(Y_5^4 + Y_5^{-4})\\ \frac{\sqrt{10}}{16}Y_5^{-5} + \frac{\sqrt{84}}{16}Y_5^{-1} - \frac{\sqrt{162}}{16}Y_5^3\\ \frac{\sqrt{10}}{16}Y_5^5 + \frac{\sqrt{84}}{16}Y_5^1 - \frac{\sqrt{162}}{16}Y_5^{-3}\end{array}\right\}T_1$

可以证明,构建的波函数的变换矩阵分裂成不可约表示 E 和 T_{2g} 对该群其他算符的也成立.最后,对本征函数,见表 7.23,我们有:

$$\begin{aligned}&t_{2g}^0 = \frac{1}{\sqrt{2}}(d_2 - d_{-2}),\quad t_{2g}^- = d_{-1},\quad t_{2g}^+ = d_1\\ &e_g^a = d_0,\quad e_g^b = \frac{1}{\sqrt{2}}(d_2 + d_{-2})\end{aligned} \tag{7.98}$$

现在计算由立方场中 ^2D 项分裂成的支能级 e_g 和 t_{2g} 之间的分裂,如图 7.32 所示.用 V_0 表示立方场的能量算符,已经知道 $V_0 = D_4\left[Y_4^0 + \sqrt{\frac{5}{14}}(Y_4^4 + Y_4^{-4})\right]$,其等效算符具有 $O_4^0 + 5O_4^4$ 的形式.矩阵元 $\langle d_2 | V_0 | d_2\rangle$ 的值记为 Dq.$10Dq$ 的大小被称为**晶体场强度**.对其他矩阵元有(见表 7.16):

$$\begin{aligned}&\langle d_2 | V_0 | d_{-2}\rangle = 5Dq,\quad \langle d_1 | V_0 | d_1\rangle = -4Dq,\quad \langle d_0 | V_0 | d_0\rangle = 6Dq,\\ &\langle d_{-2} | V_0 | d_{-2}\rangle = Dq,\quad \langle d_1 | V_0 | d_{-1}\rangle = -4Dq\end{aligned} \tag{7.99}$$

能级的修正具有如下形式:

$$\langle \varphi_{e_g^a} | V_0 | \varphi_{e_g^a}\rangle = 6Dq,\quad \langle \varphi_{t_{2g}^0} | V_0 | \varphi_{t_{2g}^0}\rangle = -4Dq \tag{7.100}$$

因此,在立方场作用下,^2D 项分裂成迁移了 $6Dq$ 的能级 e_g 和迁移了 $-4Dq$ 的能级 t_{2g},见表 7.24 和图 7.32.总的分裂等于 $10Dq$,它可以作为"立方场强度"的图解.同样的结果可以简单地解 d 轨道的久期方程得到.在这里强调的是:利用晶体场中的对称性质设置好零级近似的规则的波函数.

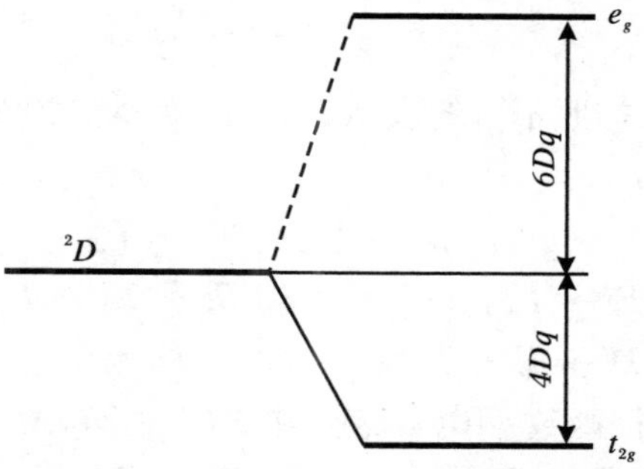

图 7.32 立方场中^2D项的分裂

表 7.24 弱八面体场中各项的分裂[7.61]

离子主项	态和能量(以 Dq 为单位)	离子主项	态和能量(以 Dq 为单位)
$d^1\ ^2D$	$^2T_{2g}(-4)$,$^2E_g(6)$	$d^6\ ^5D$	$^5T_{2g}(-4)$,$^5E_g(6)$
$d^2\ ^3F$	$^3T_{1g}(-6)$,$^3T_{2g}(2)$, $^3A_{2g}(12)$	$d^7\ ^4F$	$^4T_{1g}(-6)$,$^4T_{2g}(2)$, $^4A_{2g}(12)$
$d^3\ ^4F$	$^4A_{2g}(-12)$,$^4T_{2g}(-2)$, $^4T_{1g}(6)$	$d^8\ ^3F$	$^3A_{2g}(-12)$,$^3T_{2g}(-2)$, $^3T_{1g}(6)$
$d^4\ ^5D$	$^5E_g(-6)$,$^5T_{2g}(4)$	$d^9\ ^2D$	$^2E_g(-6)$,$^2T_{2g}(4)$
$d^5\ ^6S$	$^6A_{1g}(0)$		

7.12.3 弱立方场的 $3d^2$ 组态离子

和原子光谱学的处理方法一样,在考虑组态为 $3d^2$ 的自由离子能级时,它们的能量是通过斯莱特积分(F_0, F_2, F_4)或 Racah 参数($A = F_0 - 49F_4, B = F_2 - 5F_4, C = 35F_4$)来表示的:

$$E(^1G) = F_0 + 4F_2 + F_4, \quad E(^3P) = F_0 + 7F_2 - 84F_4$$
$$E(^3F) = F_0 - 8F_2 - 9F_4, \quad E(^1S) = F_0 + 14F_2 + 126F_4 \quad (7.101)$$
$$E(^1D) = F_0 - 3F_2 + 36F_4$$

现在我们转到弱晶体立方场中这些项中的支能级的计算.

立方场算符还是写成和平常一样的等效算符形式:

$$V_0 = O_4^0 + 5O_4^4$$

其中

$$O_4^0 = 35L_z^4 - [30(L+1)L - 25]L_z^2 - 6L(L+1) + 3L^2(L+1)^2$$

$$O_4^4 = \frac{1}{2}(L_+^4 + L_-^4)$$

已经知道 D 项分裂成按照不可约表示 E 和 T_2 变换成的波函数的项；下面类似地找出其他项的分裂：

$$S \to A_1, \quad F \to A_2 + T_1 + T_2$$
$$P \to T_1, \quad G \to A_1 + E + T_1 + T_2$$
$$D \to E + T_2$$

下面构建这些项的本征函数. 用 ψ_M 表示项 $F(L=3)$, $M_L = M$ 的波函数. 要构建在群 T_d 的对称操作作用下被变换为 A_2, T_1 和 T_2 的一系列这些波函数的线性组合. 可以证明，被变换为 T_1 的波函数为(见表 7.23)

$$\Psi_1 = \sqrt{\frac{3}{8}}\psi_1 + \sqrt{\frac{5}{8}}\psi_{-3}, \quad \Psi_{-1} = \sqrt{\frac{3}{8}}\psi_{-1} + \sqrt{\frac{5}{8}}\psi_3, \quad \Psi_0 = \psi_0 \tag{7.102}$$

为此，写出笛卡儿坐标系中的波函数：

$$\psi_0 = \frac{1}{2}z(5z^2 - 3r^2), \quad \psi_1 = -\sqrt{\frac{3}{16}}(x + \mathrm{i}y)(5z^2 - r^2)$$
$$\psi_{-3} = \sqrt{\frac{5}{16}}(x - \mathrm{i}y)^3, \quad \psi_{-1} = \sqrt{\frac{3}{16}}(x - \mathrm{i}y)(5z^2 - r^2) \tag{7.103}$$

等(这里忽略了公共乘子)，并且，比如，做对称变换 C_3：

$$C_3\psi_0 = \sqrt{\frac{1}{4}}(5x^2 - 3r^2)x = \frac{1}{\sqrt{2}}\left[\sqrt{\frac{3}{8}}\psi_1 + \sqrt{\frac{5}{8}}\psi_{-3}\right] - \frac{1}{\sqrt{2}}\left[\sqrt{\frac{3}{8}}\psi_{-1} + \sqrt{\frac{5}{8}}\psi_3\right]$$

最后，得到表 7.25 的变换 C_3 的矩阵：

表 7.25

	$\boldsymbol{\Psi}_1$	$\boldsymbol{\Psi}_0$	$\boldsymbol{\Psi}_{-1}$
$\boldsymbol{\Psi}_1$	$-\mathrm{i}/2$	$1/\sqrt{2}$	$-\mathrm{i}/2$
$\boldsymbol{\Psi}_0$	$1/\sqrt{2}$	0	$-1/\sqrt{2}$
$\boldsymbol{\Psi}_{-1}$	$\mathrm{i}/2$	$1/\sqrt{2}$	$\mathrm{i}/2$

$\chi(C_3) = 0$，这正好是 T_1 变换的实际情况. 用完全相同的方法，找到按照 T_2 和 A_2 变换的波函数(见表 7.23)：

$$
T_2\begin{cases}\sqrt{\dfrac{5}{8}}\psi_1-\sqrt{\dfrac{3}{8}}\psi_{-3}\\ \sqrt{\dfrac{5}{8}}\psi_{-1}-\sqrt{\dfrac{3}{8}}\psi_{-3}\\ \dfrac{\psi_2+\psi_{-2}}{\sqrt{2}}\end{cases}
$$

$$
A_2\left\{\dfrac{\psi_2-\psi_{-2}}{\sqrt{2}}\right. \tag{7.104}
$$

现在也可以计算立方场中这些项的分裂.

^3F 项的波函数之一为

$$
\psi(LM_LSM_S)=\psi(3211)=|\overset{+}{2}\overset{+}{0}|=\psi_2,\quad \psi_{-2}=|\overset{+}{0}-\overset{+}{2}|
$$

因此

$$
\begin{aligned}
E(^3A_2)&=\int\frac{1}{\sqrt{2}}(\psi_2-\psi_{-2})V_0\left(\frac{\psi_2-\psi_{-2}}{\sqrt{2}}\right)\mathrm{d}\tau\\
&=\frac{1}{2}\int|\overset{+}{2}\overset{+}{0}|\,V_0\,|\overset{+}{2}\overset{+}{0}|\,\mathrm{d}\tau-\frac{1}{2}\int|\overset{+}{2}\overset{+}{0}|\,V_0\,|\overset{+}{0}-\overset{+}{2}|\,\mathrm{d}\tau\\
&\quad-\frac{1}{2}\int|\overset{+}{0}-\overset{+}{2}|\,V_0\,|\overset{+}{2}\overset{+}{0}|\,\mathrm{d}\tau+\frac{1}{2}\int|\overset{+}{0}-\overset{+}{2}|\,V_0\,|\overset{+}{0}-\overset{+}{2}|\,\mathrm{d}\tau
\end{aligned}
$$

表示 $|\overset{+}{2}\overset{+}{0}|=\begin{vmatrix}d_2(1) & d_0(1)\\ d_2(2) & d_0(2)\end{vmatrix}$ 并且计算,得到

$$
E(^3A_2)=12Dq \tag{7.105}
$$

类似地

$$
E(^3T_2)=2Dq,\quad E(^3T_1)=-6Dq \tag{7.106}
$$

对 ^1D 项产生的支能级,可类似地得到(见表 7.25)

$$
E(^1E)=\frac{24}{7}Dq,\quad E(^1T_2)=-\frac{16}{7}Dq \tag{7.107}
$$

对 ^3P 项,有表示 $^3T_1$,因而它将和从 ^3F 产生的同一 $^3T_1$ 项相互作用. 它们的相互作用能可从久期方程得到:

$$
\begin{array}{cc} ^3T_{1g}(^3F) & ^3T_{1g}(^3P)\end{array}
$$

$$
\begin{vmatrix}-6Dq-\varepsilon+E & 4Dq\\ 4Dq & E-\varepsilon\end{vmatrix}=0
$$

$$
\varepsilon=\frac{E-6Dq}{2}\pm\left[\frac{(E-6Dq)^2}{4}+6DqE+(4Dq)^2\right]^{1/2},\quad E={}^3P-{}^3F
$$

用相同的方法,可以考虑立方场中组态 $3d^2$ 其他项的分裂,见表 7.26 和图 7.33.

表7.26 立方对称场中组态 d^2 的能级[7.67]

能级类型	能量：忽略项的相互作用	能量：考虑项的相互作用
$^3A_2$	$^3F+12Dq$	$^3F+12Dq$
$^3T_2$	^3F+2Dq	^3F+2Dq
$^3T_1$	$\begin{cases}^3P\\ ^3F-6Dq\end{cases}$	$\frac{1}{2}\{^3P+{}^2F-6Dq\pm[(^3P-{}^3F+6Dq)^2+64(Dq)^2]^{1/2}\}$
$^1T_2$	$\begin{cases}^1D-\frac{16}{7}Dq\\ ^1G-\frac{26}{7}Dq\end{cases}$	$\frac{1}{2}\left\{^1D+{}^1G-6Dq\pm\left[\left(^1D-{}^1G+\frac{10}{7}Dq\right)^2+\frac{4\,800}{49}(Dq)^2\right]^{1/2}\right\}$
^1E	$\begin{cases}^1D+\frac{24}{7}Dq\\ ^1G+\frac{4}{7}Dq\end{cases}$	$\frac{1}{2}\left\{^1D+{}^1G+4Dq\pm\left[\left(^1D-{}^1G+\frac{20}{7}Dq\right)^2+\frac{19\,200}{49}(Dq)^2\right]^{1/2}\right\}$
$^1T_1$	^1G+2Dq	^1G+2Dq
$^1A_1$	$\begin{cases}^1S\\ ^1G+4Dq\end{cases}$	$\frac{1}{2}\{^1S+{}^1G+4Dq\pm[(^1S-{}^1G-4Dq)^2+384(Dq)^2]^{1/2}\}$

7.12.4 强晶体场

到目前为止，已经讨论了弱场中离子 d 电子的行为.这说明在初始的哈密顿量中，描述电子相互作用的能量项大大超过晶体电场中的电子能量.

如果晶体场中的分裂参数 Dq 足够大，轨道运动状态将主要精确地取决于晶体场效应而不是电子的相互作用.量子数 L 和 S 将不再是"好"的数.为了确定这个能级图，必须先单独考虑晶体场中的每个电子，然后再考虑它们的相互作用.

从晶体场理论可以知道，对单个 d 电子，态 t_{2g} 是较低的态.因此，对由几个电子组成的体系，低能态组由于首先充满整个 t_{2g} 壳层的原因而出现.当所有6个电子在组态中出现后，电子在更高能级 e_g 态的填充开始.现在量子数 L 和 S 的位置被轨道 t_{2g} 和 e_g 的填充程度占据.在这种电子组态构建后，应该考虑库仑斥力和电子之间的交互作用.其相关能量的估算可以通过计算 $E(t_{2g})=-4Dq$，$E(e_g)=6Dq$ 的 t_{2g} 和 e_g 轨道中的电子数目而得到，并且必须把获得的

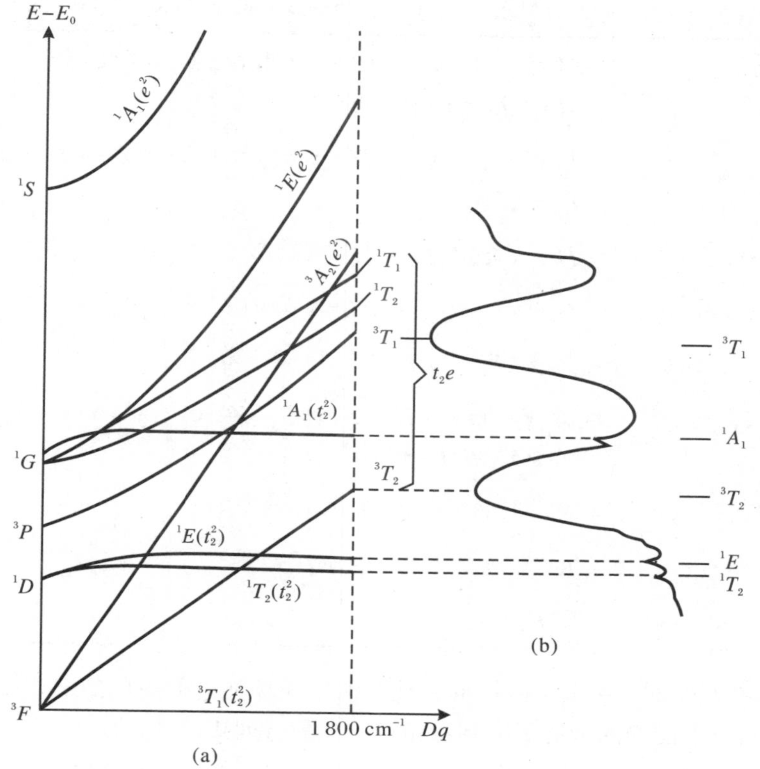

图 7.33 刚玉中 V^{3+} 离子能级的示意图(a)和吸收谱(b):$Dq=1\,800$, $B=680$, $C=2\,500\ \text{cm}^{-1}$[7.67]

用斯莱特积分表示的电子间相互作用能加到总能量中去.当考虑自由离子时,用和原子光谱学一样的常规方法可以找到这个最后值.这需要知道轨道 t_{2g} 和 e_g 的库仑积分 J 和交换积分 K.比如,利用轨道的实波函数 $\dfrac{1}{\mathrm{i}\sqrt{2}}(d_2-d_{-2})=\sqrt{3}xy$,有

$$J(xy,yz)=\int(xz)^*(1)(yz)^*(2)\frac{1}{r_{12}}(xz)(1)(yz)(2)\mathrm{d}\tau=F_0-2F_2-4F_4$$

$$K(xz,yz)=\int(xz)^*(1)(yz)^*(2)\frac{1}{r_{12}}(yz)(1)(xz)(2)\mathrm{d}\tau=3F_2+20F_4$$

这一方法已经用来编制表格,如表 7.27,在许多书上都给出这些表.

表 7.27　$t_{2g}(xz,xy,yz)$和 $e_g(x^2-y^2,z^2)$组的库仑积分(J)和交换积分(K)[7.61]

$J(z^2,z^2)$	$=J(x^2-y^2,x^2-y^2)=J(xy,xy)=J(xz,xz)=J(yz,yz)=F_0+4F_2+36F_4$
$J(x^2-y^2,xz)$	$=J(x^2-y^2,yz)=J(xy,yz)=J(xy,xz)=J(xz,yz)=F_0-2F_2-4F_4$
$J(z^2,xz)$	$=J(z^2,yz)=F_0+2F_2-24F_4$
$J(z^2,xy)$	$=J(z^2,x^2-y^2)=F_0-4F_2+6F_4$
$J(x^2-y^2,xy)$	$=F_0+4F_2-34F_4$
$K(xy,yz)$	$=K(xy,xz)=K(xz,yz)=K(x^2-y^2,xz)=K(x^2-y^2,yz)=3F_2+20F_4$
$K(z^2,x^2-y^2)$	$=K(z^2,xy)=4F_2+15F_4$
$K(z^2,xz)$	$=K(z^2,yz)=F_2+30F_4$
$K(x^2-y^2,xy)$	$=35F_4$

现在转到 2 个 d 电子的情形并且考虑在强场强近似中的组态$(t_{2g})^2$. 对自旋 $S=1$,有下面的已考虑了泡利不相容原理的行列式函数:

$\psi_1=|(x^+z)(y^+z)|$,　$\psi_2=|(x^+z)(x^+y)|$,　$\psi_3=|(y^+z)(x^+y)|$

和以往一样,我们找出在对称变换下(比如群 T_d)这些函数的性质.

写出相关的对称操作:

$$C_3\begin{pmatrix}x\to y\\ y\to z\\ z\to x\end{pmatrix},\quad C_2\begin{pmatrix}z\to z\\ x\to -x\\ y\to -y\end{pmatrix},\quad \sigma\begin{pmatrix}x\to y\\ y\to x\\ z\to z\end{pmatrix},\quad S_4\begin{pmatrix}x\to y\\ y\to -x\\ z\to -z\end{pmatrix}$$

现在用算符 C_3对波函数 ψ_1,ψ_2 和 ψ_3 作用:

$$C_3\psi_1=C_3|(xz)(yz)|=|(yx)(zx)|=-\psi_2$$

$$C_3\psi_2=-\psi_3,\quad C_3\psi_3=\psi_1$$

那么,由基函数 ψ_1,ψ_2,ψ_3 产生的立方群表示中,与元素 C_3对应的矩阵为

$$C_3\to\begin{Vmatrix}0&-1&0\\0&0&-1\\1&0&0\end{Vmatrix}$$

在这个表示中的特征标 $\chi(C_3)$等于零. 用类似的方法,找到下面的矩阵和特征标:

$$C_1 \to \left\|\begin{matrix} 1 & 0 & 0 \\ 0 & -1 & 0 \\ 0 & 0 & -1 \end{matrix}\right\|, \quad \chi(C_2) = -1, \quad \sigma \to \left\|\begin{matrix} -1 & 0 & 0 \\ 0 & -1 & 0 \\ 0 & 0 & 1 \end{matrix}\right\|, \quad \chi(\sigma) = -1$$

$$S_4 \to \left\|\begin{matrix} 1 & 0 & 0 \\ 0 & 0 & 1 \\ 0 & -1 & 0 \end{matrix}\right\|, \quad \chi(S_4) = 1$$

回忆和它是同形的群 T_d或群 O 的不可约表示特征标表(表 7.28)：

表 7.28

	E	C_3	C_2	σ	S_4
t_{2g}	3	0	-1	1	-1
t_{1g}	3	0	-1	-1	1
e_g	2	-1	2	0	0
A_{1g}	1	1	1	1	1
A_{2g}	1	1	1	-1	-1

比较得到的特征标，可见，ψ_1,ψ_2,ψ_3 为不可约表示 T_{1g}的基函数. 组态$(t_{2g})^2$包括 9 个波函数产生九尺度可约立方群的表示. 为了把它降为不可约表示，我们建立直积 $t_{2g}\times t_{2g}$的特征标，它们是

$$\begin{matrix} E & C_3 & C_2 & \sigma & S_4 \\ 9 & 0 & 1 & 1 & 1 \end{matrix}$$

这表明该可约表示包含有群 T_d四个不可约表示：$t_{2g}\times t_{2g} = A_{1g}+E_g+T_{1g}+T_{2g}$，这与刚才得到的结果一致.

为了找出立方场中组态$(t_{2g})^2$其他规则波函数，首先写出 $S=0$ 的波函数：

$$\Theta_1 = \frac{1}{\sqrt{2}}\left[\left|(\overset{+}{xz})(\overset{-}{yz})\right| - \left|(\overset{-}{xz})(\overset{+}{yz})\right|\right], \quad \Theta_4 = \left|(\overset{+}{xz})(\overset{-}{xz})\right|$$

$$\Theta_2 = \frac{1}{\sqrt{2}}\left[\left|(\overset{+}{xz})(\overset{-}{xy})\right| - \left|(\overset{-}{xz})(\overset{+}{xy})\right|\right], \quad \Theta_5 = \left|(\overset{+}{yz})(\overset{-}{yz})\right|$$

$$\Theta_3 = \frac{1}{\sqrt{2}}\left[\left|(\overset{+}{yz})(\overset{-}{xy})\right| - \left|(\overset{-}{yz})(\overset{+}{xy})\right|\right], \quad \Theta_6 = \left|(\overset{+}{xy})(\overset{-}{xy})\right|$$

利用这些函数的线性组合，汇编另外 3 组函数，分别是不可约表示 ${}^1A_{1g}$，${}^1T_{2g}$和 ${}^1E_g$ 的基函数. 考虑函数 $\Theta_1,\cdots,\Theta_6$ 的变换性质并且选择这些组合. 我们发现 $\Theta_1,\Theta_2,\Theta_3$ 为 T_{2g}的基函数；二维表示 ${}^1E_g$ 的基函数为

$$\frac{1}{\sqrt{2}}(\Theta_4 - \Theta_5), \quad \frac{1}{\sqrt{6}}\Theta_4 + \frac{1}{\sqrt{6}}\Theta_5 - \sqrt{\frac{4}{6}}\Theta_6$$

以及表示 A_{1g} 的基函数为线性组合

$$\frac{1}{\sqrt{3}}\Theta_4 + \frac{1}{\sqrt{3}}\Theta_5 + \frac{1}{\sqrt{3}}\Theta_6$$

当找到零级近似的规则波函数后，正如前面提到的，我们应当考虑电子的相互排斥和交换作用，见表 7.29，并且最终计算组态 $(t_{2g})^2$ 各个项的能量：

$$\begin{aligned} &E(^3T_{1g}) = E(\psi_1) = J(xz,yz) - K(xz,yz) = F_0 - 5F_2 - 24F_4 \\ &E(^1T_{2g}) = F_0 + F_2 + 16F_4 \\ &E(^1E_g) = F_0 + F_2 + 16F_4, \quad E(^1A_{1g}) = F_0 + 10F_2 + 76F_4 \end{aligned} \tag{7.108}$$

对所有这些能量，还应当加上 $2E(t_{2g}) = -8Dq$. 用同样的方法考虑激发组态 $e_g t_{2g}$ 和 e_g^2 的各能量项.

最终，在强场近似中，有(见表 7.30 和图 7.34)：

$$\begin{aligned} &(t_{2g})^2 \to {}^1A_{1g} + {}^1E_{1g} + {}^3T_{1g} + {}^1T_{2g} \\ &(e_g t_{2g}) \to {}^1T_{1g} + {}^3T_{1g} + {}^1T_{2g} + {}^3T_{2g} \\ &(e_g)^2 \to {}^1A_{1g} + {}^3A_{2g} + {}^1E_{1g} \end{aligned}$$

表 7.29 非零矩阵元 $(ab|1/r_{12}|cd)$ 的值[7.61]

a	b	c	d	$(ab\|1/r_{12}\|cd)$
(xz)	(z^2)	(xz)	(x^2-y^2)	$-2\sqrt{3}F_2+10\sqrt{3}F_4$
(yz)	(z^2)	(yz)	(x^2-y^2)	$2\sqrt{3}F_2-10\sqrt{3}F_4$
(xz)	(xz)	(z^2)	(x^2-y^2)	$\sqrt{3}F_2-\sqrt{3}F_4$
(yz)	(yz)	(z^2)	(x^2-y^2)	$-\sqrt{3}F_2+5\sqrt{3}F_4$
(z^2)	(xy)	(xz)	(yz)	$\sqrt{3}F_2-5\sqrt{3}F_4$
(z^2)	(xy)	(yz)	(xz)	$\sqrt{3}F_2-5\sqrt{3}F_4$
(z^2)	(xz)	(xy)	(yz)	$2\sqrt{3}F_2-10\sqrt{3}F_4$
(x^2-y^2)	(xy)	(xz)	(yz)	$3F_2-15F_4$
(x^2-y^2)	(xy)	(yz)	(xz)	$-3F_2+15F_4$

表 7.30 强立方场中各项的分裂[7.61]

d^1	e	^2E
	t_2	$^2T_2$
d^2	e^2	$^1A_1+^3A_2+^1E$
	et_2	$^1T_1+^3T_1+^1T_2+^3T_2$
	$(t_2)^2$	$^1A_1+^1E+^3T_1+^1T_2$
d^3	e^3	^2E
	e^2t^2	$^2T_1+^4T_1+2^2T_1$
	$e(t_2)^2$	$^2A_1+^2A_2+2^2E+2^2T_1+^4T_1+2^2T_2+^4T_2$
	$(t_2)^3$	$^4A_2+^2E+^2T_1+^2T_2$
d^4	e^4	$^1A_1$
	e^3t_2	$^1T_1+^3T_1+^1T_2+^3T_2$
	$e^2(t_2)^2$	$2^1A_1+^1A_2+^3A_2+3^1E+^3E+^1T_1+3^3T_1+3^1T_2$ $+2^3T_2+^5T_2$
	$e^2(t_2^2)$	$^1A_1+^3A_1+^1A_2+^3A_2+^1E+2^3E+^5E+2^1T_1$ $+2^3T_1+2^1T_2+2^3T_2$
	$(t_2)^4$	$^1A_1+^1E+^3T_1+^1T_2$
d^5	e^4t_2	$^2T_2$
	$e^3(t_2)^2$	$^2A_1+^2A_2+2^2E+2^2T_1+^4T_1+2^2T_2+^4T_2$
	$e^2(t_2)^3$	$2^2A_1+^4A_1+^6A_1+^2A_2+^4A_2+3^2E+2^4E+4^2T_1$ $+^4T_1+4^2T_2+^4T_2$
	$e(t_2)^4$	$^2A_1+^2A_2+2^2E+2^2T_1+^4T_1+2^2T_2+^4T_2$
	$(t_2)^5$	$^2T_2$

这些和在弱场近似中得到的自由离子的 ^3F,^1D,^3P,^1G 和 ^1S 的各项产生的支项一样.立方场中组态 $3d^2$ 的各项分裂的整个能谱以及在强场和弱场中极限情形的关系见图 7.34.

文献[7.68-7.71]已经构建了强场情况下所有组态 d^n 的能级简图,如图 7.33 和图 7.35 所示.

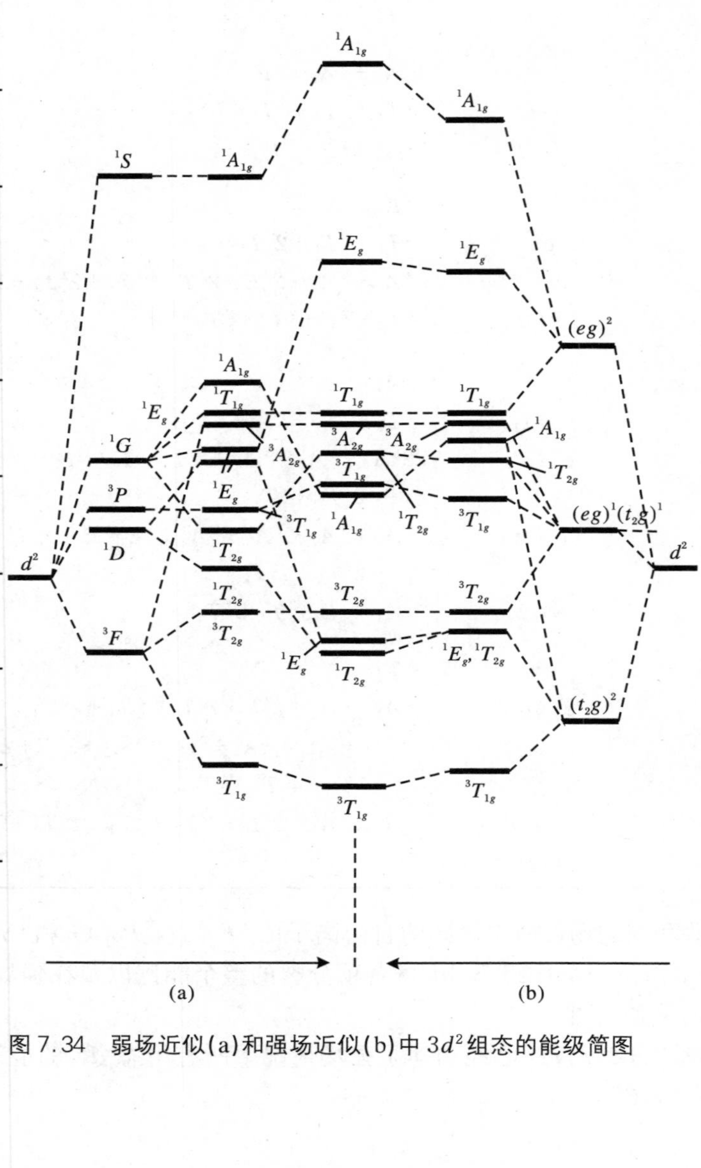

图 7.34 弱场近似(a)和强场近似(b)中 $3d^2$ 组态的能级简图

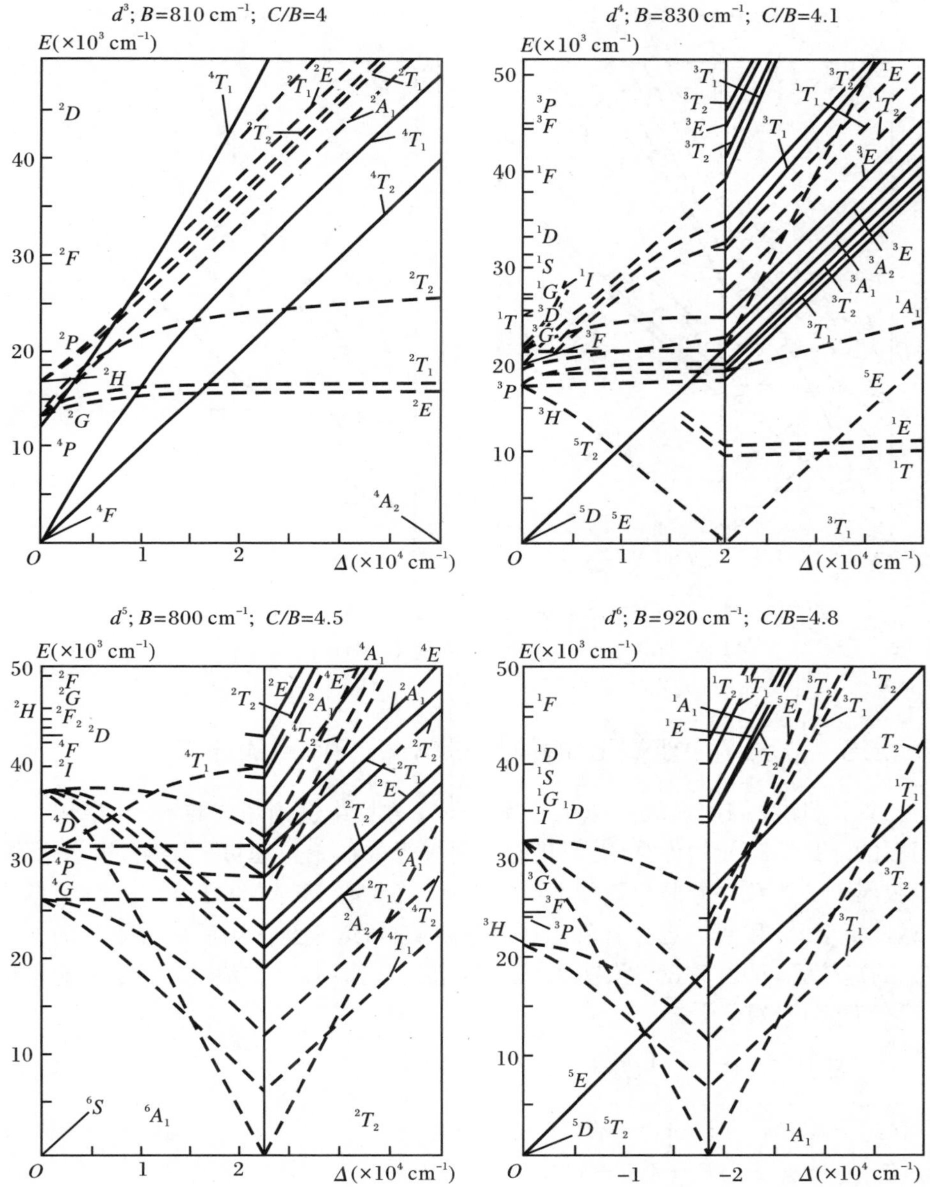

图 7.35 d^n 组态的能级与立方晶体场强度的关系($\Delta = 10Dq$)[7.68]

竖线表示基态发生变化的 Dq 值(从弱场向强场平移)

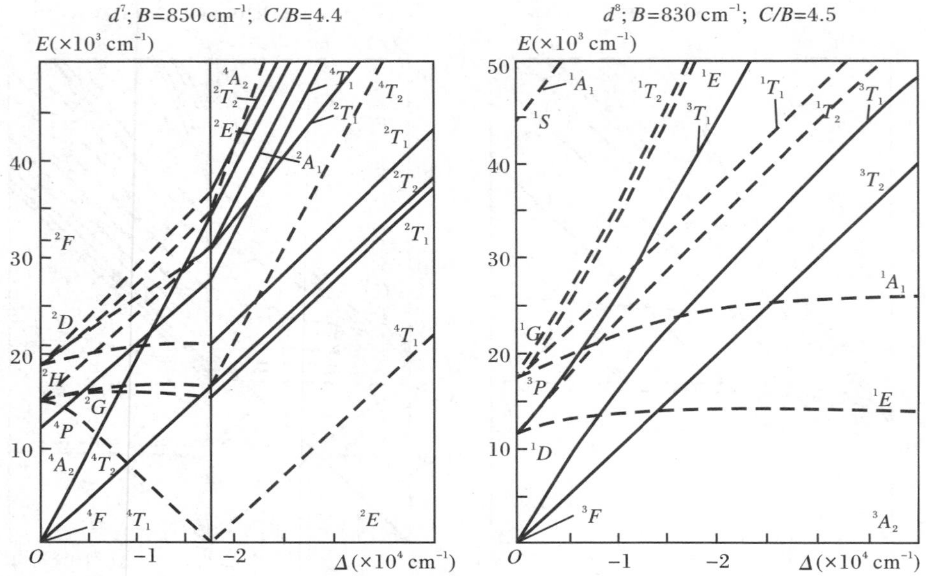

图 7.35(续)　d^n 组态的能级与立方晶体场强度的关系($\Delta=10Dq$)[7.68]
竖线表示基态发生变化的 Dq 值(从弱场向强场平移)

7.12.5　立方场中组态 d^2 的自旋-轨道相互作用的计算

首先,让我们用**弱场近似**来考虑在弱立方场中适当考虑自旋-轨道相互作用后的能量矩阵元的计算.类似我们前面进行的群论考虑可以证明,组态 d^2 的能级属于一个双立方群的各种不可约表示.特别地,表示 Γ_1(Bete 记号)包括项 ${}^1S_0$,${}^1G_4$,${}^3P_0$ 和 ${}^3F_4$.已经计算出在忽略自旋-轨道相互作用后能量矩阵的方块 Γ_1 的矩阵元,见表 7.30.当考虑自旋-轨道相互作用后,方块 Γ_1 各项的能量可由下面矩阵计算[7.72]:

$$
\begin{array}{cccc}
{}^1S_0 & {}^1G_4 & {}^3P_0 & {}^3F_4
\end{array}
$$

$$
\left\|\begin{array}{cccc}
14F_2+126F_4 & 4\sqrt{6}Dq & -2\sqrt{6}\lambda & 0 \\
 & 4F_2+4F_4+4Dq & 0 & 2\lambda \\
 & & 7F_2-84F_4-2\lambda & -4Dq \\
 & & & -8F_2-9F_4-6Dq+3\lambda
\end{array}\right\|
$$

作为例子,我们将讲述下面的自旋-轨道相互作用算符的矩阵元是如何计算的:

$$\langle {}^1S_0(\Gamma_1)\ |\Sigma\ \xi ls|\ {}^3P_0(\Gamma_1)\rangle$$

为此，我们必须要知道波函数 $^1S_0$ 和 $^3P_0$. 波函数 $^3P_0$ 必须是 $\psi(LM_LSM_S)$，即 $\psi(1\ -1\ 1\ 1)$，$\psi(1\ 0\ 1\ 0)$，$\psi(1\ 1\ 1\ -1)$的线性组合. 线性组合的系数为维格纳系数$(j_1\ 1\ m_1 m_2|j_1 1 jm)$[7.65]（表 7.31）：

表 7.31

j	$m_2=1$	$m_2=0$
j_1+1	$\sqrt{\dfrac{(j_1+m)(j_1+m+1)}{(2j_1+1)(2j_1+2)}}$	$\sqrt{\dfrac{(j_1-m+1)(j_1+m+1)}{(2j_1+1)(j_1+1)}}$
j_1	$-\sqrt{\dfrac{(j_1+m)(j_1-m+1)}{2j_1(j_1+1)}}$	$\dfrac{m}{\sqrt{j_1(j_1+1)}}$
j_1-1	$\sqrt{\dfrac{(j_1-m)(j_1-m+1)}{2j_1(2j_1+1)}}$	$-\sqrt{\dfrac{(j_1-m)(j_1+m)}{j_1(2j_1+1)}}$
j	$m_2=-1$	
j_1+1	$\sqrt{\dfrac{(j_1-m)(j_1-m+1)}{(2j_1+1)(2j_1+2)}}$	
j_1	$\sqrt{\dfrac{(j_1-m)(j_1+m+1)}{2j_1(j_1+1)}}$	
j_1-1	$\sqrt{\dfrac{(j_1+m+1)(j_1+m)}{2j_1(2j_1+1)}}$	

对我们现在讨论的情形，$j_1=1$，$j=0$ 和 $m=0$，由该公式的最后一行，有

$$\psi({}^3P_0)=\frac{1}{\sqrt{3}}\psi(1\ -1\ 1\ 1)-\frac{1}{\sqrt{3}}\psi(1\ 0\ 1\ 0)+\frac{1}{\sqrt{3}}(1\ 1\ 1\ -1)$$

通过升高和压低算符可以得到用行列式函数表示的本征函数方程：

$$\begin{aligned}
\psi(1\ -1\ 1\ 1)&=\sqrt{\frac{2}{5}}\ |\overset{+}{1}\ -\overset{+}{2}|\ -\sqrt{\frac{3}{5}}\ |\overset{+}{0}\ -\overset{+}{1}|\\
\psi(1\ 0\ 1\ 0)&=\sqrt{\frac{2}{5}}\ |\overset{+}{2}\ -\overset{-}{2}|\ +\sqrt{\frac{2}{5}}\ |\overset{-}{2}\ -\overset{+}{2}|\ -\frac{1}{\sqrt{10}}\ |\overset{+}{1}\ -\overset{-}{1}|\ -\frac{1}{\sqrt{10}}\ |\overset{-}{1}\ -\overset{+}{1}|\\
\psi(1\ 1\ 1\ -1)&=\sqrt{\frac{2}{5}}\ |\overset{-}{2}\ -\overset{-}{1}|\ -\sqrt{\frac{3}{5}}\ |\overset{-}{1}\ -\overset{-}{0}|
\end{aligned} \tag{7.109}$$

用相同的方法可以证明能级 $^1S_0$ 的波函数为

$$\psi(^1S_0)=\frac{1}{\sqrt{5}}\,|\overset{+}{0}\,\overset{+}{0}|-\frac{1}{\sqrt{5}}\,|\overset{+}{1}-\overset{-}{1}|-\frac{1}{\sqrt{5}}\,|-\overset{+}{1}\,\overset{-}{1}|+\frac{1}{\sqrt{5}}\,|\overset{+}{2}-\overset{-}{2}|+\frac{1}{\sqrt{5}}\,|-\overset{+}{2}\,\overset{-}{2}| \tag{7.110}$$

用已知的公式计算算符对行列式波函数作用的结果

$$\sum \boldsymbol{ls}=\sum\left(\hat{l}_z\hat{s}_z+\frac{1}{2}\hat{l}_+\,\hat{s}_-+\frac{1}{2}\hat{l}_-\,\hat{s}_+\right)$$

这样，找到

$$\begin{aligned}\sum \hat{l}\hat{s}\,|\overset{+}{0}\,\overset{+}{0}| &= \sqrt{6}\,|\overset{+}{0}-\overset{+}{1}|+\sqrt{6}\,|\overset{-}{1}\,\overset{-}{0}| \\ \sum \hat{l}\hat{s}\,|\overset{+}{1}-\overset{-}{1}| &= |\overset{-}{2}-\overset{-}{1}|+|\overset{+}{1}-\overset{+}{2}|+|\overset{+}{1}-\overset{-}{1}|\end{aligned} \tag{7.111}$$

等所有必需的函数. 此后，就不难得到矩阵元. 最后的结果是

$$\lambda\langle^1S_0(\Gamma_1)\left|\sum \boldsymbol{ls}\right|^3P_0(\Gamma_1)\rangle=-2\sqrt{6}\lambda \tag{7.112}$$

表 7.32 给出所有自旋-轨道相互作用算符的所有其他矩阵元. 用完全相同的方法，继续计算能量矩阵其他单元的矩阵元. Liehz 和 Ballhausen[7.72] 对这个组态做了完整的计算. 如图 7.36 所示，计算结果以与晶体场强度 Dq 相关的能级的曲线形式给出.

表 7.32　立方场中算符 ls 对轨道组的作用[7.61]

$ls(\overset{+}{z^2})=-\frac{\sqrt{3}}{2}(\overset{-}{xz})-\mathrm{i}\frac{\sqrt{3}}{2}(\overset{-}{yz})$
$ls(\overset{-}{z^2})=-\frac{\sqrt{3}}{2}(\overset{+}{xz})-\mathrm{i}\frac{\sqrt{3}}{2}(\overset{+}{yz})$
$ls(x^2\overset{+}{-}y^2)=\mathrm{i}(\overset{+}{xy})-\mathrm{i}\frac{1}{2}(\overset{-}{yz})+\frac{1}{2}(\overset{-}{xz})$
$ls(x^2\overset{-}{-}y^2)=-\mathrm{i}(\overset{-}{xy})-\mathrm{i}\frac{1}{2}(\overset{+}{yz})-\frac{1}{2}(\overset{+}{xz})$
$ls(\overset{+}{xy})=-\mathrm{i}(x^2\overset{+}{-}y^2)+\frac{1}{2}(\overset{-}{yz})+\mathrm{i}\frac{1}{2}(\overset{-}{xz})$
$ls(\overset{-}{xy})=\mathrm{i}(x^2\overset{-}{-}y^2)-\frac{1}{2}(\overset{+}{yz})+\mathrm{i}\frac{1}{2}(\overset{+}{xz})$
$ls(\overset{+}{xz})=\mathrm{i}\frac{1}{2}(\overset{+}{yz})-\frac{1}{2}(x^2\overset{-}{-}y^2)-\mathrm{i}\frac{1}{2}(\overset{-}{xy})+\frac{\sqrt{3}}{2}(\overset{-}{z^2})$
$ls(\overset{-}{xz})=-\mathrm{i}\frac{1}{2}(\overset{-}{yz})-\frac{1}{2}(x^2\overset{+}{-}y^2)-\mathrm{i}\frac{1}{2}(\overset{+}{xy})-\frac{\sqrt{3}}{2}(\overset{+}{z^2})$
$ls(\overset{+}{yz})=-\mathrm{i}\frac{1}{2}(\overset{+}{xz})+\mathrm{i}\frac{1}{2}(x^2\overset{-}{-}y^2)-\frac{1}{2}(\overset{-}{xy})+\mathrm{i}\frac{\sqrt{3}}{2}(\overset{-}{z^2})$
$ls(\overset{-}{yz})=\mathrm{i}\frac{1}{2}(\overset{-}{xz})+\mathrm{i}\frac{1}{2}(x^2\overset{+}{-}y^2)+\frac{1}{2}(\overset{+}{xy})+\mathrm{i}\frac{\sqrt{3}}{2}(\overset{+}{z^2})$

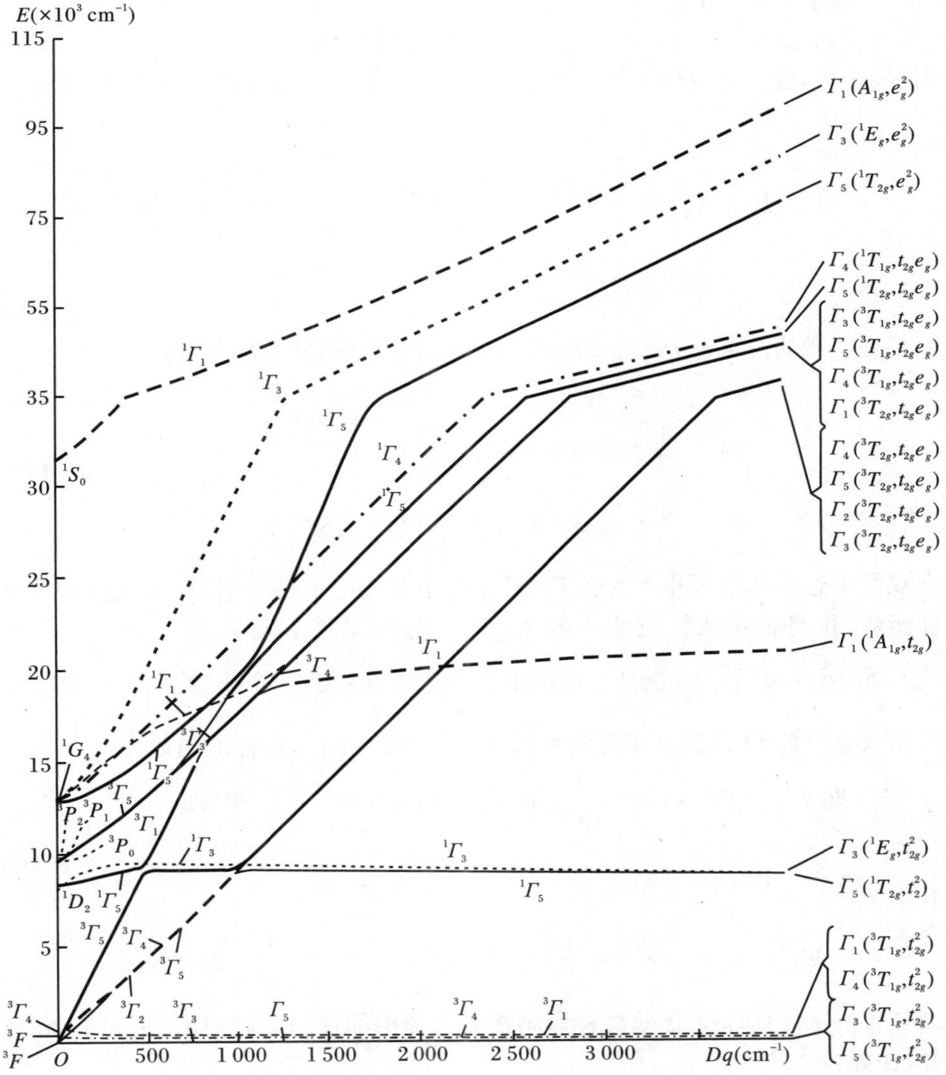

图 7.36 在八面体场中适当考虑自旋-轨道相互作用后 d^2 组态的能级：$\lambda = 65\ \mathrm{cm}^{-1}$，$F_4 = 70\ \mathrm{cm}^{-1}$，$F_2 = 14F_4$[7.72]

现在我们对自旋-轨道相互作用的**强场近似**做计算，计算中利用已经找到的波函数.

对基态的轨道部分，有

$$\psi(A_{2g}) = |(x^2 - y^2)(z^2)| \tag{7.113}$$

当 $S=1$ 时，在双立方群 O' 中，这个态涉及 Γ_5 表示. 和能级 Γ_5 相应的三重态为

$$^3A_{2g}(\Gamma_5)(e_g)^2\begin{cases} |(x^2 \overset{+}{-} y^2)(\overset{+}{z^2})| \\ \dfrac{1}{\sqrt{2}}|(x^2 \overset{+}{-} y^2)(\overset{+}{z^2})| + \dfrac{1}{\sqrt{2}}|(x^2 \overset{-}{-} y^2)(\overset{+}{z^2})| \\ |(x^2 \overset{-}{-} y^2)(\overset{-}{z^2})| \end{cases} \tag{7.114}$$

第一个受激的三重态为 $^3T_{2g}(t_{2g}e_g)$，在这种情形中，轨道部分有如下形式：

$$\begin{aligned} \varphi_1 &= |(xy)(z^2)| \\ \varphi_2 &= \frac{1}{2}\left|(xz)(z^2) + \sqrt{\frac{3}{2}}|(xz)(x^2 - y^2)|\right| \\ \varphi_3 &= \frac{1}{2}\left|(yz)(z^2) - \sqrt{\frac{3}{2}}|(yz)(x^2 - y^2)|\right| \end{aligned} \tag{7.115}$$

在双群中态的九重简并产生态 $\Gamma_2, \Gamma_3, \Gamma_4$ 和 Γ_5. 为了得到按照 Γ_5 变换的 3 个波函数，我们必须从轨道波函数 $\varphi_1, \varphi_2, \varphi_3$ 和 3 个自旋函数 $\psi_1 = \alpha\alpha$，$\psi_0 = \frac{1}{\sqrt{2}}(\alpha\beta + \beta\alpha)$，$\psi_{-1} = \beta\beta$ 的 9 个可能组合中选择这样的 3 个线性组合，其变换是按照双立方群 O' 的这种不可约表示进行的. 可以证明，这样的函数为

$$\frac{1}{\sqrt{2}}[\boldsymbol{\Psi}_2\psi_{-1} + \mathrm{i}\boldsymbol{\Psi}_3\psi_1], \quad \frac{1}{\sqrt{2}}[\boldsymbol{\Psi}_2\psi_0 + \mathrm{i}\boldsymbol{\Psi}_1\psi_1], \quad \frac{1}{\sqrt{2}}[\boldsymbol{\Psi}_3\psi_0 - \mathrm{i}\boldsymbol{\Psi}_1\psi_{-1}] \tag{7.116}$$

其中

$$\boldsymbol{\Psi}_1 = \varphi_1, \quad \boldsymbol{\Psi}_2 = \frac{1}{\sqrt{2}}(\varphi_2 + \mathrm{i}\varphi_3), \quad \boldsymbol{\Psi}_3 = \frac{1}{\sqrt{2}}(\mathrm{i}\varphi_2 + \varphi_3)$$

现在我们来计算算符 ls 是怎样影响在立方场中的这一套轨道的. 由表 7.32 可知，比如：

$$\begin{aligned} \hat{l}\hat{s}\,(\overset{+}{z^2}) &= -\sqrt{\frac{3}{2}}\,(\overset{-}{xy}) - \mathrm{i}\sqrt{\frac{3}{2}}\,(\overset{-}{yz}) \\ \hat{l}\hat{s}\,(x^2 \overset{-}{-} y^2) &= -\mathrm{i}\,(\overset{-}{xy}) - \mathrm{i}\frac{1}{2}\,(\overset{+}{yz}) - \frac{1}{2}\,(\overset{+}{xz}) \end{aligned} \tag{7.117}$$

最后，得到结果之一为

$$\lambda\langle{}^3T_{2g}(e_g t_{2g})\left|\sum \hat{l}\hat{s}\right|{}^3A_{2g}(e_g^2)\rangle = 2\sqrt{2}\lambda \tag{7.118}$$

用同样的方法,可以计算能量矩阵中各个方块的所有必需的矩阵元.

考虑了与微扰论的一次项中的能级 $\Gamma_5^n({}^3T_{2g})$ 相混之后,基态的波函数为

$$\Psi(\Gamma_5^n) = \Gamma_5^n({}^3A_{2g}) - \frac{2\sqrt{2}\lambda}{10Dq}\Gamma_5^n({}^3T_{2g}) \tag{7.119}$$

7.13 激光晶体

以前曾提到,含过渡族元素杂质的晶体在有关量子光发生器(激光器)中作为激发介质的应用特别重要.

激光器的工作以电磁辐照对受激跃迁的放大作用为基础.考虑由辐照频率 $\nu_{12} = (E_2 - E_1)/h$ 的两个能级 1 和 2 组成的一个原子体系的相互作用,其中 E_1 和 E_2 分别为这两个态的能量,h 为普朗克常量.由于受激辐照,在厚度为 dx 上的辐照强度 I 增量为

$$dI = (\sigma_{21}n_2 - \sigma_{12}n_1)Idx = (n_2 - n_1g_2/g_1)\sigma_{21}Idx \tag{7.120}$$

其中,n_1 和 n_2 分别为能级 1,2 的布居数,g_1 和 g_2 分别为能级 1,2 简并的乘子,σ_{12} 为受激跃迁 2→1 截面,与由 $\sigma_{21} = W_{21}/I$ 表示的受激跃迁概率 W_{21} 相关.量 $\alpha = \sigma_{21}(n_2 - n_1g_2/g_1) = \Delta \cdot \sigma_{21}$ 被称为放大因子.为使该量大于零,必须使 $n_2g_1 > n_1g_2$,这就是介质中反转粒子布居的条件.量 $\Delta = n_2 - n_1g_2/g_1$ 称为反转布居数密度.

对长度为 l 的均匀棒,微分方程(7.120)的解为

$$I = I_0\exp(\sigma_{21}\cdot\Delta\cdot l)$$

其中,I_0 为入射辐照强度,I 为增强辐照的强度.从得到的表达式可以知道:通过增加 l 可以使 I 增强.这可以通过把棒放在由两个侧面平行的反射镜组成的法布里-珀罗干涉仪(振子)中,使光束反复穿过受激介质来实现.

为了在充有激发物质的光学振子中实际发生,反转布居数密度必须超过某一阈值 Δ_{thr}.可以从由于受激辐照引起的共振腔中的损失补偿条件来估算反转布居数密度阈值.如果振子的其中一个反射镜的反射系数为 r 而另一个反射完全,那么,振子单位长度的辐照损失等于$(1-r)/2l$,其中 l 为激发介质的长度

(假设振子反射镜就直接沉积在晶体的端面上).如果其他损失是微小的,我们得到反转布居的阈值表达式:

$$\Delta_{\text{thr}} = n_2 - g_2 n_1 / g_1 = (1 - r)/2\sigma_{21} l \tag{7.121}$$

利用激发灯(光抽运)的辐照可以实现受激晶体处于反转布居状态.

带光抽运的激光器工作电路可以分为三级和四级电路.图 7.37(a)为一个三级激光器的示意图.光抽运是指流向概率为 W_{13}(跃迁 1→3)的相应的能带.随后的弛豫 3→2(一般无辐照)用来增加能级 2 的粒子数.使跃迁 2→1 的发生受到影响.

四级激光工作模型在能量方面更有优势,如图 7.32(b)所示.与前面讲的不同,跃迁 3→2 的发生不牵涉基态,从而在热力学布居分布可以忽略的较高能级间进行.因此,为了在四级激活介质中获得布居数反转,仅仅转移原子的一小部分从基态变为态 3 就足够了.所以,在同等条件下,四级激光器受激所需的能量远比三级激光器小得多.

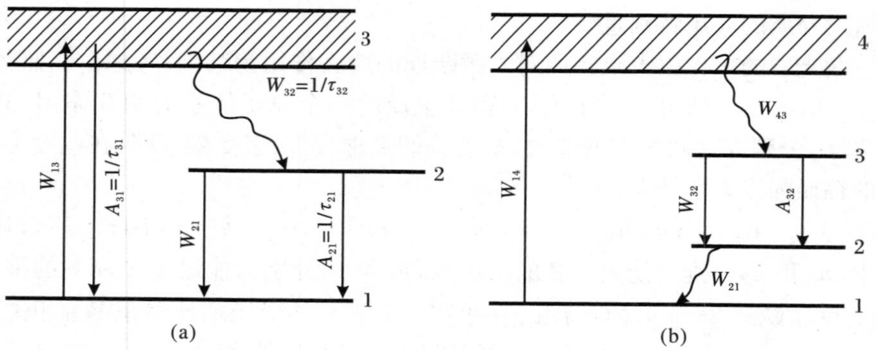

图 7.37 三级(a)和四级(b)激光器回路:W_{ij}, A_{ij} 分别为 $i \to j$ 的受激跃迁和自发跃迁的概率

为实现激发发生条件,晶体中的杂质离子必须具有一个亚稳能级,允许受激离子在该能级累积最大可能的数目.该能级的寿命必须主要依赖于带有强的狭窄的发光线的辐照跃迁.为了用非单色光源的抽运有效,杂质离子的吸收谱必须包含有宽吸收带,并且其中大多数离子可跃迁到亚稳态能级.此外,激发物质还必须具有好的光学性质以确保光学振子的高质量.

由于结构、进入方式和杂质状态等的差异,晶体提供了生产不同光谱区域激光器的巨大机会.此外,不同于各向同性介质(如玻璃),晶体的辐照中心是规则排列的,所以抽运功率一般来说不会耗费在激发非发生中心.晶体生长的进步使得获得足够高质量和所需尺寸的激发材料成为可能.

第一台晶体激光器应用了红宝石[7.75],即一种含有铬离子杂质(约 0.05%)的三氧化二铝(Al_2O_3)晶体,晶格中铬离子同形置换铝离子.这种晶体三角对称,是光学单轴的,折射率约为 1.76.值得一提的是,红宝石晶体具有高的机械强度和热导率(特别是在低温).

图 7.38 给出了 Al_2O_3 晶格的三角晶体场中 Cr^{3+} 离子($3d^3$组态)的低能级示意图.功能跃迁是亚稳态能级 ^2E(300 K 时寿命约为 3 ms)和基态 $^4A_2$ 之间的跃迁.在三角晶体场作用和自旋-轨道相互作用下,能级 ^2E 分裂成两个二重简并能级 $\overline{E}$ 和 $2\overline{A}$,两者间距为 29 cm^{-1}.在这些支能级与基态之间的跃迁分别和波长为 6 943 Å 和 6 929 Å 的辐照线 R_1 及 R_2 对应.这些线中的每一条都是双重线,因为基态 4 次简并能级 $^4A_2$ 也由间距为 0.38 cm^{-1} 的两个支能级构成.当温度降低时,辐照线变窄,从 300 K 时的 11 cm^{-1} 变为液氮温度时的 0.3 cm^{-1},并且光谱转变到较短波波长(6 934 Å 和 6 919 Å).

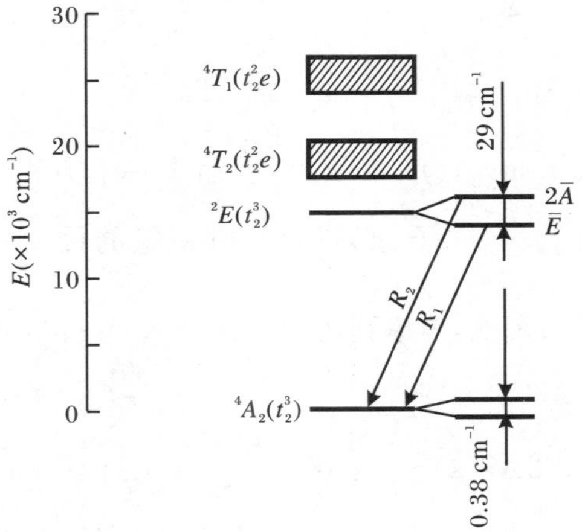

图 7.38 Al_2O_3 中 Cr^{3+} 离子低能级示意图

抽运辐照在两个宽的二向色吸收带中被红宝石吸收,吸收带和跃迁 $^4A_2(t_2^3)\to{}^4T_2(t_2^2e)$ 及 $^4A_2\to{}^4T_1(t_2^2e)$ 相应,位于光谱的可见光范围,如图 7.38 所示.大多数受激离子从这些能级非辐照地跃迁到亚稳能级 ^2E,具有的寿命 $\tau_{32}\approx5\times10^{-8}$ s.因此,红宝石激光器的能量简图具有三级体系的特征形式(图 7.37(a)).

在 R_1 线发生过程中,对红宝石中能级 $\overline{E}$ 和 $2\overline{A}$ 上的截止布居数的估计如下,假设 $r=0.5$,$l=10$ cm,并且考虑在室温时 $\sigma_{21}=2.5\times10^{-20}$ cm^2,利用式

(7.121)我们得到：$\Delta_{\text{thr}}=10^{18}\ \text{cm}^{-3}$. 根据玻尔兹曼分布，在 $T=290\ \text{K}$ 时，能级 $2\overline{A}$ 和 $\overline{E}$ 的布居数比值等于 0.87.

在一般的铬离子浓度(～0.05%)，每立方厘米的离子数目为 $n_0=1.6\times 10^{-19}\ \text{cm}^{-3}$. 从阈值条件

$$n(\overline{E})-\frac{1}{2}n(^4A_2)=1\times 10^{18}\ \text{cm}^{-3}$$

和平衡方程

$$1.87n(\overline{E})+n(^4A_2)=1.6\times 10^{19}\ \text{cm}^{-3}$$

我们得到 $n(\overline{E})=0.465\times 10^{19}\ \text{cm}^{-3}$，$n(2\overline{A})=0.405\times 10^{19}\ \text{cm}^{-3}$ 以及 $n(^4A_2)=0.73\times 10^{19}\ \text{cm}^{-3}$.

用图 7.37 的符号表示的描述三级体系的动理学方程可以写成

$$\begin{aligned}
\frac{dn_1}{dt}&=W_{21}(n_2-n_1)-W_{13}(n_1-n_3)+\frac{n_2}{\tau_{21}}+\frac{n_3}{\tau_{31}}\\
\frac{dn_2}{dt}&=-W_{21}(n_2-n_1)+\frac{n_3}{\tau_{32}}-\frac{n_2}{\tau_{21}}\\
\frac{dn_3}{dt}&=W_{13}(n_1-n_3)+\frac{n_3}{\tau_{32}}-\frac{n_3}{\tau_{31}}
\end{aligned}\tag{7.122}$$

利用关系式 $n_1+n_2+n_3=n_0$ 可以消去一个方程. 此外，如果在能级 3 $\left(n_3\ll n_1,\frac{dn_3}{dt}=0\right)$ 没有粒子的累积，从方程组的最后一个方程我们得到 $W_{13}n_1=\frac{n_3}{\tau_{32}}\left(1+\frac{\tau_{32}}{\tau_{31}}\right)$. 那么，考虑到在红宝石中 $\tau_{31}\gg\tau_{32}$ 的事实，反转布居数的变化将为

$$\frac{d\Delta}{dt}=-2\Delta W_{21}+n_0\left(W_{13}-\frac{1}{\tau_{21}}\right)-\Delta\left(W_{13}+\frac{1}{\tau_{21}}\right)$$

在稳定激光器工作时，$d\Delta/dt=0$ 和 $\Delta=\dfrac{n_0(W_{13}-1/\tau_{21})}{W_{13}+1/\tau_{21}+2W_{21}}$. 因为 $W=V\sigma_{13}\rho_{13}/h\nu_{13}$（$V$ 为激发试样的体积)，如果抽运能量密度对吸收带的平均值 $\rho_{13}>h\nu_{13}/V\sigma_{13}\tau_{21}$，那么发生条件 $\Delta>0$ 或 $W_{13}>1/\tau_{21}$ 就可以满足. 对薄的圆柱形试样，估算结果表明，对峰值在 5 600 Å 的吸收带的单位试样表面，抽运功率的阈值为 200 W/cm^2 的数量级.

晶体的激光辐照可以由于受激跃迁的各向异性极化特征而被极化. 因此，当激光辐照的电场矢量方向和光轴方向垂直时，在寻常光中，对于红宝石，能级 $\overline{E}$ 和 $^4A_2$ 之间的跃迁概率最大. 在钇铝石榴石中 Cr^{3+} 离子的光发生已经被 Sevat'yanov 等人发现[7.76].

在许多其他含有受激发二价稀土离子晶体中的激光效应已经被获得.比如,在含 Dy^{2+} 的萤石(CaF_2)[7.77]中,吸收谱在 2 300～4 900 Å 范围内有一条强且宽的带,在 5 800 Å,7 150 Å 和 9 100 Å 处还分别有 3 个较弱的带.因此,从 0.9 μm 到光谱的紫外部分范围内的几乎全部辐照能都被应用于氙灯抽运,这确保了脉冲方式中的低阈值能(77 K 时为 1 J).受激辐照以波长为 2.36 μm、非常窄的线(77 K 时小于 0.08 cm^{-1}和 27 K 时的 0.03 cm^{-1})的形式出射,这相当于在态 $^5I_7 \to {}^5I_8$ 之间的跃迁.后面的能级比基态能级高 35 cm^{-1}.亚稳态的寿命为 10^{-2} s.所以,激光发生按照图 7.37(b)所示的四级简图进行下去.

在其他单晶体中稀土元素三价离子的激光发生也沿着相同的路线进行.但区别于稀土二价离子,$4f \to 5d$ 壳层之间的跃迁位于光谱的紫外范围,不便于光抽运.激发受较弱的 $4f \to 4f$ 跃迁的影响.最有实用重要性的是 Nd^{3+} 离子,它在许多室温晶体中就可以实现激光效应.在某些晶体中,如钇铝石榴石晶体中,Nd^{3+} 离子的连续激光发生已经实现[7.78].

受 Nd^{3+} 离子激活的钇铝石榴石 $Y_3Al_5O_{12}$ 发光谱中最强的线(λ = 1.064 8 μm)对应于跃迁 $^4F_{3/2} \to {}^4I_{11/2}$,在室温时它的宽度等于 6.5 cm^{-1},在 $^4F_{3/2}$亚稳能级的寿命约为 200 μs.在这一跃迁中,$^4I_{11/2}$的能级从基级被移动了 2 000 cm^{-1}.因此,即使在室温下它的布居数也不增加,极大地有利于布居数反转的实现.这种情况一般就是四级机制的典型.

为提高光抽运的效应,向晶体引入额外的掺质(敏化剂),向发生激光的离子传递吸收的能量.选择敏化剂使得其吸收谱和主要离子的吸收谱尽量不重合,这样,能量的传递效率非常高.在掺杂了 Nd^{3+} 离子的 $Y_3Al_5O_{12}$ 晶体中,Cr^{3+} 离子就可以起到敏化剂的作用.传递到 Nd^{3+} 离子的能量受到这些处于亚稳态 ^2E 的 Cr^{3+} 离子的影响[7.79].

由于激光辐照的不同寻常的特征:光动力、高单色性、相干性和光束的小发散性等,激光晶体在科学技术中得到广泛的应用.激光源的应用导致了晶体光学新分支的发展,如非线性光学、受激态光谱学、受激拉曼散射光谱学、全息术、光放大等.在技术中,激光应用于加工硬质和难处理材料,在医药中,应用于完成复杂手术,激光还应用于通信技术领域、数据处理等其他领域.

7.14 晶体的极化发光

根据选择原则,晶体中吸收和发光中心能级间的电子跃迁可以是不同性质的,并且和偶极子(电的或磁的)或四极子吸收与辐照相应.在经典的模型中,这些跃迁可以与具有辐照特征空间分布和极化的电或磁偶极子以及四极子的吸收和辐照相比.

已经知道,对电偶极子,吸收强度正比于 $\cos^2\theta$,其中 θ 为振动轴方向和吸收波中电场强度的夹角,而在给定方向与偶极子轴成 φ 角处辐照的能流密度正比于 $\sin^2\varphi$.在包含偶极子轴和观察方向的平面上,辐照是完全线性偏振的.磁偶极子的辐照场的空间分布和电场的是一样的,但极化平面沿着观察方向绕过 $\pi/2$ 角.四极子辐照场可以表示为在相同方向运动并且振动相位相反的两个偶极子场的总和.

吸收和发光中心在晶体中有序排列,因而和光跃迁相应的振子以确定的方式取向.正因为这一原因,在晶体中传播的不同偏振的吸收和辐照波与振子的相互取向及波偏振方向有关.在吸收光谱中,这表现在二向色性(见7.5节),而在发光谱中表现为辐照的部分偏振.

当吸收和发光来自沿晶体的对称轴取向的各向异性光学中心时,发光极化也可以表现在立方、光学各向同性(看成连续的)晶体中.由于在有明确顺序的几个对称轴间的这些中心的等概率分布,这些中心的微观各向异性被平均化并且在立方晶体的宏观性质中被抵消.为了揭示这些中心的各向异性,有必要对晶体施加某种各向异性作用,不同程度地影响这些中心的各种基团.其中的一个方法就是 Feofilov[7.80] 极化发光,使得我们能够测定相应于所研究光谱的光谱带的基元振子的性质.发光的极化程度可通过下面方式观察到:有确定方式取向的晶体晶片受到偏振光的激发,随后测得发光极化程度和晶体晶片绕观察轴旋转角度的关系.这种方位角关系具有一种特征形状并且常常使得在振子和它们在晶体的取向特征之间形成明确的类型.

考虑下面情况,吸收和辐照振子为沿着立方晶体的四重对称轴排列的电偶极子.假设从晶体割出的晶片平行于(110)晶面,激发光是在垂直平面偏振的,如图7.39所示.观察到的极化程度 $P=(I_v-I_h)/(I_v+I_h)$,对 n 个辐照子来说,等于 $\sum P_i I_i / \sum I_i$,其中 P_i 为第 i 个辐照子的极化程度,I_i 为辐照强度,而 I_v 和 I_h 分别为穿过位于竖直和水平方向的起偏器的穿透光光强.

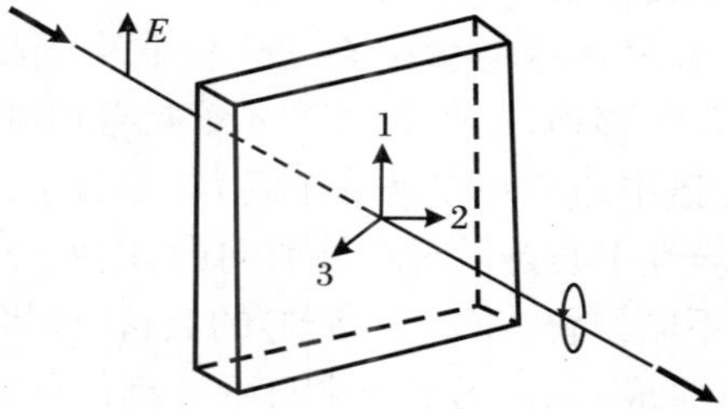

图 7.39 立方晶体中方位角和极化程度关系的观察
1,2,3 为振子的取向,E 为激发辐照的极化

对沿四重轴取向的 3 个振子,我们得到:

$$I_1 = \cos^2\alpha, \quad P_1 = \cos 2\alpha$$

$$I_2 = \frac{1}{4}\sin^2\alpha, \quad P_2 = -\cos 2\alpha$$

$$I_3 = \frac{1}{4}\sin^2\alpha, \quad P_3 = -\cos 2\alpha$$

其中,α 为振子 1 取向和激发辐照极化 E 方向之间的夹角,如图 7.39 所示.总辐照的极化程度为

$$P = \frac{\cos 2\alpha(3\cos^2\alpha - 1)}{1 + \cos^2\alpha}$$

这一关系的曲线见图 7.40.发光强度也和方位角 α 有关:

$$I = \sum I_i = (1 + \cos^2\alpha)/2$$

当用自然光激发时,观察到的极化程度(自发极化)$P_{sp} = \frac{1}{3}\cos 2\alpha$.因此,在这种情况下,即使用非偏振光激发,极化程度也和方位角有关.对沿着三重轴取向的振子,$P = \sin^2\alpha \frac{7 - 6\sin^2\alpha}{2 + \sin^2\alpha}$.对沿二重轴取向的振子,$P = \frac{2 + 7\sin^2\alpha - 6\sin^4\alpha}{6 + \sin^2\alpha}$.也可以考虑振子排列和晶片取向相同的其他情形,并

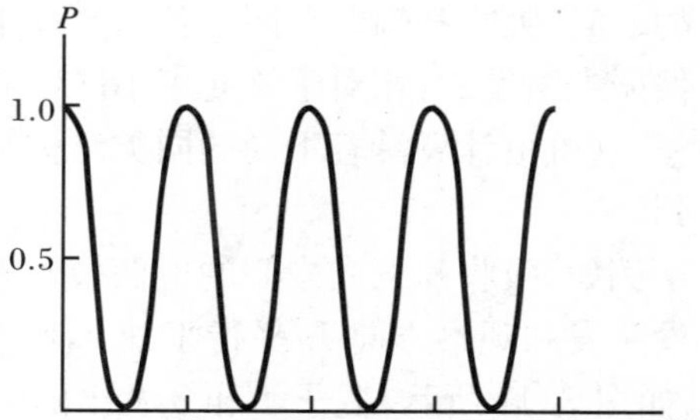

图 7.40 计算图 7.39 所示情形发光极化的示意图[7.80]
晶体相对于观察轴旋转 α 角

且发现这样的实验解释是明确的.

揭示光学中心各向异性及其在晶格中取向的另一个重要手段是:在晶体的收缩或拉伸均匀弹性形变作用下,研究光谱吸收线和发光线的分裂谱线(压电光谱学,见文献[7.81]).晶体中能量中心的位置取决于晶体内场,因而这种作用引起了这些能级的轻微移动,这些移动因试样取向相对中心收缩方向的不同而不同.吸收和辐照光谱中的单一光谱带在应力存在的晶体中将会分裂.

立方晶体中各向异性中心是沿对称轴取向的,因而分裂分量的数目取决于中心收缩取向的轴的不同位置(相对于晶轴)的数目.如果弹性形变引起的仅仅是谱线移动,上述陈述是成立的.当谱线来自跃迁到简并能级,以及弹性形变可影响晶体,从而使简并度可以提高,此时谱图变得更加复杂.对最简单的情况,当收缩沿着一个对称轴作用时,表7.33给出了分裂能级的数目.

表7.33 光学中心取向沿着立方晶体不同轴时光谱线的形变分裂[7.81]

收缩 ***F*** 中心取向的轴	分裂分量的数目		
	⟨100⟩	⟨111⟩	⟨110⟩
沿4	2	1	2
沿3	1	2	2
沿2	2	2	3

因此沿着对称轴2,3和4施加形变时,谱线分裂的谱图确切地决定了立方晶体的光学中心的取向.

一般来说,分裂的分量是极化的,取决于基元振子的性质、激发光的极化以及观察方向.重要的是要知道同一中心是否同时发生吸收和辐照,或它们是否分开和独立地进行(激发从另一个中心转移过来),从而可以认为激发是各向同性的.如果吸收和辐照在同一各向异性中心内发生,那么,即使当发光是由一束非偏振光激发的,相对于该光束不同取向的光学中心团簇将有不同的发光激发概率.这可由计算沿着不同的同类对称轴排列的光学中心团簇的光吸收概率而得到.

例如,吸收和发光中心的电偶极子沿着三重轴排列,先考虑各向同性激发.假设激发和观察方向 ***L*** 平行于轴2,收缩方向 ***F*** 平行于另一轴2、并且垂直于 ***L***,如图7.41所示.振子1和3发出的辐照为相对强度为2/3的发光谱线之一并且是垂直于 ***F*** 极化的.振子2和4辐照出另一谱线,见表7.33.当这一发光谱线穿过一个垂直或平行于 ***F*** 的起偏器,其辐照相对强度等于2/3或3/4.

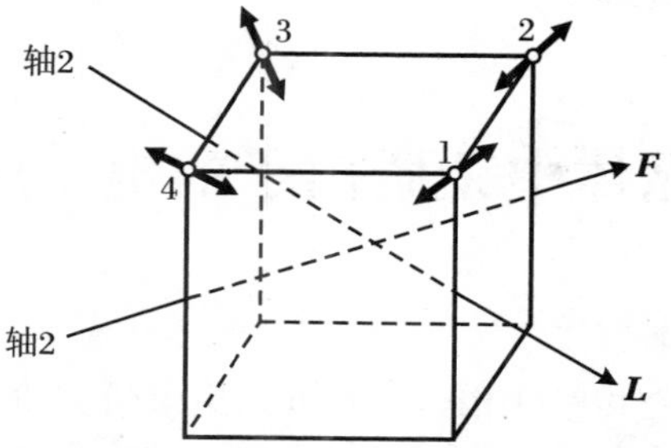

图 7.41 立方晶体中发光谱线形变分裂的观察

1,2,3 和 4 分别为沿 4 个三重轴取向的振子[7.81]

图 7.42(a)给出了分裂的总图,图中竖直线段表示光谱带分裂的分立分量,在水平线上、下线段的长度分别正比于为极化平行和垂直于 $\boldsymbol{F}$ 的分量的强度.对观测轴 $\boldsymbol{L}$ 的其他取向如$\boldsymbol{L}/\!/3,\boldsymbol{L}\perp\boldsymbol{F}$ 和$\boldsymbol{L}/\!/4,\boldsymbol{L}\perp\boldsymbol{F}$ 也可作类似的计算.

如果吸收和辐照在同一中心进行,将得到不同的结果.对相同的 $\boldsymbol{L}/\!/2$ 的情况,当激发光不是偏振的,振子 1 和 3 辐照到相对强度分别为 $O(/\!/\boldsymbol{F})$和 1/9 $(\perp\boldsymbol{F})$的一条谱线,而振子 2 和 4 则辐照到相对强度分别为 2/3 $(/\!/\boldsymbol{F})$和 1/3 $(\perp\boldsymbol{F})$的另一条谱线.图 7.42(b)给出了在谱线和极化之间的发光分布.

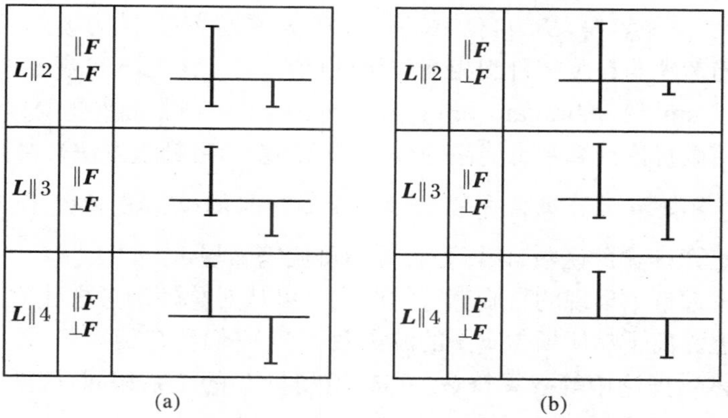

图 7.42 在各向同性(a)和各向异性(b)激发情形中,沿三重轴取向的电偶极子的发光谱谱线的极化分裂:形变方向 $F/\!/2$ 并垂直于观测方向 L,激发光束平行于 L[7.81]

对各种类型的振子,一整套这种谱图说明了压电光谱学是揭示立方晶体发光振子的性质及其配置的工具.

7.15 晶体中杂质离子的电子顺磁共振

应当认识电子顺磁共振(EPR)主要可以用来研究价态、近邻环境的对称性以及晶格中过渡族元素杂质离子的相互作用. EPR 现象是由 Zavoisky 于 1944 年发现的,由处于外磁场中的顺磁质能级间的塞曼跃迁作用下高频电磁场的量子能量的共振吸收所构成[7.64,7.66,7.82]. 这个效应是由保留在晶体中的过渡族元素离子、一个非零的未满电子壳层的磁矩引发的. 在顺磁质中,高频场能量的连续吸收伴随着磁转变激发后的弛豫(通过和晶格离子相互作用),返回体系初始热力学平衡状态. 这种机制决定了顺磁弛豫的过程和时间. 在自旋-晶格弛豫过程中,晶体离子的振动调制了晶体内电场,改变电子的运动轨道并且影响由于自旋-轨道相互作用引起的自旋态.

我们在晶体场理论中考虑过,晶体中离子的哈密顿量 $H = H_0 + V_{cr} + V_{so}$,现在必须补充外磁场 $\boldsymbol{H}$ 中的电子塞曼能:

$$\hat{H}_z = \beta(\boldsymbol{L} + 2\boldsymbol{S})\boldsymbol{H} \tag{7.123}$$

其中,$\boldsymbol{L}$ 为轨道矩算符,$\boldsymbol{S}$ 为自旋矩算符,$\boldsymbol{H}$ 为磁场矢量,β 为玻尔磁子. 此外,我们也应当考虑弱自旋—自旋相互作用的能量 V_{ss},其大小和塞曼项有相同的数量级($\sim$1 cm^{-1}). Abragam 和 Pryce[7.83]发展了一种非常重要的方法,使得我们能够利用微扰论计算基态能级的分裂(即**自旋-哈密顿量方法**). 微扰算符 $V_{so} + V_{ss} + \hat{H}_z$ 矩阵元的计算首先要借助于无微扰时的坐标波函数. 结果,微扰能量将是自旋算符 $\hat{S}$ 的函数,该函数称为**自旋哈密顿量**.

在哈密顿量中出现的自旋算符的形式可以从对称性的考虑建立,因为它们确定了最近邻离子晶体场中离子的波函数[7.66],它们和自旋矩阵 S_x,S_y 和 S_z 的关系与晶体场理论中等效算符 O_n^m 和轨道动量 $\boldsymbol{L}$ 的关系相同. 因此,在晶体学坐标系中,对点电荷电场的不同对称类型,有:

(1) 立方对称性

$$\hat{H} = B_4^0(O_4^0 + 5O_4^4) + B_6^0(O_6^0 - 21O_6^4) + g\beta \boldsymbol{HS}$$

(2) 六角对称性

$$\hat{H} = B_2^0 O_2^0 + B_4^0 O_4^0 + B_6^0 O_6^0 + g_{/\!/}\beta H_z S_z + g_{\perp}\beta(H_x S_x + H_y S_y)$$

(3) 三角对称性

$$\hat{H} = B_2^0O_2^0 + B_4^0O_4^0 + B_6^0O_6^0 + B_4^3O_4^3 + B_6^3O_6^3 + B_6^6O_6^6 + g_{/\!/}\beta H_zS_z + g_{\perp}\beta(H_xS_x + H_yS_y)$$

(4) 四方对称性

$$\hat{H} = B_2^0O_2^0 + B_4^0O_4^0 + B_6^0O_6^0 + B_4^4O_4^4 + B_6^4O_6^4 + g_{/\!/}\beta H_zS_z + g_{\perp}\beta(H_xS_x + H_yS_y)$$

(5) 正交及更低对称性

$$\hat{H} = B_2^0O_2^0 + B_2^2O_2^2 + B_4^0O_4^0 + B_4^2O_4^2 + B_4^4O_4^4 + B_6^0O_6^0 + B_6^2O_6^2 + B_6^4O_6^4 + B_6^6O_6^6 + g_x\beta H_xS_x + g_y\beta H_yS_y + g_z\beta H_zS_z \quad (7.124)$$

现在,塞曼能量可以用 g 因子的主值 g_x, g_y 和 g_z 来表示,对自由离子产生 g 因子的一般值:

$$g(S,L,J) = 1 + \frac{J(J+1) - L(L+1) + S(S+1)}{2J(J+1)}$$

对单纯自旋态($L=0$),其值等于 2. 对该值的偏离是由轨道运动的贡献造成的.

决定基态能级初始分裂的自旋算符 O_n^m 的数目(这些必须保留在自旋哈密顿量内)和基态总自旋 S 有关. 因此,对铁族元素,非零矩阵元将只产生有关自旋函数的 $m=0,2,3$ 及 4 的算符 O_n^m. 对稀土元素,还存在其他上述算符.

在外磁场中分裂成自旋量子数为 S 的能级总数等于 $2S+1$,所以,当塞曼项成为决定性项时,我们可以观察对强磁场来说满足选择原则 $\Delta M_s = \pm 1$ 的 $2S$ 个吸收线. 这些线形成了 EPR 谱的**精细结构**. 比如,对 Cr^{3+} 离子($3d^3$ 组态),根据洪德法则,其基态将是自旋为 $S=3/2$ 的项 ^4F,而谱的精细结构包含 3 条吸收线,如图 7.43 所示.

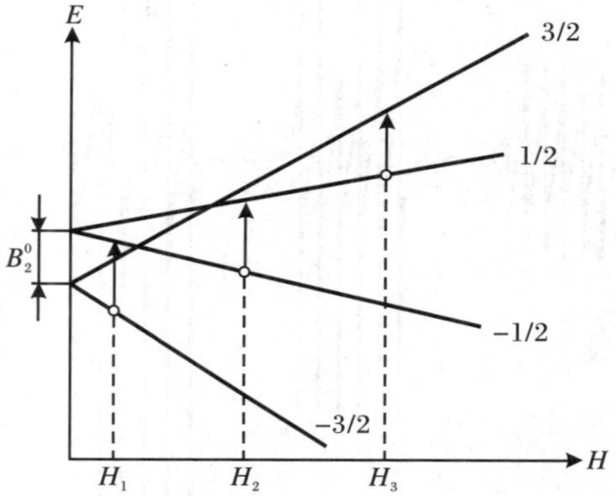

图 7.43 在 H_0 平行于晶体光轴的磁场中 Cr^{3+} 离子(d^3, $S=3/2$)的能级及其允许的跃迁(H_1, H_2 和 H_3)示意图

自旋-晶格弛豫时间和价态也有紧密的关系. 尽管在室温时 Cr^{3+}, V^{2+} 和其他离子一般产生窄谱线(在八面体环境中),而要观察除了 Eu^{2+} 和 Gd^{3+} 外的稀土族离子的 EPR 谱却要求达到氦温度. 注意,对带有偶数电子的离子,依靠众所周知的克拉默斯推论,电场不能完全消灭基态能级的简并,它保留二次简并(克拉默斯双线). 这种简并可以通过施加磁场消除,并且建立适合观察 EPR 的条件.

因此,精细结构谱线的数目为 $2S$,是由顺磁杂质离子的价态决定的,并且成为对它进行鉴别的可靠依据.

谱中谱线的位置取决于外磁场中晶体的取向(精细结构的角度关系),并且反应顺磁离子周围晶格的局部对称性(位置对称性).对角度关系的研究揭示了潜在的局部各向异性并且建立了晶体场的对称性和被顺磁离子占据的等效(仅仅是取向不同)晶格位置的数目、它们的布居数[7.84]密度以及晶格离子替代时电荷补偿的方式.

如果顺磁离子的原子核包含磁矩不为零的同位素,那么,由于电子和核磁矩的相互作用,精细结构的每一条谱线揭示了额外的 $2I+1$ **超精细结构**(HFS)分量(其中 I 为核自旋),它们几乎是等距离的(在强场中)和等强度的,如图7.44所示.当有几个这样的同位素存在时,HFS分量的强度跟自然混合物的同位素分布或富集程度一致.

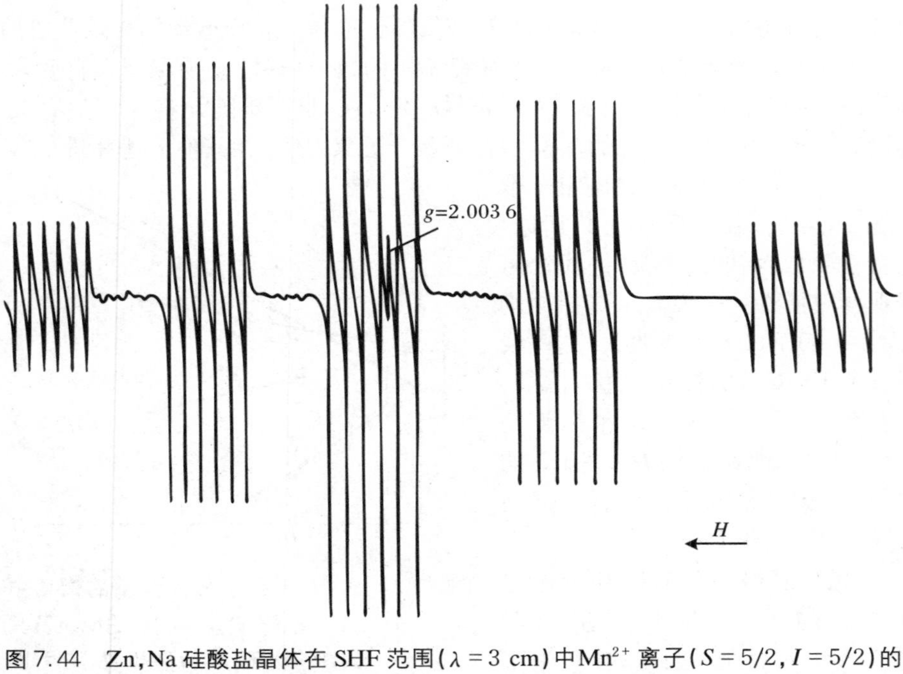

图7.44 Zn,Na硅酸盐晶体在SHF范围($\lambda=3$ cm)中Mn^{2+}离子($S=5/2$, $I=5/2$)的EPR谱(H_0平行于轴2,两个等效Mn离子EPR谱线重合[7.85])

如果形成配位体离子的共价键,电子自旋可以和最邻近的原子核的磁矩发生相互作用并且导致EPR谱的**高超精细结构**(SHFS)的形成.这一精细结构的性质和环境对称性有关.如果 n 个相同的配位体具有等于 I 的核自旋,一般的超精细结构的每一条谱线将分裂为 $2nI+1$ 个分量，其强度服从二项式定律，如图 7.45 所示. HFS 的观察可以提供杂质离子进入方式的额外信息和在配位体中离子的电子密度分布.

描述 EPR 谱时，自旋哈密顿恒量一般通过实验测出吸收线的电磁场共振值的位置后确定. 为此，要建立一久期方程并且利用微扰论或其他数值计算方法（对方程的高次项）找到其本征值[7.66]. 自旋哈密顿量技术的应用在举例中也将被考虑. 具有这种组态的离子基态将是自旋三重线 ^3F. 假设所有恒量 B_n^m 中只有 B_2^0 不等于零（这相当于晶体内场的轴对称性）并写出此时的自旋哈密顿量：

$$\hat{H} = B_2^0 O_2^0 + g\beta \mathrm{HS} \tag{7.125}$$

其中，$O_2^0 = 3S_z^2 - S(S+1)$ 为自旋算符.

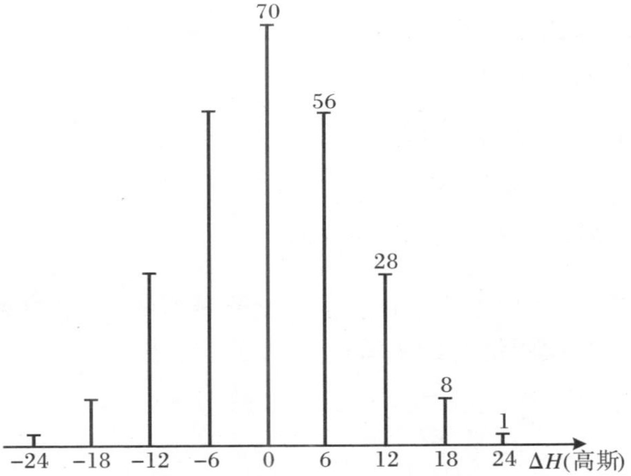

图 7.45　BaF_2 晶体中 Mn^{2+} 离子和邻近的等效原子核 F^{19} $\left(n=8, I=\frac{1}{2}\right)$ 的相互作用引起的 EPR 谱的高超精细结构分量的理论强度之比

ΔH 表示到基团中心的距离（单位：高斯）

假设刚开始外磁场是沿着 Z 轴方向（晶体的四方轴）$H /\!/ Z$. 那么

$$\hat{H} = b_2^0\left[\hat{S}_z^2 - \frac{1}{3}S(S+1)\right] + g_{/\!/}\beta H S_z \tag{7.126}$$

由于我们只对能级间距感兴趣，把值 $\frac{2}{3}b_2^0$ 加到对角项中去，并且转到无量纲值 $x = g_{/\!/}\beta H / b_2^0$，$\varepsilon = E/b_2^0$，其中 $b_2^0 = 3B_2^0$ 为确定能级在 $H=0$ 时初始分裂的参数，如图 7.43 所示. 以波函数 $\psi_{MS}(\psi_1, \psi_2, \psi_3)$ 为基函数，写出久期方程：

$$\begin{vmatrix} 1+x-\varepsilon & 0 & 0 \\ 0 & -\varepsilon & 0 \\ 0 & 0 & 1-x-\varepsilon \end{vmatrix} = 0$$

因而我们得到能级

$$\varepsilon_1 = 1 + x, \quad \varepsilon_2 = 0, \quad \varepsilon_3 = 1 - x$$

在 EPR 谱中，如果我们观察高频场 $h\nu < b_2^0$ 的量子在场 H_1 和 H_2 中的两个共振跃迁，如图 7.46(a)所示，那么，显然有

$$b_2^0 = \frac{h\nu(H_2 + H_1)}{H_2 - H_1}, \quad g_{/\!/} = \frac{2h\nu}{\beta(H_2 - H_1)} \tag{7.127}$$

类似地，当 $H \perp Z$ 时，有

$$\hat{H} = g_{\perp}\beta H S_x + B_2^0 O_2^0$$

并且从久期方程的解

$$\begin{vmatrix} 1-\varepsilon & x/\sqrt{2} & 0 \\ x/\sqrt{2} & -\varepsilon & x/\sqrt{2} \\ 0 & x/\sqrt{2} & 1-\varepsilon \end{vmatrix} = 0$$

其中，$x = g_{\perp}\beta H / b_2^0$，$\varepsilon = E/b_2^0$，容易找到 $\varepsilon_2 = 1$，$\varepsilon_3 = \frac{1}{2}(1-\xi)$，$\varepsilon_1 = \frac{1}{2}(1+\xi)$，$\xi = \sqrt{1+4x^2}$. 图 7.46(b)给出了这种情形的能级简图. 如果观测的跃迁和磁场 H_3 相应，那么，有决定张量 g 的主值 $g_{\perp}$ 的方程：

$$g_{\perp} = \sqrt{h\nu(h\nu + b_2^0)}/\beta H_3 \tag{7.128}$$

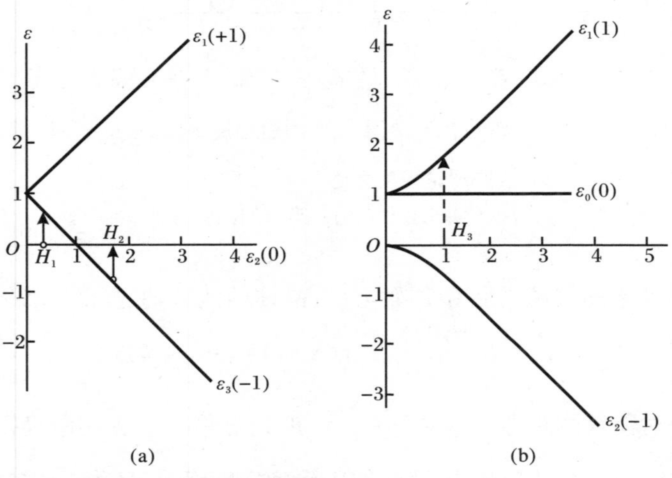

图 7.46 镍氟硅酸盐晶体中 d^2 组态($S=1$)的能级简图：(a)$H /\!/ Z$，(b)$H \perp Z$

Z 轴和晶体的轴 4 重合；H_1，H_2，H_3 分别为对 $h\nu < b_2^0$ 允许跃迁的磁场[7.66]

第 8 章

液　　晶

8.1 液晶的基本特征

某些有机物质中特有的**液晶**(介晶)态由拉长分子(图 8.1)组成,是以这种分子的平行堆垛为特征的,即有长程取向序[8.1,8.2].相应的热力学相在相图中有它自己确定的区域.某些物质可以形成一个甚至是几个结构不同的液晶相[2.5].它们的宏观流变性质介于真实晶体和真实(各向同性)液体之间:液晶是流体,但是各向异性.液晶的黏滞性介于水和重油之间.已经知道"玻璃化"液晶是过冷的结果.液晶的各向异性在其多种性质中(如光学、电学和磁学性质等)表现出来[8.1-8.15].

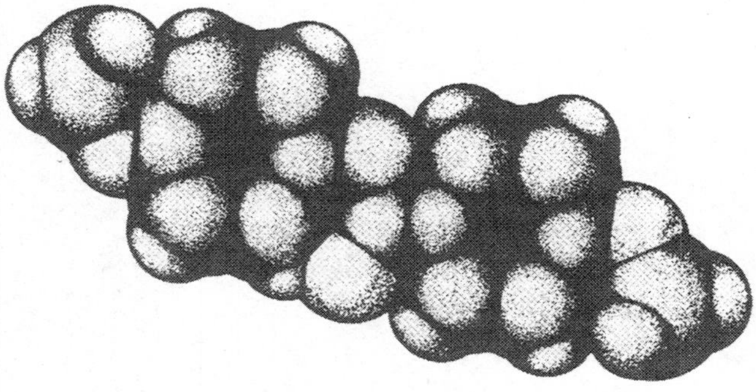

图 8.1　形成液晶相的氧化偶氮茴香醚分子的形状

3 种基本的液晶类型是有区别的:**层状的、丝状的**和**螺状的**.丝状和层状的液晶都是以分子的平行排列为特征.在丝状液晶中,分子的重心不表现出位置序,而在层状相中观察到平行于主(Z)轴的周期性分布,分子的长轴沿着 Z 轴排列,如图 8.2(a),(b)所示.层状液晶也会表现出垂直于 Z 轴的层中的序,如图 8.2(b)所示.在螺状相中,在可比较的短距离,分子的排列和丝状相的相同,长距离中,取向结构具有螺旋形状(图 8.3).

已经知道有序度介于层状和丝状相之间的某些类型.近几年来,已经发现由堆垛在液体柱中的盘状分子构成的液晶形成二维晶格[8.15].

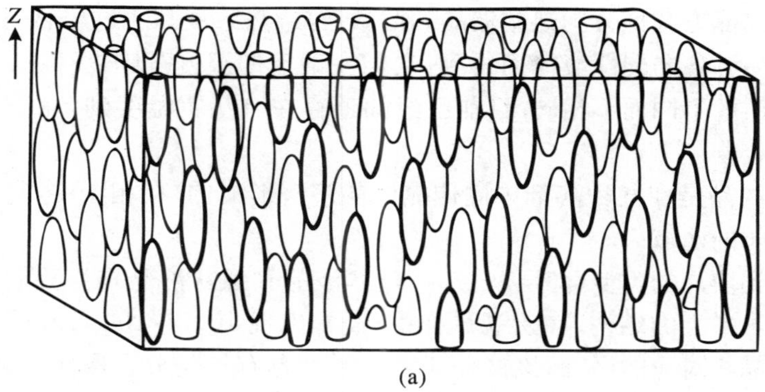

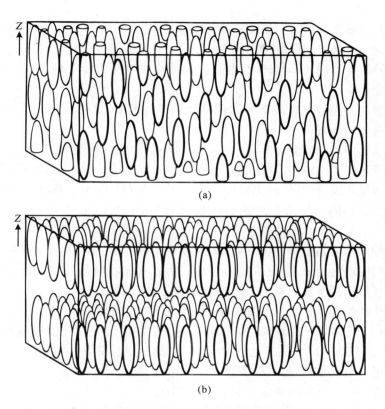

图 8.2 丝状液晶(a)和层状液晶(b)的结构[8.1]

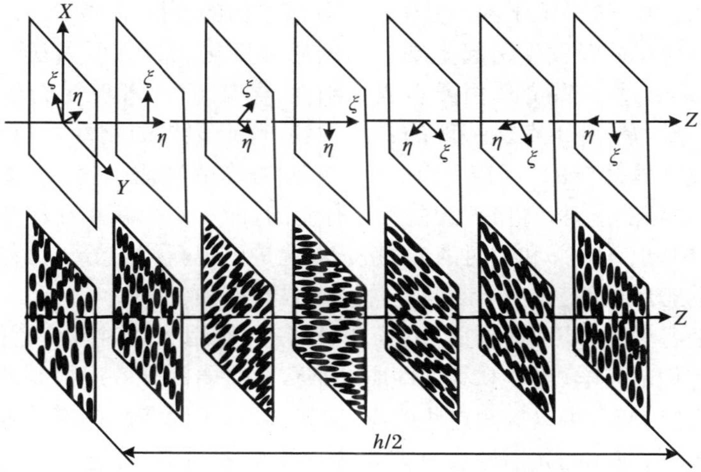

图 8.3 螺状液晶的螺旋结构，h 为螺旋结构的螺距

根据结晶方式区分为**热致液晶**和**溶致液晶**.热致液晶通过加热一块固体晶体或冷却一种各向同性液体而得到,它们在确定的温度范围内存在.这一温度范围因物质的不同而不相同.目前已经知道存在有从负温度到 300～400 ℃的液晶相化合物.

溶致液晶是在某种溶剂中固体晶体的溶解形成的.在相图中,它们也有一个自身封闭的区域.

在谈到液晶的类型(即层状液晶、丝状液晶和螺状液晶)时,我们指的是它们在分子水平上的结构.在宏观试样中,经常出现 10^{-5}～10^{-2} cm 的区域具有和给定液晶相对应的序,而该试样还有一系列具有均匀分子取向的区域(畴),畴取向可以是随机的或是规则的(织构).在一定条件下,可以形成一个单畴试样.

薄的丝状液晶层(10～50 μm)是透明的,向错(和晶体中的位错类似)消失时其透明度略为增加.均匀取向的"单晶"螺状和丝状液晶层也是透明的.用光学显微镜可以清楚地观察到畴间的边界和它们相互间的序.

大体积的液晶强烈地散射光并且具有一种混浊的外观.这是由于光对非均匀性取向——取向涨落和畴边界以及向错的散射引起的.即使应用强的取向因素,比如,20 000 Oe 的磁场,这种物质仍然保持混浊,说明了尽管分子已经很大程度地沿着磁场排列,但试样还是取向不均匀.

如果一块丝状液晶薄层受到取向效应的作用,试样可以转变成为一个大的单畴.如果这种单畴的光轴垂直于封闭液晶薄层的玻璃片,那么,它在偏光显微镜中两块相互交叉的尼克尔棱镜之间变暗.但是,可以看到在畴的黑暗背底上许多闪烁的光点.这是由于液晶光轴局部偏离法向的原因.如果大约 10^5 个分子在热力学涨落中同时发生引起光轴方向的局部变化,那么,可以观察到这种现象.以前已提到过,液晶介质由或多或少刚性、含有 10^5 个相互平行的"群集"组成.目前已经清楚,并不存在一般的具有尖锐、确定边界的刚性"群集",但液晶对热力学或其他效应的"反应"实际上是一种协作的性质:它涉及整个分子系综.在处理多相涨落时,"群集"的概念是有用的,即有一个新相在相变点附近形核.在初相中,出现局部和短时的多相涨落,就是出现新相的分子"群集".因此,"群集"是动态形成的,它们不断蜕变,被新的"群集"取代等.

液晶在各种外部因素(辐照、电场和磁场等)作用下随时改变它们的结构,这改变了它们的光学、电学和其他性质.因此,通过弱的外效应控制液晶试样的性质成为可能,或者可以探测这些效应.比如,区别于固态晶体需要成百上千伏的电压来控制,液晶的光学性质只需要 2～20 V 就足够了.这些独特性质的广泛技术应用、液晶结构在分子生物学中的重要性以及通过研究液晶获得的广泛材料对凝聚态结构的一般理论的发展和完善等,在过去 10 年中已经引发了这一科学分支的有力增长.

8.2 液晶织构和光学性质

8.2.1 层状液晶

"层状(smectic)"一词是从希腊语"smegma"($\sigma\mu\eta\gamma\mu\alpha$——肥皂)演变来的,因为这种类型的液晶首先是在肥皂中发现的.形成层状液晶物质的例子之一是对一氧化偶氮苯甲的酸醇醚.

$$C_2H_5OOC-\!\!\!\!<\!\!\!\!\bigcirc\!\!\!\!>\!\!\!\!-N\!=\!N-\!\!\!\!<\!\!\!\!\bigcirc\!\!\!\!>\!\!\!\!-COOC_2H_5$$

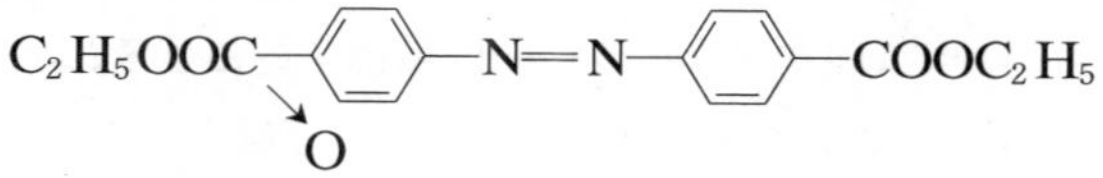

这种物质的固态晶体在 114 ℃ 熔化并且形成层状液晶,在 120 ℃ 熔化成一种普通的各向同性液体.如果各向同性熔体被冷却,在 120 ℃ 出现具有长棒形状的单个的液晶相晶核,如图 8.4 所示.然后这些晶棒核熔合到一起,形成一种所谓的共焦织构,这种共焦织构可以用带交叉偏振片的偏光显微镜方便地进行研究,如图 8.5 所示.回想普通的各向同性液体在交叉偏振片之间是不可见的,即显微镜的视场仍然是暗的.考虑到图 8.5 中的双折射织构具有规则的结构,可见尽管层状液晶是流体,但它从根本上已明显不同于普通液体.

图 8.5 中的织构由分离的自由区域即共焦畴组成,每个共焦畴的几何是相当复杂的.畴中的层状相片层是弯曲的以致形成一族表面,在拓扑学中称为迪潘四次圆纹曲面.在单独畴中的层状相片层的排列如图 8.6 所示.4 次圆纹曲面族形成的根基是共焦对:椭圆 *AB* 和双曲线 *COD*.在畴内任何地方,长分子轴的方向和穿过以下 3 点的直线重合:给定分子的中心、椭圆上的一点和双曲线上的一点,比如,图 8.6 中 *BD*,*BC* 或 *KC* 就可能是这种直线.这些直线也表示了畴中光轴的排列方向.这种共焦畴结构解释了在显微镜中观察到的光学条纹,如图 8.5 所示.

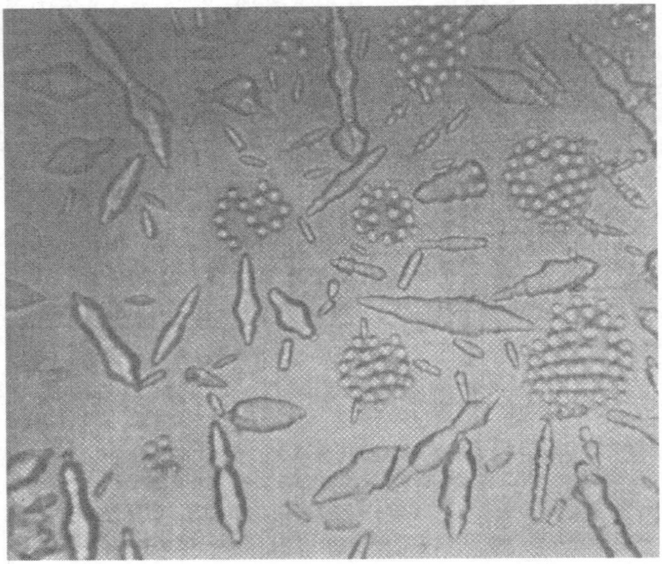

图 8.4　以棒状形式悬浮在各向同性熔体中的层状液晶的晶核(放大倍率 200×,自然光)[8.2]

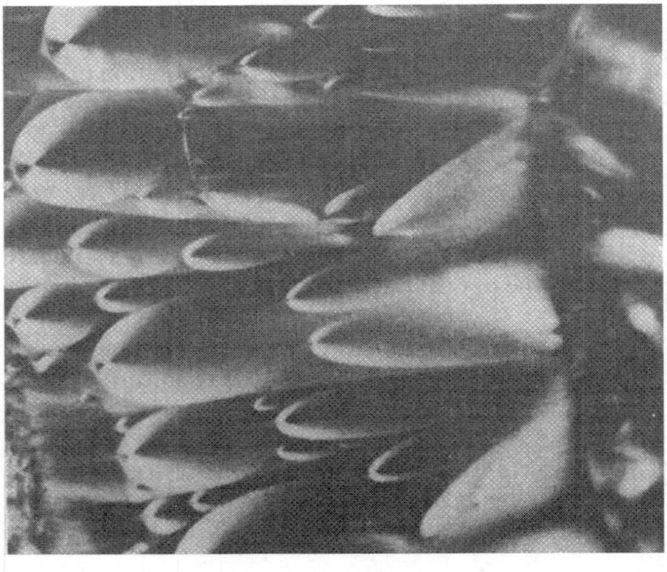

图 8.5　交叉尼克尔棱镜中的层状共焦织构(放大倍率 400×)[8.2]

畴簇之间或多或少有规则的相互关系，形成特征织构(如多边形、扇形等)，这有助于我们清楚地鉴别层状相.我们也能够观察到从一种层状多形体转变到另一种变态的畴结构的协调性变化.

在层状液晶的众多结构特征中，我们还注意到一种最能突出表现液晶特异性的所谓台阶结构的形成.如果我们在一非常干净平滑的表面上放置一小滴层状相液晶物质，比如在沿着解理面刚解理的云母片上，那么在固体晶体熔化后，层状相以台阶结构的形式出现.图 8.7 给出了它们的结构图示.台阶结构是层状液晶层造成的.每个台阶的厚度是分离层状相片层的厚度的倍数.当台阶结构受到机械效应的作用，我们可以看到分离层片之间的相对自由滑移.

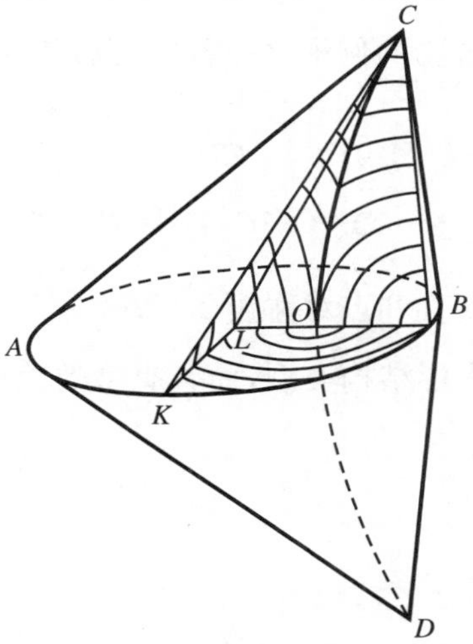

图 8.6 共焦畴的结构

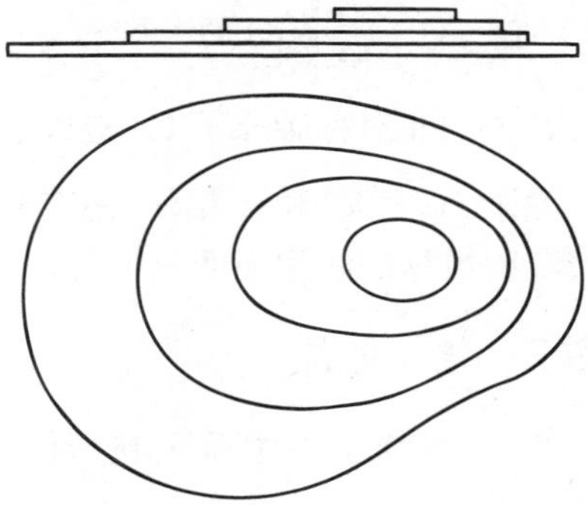

图 8.7 两种投影中的台阶结构

在玻璃片之间获得薄的均匀取向的液晶层(即单畴试样)是有可能的.在会聚光中对这种试样的研究表明，其锥光花样和常规单晶片的花样是相似的.

几种层状多形变态是有区别的，见文献[2.5]第 2 章.目前已经基本透彻研究了变态 A，B 和 C.在层状相 A 中，长分子轴垂直于片层.在片层内仅存在一种短程位置分子序.与层状相 A 不同，层状相 B 在层内分子的排列具有明显的位置长程(六角)序.A，B 两相都是光学单轴的，它们的光学对称性为 ∞/mm.

长分子轴和层状平面倾斜并和片层法向形成 θ 角的液晶(相 C)是光学双轴的.此时，均匀取向的层状试样可以具有点对称性 $2/m$，和双轴晶体的折射率椭球族中的一样.层状相 C 可以具有局部(在短程分子间距内)的包含轴 2 的点群的单斜对称性.轴 2 平行于层状相片层.当分子化合物有手性时，即有两种可能的对映单形中的一种时,则不存在其他对称素.分子偶极子取向沿着轴 2.这种相(即 $\tilde{C}$ 相)具有特殊的铁电性质.如果一个相是配对的,也就是说它由两种手性分子类型组成,那么,其对称性点群为 $2/m$.

区别于层状相 C,在层状相 $\tilde{C}$ 中偏离片层法向 θ 角的分子相对于片层法向从一层旋转到另一层,形成有以下螺距的螺旋结构(螺旋面):

$$h = 2\pi\tilde{t}/\alpha$$

其中,$\tilde{t}$ 为层状相片层的厚度,α 为表征分子在相邻两层之间旋转的方位角.这种手性相 $\tilde{C}$ 结构在片层平面具有极化矢量 P.矢量 P 垂直于分子轴并且以几微米的螺距绕法向旋转.具有铁电 $\tilde{C}$ 相的化合物的例子之一就是癸氧基卞基-氨基-2-甲基-丁基-肉桂酸盐:

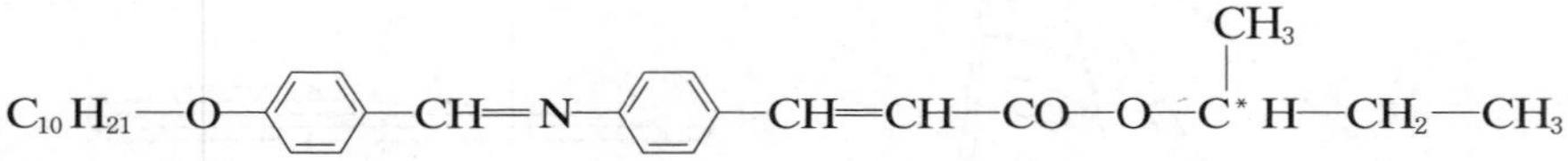

$$C_{10}H_{21}-O-\bigcirc-CH=N-\bigcirc-CH=CH-CO-O-\overset{\overset{CH_3}{|}}{C^*}H-CH_2-CH_3$$

其中的非对称碳原子 C^* 造成了 $\tilde{C}$ 相的手性和点对称性 2.

除了 A,B,C 和 $\tilde{C}$ 相外,还有几种层状多形结构类型,而且类型的数目将随着实验数据的积累而明显增加.

8.2.2 丝状液晶

产生丝状液晶的物质的典型例子是氧化偶氮茴香醚:

$$CH_3O-\bigcirc-\overset{\overset{O}{\uparrow}}{N}=\underset{N}{}-\bigcirc-OCH_3$$

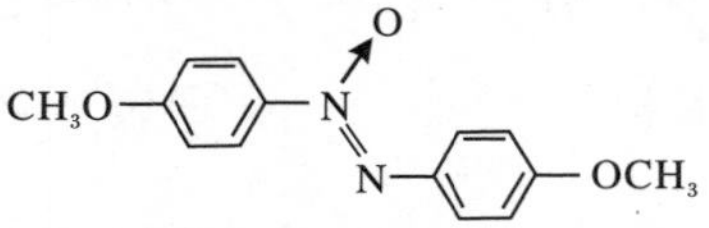

氧化偶氮茴香醚液晶在 116～136 ℃的温度范围内存在.试样显示出大量的暗丝."nematic"一词来源于希腊语"nema"($\nu\eta\mu\alpha$),即"丝"的意思.这些丝是流动的,在自然光下清晰可见,如图 8.8 所示.它们是介质光学连续性的断开位置,在这里拉长分子的取向突然改变.和普通晶体中的位错类似,这些丝被称为**向错**.一般,向错垂直于试样表面,它们在表面的露头清晰可见,并具有暗"核"的外表.从核伸延出来的暗枝在交叉的偏振片之间是显著的,如图 8.9 所示.这些枝是液晶中分子长轴方向和起偏器及检偏器中光波的电矢量振动方向一致的部分,因而是看不见的.向错附近的分子花样可能是不同的.图 8.10 给出了向错附近分子的可能的相互排列.这里,n,ψ 和 φ 均为式(8.35)的参数,它们描述液晶的分子有序度.

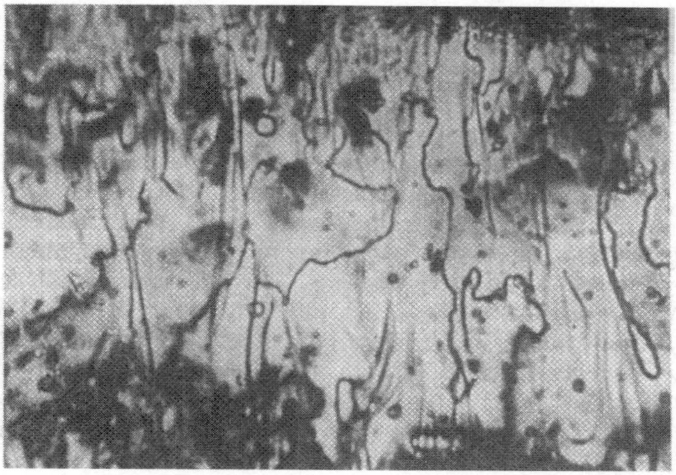

图 8.8 丝状液晶中的丝 (放大倍率 200×,自然光)

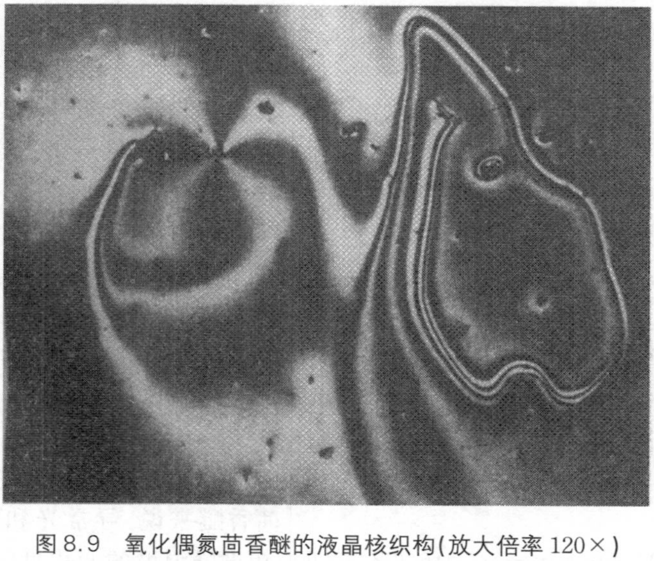

图 8.9 氧化偶氮茴香醚的液晶核织构(放大倍率 120×)

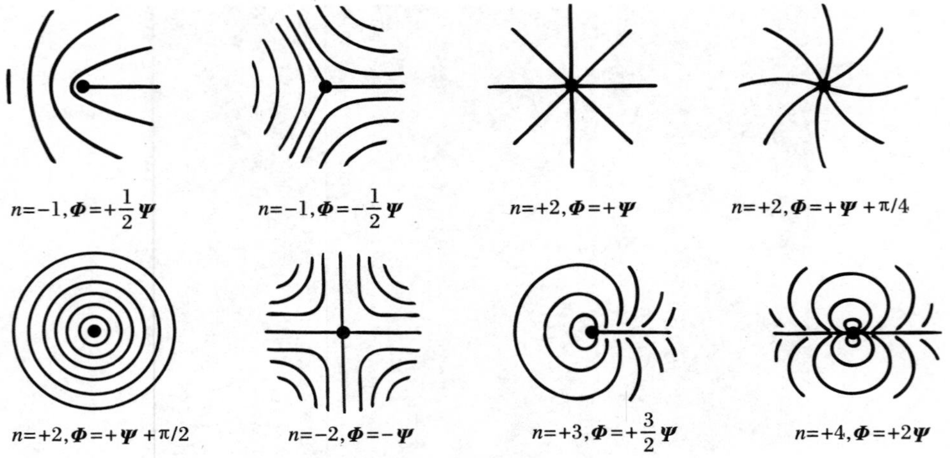

图 8.10　液晶核附近分子的排列[8.3]：实线表示液晶的长轴方向

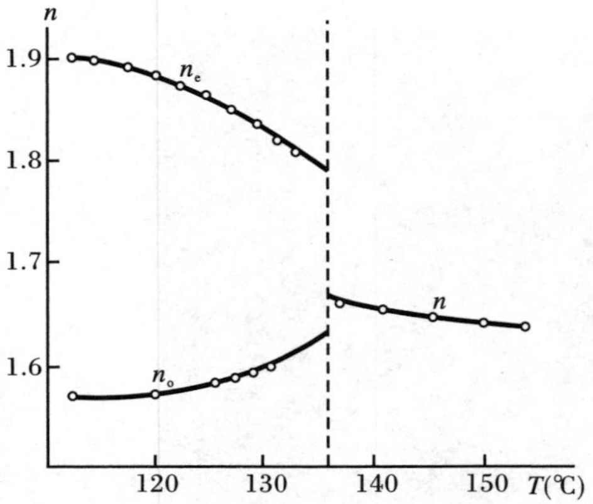

图 8.11　氧化偶氮茴香醚的折射率 n_o，n_e和 n 随温度的变化[8.2]

利用特殊技术处理密封着物质的玻璃片，我们可以获得无向错的丝状层“单晶”. 利用会聚光束对丝状液晶的研究表明，丝状液晶是光学单轴的，而且是正光学的. 它们的点对称性为 ∞/mm. 注意对液晶的外部作用可能改变其空间对称性. 例如，密封试样的玻璃片的机械旋转导致其结构的盘绕. 对试样施加电场可能造成光学双轴性并且使对称性转变成 mmm.

丝状相的双折射幅度是相当高的. 例如，在 117 ℃时，对氧化偶氮茴香醚来说，寻常光和非常光之间的折射率差为 $\Delta n = n_e - n_o = 0.268$. 双折射幅度随温度的变化见图 8.11，在液晶转变为各向同性液体的温度时降低为零.

8.2.3　螺状液晶

正如名称一样，胆甾醇派生了螺状液晶. 比如胆甾烯基肉桂酸酯，其结构式为

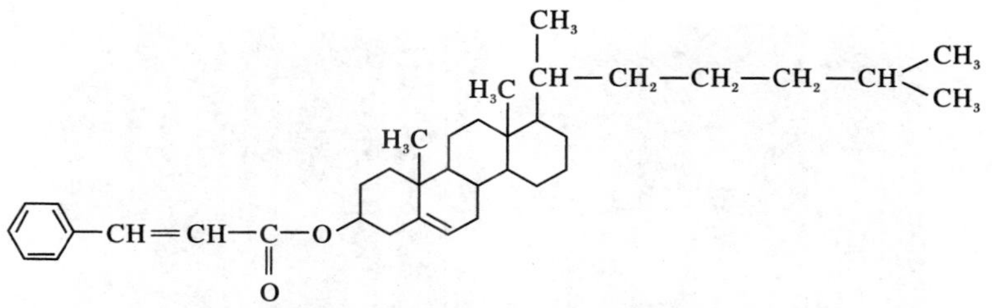

在156～197 ℃的温度范围内形成了螺状液晶相.活化的戊基-对-(4-氰基-苯亚甲基-氨基)肉桂酸盐就是非胆甾基化物的螺状液晶的例子之一:

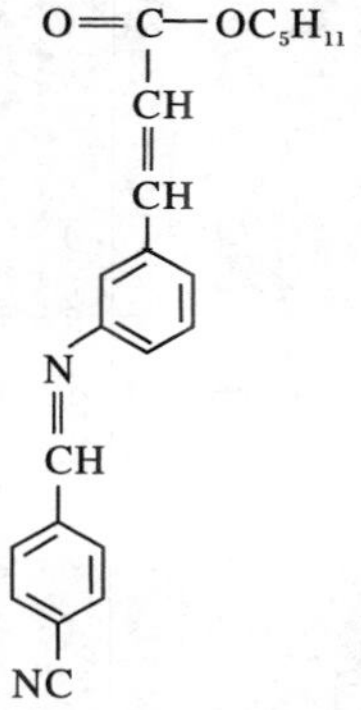

我们知道螺状液晶的点对称群(∞/2)可以引起其结构的盘绕.前面我们已经说明丝状试样的机械盘绕是如何把它转变为空间非均匀(螺旋形)的液晶的.这种转变也可以由于向丝状物质附加少量的光学活化杂质而引起.螺旋结构和光偏振平面旋转的能力是螺状液晶区别于丝状液晶的标志.不同于丝状物质,螺状液晶是弱双轴的,而且是负光学的,这表明垂直于分子层方向的光速是最大的.

螺状相液晶的织构在层状排列方面和层状相织构相似,它可以包含不同类型的共焦畴,如图8.12所示.

螺状介晶相的分子是左右对映的并排列成为准丝状层,层中长分子轴的方向大体相同,近似于"二维的"丝状有序,如图8.3所示.但这个方向以恒定角度α从一层逐渐变向另一层,结果是层和层之间的螺形叠加.当相邻两层分子间的角度α较小时(只有几个角分),螺形结构的螺距h是非常大的,可以达到10^3～10^4 Å.因此,一块螺状液晶的单畴(平面格朗让织构),如图8.13所示,具有螺距为h的周期性结构(图8.3).

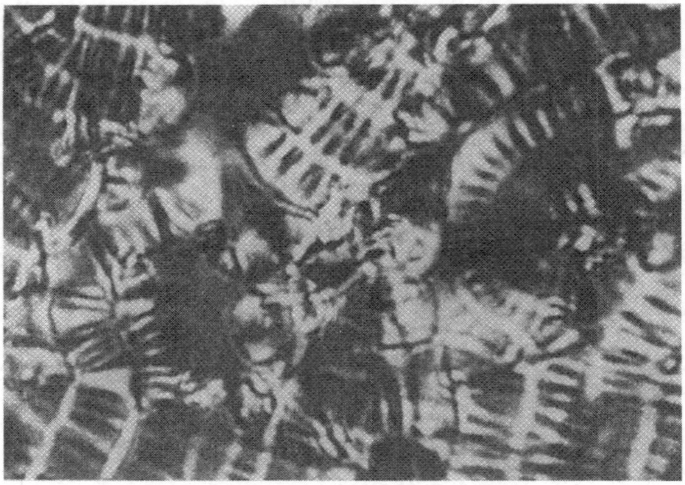

图 8.12 胆甾烯基肉桂酸酯的螺状相共焦织构(放大 270×)[8.2]

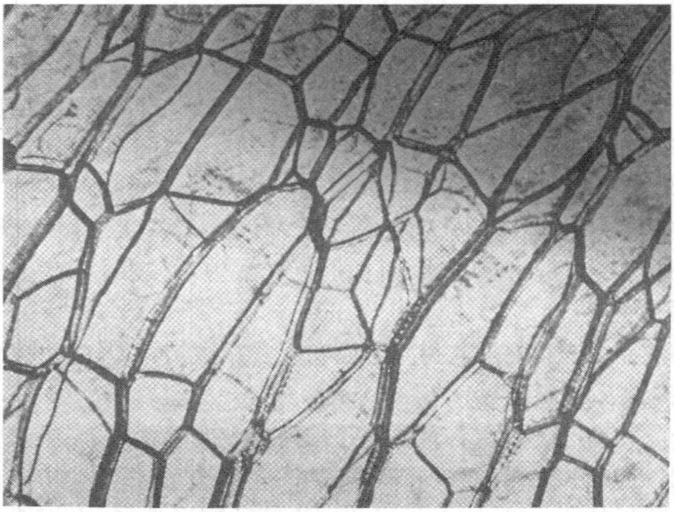

图 8.13 含有向错网络的螺状晶体的单畴(放大 300×)[8.2]

螺状相液晶特殊的分子结构解释了它们独特的光学性质.如果一束线性偏振光通过螺形结构的轴向,那么,和物质本身及其波长有关的光波电矢量的方向将不断地沿着螺旋向左或向右旋转.因此,光的偏振平面也旋转过一个和液晶层厚度成正比的角度.这和偏振光穿过一堆螺旋形排列的双折射薄晶体时出现旋光性的情况类似.螺状相液晶的旋光度可以高达 $10^5 \sim 10^6$ deg/mm.和普通晶体或液体旋光度的数量级 10～100 deg/mm 相比,如石英的旋光度约为 20 deg/mm,螺状相液晶的旋光度是一非常大的值.

旋光度的大小 Ω 由下面方程确定:

$$\Omega = ahn^2/\lambda^2$$

其中,a 为恒量,h 为结构周期,λ 为光波波长,n 为平均折射率.

螺状相平面织构的另一个重要性质是光的选择反射.如果一束白光照射到液晶上,反射定律不再成立:光以同一角度入射,反射光的角度将随光波波长的不同而不同.结果是,当我们从不同的角度观察时,液晶片层看起来将有不同的颜色,这可能是由于光束沿着螺旋线碰到了螺距为 h 的周期性结构.

事实上,根据布拉格-伍尔夫定律,在观察方向上,波长为 λ_0 的光在被等价平面反射的光束同相位时,达到最大强度:

$$nh\sin(\theta/2) = k\lambda_0$$

其中,k 为衍射振幅的级次.

由于周期 h 约为 $10^3 \sim 10^4$ Å,服从布拉格-伍尔夫条件的引起选择反射的波长通常是在可见光谱的范围内.

螺状液晶的光学性质显著依赖于温度、机械效应、电场等因素,这些性质已在实际中得到广泛应用.

螺状液晶的温度敏感性使得我们能够看到表面的温度分布.这一性质被应用于内窥技术(非破坏性试验)、对多种疾病的诊断医疗以及各种温度传感器中.

当用于测温目的时,液晶放在一块薄的预先在观察表面区域沉积好的黑色衬底上.颜色的改变使得温度分布可视化:即使是几百分之一度,甚至是几千分之一度的细微温度差别都变得可以看见.

辐照褪色使得 IR,UV,VHF 辐照的可视化成为可能,最后面的甚高频辐照类型可以应用于 VHF 全息照相.

切变引起的选择反射敏感性可以用来观看表面振动的分布(如压电石英)和设计机械振动发送机.

最后,电场和外场的作用可改变螺距 h,使得我们能够控制扁平螺状薄膜的颜色.这也被应用于各种技术设备中,如调制器、常规的单色仪等.类似的技术也应用在研究无线电回路中的温度分布,如多层印刷电路、二极管和电阻矩阵等,用以探测过热、击穿和短路等.

螺状液晶在红外技术中有重要的应用,是红外转化为可视图像转换器的基础,如图 8.14 所示.一块液体-金属薄膜沉积在薄的黑色衬底上,吸收红外辐照并且向液晶层传递热量.由于液晶的颜色和温度有关,白光照明产生热辐照的可视图像.

一般实际应用的薄膜厚度为 10～30 μm,时间敏感性(这种薄膜受激发后彩色出现的时间)为 20～30 ms.激发和选择反射出现所需的功率约为 10^{-3} W/cm^2 的数量级.温度分辨率可达到几千分之一度.

具有这种特征的液晶薄膜让我们看到数量级为 2 μm 的最小电路单元微型组件表面的温度场.这意味着这一方法使得记录高达 10^9 bits/cm^2 的信息成为可能.

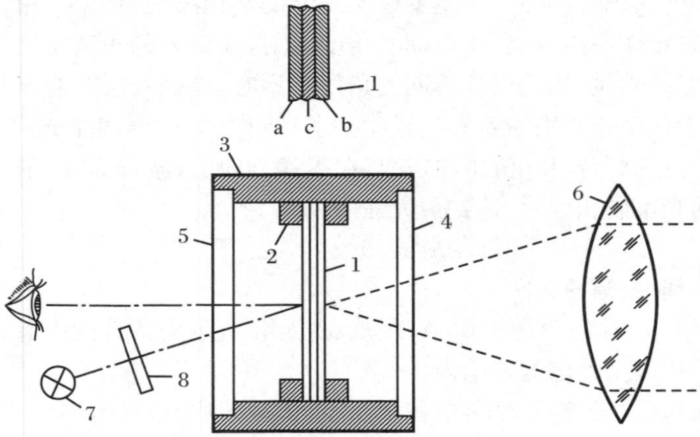

图 8.14　红外到可见光的图像转换器

1.液晶膜(a.支撑膜,b.黑色涂层,c.液晶),2.液晶膜支撑环,
3.转换器主体,4.IR 透明窗,5.靶室窗口,6.IR 图像形成透镜,
7.白光源,8.热过滤器

8.2.4　溶致液晶

许多胶体系统处于液晶状态.这种液晶相被称为溶致液晶,因为它们是固体在溶剂中溶解形成的.

用于研究溶致液晶织构非常方便的一种物质是油酸钾的水-酒精溶液.如果把一滴这种溶液滴在载玻片和盖玻片之间,在几个小时后,层状液晶开始在盖玻片边缘生长,如图 8.15(a).图 8.15(b)中的织构是在制备中心附近形成的.如果这种织构的单畴自由生长(不受邻近畴的干扰),它具有旋转体的形状,如图 8.15(c).在生长过程中畴的直径增大并且和玻璃接触后,垂直于畴轴的层状液晶层盘绕成迪潘四次圆纹曲面,并且形成复杂织构,如图 8.15(b).

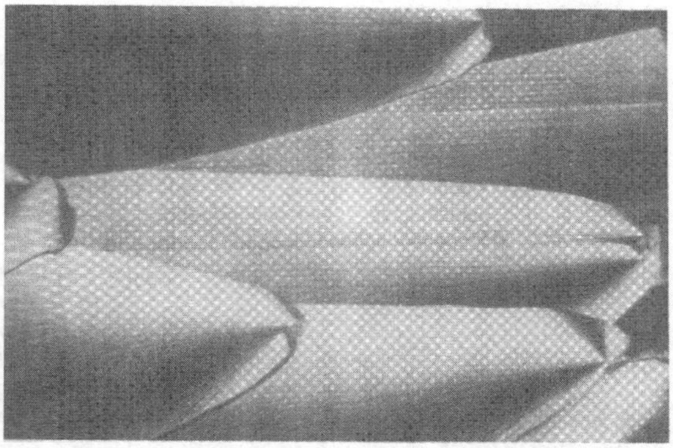

(a)

(b)

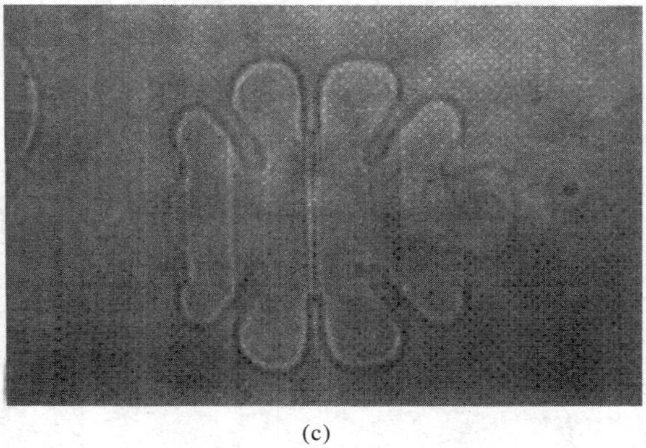

(c)

图 8.15 油酸钾溶致层状液晶

(a) 试样边缘的织构(放大 300×);(b) 试样中心的织构;(c) 旋转体形的单畴(放大 800×,尼克尔镜交叉放置)[8.2]

有很多种溶致液晶织构类型存在，这里只介绍一种，溶剂-层状液晶体系一般使所谓的髓鞘形状的特殊织构增加，如图 8.16 所示. 观察髓鞘形状最好在胆甾醇-甘油体系中. 如果把这一体系加热，在某一特定温度，胆甾醇和甘油结合产生层状液晶. 后者吸收过量的甘油并导致髓鞘形状的形成，在其生长过程中移动并纠缠在一起. 直径为 0.01～0.02 mm 的髓鞘管有明亮的干涉彩色.

图 8.16　胆甾醇-甘油体系液晶的髓鞘形状(放大 800×，尼克尔镜交叉放置)[8.2]

溶致织构的多样性源于不同的分子内结构，其结构远比温致液晶中的复杂. 这里的结构单元不是分子，而是分子的复合体：胶束. 胶束可以是层状的(盘状的)、柱状的、球状或是矩形的. 复合体分布在溶剂介质中，形成不同的结构，图 8.17 给出了胶束的部分结构.

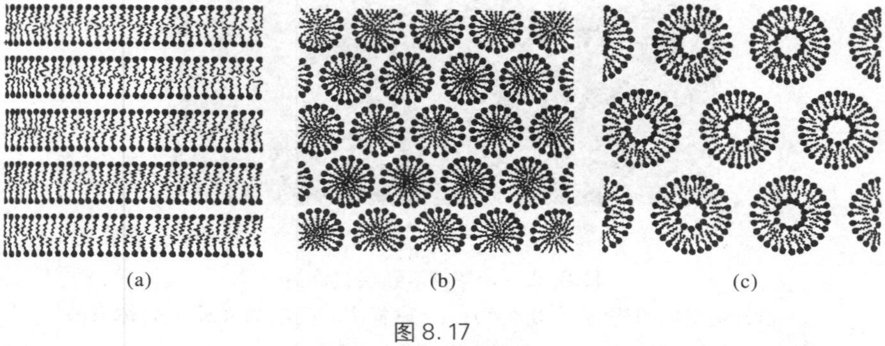

(a)　(b)　(c)

图 8.17

(a) 层状织构；(b) 柱状六角形织构溶致织物；(c) 复合体六角织构

溶致液晶在生物有机物质中广泛存在.它们形成多肽、胆甾醇酯、脑苷类化合物、病毒等.一个生命有机体的许多结构组成是以液晶态来表征的,如神经的髓鞘壳.

8.3 液晶态理论

液晶区别于各向同性液体并可以和固体比拟的一个基本性质是液晶具有一个取向自由度,这一性质表征了空间中相同分子的轴的宏观序.各向异性液体的这一自由度解释了液晶介质的独特性质,这些性质伴随着温度、混合物浓度、电场和磁场、弹性应力以及黏滞流动等的变化引起的取向序的高度敏感的分布.结构转变的连续性理论为液晶相中各种不同类型的不稳定性做出了定性和定量的解释[8.14].

液晶介质中的不稳定性理论还反映了包括液晶在内的耗散各向异性体系中现象的多样性和复杂性.事实上,一般液晶是一个复杂体系,除了上述自由度外,还有要考虑其他自由度:离子和中性杂质、均匀和非均匀弹性形变、大量分子质量中心的部分位置序、不均匀的流动速度分布等.这些自由度相互作用使得对许多现象的考虑复杂化,特别是那些伴随有电荷、质量和热量传递不可逆过程的现象.

因此,液晶中结构不稳定性问题包括连续性理论的各个方面,其中有被研究介质的热力学和动力学.把各方面问题作为一个整体来考虑,可以从理论上解释所观察到的广泛现象.目前研究的对象是,在群论和不可约概念基础上,液晶的热力学状态的系统化、相应相变参数的测定、热力学不稳定性的分类以及由各种类型不稳定性造成的调制结构的性质的描述.我们已经详细描述了耗散各向异性介质中弱非均匀结构形成的理论,开展了液晶不稳定性的非线性模型的研究,给出了液晶介质中取向湍流的描述.

8.3.1 液晶的热力学状态

一般利用密度函数 $\rho(\boldsymbol{r})$ 的类型和分子的局域取向 $\boldsymbol{n}(\boldsymbol{r})$ 对液晶进行分类.单位矢量 $\boldsymbol{n}(\boldsymbol{r})$(指向矢)表示相同分子的轴(如长轴)在坐标为 $\boldsymbol{r}$ 的点处的平均取向方向.$\rho=$ 恒量和 $\boldsymbol{n}=$ 恒量的相为丝状液晶(NLC).函数 $\rho(\boldsymbol{r})$ 沿同一条 Z

轴为周期性函数而沿 XY 平面为恒量的液晶相为层状液晶(SLC).至于流动性质,NLC 最接近 $\rho=$ 恒量的普通各向同性液体.层状液晶具有沿着层状的流动性,而且相对于垂直片层施加单轴负载的情形下其行为和固体的行为相似.螺状液晶(ChLC)是用 $\rho=$ 恒量和宏观调制结构 $\boldsymbol{n}(z)$来表征的.

液晶结构以及可能的结构转变的多样性要求用不同原子位置之间的相互关联来对液晶对称性质做一个全面的考虑[8.16].一般研究关联函数的点对称性已经足够,相对于在晶体中,这足以考虑相关的晶类.可以用 Lifshitz 不变量对手性分子体系中调制结构进行深入研究,该不变量在这里起的作用和普通晶体中是一样的.

在偶然的情况中,利用对关联函数 $\rho_{12}(\boldsymbol{r}_{12})$描述也足够了.这里 r_{12}为两个原子间的间距.但是,它不可能应用于描述没有对称中心的结构,因为函数 $\rho_{12}(\boldsymbol{r}_{12})$具有宇称的性质.手性结构的描述需要更复杂的关联函数,比如,原子位置间的四质点关联函数.分子体系对称中心的存在和缺失,可以用与分子质心间距 $\boldsymbol{r}_{12}^{m}$相关的对关联函数 $\boldsymbol{\rho}_{12}^{m}(\boldsymbol{r}_{12}^{m},\boldsymbol{e}_1,\boldsymbol{e}_2)$以及分子 1 和分子 2 的长轴取向 $\boldsymbol{e}_1$和 $\boldsymbol{e}_2$来描述.特别地,在长轴 e 为非极化的手性分子体系中,$\boldsymbol{\rho}_{12}^{m}$含有一个赝标量:

$$(\boldsymbol{e}_1\ \boldsymbol{e}_2)(\boldsymbol{r}_{12}^{m}[\boldsymbol{e}_1\ \boldsymbol{e}_2]) \tag{8.1}$$

分子还具有孤立短轴的液晶需要更复杂的描述.在群论方法中,液晶的结构可以均匀地用相应的对称群来描述,而这在原则上允许考虑在相变中所有自由度的可能变化.

对手性分子,最高对称性相是各向同性液体,其点对称群可以是完全的正交群 $\infty\infty/m$,或是完全的旋转群 $\infty\infty$.在各向同性相中出现的单轴丝状、螺状和层状相可解释成由五维表示 G_g 和 G 引起的对称性降低,即从 $\infty\infty/m$ 变为 ∞/mm(NLC 和 A SLC 类型)和从 $\infty\infty$ 降为 $\infty/2$(ChLC 和 A^* SLC 类型).这些表示的基是群 $\infty\infty$及 $\infty\infty/m$ 的三维矢量表示 $\boldsymbol{F}$ 与 $\boldsymbol{F}_u$ 的基函数 n_i 的乘积 n_in_j 的线性组合.这里,脚标 g 和 u 分别和反演操作相关的基 G 和 F 的偶性和奇性对应.表示 $\boldsymbol{F}$ 和 $\boldsymbol{F}_u$ 必定引起自发极化,即轴向对称群为 ∞和 ∞m 的单轴相,但目前这种相还没有被实验探测到.对称群 ∞/m 的表示 $\boldsymbol{F}_g$ 引起的对称性为 ∞/m 的相(即自发磁化的存在)也是一样的.

表示 G 和 G_g 相应于分子的长轴序.由于表示 G 和 G_g 的对称立方体 $[G^3]$和$[G_g^3]$含有一个单位表示,这些变换只可能是一级相变.表示 G 的反对称平方含有一个矢量表示 $\{G^2\}=\boldsymbol{F}$,因此,存在一个不变量:

$$e_{ijk}n_in_m\frac{\partial}{\partial x_j}(n_kn_m) \tag{8.2}$$

其中，e_{ijk}为完全反对称的单位张量．这一不变量决定了调制取向结构，即所谓的 ChLC 结构，并且和在关联函数 ρ_{12}^{m}中的修正式(8.1)相对应．

在这种情况下，可能的取向序参数为具有如下分量的张量 $\hat{S}$：

$$S_{ik}(\boldsymbol{r}) = \langle e^i(\boldsymbol{r})e^k(\boldsymbol{r})\rangle - \frac{1}{3}\langle e^j(\boldsymbol{r})e^j(\boldsymbol{r})\rangle\delta_{ik} = S(\boldsymbol{r})\left[n_i(\boldsymbol{r})n_k(\boldsymbol{r}) - \frac{1}{3}\delta_{ik}\right] \tag{8.3}$$

这些分量是对由孤立分子轴(如在拉长分子中的长轴或盘状分子中的短轴)的单位矢量 $\boldsymbol{e}$ 投影的二次组合的局部平均．$S(\boldsymbol{r})$的值决定了在给定点处分子轴平行于指向矢 $\boldsymbol{n}$ 的份额．在各向同性相中，$S=0$．

从各向同性液相(IL)向丝状相(N)的转变是用自由能 $F_N(S)$的展开式来描述的，根据对称性，展开式具有如下形式：

$$F_N = a_N S^2 + b_N S^3 + c_N S^4 + \cdots \tag{8.4}$$

其中，$a_N = a'(T - T_0)$，$a_N>0$，$b_N<0$，$c_N>0$．这种展开式的系数是物质的参数，和分子结构有关．一级相变 $IL\leftrightarrow N$ 的相变点 T_{IN}和相应的S 次参数突变由下面关系式给出：

$$a_N(T_{IN}) = b_N^2/(4c_N), \quad S(T_{IN}) = \widetilde{S} = -b_N/(2c_N)$$

理论关系 $S(T)$和实验结果符合得很好，如图 8.18 所示．

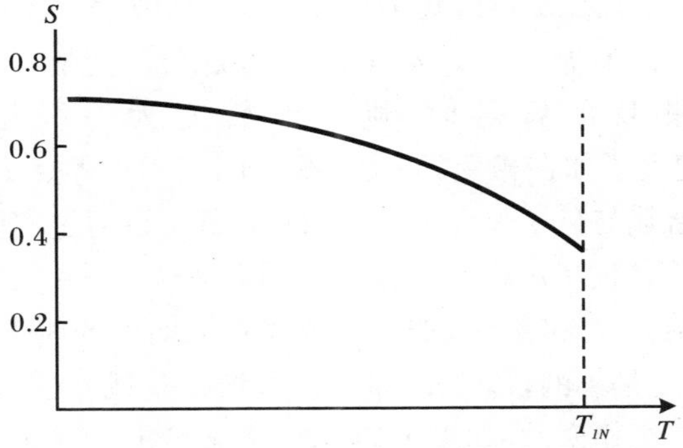

图 8.18 丝状相中的有序度 S 的变化与温度 T 的关系
T_{IN}为 LC 转变为各向同性液体的转变温度

在点对称群为∞/mm 和$\infty/2$ 的 SLC 类型 A 和 A^* 中，沿着取向序方向存在下面的密度波：

$$\rho(z) = \rho_0 + |\Psi_1|\cos(\boldsymbol{kr} + \beta_1) \tag{8.5}$$

其中，$|\Psi_1|$和 β_1 分别为波幅和相位，$\boldsymbol{kr} = kz$，$k = 2\pi/\widetilde{t}$，$\widetilde{t}\sim l$，l 为分子长度，$\widetilde{t}$

为一块层状相片层的厚度.严格地讲,在三维块体中周期函数 $\rho(z)$ 被热涨落"冲洗"掉,也就是说,在无边界的相 A 和 A^* 中一维晶格是不稳定的.但真正小厚度 d 的 SLC 片层是稳定的,因为如果 $d < 10^{-4}$ m,晶格位移的均方 $\langle u^2 \rangle$ 和 l^2 相比是非常小的.

一般情况中,SLC 中的相变描述要求空间对称群的分析.但是,正如对普通晶体一样,如果 SLC 中的相变保留层状相片层完整无缺,有时将考虑限制在点对称性已足够了.对不包含螺旋轴或滑移面的空间群的情形也同样成立.

从相 N 到相 A 的转变和螺状相 Ch 到相 A^* 的转变保留了点对称群的完整,但平移群改变了. $\tilde{t}$ 平移的出现,即含有两个分量的序参数 $\Psi_1 = |\Psi_1|\exp[\mathrm{i}(kz+\beta_1)]$ 的一维晶体的形成,是用自由能密度 $F(\psi_1)$ 的展开式描述的,根据平移对称性,展开式具有如下形式:

$$F_A = a_A|\Psi_1|^2 + c_A|\Psi_1|^4 - f|\Psi_1|^2 S \tag{8.6}$$

其中,$a_A>0, c_A>0, f>0$.系数 a_A 和 c_A 的正号反映了取向序参数的值 $S=0$ 时 SLC 不存在的实验事实. f 的正号在物理上表示:由相当于分子之间吸引力增加的密度波引起的附加取向序可以降低体系的能量.

利用式(8.4)和式(8.6)对相图的研究表明,在 N 相中受到足够大的取向序 S 的作用而向 A 相转变是可能的,并且在 $fS > a_A$ 时,A 相直接从 IL 相出现.当 $fS < a_A$ 时,发生后续的相变 $IL \leftrightarrow N \leftrightarrow A$.从方程 $fS(T_{NA}) = a_A$ 可得到 $N \leftrightarrow A$ 相变点 T_{NA},如果 $f^2 > 8c_A|a_N(T_{NA})|$,这个转变是一个二级相变;如果该不等式具有相反的符号时,则这个转变为一级相变.等式 $f^2 = 8c_A|a_N(T_{tc})|$ 定义了如在相变 $T_{NA}(l)$ 线上的三相临界点 T_{tc} 等.所有这些情形和温度及相变潜热与分子长度 l 之间的关系都可以通过实验观察到.

对各向同性 IL^* 向 Ch 相的转变及相图 $IL \leftrightarrow Ch \leftrightarrow A^*$, $IL^* \leftrightarrow A^*$ 的考虑可以得到类似的结果.严格地讲,如果表征体系取向序的相关长度 r_c 和螺状相螺距 $h = 2\pi/q$ 相比是小的,$r_c \ll h$,那么这些结果是成立的,也就是 $IL^* \leftrightarrow Ch$ 转变是不太接近二级相变的.如果 $r_c \gg h$,这个转变非常接近二级相变,而且在 h 尺度上的 ChLC 结构在本质上可以不同于普通的层状相结构.特别地,取向序成为双轴时,将明显地影响相变特征.这里出现一种情形:F 表达式中三级不变量的存在不会导致一级相变,因为相变是由用多分量序参数描述的.这里二级相变是可能的,如果为转变提供的主要分量只进入相应于偶次幂不变量,而其余分量(如微扰)形成奇次幂不变量.当 $r_c \gg h$ 时,量 $2S' n'_x n'_y$ 和 $S'(n'^2_x - n'^2_y)$ 成为这种主分量(其中 S' 为沿着 $\boldsymbol{n}'(z) \perp \boldsymbol{q}$ 和 $\boldsymbol{n}' \perp \boldsymbol{n}$ 方向的分子横向上的有序度,而 $\boldsymbol{q}$ 为以 Z 为轴的螺状相螺线波矢量).现在张量 $\hat{S}$ 不再具有式(8.3)的形

式而不变量 $S_{ij}S_{jm}S_{mi}$ 也不禁止二级相变,因为已指出的分量只可以在不变量表达式偶次幂的项中出现,而且式(8.3)类型的序以微扰形式出现.

在 SLC 中的 $A\leftrightarrow C$ 和 $A^*\leftrightarrow\widetilde{C}$ 相变分别由群 ∞/mm 的不可约表示 E_{1g} 和群 $\infty/2$ 的不可约表示 E_1 引入. C 和 $\widetilde{C}$ 相的光学双轴性伴随着这些相的空间对称群 $\widetilde{t}2/m$ 和 $s_{k/q}/2$. 这种对称性类似于链状分子的对称性,这里 $\widetilde{t}$ 为平移位移, $s_{k/q}$ 为转过角度 q/k 的旋转、同时沿着 Z 轴移动构成的螺旋位移, $\boldsymbol{k}$ 为晶格的波矢, $\boldsymbol{q}$ 为调制取向结构的波矢. $A(A^*)$ 和 $C(\widetilde{C})$ 相在由矢量 $\boldsymbol{k}$ 和指向矢 $\boldsymbol{n}$ 形成的角度 $\theta=|[\boldsymbol{kn}]|/k$ 是不同的,在 $A(A^*)$ 相中 θ 为零. 因此, $C(\widetilde{C})$ 相可以用一个满足对称性要求的序参数 $S(\boldsymbol{nk})[\boldsymbol{nk}]\Psi_1$ 来定义. 通过写出 F 包含 A 相和 C 相序参数的不等式的自由能密度,并且考虑这些参数的相互作用,我们能够得到 $N\leftrightarrow A\leftrightarrow C$ 和 $N\leftrightarrow C$ 转变的相图,并且找到相应的三相临界点.

如果取向序度 S 和晶粒结构($|\Psi_1|,k,\beta$)是不变的,而仅仅是指向矢 $\boldsymbol{n}$ 的取向改变,那么, $C(\widetilde{C})$ 相实际上可以用一个根据表示 $E_{1g}(E_1)$ 变换的二维序参数描述[8.16]:

$$(\xi_1,\xi_2)=(n_zn_x,n_zn_y) \tag{8.7}$$

由于表示 E_1 和 E_{1g} 的对称立方 $[E_1^3]$ 和 $[E_{1g}^3]$ 不含有单位表示, $A\leftrightarrow C$ 和 $A^*\leftrightarrow\widetilde{C}$ 相转变可以是二级相变. 由于表示 E_1 的反对称平方 $\{E_1^2\}$ 含有一个一维的矢量表示,对称群 $\infty/2$ 允许 Lifshitz 不变量的存在:

$$\lambda\left(\xi_1\frac{\partial\xi_2}{\partial z}-\xi_2\frac{\partial\xi_1}{\partial z}\right) \tag{8.8}$$

它解释了在 $\widetilde{C}$ 相中螺旋轴的出现.

在 $A\leftrightarrow C$ 和 $A^*\leftrightarrow\widetilde{C}$ 相变中,有序化必须在分子轴的横向取向中出现,作为表示 E_{1g} 和 E_1 引入的非本征现象,因为对称平方 $[E_{1g}^2]$ 和 (E_1^2) 包含矢量表示 E_{2g} 和 E_2. 相应地,这种有序度 S' 正比于角度 θ 的平方, $S'\sim\theta^2$,这已被实验证实.

由于 $N\leftrightarrow A$ 和 $A(A^*)\leftrightarrow C(\widetilde{C})$ 相变是用两分量的序参数(Ψ_1,Ψ^*)和(ξ_1,ξ_2)描述的,通过向超流体状态变换形式上的对称性的类推,有可能把相应的临界行为归于前者. 比如,临界指数 β,ν,γ,α 与相应的序参数 $|\Psi_1|$ 和 θ、关联半径 r_c、磁化率 χ、恒压热容 c_p 有以下联系:

$$\theta\sim(T_{AC}-T)^{\beta},\quad |\Psi_1|\sim(T_{NA}-T)^{\beta},\quad r_c\sim(T-T_c)^{-\nu}$$

$$\chi \sim (T - T_c)^{-\gamma}, \quad c_p \sim (T - T_c)^{-\alpha}$$

其中，$\beta \approx 0.33$，$\nu \approx 0.66$，$\alpha \approx 0.02$ 和 $\gamma = 1.3$. 应当注意，这些指数的测量仍然太少，难以确切地把液氦的相变归到这种转变中. 此外，不能排除在给定浓度处阻尼溶解杂质效应，特别地，体系中大尺度涨落可以削弱某些热力学特性的奇异性. 因此，这种相变的定性或定量的唯象理论描述是合理的.

一般情况下，SLC 密度函数 $\rho(z)$ 可以用傅里叶展开式表示：

$$\rho(z) = \mathrm{Re}\left\{\sum_m |\Psi_m| \exp(imkz + \beta_m)\right\}$$

式中这套 $\{|\psi_m|, \beta_m\}$ 是由热力学平衡条件决定的. 这里，体系的热力学势写成值 $|\Psi_m|$ 的幂展开式，式中包含由这种谐函数形成的不变式(8.6)，并且考虑了如下形式的谐函数的相互作用：

$$-g|\Psi_1^2||\Psi_2|\cos(2\beta_1 - \beta_2)$$

其中，$g>0$，最后一项是由于 3 个一维密度波和波数 k，k 和 $-2k$ 之积形成一个不变量的事实造成的. 这里，常量 g 的正号表示一个波的凝结为另一个波的凝结提供条件. 实验中，具有一个或两个密度波的 SLC 类型 A（A 和 A_{tw} 相）的存在是伴随着分子的特殊结构的. 一般，分子极化部分位于具有单一密度波的 SLC 分子轮廓区中心的. 具有两个密度波的层状液晶由极化和非极化部分（排列有明确非对称性）的分子组成. 分子相似的部分主要位于片层的分离平面上；这些平面中某一个的畸变使另一个平面不稳定；反过来，这些平面的某一个稳定（密度波中的某一个的凝结）则有利于其他平面的稳定（其他波的凝结）.

随着外部参数如压强或者混合物的浓度等的改变，热力学势的上述形式给出了 $N \leftrightarrow A \leftrightarrow A_{tw}$ 和 $N \leftrightarrow A_{tw}$ 转变的相图，还有 $A \leftrightarrow A_{tw}$ 和 $N \leftrightarrow A_{tw}$ 相变线上存在的三相临界点. 这里，具有任意相位 β_1 和 $\beta_2 = 2\beta_1$ 的密度波的 $N \leftrightarrow A$ 和 $N \leftrightarrow A_{tw}$ 相变类似于向超流体状态的相变，而相位 β_1 固定的 $A \leftrightarrow A_{tw}$ 相变则类似于伊辛模型相转变.

和普通晶体一样，液晶中的三相临界点现象是由于几种相互作用的序参数造成的. 事实上，三级不变量不存在时，四级不变量处的因子 c_{ef} 可以重正化：如果相互作用足够大，$c_{ef} \leqslant 0$. 和值 $c_{ef} < 0$ 对应的一级相变伴随有迟滞现象. 特别地，可以发生物质的过冷.

8.3.2 过冷液晶相

在一级相变的一般情形，转变温度定义为热力学势 $\mathscr{T}(T, P, \mathscr{N})$ 在给定点 P 和混合浓度 $\mathscr{N}$ 处的交点. 通过实验中排除某一相，原则上能够研究对应于该相亚稳存在的区域的 T，P 和 $\mathscr{N}$ 处的其他相的热力学势. 一般，由于在界面处无序液相的形核相对容易,较硬变态的高于相变点的过热是不明显的.固相的形成需要分子克服相当大的能垒,以致液相中的分子复合体能够瓦解并且分子能够形成晶格.因此,当高温相除了晶核外还含有在结构上远不同于低温相的分子团簇时,允许物质有大的过冷并且能够被转变为玻璃态.

液晶可以具有几种含有反映液晶相中短程位置序的特征分子团簇的结构变态.这些变态因亚稳态的温度范围而有所不同,而这影响液晶相热力学势 $\mathcal{T}(T,P,\mathcal{N})$ 表面相交点的位置.在某些情形,仅能观察某些低温相的亚稳存在,在物质加热时这些低温相不形成,而是高温相过冷时形成.这种性质经常突出地表现在低对称性层状相变态中,但在某种条件下,这些性质也是 A 相所固有的.比如有两个密度波的 SLC 在高压下处于亚稳态,这来源于分子极化部分靠近在一起时的强烈斥力;在一个较宽的温度范围内也存在过冷丝状相,这可能是由于 N 相表现出所谓的群聚团簇的层状相的涨落引起的.

在最后一种情形,作为温度函数的丝状相和层状相的热力学势 $\mathcal{T}_N$ 和 $\mathcal{T}_A$ 在 A 相的过冷区域在单一点 $P=P_0$ 处 $T=T_0$ 时相交,而在 $P>P_0$ 处,A 相亚稳存在的区域消失,但当 $P<P_0$ 并且温度降低时,观察到在过冷相之间的后续相变:$N_{\text{s.c.}}\to A_{\text{s.c.}}\to N_{\text{s.c.}}$.由于在 $\mathcal{T}_N=\mathcal{T}_A$ 和 $\partial\mathcal{T}_N/\partial T=\partial\mathcal{T}_A/\partial T$ 的切点处,热力学势对偏差 $T-T_0$ 和 $P-P_0$ 的幂展开式和在 $N_{\text{s.c.}}\to A_{\text{s.c.}}$ 及 $A_{\text{s.c.}}\to N_{\text{s.c.}}$ 转变处的条件的等式 $\mathcal{N}_A=\mathcal{T}_N$ 导出下面方程:

$$P=P_0-\zeta(T-T_0)^2$$

其中,$\zeta>0$,和观察到的相图对应.

在某种条件下,如果这种相变接近二级相变,它们可以从朗道展开式出发来描述:

$$\mathcal{T}=a|\Psi_1|^2+c|\Psi_1|^4+e|\Psi_1|^6$$

其中,$c<0$,$e>0$,当 $a'>0$ 时,$a=a'[P-P^*+\zeta(T-T_0)^2]$.这一表达式表示在 $P>P_0=P^*+(c^2/4ea')$ 处 A 相的绝对不稳定性和当 $P<P_0$ 时于以下两处:

$$T_{NA,AN}=T_0\pm\sqrt{(P_0-P)/\zeta}$$

两个相变 $N\leftrightarrow A$ 的存在.

注意,随着表征体系迟滞现象的参数 $c^2/4ea'$(包括熵突变)的增大,临界压强 P_0 必定也增加,正如它在实验中的情况一样.

8.3.3 二维有序和塑性 SLC

一个二维块体在二维空间不具有周期性密度函数 $\rho(x,y)$ 已是普通的常识,但这种密度函数对三维块体来说却是可能的.液晶第一个说明了这种可能性:有盘状分子的液晶已经揭示了由分子质心的函数 $\rho(x,y)$ 描述的相是沿着由“液体绞合”线随机交错排列形成规则的二维晶格[8.15].

长程晶状序不存在时,在足够低的温度下,一个二维分子体系可以具有有限的切变模量值,如同一个非晶块体一样.在较高温度“熔化”发生,切变模量降低为零.低于该熔点,在大间距时,两质点的位置关联函数 ρ_{12} 按照幂律减少,并且在冲量空间 q,有

$$\rho_{12}(\boldsymbol{q}) \sim |\boldsymbol{q}-\boldsymbol{k}|^{-2+2\Delta_\psi} \tag{8.9}$$

其中,$\boldsymbol{k}$ 为倒易晶格矢量,Δ_ψ 为临界指数.在扁平分子层构成的体系(堆叠)中,在无限弱相互作用存在时,一个三维晶体序出现.三维位置有序度 ψ 取决于平面间相互作用恒量 w,服从下面定律:

$$\psi \sim w^{\frac{\Delta_\psi}{2-2\Delta_\psi}} \tag{8.10}$$

而结构因子 $\rho_{12}(\boldsymbol{q})$ 具有 δ 函数的形式.

根据前面的论述可知,所谓的层状相 B 不能作为独立($w=0$)边平行固体的片层($\psi\neq0$)体系存在.但是,短程位置序、长程取向序是可能的,此时,分子或分子团组(团簇)的轴应该是平行的或者在片层堆叠中可以发生键角的取向序,而在二维(单分子)层中取向关联必须按照幂律减小.在该六角相中,和在二维层中的短程位置序相应的关联函数为

$$\rho_{12}(\boldsymbol{q}) \sim \frac{r_0^2}{1+r_0^2(\boldsymbol{q}-\boldsymbol{k})^2} \tag{8.11}$$

其中,r_0 为位置关联按指数衰减的关联长度.和这样的 B 相模型对应的是由如点群 $6/mmm$、对称群子群 ∞/mm 等描述的关联函数 ρ_{12} 的非对称性,这表明 $A\leftrightarrow B$ 转变可作为一个取向相变实现.

当温度升高时,一个三维塑性(具有弱的平面间相互作用)的 B 型晶体必定失去其由式(8.10)描述的位置序,但保留取向序,然后它在向 A 相转变时消失.这些相变中的第一个可通过位错熔化机制发生,也就是独立位错的形成.实验表明,在薄膜中已观察到定律式(8.9)以及在厚的 SLC 的 B 型层片中塑性晶态的存在,还观察到三维六角 B 相.在短程位置序、长程取向序模型框架内对某些实验数据的解释要求假设式(8.11)中分子团簇尺寸为 $r_0\approx10^{-5}$ cm.

从晶体的相变类推,在具有点对称群 $6/mmm$ 的 B 相中,进一步考虑降低层状相的对称性,并且提供了成套的多种取向相变.如不考虑这个模型,这些相变可以解释成分子团组(团簇、单胞)的取向序的增加,因为点对称性可在短间距内表现出来.比如,可以把 $6/mmm$ 转变为 $2/m$ 分为两种类型的转变:按照

表示 E_{2g} 向观察到的 E 相的 SLC 转变(一级相变),以及按照表示 E_{1g} 向观察到的 G 相的 SLC 转变(二级相变).

保持点对称性 $2/m$ 守恒的一级相变也是可能的. 这可以由不同类型的分子团组引起. 进一步把对称性从 $2/m$ 降低到 $\bar{1}$,相当于在 $G \to H$ 和 $E \to H$ 转变中 H 相的形成. 实验也表明,在上述分子团簇中手性相 $\widetilde{G}$ 和 $\widetilde{E}$ 的存在说明获得了空间中的一个取向旋度. 层状相 E、G 和 H 有可能是三维固体.

实验数据表明,$A \leftrightarrow B$,$E \leftrightarrow H$,$B \leftrightarrow G \leftrightarrow H$ 和其他转变是一级相变. 和唯象理论的结论相反,造成一级相变实际存在的可能物理原因是塑性 SLC 中的均匀和非均匀弹性形变,塑性 SLC 具有作为弹性振动和切变模量各向异性块体的这种性质. 这种 SLC 服从一级取向相变的一般推论,由于切变模量小,相变接近二级相变[8.14].

8.3.4 液晶的取向畸变

在远离相变点,取向序参数 S 随温度轻微改变并且不受强热力学涨落的支配. 因此,可以认为 S 是一确定的参数. 在远离相变温度处,指向矢 $\boldsymbol{n}$ 的取向也经历了明显的热力学涨落,并且也相当容易受到外场的影响. 这是实际中所有取向结构不稳定性的最重要原因. 取向形变用畸变 NLC 的满足其对称性的总自由能 F 表示.

如果函数 $\boldsymbol{n}(\boldsymbol{r})$ 沿着块体缓慢地变化,也就是该函数沿着坐标轴的微商小,相应的自由能密度 F_0($\mathscr{F}_0 = \int F_0 \mathrm{d}V$) 含有 3 个独立标量[8.1]:

$$F_0 = \frac{1}{2}\{K_1(\mathrm{div}\boldsymbol{n})^2 + K_2(\boldsymbol{n}\mathrm{curl}\boldsymbol{n})^2 + K_3(\boldsymbol{n}\mathrm{curl}\boldsymbol{n})^2\} \tag{8.12}$$

其中,K_j 为表征 NLC 取向弹性的弗兰克系数,如图 8.19 所示. ChLC 中,在大于分子尺寸 l 的间距 q_0^{-1} ($q_0^{-1} \ll 1$) 处的宏观不均匀性是由于上述不变量(式(8.2))引起的,可改写为

$$\frac{1}{2}K_2(q_0 + \boldsymbol{n}\mathrm{curl}\boldsymbol{n})^2 \tag{8.13}$$

K_j 的值正比于序参数 S 的平方.

在各向异性介质中,介质的特性如介电恒量 ε 和抗磁磁化率 χ_m 等特性都是张量. 这里,矢量场 $\boldsymbol{n}(\boldsymbol{r})$ 的存在解释了二阶张量 ε_{ij} 和 χ_{ij} 分量的形式:

$$\begin{aligned} \varepsilon_{ij} &= \varepsilon_{\perp}\delta_{ij} + \Delta\varepsilon n_i n_j, \quad \Delta\varepsilon = \varepsilon_{/\!/} - \varepsilon_{\perp} \\ \chi_{ij} &= \chi_{\perp}\delta_{ij} + \Delta\chi n_i n_j, \quad \Delta\chi = \chi_{/\!/} - \varepsilon_{\perp} \end{aligned} \tag{8.14}$$

其中,$\varepsilon_{/\!/}$,$\varepsilon_{\perp}$ 和 $\chi_{/\!/}$,$\chi_{\perp}$ 分别为这些张量沿着和垂直于指向矢量 $\boldsymbol{n}$ 方向的主值.

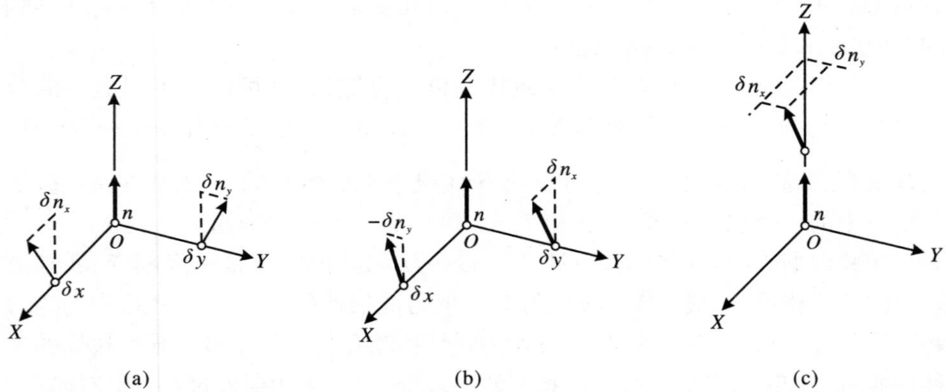

图8.19 描述横向弯曲(a)、扭转(b)和纵向弯曲(c) 形变的分子取向矢量分量

在有外磁场 $\boldsymbol{H}$(带有给定电流即场源)或电场 $\boldsymbol{E}$(在外部导体间有固定电势)存在时,在自由能密度表达式中分别出现下面的项:

$$F_{\mathrm{e}} = -\frac{1}{8\pi}D_iE_i, \quad F_{\mathrm{m}} = -\frac{1}{2}M_iH_i$$

其中,$D_i = \varepsilon_{ij}E_i$ 为电感应矢量的分量,而 $M_i = \chi_{ij}H_j$ 为磁场诱发磁矩的分量.考虑到式(8.14),F_{e}和 F_{m}可写成

$$F_{\mathrm{e}} = -\frac{1}{8\pi}[\varepsilon_{\perp}E^2 + \Delta\varepsilon(\boldsymbol{nE})^2], \quad F_{\mathrm{m}} = -\frac{1}{2}[\chi_{\perp}^2H^2 + \Delta\chi(\boldsymbol{nH})^2] \tag{8.15}$$

其中,$\boldsymbol{E}$ 替换为电介质改变过的电场,$\boldsymbol{H}$ 相当于不存在磁化介质时由给定源(电流)感生的磁场.

由于在 SLC 的 A 类型和 SLC 的 A^* 类型中的指向矢取向是严格和晶轴相关的,在这种层状体系中,模量 K_2和 K_3反常地高,而相应的取向形变却是禁止的.因此,在这里只有第一个被加数在 F_0的表达式(8.12)中被保留下来.相应地,当温度降低并且接近 A 相和A^* 相的转变点时,在 NLC 和 ChLC 中的模量值 $K_2 \sim K_3 \sim r_{\mathrm{c}} \sim (T - T_{NA})^{-\nu}$ 反常地增加.降低 ChLC 的温度和接近向 SLC 的转变点的另一个结果是螺状相螺旋线的螺距反常地增大.这个现象是由于沿着一维晶轴的层状序$\langle|\Psi_1|^2\rangle$的较大涨落,使螺旋线严重变形,因为这种涨落的结果是,螺状平面上的分子必须绕着螺旋线轴大角度旋转并且沿着晶轴取向.

和层状体系一样,在 SLC 和 ChLC 中考虑沿着晶体 Z 轴的单轴拉伸和收缩是合适的.层状平面和螺状平面的弹性位移 $u(r)$对自由能密度的贡献由下式给出：

$$F_d = \frac{1}{2}c_{33}\left(\frac{\partial u}{\partial z}\right)^2 + \frac{1}{8}c_{11}\left[\left(\frac{\partial u}{\partial x}\right)^2 + \left(\frac{\partial u}{\partial y}\right)^2\right]^2 + \frac{1}{2}c_{13}\frac{\partial u}{\partial z}\left[\left(\frac{\partial u}{\partial x}\right)^2 + \left(\frac{\partial u}{\partial y}\right)^2\right] \tag{8.16}$$

其中，c_{ij}为弹性模量.在“粗晶粒畸变”模型中[8.1]，在 ChLC 中的模量 $c_{33} \to \widetilde{c}_{33} = K_2 q_0^2$，$\widetilde{c}_{11} \sim \widetilde{c}_{13} \sim \widetilde{c}_{33}$.沿着 Z 轴的位移 u 和指向矢 $\boldsymbol{n}$ 及单位矢量 $\boldsymbol{m} = \boldsymbol{q}_0/|\boldsymbol{q}_0|$的取向畸变有如下关系：

$$n_x = \frac{\partial u}{\partial x}, \quad n_y = \frac{\partial u}{\partial y}, \quad m_x = \frac{\partial u}{\partial x}, \quad m_y = \frac{\partial u}{\partial y}$$

在 ChLC 中的大尺寸范围内对 F_0取平均，有可能把 F_0写成下面形式：

$$\widetilde{F}_0 = \frac{1}{2}\widetilde{K}_1(\mathrm{div}\boldsymbol{m})^2, \quad \widetilde{K}_1 = \frac{3}{8}K_3 \tag{8.17}$$

这套表达式(8.12)～(8.17)描述了不存在耗散过程时，由外场引发液晶的所有取向重排[8.1,8.14].这些转变可以看成场诱发相变，而相应的取向畸变看成这种相变的参数.临界场值和相变参数与场的关系可以通过在厚度为 d 的液晶层的边界处的给定条件下具体函数F 的最小化计算得到.下面给出了取向不稳定性的部分结果.

沿着晶轴的 SLC 类型 A 样品的一个小的、有限均匀拉伸$(\mathrm{d}u/\mathrm{d}z)_\mathrm{c}$ 导致层状相片层的波状形变(波荡模式)，它具有周期为 s_c的正方晶格的形式，并且

$$\left(\frac{\mathrm{d}u}{\mathrm{d}z}\right)_\mathrm{c} = \frac{2\pi}{d}\frac{(K_1 c_{33})^{1/2}}{c_{13}}, \quad s_\mathrm{c} = 2(2\pi d)^{1/2}\left(\frac{K_1}{c_{33}}\right)^{1/4} \tag{8.18}$$

在 ChLC 中也有类似的情形发生，只是我们必须用 $\widetilde{K}_1$ 和 $\widetilde{c}_{ij}$替代式(8.18)中的 K_1和 c_{ij}.注意，SLC 的形变阈值具有大小约为 l/d 的数量级，而在 ChLC 中约为 h/d，即 ChLC 的结构远比 SLC 稳定.

当电场 $\boldsymbol{E}$ 作用在具有负介电各向异性 $\Delta\varepsilon$ 的A 相片层时(电场方向沿着晶轴方向)，出现一种结构不稳定性，类似于均匀拉伸的作用，如果$|\Delta\varepsilon| \ll \varepsilon_{/\!/}$，其特征阈值为

$$U_\mathrm{c} = E_\mathrm{c} d = 2\pi\left|\frac{2d}{\Delta\varepsilon}\right|^{1/2}(K_1 c_{33})^{1/4}, \quad s_\mathrm{c} = 2(2\pi d)^{1/2}\left(\frac{K_1}{c_{33}}\right)^{1/4} \tag{8.19}$$

当$|\Delta\varepsilon| \geqslant \varepsilon_{/\!/}$，应当用 $\Delta\varepsilon \cdot \varepsilon_{/\!/}/\varepsilon_\perp$ 代替式(8.19)中的 $\Delta\varepsilon$.在具有正介电各向异性$(\Delta\varepsilon > 0)$的 ChLC 中也观察到类似的现象.这里，如果 $d \gg h$ 并且 $\Delta\varepsilon \ll \varepsilon_\perp$，则

$$E_\mathrm{c} \approx \frac{(2\pi)^{3/2}(6K_2K_3)^{1/4}}{(\Delta\varepsilon h d)^{1/2}}, \quad s_\mathrm{c} \approx (2hd)^{1/2}\left(\frac{3K_3}{2K_2}\right)^{1/4} \tag{8.20}$$

当 $\Delta\varepsilon \geqslant \varepsilon_\perp$ 时，应当用 $2\Delta\varepsilon \cdot \varepsilon_\perp/(\varepsilon_\perp + \varepsilon_{/\!/})$ 代替式(8.20)中的 $\Delta\varepsilon$. 当 $d \leqslant h$ 时，式(8.20)中 E_c 和 S_c 大小的数量级保持不变，但 ChLC 的畸变取向结构变成条带状的，条带的取向取决于边界条件. 在 SLC 中，如果 $\Delta\varepsilon > 0$ 并且电场 $\boldsymbol{E}$ 平行于层状相平面，调制结构变成条带状，条带垂直于 $\boldsymbol{E}$ 的方向.

不像前面列举的二级相变，SLC 可能表现出一级相变，此时在样品块中层状相片层相对于给定电场方向跳跃式地选择取向. 块体内的这种能量的增益来自表面能的消失. 由于缺陷体系（如块体表面附近的层状相片层和试样内部层状相片层之间的接触而出现的位错）的形成可使表面能跳跃式地增大. 从能量平衡的条件看，得到

$$E_c^2 \sim \frac{8\pi W_d}{|\Delta\varepsilon| dl} \tag{8.21}$$

其中，$W_d \sim c_{33} l^2$ 为直径为 l 的位错核的能量. 由式(8.19)和式(8.21)可见，场的阈值离相变点 T_{NA} 相当远时是可比的；但当 $T \to T_{NA}$ 时，由于有关系 $c_{33} \sim |\Psi_1|^2 \sim (T_{NA} - T)$，缺陷形成变得更加可能. 上述的情形已在实验中观察到.

外电场和外磁场也影响普通相变使转变点移动并且改变其特征. 比如，外场改变把 NLC 相变特征从单轴的 N_1 变为双轴的 N_2 状态. 在这种情况下，曲线 $T_{N_1N_2}(E)$ 含有一个三相临界点(T_{tc}, E_{tc})，并且在 $E > E_{tc} \sim 10^8$ V/m 处，该相变变为二级相变. 另一个例子是在外场作用下，相变温度 T_{AC} 的移动. 例如，平行于晶轴的磁场会增加负的抗磁各向异性的 T_{AC}（$\Delta\chi < 0$ 时），而当 $\Delta\chi > 0$ 时则降低 T_{AC}，这与实验结果相符合. 最后，如果液晶层足够薄，边界条件也可以起到相同的作用. 特别地，由于块体边界有效地使在这一深度内的分子取向有序化，在厚度 $\leqslant 10^{-6}$ cm 的片层内没有 $IL \leftrightarrow N$ 的相变发生. 在某个临界厚度 $d = d_c$，存在一个类似于液-气体系的临界点 T_c.

已经考虑了外场二次项对取向不稳定性的作用. 这些作用也包括外场对螺状相螺线的解旋和 NLC 中的 Frederiks 效应，在随后的章节将详细讨论这些效应. 这里，将给出用上述方法得到的临界场值. 垂直于具有正介电各向异性（$\Delta\varepsilon > 0$）的 ChLC 螺旋轴的电场 $\boldsymbol{E}$ 在以下临界值 E_c 处发生 ChLC→NLC 转变：

$$E_c = \frac{\pi^2}{h_0}\left(\frac{4\pi K_2}{\Delta\varepsilon}\right)^{1/2}$$

均匀取向的、具有刚性边界条件（$\boldsymbol{n} = \boldsymbol{n}_0$）、$\Delta\chi > 0$ 的 NLC 片层在磁场阈值（$\boldsymbol{H} \perp \boldsymbol{n}_0$）处是不稳定的：

$$H_{ij} = \frac{\pi}{d}\left(\frac{K_j}{\Delta\chi}\right)^{1/2}$$

其中，如果指向矢 $\boldsymbol{n}_0$ 平行于块体表面法向 $\boldsymbol{\nu}$，$K_j = K_3$；如果 $\boldsymbol{n}_0 \perp \boldsymbol{\nu}$ 并且 $\boldsymbol{H} /\!/ \boldsymbol{\nu}$，

$K_j = K_1$；如果$\boldsymbol{n}_0 \perp \boldsymbol{v}$ 并且$\boldsymbol{H} \perp \boldsymbol{v}$，$K_j = K_2$. 在上述表达式中，引起效应的电或磁的类似体对应于下面的替换：

$$\Delta\chi H^2 \Leftrightarrow \Delta\varepsilon E^2/(4\pi)$$

指向矢相互垂直取向（$\boldsymbol{n}_0 \perp \boldsymbol{v}$）时，在下面电压阈值处发生所谓的扭曲效应：

$$U_{\text{th}} = \pi\left[\frac{4\pi}{\Delta\varepsilon}\left(K_1 - \frac{1}{2}K_2 + \frac{1}{4}K_3\right)\right]^{1/2}$$

指向矢与 NLC 层边界倾斜取向（$\boldsymbol{n}_0\boldsymbol{v} \neq 1$ 和 0）时，Frederiks 效应的发生没有确定的阈值，即在任意小的 E 值处指向矢取向改变.

8.3.5 液晶的极化状态

液晶体系不显示出分子恒电偶极矩的固有序，这里的宏观极化伴随着确定的分子序. 特别地，可以由指向矢 $\boldsymbol{n}$ 在空间中的弯曲和扭转而出现极化矢量$\boldsymbol{P}$：

$$\boldsymbol{P} = f_1 \boldsymbol{n}\operatorname{div}\boldsymbol{n} + f_2[\boldsymbol{n}\operatorname{curl}\boldsymbol{n}] \tag{8.22}$$

其中，f_1和 f_2为所谓的弯电系数. 自由能密度中增加了 $\boldsymbol{EP}$ 项：

$$F = F_0 + F_{\text{e}} - \boldsymbol{EP} \tag{8.23}$$

并且考虑式(8.12)，式(8.15)和式(8.22)以及具体的边界条件，最小化函数 $F = \int F\mathrm{d}V$，能够得到由均匀电场引起的 NLC 中弯电效应的所有结果.

在非均匀电场中，用下面描述非均匀场（宏观四极矩相互作用）的项补充式(8.23)：

$$-f_3\boldsymbol{n}(\boldsymbol{n}\nabla)\boldsymbol{E} \tag{8.24}$$

注意，$f_1 \sim f_2 \sim S^2$，$f_3 \sim S$. 高于相变点 T_{IN}的被加项，即式(8.24)导致克尔效应的一个类似效应；这里感生的双折射由比例因子 $S \sim f_3|\partial E/\partial x_j|$决定.

在分子取向严格垂直于层状平面 SLC 的 A 类型中，量 F 包括下面适当系数的不变量：

$$E_z\left(\frac{\partial^2 u}{\partial x^2} + \frac{\partial^2 u}{\partial y^2}\right),\quad E_x\frac{\partial^2 u}{\partial x\partial z} + E_y\frac{\partial^2 u}{\partial y\partial z},\quad E_z\frac{\partial^2 u}{\partial z^2}$$

其中，u 为层状平面沿着晶体 Z 轴的位移.

在电场中，NLC 既可以具有取决于单一坐标的一维柔性变形又可以具有取决于两个坐标的二维畸变. 前者降为表面效应并且只有在非刚性边界条件下才会实现，而后者是体积效应，并且在任意边界条件下存在. 没有任何场存在时，如果$\boldsymbol{n}_0 /\!/ \boldsymbol{v}$，边界条件的一般形式为

$$w_{1,2}\theta \pm K_3\frac{\mathrm{d}\theta}{\mathrm{d}z} = (p_{1,2} \pm f_2)E \tag{8.25}$$

其中,w_1 和 w_2 分别为上、下表面锚定的能量,p_1 和 p_2 分别为相应的表面极化矢量,而 θ 为指向矢 $\boldsymbol{n}$ 和法向矢 $\boldsymbol{v}$ 之间的夹角.

如果 $\Delta\varepsilon=0$,一维柔性变形在任意小 $\boldsymbol{E}\perp\boldsymbol{v}$ 的电场中存在,而且柔性变形越小,能量 $w_{1,2}$ 越大. 当 $\Delta\varepsilon<0$ 并且 $w_1=w_2=0$ 时,在壁附近出现最大的柔性变形,而在强场中层内的畸变按指数函数变小. 当 $\Delta\varepsilon>0$,并且 $\boldsymbol{n}_0 /\!/ \boldsymbol{v}_0$ 及 $\boldsymbol{E}\perp\boldsymbol{v}$ 时,如果 $w_1=w_2$ 并且 $E<E_{t3}$,不管 Frederiks 效应如何,柔性变形出现,而在非对称边界条件下($w_1\neq w_2$),场的增大导致层中心处的微扰 θ 增大,这又引起无确定阈值的 Frederiks 效应.

如果 $\boldsymbol{n}_0 /\!/ \boldsymbol{v}$ 并且 $\boldsymbol{E} /\!/ \boldsymbol{v}$,柔性变形的出现需要一个阈值特征标. 比如,当 $\Delta\varepsilon=0$, $w_2=0$, $w_1\to\infty$,而且 $p_1=-p_2=p$,阈值电压为

$$U_f^0 = E_f^0 d = \frac{K_3}{f_1+f_2+p}$$

当 $w_1=w_2=0$ 时,阈值不存在,而当 $w_1=w_2=w\to\infty$ 时,有

$$U_f \approx \frac{1}{2}U_f^0\left(\frac{wd}{K_3}\right)\to\infty$$

有限的介电各向异性 $\Delta\varepsilon>0$ 时,式(8.23)和式(8.25)的解说明,如果 $\Delta\varepsilon\geqslant1$ 的情况,不出现柔性形变,而当 $\Delta\varepsilon<0$ 时,该解描述了允许柔性效应的 Frederiks 效应. 后者降低某个极性符号的阈值 E_{th} 并且增大提供发生反对称 $w_1\neq w_2$ 的异性符号的阈值.

应当强调,上述表面效应的出现至少向 NLC 片层的两个表面中的一个提供的锚定能量是小的,并且在刚性条件下在两表面处不存在. 最后一种情况,当 $\boldsymbol{E} /\!/ \boldsymbol{v}$, $\boldsymbol{n}_0\perp\boldsymbol{v}$ 时,体积的阈值弯电效应存在并且导致有下面阈值特征的二维调制取向结构:

$$U_{\text{th}} = \frac{2\pi\overline{K}}{|f_1-f_2|(1+\eta)},\quad s_{\text{th}} = 2d\left(\frac{1+\eta}{1-\eta}\right)^{1/2} \tag{8.26}$$

其中,η 必须满足不等式 $-1\leqslant\eta=\Delta\varepsilon K/4\pi(f_1-f_2)^2\leqslant1$,而 $\overline{K}$ 为 K_j 的平均值,$\boldsymbol{s}\perp\boldsymbol{n}_0$, $\boldsymbol{s}\perp\boldsymbol{v}_0$. 当 $U\gg U_{\text{th}}$ 时,结构周期 $s\sim dU_{\text{th}}/U$. 上述关系已在实验中观察到. 表达式(8.26)容许不均匀电场的一般情形以及式(8.24)对自由能的相应贡献. NLC 片层中场的非均匀性可以被认为是电解质空间的电荷分布造成的.

根据式(8.22),弯电效应造成的感生媒质极化是取向 $\boldsymbol{n}$——极化角 $\theta\sim\sin(2\pi y/s)$ 和方位角 $\varphi\sim\cos(2\pi y/s)$ 的微扰的二次函数. 自发极化可以是由于如指向矢在 $\widetilde{C}$ 相中的取向自发调制引起的,其中

$$n_x=\sin\theta\cos\varphi,\quad n_y=\sin\theta\sin\varphi,\quad n_z=\cos\theta,\quad \varphi=\varphi(z) \tag{8.27}$$

在 $\widetilde{C}$ 相中的感生极化矢量 P 不一定和轴 2 重合,而且一般来说,极化矢量 P 它

含有 3 种独立的贡献：

$$\boldsymbol{P} = \boldsymbol{P}_0 + \boldsymbol{P}_{/\!/} + \boldsymbol{P}_{\perp}$$

其中，矢量 $\boldsymbol{P}_0$平行于轴 2，而且它的分量以及转变分量中那些极化矢量的分量式(8.7)按照对称群$\infty/2$ 的不可约表示 E_1变换；矢量 $\boldsymbol{P}_{/\!/}$平行于晶体的 Z 轴；而矢量 $\boldsymbol{P}_{\perp}$垂直于矢量 $\boldsymbol{P}_0$和 $\boldsymbol{P}_{/\!/}$. 相应地，$\widetilde{C}$ 相具有 3 个弯电系数 μ_0，$\mu_{/\!/}$和 $\mu_{\perp}$，分别属于不变量

$$-\mu_0\left(P_x\frac{\partial\xi_1}{\partial z}+P_y\frac{\partial\xi_2}{\partial z}\right),\quad -\mu_{/\!/}P_z\left(\frac{\partial\xi_1}{\partial x}+\frac{\partial\xi_2}{\partial y}\right) \tag{8.28}$$

等. 系数 μ_0 和 $\mu_{\perp}$分别表示正比于 $\theta\partial\varphi/\partial z$ 和$\partial\varphi/\partial z$ 的不同极化矢量分量. 当 θ 较小时，差值$(\mu_0-\mu_{\perp})\sim\theta^2$，也就是说相变点附近差值是小的.

同时，$\widetilde{C}$ 相具有自发极化$\boldsymbol{P}_0$，与手性体系的对称性有关[8.16]. 当手性分子具有横向电偶极矩时，具有点对称性 2 的 $\widetilde{C}$ 相必定由于压电效应被极化：

$$(P_{0x},P_{0y})\sim(\xi_2,-\xi_1) \tag{8.29}$$

而 F 含有不变量

$$-\mu_p(P_{0x}\xi_2-P_{0y}\xi_1) \tag{8.30}$$

其中，μ_p 为压电模量.

表达式(8.29)反映了自发极化的赝本征特征标，这种极化由于 Lifshitz 不变量而被螺旋调制.

量 F 随极化 $\boldsymbol{P}$ 的变化，包括有序参数(ξ_1,ξ_2)，(P_x,P_y)和不变量式(8.8)，式(8.28)，式(8.30)的偶次幂，导出式(8.27)允许的下面表达式：

$$P_x = P_0\sin\varphi,\quad P_y=-P_0\cos\varphi,\quad P_0=\chi_{\mathrm{e}}\left(\mu_p-\mu_0\frac{\partial\varphi}{\partial z}\right)\theta \tag{8.31}$$

$$F = a\theta^2+c\theta^4+\frac{1}{2}K\theta^2\left(\frac{\partial\varphi}{\partial z}-q_0\right)^2+g_{/\!/}\left(\frac{\partial\theta}{\partial z}\right)^2+\cdots \tag{8.32}$$

其中，$a=a'(T-T_{\mathrm{c}})$，$q_0=-(\lambda+\chi_{\mathrm{e}}\mu_p\mu_0)/K$；$T_{\mathrm{c}}$为相变点. 这里 K，$g_{/\!/}$均为弹性模量；χ_{e} 为介电极化率；而 λ 为手性参数，后者一般也用下式表示：

$$\lambda=\lambda_0+\lambda'\theta^2+\lambda''\theta^4+\cdots$$

所以，有

$$q_0=q_{\mathrm{c}}+q'\theta^2+q''\theta^4+\cdots,\quad q_{\mathrm{c}}=-(\lambda_0+\chi_{\mathrm{e}}\mu_p\mu_0)/K$$

由于每个分子只有少数原子（~1）占据一个非对称位置，参数 λ_0 相对小，而 K 模量的大小是由大量原子（$\sim10^2$）的相互作用决定的. 所以，波数 $q_0\sim\lambda/K$ 一般在$10^{-2}\ l^{-1}$的数量级.

表达式(8.31)和式(8.32)说明，在点 T_{c}以下，体系获得的分子轴的斜率 θ

$=\theta_0=(-a/(2c))^{1/2}$,获得的方位角分布 $\varphi=\varphi_0=q_0 z$ 以及一个大小为 $|P_0|$ 的螺旋赝本征极化.当 $\lambda+\chi_e\mu_p\mu_0=0$ 时,可以达到宏观均匀铁电状态.

宏观极化 $\overline{\boldsymbol{P}}=\int \boldsymbol{P}\mathrm{d}V$ 可以由外电场 $\boldsymbol{E}$ 感生,它对 F 贡献了 $-\boldsymbol{PE}$.垂直于 Z 轴的电场 $\boldsymbol{E}$ 使 $\widetilde{C}$ 相的螺旋结构**畸变**,而微扰 $\theta(z)-\theta_0$ 和 $\varphi(z)-\varphi_0(z)$ 是轻微的而且相互独立.这些畸变引入了对介电极化率的一个修正 $\delta\chi_e$,也就是体系对外场的线性响应[8.14].在强场中,$E\gg E_c$,螺旋完全解开,和在 ChLC 中一样:

$$E_c=\frac{\pi^2}{16}\frac{Kq_0^2\theta_0}{\chi_e\mu_p} \tag{8.33}$$

当 $E\ll E_c$ 时,在 $\widetilde{C}$ 相和 A^* 相中宏观极化的平均 $\overline{\boldsymbol{P}}$ 为

$$\overline{\boldsymbol{P}}=(\chi_e+\delta\chi_e)\boldsymbol{E}$$

$$\delta\chi_e=\begin{cases}\dfrac{1}{2}\chi_e^2\left\{\dfrac{\mu_p^2}{Kq_0^2}+\dfrac{[\mu_p-(\mu_0-\mu_\perp)q_0]^2}{g_{/\!/}q_0^2-4a}\right\}, & T<T_c\\ \chi_e\mu_p^2/(2a+Kq_c^2), & T\geqslant T_c\end{cases} \tag{8.34}$$

应当强调,在 T_c 点即在 $a=0$ 处,因为 $\widetilde{C}$ 相是已调制的,$\delta\chi_e$ 不趋向于无限.当 $a\gg Kq_c^2$,表达式(8.34)类似于居里-外斯定律,因为在这种情况中,关联半径 $r_c\sim(K/a)^{1/2}$ 远比螺距 $h_c=2\pi/q_c$ 小得多.

介电极化率的频率色散表现在 $\widetilde{C}$ 相中的至少两个弛豫时间 τ_θ 和 τ_φ,以及 A^* 相中的一个弛豫时间 τ_θ.弛豫时间 $\tau_\varphi\sim\gamma_1/(Kq_0^2)$(其中 γ_1 为 SLC 的黏滞性),表征了在某一恒定角度 $\theta=\theta_0$ 处方位角微扰 $\varphi-\varphi_0$ 的缓慢衰减,也就是螺旋的重构过程.弛豫时间 $\tau_\theta\sim\gamma_1(g_{/\!/}q_0^2-4a)$ 表征了具有恒定螺距 $h=h_0$ 的极化角 $\theta-\theta_0$ 的微扰的相对快速弛豫.实验结果也表明了介电极化率的这种色散关系和极化率的温度关系式(8.34)以及临界场值式(8.33).

上述结果涉及 $\widetilde{C}$ 相厚片层的行为.在厚度为几个分子长度的薄层中,$\widetilde{C}$ 相的铁电性质是特定的.这里,自发极化 $\overline{P}$ 可以由于偶极子-偶极子相互作用 $\mathscr{W}$ 而具有确定的值,这种相互作用压制了二维体系至少在点 T_c 附近的取向涨落.量 $\overline{P}$ 是较小的,而因为 $\mathscr{W}$ 较小,关联半径 r_c 和极化率 χ_e 则是大的:

$$\overline{P}\sim\mu_p\int\xi_1\mathrm{d}V\sim\mu_p\mathscr{W}^{\Delta_\xi/(1-2\Delta_\xi)},\quad r_c\sim\mathscr{W}^{-1/(1-2\Delta_\xi)},\quad \chi_e\sim\mathscr{W}^{-(2-2\Delta_\xi)/(1-2\Delta_\xi)}$$

其中温度相关的临界指数 Δ_ξ 和式(8.10)的指数 Δ_ψ 有相同的意义.参数 $\mathscr{W}$,还有参数 λ 和 μ_p 强烈依赖于在 SLC 混合物中的"右旋"和"左旋"分子的浓度 $\mathscr{N}$:

当 $\mathscr{N}=0$，$\mathscr{W}=\lambda=\mu_p=0$.

在足够强的场中，有

$$\overline{P}\sim E^{\Delta_\xi/(2-\Delta_\xi)}$$

实验结果也表明，在 $\widetilde{C}$ 相薄膜中有高极化率 χ_e. 指数 Δ_ξ 可以近似计算；$\Delta_\xi(T_c)$的值和相变模型有关，在 $1/8\leqslant\Delta_\xi(T_c)\leqslant 1/\pi$ 的范围内. 向错的熔化是这种模型之一，和位错熔化类似. 因此，单独的向错“涡旋”出现在高温相中，而在低温相中不同号的向错成对出现.

在 $\widetilde{C}$ 相层状平面上，向错出现的情形与在 NLC 中的情形类似，如图 8.10 所示，并且用改变取向自由能 $\mathscr{F}_0$得到的方程的奇异解描述. 在这两种情况中，在 XY 平面上这个方程都有下面的形式：

$$\frac{\partial^2\varphi}{\partial x^2}+\frac{\partial^2\varphi}{\partial y^2}=0 \tag{8.35}$$

其中，$\varphi(x,y)$为指向矢取向的方位角. 方程的解对应不同类型的向错：

$$\Phi(\boldsymbol{r})=\frac{1}{2}n\Psi(\boldsymbol{r})+\Phi_0$$

其中，$\Psi(\boldsymbol{r})$为点 $\boldsymbol{r}$ 的角坐标(原点在奇异点 $\boldsymbol{r}=\boldsymbol{0}$)；在 NLC 中，$n=\pm1,\pm2,\cdots$；在 SLC 中，$n=\pm2,\pm4,\cdots$.

单独向错的能量为 $\mathscr{W}=\pi lK\ln(R/l)$，或用标度维数定义 Δ_ξ 表示：$\mathscr{W}=(T/(4\Delta_\xi))\ln(R/l)$，其中 R 为“涡旋”的半径.“涡旋”熵 $\mathscr{E}$ 为其面积的对数，即$\mathscr{E}=2\ln(R/l)$. 因此，由于向错的出现引起的热力学势的变化 $\mathscr{T}$ 为

$$\delta\mathscr{T}=\mathscr{W}-T\mathscr{E}=T\left(\frac{1}{4\Delta_\xi}-2\right)\ln\frac{R}{l}$$

当 $\Delta_\xi<\frac{1}{8}$时，热力学势的变化变成负的，即在向错熔化模型中，$\Delta_\xi(T_c)=\frac{1}{8}$.

8.3.6 液晶的电流体力学现象

被看成连续区的各向异性液体的动力学涉及这种液体运动的宏观现象. 对这种媒质的方程组的描述如下[8.1, 8.6, 8.14, 8.15]：

(1) 连续性方程

$$\partial\rho/\partial t+\operatorname{div}(\rho\boldsymbol{v})=0 \tag{8.36}$$

其中，ρ 是物质的密度，而 $\boldsymbol{v}$ 为运动速度.

(2) 纳维-斯托克斯方程

$$\frac{\partial}{\partial t}(\rho v_i) = f_i - \frac{\partial \Pi_{ki}}{\partial x_k}, \quad \Pi_{ki} = \rho v_k v_i - \sigma_{ki}^* - \widetilde{\sigma}_{ki} \tag{8.37}$$

其中,f 为任意电场 $\boldsymbol{E}$ 中作用在媒质上的体积力;σ_{ki}^* 为应力张量,在没有外场存在时,它决定了与运动液体质量直接传递的冲量流无关的部分.一般,$\sigma_{ki}^* = -P\delta_{ki}$,其中 P 为压强;但是,随着指向矢 $\boldsymbol{n}$ 大幅度偏离平衡取向 $\boldsymbol{n}_0$,σ_{ki}^* 的值包括“畸变应力张量”:

$$\left\{-\frac{\delta F_0}{\delta(\partial n_j/\partial x_k)}\frac{\partial n_j}{\partial x_i}\right\}$$

在不可压缩 NLC 中的“黏性”应力张量 $\widetilde{\sigma}_{ik}$(式(8.37)的最后一项)为

$$\widetilde{\sigma}_{ij} = \alpha_1 n_i n_j A_{km} n_k n_m + \alpha_2 n_i N_j + \alpha_3 n_j N_i + \alpha_4 A_{ij} + \alpha_5 n_i n_k A_{kj} + \alpha_6 A_{ik} n_k n_j \tag{8.38}$$

其中

$$N = \frac{\mathrm{d}n}{\mathrm{d}t} + \frac{1}{2}[\boldsymbol{n}\mathrm{curl}\boldsymbol{v}], \quad \hat{A} = \langle A_{ij}\rangle = \left\{\frac{1}{2}\left(\frac{\partial v_i}{\partial x_j} + \frac{\partial v_j}{\partial x_i}\right)\right\}$$

$\alpha_1, \cdots, \alpha_6$ 为与序参数 S 相关的系数;$\alpha_1 \sim S^2$;$\alpha_2 \sim \alpha_3 \sim \alpha_5 \sim \alpha_6 \sim S$;当 $S \to 0$ 时,$\alpha_4 =$ 恒量.系数 α_n 之间有下面关系:

$$\alpha_6 - \alpha_5 = \alpha_2 + \alpha_3, \quad \alpha_4 > 0, \quad \alpha_3 > \alpha_2, \quad \alpha_1 + \alpha_4 + \alpha_5 + \alpha_6 > 0$$

$$(\alpha_3 - \alpha_2)(2\alpha_4 + \alpha_5 + \alpha_6) > (\alpha_6 - \alpha_5)^2$$

允许有体密度的奇异电荷:

$$\rho_s = \frac{1}{4\pi}\frac{\partial}{\partial x_i}(\varepsilon_{ij}E_j) \tag{8.39}$$

此时体积力 f 在各向异性液体介质中具有分量:

$$f_i = -\frac{\partial}{\partial x_i}\left[P - \frac{1}{8\pi}\rho\left(\frac{\partial \varepsilon_{jm}}{\partial \rho}\right)_T E_j E_m\right] + \rho_s E_i - \frac{1}{8\pi}\frac{\partial \varepsilon_{jm}}{\partial x_i}E_j E_m \tag{8.40}$$

(3) 液体介质中奇异电荷的守恒定律

$$\partial \rho_s/\partial t + \boldsymbol{v}\nabla\rho_s + \mathrm{div}\boldsymbol{j} = 0, \quad j_i = \sigma_{ik}(E_k - \beta_{km}\partial\vartheta/\partial x_m) \tag{8.41}$$

其中,σ_{ik} 为对称电导率张量,β_{ik} 为动电学系数张量,而 ϑ 为电解质溶液的化学势.

(4) 电解质质量守恒定律

$$\rho\left(\boldsymbol{v}\nabla\mathcal{N} + \frac{\partial\mathcal{N}}{\partial t}\right) + \mathrm{div}\boldsymbol{i} = 0, \quad i_k = -\frac{\rho}{(\partial\vartheta/\partial\mathcal{N})_{P,T}}\mathcal{D}_{km}\frac{\partial\vartheta}{\partial x_m} + \beta_{km}j_m \tag{8.42}$$

其中,$\mathcal{N}$ 为电解质溶液的浓度,而 $\mathcal{D}_{ik}$ 为对称扩散系数张量.

(5) 指向矢运动方程

$$\boldsymbol{I} = \frac{\mathrm{d}}{\mathrm{d}t}\left[\boldsymbol{n}\frac{\mathrm{d}\boldsymbol{n}}{\mathrm{d}t}\right] = [\boldsymbol{ng}] - [\boldsymbol{n}(\gamma_1\boldsymbol{N} + \gamma_2\boldsymbol{n}\hat{A})] \tag{8.43}$$

其中，$\gamma_1 = \alpha_3 - \alpha_2$，$\gamma_2 = \alpha_3 + \alpha_2$，$\boldsymbol{I}$ 为转动惯量密度，而 $\boldsymbol{g}$ 为强迫指向矢取平衡取向的体积力. 力 $\boldsymbol{g}$ 由总自由能 $\mathscr{F}$ 的变分 $\delta\mathscr{F}$ 决定：

$$\delta\mathscr{F} = -\int \boldsymbol{g}\delta\boldsymbol{n}\,\mathrm{d}V \tag{8.44}$$

(6) 在不可压缩 NLC 中的热传递一般方程

$$\rho T\left(\frac{\partial\widetilde{\mathscr{E}}}{\partial t} + \boldsymbol{v}\nabla\widetilde{\mathscr{E}}\right) = \widetilde{\sigma}_{ji}\frac{\partial v_i}{\partial x_j} + \frac{\mathrm{d}\boldsymbol{n}}{\mathrm{d}t}(\gamma_1\boldsymbol{N} + \gamma_2\boldsymbol{n}\hat{A}) + \frac{\partial}{\partial x_j}\left(\kappa_{ji}\frac{\partial T}{\partial x_i}\right) + \boldsymbol{jE} - \boldsymbol{i}\,\nabla\vartheta \tag{8.45}$$

其中，κ_{ij} 为物质的对称热导率张量，而 $\widetilde{\mathscr{E}}$ 为物质质量单位的熵.

方程(8.36)到(8.45)描述了 NLC 的电流体动力学(EHD)不稳定性的效应. EHD 效应的阈值一般从微扰 $\boldsymbol{n} - \boldsymbol{n}_0$，$\boldsymbol{v}$ 和 ρ_s 的线性近似中找到. 比如，当 $\boldsymbol{E} \perp \boldsymbol{n}_0$($\boldsymbol{E} /\!/ Z$ 轴，$\boldsymbol{n}_0 /\!/ X$ 轴)时，线性方程具有如下形式：

$$\begin{aligned}
&\frac{\partial v_z}{\partial t} + \frac{1}{\tau_v}v_z - \Gamma_1\Theta - \Gamma_2\boldsymbol{E}\rho_s = 0 \\
&\frac{\partial\Theta}{\partial t} + \frac{1}{\tau_0}\Theta + \Gamma_3 v_z = 0 \\
&\frac{\partial\rho_s}{\partial t} + \frac{1}{\tau_e}\rho_s + \sigma_a\boldsymbol{E}\Theta = 0
\end{aligned} \tag{8.46}$$

其中，$\Theta = \partial n_z/\partial x$，$v_z$ 为流动速度在 Z 轴上的投影，$v_z \sim \Theta \sim \rho_s \sim \exp[\mathrm{i}(kx + k_0 z)]$，$k_0 = \pi/d$，而 d 为 NLC 片层的厚度. 这里 τ_v，τ_0 和 τ_e 分别为有下面大小量级的有效弛豫时间：

$$\tau_v \approx \frac{\rho k^2}{\bar{\alpha}\,(k^2 + k_0^2)^2}, \quad \tau_0 \approx \frac{\bar{\alpha}}{\bar{K}(k^2 + k_0^2)}, \quad \tau_e \approx \frac{\bar{\varepsilon}}{4\pi\bar{\sigma}}$$

参数 Γ_1，Γ_2，Γ_3 和 σ_a 的大小具有下面量级：

$$\Gamma_1 \approx \frac{\bar{K}k^2}{\rho}, \quad \Gamma_2 \approx \frac{k^2}{\rho(k^2 + k_0^2)}, \quad \Gamma_3 \approx k^2, \quad \sigma_a \approx \sigma_{/\!/} - \sigma_{\perp}$$

这里，$\bar{\alpha}$，$\bar{K}$，$\bar{\sigma}$ 和 $\bar{\varepsilon}$ 分别是黏性、弹性、电导率和介电恒量的平均值.

从式(8.46)可知，在 3 种可能的 EHD 方式中，如果忽略体系的惯性(正规地说 $\rho \to 0$)，则只有两种方式存在，而第三种暗含其存在[8.14]. 在前两者中，需要明确区分电导体系和介电体系. 前者外场频率 ω($E \sim \sin(\omega t)$)远比块电荷的倒弛豫时间小($\omega\tau_e \ll 1$)，介电体系则满足 $\omega\tau_e \gg 1$. NLC 的低频 EHD 不稳定性伴随有几乎不随时间改变的调制微扰 $\boldsymbol{n}-\boldsymbol{n}_0$ 和 $\boldsymbol{v}$，以及伴随有和电场变化 $E(t)$几乎同相位振动的微扰ρ_s. 介电体系表现出不同情形：体电荷 ρ_s 在某平均值附近微弱地振动，而指向矢取向和速度则随外场频率强烈地变化. 这些不稳定性本质上的不同在于频率与阈值特性的关系，这些特性是阈值电压 $U_{th}=E_{th}d$ 和已出现的调制结构的波数k_{th}. 阈值特性从体系的式(8.46)存在的有效解，即色散关系 $U(k)$的极小值测出. 当 $\omega\tau_e\ll 1$ 时，有

$$U_{th}\approx 2\pi\,(\pi\bar{\sigma}\,\overline{K}/\sigma_a\bar{\varepsilon})^{1/2},\quad k_{th}\approx k_0 \tag{8.47}$$

和当 $\omega\tau_e\gg 1$ 时，$U_{th}(\omega)\sim d\omega^{1/2}$，$k_{th}(\omega)\sim\omega^{1/2}$. 注意，在这种介电体系中，阈值电压强烈依赖于 NLC 片层的厚度 d，而波数却与厚度无关.

当 $\omega\tau_e\gg 1$ 且 $\rho\,\bar{\sigma}d^2/\bar{\alpha}\gg 1$ 时，由于惯性作用，EHD 不稳定性的第三种体系必定出现，这一体系从根本上不同于上述体系，这里体电荷几乎以与外场变化相反的相位振动，而指向矢的取向和流动速度仅在平均值附近轻微变化. 这一行为的物理结果是阈值特性与外场频率、材料参数以及 NCL 片层厚度的关系定性上不同：

$$U_{th}^{in}\approx\omega\left(\frac{\pi\bar{\varepsilon}\,\overline{K}}{\bar{\sigma}\sigma_a}\right)^{1/2},\quad k_{th}^{in}\approx k_0 \tag{8.48}$$

为了实现这种 EHD 效应，我们需要大的物质电导率值和外场频率. 由于该效应存在于高频，一般，在介电弛豫和电导率频率色散的区域，真实的 $U_{th}^{in}(\omega)$关系可能明显地不同于线性；此外，该关系可能减弱.

对片层边界倾斜的指向矢(在 XZ 平面上，与 X 轴成θ_0 角)，另一种类型的 EHD 不稳定性可能是由 XY 平面上的方位角微扰$\boldsymbol{n}-\boldsymbol{n}_0$ 引起的. 在电导体系中，这一 EHD 效应具有阈值特性：

$$U_{th}^{a2}\approx\frac{4\pi}{\sin\theta_0}\left(-\frac{\pi\bar{\alpha}\,\bar{\sigma}\,\overline{K}}{\alpha_3\sigma_a}\right)^{1/2},\quad k_{th}^{az}\approx\left|\frac{\alpha_2}{\alpha_3}\right|^{1/2}k_0 \tag{8.49}$$

因此，如果满足不等式组合(1)$\sigma_a>0$，$\alpha_3<0$ 或(2)$\sigma_a<0$，$\alpha_3>0$，那么，这种不稳定性是可能的. 前一种组合在远离向 SLC 转变的相变点的 NLC 中是可实现的，而后者在向 SLC 转变的相变点附近的 NLC 中可以实现，这些现象都可以实际观察到. 一般，在前一种情况，由于不等式$|\alpha_2/\alpha_3|\gg 1$，有 $U_{th}^{az}\gg U_{th}$和 $k_{th}^{az}\gg k_{th}$.

在 EHD 不稳定性现象中出现的非线性效应一般高于上述阈值. 在向湍流态转变之前，系统经历几种具有其自身激发阈值的准稳态体系[8.14]. 中间的取向不稳定性来自流动速度的增长 V 和一次微扰区域中指向矢$\boldsymbol{n}-\boldsymbol{n}_0$ 的偏差随电场增大而增大. 估计这种偏差(V_0和 θ_0)的大小为

$$\theta_0 \sim \frac{\overline{\alpha}d}{K}V_0 \sim \left(\frac{U^2 - U_{\mathrm{th}}^2}{U_{\mathrm{th}}^2}\right)^{1/2}$$

还可以估计二次微扰的发展条件：如果 $d\,\overline{w}<\overline{K}$，$V_0 \sim \overline{w}/(\overline{\alpha}\theta_0)$，或如果 $d\,\overline{w}>K$，$V_0 \sim \overline{K}/(\overline{\alpha}d\theta)$，其中 $\overline{w}$ 为表面锚定能. 这种估计说明：向取向湍流转变发生在电压 U'_{th}超出 U_{th}的值几倍，即$(U'_{\mathrm{th}} - U_{\mathrm{th}}) \sim U_{\mathrm{th}}$的情形.

一个扩展的取向湍流可以用无量纲参数 Ericksen 数来定性描述，$Er = \overline{\alpha}\mathscr{V}d/\overline{K} \gg 1$. 一般的雷诺数 $Re = \rho\mathscr{V}d/\overline{\alpha}$ 是在$Re \sim \rho^{1/2} \times U/\overline{\alpha} \leqslant 1$ 的数量级，因而，不能忽略液晶中物质的黏性. 在冲量运动尺寸$(\sim d)$大时，可以忽略由不等式 $Er_d \sim U^2/\overline{K} \gg 1$ 引发的取向弹性 $\overline{K}$；这里速度的改变具有的尺寸为 $\mathscr{V} < E^2 d/\overline{\alpha}$ 而角度的变化有 $\theta \sim 1$. 在 x_0 尺寸最小处，Ericksen 数 $Er_{x_0} \approx 1$，而且这里的弹性 $\overline{K}$ 起到主要的作用，$x_0 \sim \overline{K}^{1/2}E^{-1}$，$v_{x_0} \sim \overline{K}^{1/2}E/\overline{\alpha}$. 在 x 的中等尺寸，脉冲式速度改变 $v_x \sim (E^2/\overline{\alpha})x$，而且这种运动的自由度数为 $U^2/\overline{K}$ 的量级. 实验表明，扩展的取向湍流（或“动态散射”体系）可以用有效半径与电场强度成反比的一系列软各向同性散射体表征.

在 EHD 效应式(8.47)到式(8.49)中，取向不稳定性的主要物理原因是液晶电导率的各向异性，相关阈值的有限值可能在 10 V 的数量级. 在低电导率各向异性，这些各向异性的阈值是反常地大，而后液晶表现电对流不稳定性，这也是普通各向同性液体所固有的. 随着各向同性的电对流速率的增加，由于取向不稳定性成为一种二次现象表现在液晶媒质光学特征的改变，这种不稳定性变得可观察.

8.4 液晶的磁性

和大多数有机化合物一样，液晶是抗磁材料. 在磁场 $\boldsymbol{H}$ 中，液晶获得和 $\boldsymbol{H}$ 反向的磁矩$\boldsymbol{M}$. 在几乎都是芳香族化合物的丝状和层状液晶中，这种效应表现得特别突出. 两个、三个或多个苯环沿着分子轴排列. 因此液晶的磁性是各向异性的[8.17]，如图 8.20 所示. 最大磁化率 χ 的方向倾向于和外场$\boldsymbol{H}$ 的方向重合. 由于这个方向位于苯环的平面上，液晶分子的长轴方向平行于磁场方向.

但是，单个分子与外场 $\boldsymbol{H}$ 的相互作用能较低，当 $H = 10$ kOe 时约为 5×

10^{-21} erg，比热能 kT 低 10^6 倍. 当 $H=10$ kOe 时，由于液晶仍然取向良好，可得出结论，磁场和分子系综发生相互作用，加磁场时，分子系综旋转并同时定向取向.

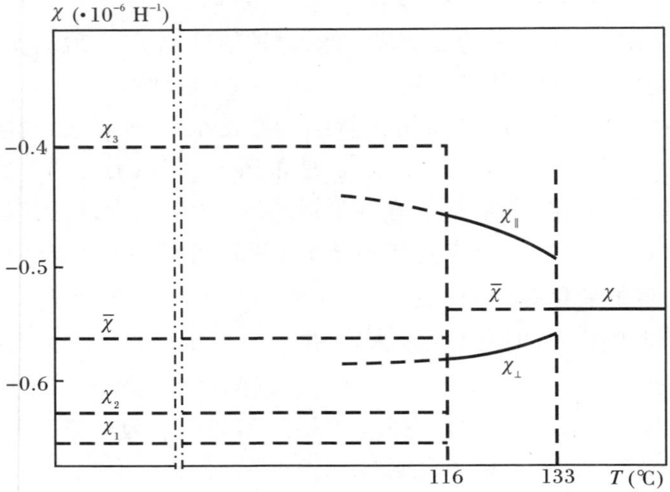

图 8.20 氧化偶氮茴香醚的抗磁磁化率与温度的关系

$\chi_\perp$，$\chi_{/\!/}$ 分别为垂直于和平行于分子长轴及外磁场方向的抗磁磁化率；χ_1，χ_2，χ_3 分别为固态晶体的主磁化率；χ 为各向同性液体的磁化率；$\overline{\chi}$ 为平均抗磁磁化率[8.4]

磁场对和扁平容器壁接触的液晶物质片层的取向作用，受到分子和容器壁之间的黏滞力作用的阻碍. 在丝状物质中，这种效应延伸到距容器器壁 $d(H)=c/H$ 处，其中 $c\approx1$ Oe · cm. 因此，当 $H\approx10^4$ Oe 时，由容器壁引入的干扰仅延伸约 $d\approx1$ μm 的厚度. 实际上，利用足够强的磁场是有可能获得沿着 $\boldsymbol{H}$ 方向取向整齐的单晶丝状相试样的.

由于高度的黏滞性，在 30 000 Oe 的外场作用下层状液晶也不会被磁场定向排列，但在磁场中通过冷却各向同性熔体可以使层状液晶定向取向. 分子的长轴平行于磁场，也就是和丝状物质的情况一样. 如果此时撤去磁场，则定向取向继续存在，这和在丝状试样中是不同的.

磁场对螺状液晶的作用是独特的. 比如，如果所加磁场垂直于平面织构的螺旋轴并且 $\Delta\chi=\chi_{/\!/}-\chi_\perp>0$，那么，分子侧向于平行磁场方向排列. 当 $\boldsymbol{H}$ 增大时，螺旋结构的螺距将增加. 最后，当达到某一临界值 $\boldsymbol{H}_{cr}$ 时，所有分子沿同一方向取向，并且形成一个丝状结构.

8.5 液晶的电性能

8.5.1 液晶的介电性质

液晶是介电各向异性的.正的介电各向异性和负的介电各向异性的物质是不同的.分子偶极矩沿着分子长轴排列或与分子长轴成小角度的液晶相是介电正的,而且沿着光轴(即分子的长轴方向)的介电恒量 $\varepsilon_{/\!/}$ 比垂直于光轴方向的介电恒量 $\varepsilon_{\perp}$ 高,并且 $\Delta\varepsilon=\varepsilon_{/\!/}-\varepsilon_{\perp}>0$.偶极子横跨分子长轴排列并且 $\Delta\varepsilon=\varepsilon_{/\!/}-\varepsilon_{\perp}<0$ 的液晶相被认为是介电负的.图 8.21 给出了氧化偶氮茴香醚的介电各向异性($\Delta\varepsilon<0$)与温度的关系.从图中可见,丝状相的介电各向异性随温度升高而减小,这是由分子排列的序降低造成的.

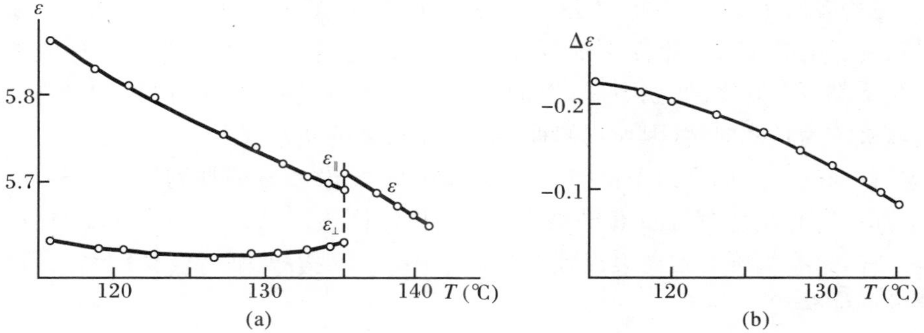

图 8.21 氧化偶氮茴香醚的介电恒量(a)和介电各向异性(b)随温度的变化

$\varepsilon_{/\!/}$ 和 $\varepsilon_{\perp}$ 分别为液晶的主介电恒量;ε 为各向同性熔体的介电恒量

在电场中,液晶的行为和许多因素有关:介电各向异性的符号、试样的初始取向、杂质离子的存在等.

一般,对液晶电性质和电光性质的研究是在定向取向的"单晶"薄层上进行的.通过含有液晶容器壁表面的特殊处理可以实现定向取向.为了得到具有平面取向的片层(片层的光轴平行于器壁表面),经常使用"研磨"方法,在研磨方向上的器壁表面覆盖微痕.分子长轴取向平行于划痕,因为这降低了晶体的能量.为了获得“垂直”排列的片层,其光轴垂直于器壁表面,用某种表面活性物质彻底清洁和处理这些表面.

为了研究场的作用,把二氧化锡(SnO_2)或氧化铟(In_2O_3)的透明电极沉积在器壁的内表面上.电场 E 对液晶试样的作用一般有以下几个方面:

(1) 光轴方向的逐渐改变(层形变效应,见 8.3.4 节);

(2) 畴结构的出现(见 8.3.6 节);

(3) 动态光散射(见 8.3.6 节).

下面考虑在电场中丝状液晶薄层中出现的、研究得最成熟的一些其他效应.

8.5.2 负介电各向异性的丝状相的横向畴

考虑具有负介电各向异性 $\varepsilon_{/\!/}-\varepsilon_{\perp}<0$、厚度为 15～30 μm 的均匀取向丝状液晶层的行为.这种物质的分子具有和分子长轴交成大角度的偶极矩.比如氧化偶氮茴香醚其偶极矩为 $\mu=2.48\times10^{-18}$ CGSE 单位,并且和分子长轴成 57.5°角.

假设制备了一块平面试样,其分子长轴平行于容器的 X 轴,如图 8.22 所示.电场方向 E 沿着 Z 轴.当达到阈值强度(式(8.47))$U_{\text{th}}\approx5\sim7$ V 时,一系列平行的长的亮带和暗带在微观视场中出现;这是一个畴的图像,在普通光和偏振光下都可以观察到,如图 8.23(a)所示.长畴和 X 轴交叉并且平行于 Y 轴.这些畴被称为是横向畴,因为它们垂直于分子长轴的初始取向.

横向畴的形成是由于这样的事实:当电场 $\boldsymbol{E}$ 沿 Z 轴施加到液晶上时,出现平行的柱面涡旋体系,如图 8.22 所示,图中用圆表示这些圆柱的底.像柱形透镜一样,这些涡旋会聚光束以致在显微镜中可以观察到平行会聚线系,即可观测的晶体畴线.

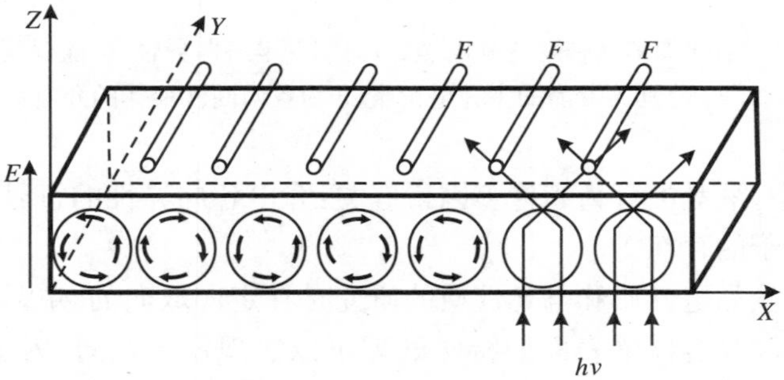

图 8.22 横向畴来源示意图

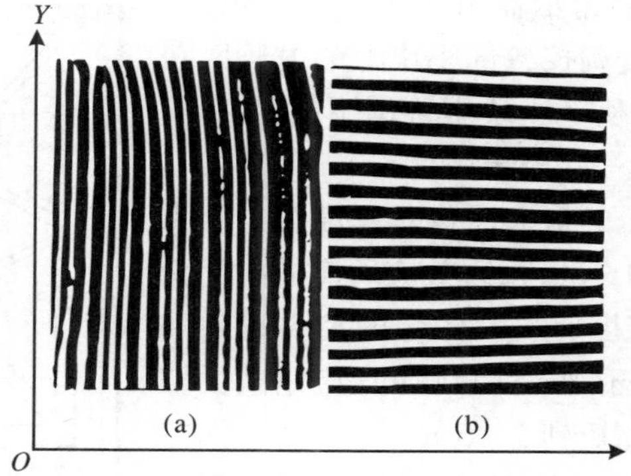

图 8.23 在电场作用下,丝状液晶中出现的横向畴(a)和纵向畴(b)
分子长轴平行于 X 轴(放大 120×,偏振光)

由于在分子长轴方向离子的迁移率较高,液晶表现出电导率的各向异性 $\sigma_{/\!/} > \sigma_{\perp}$. 这感生了液晶层中的空间电荷. 当施加恒定电场时,空间电荷被从阴极注入的电子抵消.

运动离子引起分子的旋转和质量流. 和电场对分子的取向作用耦合,这带来了电流体力学的不稳定性. 涡旋管(畴)出现,畴中的流动使分子重新取向. 一系列"柱形透镜"形成,它们会聚光束并且产生平行于 Y 轴的规则聚焦线系. 电场强度和频率引起复杂的畴体系(如鱼刺形畴,六角体系等).

8.5.3 动态光散射效应

在丝状相液晶中,当电压增大并且达到第二个临界阈值 $U'_{\mathrm{th}} \approx 12 \sim 15\ \mathrm{V}$(见 8.3.6 节)时,有序的质量流被扰乱,出现了湍流,从而引起动态光散射. 散射中心是液晶的敏感运动区域,大小为 1~5 μm.

在恒定电场和交变电场中都出现动态光散射和畴. 阈值电压 U_{th} 和 U'_{th} 随激发场的频率增大. 电场恒定时低电导率化合物中可能不出现湍流引起的动态散射. 一般都可以观察到由临界频率 ω_{cr} 隔开的两种不稳定体系. 低于 ω_{cr},空间电荷支配对电场的跟随,并且观察到一个稳态的畴结构(电导体系). 高于 ω_{cr},表征局部分子取向的矢量经历角度振动(介电体系),观察到强烈的电光效应,类似于动态光散射,但是具有较短的弛豫时间.

动态散射效应可以应用于制备文字-数字指示器、信息反射系统、矩阵系统等. 其单元可以区分为"透射"或"反射"两类(电极为镜像电极). 动态散射可以改变透过率或改变反射强度. 一侧电极做成整体的,而另一侧电极是由若干小块拼成的. 比如,数字指示器由 7 小块电极组成,如图 8.24 所示. 通过调控各部小块上的电压以获得相关数字或图像(从 7 小块中挑出不同的 2～7 块可拼成数字 0～9 ——译者注).

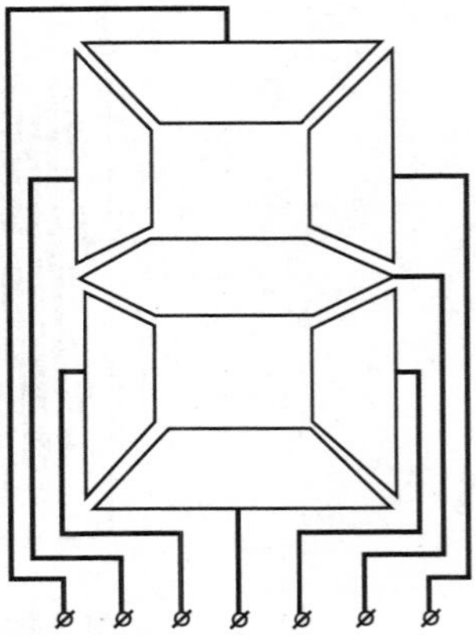

图 8.24 在液晶上数字指示器的设计

用这一效应获得的最大图像对比度在电压为 20～50 V 时可达 20～30. 出现效应所需的时间为 1～15 ms(和电流密度有关). 图像的消失时间和温度及物质有关,等于 20～1 000 ms. 应用减少切换时间的电路可以缩短到 1～5 ms.

为了得到更加复杂的图像,可以在液晶层之间放置相互交叉沉积的电极矩阵系统,如图 8.25 所示. 向固定的 XY 电极施加电压,在矩阵交叉细丝的相应点感生辉光、形成图形.

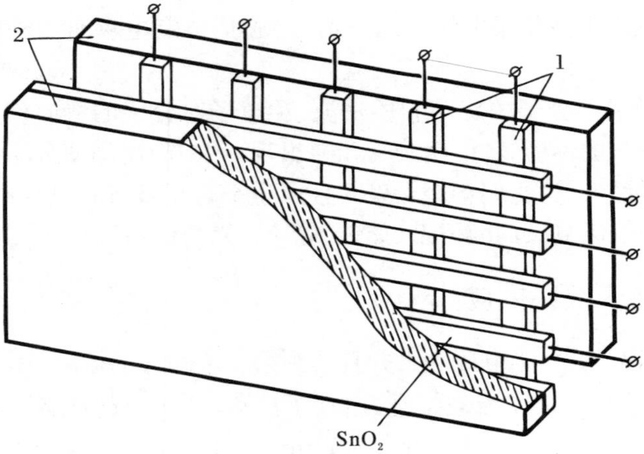

图 8.25 带交叉电极系的矩阵系统

1. XY 电极系,2. 密封液晶层的玻璃[8.5]

电二向色性现象使得建造彩色摄像器成为可能. 在添加有少量染料的丝状相物质中,该现象来自电场作用下光的改变. 一般情形下,添加质量分数为 (0.5～10)%的偶氮染料,如压甲红、靛酚蓝等. 在没有电场存在时,液晶分子平行于电极,并且起一个矩阵的作用,使拉伸的染料分子自身的取向相似. 如果入射的白光具有平行于染料分子长轴的电场强度,光被染料分子吸收,而混合物获得染料的颜色. 加上约 1 V/μm 的电场将改变分子取向 90°. 此时光的吸收减少，混合物变成无色.

通过向丝状相液晶一起添加非二向色染料和二向色染料，是有可能产生双色摄像器的.二向色染料分子的有序排列不影响非二向色染料的特征颜色.以两种染料组合为特征的系统的颜色将随电场的施加在非二向色染料的固有颜色中变化.电二向色性可以应用于彩色数字指示器、可调滤波器、激光调制器等.

动态散射效应还可以应用于其他目的：调幅器、光导发光元件、光衰减器等.我们将讲述一个熟知的例子：电光放大器中动态散射的应用.

如图 8.26 所示，一个电光放大器是液晶 1 和附在两个透明电极 4，4′之间的半导体 2 力偶.导体表面镀上电介质薄层 5，5′，再用反射光的金属层 3 镀在 5′上.施加低频交流电压到电极 4，4′上.电压的选择是这样：当半导体上没有图像时(半导体左边表面是光敏的)，大部分电压降在半导体上，在液晶上的图像不超出动态散射的阈值.当光电导体 2 上出现图像时，在光影响区域光电导体的电阻降低.因此，液晶 1 中的电压降增大并转变为动态光散射状态.

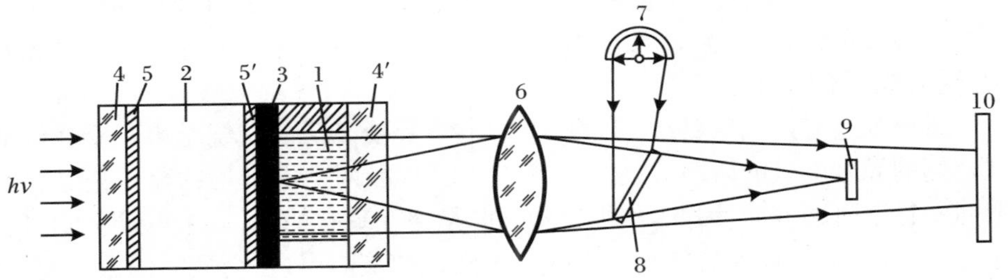

图 8.26 液晶上的电光放大器

1.液晶层，2.半导体，3.金属镜，4 和 4′.透明电极，5 和 5′.介电膜，

6.透镜 7.投影灯，8.半透明镜，9.孔径，10.屏

在电光放大器的另一侧，投影灯 7 的辐照通过半透明镜 8 和透镜集中在反射层 3 上.在光电导体上没有图像，当液晶层透明时，层 3 反射投影灯 7 的窄光束被光阑 9 截住.在液晶中存在动态散射有图像时，被层 1 散射的光通过光阑 9 到达屏 10，在屏上产生半导体光敏表面形成的图像.由于投影灯的光强度可以做成图像的很多倍，放大率可以是很大的($\sim10^3$)。

下面简要论述"记忆"效应.一般，产生动态散射的时间(1～5 ms)远比加有电场时断开电场的时间(20～100 ms)要短.这种效应是不被希望的，通常利用高频(2～20 kHz)的切断信号来消除.这使得光散射缩减的时间减小到 1/10～1/15.

有时必须要提高"记忆"效应. 为此,一般用如丝状相和螺状相(质量分数为(5～10)%)化合物的混合物. 此时,动态散射长时间"作用",这和混合物的成分有关,即使外场断后也一样. 对各个单元施加低频电场可以消除这种"记忆".

8.5.4 丝状液晶层的形变效应

如果液晶($\Delta\varepsilon<0$)的初始取向使得分子长轴垂直于电极并且分子的光轴平行于 Z 轴,那么,在加上电场 $\boldsymbol{E}$ 之后,由于偶极子倾向于平行于电场 $\boldsymbol{E}$ 取向,分子开始旋转. 这造成了液晶层的非均匀形变及光轴相对于 Z 轴倾斜. 此后,在上述的电流体力学不稳定性机制再次起作用,畴形成,出现动态光散射.

除了动态光散射,我们可以观察到液晶层形变的效应,见 8.3.4 节. 如果负介电各向异性($\Delta\varepsilon<0$)的正常液晶层(分子长轴垂直于电极)放置在交叉偏振片之间,视场将是暗的,因为光轴平行于光束. 加上电压后,分子受到转矩作用而转过一定角度. 因此,出现和电压有关的干涉色. 这一系统也可以用于彩色指示器. 在电压约为 5 V 时,单元的对比度系数的数量级为 1 000. 对正介电各向异性($\Delta\varepsilon>0$)液晶,应当得到光轴平行于单元平面的液晶层,并且通过在交叉偏振片之间旋转单元将其猝灭. 加上电场之后,分子长轴旋转,倾向于平行电场排列,这造成了双折射.

重要的还有液晶层盘绕 90°的 $\Delta\varepsilon>0$ 体系. 液晶层的盘绕是由于附在液晶层两侧的异号电极的研磨方向相互垂直. 这里,在两个电极处的分子使其自身取向平行于研磨方向. 因此,如果这些方向是相互垂直的,从一个电极传到另一个电极,分子取向逐渐旋转 90°,形成一个盘绕的液晶层. 在交叉的偏振片间,这样的液晶层不猝灭,因为它把光偏振平面旋转过 90°. 用平行的尼科尔棱镜则发生猝灭. 当加上电场 $\boldsymbol{E}$ 时,分子旋转,双折射发生,而体系开始透射光(扭转效应).

8.5.5 负介电各向异性物质的纵向畴

特别重要的是,在电场中负介电各向异性液晶薄层(小于 10 μm)的行为. 这里,达到阈值电压时,也出现一个畴体系. 但区别于上面讨论的情形(图 8.23(a)),畴排列不是垂直而是平行于晶体光轴的初始方向,形成纵向畴[8.18],如图 8.23(b)所示. 显然,这种效应不能归于电流体力学流. 这还被这样的事实所证实:电压加大到包括击穿电压时也不存在动态散射效应,而且在杂质离子数目最少的、特别纯的物质中纵向畴形成得更好.

这种情形的畴宽度和电场强度 $\boldsymbol{E}$ 有关,随场强的增大而减小. 畴宽的改变伴随有介电滞后回线的出现. 显然,这里的效应是电场作用下的液晶极化对称性的表现形式，即弯电性，见 8.3.5 节.

在畴形成过程中，观察到的规则性可以被应用到数种设备中.比如，平行于丝状单晶体光轴初始方向的纵向畴形成效应可以用于光束控制.纵向畴带的宽度 s 和场强 E 成反比，即 $s=\alpha/E$，其中 $\alpha=$ 恒量.畴结构具有相位衍射光栅的性质，衍射极大偏角的变化服从关系式：

$$\sin\varphi = m\lambda E/\alpha$$

其中，m 为衍射峰的级数，λ 为波长.因此，衍射光栅的周期可以通过电场来改变.利用相同的原理，用小电压（15～70 V）控制光束偏角可达到～80°的大角度.非常真实的是，偏离频率仍然限制在十分之几赫兹.还可以运用这一原理调制光的振幅和相位.

8.5.6 正介电各向异性晶体的畴

一般，在正介电各向异性物质中，分子的初始取向任意时，是不出现平行畴线的.原因是杂质离子的运动和电场 $\boldsymbol{E}$ 都使得分子沿同一方向，即平行于电场 $\boldsymbol{E}$ 取向.畴和动态散射效应可以采用施加垂直于 $\boldsymbol{E}$ 的磁场的方式加以确保.如果磁场占优势压倒电场并使得分子长轴的取向垂直于 $\boldsymbol{E}$，那么，适合于电流体力学不稳定性的情形就会出现.

8.5.7 电场中螺状液晶和层状液晶的行为

电场的作用改变了螺状液晶的织构.螺旋结构的轴的方向及其螺距将改变.

恒定电场 $\boldsymbol{E}$ 对螺状液晶的作用和介电各向异性 $\Delta\varepsilon$ 的符号有关.在一般的螺状液晶（胆甾醇的脂肪醚）中，$\Delta\varepsilon<0$.当电场 $\boldsymbol{E}$ 平行于**螺旋**结构的轴时，分子不会再重新取向，因为分子偶极子已经沿着电场 $\boldsymbol{E}$ 取向.但是，如果电场 $\boldsymbol{E}$ 的方向垂直于螺旋结构的轴，那么，分子倾向于使其偶极子沿着 $\boldsymbol{E}$ 取向，于是发生分子的重新取向.比如，如果横向电场 $\boldsymbol{E}$ 施加在共焦点的畴结构上，那么，后者转变成均匀取向的格朗让织构.

对醇酯卤化物（$\Delta\varepsilon>0$），施加电场增大了螺旋的螺距，达到某一临界值 $\boldsymbol{E}_c$ 时（见 8.3.4 节），螺状相完全解旋并且转变成为丝状状态[8.1].螺旋结构螺距的变化影响选择光反射的最大波长 λ_m.如果 λ_m 位于光谱的可见光范围，最大波长的变化改变了扁平螺状液晶层的颜色.这一效应已经实际应用于生产彩色文字-数字指示器.如果电场 $\boldsymbol{E}$ 作用在添加有少量某种手性物质的丝状液晶混合物的螺旋结构上，在达到临界值 $\boldsymbol{E}_c$（式(8.20)）时，周期性畴结构以直角光栅的形式出现.

由于高度的黏滞性,层状液晶在电场中的取向远比丝状相勉强.但仍然有可能使层状液晶取向,层状相可以在冷却各向同性相或丝状相的过程中出现.这种取向的性质和液晶的介电各向异性符号及电导率有关.只有在层状变态的 A,B,C 和 $\widetilde{C}$ 相中才观察到液晶在电场和磁场中取向.

在类型 A 的层状液晶中,我们观察到高电导率 ρ 的物质中的电流体力学不稳定性和动态光散射.如果 ρ 较低,只观察到分子重取向和单畴态的转变.

在类型 C 的层状液晶以及丝状液晶中,在恒定场和交变场作用下可以形成畴体系.但在含有丝状相(如对庚氧基苯甲酸)的化合物中,在层状相 C 中出现畴需要的电压约为丝状相中的 3 倍.层状相中畴的宽度比丝状相中小一个数量级.

如果电场作用在手性层状相 $\widetilde{C}$ 上,那么,在相同的电场临界值 E_c 处,因为螺旋结构松开了,多畴试样变为单畴样品,见 8.3.3 节.

8.6 液晶的热性质

回忆一下,在一定温度范围内物质才处于液晶相.在某些物质中,这个范围可能是相当宽的.例如,正丙基重氮氧肉桂酸在 $123\sim243$ ℃之间是处于液晶状态的.还知道某些物质的液晶范围只有几度,如甲基苯亚甲基对苯胺对安息香酸盐的液晶范围只有 3 ℃(从 174 ℃到 177 ℃).

透明温度 T_{cl}(液晶向各向同性液体转变的相变点)表征了液晶的热稳定性:T_{cl} 越高,热稳定性越好.为了克服保持液晶序的分子的相互作用力并且熔化成各向同性介质,需要较高的热能 kT.

透明温度对分子结构的变化非常敏感.这可用同系列材料烷氧基氧化偶氮苯的 T_{cl} 的变化来说明(系列的第一项是氧化偶氮茴香醚):

$$C_nH_{2n+1}-O-\!\!\!\!\bigcirc\!\!\!\!-N\!=\!N-\!\!\!\!\bigcirc\!\!\!\!-O-C_nH_{2n+1}$$
$$\overset{\displaystyle\searrow}{O}$$

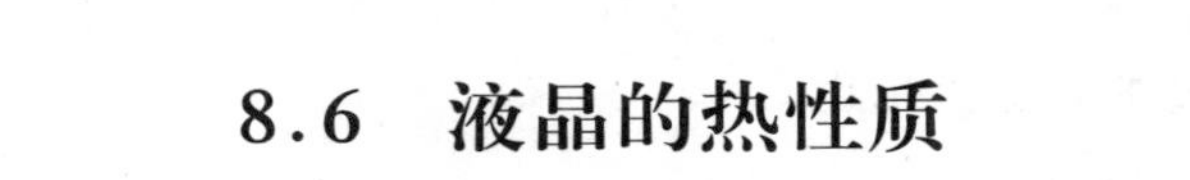

图 8.27 说明了同系物的 T_{cl} 是如何随脂肪族链的碳原子数目 n 变化的.从奇同系物向偶同系物转变处 T_{cl} 的跳跃状变化是由于这样的事实:同系物数目的变化伴随有平行于分子长轴 C—C 键(偶数同系物)和与长轴成约 70°角的

C—C 键的(奇同系物)交替增长.由于平行于分子长轴的 C—C 键的极化率比垂直方向的高,出现的极化各向异性导致 T_{cl} 的跳跃状变化.

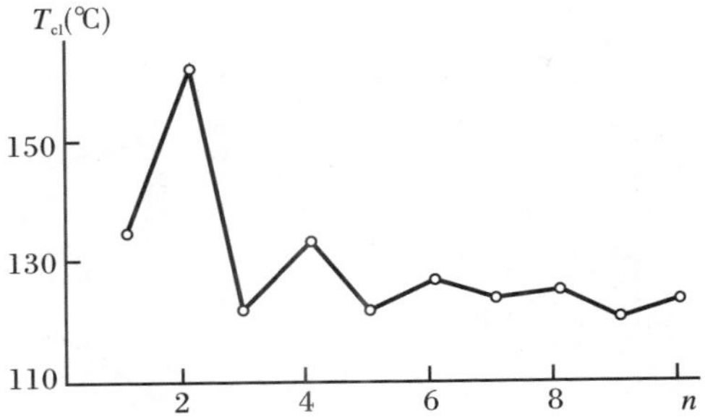

图 8.27　同系列烷氧基氧化偶氮苯中随链中碳原子数目 n
变化的透明温度 T_{cl}

　　液晶长期不能进入实际应用是由于早期发现的材料形成液晶的温度比室温高相当多.目前,这些困难已经被克服.已经知道在室温处于液晶态的大量物质,例如对甲氧基苯亚甲基丁基苯胺

$$CH_3{-}O{-}\bigcirc{-}CH{=}N{-}\bigcirc{-}C_4H_9$$

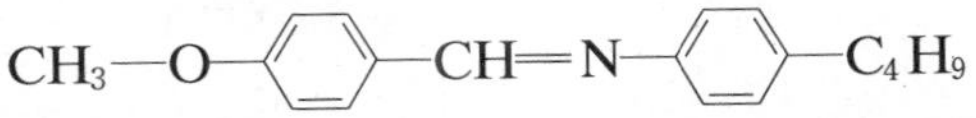

在温度 20～43 ℃的范围内形成丝状液晶相.已经知道不少其他液晶形成温度较低的物质,其液晶相存在的温度范围为 -50～100 ℃),可以满足液晶的实际应用占主要地位的电子器件工作的要求.

　　为扩展液晶相存在的温度范围可以利用多种方式,除了合成新化合物外,可以利用获得的多组元体系.图 8.28 是对甲氧基苯亚甲基丁基苯胺和(对乙氧基-苯亚甲基)丁基苯胺的混合物相图,由图可见,可以通过改变组元的百分比来获得液晶存在范围不同的体系.

　　从液晶向各向同性液体转变以及从固态晶体向液晶转变可以用结晶潜热来表征.因此,对氧化偶氮茴香醚来说晶态晶体向丝状液晶的熔化比热为 29 570 J/mol,而丝状液晶向各向同性熔体转变过程中的结晶潜热为 547 J/mol.后者的数值非常小,这是可以理解的.因为在向各向同性熔体转变的过程中,由于色散力弱,只需要破坏分子排列中的长程取向序.

　　向各向同性液体的转变伴随有比体积的跳跃式变化和明确定义的相变温度及结晶潜热,说明这一转变总是一级相变,见 8.3.1 节.注意,在不同的多形性丝状液晶变态之间的转变可以是一级相变或二级相变.

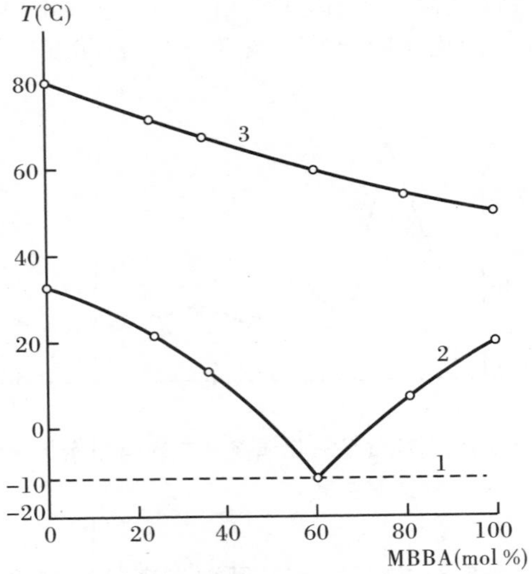

图 8.28　对甲氧基苯亚甲基丁基苯胺和(对乙氧基-苯亚甲基)丁基苯胺的混合物相图

1. 固相，2. 液晶相，3. 各向同性液体

如果液晶在物质冷却和加热过程中都出现，那么，该液晶相被称为互变型(enantiotropic)液晶. 这种情形的相变图如下：

$$SC \Leftrightarrow LC \Leftrightarrow IL$$

这里 *SC* 表示固态晶体相，*LC* 表示液晶相，而 *IL* 表示各向同性液相. 双箭头表示液晶在物质的冷却和加热过程中都出现(相变是可逆的). 比如，4′4-氧化偶氮=苯甲醚、对甲氧基苯亚甲基丁基苯胺和胆甾烯基肉桂酸酯都是这种物质.

还发现只有在过冷的情况下出现液晶的物质，见 8.3.2 节. 此时，相对于固态，液晶相被认为是单变型液晶. 这种情形的相转变图为

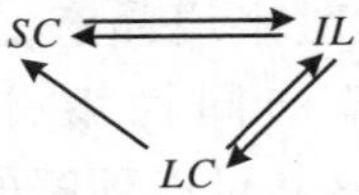

比如胆甾醇乙酸酯就是这样的物质. 这种物质的固态晶体在 114 ℃直接熔化成各向同性液体. 如果各向同性熔体冷却非常缓慢，那么，完全可能不出现液晶，因为固态晶体立刻生长. 在快速冷却中，在温度约 90 ℃时，试样转变成为液晶相，而如果连续冷却，试样随时间晶化.

部分物质具有几种液晶相. 比如，在 70～73 ℃的温度范围内，对苯亚甲基

甲苯胺产生层状型液晶,而在 73～76 ℃的温度区间则形成丝状液晶.其相转变简图为

$$SC \Leftrightarrow SLC \Leftrightarrow NLC \Leftrightarrow NL$$

有关具有多种液晶相物质的信息一直在增加,见 8.3.3 节.比如对酰(4-正丁基苯胺)具有三种层状相:A,B 和 C,一种丝状相 N.热分析图清晰地记录了其相变,如图 8.29 所示.曲线上的峰是对应于相变潜热的释放.这种物质的相变图可写成

$$SC \xrightleftharpoons{113\ ℃} \mathrm{SLC}(B) \xrightleftharpoons{144\ ℃} \mathrm{SLC}(C) \xrightleftharpoons{172.5\ ℃} \mathrm{SLC}(A)$$

$$\xrightleftharpoons{199.6\ ℃} \mathrm{NLC} \xrightleftharpoons{236.1\ ℃} IL$$

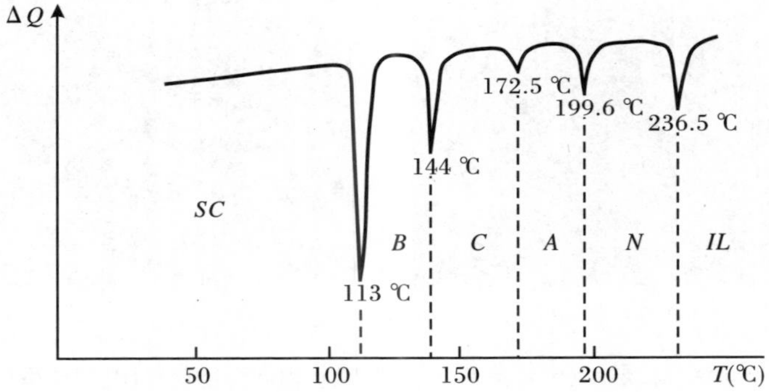

图 8.29 对酰(4-正丁基苯胺)的热分析图

液晶中的相变一般用综合方法研究,如 X 射线和差热分析法、透明度测量等.鉴别一个相液晶最重要的方法是对液晶织构的偏光显微镜研究.相变一般伴随有清晰、明确的织构变化,而且在大多数情况下,新相的生长前端可以用眼睛观察到.液晶的织构是不同的,适合于分类.图 8.30 展示了丝状液晶、层状液晶、螺状液晶还有复杂液晶体系的几种典型的织构.

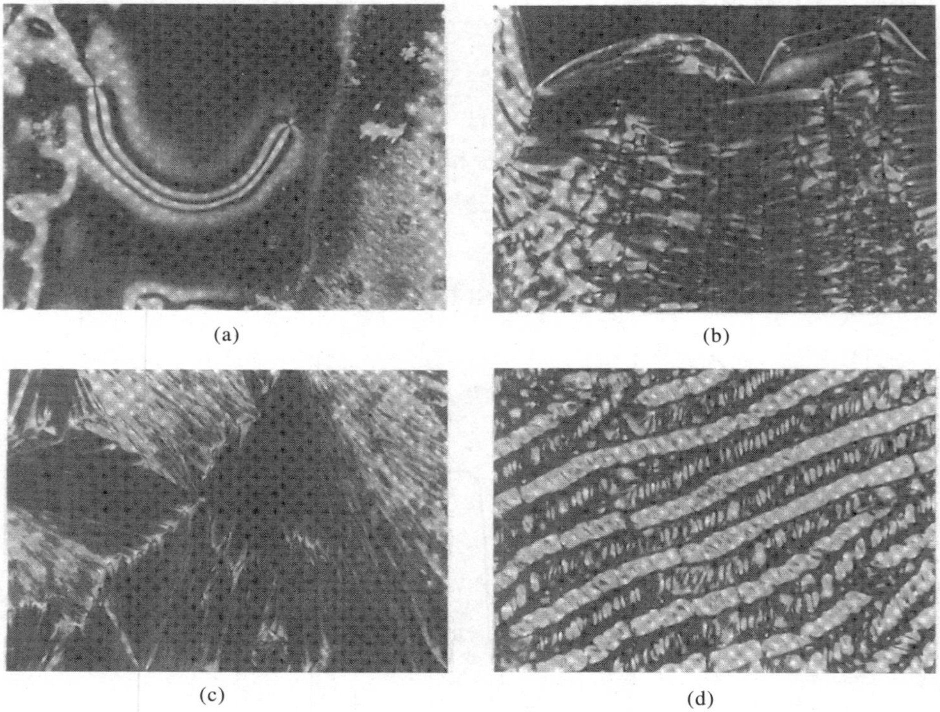

图8.30　丝状(a)、层状(b)液晶和丝状相-螺状相混合物(c),(d)的典型织构示例

参考文献

第1章

1.1 Vainshtein B K. Modern Crystallography I. Springer Ser. Solid State Sci.,1981,15(Springer,Berlin,Heidelberg,New York).

1.2 Kochin N E. Vektornoye ischisleniye i nachala tenzornogo ischisleniya (Vector Calculus and Elements of Tensor Calculus)(Nauka,Moscow, 1965)(in Russian).

1.3 Jahn H A. Acta Crystallogr. 1949,2,30.

1.4 Sirotin Y I,Shaskol'skaya M P. Osnovy Kristallifiziki(Nauka,Moscow, 1979)/English transl.: Fundamentals of Crystal Physics(Mir,Moscow, 1982).

1.5 Nye J F. Physical Properties of Crystals. Oxford:Clarendon Press,1964.

1.6 Shubnikov A V. Izv. AN SSSR,Ser. fiz.,1949,13,347.

1.7 Zheludev I S. Simmetriya i eyo prilozheniya(Symmetry and Its Applications)(Atomizdat,Moscow,1976)(in Russian).

1.8 Tavger B A. Sov. Phys. Crystallogr. 1958,3,341.

1.9 Shubnikow A V, Flint E E, Bokii G B. Osnovy kristallografii(Fundamentals of Crystallography)(Izd - vo An SSSR, Moscow Leningrad, 1940)(in Russian).

1.10 Shubnikov A V. Izbrannyie trudy po kristallografii(Selected Works on Crystallogra;hy)(Nauka,Moscow,1975)(in Russian).

1.11 Bhagavantam S,Venkatarayudu T. Theory of Groups and Its Application to Physical Problems . Andhra Univ.,Waltair,1951.

1.12 Shubnikow A V. Usp. Fiz. Nauk,1956,59,591(in Russian).

1.13 Zheludev I S,Shuvalov L A. Kristallografiya. 1956,1,681(in Russian).

1.14 Shuvalov L A. Sov. Phys. Crystallogr.,1959,4,371.

1.15 Shuvalov L A. J. Phys. Soc. Japan,1970,28,Suppl. 38.

1.16 Aizu K. J. Phys. Soc. Japan,1969,27,387.

第2章

2.1 Nye J F. Physical Properties of Crystals 9. Oxford: Clarendon Press,1957.

2.2 Wooster U. Text Book of Crystal Physics(University Press Cambridge, 1949).

2.3 Landau L D,Lifshitz E M. Electrodynamics of Continuous Media(Pergamon Press,London,1960).

2.4 Keyes R. Solid State Physics,1967,20,37.

2.5 Veinshtein B K,Fridkin V M,Indenbom V L. Modern Crystallography II,Springer Ser. Solid-State Sci., vol. 21(Springer,Berlin,Heidelberg, 1983).

2.6 Schaefer A,Bergman L. Naturwiss. 1934,22,785 .

2.7 Sil'vestrova I M,Pisarevsky Yu V. private comm.

2.8 Musgrave M J. Crystal Acoustics(San Francisco,Holden Day,1970).

2.9 Dash W C. Bull. Amer. Phys. Soc.,1959,4,47.

2.10 Hirth J P, Lothe J. Theory of Dislocations(McGraw Hill, London, 1968).

2.11 Taylor G J. Proc. Roy. Soc. A.,1927,116,16.

2.12 Bowen D K,Christian V. Philos. Mag,1956,12,36.

2.13 Van Bueren H J. Imperfections in Crystals(North Holland, Amsterdam,1960).

2.14 Indenbom V L,Urusovskaya A A. Sov. Phys. Crystallogr.,1960,4,84.

2.15 Berezhkova G V. Nitevidnye kristally(Whiskers)(Nauka, Moscow, 1969)(in Russian).

2.16 Thyagaradzhan R,Urusovskay A A. Sov. Phys. Solid State,1965,7,64.

2.17 Nekludowa M C. Z. Phys.,1929,55,555.

2.18 Neklyudova M V K. Plasticheskiye svoistva i prochnost' kristallov (Plastic Properties and Strength of Crystals)(Gostekhizdat,Leningrad Moscow,1933)(in Russian).

2.19 Roitburd A L. Sovremennoye sostoyanie teorii martensitnykh prevrashchenii(Modern State of the Theory of the Martensitic Transformations),in: Nesovershenstva kristallicheskogo stroeniya i martensitnye prevrashcheniya(Imperfections in Crystal Structure and Martensitic Transformations) ed. by Osip'yan Y,A.,Entin R I.(Nauka,Mos-

cow,1972:7)(in Russian).
2.20 Al'shits V I,Indenbom V L. Sov. Phys. Uspekhi,1975,18,1.
2.21 Kaganov M I,Kravchenko V Y,Natsik V D. Sov. Phys. Uspekhi,1974,16,878.
2.22 Frenkel' Y I, Kontorova T A. Zhurn. Eksper. i Teor. Fiziki, 1938, 8, 1340(in Russian).
2.23 Nabarro F R N. Adv. Phys. ,1952,1,269.
2.24 Frank F C,Read W T. Phys. Rev. ,1950,79,722.
2.25 Dash W C. J. Appl. Phys. ,1956,27,138.
2.26 Gilman J J. Trans. AIME,1958,212,783.
2.27 Predvoditelev A A. Sov. Phys. Crystallogr. ,1963,7,759.
2.28 Urusovskaya A A, Dobrzhanski G F, Sizova N L, et al. Martyshev. Sov. Phys. Crystallogr. ,1969,13,899.
2.29 Urusovskaya A A. Sov. Phys. Uspekhi,1969,11,631.
2.30 Savitski E M, Burkhanov G. Monokristally tugoplavkikh i redkikh metallov i splavov(Single Crystals of Refracotory and Rare Metals and Alloys)(Nauka,Moscow,1972)(in Russian).
2.31 a) Christian J W. Plastic Deformation of BCC Crystals,in: Proc. 2nd Intern. Conf. on Strength of Metals and Alloys(ASM,Cleveland,Ohio,1970).
b)Evans K R. Treatise Mater,Sci. Techn. ,1974,4,113.
2.32 Horne G T, Roy R B, Paxton H W. J. Iron and Steel Inst. , 1963, 201,161.
2.33 Urusovskaya A A,Sizova N L,Rachkov I A,et al. Phys. Status Solidi (a),1977,41,443.
2.34 Rozhanski V N,Predvoditelev A. Dokl. AN SSSR 158,835(1964)(in Russian).
2.35 Friedel J. Les Dislocations(Gauthier Villar,Paris,1956).
2.36 Whitworth R W. Adv. Phys. ,1975,24,203.
2.37 Stepanow A W. Z. Phys. ,1933,81,560.
2.38 Haasen P. Nachr. Akad. Wiss. Gottingen, II. Math. Phys. Klasse,1970, N6,S. 1.
2.39 Ashbee MF. Acta Metallurg. ,1966,14,679.
2.40 Shtolberg A A. Phys. Status Solidi(b),1971,43,523.

2.41 Naimi E K. Izvestiya Vuzov, Ser. Fizika, 1975, N3, 94(in Russian).

2.42 Granato A, Lucke K. J. Appl. Phys., 1956, 27, 583; 798.

2.43 Indenbom V L, Chernov V M. Phys. Status Solidi(a), 1972, 14, 347.

2.44 Savin M M, Chernov V M. Sov. Phys. Crystallogr., 1976, 21, 253.

2.45 Chernov V M, Savin M M. Phys. Status Solidi(a), 1978, 47, 45.

2.46 Bordoni P G. J. Acoust. Soc. Amer., 1954, 26, 495.

2.47 Zakharov N D, Rozhanski V N, Korchazhkina P L. Sov. Phys. Solid State, 1975, 16, 926.

2.48 Barnett D M, Nix W D. Acta Metallurg., 1973, 21, 557.

2.49 Estrin Y Z, Urusovskaya A A, Knab G G. Sov. Phys. Crystallogr., 1972, 17, 141.

2.50 Michalak J T. Acta Metallurg., 1965, 13, 213.

2.51 Evans A, Rawlings R. Phys. Status Solidi, 1969, 34, 9.

2.52 Kottrell A H. Dislocations and Plastic Flow in Crystals(Oxford University Press, Fair Lawn, New York, 1953).

2.53 Frank W. Phys. Status Solidi, 1968, 29, 291; 767.

2.54 Gorsky W S. Phys. Z. Sow. (Sov. Physics) 1934, 6, 77.

2.55 Kosevich A M. Sov. Phys. Uspekhi, 1975, 17, 920.

2.56 Indenbom V L, Orlov A N. Fiz. metallov i Metallovedenie, 1977, 43, 469(in Russian).

2.57 Tertsch H. Die Festigkeitserscheinungen der Kristalle(Springer Verlag, Wien, 1949).

2.58 Schmid E, Boas B. Plasticity of Crystals(Hughes, London, 1950).

2.59 Pabst A. Bull. Geol. Soc. Amer., 1955, 66, 89.

2.60 Kelly A, Groves G W. Crystallography and Crystal Defects(Longman, London, 1970).

2.61 Obreimov I V, Startsev V I. Sov. Phys. JETP, 1958, 35, 743.

2.62 Startsev V I, Kosevich V M, Tomenko Y S. Kristallografiya, 1956, 1, 429(in Russian).

2.63 L. A. Thomas, W. A. Wooster. Proc. Roy. Soc. A 208, 43(1951).

2.64 Tsinzerling E V. Iskusstvennoye dvoinikovaniye kvarlsa (Artificial Twinning of Quartz)(Izd. AN SSSR, Moscow, 1961)(in Russian).

2.65 Bacta R D, Ashbee K H G. Philos. Mag., 1970, 22, 601; 625.

2.66 Neklyudova M V K, Chernysheva M A, Shternberg A A. Dokl. AN

SSSR,1948,63,527(in Russian).
2.67 Chernysheva M A. Dokl. AN SSSR,1950,74,117(in Russian).
2.68 Chernysheva M A. Dokl. AN SSSR,1965,81,1065(in Russian).
2.69 Burkart M V,Read T A. J. Metals,1953,197,1516.
2.70 Pearson C L,Read W T,Feldman W L. Acta Metallurg.,1957,5,181.
2.71 Joffe A F,Kirpicheva M V,Levitskaya M A. Z. Phys.,1924 22,286.
2.72 Gordon J E. Current Research on the Strength of Whiskers and Thin Films at Tube Investment Laboratory,in: Growth and Perfection of Crystals(Wiley,New York,1958: 219).
2.73 Brenner S S. Science,1958,128,569.
2.74 Gyulai Z. Z. Phys.,1954,138,317.
2.75 Neklyudova M V K. Techn. phys. USSR,1938,5,827.
2.76 Zhurkov S N. Phys. Z. Sow.,1932,1,123.
2.77 Aleksandrov A P,Zhurkov S N. Yavleniye khrupkogo razryva(Brittle Rupture Phenomenon)(Gostekhizdat,Moscow,1933)(in Russian).
2.78 Hillig W B. J. Appl. Phys.,1961,32,741.
2.79 Belov N V,Neklyudova M V Klassen. Zhurn. Eksper. i Teoret. Fiz., 1948,18,265(in Russian).
2.80 Indenbom V L,Chernysheva M A. Izv. AN SSSR,Ser. Fiz.,1958,22, 1469(in Russian).
2.81 Lyles R L,Wilsdorf H G F. Acta Metallurg.,1975,23,269.
2.82 Raffo P L. J. Less Common Metals,1969,17,133.
2.83 Indenbom V L,Orlov A N. Sovremennye jpredstavleniya o podvizhnosti dislokatsii(Modern Conceptions of Dislocation Mobility) in: Dinamika dislokatsii (Dislocation Dynamics) (FTINT AN Ukr. SSR, Khar'kov,1968)(in Russian).
2.84 Regel V R, Leksovski A M, Sakiev S N. Fiz. Metallov i Metallovedeniye,1975,40,812(in Russian).
2.85 Indenbom V L, Nikitenko VI, Strunin B M. Priroda, 1974, 4, 74 (in Russian).
2.86 Indenbom V L,Orlov A N. Sov. Phys. Uspekhi,1962,5,272.
2.87 Zener C. The Micromecanism of Fricture,in:Fricturing of Metals(Amer. Inst. of Metals,Cleveland,Ohio,1948:3).
2.88 Mott N F. J. Phys. Soc. Japan,1955,13,650.

2.89 Griffith A A. Trans. Roy. Soc. A, 1920, 221, 163.

2.90 Blekherman M K, Indenbom V L. Kriterii Griffitsa v mikroskopicheskoi teorii treshchin (Griffith Criterion in Microscoopic Theory of Cracks), in: Uspekhi mekhaniki deformiruemykh sred (Progress in Mechanics of Deformed Media) (Nauka, Moscow, 1975: 74) (in Russian).

2.91 Orowan E. Internal Stresses(Inst. Metals, London, 1948).

2.92 Likhtman V I, Shchukin E D, Rebinder P A. Fizik khimicheskaya mekhanika metallov(Physico-Chemical Mechanics of Metals)(Izd, AN SSSR, Moscow, 1962)(in Russian).

2.93 Gilman J J. Austr. J. Phys. , 1969, 13A, 327.

2.94 Boyarskaya Y S. Deformirovaniye kristalov pri ispytanii na mikrotverdost'(Deformation of Crystals in Microhardness Testing) (Shtiintsa, Kishinev, 1972)(in Russian).

2.95 Yushkin N P. Mekhanicheskiye svoistva mineralov(Mechanical Properties of Minerals)(Nauka, Leningrad, 1971)(in Russian).

2.96 Beranek L L. Acoustic Measurements(Wiley, New york; Chapman and Hall, London, 1949, Ⅷ).

2.97 Belikov B P, Aleksandrov K S, Ryzheva T V. Uprugiye svoistva mineralov i gornykh porod(Elastic Properties of Minerals and Rocks)(Nauka, Moscow, 1970)(in Russian).

2.98 Postnikov V S. Vnutrennee treniye v metallakh(Internal Friction in Metals)(Metallurgiya, Moscow, 1969)(in Russian).

2.99 Dubov G A, Regel V R. Zhurn. Tekhn. Fiz. , 1955, 25, 2542(in Russian).

2.100 Ikornikova N Y. Metodika issledovaniya mikrotverdosti korunda (Procedure for Investigation of Corundum Microhardness), in: Mikrotverdost'(Microhardness)(Izd. AN SSSR, Moscow, 1951: 100) (in Russian).

2.101 Zhurkov S N. Vestnik AN SSSR, 1968, N3, 6(in Russian).

2.102 Regel V R, Slutsker A I, Tomashevski E E. Sov. Phys. Uspekhi, 1972, 15, 45.

2.103 Regel V R, Slutsker A I, Tomashevski EE. Kinetichneskaya priroda prochnosti tverdykh tel(Kinetic Nature of Strength of Solids)(Nau-

ka, Moscow, 1974) (in Russian).
2.104 Indenbom V L. Pis'ma v Zhurn. Eksper. i Teor. Fiz., 1970, 12, 526(in Russian).

第3章

3.1 Gladkii V V, Zheludev I S. Sov. Phys. Crystallogr., 1965, 10, 50.
3.2 Gladkii V V, Zheludev I S. Sov. Phys. Crystallogr., 1967, 12, 788.
3.3 Shubnikov A V, Zheludev I S, Konstantinova V P, et al. Issledovaniye piezoelectricheskikh tekstur (Investigation of Piezoelectric Textures) (Isd vo AN SSSR, Moscow, 1955) (in Russian).
3.4 Kay H F, Vousden P. Phyl. Mag., 1949, 40, 1019.
3.5 Zheludev I S. Fizika Kristallicheskikh dielectrikov (Physics of Crystalline Dielectrics) (Nauka, Moscow, 1968) (in Russian).
3.6 MerzW J. Phys. Rev., 1949, 76, 1221.
3.7 Merz W J. Phys. Rev., 1953, 91, 513.
3.8 Merz W J. J. Appl. Phys., 1956, 27, 938.
3.9 Baco G E, Pease R S. Proc. Roy. Soc. A, 1953, 220, 397.
3.10 Strukov B A, Toshev S D. Sov. Phys. Crystallogr., 1964, 9, 349.
3.11 von Arx A, Bantle W. Helv. Phys. Acta, 1944, 17, 298.
3.12 Busch G. Helv. Phys. Acta, 1938, 11, 269.
3.13 Hablutzel J. Helv. Phys. Acta, 1939, 12, 489.
3.14 Lona F, Shirane G. Ferroelectric Crystals (Pergamon, Oxford, 1962).
3.15 Hoshino S, Mitsui T, Lona F, et al. Phys. Rev., 1957, 107, 1255.
3.16 Sawaguchi E, Kittaka I. J. Phys. Soc. japan, 1957, 7, 336.
3.17 Cochren W. Adv. Phys., 1961, 10, 401.
3.18 Shirane G, Nathans R, Minkiewicz V F. Phys. Rev., 1967, 157, 396.
3.19 Lifshitz E M. Zhur. Eksper. Teor. Fiz., 1941, 11, 255; 269 (in Russian).
3.20 Ginzburg V L. Usp. Fiz. Nauk, 1949, 38, 490(in Russian).
3.21 Dzyaloshinskii I E. Zhur. Eksper. Teor. Fiz., 1964, 19, 960; Ibid., 1965, 20, 223; 665.
3.22 Levanyuk A P, Sannikov D G. Sov. Phys, Solid State, 1976, 18, 235; 1122.
3.23 Indenbom V L. Izv. AN SSSR, Ser. Fiz., 1960, 24, 1180.

第4章

4.1 Vonsovski S V. Magnetism(Nauka, Moscow, 1971)(in Russian).

4.2 Smart J S. Effective Field Theories of Magnetism(W. B. Saunders company, Philadelphia-London, 1966).

4.3 Landau L D, Lifshitz E M. Sow. Phys., 1935, 8, 157.

4.4 Williams H J, Sherwood R C. Structures of Ferromagnetic Domains, in: Magnetic Properties of Metals and Alloys(Amer. Soc. for Metals, Cleveland, Ohio, 1958).

4.5 Honda K, Masumoto H. Sci. Rep. Tohoku Imp. Univ., 1931, 20, 323(in Japanese).

4.6 Bozorth R M. Phys. Rev., 1954, 96, 311.

4.7 Bozorth R M. Ferromagnetism(Van Nostrand, Toronto, New York, London, 1951).

4.8 Mason W R. Phys. Rev., 1951, 82, 715.

4.9 Mason W R. Phys. Rev., 1954, 96, 302.

4.10 Becker R, Doring W. Ferromagnetismus(Springer Veriag, Berlin, 1939).

4.11 Akulov N S. Ferromagnetism(ONTI, Moscow, 1939)(in Russian).

4.12 Smit J, Wijn H P J. Ferrits(Philips' Technical Library, 1959).

4.13 Krupicka S. Physik der Ferrite und der verwandten magnetischen Oxide(Prag, 1973).

4.14 Dzyalosninsky I E. Soviet Physics JETP, 1957, 5, 1259.

4.15 Pauthenet R, Barnier Y, Rimet G. J. Phys. Soc. Japan, 1962, 17, suppl. B1, 309.

4.16 Borovik－Romanov A S. Sov. Physics JETP, 1959, 9, 1390.

4.17 Astrov D N. Sov. Physics JETP, 1960, 11, 708.

第5章

5.1 Stater J C. Quantum Theory of Molecules and Solids, Vol. 3. Insulators, Semiconductors, and Metals(McGraw Hill, New York, 1967).

5.2 Rooymans C S M. Structural Investigations on Some Oxides and Other Chalcogenides at Normal and Very High Pressures(Academic Proetschrift, Amsterdam, 1968).

5.3 Pekar S I. Issledovaniya po elektronnoi teorii kristallov(On Electronic

Theory of Crystals)(Gostekhizdat, Moscow, Leningrad, 1951)(in Russian).
5.4 Ukshe E A, Bukun N G. Tverdye elektrolity(Solid electrolytes)(Nauka, Moscow, 1977)(in Russian).
5.5 Smith R A. Semiconductors (Academic Press, New York, London, 1963).
5.6 Bonch – Bruevich V L, Kalashnikov S G. Fizika poluprovodnikov(Physics of Semiconductors)(Nauka, Moscow, 1977)(in Russian).
5.7 Bogomolov V N. Ustroistva s datchikami Kholla i datchikami magnitosoprotivleniya(Devices with Hall and magnetoresistance transducers)(Gosenergoizdat, Moscow, Leningrad, 1961)(in Russian).
5.8 Milnes A G, Feucht D L. Heterojunctions and Metal Semiconductor Junctions(Academic Press, New York, London, 1972).
5.9 Semiletov S A. Elektronograficheskoe issledovanie struktury plenok germaniya(Electron-Diffraction Study of Germanium Thin Films). Kristallografiya, 1956, 1, 542(in Russian).
5.10 Mayer J W, Eriksson L, Davis J A. Ion Implantation in Semiconductors (Academic Press, New York, London, 1970).
5.11 Moss T S, Burrell G S, Ellis B L. Semiconductor Optoelectronics(Butterworths, London, 1973.)
5.12 Bogdankevich O V, Darznek S A, Eliseev P G. Poluprovodnikovye lazery(Semiconductor lasers)(Nauka, Moscow, 1976)(in Russian).

第6章

6.1 Beer A C. Galvanomagnetic Effects in Semiconductors (Academic Press, New York, 1963).
6.2 Putley E H. The Hall Effect and Related Phenomena (Butterworth, London, 1960).
6.3 Tsidilkovskii I M. Thermomagnetic Effects in Semiconductors (Academic Press, New York, London, 1963).
6.4 Delves R T. Thermomagnetic Effects in Semiconductors and Semimetals. Rept. Progr. Phys., 1965, 28, 249.
6.5 Abrikosov A A. An Introduction to the Theory of Normal Metals(Academic Press, New York, 1972).

6.6 Landau L D, Lifshitz E M. Electrodynamics of Continuous Media(Pergamon Press, London, 1960).

6.7 Smith C S. Macroscopic Symmetry and Properties of Crystals. Solid State Phys., 1958, 6, 175.

6.8 Bulaevski L N. Superconductivity and Electronic Properties of Layered Compounds. Sov. Phys.-Uspekhi, 1976, 18, 514.

6.9 Loffe A F. Poluprovodnikovye termoelementy(Semiconductor Thermoelements)(Izk vo AN SSSR, Moscow, Leningrad, 1960)(in Russian).

第7章

7.1 Landau L D, Lifshitz E M. Electrodynamics of Continuous Media(Pergamon Press, London, 1960).

7.2 Pockels F. Lehrbuch der Kristalloptik(Leopzig, Berlin, 1906).

7.3 Szivessy S. Kristalloptik. handbuch der Physik. Bd 20(Springer, Berlin, 1928).

7.4 Ditchburn R W. Light(Blackie & Son, London, 1963).

7.5 Wood R W. Physical. Optics(Macmillan, New York, 1934).

7.6 Larsen E S, Berman H. The Microscopic Determination of the Nonopaque Minerals. 2nd ed. (Washington Gov. Print Off., 1934).

7.7 Born M, Wolff W. Principles of Optics. Electromagnetic Theory of Propagation, Interference and Diffraction of Light. 2nd ed. (Pergamon Press, Oxford, London, Edinburgh, New York, Paris, Frankfurt, 1964).

7.8 Shafranovsky I I. Istoriya kristallografii(The History of Crystallogralhy)(Nauka, Moscow, 1978)(in Russian).

7.9 Kizel' V A. Otrazheniye sveta (Light Reflection) (Nauka, Moscow, 1973)(in Russian).

7.10 Dashevsky Y V. (Zh. Eksp. Teor. Fiz., 1938, 8, 1007(in Russian).

7.11 Fedorov F I, Filippov V V. Otrazheniye i prelomleniye sveta prozrachnymi kristallami(Reflection and Refraction of Light by Transparent Crystalls)(Nauka i Tekhnika, Minsk, 1976)(in Russian).

7.12 Fedorov F I. Optika anizotropnykh sred(Optics of Anisotropic Media)(Nauka, Moscow, 1958)(in Russian).

7.13 Shurkliff W A. Polarized Light Production and Use(Harvard Univ. Press, Cambridge, Mass., 1962).

7.14 Gerrard A, Burch J M. Introduction to Matrix Methods in Optics(John Wiley & Sons, London, New York, Sydney, Tornto, 1975).

7.15 Shubnikov A V. Opticheskaya kristallografiya (Optical Crystallography)(Izd-vo AN SSSR, Moscow, 1950)(in Russian).

7.16 Sobolev V S. Fedorovskii metod (The Fedorov Method) (Mosocw, 1954)(in Russian).

7.17 Lodochnikov V N. Osnovy kristallooptiki (Fundamentals of Crystal Optics)(Gosgeolizdat, Moscow, Leningrad, 1947)(in Russian).

7.18 Beljankin D S, Petrov W P. Kristalloptik (Ubers. H. Werner, "Technik", Berlin, 1954).

7.19 Melankholin N M, Grum Grzimailo S V. Metody issledovaniya opticheskikh sboistv kristallov(Methods for Investigaion of Optical Properties of Crystals)(Izd-vo AN SSSR, Moscow, 1954)(in Russian).

7.20 Goncharenko A M. Sov. Phys. Crystallogr., 1959, 4, 688.

7.21 Born M. Optik. Ein Lehrbuch der elektromagnetischen Lichttheorie von Dr. max Born(Springer, Berlin, 1933).

7.22 Sirotin Y I, Shaskol'skaya M P. Fundamentals of Crystal Physics(Mir, Moscow, 1982).

7.23 Fedorov F I, Konstantionva A F. Optics & Spectrosc., 1962, 12, 223.

7.24 Tekhnicheskaya entsiklopediya (Technical Encyclopedia) (Sov. entsiklopediya, OGIZ, Moscow, 1932)(in Russian).

7.25 Konstantinova A F, Ivanov N R, Grechushnikov B N. Sov. Phys. Crystallogr., 1969, 14, 222.

7.26 Hobden M V. Acta Crystallogr., 1968, A2. 676.

7.27 Fedorov F I, Bokut' B V, Konstantinova A F. Sov. Phys. Crystallogr., 1962, 7, 738.

7.28 Fedorov F I. Theoriya girotropii (Gyrotropy Theory) (Nauka, Moscow, 1976)(in Russian).

7.29 Bokut' B V, Serdyukov A N, Fedorov F I. Sov. Phys. Crystallogr., 1970, 15, 871.

7.30 Agranovich V M, Ginzburg V L. Spatial Dispersion in Crystal Optics and Theory of Excitons(John Wiley & Sons, London, New York, Sydney, 1966).

7.31 Kizel' V A, Krasilov Y J, Burkov V I. Uspekhi fiz. Nauk, 1974, 114,

295(in Russian).
7.32 Zheludev I S. Elektricheskiye kristally(Electrical Crystals)(Nauka, Moscow,1969)(in Russian).
7.33 Sonin A S, Vasilevskaya A S. Elektroopticheskiye kristally(Electrooptical Crystals)(Atomizdat, Moscow,1971)(in Russian).
7.34 Sliker T R. JOSA,1964,54,1348.
7.35 Nye J F. Physical Properties of Crystals(Clarendon Press, Oxford, 1964).
7.36 Shamburov V A. Sov. Phys. Crystallogr.,1962,7,476.
7.37 Kaminow I P, Turner E N. App. Optics,1966,5,1612.
7.38 Zheludev I S, Vlokh O G. Sov. Phys. Crystallogr.,1960,5,368.
7.39 Vlokh O G, Krushelnitskaya T D. Sov. Phys. Crystallogr., 1970, 15,504.
7.40 Vlokh O G, Zheludev I S, Klimov I M. Dokl, AN SSSR,1975,223,1391 (in Russian).
7.41 Zheludev I S. Sov. Phys. Crystallogr.,1964,9,418.
7.42 Mustel' E R, Parygin V N. Metody modulyatsii i skanirovaniya sveta (Methods for Modulation and Scanning of Light)(Nauka, Moscow, 1970)(in Russian).
7.43 Frocht M M. Photoelasticity, Vols. 12(John Wiley & Sons, New York, 1941,1948).
7.44 Pisarevskii Y V, Sil'vestrova I M. Sov. Phys. Crystallogr., 1974, 18,630.
7.45 Korpel A. Acusto optics, in: Applied Solid State Science, Vol. 3(Academic Press, New York,1972: 72).
7.46 Chandrasekhar V. Proc. Ind. Acad. Sci.,1951, A33,183.
7.47 Vol'kenshtein M V. Molekularnaya optika(Molecular Optics)(Gostekhizdat, Moscow, Leningrad,1951)(in Russian).
7.48 Fabelinskii I R. Molekulyarnoye rasseivaniye sveta(Molecular Light Scattering)(Nauka, Moscow,1965)(in Russian).
7.49 Motulevich G P. Molekulyarnoye rasseyaniye v kristallakh(Molecular Scattering in Crystals), in: Trudy FIAN(Works of the Physical Institute of the USSR Acad. Sci.) 1950 5: 9(in Russian).
7.50 Ginzburg V L. Zhurn. Eksper. i Teor. Fiz.,1940,10,601(in Russian).

7.51 Vladimirsky V V. Dokl. AN SSSR, 1941, 31, 866(in Russian).
7.52 Nelson D F, Lax M. Phys. Rev. Letters, 1970, 24, 379.
7.53 Nelson D F, Lazay P D. Phys. Rev. Letters, 1970, 25, 1187.
7.54 Kachalov O V. Zhurn. Eksper. i Teor. Fiz., 1971, 61, 1352 (English transl.: Sov. Phys. JETP, 1972, 34, 719.
7.55 Blombergen N. Nonlinear Optics. A Lecture Note (Benjamin, New York, Amsterdam, 1965).
7.56 Akhmanov S A, Khokhlov R V. Problemy nelineinoi optiki (Problems of Nonlinear Optics) (All Union Inst. of Scientific & Technical Information, Moscow, 1964) (in Russian).
7.57 Kleinman D A. Phys. Rev., 1962, 128, 1761.
7.58 Golovei M P, Kalinkina I N, Kosourov G I. Optics Spectrosc., 1970, 28, 535.
7.59 Kurtz S K, Perry T T. J. Appl. Phys., 1968, 39, 2798.
7.60 Zernile F, Midwinter J. Applied Nonlinear Optics (Academic Press, New York, 1973).
7.61 Ballhausen C I. Introduction to Ligand Field Theory (McGraw Hill, New York, 1962).
7.62 Bethe H. Ann. Phys., 1929, 3, 133.
7.63 Hutchings M T. Solid State Phys., 1964, 16, 227.
7.64 Abragam A, Bleaney B. Electron Paramagnetic Resonance of Transition Ions (Clarendon Press, Oxford, 1970).
7.65 Condon E U, Shortley G H. The Theory of Atomic Spectra (Reprint. J. Cambridge Univ. Press, Cambridge 18957).
7.66 Altshuler S A, Kozyrev B M. Elektronnyi paramagnitnyi rezonans soyedinenii elementov promezhutochnykh grupp (Electron Paramagnetic Resonance of Compounds of Intermediate-Group Elements) (Nauka, Moscow, 1972) (in Russian).
7.67 Vonsovsky S V, Grum Grzimailo S V, Cherepanov V I, et al. Teoriya kristallicheskogo polya i opticheskiye spektry primesnykh ionov s nezapolnennoi d - obolochkoi (Nauka, Moscow, 1969) (in Russian).
7.68 Sugano S, Tanabe Y, Kamimura H. Multiplels of Transition Metal Ions in Crystals (Academic Press, New York, London, 1970).
7.69 Sviridov D T, Sviridova R K, Smirnov Y F. Opticheskiye spektry ionov

perekhodnykh metallov v kristallakh(Optical Spectra of Ions of Transition Melals in Crystals)(Nauka,Moscow,1976)(in Russian).

7.70 Sviridov D T, Smirnov Y F. Teoriya opticheskikh spektrov ionov perekhodnykh metallov(Theory of Optical Spectra of Ions of Transition Metals)(Nauka,Moscow,1977)(in Russian).

7.71 Veremeichik T F,Grechushnikov B N,Kalinkina I N,et al. Zh. Prikl. Spektrosk.,1977,26,131(in Russian).

7.72 Liehr A D,Ballhausen C I. Ann. Physics,1959,6,134.

7.73 Schlafer H L, Glieman G. Einfuhrung in die Ligandenfeldtheorie (Akad. Verlag,Frankfurt am Main,1967).

7.74 Mikaelyan A L,Ter-Mikaelyan M L,Turkov J G. Opticheskiye generatory na tvyordom tele(Optical Generators on a Solid)(Sov. Radio, Moscow,1967)(in Russian).

7.75 Maiman T H. Nature,1960,187,493.

7.76 Sevast'yanov B K,Bagdasarov K S,Pasternak L B,et al. JETP Letters, 1973,17,47.

7.77 Kiss Z J,Duncan R C. Proc. IRE,1962,50,1531.

7.78 Kaminskii A A. Laser Crystals,Their Physics and Properties(Springer, Berlin,Heidelberg,New York,1981).

7.79 Kiss Z J,Duncan R C. Appl. Phys. Letters,1964,5,200.

7.80 Feofilov P P. Polyarizovannaya luminestsentsiya atomov, molekul i kristallov(Polarised Luminescence of Atoms,Molecules and Crystals) (Fizmatgiz,Moscow,1959)(in Russian).

7.81 Abragam A,Pryce M H I. Proc. Roy. Soc.,1951,A205,135.

7.82 Low W. Paramagnetic Resonance in Solids. Solid State Physics, Supplement 2(Academic Press,New York,London,1960).

7.83 Abragam A,Pryce M H I. Proc. Roy. Soc.,1951,A205,135.

7.84 S. Geschwind,J. R. Remeika. Phys. Rev. 122,757(1961)

7.85 Koryagin V F,Grechushnikov B N. Spektr EPR iona Mn2+ v kristallakh Zn,Na metasilikata(EPR Spectrum of Mn2+ Ion in Crystals of Zn,Na metalsilicate),in: Spektroskopiya kristallov(Crystal Spectroscopy)(Nauka,Moscow,1970: 323)(in Russian).

第8章

8.1 de Gennes P G. The Physics of Liquid Crystals(Clarendon Press, Oxford, 1974).

8.2 Landau L D, Lifshitz E M. Statistical Physics. 3rd ed. (Pergamon Press, Oxford, 1980)

8.3 Gray G W. Molecular Structure and the Properties of Liquid Crystals (Academic Press, London, New York, 1962).

8.4 Chistyakov I G. Zhidkiye kristally(Liquid Crystals)(Nauka, Moscow, 1966)(in Russian).

8.5 Chistyakov I G. Zhidkiye kristally(Liquid Crystals) Usp. Fiz. Nauk, 1966, 98, 563(in Russian).

8.6 Stephen M J, Straley J P. Physics of Liquid Crystals, Rev. Modern Phys., 1974, 46, 617.

8.7 Gray G W, Winston P A. Liquid Crystals and Plastic Crystals(Oxford Univ. Press, Oxford, 1974).

8.8 Vainshtein B K, Chistyakov I G. Simmetriya, struktura i svoistva zhidkikh kristallov (Symmetry, Structure and Properties of Liquid Crystals), in: Problemy sovremennoi kristallografii (Problems of Modern Crystallography)(Nauka, Moscow, 1975: 12－26)(in Russian).

8.9 Advances in Liquid Crystals(Academic Press, London, New York) Vol. 1(1975), Vol. 2(1976), Vol. 3(1978).

8.10 Liquid Crystals and Ordered Fluids, Vol. 1(1976), Vol. 2(1977), Vol. 3 (1978)(Plenum, New York, London).

8.11 Kapustin A P. Eksperimental'nyie issledovaniya zhidkikh kristallov (Experimental Investigations of Liquid Crystals)(Nauka, Moscow, 1978)(in Russian).

8.12 Plate N A, Shibayev V P. Grebneobraznyie polimery i zhidkiye kristally(Comblike Polymers and Liquid Crystals)(Khimiya, Moscow, 1980) (in Russian).

8.13 Blinov L M. elektro i magnitooptika zhidkikh kristallov(Electro and Magnetooptics of Liquid Crystals)(Nauka, Moscow, 1978)(in Russian).

8.14 Pikin S A. Strukturnyie prevrashcheniya v zhidkikh kristallakh(Structural Transformations in Liquid Crystals)(Nauka, Moscow, 1981)(in

Russian).

8.15 Chandrasekhar S. Liquid Crystals(Cambridge Monographs on Physics, Cambridge, 1977).

8.16 Pikin S A, Indenbom V L. Thermodynamic States and Symmetry of Liquid Crystals, Usp. Fiz. Nauk, 1978, 125, 251. English transl.: Sov. Phys. Uspekhi, 1978, 21, 487.

8.17 Tsvetkov V N. Magnitnaya vospriimchivos' zhidkikh krisltallov(Magnetic Susceptibility of Liquid Crystals) Zhurn. Eksper. i Teor. Fiz., 1939, 9, 602(in Russian).

8.18 Vistin' L K. Novoye elektrostrukturnoye yavleniye v zhidkikh kristallakh nematicheskogo tipa(New Electrostructural Phenomenon in Nematic Type Liquid Crystals), Dokl. AN SSSR, 1970, 194: 1318 – 1325 (in Russian).

译 后 记

20 世纪 90 年代初，4 卷本巨著《现代晶体学》卷 3 的翻译已完成. 由于各种原因直到 2008 年中才开始着手本书(卷 4)的翻译工作，于 2010 年初完稿. 因原著作者离世涉及的版权等方面问题以及国家出版事业的规范化等因素，之后的出版过程经历了近 10 年的坎坷，其中滋味难以用言语表达. 经过出版社、编辑等多方努力，在经历了诸多坎坷之后终于迎来了本书的面世. 回首往事，却已物是人非，吴先生已经仙去. 本书的正式出版终于可以告慰吴先生在天之灵、了却吴先生临终的一个心愿. 愿本书能为国家的科学教育事业发展做出点滴贡献.

译 者

2019 年 12 月

中国科学技术大学出版社
部分引进版图书

物质、暗物质和反物质/罗舒　邢志忠

半导体的故事/姬扬

光的故事/傅竹西　林碧霞

至美无相:创造、想象与理论物理/曹则贤

玩转星球/张少华　苗琳娟　杨昕琦

粒子探测器/朱永生　盛华义

粒子天体物理/来小禹　陈国英　徐仁新

粒子物理和薛定谔方程/刘翔　贾多杰　丁亦兵

宇宙线和粒子物理/袁强　等

高能物理数据分析/朱永生　胡红波

重夸克物理/丁亦兵　乔从丰　李学潜　沈彭年

统计力学的基本原理/毛俊雯　汪秉宏

临界现象的现代理论/马红孺

原子核模型/沈水法

半导体物理学(上、下册)/姬扬

生物医学光学:原理和成像/邓勇　等

地球与行星科学中的热力学/程伟基

现代晶体学(1):晶体学基础/吴自勤　孙霞

现代晶体学(2):晶体的结构/吴自勤　高琛

现代晶体学(3):晶体生长/吴自勤　洪永炎　高琛

现代晶体学(4):晶体的物理性质/何维　吴自勤

材料的透射电子显微学与衍射学/吴自勤　等

夸克胶子等离子体:从大爆炸到小爆炸/王群　马余刚　庄鹏飞

物理学中的理论概念/向守平　等

物理学中的量子概念/高先龙

量子物理学. 上册/丁亦兵　等

量子物理学. 下册/丁亦兵　等

量子光学/乔从丰　李军利　杜琨

量子力学讲义/张礼　张璟

磁学与磁性材料/韩秀峰　等

无机固体光谱学导论/郭海　郭海中　林机